微生物生態学
ゲノム解析からエコシステムまで

デイビッド・L・カーチマン 著
David L. Kirchman

永田 俊 訳
Toshi Nagata

Processes in Microbial Ecology

京都大学学術出版会

Processes in Microbial Ecology
by David L. Kirchman

© David L. Kirchman 2012
All rights reserved.

Processes in Microbial Ecology was originally published in English in 2012.
This translation is published by arrangement with Oxford University Press.
KYOTO UNIVERSITY PRESS is solely responsible for this translation from
the original work and Oxford University Press shall have no liability for any errors,
omissions or inaccuracies or ambiguities in such translation or for any losses caused by reliance thereon.

序　言

　　今日、微生物生態学という学問は、現代科学が扱うべき最も重要な問いのいくつかについてその答えを見つけだそうとしている。またその探求を通して、人間社会が直面している最も深刻な環境問題の解決に貢献しようとしているのである。いったいそのような学問とはいかなるものであるのか。それを知りたい人々のために本書はある。

　　本書の執筆にあたって念頭においたのは、微生物生態学の基礎理論や、自然界で微生物がつかさどる様々な素過程（プロセス）に興味があり、深く学びたいと考えている幅広い年齢層の学生や研究者である。本書のひとつの土台は、著者が受け持った「海洋微生物生態学」と銘打ったコースの講義録である。そのコースの受講者の中には、生物学のさまざまな分野を専攻するもの（といっても微生物学を専攻するものはまれであった）、海洋無機化学を専攻するもの、さらには地学を専攻するもの、というように色々な専攻の学生がいるのが普通であった。生物学を専攻する学生は、一般に生化学は強かったが、地球化学についての知識は乏しかった。化学を専攻する学生は、環境中での化学反応についての話を聞くときには居心地よさそうにしていたが、生物学に話が及ぶとお手上げであった。一方、大型生物の生物学や、地球化学、あるいは地学を専門とする年季を積んだ研究者たちからは、大型生物に対する微生物の影響や、彼らが研究対象としている地球化学的なプロセスに微生物がどのように関わっているのか、といった事柄についての質問を受けることがある。本書は、このようなコースの受講者や、著者のところに質問にやってくる研究者たちのことを思い浮かべながら書き進めたのである。

　　本書では、陸域と海洋の両方を扱う。またすべてのタイプの微生物と、自然環境中で重要な役割を果たすすべての種類の微生物代謝について考察を加える。すべてをカバーしようと試みたのである。時として、このような執筆の企ては無謀であり、傲慢不遜ではないかとさえ思えることもあったが、本

書が扱うべき最も重要な素過程や微生物の種類がなんであり、また、学生が知っておくべき地球化学的反応やそれを媒介する微生物はどのようなものであるかを明確化することを通じて、そのような不安はおおむね払拭することができた。言うまでもなく、微生物世界は計り知れぬほどの多様性と複雑性に満ちているのだが、おもしろいことに、さまざまな環境や多様な微生物を広く見渡すと、その中にある種の類似性が見いだされることがある。また、まるで異なるように見える生息環境や微生物を比較することで、新たな洞察がえられることもある。そのような意味で、本書が、経験を積んだ土壌微生物生態学者にとっては湖沼や海洋の微生物についての何かを、また水圏生態学研究者にとっては陸域生態系についての何かを、新たに学びとり洞察を得るきっかけになるのではないかと願っている。もちろん熟達の微生物の専門家ともなれば、自身が研究対象とする微生物に限らずとも、微生物の重要性やそれらが大型生物とどのように作用を及ぼしあっているのかといった一般的な知識はすでに身につけているであろう。しかし、そのような専門家にとってさえも、本書は、「すべての環境中の、すべての微生物」という視点からの理解をより深めるうえでの一助となるに違いない。

　多くの方々のご助力によって本書を上梓することができた。いくつもの章の原稿に関してご助言をいただいた Erland Baath, Gordon Wolfe, Nrina Nikrad、いくつかの章の校閲のみでなく、細菌生理学についての多くの質問に答えてくれた Tom Hanson、本書のすべてに目を通してくれた Mary Thaler には特別な感謝の意を表したい。各章の原稿の校閲については、以下に列挙する方々（ここには学生も含まれる）の手を煩わせた。記して謝意を表する。Ruth Anderson, J.-C Suguet, Albert Barberan, Ron Benner, Mya Breitbart, Aloison Buchan, Claire Campbell, Andy Canion, Doug Capone, E. Casamayor, colleen Cavanaough, Matt Church, D.C. Coleman, Nathan Cude, L. de Bradandere, Angela Douglas, Dan Durall, Bryndan Durham, Ashley Frank, Jed Fuhrman, Rich Geider, Rodger Harvey, Kelly Hondula, Dave Hutchins, Puja Jasrotia, Bethany Jenkins, Kurt Kohhauser, K. Konstantinidis, Joel Kostka, Raphael Lami, Jay Lennon, Ramon Massana, George McManus, Jim Mitchell, Mary Ann Moran, M. Muscarella, Diane Nemergut, N. Nikita, Brady Olson,

Mike Pace, Rachael Porestky, Jim Prosser, B. Rodriguez-Muller, Ned Ruby, Ashley Shaw, Claire Smith, Roman Stocker, Suzanne Strom, Z. Sylvain, Brad Tebo, Bo Thamdrup, Bill Ullman, D. Wall, Flex Weber, Markus Weinbauer, Steve Wilhem, Eric Wommack. もし以上のリストに漏れてしまっている方がいたら、その方には失礼をお詫びするとともに、お礼を申し上げる。本文中の該当箇所に明記しているとおり、多くの方々から情報やデータまた図版をご提供いただいた。Clara Chan は出版間際になっていくつかの顕微鏡写真を準備してくれた。以上の方々のご助言・ご助力に深く感謝する。それとともに、本書中のいかなる誤りも、その責任は、貴重なご助言に十分に耳を傾けることを怠ってしまった著者に帰することを記しておきたい。

　様々な面でアシストしてくれた Ana Dittel、様式を整える手伝いや英文校閲をしてくれた Peggy Conlon, 私の問い合わせや締め切り忘れに忍耐強く対応してくれたオックスフォード出版会の Helen Eaton と Ian Sheman に感謝する。最後に、財政的な援助をしてくれたアメリカ科学財団、エネルギー省、デラウェア大学に感謝の意を表する。本書の大部分は、著者が AGAUR-Generalitat de Catalunya and C.C. Grácia の援助によってサバティカル休暇をとり、Insitut de Ciències del Mar, Barcelona（Pep Gasol に感謝する）に滞在している間に執筆された。本書が上梓できたのは、以上の人々や機関のおかげである。

日本語版のための序文

「"Processes in Microbial Ecology"を日本語に翻訳したい」、このようなお申し出を、永田俊教授からいただいた時、それは私にとってうれしい驚きであった。微生物生態学分野における永田教授のご活躍や国際的な名声を知るものとして、同教授が本書の翻訳の労を執られるということは大変に喜ばしいことだったのである。また、私が知っている日本語といえば、「ビール」とか「ありがとう」といったいくつかの言葉にしかすぎないが、永田教授が明快で流暢な英文を書き、込み入った事柄を要領よく説明する才に長けているということはよく存じあげていたから、同教授の手になる翻訳書が、明晰なものになることは間違いないと確信することができた。

私は、本書が日本の皆様にとってお役に立つものになると信じている。実際のところ、本書に類する専門書は、国際的にまだほとんど見当たらない。それはもしかしたら、この学問分野がまだ成長期にあることや、それを専門とする研究者の数がそれほど多いわけではない、といったことの反映なのかもしれない。しかし微生物生態学の歴史が浅いというわけでは決してない。その始まりは、ルイ・パスツールが「なぜこのワインは酸っぱくなってしまったのか」という問いを発した19世紀にまで遡ることができる。また今日、新聞や週刊誌をめくると、私たちが健康で快適な日々の暮らしを営むうえで、微生物が欠かすことのできない役割を果たしていることを解説する記事を目にすることはしばしばである。別の専門分野の科学者たちも、微生物が汚染による被害を緩和したり、地球規模の気候変動に影響を及ぼす生物地球化学的なプロセスに対して影響を及ぼしたりしていることをよく認識している。そのため、微生物や微生物生態学に関する学術論文は、インパクト・ファクターの高い専門誌に多く掲載されており、またこれに関連するトピックは、国際学会の主要課題として盛んに取り上げられている。本書が上梓されたということ自体、このような科学情勢の中で、微生物生態学がますます活気づ

き、重要性を増しているということのひとつの表れといえるのかもしれない。

　本書、あるいはより一般的にはこれに類似した教科書や学術書が必要であると考えるもうひとつの理由がある。それは、今日のようにグーグルやツイッターがあたりまえの時代であるからこそ、パソコンやスマホに何回かタッチすれば簡単に得ることができる膨大な情報の泥沼の中から、重要なものをふるいわけることがますます必要になっているということである。ウェブ上では、なんらかの目的をもって特別な数字や日付あるいは名前を入力すれば、行くべきサイトにたどり着くことができる。しかしその一方で、漠然としたキーワードで検索をすると、怪しげな研究論文のリストや、あまり関係のなさそうなウェブサイトや、とても必要とは思えない製品やサービスに行き着くこともまれではない。すぐれた教科書や学術書は、このような情報の茂みの中で迷わないための案内書として必要なのだ。そこから汲み取るべきものは洞察や明晰さであって、それらを単にもうひとつの情報源として使うべきではない。学問のフィールドを整地し、後続の研究者が問うべき問いを提示することを試みることこそが、このような書物の役割といえるのである。そのような観点において、"Processes in Microbial Ecology" が果たして成功しているかどうかは、読者とそして時による審判を待つしかない。

　さて、英語版の本書が果たして成功したかどうかはさておき、私は日本のさまざまな年齢層の学生や研究者が、この日本語版の『微生物生態学』から多くのことを学び取ってくれると信じている。それは永田教授のご努力の賜物といえる。同教授は原著を注意深く読み込んで問題点を修正してくださったのである。私は内心、日本語版が、原著よりも良い書物になったのではないかとさえ疑っている。可能ならば、この日本語版をもう一度英語に翻訳してくださいと頼みたいところである。いずれにせよ、私はこの翻訳作業に関連するやりとりを通していろいろと学ぶことができた。永田教授が、本書を微生物世界の案内書として、日本の学生や研究者の皆様に届けてくださったことに感謝の意を表したい。

デイビッド・カーチマン
米国デラウェア州・ルイス

訳者はしがき

　本書は、2012年にオックスフォード大学出版局から上梓されたデイビッド・カーチマン著「Processes in Microbial Ecology」の翻訳書である。本書が扱うのは、地球規模での環境と生態系の変動を基底的な部分でコントロールしている「見えない」生物の世界、すなわち微生物世界の成り立ちとそこに見られる法則性である。これを「プロセス」というキーワードを軸にして包括的にまとめあげている点に本書の特色がある。著者自身が「日本語版のための序文」で述べているように、これは単なる情報源として利用されるべき書物ではない。ウェブ情報の茂みに迷う学生にあっては頼れるガイドブックとして、また、練達の研究者にあっては刺激に満ちた発見と洞察の源泉の書としてこそ読まれるべきものである。今日、人間社会は、気候変動、環境破壊、生態系の劣化、生物多様性の喪失といった未曾有の地球規模の問題に直面している。それらすべてと深く関わる微生物世界の根本的な仕組みについての理解を深めることは、容易ならざる問題の本質を見据えながら、解決の糸口を探していく上で不可欠なことであろう。その意味で、地球環境とその将来について関心のあるすべての人々の、切実な、そしてこれからさらに高まるであろう知的要求に対して、本書は力強く応えてくれると確信している。

　訳文の原稿を読んでいただき、有益なご指摘をしていただいた、吉山浩平、西村洋子、高巣浩之、横川太一、茂手木千晶、小林由紀、内宮万里央（敬称略）の各氏と、校正と索引作製にご助力いただいた小川琴子さんに感謝する。訳文には不備や思わぬ間違いが残されているかもしれないが、それらがひとえに訳者の力不足によるものであることはいうまでもない。また、訳者の怠惰のために、原著の出版から本書が完成するまでに当初考えていた以上の時間が経過してしまったが、それでもどうにか上梓に漕ぎ着けることができたのは、企画立案の時点から終始叱咤激励をしてくださった京都大学学術出版会の鈴木哲也編集長のおかげである。また、同出版会の永野祥子さんには大変丁寧な編集をしていただいた。ここに厚く御礼申し上げる。

永田　俊

目　次

序言　　　　　　　　　　　　　　　　　　　　　　　　　*i*
日本語版のための序文　　　　　　　　　　　　　　　　*iv*
訳者はしがき　　　　　　　　　　　　　　　　　　　　*vi*

Chapter 1
イントロダクション　　　　　　　　　　　　　　　　*1*

微生物とは何か？　　　　　　　　　　　　　　　　*2*
なぜ微生物生態学を研究するのか　　　　　　　　　*3*
微生物は人間を含めた大型生物の病気の原因になる　*4*
私たちの食糧の多くは微生物に依存する　*5*
微生物は汚染物質を分解し無毒化する　*8*
微生物は生態学や進化学の一般原理を研究するうえでの有用なモデル・システムになりうる　*9*
ある種の微生物は地球の初期に現れた生命や、もしかしたら地球以外の惑星の生命の姿を示している　*11*
微生物は地球の気候に影響を及ぼす多くの生物地球化学的プロセスを媒介する　*12*
微生物はどこにでもいて、ほとんどあらゆることをやっている　*16*

自然界の微生物をどのようにして研究するのか？　*19*
生命の3ドメイン：細菌、古細菌、真核生物　　　　*23*
微生物の機能群（functional group）　　　　　　　*28*
独立栄養 vs 従属栄養　*29*
光栄養 vs 化学栄養　*30*

関連する教科書の紹介　　　　　　　　　　　　　　*31*

Chapter 2
元素、生化学物質、および微生物の構造　　35

微生物の元素組成	36
生物地球化学研究における元素比	40
さまざまな微生物の C:N および C:P 比	42
細菌の生化学的組成	44
真核微生物の生化学的組成	48
元素比を説明する	48
微生物細胞の構造	51
微生物の細胞膜と能動輸送　　51	
原核生物と真核生物の細胞壁　　54	
バイオマーカーとしての微生物細胞の構成成分	57
細胞外の構造	60
微生物の細胞外ポリマー　　60	
鞭毛と繊毛　　62	

Chapter 3
物理化学環境と微生物　　65

水	66
温度	67
反応速度に対する温度の影響　　70	
pH	74
塩と浸透圧バランス	77
酸素と酸化還元ポテンシャル	79
光	81
圧力	83

目次

「小さく在る」ことの帰結　　　　　　　　　　　　　　　　*84*

自然水圏環境における微生物の暮らし　　　　　　　　　　　*88*
　運動性と走性　*90*
　水圏環境における Submicron および
　micron スケールでの不均一性　*93*

土壌での微生物の生活　　　　　　　　　　　　　　　　　　*95*
　土壌の含水量　*95*
　土壌における温度と含水量の相互作用　*98*

バイオフィルム環境　　　　　　　　　　　　　　　　　　　*99*

Chapter 4
微生物の一次生産と光栄養　　　　　　　　　　　　　　　*105*

一次生産と光合成の基礎　　　　　　　　　　　　　　　　　*107*
　光と藻類の色素　*108*
　無機炭素の輸送　*110*
　二酸化炭素固定酵素　*113*

一次生産、総生産、純生産　　　　　　　　　　　　　　　　*116*

陸上高等植物による一次生産と水圏微生物　　　　　　　　　*120*

春のブルームと植物プランクトンの増殖　　　　　　　　　　*122*

ブルームを引き起こす主な植物プランクトン　　　　　　　　*126*
　珪藻　*127*
　円石藻と生物ポンプ　*129*
　フェオシスティスと硫化ジメチル　*130*
　ジアゾ栄養糸状シアノバクテリアおよびその他の
　群体性シアノバクテリア　*132*

ブルームの後：ピコプランクトンとナノプランクトン　　　　*137*
　制限栄養素をめぐる競争　*137*

ix

球状シアノバクテリアによる一次生産　　　　　　　　　　　*140*
　　海洋における光従属栄養　　　　　　　　　　　　　　　　　*143*
　　　　藻類による有機物の取り込み　　*143*
　　　　好気的酸素非発生型光合成細菌　　*144*
　　　　光従属栄養細菌におけるロドプシン　　*146*
　　　　光従属栄養の生態学的および生物地球化学的なインパクト　　*148*

Chapter 5
有機物の分解　　　　　　　　　　　　　　　　　　　　　　　　　　　*151*

　　さまざまな生態系における有機物の無機化　　　　　　　　　*154*
　　地球上の呼吸の大部分はだれによってなされているのか？　　*156*
　　　　炭素循環における速い経路と遅い経路　　*160*
　　デトリタス有機物の化学的特性　　　　　　　　　　　　　　*161*
　　　　溶存有機物　　*163*
　　デトリタス食物網　　　　　　　　　　　　　　　　　　　　*167*
　　DOMと微生物ループ　　　　　　　　　　　　　　　　　　　*171*
　　高分子有機化合物の加水分解　　　　　　　　　　　　　　　*177*
　　　　リグニンの分解　　*181*
　　低分子有機化合物の取り込み：回転とリザーバーの大きさ　　*182*
　　化学組成と有機物分解　　　　　　　　　　　　　　　　　　*185*
　　無機栄養物質の放出とその制御　　　　　　　　　　　　　　*187*
　　有機物の光酸化　　　　　　　　　　　　　　　　　　　　　*188*
　　難分解性有機物　　　　　　　　　　　　　　　　　　　　　*190*

Chapter 6
微生物の増殖、現存量、生産、および、それらの支配要因   *193*

細菌は生きているのか死んでいるのか?   *194*
土壌や堆積物における細菌の活性状態   *197*
土壌菌類の活性状態   *199*

微生物の増殖と生産   *200*
実験室内での純粋培養の増殖:回分培養   *200*
実験室内での純粋培養の増殖:連続培養   *203*

自然界での増殖と生産の測定   *206*
水圏環境中での細菌の生産速度   *207*
水圏環境における細菌の増殖速度   *210*

土壌における細菌と菌類の増殖   *213*
自然環境中において微生物の生産と増殖を決めるものは何か?   *214*
増殖と炭素循環に対する温度の影響   *215*
土壌の菌類と細菌に対する温度の効果   *218*
有機炭素による制限   *219*
無機栄養物による制限   *222*
共制限と支配要因間の相互作用   *224*

生物間の競争と化学コミュニケーション   *226*

Chapter 7
摂餌と原生生物   *231*

水圏環境における細菌食と植食   *233*
土壌や堆積物中での細菌や菌類の摂餌者   *238*
原生生物の摂餌メカニズム   *240*

摂餌に影響を及ぼす要因　　　　　　　　　　　　　　　　　　　242
　　　餌の数と摂餌者―餌サイクル　　243
　　　摂餌者と餌のサイズの関係　　248
　　　化学的認識と組成　　252

摂餌に対する防衛　　　　　　　　　　　　　　　　　　　　　　　254
摂餌が餌生物の増殖に及ぼす影響　　　　　　　　　　　　　　　　256
繊毛虫と渦鞭毛藻の摂餌　　　　　　　　　　　　　　　　　　　　257
　　　水圏生態系の植食者としての繊毛虫　　258
　　　土壌や堆積物中の繊毛虫　　259
　　　従属栄養渦鞭毛藻　　260

微生物食物網から高次栄養段階へのフラックス　　　　　　　　　　262
混合栄養原生生物と内部共生　　　　　　　　　　　　　　　　　　265
　　　食作用、細胞内共生、藻類の進化　　268

Chapter 8
ウイルスの生態学　　　　　　　　　　　　　　　　　　　　　　273

ウイルスとは何か　　　　　　　　　　　　　　　　　　　　　　　274
ウイルスの複製　　　　　　　　　　　　　　　　　　　　　　　　277
自然環境中の溶原性ウイルス　　　　　　　　　　　　　　　　　　279
分子スケールにおける宿主とウイルスの接触　　　　　　　　　　　281
自然環境中におけるウイルス数　　　　　　　　　　　　　　　　　284
　　　プラーク法によるウイルス計数　　284
　　　顕微鏡によるウイルスの計数　　286
　　　自然環境中でのウイルス数の変動　　288

ウイルスによる細菌の死亡　　　　　　　　　　　　　　　　　　　292
　　　感染頻度　　293
　　　ウイルス減少法　　294

細菌死亡率に対するウィルスと摂餌者の寄与	*294*
ウィルス生産速度と回転時間	*296*
ウィルスの不活化と消失	*298*
植物プランクトンのウィルス	*300*
ウィルスと摂餌者の生態学的な役割の違い	*302*
ウィルス分流とDOM生産　　*303*	
ウィルスとその宿主の個体群動態　　*304*	
ウィルスが媒介する遺伝的交換	*307*

Chapter 9
自然環境中における微生物の群集構造　　*313*

分類学と遺伝子による系統学	*314*
16S rRNAに基づく方法の紹介　　*316*	
種の問題	*319*
細菌群集の多様性	*321*
プランクトンのパラドックス	*326*
培養された微生物と培養されていない微生物の違い	*327*
土壌、淡水および海洋における細菌の種類	*329*
非極限環境の古細菌	*332*
Everything is everywhere?（すべてのものが、どこにでも?）	*334*
何が多様性のレベルと細菌群集構造を支配するか	*337*
温度、塩分、pH　　*337*	
湿度と土壌微生物群集　　*339*	
有機物と一次生産　　*340*	
摂餌とウィルスによる溶菌　　*341*	
16S rRNAを分類および系統遺伝的なツールとして用いることの問題点	*343*

原生生物やその他の真核生物の群集構造　　*346*
　　　　自然環境中における原生生物とその他の真核微生物の種類　　*348*
　　プロセスの理解と群集構造の関連　　*350*

Chapter 10
微生物とウィルスのゲノムおよびメタゲノム　　*353*

　　ゲノム解析あるいは環境ゲノム解析とは何か　　*354*
　　ゲノムの塩基配列をゲノム情報に変える　　*357*
　　培養された微生物からの教訓　　*358*
　　　　rRNA遺伝子の類似性・ゲノムの非類似性　　*359*
　　　　ゲノムサイズ　　*360*
　　　　真核生物と原核生物のゲノム構成　　*362*
　　　　増殖速度とゲノム解析　　*364*
　　　　染色体、プラスミド、レプリコン　　*366*
　　　　遺伝子水平伝播　　*369*
　　培養されていない微生物のゲノム情報：メタゲノム解析　　*372*
　　　　メタゲノム解析法　　*373*
　　　　プロテオロドプシン物語その他　　*376*
　　酸性鉱山廃水中の単純な群集のメタゲノム解析　　*378*
　　メタゲノム解析と活性スクリーニングから得られる有用化合物　　*380*
　　メタRNA発現解析とメタプロテオミクス　　*382*
　　　　プロテオミクスとメタプロテオミクス　　*384*
　　ウィルスのメタゲノム解析　　*385*
　　　　RNAウィルス　　*389*

Chapter 11
嫌気的環境におけるプロセス　　　　　　　　　　　　　　　　*393*

嫌気呼吸とは　　　　　　　　　　　　　　　　　　　　　　　　*396*
電子受容体の順番　　　　　　　　　　　　　　　　　　　　　　*397*
さまざまな電子受容体による有機炭素の酸化　　　　　　　　　　*401*
　濃度と供給による制約　　*404*
　化学形態の影響　　*405*

嫌気食物連鎖　　　　　　　　　　　　　　　　　　　　　　　　*407*
　発酵　　*408*
　種間水素伝達と栄養共生　　*410*

硫酸還元　　　　　　　　　　　　　　　　　　　　　　　　　　*412*
　硫酸還元の電子供与体　　*414*

硫黄酸化とそれ以外の硫黄循環　　　　　　　　　　　　　　　　*417*
　非光栄養硫黄酸化　　*417*
　酸素非発生型光合成による硫化物の酸化　　*421*
　硫黄酸化細菌の炭素源　　*423*

メタンとメタン生成　　　　　　　　　　　　　　　　　　　　　*423*
メタン栄養細菌　　　　　　　　　　　　　　　　　　　　　　　*426*
　好気的メタン分解　　*427*
　嫌気的メタン酸化　　*428*

嫌気性真核生物　　　　　　　　　　　　　　　　　　　　　　　*431*

Chapter 12
窒素循環　　　　　　　　　　　　　　　　　　　　　　　　　　　*437*

窒素固定　　　　　　　　　　　　　　　　　　　　　　　　　　*439*
　ニトロゲナーゼ・窒素固定のための酵素　　*440*
　酸素問題の解決　　*442*

自然環境中での窒素固定　　*444*
　　窒素固定の制限要因　　*445*

　アンモニウムの同化、再生およびフラックス　　*448*
　　嫌気環境中でのアンモニウムの排出　　*451*
　　アンモニウムの取り込み、排出、不動化および可動化　　*451*

　アンモニア酸化、硝酸イオンの生成、および硝化　　*454*
　　細菌による好気的アンモニア酸化　　*456*
　　古細菌によるアンモニア酸化　　*458*
　　好気的アンモニア酸化の支配要因　　*462*

　硝化の第二段階としての亜硝酸酸化　　*464*
　嫌気的アンモニア酸化　　*465*
　異化的硝酸還元と脱窒　　*467*
　　異化的硝酸還元によるアンモニウム生成　　*469*

　脱窒対アナモックス　　*471*
　一酸化二窒素の発生源と吸収源　　*473*
　N損失と窒素固定のバランス　　*475*

Chapter 13
地球微生物学への招待　　*479*

　細胞表面電荷、金属吸着および微生物付着　　*480*
　　金属吸着　　*482*
　　シデロフォアやその他の金属リガンドに媒介された
　　鉄の取り込み　　*485*

　表面への微生物の付着　　*487*
　微生物によるバイオミネラリゼーション　　*489*
　　炭酸塩鉱物　　*490*
　　リン鉱物　　*494*
　　酵素が関与しないプロセスを介しての鉄鉱物の生成　　*497*

xvi

磁鉄鉱と走磁性細菌　　*498*

　マンガン酸化細菌および鉄酸化細菌　　*501*
　　　鉄酸化　*501*
　　　マンガン酸化細菌　*505*

　微生物による風化と鉱物の溶出　　*508*
　　　酸および塩基の生成による溶解　*510*
　　　低分子および高分子リガンドによる溶解　*511*

　化石燃料の地球微生物学　　*512*

Chapter 14
共生と微生物　　*519*

　脊椎動物を住処とする微生物　　*523*
　微生物と昆虫の共生　　*527*
　　　シロアリの微生物共生者　*528*
　　　アブラムシとブフネラの共生　*530*
　　　アリと菌類の共生関係　*532*

　海洋の無脊椎動物に見られる共生微生物　　*536*
　　　ガラパゴスハオリムシの内部共生者と
　　　その他の硫黄酸化共生微生物　*537*
　　　海洋における生物発光共生微生物　*543*

　微生物─植物共生　　*548*
　　　ジアゾ栄養細菌と植物の共生　*548*
　　　菌類と植物の共生　*551*

　結語　　*557*

参考文献　　*559*
索引（事項・生物名）　　*603*

Chapter 1
イントロダクション

　微生物は目に見えない世界を作り出している。それは少なくとも私たちの肉眼では見えない世界である。本書では、この微生物の世界と、そこに住む住人たちのことを詳しく調べよう。この探究を通して、微生物が関わるさまざまなプロセスが、目に見える大型生物の世界に対してどのような影響を及ぼしているのかが明らかになるだろう。微生物が関与するプロセスには、実際のところ自然界で起きているほとんどすべての化学反応が含まれており、生物圏における、炭素、窒素およびその他の元素の大規模な循環は、微生物によって駆動されているといっても過言ではない。本書が扱う微生物が関わるプロセスの中には、このような化学反応に加えて、微生物間あるいは微生物と大型生物の間の相互作用も含まれる。
　本章では、自然界に見られるさまざまな種類の微生物を紹介するとともに、本書を通して用いるいくつかの基本的な用語を解説する。また、どうして自然界の微生物を研究する必要があるのかについても考察を加える。この考察を通して、微生物生態学がどのような学問であるのかについて、ある程度の感触がつかめるだろう。続く2章と3章では、本章の内容を敷衍する形で、微生物と環境の基本概念をより詳しく紹介する。それではまず微生物の定義から始めよう。

▶ 微生物とは何か？

　微生物（microbes）あるいはその同義語である微小生物（microorganisms）は、その大きさが約 100 μm 以下の「顕微鏡でなければ観察ができないすべての生物」と定義される。微生物の世界を構成するのは多様な生物の集合である。「小さい」という共通点を除けば、そこには実にさまざまな生物、すなわち細菌（bacteria）、古細菌（archaea）、菌類（fungi）およびその他の真核生物が含まれる（図1.1）[訳注：archaea（あるいは分類学的な名称としては *Archaea*）の訳語としては、「古細菌」以外に、「アーキア」あるいは「後生細菌」も用いられるが、本書では「古細菌」で統一した]。ウィルスも微生物の世界の一部ではあるものの、これらはおそらく「生きている」とはいえないため、微生物には含めない。ウィルスを除外すると、通常、自然界で最もシンプルかつ最小の微生物は細菌と古細菌である。

　顕微鏡でみると、細菌と古細菌はとてもよく似ている。そのため、かつて古細菌は細菌の一種であるとみなされた。古細菌は archaebacteria [訳注：始原の細菌]、細菌は eubacteria（真の細菌）と呼ばれていたのである。今日では、細菌と古細菌はそれぞれが独立のドメイン（domain）をなすと考えられている。[訳注：原著では最上位の分類単位として kingdom（界）が使われているが、訳書ではウーズらに従いドメインとした。] つまり地球上に存在する生命を大きく分かつ3ドメインのうち、2つを代表するのが細菌（*Bacteria*）と古細菌（*Archaea*）ということになる。もうひとつのドメインは真核生物（*Eukarya*）であり、ここには菌類、原生動物、藻類（ただしシアノバクテリアは含まない）、さらには高等植物や動物が含まれる。単細胞の真核生物である原生生物 [訳注：原生動物や微小な藻類が含まれる] は、真核微生物の中でも特に重要なグループである。

　自然環境中の微生物にはさまざまなタイプのものがあり、それらが媒介する微生物プロセスも多様である。微生物の機能の中には、大型生物の世界で植物や動物が果たしている役割と類似したものがある。たとえば、ある種の微生物は、緑色植物のように一次生産者としての役割を果たすし、別の微生物は、草食動物のように一次生産者を餌としている。さらには肉食動物のよ

Chapter 1　イントロダクション

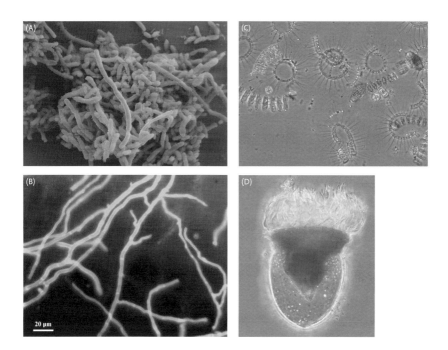

図1.1　微生物の例。パネルA：ジェマティモナス門に属する土壌細菌。それぞれの細胞の幅は約1 μm。写真はMark Radosevichの好意による。パネルB：菌類の菌糸。写真はDavid Ellisの好意による。パネルC：ナラガンセット湾（米国、ロードアイランド州）で夏季に見られた大きさが50～100 μmのさまざまな真核藻類。写真はSusanne Menden-Deuerの好意による。パネルD：海産繊毛虫 *Cyttarocylis encercryphalus*。大きさは約100 μm。写真はJohn Dolanの好意による。

うな微生物もいて、これらは「草食性の」微生物をエジキにしている。その一方で、微生物には、大型生物では見られないような、もっと別のさまざまな機能も備わっている。微生物に見られる多様な機能は、地球という惑星上で生命を維持するうえで、必要不可欠なのである。

▶ なぜ微生物生態学を研究するのか

すでに言及したように、微生物を研究する大きな理由のひとつは、生物圏の維持のうえで必要不可欠な多様なプロセスを微生物が媒介するという点に

3

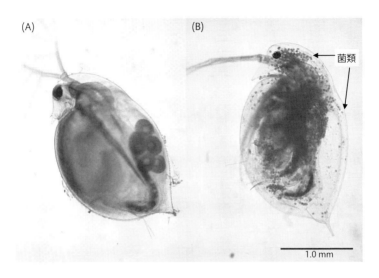

図1.2 淡水域で普通に見られる動物プランクトン *Dahnia pulicaria*（一般的にミジンコと呼ばれる）。パネル A の個体では菌類の感染は見られない。パネル B の個体では、体腔の中に数多くの小さな黒い斑点が透けて見えるが、これらは感染した菌類である。アメリカ生態学会の承諾を得て Johnson et al. (2006) より転載した。

ある。しかし理由はこれだけには留まらない。以下に 7 つの理由を列記するが、このうち 1 番目のものは、専門家ではない一般の読者がおそらく最初に思いつく理由だろう。

▶ 微生物は人間を含めた大型生物の病気の原因になる

微生物が人類にどんな影響を及ぼすのかと聞かれると、多くの人はおそらく「ばい菌」を思い浮かべる。たしかにある種の微生物は、人やその他の大型生物の病気の原因になる。自然環境中でも、感染症が大型動植物の個体群動態を支配する要因のひとつであることは知られているものの（Ostfeld et al. 2008）、その重要性はもしかしたら過小評価されているのかもしれない。自然界で病気になった動物は、捕食者によってただちに殺されてしまうため、病気であるということが確認される以前に姿を消してしまうだろう。水圏環境中の動物プランクトンのような小型の動物（図1.2）や、土壌の無脊椎動

物に対して、病気がどの程度のインパクトを与えているのかについては知見がきわめて乏しい。これらの小型動物は、自然生態系の健全性を維持するうえで重要な役割を果たしているが、今日、気候変動の影響で、その生存がさまざまな局面で脅かされているといわれる。海洋では、病気の拡大を示す証拠も得られ始めている（Lafferty et al. 2004）。陸上の両生類は、カエルツボカビによる感染のためにその個体数が世界中で減少しているが、これには地球温暖化が関連しているのではないかと疑われている（Rohr and Raffel 2010）。

　しかし病原性というのは、すべての微生物にあてはまる原則ではなく、実は例外であるといったほうが正しい。微生物学者ジョーン・イングラハムによれば、人間の中の殺人者の割合のほうが、微生物の中の病原体の割合よりも高い。私たちの皮膚や体内に生息するものを含めて、自然界の大部分の微生物は非病原性である。人体は、大量かつ多様な微生物群集の住処なのだ。実際、人体に見つかる細菌細胞の数は、ヒト細胞の数をはるかに上回る。平均的な成人の場合、保有する細菌数は約 1×10^{14} 細胞であるが、これはヒト細胞数の 10 倍にあたる。私たちの皮膚や粘膜に生息する微生物は、病原体の侵入を防ぐ働きをしている。消化管内の細菌も同様な役割を果たすが、これに加えて消化を助ける働きもする。大腸の微生物叢を破壊すると、たとえば病原菌であるディフィシル菌（*Clostridium difficile*）が大繁殖し、しばしば下痢を伴う腸炎が発症する。「細菌療法」（便の移植）と呼ばれる治療法では、通常の腸内微生物叢を腸炎患者の腸に「移植」する（Khoruts et al. 2010）。近年、人体に存在する微生物叢のゲノムをすべて明らかにする大型プロジェクトが進められているが、そこでは、もともと土壌や海洋の研究の中で考案された、メタゲノム解析という手法（10 章）が用いられている。

▶ 私たちの食糧の多くは微生物に依存する

　私たちが日常的に消費するヨーグルトやワイン、チーズといった多くの食品や飲み物が、微生物の働きによって生産される。今日、食品微生物学と呼ばれる研究分野を切り開いたのは、微生物学の黎明期に活躍した、微生物生態学の先駆者ともいえる学者たちである。ルイ・パスツール（Louis Pasteur,

BOX1.1 微生物学を創出した二人の巨人

ひとりはパスツールで、彼は微生物学の黎明期に化学と生物学の分野で多くの貢献をした。パスツールの重要な貢献のひとつは、19世紀の半ばには認められていた理論であった、有機物分解に際しての生命の自然発生説を覆したことである。有機物分解は、今日においても、微生物生態学におけるひとつの重要な研究テーマである（5章）。パスツールは疾病の原因としての細菌の役割についても研究をしたが、特定の微生物が特定の疾病の原因であることを最初に示したのは、パスツールと同時代を生きたもう一人の巨人、ロベルト・コッホ（Robert Koch, 1943〜1910）である。コッホは感染症の原因菌を特定する際の判断基準である「コッホの原則」を提唱した。また今日の微生物生態学でも用いられている細菌の単離法である寒天平板法を開発したのもコッホである。

1822〜1895）は、ワイン醸造所からの依頼で、ある種のワインが酸っぱくて飲めなくなる原因について調べた。彼が扱ったのは、アルコール（良好なワイン）を生成する微生物と、有機酸（酸っぱくて飲めないワイン）を生成する微生物という、2つのタイプの微生物間の競争についての古典的な問題であった。パスツール以来、複雑な微生物の相互作用やプロセスが、食べ物や飲み物に及ぼす影響についての応用的な研究が連綿と行われてきたが、このような研究課題は、今日の微生物生態学の主要な研究テーマのひとつになっている。微生物プロセスは、食肉や乳製品の生産にも関わっている。ウシ、ヤギ、ヒツジなどの反芻動物が食草の多糖類を消化できるのは、複合的な微生物群集の働きのおかげである（14章）。微生物生態学の源流のひとつは、ロバート・ハンゲイト（Robert Hungate, 1906〜2004）をはじめとする、微生物と反芻動物の相互作用を、主に嫌気的な微生物プロセスの観点から研究した微生物学者たちの仕事にたどることができる（Hungate 1966）。

微生物は、湖や海洋における生命の維持のうえでも重要である。私たちが消費する魚の生産も、究極的には微生物によって支えられている。陸上において大型植物がそうであるように、水圏環境では微生物が主要な一次生産者としての役割を果たす。つまり、光エネルギーを使って二酸化炭素を有機物

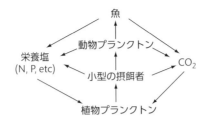

図1.3 多くの水圏環境で普通に見られる植物プランクトンから魚類へとつながる単純な食物連鎖（実線の矢印）。この食物連鎖の土台は微生物（植物プランクトン）であること、また小型の植食者や肉食者の一部も微生物であり、これらが低次栄養段階を部分的に構成していることに注意せよ。この図には示されていないが、このほかにも植物プランクトンが利用する栄養塩類の排出に寄与している微生物（主に細菌）がいる。

に変えるのである（4章）。一次生産を担う微生物は「植物プランクトン」と呼ばれ、シアノバクテリアや真核藻類がここに含まれる。生育段階初期の幼魚も含めて、魚は直接植物プランクトンを消費するわけではない。湖や海洋における植物プランクトンの主要な消費者（植食者）は、顕微鏡的なサイズの小型浮遊動物（動物プランクトン）や原生生物である。植食性の動物プランクトンや原生生物は、大型の動物プランクトンや幼魚によって捕食される。これは最終的には成魚にまでつながる食物連鎖の重要な鎖環である（図1.3）。ただし微生物と魚の間に、もっと直接的な食物連鎖関係が見られる場合もある。ある種の水産養殖場では、エビにバイオフロックを給餌するが、これは養殖池に添加した小麦粉と、エビが排出したアンモニウムを使って増殖した細菌が形成する大型の凝集物のことである［訳注：海洋や湖沼の自然環境中でも、多糖類などのポリマーを主成分とする大型の凝集物が見られ、これらは魚の餌になる］。自然の水圏環境中の食物網はもっと複雑であり、図1.3に示すような単純で直線的な食物連鎖では、その実態を十分にとらえることはできない。しかし、食物網の複雑さの度合いにかかわらず、微生物が水産資源の基盤であるということは変わらない。実際、微生物の生産性が高いと漁獲量が高いという一般的な傾向があることが知られている（Conti and Scardi 2010）。

食糧と微生物の関わりを示すもうひとつの重要な例を挙げよう。それは微生物が、一次生産者（陸上においては高等植物、水圏においては植物プランクトン）の生産や増殖にとって不可欠な、無機栄養塩類を供給する役割を果たしているということである。アンモニウムやリン酸イオンといった無機栄養塩類は、微生物が有機物を分解する際に排出される（5章）。微生物の中には、植物が窒素源として利用することができない窒素ガスを、利用できる形態であるアンモニウムへと変化させる（固定する）ものもいる（12章）。さらに、土壌の肥沃度にも微生物は影響を及ぼす。土壌有機物は、微生物によって部分的に分解された高等植物由来の有機物や、微生物に直接由来するその他の有機化合物から成るのであるが、これらの有機成分は、植物が必要とする養分を含むばかりでなく、土壌中の水の流れ、酸素やその他の気体のフラックス、さらにはpHにも影響を及ぼす。栽培植物の成長に直接的な影響を及ぼす土壌のさまざまな物理化学特性も、有機成分によって変化する。以上のことを考えると、私たちにとって不可欠な食糧の生産が、間接的あるいは直接的に微生物の働きに依存しているということがわかるだろう。

▶ 微生物は汚染物質を分解し無毒化する

　レイチェル・カーソン（Rachael Carson, 1907 〜 1964）は、1962年に『沈黙の春（Silent Spring）』を出版したが、しばしば指摘されるように、これがその後の環境運動の起爆剤となった。この書物は、殺虫剤であるジクロロジフェニルトリクロロエタン（DDTとしてよく知られている）が引き起こした野生生物や生態系の被害についての記録である。幸いなことに、環境中のDDT濃度は時間とともに減少しつつあるが、その理由のひとつは「沈黙の春」の出版後に多くの先進国でDDTの使用を禁止する法的措置がなされたからである。法的な規制にくわえ、主に細菌を中心とする微生物群集は、DDTやその他の有機汚染物質を無害な化合物へと分解し、最終的には二酸化炭素へと変換している（Alexander 1999）。多くの有機汚染物質は、その複雑な化学構造のゆえに分解するのが困難（難分解性）であるが、それにもかかわらず、細菌や菌類は、大型生物に対して非常に強い毒性を示す有機化合物をも含め、ほとんど例外なく巧みに分解する術を心得ている。

重金属のような無機汚染物質を、微生物の作用で除去することはできない。しかし、微生物は重金属の静電荷を変化させることで、環境中の汚染物質の移動性に影響を及ぼすことがある。放射性廃棄物の廃棄場に近接する地下水や地下環境中でのウランの拡散に対する細菌（ジオバクター）の作用は、このようなプロセスのひとつの例である（Lovley 2003）。最も酸化した状態の6価ウラン U(VI) は、地下環境中を比較的容易に移動するが、ジオバクターやおそらくその他の細菌による還元作用の結果として生成される4価ウラン U(IV) には、移動性がほとんど無い。この事例の場合、微生物によって汚染物質が除去されたわけではないが、汚染物質の拡散が、微生物の作用によって抑えられたということになる。

▶ 微生物は生態学や進化学の一般原理を研究するうえでの有用なモデル・システムになりうる

　微生物は、生化学、生理学、分子生物学などの分野で、さまざまな疑問を解き明かすための「モデル生物」としての役割を果たしてきた。微生物がモデル生物として優れているのは、増殖が速く、実験室内で簡単に操作することができるからである。同様な理由から、微生物は、生態学、集団遺伝学、進化学などの分野でも、一般的な疑問を探究するうえでのモデルとして用いられている。たとえばウィルスと細菌の相互作用は、捕食者と餌の相互作用の解明のうえでのモデル・システムとして使われてきた（8章）。「ある時間において、あるニッチは、ただ1種によってしか占有されることはない」というガウゼの競争排除則（図1.4）の確立のうえで、原生動物と細菌を使った実験は重要な役割を果たした。細菌と菌類の実験からは、変動する環境中での自然選択や適応についての基本原理が証明された（Beaumont et al. 2009; Schoustra et al. 2009）。リチャード・レンスキと共同研究者たちは、1988年以来20年間にわたり、週末や休日も含めて毎日大腸菌を新鮮な培地に植え替え続け、その細菌培養を追跡することで、50,000世代以上にわたる世代交代を経ることで大腸菌に生じた進化がどのようなものであったのかを調べた（Lenski 2011, Woods et al. 2011）。ゲノム配列決定（10章）の結果、この世代交代の間に大腸菌に生じた変化が正確に示され、生物の進化につい

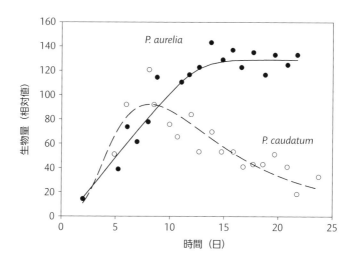

図1.4 競争排除則(「ある時間において、あるニッチは、ただ 1 種によってしか占有されることはない」)を支持する実験結果。2 種のゾウリムシ(*Paramecium aurelia* と *P. caudatum*)に、細菌(*Bacillus pyocyaneus*)を餌として与えて競争させたところ、一方のゾウリムシだけが生き残った。データは Gause (1964) より。

ての新たな洞察が得られた。これは大型生物を材料にした場合には、とてもできないことである。

　微生物を研究することで、私たちは大型生物のことをよりよく理解することができるが、逆もまた真なりである。植物や動物の生態を探求するために発展した一般理論は、微生物生態学においてもしばしば役に立つ。たとえば微生物生態学者は、もともと大型動物を扱った「島の生物地理学理論」(MacArthur and Wilson 1967)を、微生物の分散や、微生物の多様性と生息地サイズの関係を調べるために借用している(9 章)。同様に、動物群集に関して発展してきた安定性や多様性に関する数理モデルは、今日では、微生物群集の動態やプロセスの研究に適用されつつある。植物や動物で調べられてきた多様性のパターン(たとえば、緯度による多様性の変動パターン)が、微生物の多様性についてもあてはまるのかどうかを調べる研究も行われている。大型生物に基礎をもつ理論は、すべてとはいわないまでも、その多くが微生物にも適用可能なのである。

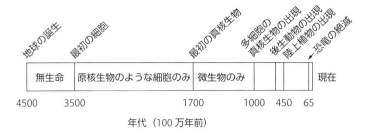

図1.5 生命の歴史におけるいくつかの重要な年代。生命史の大部分は、微生物のみが存在する期間で占められている。多細胞の真核生物がようやく出現したのはいまからわずか10億年前、つまり地球誕生から35億年が経過してからのことである。原核生物は細菌と古細菌を指す。Czaja (2010)、Humphreys et al. (2010)、Payne et al. (2009)、Rasmussen et al. (2008) に基づく。

▶ ある種の微生物は地球の初期に現れた生命や、もしかしたら地球以外の惑星の生命の姿を示している

　微生物生態学者が、さまざまな環境の中で現に起きている微生物プロセスを研究するのは、今日の生物圏がどのような仕組みで維持されているのかを理解するとともに、気候変動によって将来それがどのように変化しうるのかを予測するためである。しかし、今日の微生物の生き方を知ることは、遠い昔の生命を理解することの助けになる場合もある。地球上に現れた最初の生命体は、疑いなく、今日見られる微生物に似た生き物であっただろう。地球の歴史の最初の30億年の間、大型生物はまだ存在せず、原初の微生物とその子孫たちがこの惑星を支配したのだ（図1.5）。多細胞の動物や植物が出現したのは、約10億年前のことである。これは、微生物の進化の過程でさまざまな生存戦略（それらは今日の地球上でも見られる）が作り出されたのち、さらに10億年から20億年が経過してからのことである。私たちは、初期の地球の環境と類似した条件下で生息している微生物を調べることで、地球の生命進化の初期過程についての理解を深めることができる（13章）。

　微生物を研究することで、何億年も前の過去の環境だけでなく、地球から何百万キロも離れた惑星に存在するかもしれない生命について、思いを巡ら

すこともできる。地球上には、あたかも別の惑星であるかのような極限的な環境が存在するが、このような環境中での微生物の研究は、宇宙生物学という分野で集中的に進められている。極限環境で生残できるのは、微生物（多くの場合極限環境を好む細菌と古細菌）のみである（3章）。たとえば、温泉や砂漠、極域の氷、ツンドラの凍土、さらには生命が存在するとはとうてい思えないような岩だらけの場所にも、微生物は生息している。このような極限的な環境に生息する微生物は、他の惑星に存在する生命と似ているのかもしれない。また、宇宙生物学的な研究から得られる情報は、他の惑星での生命探査でも役立つだろう。ただし、もし地球外に微生物が存在しなかったとしても、このような極限環境での微生物の研究にはそれ自身の価値がある。極限的な環境やそこに生息する微生物というのは、魅力的であり、好奇心をそそるものである。

▶ 微生物は地球の気候に影響を及ぼす多くの生物地球化学的プロセスを媒介する

　微生物生態学を研究する理由の中で、間違いなくこれが最も重要である。本書が扱う多くの話題の背景にはこの問題がある。微生物が汚染物質を分解する役割を果たすことについてはすでに述べたが、微生物は、より深刻な「汚染」問題にも関わっているのである。

　人類は、気候に影響を及ぼすさまざまな気体の排出を通して、地球の大気を汚染し続けている。これらの気体は、太陽からの長波放射（つまり熱）を捕獲する働きをすることから「温室効果ガス」と呼ばれる。大部分の温室効果ガスには、自然発生源が存在する。そのため幸運なことにも、自然状態の地球の大気には、常にある程度の温室効果ガスが存在し、そのおかげで地球の平均気温は16℃に保たれている（Schlesinger 1997）。もし、大気中に温室効果ガスが全く無くなったとすれば、地球の平均気温は−21℃に低下する。こう考えると、地球が適度な暖かさに保たれているのは、温室効果ガスのおかげであることがわかる。一方、温室効果ガスが存在しない火星の平均気温は−55℃である。逆に、金星は大気中の温室効果ガス（主に二酸化炭素）の濃度が高く、かつ太陽に近いということもあり、平均的な表面気温が460℃

Chapter 1 イントロダクション

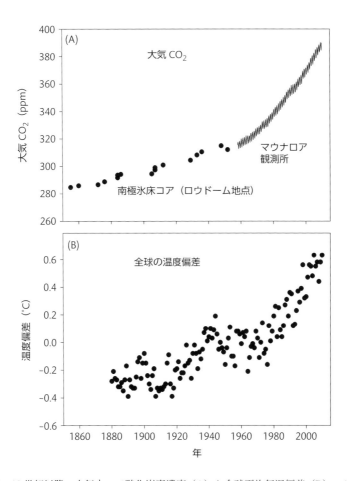

図1.6 19世紀以降の大気中の二酸化炭素濃度 (A) と全球平均気温偏差 (B)。二酸化炭素濃度は氷床コアからの推定値 (Etheridge et al. 1996) またはマウナロア観測所での直接測定結果である。マウナロア観測所のデータは、アメリカ海洋大気庁のPieter Tansより提供されたものであり、許可を得て転載している (http://www.esrl.noaa.gov/gmd/ccgg/trends/#mlo_data)。全球平均気温偏差は、ある年の平均気温から、1951年から1980年の期間の平均気温を差し引いた偏差である。データはHansen et al. (2006) より。

にも達する。地球の大気に含まれる温室効果ガスの濃度は、1800年代の初頭に産業革命が始まって以来、上昇の一途をたどっている（図1.6）。水蒸気も主要な温室効果ガスのひとつであるが、人間社会が甚大かつ直接的な影

表1.1 温室効果ガスの種類とそれらに対する微生物の影響。濃度は2005年のものであり、百万分率（ppm）、十億分率（ppb）、一兆分率（ppt）で表す。データはForster et al. (2007) より。

気体	濃度	温室効果*	関連する微生物またはプロセス
二酸化炭素（CO_2）	379 ppm	1	藻類と従属栄養細菌
メタン（CH_4）	1774 ppb	21	メタン生成古細菌とメタン栄養微生物
一酸化二窒素（N_2O）	319 ppb	270	脱窒と硝化
ハロゲン化物**	3–538 ppt	5– >10 000	従属栄養微生物による分解？

* CO_2に対する相対値
** たとえばCFC-11やCF$_4$

響を及ぼしているのは、水蒸気以外の気体である。最も重要なのは二酸化炭素であるが、その他にメタン（CH_4）や一酸化二窒素（N_2O）も挙げられる（表1.1）。メタンや一酸化二窒素の大気中濃度は、二酸化炭素と比べるとずっと低いが、1分子あたりに捕獲される熱の量は二酸化炭素よりもはるかに大きい。これらの温室効果ガスの濃度が上昇したために、現在の地球の平均気温は、19世紀に比べて約1℃高くなっている（図1.6）。

　温室効果ガスが気候に及ぼす影響や、気候変動に対する生態系の応答を理解するうえで、微生物生態学の研究はきわめて重要である。その理由のひとつは、これらの気体のほとんどすべてが、微生物によって吸収されたり排出されたりするからである（表1.1）。たとえば二酸化炭素は、陸上生態系では高等植物によって吸収され、水圏生態系では植物プランクトンによって吸収される。一方、陸上生態系でも水圏生態系でも、二酸化炭素は従属栄養微生物によって排出される。この生物活性の影響は、図1.4に示す二酸化炭素濃度の季節的な振動にみることができる。すなわち、二酸化炭素濃度は、植物の成長が盛んな夏に減少し、呼吸による二酸化炭素の排出が植物の成長にともなう二酸化炭素の吸収を上回る冬に上昇する。大気中で増加しているもうひとつの重要な温室効果ガスであるメタンのフラックスは、ほぼ完全に微生物によって支配されている（11章）。メタンや一酸化二窒素は、いずれも嫌気環境中で生成され、この量は年々増加している［訳注：ただし一酸化二

窒素の一部は好気的プロセスである硝化にともなっても発生する。これについては 11 章で議論がなされる］。その主な理由は農業活動の拡大にある。

　温室効果ガスの排出や吸収の変動を支配する大きな要因は、微生物が媒介する自然プロセスである。そこに人為起源の排出の影響が加わるために、事態は複雑なものになる。多くの場合、温室効果ガスの排出や吸収に対する自然プロセスの寄与は、人為プロセスの寄与を大きく上回る。しかし、この状況は次第に変わりつつある。たとえば、植物の養分として重要なアンモニウムの生成についてみると、人間による工業的な化学肥料の生産や、窒素固定細菌と共生する作物の作付けが増加した結果、今日では、人為起源のアンモニウムの生成が、自然界における微生物によるアンモニウムの生成に匹敵するという状況になってきている（12 章）。［訳注：アンモニウムは温室効果ガスではないが、間接的に温室効果ガスの排出や吸収に影響を及ぼす。］このような、人為プロセスと自然プロセスの相対的な寄与の変化に加え、自然プロセスがさまざまな時間スケールで変動するということが、状況をいっそう複雑にしている。すでに二酸化炭素についてみたように、温室効果ガスの濃度は季節によって変動する。また地質学的な時間スケールにおいても、その濃度は人間活動とは無関係に大きく変動する。このような自然変動を、人間活動の影響による変動から分離し、それぞれの変動の意味を正しく理解することが、今日の温室効果ガス研究における重要な課題となっている。

　微生物生態学的な基礎研究によって、地球温暖化問題を解決することはできない。しかし本書で考察する内容の多くは、その問題を理解するうえで役に立つ。微生物生態学や地球システムを研究する科学に課せられたひとつの任務は、増加する温室効果ガスや諸々の地球環境変動が生物圏に及ぼす影響を明らかにすることである。地球の気温の上昇は、光合成と呼吸のバランスにどのような影響を及ぼすだろうか？　溶存 CO_2 の増加や、その結果として起こる pH の低下に対して、水圏生態系はどのように応答するだろうか？　アラスカやシベリアのツンドラの永久凍土が融けたら、どれだけの CO_2 や CH_4 が排出されるだろうか？　このようなさまざまな疑問に対する答えを見つけられるかどうかは、微生物生態学者の研究にかかっているのである。

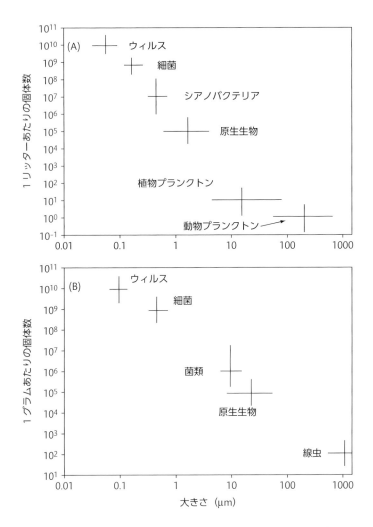

図1.7 典型的な水圏環境（A）や土壌（B）における微生物とそれ以外の生物のサイズ。菌類の大きさは菌糸の直径で表した。菌糸の長さでみると、菌類の種類によっては数メートルに達することもある。

▶ 微生物はどこにでもいて、ほとんどあらゆることをやっている

　ここまで、微生物生態学を研究する理由として、人間社会が抱える実際的な問題に焦点をあてて考察を加えてきた。しかし、仮に将来それらの実際的

表1.2　生物圏における微生物（細菌と古細菌）の現存量と植物現存量の比較。Whitman et al. (1998) より引用。Pg はペタグラム（10^{15} グラム）である。

生物	生息環境	細胞数（×10^{28}）	炭素量（Pg）
細菌と古細菌	水圏	12	2.2
	海底の地下環境	355	303
	土壌	26	26
	陸域の地下環境	25-250	22-215
	合計	415-640	355-546
植物	陸域	—	560
	海洋	—	51

な問題がすべて解決されたとしても、微生物生態学は依然として興味深い研究分野であり続けるだろう。本書のもうひとつの大きな目標は、生物圏の基本的なプロセス（そこには私たちが現実的に直面している問題には直接には関わらないプロセスも含まれる）を理解するうえで、微生物生態学がいかに重要であるのかを示すことにある。この惑星上で、最も数が多くて多様性にあふれる微生物。これについて深く知りたいと思うのは、当然のことなのだ。

　一般的な法則として、生物は小さければ小さいほどその数が多い（図1.7）。ウィルスは、水圏と土壌の両方において、最小かつ最多の生物学的存在である。一方、動物プランクトンやミミズといった大型の生物は数が少なく、ウィルスの数に比べたらその 10^{10} 分の1にすぎない。環境によって異なるものの、湖水や海水 1 mL あたりには、典型的には 10^7 のウィルス、10^6 の細菌、10^4 の原生生物、そして 10^3 あるいはそれ以下の数の植物プランクトンがいる。土壌や堆積物 1 g 中には、典型的には 10^{10} のウィルスと 10^9 の細菌が存在し、大型生物の数はそれよりもずっと少ない。地球の表面から何 km も離れた地下環境においても、堆積物 1 g あたりに何千という微生物がいる。海洋の深層や超深度の地下環境中では、古細菌の数が相対的に多くなる。水がほとんど浸透しないように見える石の中にさえ、微生物群集が大量に生息することがある。また、すでにみたように、ヒトを含めた大型生物の表面や内部には、多くの微生物が生息する。生物圏全体としてみると、細菌や古細菌の全現存

量は植物の全現存量に匹敵し（表1.2）、また動物の全現存量を確実に上回る。

　大型生物が存在できない極端な温度やpH、あるいは高圧力の条件下でさえも、多くの微生物が見つかる。このような環境は、人間の観点でいえば「極限的」であるが、そこに生息する多くの微生物にとってはまるで普通なのである（3章）。80℃を超える沸騰間際の水の中では、真核微生物を含めてほとんどの生物は死んでしまう。しかし、そのような環境の中でも、超好熱細菌やある種の古細菌は生息することができる。イエローストーン国立公園の温泉は、高温で低pHでありながら、多くの珍しい微生物群集が見つかることで有名である。これらの微生物は、ぐつぐつと煮えたぎる酸の中で生息しているのだ。別の極端な例を見てみよう。それは海氷の生成時にできる高塩水（ブライン）が含まれる氷の隙間である。そこは塩分が非常に高く（海水が3.5%であるのに対し、ここでは20%）、低温（-20℃）であるが、このような環境中にさえも、真核微生物と原核微生物のいずれもが生息することが知られている。一方、海洋の深層はどうであろうか。水深が1,000 mよりも深くなると、そこは高い静水圧（海面に比べて100倍高い）と一年中低い水温（約3℃）で特徴づけられる「極限的」な世界である。しかし、このような環境は、実は地球上で最も巨大な生態系のひとつとみなすことができる。地球の表面積の71%は海洋で占められており、その75%（容積換算）は水深が1,000 mを超えるのである。この広大な深層水中には多くの微生物が生息し、緩慢に増殖をしている。

　極限環境には、さまざまな種類の微生物が存在する。それらの微生物が有する代謝システムの多くは、やや偏った言い方をすれば、風変わりで奇妙である。しかし実際には、生物圏はこのようなさまざまな代謝システムに大きく依存している。たとえばある種の微生物は、酸素（O_2）が無い環境中で、硝酸イオン（NO_3^-）や硫酸イオン（SO_4^{2-}）を使って呼吸をする（11章）。硫化水素（H_2S）は、大型生物に対しては致死的な作用を及ぼす毒物であるが、ある種の微生物にとっては不可欠な「食材」である。また、メタンの生成や窒素ガスからのアンモニウムの合成といった物質代謝を行うことができるのは微生物だけである。さらに、生命活動とは相性の悪そうな、アセトンやブタンといった化学物質を生産する微生物がいることも知られている。微生物

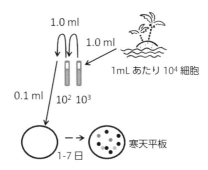

図1.8　平板計数法。環境サンプルは通常まず希釈をする。土壌の場合、1 mL または 0.1 g のサンプルを 9.0 mL の適当なバッファーに加えよく攪拌した後、ここから 1.0 mL を取り、9.0 mL のバッファーに添加する。この 2 段階目の希釈液を 0.1 mL 取り、寒天平板に塗布する。数日後にもし平板上に 10 コロニーが現れたら、もともとのサンプルの単位体積（mL）あるいは単位重量（g）あたりに、培養可能な細菌が 10^4 細胞いたと推定できる。希釈率はサンプルによって変える。

は、本当にほとんどすべてのことができるのである。

▶ 自然界の微生物をどのようにして研究するのか？

　前節までに見た、自然界での微生物の生態に関する研究においては、さまざまなアプローチや手法が用いられる。見えない世界の生き物の活動が、私たちが属する見える世界に対してどのように影響を及ぼすのかを解明することは、知的なパズルを解くようなものである。本書では、読者がこのパズルのどこまでが既知でどこからが未知であるのかの境目をはっきりと認識し、理解をより深めることができるように、微生物生態学で用いられる方法についても考察を加える。微生物生態学の方法を知ることで、一見単純な疑問がどうして簡単に答えられないのかという理由を、より深く理解できるようになるだろう。

　ここではひとつの最も基本的な疑問から始める。ある環境中に細菌はどれくらいいるのか、という疑問である。これに対する最初の答えは、固形の寒天培地上で微生物を増殖させる（あるいは培養する）という手法、すなわち

平板計数法によって導かれた（図1.8）。平板計数法の前提条件は、サンプル中の個々の微生物が固形培地上で増殖して大型の細胞の塊である「コロニー」を形成するということ、さらに、それらのコロニーが肉眼ないしは低倍率の顕微鏡を使って計数することができる、というものである。寒天培地上で単離された細菌は、さまざまな生化学試験の結果をもとにして同定することができる。これらの検査結果から、細菌の生理的特性についての情報が得られ、またそれらの生態学的特性や生物地球化学的な役割についての見通しをつけることもできる。さらに、純粋培養（単一の微生物を含む培養）を使って、単離した細菌の生理学や遺伝学についてのより詳細な研究を行うこともできる。

　問題なのは、大部分の微生物が、寒天培地上では増殖をしないということである。単離はきわめて困難なのだ。最初にこの問題が認識されるようになったのは、平板計数法で求めた細菌数が、直接顕微鏡法で計数した細菌数よりも何桁も低いという結果が得られたことによる。たとえば海水中では、平板計数法で求められる細菌数は 1 mL あたり約 10^3 細胞であるが、この値は、直接顕微鏡法で得られる値のわずか1,000分の1にすぎなかった（Jannasch and Jones 1959）。このような、平板計数法と直接顕微鏡法での細菌計数値の大きな違いのことを「平板計数値の大きな異常」(Great Plate Count Anomaly) と呼ぶ。「異常」のひとつの説明は、培養できない微生物（つまり平板計数法で計数できない微生物）は、すなわち死んでいるというものである。なぜなら、平板計数法で計数されるということは、微生物が生きていて肉眼で見えるコロニーを形成するのに十分な数にまで増殖することができるということを意味するからである（このことから、平板計数法のことを「生菌計数法」と呼ぶこともあるが、これは誤解を招く表現である）。一方、直接計数法で細菌が検出される条件は、ある粒子にDNAが含まれているということだけである（図1.9）。死んだ細菌であっても、もしDNAを保持し続けていれば、直接計数法で計数されることがありうる。そのために当初は、直接計数法と平板計数法で得られる細菌数が大きく異なるのは、試料の中に多くの死細菌や不活性の細菌（これらは直接法では計数されるが、平板法では計数されない）が多量に含まれるためであると考えられた。同様な問題は、細菌以外の

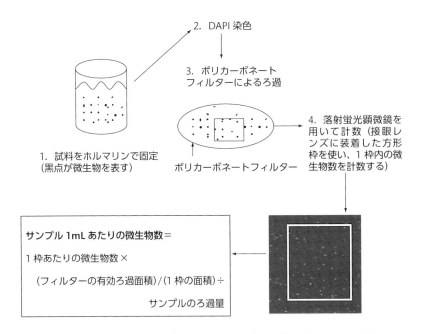

図1.9　落射蛍光顕微鏡法（直接顕微鏡法）による細菌の計数の仕方。DAPI（4',6-ジアミジノ-2-フェニルインドール）は二本鎖の核酸を特異的に染色する蛍光色素である。顕微鏡下でサンプルにUV光を照射すると、DAPIが励起されてDAPIで染色された細胞は蛍光を発する。このため、細胞は暗い背景に対して高い輝度をもったスポットとして検出される。励起光がサンプルの下からではなく上から照射されるため、「落射」蛍光顕微鏡と呼ばれる。

微生物についても認められた（9章）。

　もし本当に大部分の細菌が死んでいるか、あるいは休眠中であるとしたら、それには自然界での微生物の役割を理解するうえで重要な意義があろう。しかし今日では、平板計数と直接計数との違いの主な原因が、死菌や休眠菌の存在のためであるとは考えられていない（5章）。生菌や休眠菌、死菌の数の問題は、現在でも微生物生態学における議論の対象ではあるが、平板計数と直接計数の違いについていえば、それは主に平板計数法の側の方法的問題によると結論づけられている。基本的な問題は、計数に用いられる寒天平板培地が、自然環境中で生息する細菌やその他の微生物の多くにとって、非常

> **BOX1.2** 寒天平板の考案
>
> 寒天平板とは、さまざまな化合物を添加した寒天を、溶解後にペトリ皿に注いで固めたものである。空隙の多い支持体である固まった寒天のうえで微生物は増殖し、肉眼でみえるコロニーを形成する。寒天には微生物の増殖にとって必要な有機物や、ある種の微生物の増殖を阻害する化合物を添加する。こうすることで、目的とする微生物を増殖させることができるのである。この方法は、普通ロベルト・コッホの考案であるといわれるが、実際には次の二人の助けが必要であった。ひとりはジュリウス・リチャード・ペトリであり、彼はペトリ皿を考案した。もうひとりはコッホの妻であったファニー・ヘッセである。彼女はジャムを作るときに使っていた寒天を、平板として用いることを提言したのである。

に馴染みにくい生息環境を提供しているという点にある。ひとつの例を挙げると、「最小培地（minimal media）」と呼ばれる培地［訳注：ペプトンや酵母抽出物などの複雑な栄養物質を含まず、単純な有機炭素源と無機栄養素のみからなる培地］でさえも、自然界の微生物が遭遇するよりもずっと高濃度の有機化合物を含んでいる。また通常、平板計数法で微生物を計数するうえでの必要条件は、細胞同士が密になった状態で増殖し、肉眼で見えるコロニーを形成するということだが、これは自然界の多くの微生物にとっては受け入れがたい生育条件である。直接計数法の側にも、たとえば非特異的な染色によって、非生物粒子を本当の微生物と間違えるといったいくつかの問題はある。しかし全体としてみれば、落射蛍光顕微鏡法によって直接計数される多くの粒子は、活性のある細菌やその他の微生物あるいはウィルスである。

「平板計数値の大きな異常」の原因がなんであれ、自然界から微生物を単離して、実験室で増殖させることが困難であるという事実は、微生物生態学の進展にとっていろいろな意味での足かせになっている。まず培養が困難であるということは、古典的な方法では大部分の微生物の同定ができないということを意味する。仮に別の方法を使って同定ができたとしても（9章）、培養が困難な微生物の場合には、従来から用いられている室内実験手法を使ってその生理特性を調べることができない。生理学についての情報が無いと、

微生物が自然界において果たす生態学的あるいは生物地球化学的な役割を詳細に調べるのが難しくなる。幸いなことに、微生物プロセスをその全体的な特性として調べるアプローチを使えば、自然界の微生物群集が全体としてなにを行っているのかを知ることは可能である。たとえば、有機物の分解において、細菌、菌類、大型生物のそれぞれが、どの程度寄与しているのか調べるような場合である（5章）。この方法を使うと、細菌と菌類の現存量や活性を明らかにすることはできるが、微生物の種類（分類学的な帰属）は不明のままである。このようなアプローチは、時として「ブラックボックス・アプローチ」と呼ばれる。なぜなら、細菌や菌類の中身（それぞれの微生物の群集組成）は問われず、それぞれがひとつの「ブラックボックス」として扱われるからである。特定の種類の微生物と、特定のプロセスや機能を関連づけることで、このブラックボックスの「蓋を開く」ことは、今日の微生物生態学における重要な課題のひとつになっている。

▶ 生命の3ドメイン：細菌、古細菌、真核生物

　微生物を培養せずに同定するという課題のひとつの解決策として、遺伝子の塩基配列が使われる。この目的で用いられる遺伝子は、しばしば「系統遺伝学的マーカー」と呼ばれるが、その理由は、これらの遺伝子の塩基配列を使うことで、それぞれの微生物の分類学的帰属を決定し、微生物間の進化的類縁性を推論することが可能になるからである。9章で考察するように、微生物生態学や微生物学で広く用いられている系統遺伝学的マーカーは、小サブユニット（SSU）・リボソームに含まれるリボソームRNA（SSU rRNA）をコードする遺伝子である。より具体的には、細菌と古細菌では16S rRNA遺伝子が、真核生物では18S rRNA遺伝子やその他の遺伝子が用いられる。rRNA遺伝子を使って、培養されていない微生物の同定をする方法が開発される以前は（9章）、培養された微生物のrRNA遺伝子の塩基配列解析が行われた。

　1970年代に、微生物の分類にrRNA分子を使うことを最初に提唱したのはカール・ウーズ（Carl Woose, 1928 〜 2012）である（Woose and Fox

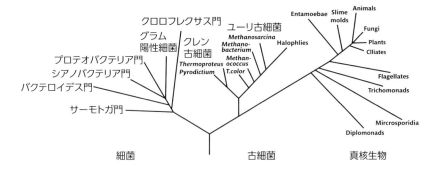

図1.10 生物の3界（細菌、古細菌、真核生物）を示す系統遺伝樹。すべての細菌と古細菌は微生物である。真核生物にも多くの微生物が含まれる。系統樹は Olsen and Woese (1993) によるが、細菌門の名称については改訂を加えてある。グラム陽性細菌には放線菌とフィルミクテスという2門が含まれる。本図では、単純化のために多くの門が省かれている。

1977）。彼は、当初 5S rRNA 分子を調べることからスタートしたが、すぐに 16S rRNA に切り替えた。なぜなら 16S 分子（1,500 ヌクレオチド）は 5S 分子（120 ヌクレオチド）に比べてサイズが大きく、ずっと情報量が多かったからである。rRNA 遺伝子の塩基配列情報を用い、ウーズはすべての生命を、細菌、古細菌、真核生物という3ドメインに分けた（図1.10）。［訳注：ウーズは当初、最上位の分類群に primary kingdom という呼称を与えたが、1990年に domain とすることを提案した。］細菌と古細菌は原核生物（核の無い生物）に含まれる（Box 1.3）。それ以外の生物はすべて真核生物に属する。古細菌という用語は、これらが地球上に最初に現れた微生物であるという初期の考えに由来する。rRNA 遺伝子の塩基配列に関するウーズの研究の以前から、微生物学者は、現在では古細菌と呼ばれる微生物が奇妙な代謝システムを有することや、それが初期地球の生命にとって有利であっただろうことなどを知っていた。そのため、ウーズはこれらの微生物を「archaebacteria」と呼んだ。語源は地質学の用語である始生代（Archaean、およそ25～40億年前。先カンブリア時代の早い段階）に由来する。今日では、古細菌が細菌より「古くから」いるわけでないことはわかっているが、呼称は残ってい

BOX1.3 原核生物という用語をめぐる議論

卓越した微生物生態学者であるノーマン・ペースは、原核生物という用語は使うべきではないと強く主張している。その理由は、細菌と古細菌の間に見られる類似性というのは見かけのうえのことにすぎないから、というのである（Pace 2006）。一方で反論もあり、原核生物という用語の使用を認める立場もある（Whitman 2009）。本書では、原核生物という用語を使うが、その理由は細菌と古細菌の総称として便利であるからである。特に自然界で観察される微生物のうち、それらは明らかに真核生物細胞ではないという以外にはなにもわからないような細胞を指す場合に、原核生物という用語は便利である。原核生物という括り方以上に系統遺伝学的な隔たりが大きく、より多様な微生物をひとまとめにして指す場合には、「微生物」や「微小生物」という用語が有用である。

るのである。

　顕微鏡で観察すれば、原核生物と真核生物を見分けるのは容易である。光学顕微鏡による観察では、原核生物の細胞は中身が無いようにみえるが、それは核やその他諸々のオルガネラが細胞内に存在しないからである。通常、原核生物のゲノムは単環状のDNA断片として細胞質の中にある（10章）。これとは対照的に、真核生物のゲノムは核（ギリシャ語でkaryote）の中にあって染色体に組み込まれている。核に加えて、真核生物は、ミトコンドリアや葉緑体といった原核生物には無いオルガネラを有し、それらには代謝機能がある。普通の光学顕微鏡で観察すると、真核生物の細胞はオルガネラによって満たされているように見える。DNAを染色した後に落射蛍光顕微鏡下で観察すると、特に目立つのは真核生物の核であり、これは容易に観察することができる。これに対して、同様な落射蛍光顕微鏡の観察において、原核生物の細胞は内部構造を欠いた密な点状の物体に見える。原核生物の細胞に含まれるDNAは凝集すると核様体を形成し、光学顕微鏡で観察することができる。

　原核生物と真核生物を分かつその他の重要な特徴のひとつに、細胞サイズ

表1.3 細菌、古細菌、真核生物の定義に関わる諸特性

特性	細菌	古細菌	真核生物
1. 膜に囲まれた核	無し	無し	有り
2. 細胞壁	ムラミン酸を含む	ムラミン酸を含まず	ムラミン酸を含まず
3. 膜脂質	エステル結合	エーテル結合	エステル結合
4. リボソーム	70S	70S	80S（細胞質内）
5. 開始 tRNA	ホルミルメチオニン	メチオニン	メチオニン
6. tRNA 遺伝子中のイントロン	まれ	有り	有り
7. RNA ポリメラーゼ	1つ（4サブユニット）	複数（それぞれは8～12サブユニット）	3つ（それぞれは12～14サブユニット）
8. ジフテリア毒素への感受性	無し	有り	有り
9. クロラムフェニコール、ストレプトマイシン、カナマイシンへの感受性	有り	無し	無し（細胞質）

が挙げられる（表1.3）。真核生物は、核やその他のオルガネラを格納する空間が必要なため、たとえ微生物とはいえ、一般的には原核生物よりも大きい。いくつか例外的に細胞サイズの大きな原核生物もいるが（Schulz and Jørgensen 2001）、これらは液胞をもっており、細胞質は細胞の外部輪郭にまで押しつけている。従ってこれらの巨大細菌の有効容積［訳注：細胞質の容積］は、典型的な細菌とそうは違わない。真核生物と原核生物の間でサイズが重複する部分もかなりあるため、サイズは微生物を分類するうえでの決定的な形質にはならない。しかし、捕食者と餌の相互作用（7章）や、溶存栄養物をめぐる細菌と真核生物の競争（細菌が有利になる）といった生態学的な相互作用を考えるうえでは、細胞サイズが重要なポイントになってくる。

　細菌と古細菌の細胞は、一般的には数 μm 以下であるのに対し、多くの場合、真核微生物の細胞は 3 μm 以上の大きさである。ただし、海産藻類オストレオコッカスのように 1 μm 以下の真核微生物も存在する（Lopez-Garcia et al. 2001）。増殖段階や培地にもよるが、実験室で培養した細菌は細胞が大きいという傾向がある。たとえば実験室で普通に培養される大腸菌

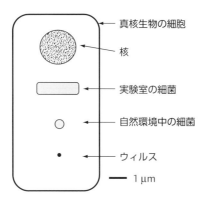

図1.11 真核生物、細菌、ウィルスのおよその大きさ。ここに示した微生物やウィルスは、サイズや形といった面で大きく異なる。通常、実験室条件下で栄養が豊富に含まれる培地で増殖した細菌は、自然環境中で見つかる細菌に比べてずっと大きい。Madigan et al. (2003) に掲載されている同様の図にヒントを得た。

(*Escherichia coli*) は約 1 × 3 μm の大きさで、形は桿状である。細菌の種類によっては、球状のものやビブリオ属のようにコンマ型のものもいる。これとは対照的に、自然環境中の細菌や古細菌はずっと小さく約 0.5 μm である。形態も、通常は単純な球菌にみえる。ナノバクテリアと呼ばれる、細胞の大きさが 0.1 μm 程度のもっと小さい細菌が存在するという報告もある。火星からの隕石 ALH84001 には、当初ナノバクテリアの化石があると考えられたが（McKay et al. 1996）、これはその後反論された（Jull et al. 1998）。自由生活をする生物にとって必要なすべての細胞構成要素を 0.1 μm のサイズの細胞の中につめこむことは難しい。ひとつの重要な構成要素であるリボソームだけでも、典型的には直径が約 25 nm ある。微生物のサイズを図 1.11 に示した。

　原核生物と真核生物を分かつ一般的特徴として、最後に代謝の多様性について触れよう。真核生物には 2 つの基本的なタイプの代謝がある。ひとつは植物に見られ（独立栄養）、もうひとつは動物に見られる（好気的従属栄養）。これら 2 つの代謝に加え、原核生物には独立栄養と従属栄養のたくさんのバリエーションがあり、真核生物には見られない一般的ではない代謝経路も多

く存在する。たとえば、窒素ガスのアンモニアへの還元（窒素固定は 12 章で考察する）やメタンの合成（メタン生成については 11 章を参照）といった経路である。原核生物の代謝的多様性は高く、このことが生物圏におけるさまざまな生物地球化学プロセスの駆動のうえで重要な意味をもっている。

▶ 微生物の機能群（functional group）

　微生物世界を区分けする全く異なるアプローチのひとつが、微生物を代謝能力や生理特性に基づいてグループ分けするというものである（図 1.12）。生態系におけるある特定のグループの役割（機能）は、そのグループが持つ代謝能力によって決まる。生理特性や生態系における機能をもとにして区分けしたグループと、系統遺伝学的な分類基準によって区分けしたグループとは、全然異なるということはないまでも大きく隔たっているということがありうる。極端な例を挙げると、シアノバクテリアと真核藻類は光合成によって有機物を生産し、一方細菌と菌類は有機物を分解する。シアノバクテリアと真核藻類（一次生産者）、あるいは細菌と菌類（有機物の分解者）の機能はそれぞれ同じであるが、系統遺伝学的には、これらはそれぞれが別々なドメインに属しており、これ以上ありえないほど遠く隔たっている。このような微生物群集の機能と構造（分類学的・系統遺伝学的な組成）の関係を調べることは、微生物生態学における重要な課題のひとつである。

　微生物の代謝の大枠について考察する前に、生物が生存し繁殖するための基本条件を整理しておこう。最も基本的なことは、生きるためには細胞を作る材料（最も多量に必要なのは炭素）が必要だということだ。次に ATP を合成するためのエネルギー源が必要である。細胞の原材料を適切な細胞構成成分へと変換し、最終的にもうひとつの細胞を作り出すための生合成反応を駆動するためには、エネルギーの一般的な通貨である ATP が必要なのである。最後に微生物は、電子をひとつの化合物（電子供与体）から別の化合物（電子受容体）へと伝達する反応、すなわちさまざまな酸化還元反応を進めるために、適切な化学物質を選択する必要がある。生合成のためには、時として出発材料の元素を還元することが必要になる。この場合、電子供与体から放

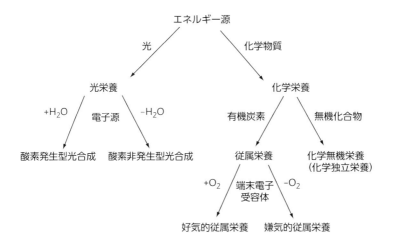

図1.12　微生物の代謝によって自然環境中で見られる微生物はさまざまな機能群に分類される。光合成で使われる電子の獲得源の違いによって、光栄養は2つのタイプに分けられる。酸素発生型光合成では、水が電子源として用いられその結果酸素が発生するが、酸素非発生型光合成では水は使われず酸素も発生しない。多くの化学無機栄養代謝においては二酸化炭素が炭素源として使われるため、これらは化学独立栄養に分類される。Fenchel and Blackburn (1979) による。

出した電子は酸化還元反応によって出発素材の化合物に渡される。最も重要な例として、出発素材である CO_2 が還元されて有機炭素が生合成される反応が挙げられるが、定義上すべての独立栄養生物はこの反応によって生合成を行う。一方、別の微生物にとっては、有機物の酸化によって生成された電子を受容する酸素のように、電子受容体となる化合物が必要である。ある微生物が以上に述べた3つの必要性、すなわち、炭素、エネルギー、酸化還元化合物、をいかに充足させているのかということによって、その微生物の機能群や生態系における役割が決まる。

▶ 独立栄養 vs 従属栄養

　これらの用語は、炭素源によって使い分ける。大型生物の世界における「植物」や「動物」と同義であるが、微生物の世界では植物や動物という表現はあまり有用ではない。そのため微生物生態学では独立栄養（autotrophy）と

従属栄養（heterotrophy）という用語が用いられるのである。これらの用語の定義を語源から考察してみよう。ギリシャ語でautoとheteroはそれぞれ「自ら」と「他の」という意味をもつ。一方、trophyは「栄養」である。したがって独立栄養生物は、CO_2を使って「自ら」有機炭素を作り出すが、従属栄養生物は「他の」生物が作った有機炭素を使う。すべての従属栄養生物は直接的（植食者）あるいは間接的（肉食者および高次栄養段階）に独立栄養生物に依存する。

▶ 光栄養 vs 化学栄養

　微生物を機能的に分類するうえでの、もうひとつの重要なポイントは、生物体の合成に使われるエネルギー源をどこから獲得するかである。光栄養生物は、巧妙な方法で光エネルギーを捕集しそれを化学エネルギーに変換する。多くの場合、光栄養生物は光エネルギーを使ってCO_2を固定する光独立栄養を行う。CO_2を有機物に還元する際に使われる電子供与体のタイプによって、光独立栄養はさらに以下のように区分することができる。ひとつは高等植物やシアノバクテリアのように水を電子供与体として使い、酸素を発生するタイプで、これは酸素発生型の光独立栄養と呼ばれる。もうひとつは、ある種の細菌のように電子供与体として水を使わず、したがって酸素の発生を伴わない酸素非発生型の光独立栄養である。たとえば、硫化水素を電子供与体として使う光独立栄養がその例として挙げられる（11章）。一方、微生物の中には、光を単に補助的なエネルギーとして使いながら、主として従属栄養を営むものもある。このような微生物の代謝様式を、光従属栄養という。

　光以外の主要なエネルギー源に、還元型物質の酸化にともない生成されるエネルギーがあるが、これに依存して生命を維持することを、化学栄養と呼ぶ。このうち、有機化合物をエネルギー源として使う場合は化学有機栄養と呼ばれる（ただし、有機化合物を炭素源としても使うため、化学有機栄養のことを単に従属栄養と呼ぶことも多い）。ヒトを始めとする動物も、化学有機栄養生物（あるいは好気的従属栄養生物）である。微生物の中には、還元型の無機化合物を酸化してATPを獲得することができるものがあり、このタイプの代謝は化学無機栄養と呼ばれる。化学無機栄養によってATP合成

ができるのは原核生物に限られ、真核生物においては知られていない。化学無機栄養（chemolithotrophy）の中間の音節 litho はギリシャ語で「岩石」を意味する。したがって語源的には「岩石を栄養とする」ということになる。ただしこれらの微生物が使う化合物は実際には岩石ではなく、アンモニウムや硫化水素といった無機化合物である（11 章）。

▶ 関連する教科書の紹介

　ここまで微生物の多様性やプロセスに関して概説したが、微生物生態学という学問あるいは本書がきわめて広い範囲の事象を扱うことがわかったのではないだろうか。この範囲の広さゆえ、微生物生態学は多くの異なる学問分野との接点をもつことになる。たとえば微生物学、生物地球化学、水圏化学、土壌化学といった分野である。本書では、このような別の分野を専攻している読者に対して、できるだけ十分な背景情報を提供するよう心掛ける。別の教科書やウェブサイトや原著論文などを参照しなくても、微生物や微生物プロセスが理解できるようにするというのが理想である。ただし現実には、特に初学者にとっては、関連する話題についての知識を整理し直し、あるいは場合によってはある事柄を新たに学ぶ必要もでてくるかもしれない。そのような場合に役に立ちそうな、微生物生態学に関連する教科書を選んで表 1.4 に示した。

　幸いにも、微生物や「見えない世界」について本書が伝えたい最も重要なポイントを押さえるうえで、別の教科書を参照する必要はない。そのポイントというのは、微生物が地球上で最も数が多く多様な生物であるということ、また微生物が生態系の機能を維持し生物圏を支えるうえで不可欠なさまざまなプロセスを担っている、ということにつきる。微生物が関わるさまざまなプロセスを探求すること、それが本書のねらいなのである。

表1.4 微生物生態学に関連する背景情報が得られる教科書

表題	発行年	著者または編者	付記事項
Aquatic Geomicrobiology	2005	D.E. Canfield, B. Thamdrup, E. Kristensen	様々な環境で見られる生物地球化学プロセスを幅広く網羅している。
Biology of the Prokaryotes	1999	J.W. Lengeler, G. Drews, H.G. Schlegel	細菌と古細菌の生理学に関する様々な課題が扱われている。
The Biology of Soil: A Community and Ecosystem Approach	2005	R.D. Bardgett	土壌環境に関する簡潔でありながら奥深い総論。
Biological Oceanography	2004	C.B. Miller	生物海洋学の新しい教科書。微生物に関する記述が豊富。
Brock Biology of Microorganisms	2011	M.T. Madigan, J.M. Martinko, D. Stahl, D.P. Clark	第13版となる一般微生物学の古典的教科書。1970年に出版された初版はT.D. Brockの単著であった。
Environmental Microbiology: From Genomes to Biogeochemistry	2008	E. Madsen	環境微生物学というのは、実際のところ微生物生態学と同じことである。
Introduction to Geomicrobiology	2007	K.O. Konhauser	表題であるGeomicrobiology(地球微生物学)は微生物学と地学を融合させた領域である(本書13章においてこの分野についての議論がなされる)。
Limnology: Inland Water Ecosystems	2002	Jacob Kalff	微生物は湖においても重要である。
Soil Microbiology, Ecology and Biochemistry	2014	E.A. Paul	現在第4版である。本書は、土壌微生物生態学を学ぶうえでの格好の入門書である。

まとめ

1. 人間の健康から有機汚染物質の分解までを含め、微生物生態学を研究する理由はさまざまである。微生物生態学は、温室効果ガスの影響や、その他の気候変動に関連する問題を理解するうえでも重要である。

2. 微生物生態学は、生物地球化学的なプロセスを明らかにするうえでも不可欠である。微生物、とりわけ細菌は、地球上で最も数の多い生物である。多くの重要な生物地球化学的なプロセスが、微生物によって駆動されている。

3. 自然界の微生物に関する研究では、古典的な微生物学的手法ではうまくいかないことがしばしばある。それは多くの微生物が単離できず、実験室の純粋培養として維持できないためである。

4. 細菌、古細菌、真核生物の系統遺伝的グループを定義するために、小サブユニット rRNA 遺伝子（原核生物の場合は 16S rRNA、真核生物の場合は 18S rRNA）の塩基配列が用いられる。これらの生物グループの間には、特に細胞壁や膜の組成といったいくつかの重要な側面でも違いが見られる。

5. 微生物は、炭素やエネルギーの獲得メカニズムや、酸化還元反応で使われる化合物の違いによっていくつかの機能群に分類することができる。光独立栄養微生物は光エネルギーと二酸化炭素を使うが、化学有機栄養微生物（従属栄養微生物）は、エネルギーと炭素の両方を有機化合物から得る。

Chapter 2
元素、生化学物質、および微生物の構造

　前章では、微生物をサイズという観点から定義し、またその同定の仕方や生理学的な特性について概説した。本章では、細胞構成成分という側面に着目することで、細菌や菌類あるいは原生生物についての理解をさらに深めよう。ここで構成成分という用語は、細胞を構成する元素の組成から、複雑な構造をもった高分子の組成までを含めた広い意味で用いる。細胞構成成分についての知識は、後章において、微生物が生物地球化学的な循環において果たす役割やその他の生態学的なプロセスを理解するうえで必要になる。一般微生物学の教科書では、タンパク質やDNAあるいはRNAといった高分子化合物に着目して微生物の構成成分を扱うのが普通であるが、微生物生態学や生物地球化学の分野では、細胞を構成する元素（たとえば、炭素、窒素、リン）の含有量や存在比（最も普通に用いられるのはC:N比）について議論することが多い。本章では、「高分子化合物」と「構成元素」という両方の観点から、細胞構成成分の問題を整理し、微生物細胞の成り立ちを包括的に把握したい。以下に示す個別的な事例の中には、実験室で培養した微生物に関する知見も含まれる。これらは有益な情報であるが、その一方で、室内培養した微生物の構成成分が、自然環境中の微生物のものとは必ずしも一致しないということにも注意を払う必要がある。この不一致を手がかりにして、

自然界での微生物の生命活動の特徴を明らかにできる場合もある。

　細胞構成成分について学ぶことで、微生物が環境に刻み込む痕跡についての理解を深めることもできる。微生物細胞の構成成分は、さまざまなプロセスを介して環境中に排出され、微生物の生息場所である土壌や水圏の中に痕跡を残す。このような痕跡の中には、「ドーバーの白い崖」[訳注：炭酸カルシウム殻をもつ円石藻の化石からなる白亜紀の地層]のように、大規模な地質構造の形成に関与しているものもある。もっと身近な例としては、水圏環境中や土壌中の有機化合物に含まれる微生物細胞由来の成分といったものもある。これは「白い崖」のように目立つものではないが、環境や生物地球化学的循環に対して大きな影響を与えている。以上のことを理解するために、まず微生物がどのような元素から成り立っているのかを見てみよう。

▶ 微生物の元素組成

　図2.1を見ると、細胞中の元素の相対的な存在比が、生命の構成成分の源である地殻におけるこれらの元素の存在比とは大きく異なっていることがわかる。地殻にはケイ素（Si）が多量に含まれるが、ケイ素を利用するのはある種の藻類（珪藻、第4章参照）やいくつかの原生生物に限られる。ナトリウム（Na）やマグネシウム（Mg）は地殻に多量に含まれ、また自然環境中に存在する主要な陽イオンである。しかし、それらは微生物の生化学的成分として主要なものではない。

　微生物にとって、これらの陽イオンは、浸透圧バランスやある種の酵素や膜の機能を維持するうえで必要であるが、微生物細胞におけるその存在量は、平均的にはわずかなものである。全体として無機イオンは、微生物細胞の乾燥重量の約1％を占めるにすぎない。また微生物によるこれらの陽イオンの消費量は、通常の自然環境中で見られるこれらのイオンの存在量に比べると無視できる程度のものである。多量に存在する陽イオンとしては、その他にカルシウムイオン（Ca^{2+}）があるが、それを多く必要とする微生物は、円石藻などのごく一部の藻類に限られる（第4章参照）。細菌や古細菌あるいは菌類では、ポリマー間の陽イオン架橋を除けば、Ca^{2+}が使われることはほ

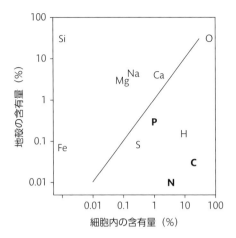

図2.1 地殻と細胞の元素組成。直線は元素の存在率（百分率）が両者で等しいことを示す。自然界で微生物の増殖を制限することが多い元素（C、N、P）は太字で示されている。地殻に比べて細胞中の存在率が顕著に高い元素がある一方で、細胞中にはごくわずかしか存在しない元素もある。ケイ素はある種の藻類（珪藻）の細胞壁の構成成分であるが、細菌には含まれない。Brock and Madigan (1991) に掲載されている同様なグラフを参考にして作成した。

とんど無い。微生物の主な構成元素は、炭素（C）、窒素（N）、リン（P）、硫黄（S）の4元素である（表2.1）。

以上に挙げた元素以外に、地殻や細胞中にごくわずかにしか存在しないような元素も多くある。これらの微量元素の中には、微生物の増殖にとって必要不可欠な微量栄養元素も含まれる。亜鉛（Zn）やコバルト（Co）のような金属は、ある種の酵素の補助因子として重要である。たとえば尿素の分解を触媒する酵素であるウレアーゼ（Zn が必要）や、Co を必要とするビタミン B_{12} 依存性酵素が、その例として挙げられる。意外なことに、微生物の中には、タングステン（W）やニッケル（Ni）といった、より希少な金属を必要とするものもいる。しかし、微量栄養元素の中で最も重要なのは、なんといっても鉄（Fe）である。

鉄は地殻に豊富に含まれ、またすべての細胞に存在する。しかし微生物が必要とする鉄の量は比較的わずかであり（C:Fe 比はおよそ 10,000 である）、

37

表2.1 微生物を構成する主要生元素と微量元素。ほぼ存在率の大きい順番に並べてある。Kirchman (2002b) のデータに基づく。

元素	自然界での化学形態[a]	細胞内における元素の所在または機能
主要生元素		
C	HCO_3^-	すべての有機化合物
N	N_2, NO_3^-	タンパク質、核酸
P	PO_4^{3-}	核酸、リン脂質
S	SO_4^{2-}	タンパク質
Si	$Si(OH)_4$	珪藻の被殻
微量生元素		
Fe	Fe^{3+}（有機態）	電子伝達系
Mn	Mn^{2+}, MnO_2, $MnOOH$	スーパーオキシドジスムターゼ
Mg	Mg^{2+}	クロロフィル
Ni	Ni^{2+}（有機態）	ウレアーゼ、ヒドロゲナーゼ
Zn	Zn^{2+}（有機態）	炭酸脱水酵素、プロテアーゼ、アルカリ性ホスファターゼ
Cu	Cu^{2+}（有機態）	電子伝達系、スーパーオキシドジスムターゼ
Co	Co^{2+}（有機態）	ビタミン B_{12}
Se	SeO_4^{2-}	ギ酸脱水素酵素
Mo	MoO_4^{2-}	ニトロゲナーゼ
Cd	Cd^{2+}（有機態）	炭酸脱水酵素
I	IO_3^-	電子受容体
W	WO_4^{2-}	超好熱微生物の酵素
V	$H_2VO_4^-$	ニトロゲナーゼ

[a] 「有機態」と記されている金属は、多くの場合、有機複合体として存在している。

その大部分は呼吸経路のような電子伝達反応のために使われる。多くの環境中では、微生物の増殖に必要な十分な量の鉄が供給されているのが普通であるが、外洋域は例外である。外洋の海水中の鉄の濃度は、微生物による鉄の取り込みのために、非常に低いレベルに抑えられている（10^{-12} M または pM のオーダー）。また、鉄酸化物（FeIII）が、中性付近の有酸素水中で不溶性であるということも、外洋水中で鉄の濃度が低くなる一因である（3章）［訳注：不溶性であるため沈殿しやすい］。高栄養塩・低クロロフィル（high

BOX2.1 制限あり

自然界の微生物集団の増殖速度や現存量を規定あるいは制限する要因が何であるのかということは、微生物生態学が扱う重要な問題のひとつである。制限には2つのタイプのものがある。ひとつはリービッヒ型制限であり、これは現存量の制限を意味する。一方、増殖速度の制限はブラックマン型制限と呼ばれる。リービッヒもブラックマンも微生物学者ではない。ユスツス・フォン・リービッヒ（Justus von Libig, 1803～1873）は、19世紀のドイツの化学者であり、作物の収穫量についての研究を行った。一方、フレデリック・フロスト・ブラックマン（Frederick.Frost Blackman, 1866～1947）はイギリスの植物生理学者であり、彼の名前にちなんだ制限要因の法則が提案されたのは1905年のことである。

nutrient-low chlorophyll, HNLC）海域と呼ばれる海域や、一部の湧昇域では、一次生産者である植物プランクトンやその他の多くの微生物の増殖が、鉄によって制限されるという現象が顕著に見られる。これとは対照的に、土壌中には多量の鉄が存在する。土壌の鉄含有量は、粗粒質土壌で0.05%、熱帯域の風化が進んだ土壌（オキシソル）では10%に達する。

細菌を構成する元素のうち、その量が地殻に比べて多い6元素［訳注：図2.1に示された元素のうちO、H、S、C、N、P］のうち、酸素（O）と水素（H）は水（H_2O）から簡単に得ることができる。また硫黄（S）も自然環境中に存在する主要な陰イオンである硫酸イオン（SO_4^{2-}）から得ることができる。一部の嫌気環境を除き、微生物は同化的硫酸還元によって、十分な量の硫黄を容易に得ることができるのである。「同化的」というのは、終産物が同化されて生合成に用いられるということを意味し、それと対になる概念は「異化的」硫酸還元（11章）である。同化的硫酸還元によって生成された還元型の硫黄の大部分は、含硫アミノ酸であるメチオニンとシステインの合成に用いられる。その他の3元素であるC、N、Pは、自然環境中の微生物の増殖を最も頻繁に制限すると考えられている。

▶ 生物地球化学研究における元素比

　生態学や生物地球化学の研究では、食物網の動態や生物圏における元素循環に関わるさまざまな問題を扱う際に、しばしば元素比が用いられる（Sterner and Elser 2002）。生物地球化学的プロセスに関する研究において、初めて元素比を使ったのはアルフレッド・レッドフィールド（Alfred Redfield, 1890～1983）である。レッドフィールドは、海水中に浮遊する生物（プランクトン）の元素組成と、海水中の主要栄養元素の組成を比較し、プランクトンのC:N:P比が106:16:1（元素比）であること、またそのN:P比が海洋の深層水中の硝酸イオンとリン酸イオンの濃度比とほぼ一致することを初めて見出した（Redfield 1958）。これは、海洋の化学的循環における微生物の役割を明確に示した重要な発見であり、微生物の環境形成力の大きさを示した顕著な例といえる。レッドフィールドの見出した元素比であるC:N = 6.6:1とC:P = 106:1 はレッドフィールド比と呼ばれ、海洋学や陸水学を含む、さまざまな水圏科学の分野で広く使われている。

　いくつかの研究によれば、土壌微生物の元素比は、レッドフィールド比に驚くほど近い（Cleveland and Liptzin 2007）。土壌のC:N:P比は186:13:1であるが、土壌微生物のC:N:P比は60:7:1である。これらの値は、土壌の種類や植生、あるいは土壌の気候区分（緯度）によって異なる。統計学的に検定をすれば、これらの元素比は、レッドフィールド比や水圏システムにおいて見られる平均的な元素比とは有意に異なっている。これは土壌と水圏という異なる生息場所の環境条件の大きな違いを反映しているのであろう。しかしその一方で、陸上生態系と水圏生態系の間で、元素比に一定の類似性があるという点にも注目する必要がある。いろいろな要因を考慮すると、土壌や土壌微生物の元素比と、淡水や海洋で一般的に見られる元素比（レッドフィールド比）は、それほど大きくは違わないのである。ただし、この類似性がどのような意味をもっているのかについては、まだ十分に明らかではない。

　水圏生態系や土壌生態系において、さまざまな生物地球化学プロセスや微生物プロセスを調べる際に、元素比が指標として使われる。たとえばC:P比が高いということは、微生物の増殖がPの利用性によって制限されてい

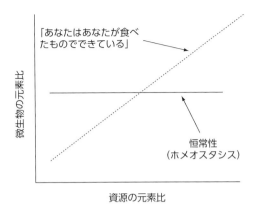

図2.2 微生物が利用する資源の元素比（たとえばC:N比）と微生物細胞の元素比の関係。2つの極端なケースが示されている。恒常性が維持される場合は、資源の元素比が変動しても微生物の元素比は一定に保たれる（ホメオスタシス）。もうひとつは、資源の元素比が変動すると、それと比例して微生物の元素比も変化するという無制御の場合である。後者の場合「あなたはあなたが食べたものでできている」ということになる。Sterner and Elser (2002) を一部改変した。

ることを意味する。同様に、高いC:N比は窒素制限を意味する。ただし、微生物にはホメオスタシスと呼ばれる恒常性を維持する働きが備わっており、元素の利用性がたとえ変化したとしても、細胞の元素比をある程度一定に維持することができるという点にも注意せよ（図2.2）。ホメオスタシスは、自然環境中で微生物の代謝がどのように制御されているのかを理解するうえで意義深い。12章で考察する別の例では、従属栄養微生物が、アンモニウムの正味の生産者であるのか消費者であるのかということを議論する目的でC:N比が用いられる。最後に、硝酸イオンとリン酸イオンの濃度の比を使うと、特定の海域における、脱窒（硝酸イオンから窒素ガスへの変換にともなう窒素消失）と窒素固定の釣り合いについての情報が得られる（12章）。

　レッドフィールド比を使うと、好気的環境中において、一次生産と呼吸によって主要な栄養塩の濃度がどのように変化するのかを調べることができる。次に示す式は、おそらくレッドフィールド比の最もエレガントな適用例であるといえよう。

$$106\ CO_2 + 16HNO_3 + H_3PO_4 + 122\ H_2O \overset{\text{一次生産}}{\underset{\text{呼吸}}{\rightleftarrows}}$$

$$(CH_2O)_{106}(NH_3)_{16}(H_3PO_4) + 138\ O_2 \qquad (2.1)$$

式 2.1 が完全に正確ではないこと、またいくつかの重要な反応が明示されていないことに注意せよ。たとえば式 2.1 では、有機物の分解と呼吸によって硝酸イオン（NO_3^-）が放出されるように見えるが、有機物の無機化（有機物の無機化合物への変換）にともなって生成される窒素化合物は、実は主にアンモニウム（NH_4^+）である。NH_4^+ を NO_3^- に酸化するためには、硝化に関わる反応をいくつか加える必要がある（12 章）。式 2.1 に示されている化学量論（ストイキオメトリー）も完全に正確というわけではない。1 モルの有機炭素を酸化するのに必要な酸素の量（C：O 比）は、呼吸速度と酸素消費を関係付けるうえで重要であるが（Kortzinger et al. 2001）、式 2.1 はその比の扱いにおいて厳密性を欠いている［訳注：脂質の酸化の影響などが考慮されていない］。以上のような問題はあるものの、式 2.1 は、自然環境中での、微生物と地球化学的プロセスとの相互作用を記述する有用な化学式として広く使われている。

▶ さまざまな微生物の C:N および C:P 比

C:N 比と C:P 比は、微生物生態学と生物地球化学において最もよく用いられる元素比である。これらの元素比は、微生物の種（グループ）や栄養状態によって大きく変動するが、そのことは十分に強調する必要がある。前節で述べたように、窒素が欠乏すると微生物の C:N 比は高くなり、リンが欠乏した状態になると C:P 比が高くなる。このような全体的な傾向をより詳細に調べることで、微生物のグループによって元素比の変動パターンがどのように異なるのかを検討しよう。

元素組成を微生物と大型生物で比較すると、微生物のほうが一般的に窒素

表2.2 さまざまな微生物の元素組成（モル比）。シネココッカスは海洋や湖沼でよく見られるシアノバクテリアである。以下の文献のデータに基づく。Caron et al. (1990)、Cleveland and Liptzin (2007)、Cross et al. (2005)、Geider and LaRoche (2002)、Goldman et al. (1987)、Hunt et al. (1987)、Van Nieuwerburgh et al. (2004)。

微生物	C:N	C:P
水圏の従属栄養細菌	3.8 – 6.3	26 – 50
土壌微生物（すべてを含む）	8.6	59.5
菌類	5 – 17	300 – 1190
シネココッカス	5.4 – 7	130 – 165
原生動物	6.7 ± 0.9	102 ± 58
真核藻類	7.7 ± 2.6	75 ± 31
動物プランクトン	5 – 11	80 – 242
線虫類	8 – 12	?

とリンに富んでいる。微生物のグループ間で比較すると、窒素とリンの比には大きなばらつきが見られる（表2.2）。従属栄養細菌は、一般的に藻類よりも窒素に富んでいると考えられている。じっさい室内培養した細菌のC:N比は非常に低く（しばしば5以下）、この値は藻類やレッドフィールドのC:N比よりも低い（より窒素に富む）。ただし、沿岸水や外洋水中に存在する自然細菌集団のC:N比は5.3〜9.1と報告されており（Gundersen et al. 2002）、藻類のC:N比と有意には異ならない。同様に、球状シアノバクテリアのC:N比はレッドフィールド比に近いようである。ある研究の結果によれば、球状シアノバクテリアであるシネココッカス（*Synechococcus*属）とプロクロロコッカス（*Prochlorococcus*属）の純粋培養株のC:N比は5.4〜10の範囲であった（表2.2）。

　従属栄養細菌は、藻類や菌類に比べてリンに富んでいる。たとえば藻類のC:P比は約75であり、これは室内培養した従属栄養細菌のC:P比（26〜50）よりもずっと高い（リンが乏しい）。自然群集を使って、細菌と藻類のP含量を比較した研究例は乏しい。淡水環境では、細菌の自然群集のほうが、藻類の培養株よりもP含量が高かったという結果が報告されている（Vadstain 1998）。一方、サルガッソ海の従属栄養細菌はC:P比が59〜143であり、

この比はおおむねレッドフィールド比と同じかあるいはそれ以上である。このことは、この海域においては、細菌が潜在的にリン制限の状態にあることを示していると考えられる。細菌に比べて、菌類はリン含有量がずっと低く、非常に高いC:P比を示す（300〜>1,000）。

シアノバクテリアのリン含有量は、従属栄養細菌とは異なる。たとえば普通に見られる球状シアノバクテリアの二属であるシネココッカスやプロクロロコッカスは、従属栄養細菌や真核藻類に比べてC:P比がずっと高い（リン含量が低い）。C:P比は、真核藻類では75、従属栄養細菌では26〜50であるのに対して、シアノバクテリアのC:P比は121〜215である。シアノバクテリアのP含有量が低いひとつの理由として、細胞膜に含まれるリン量が他の微生物に比べて低いことが挙げられる。ある種のシアノバクテリアの細胞膜には、標準的なリン脂質のリンが硫黄に置き換わったスルホリピド（硫脂質）と呼ばれる脂質が含まれる（Van Mooy et al. 2006）。これは、リン酸イオン濃度が極端に低い（10 nMを下回る）貧栄養海域において、シネココッカスやプロクロロコッカスが大増殖できるひとつの要因であろう。

▶ 細菌の生化学的組成

生物の元素組成は、主に細胞の主要な構成成分である高分子有機化合物の組成によって決まる。微生物の元素の97％以上は、細胞を構成する主要な高分子であるタンパク質、核酸、炭水化物、脂質のいずれかに含まれる（表2.3）。単糖（たとえばグルコース）、アミノ酸、その他のモノマー、あるいは塩といった低分子化合物の含有量は低い。ただし、これらの低分子化合物プールを通過するフラックスが非常に大きくなる場合もある。生物のレッドフィールド比、あるいはより個別的な細菌や藻類のC:N比やC:P比は、大まかには細胞の生化学的な組成から説明することができる。これについてまず従属栄養細菌を例として考察を加えよう。

タンパク質は微生物細胞の最大の構成成分であり、細菌の乾重量の約55％を占める（表2.3）。すべての細胞の主要な代謝装置であるタンパク質は、その大部分が細胞内や細胞を取り巻く微小スケールの環境中において反応を

表2.3 室内の培養条件下で迅速に増殖している細菌細胞の生化学的成分の組成(倍加時間は40分)。典型例として大腸菌のデータを示す。Neidhardt et al. (1990) に基づく。

構成成分	乾重に対する百分率	細胞あたりの重量 10^{-15} g	細胞あたりの分子数 総数	分子種の数
タンパク質	55.0	155	2 360 000	1050
RNA	20.5	59		
23S rRNA		31	18 700	1
16S rRNA		16	18 700	1
5S rRNA		1	18 700	1
tRNA		8.6	205 000	60
mRNA		2.4	1380	400
DNA	3.1	9	2	1
脂質	9.1	26	22 000 000	4
リポ多糖類	3.4	10	1 200 000	1
ペプチドグリカン	2.5	7	1	1
グリコーゲン	2.5	7	4360	1
高分子	96.1	273		
可溶性プール	2.9	8		
無機イオン	1	3		
全乾重	100	284		
水 (70%)		670		
全重量		954		

触媒する酵素として存在する。酵素以外には以下のようなタンパク質がある。1) 細胞膜を通して化合物を輸送する能動輸送タンパク質。2) 運動性微生物が水中を移動する際にプロペラとして使う鞭毛を構成するタンパク質。3) すべての細胞においてタンパク質合成の場であるリボソームに含まれる55種類ほどのタンパク質。以上のものを含め、典型的な細胞には1000種類以上の異なるタンパク質分子が含まれ、その含有量は、細胞あたりにわずか数コピーしか無いものから何千コピーに及ぶものまである。個々のタンパク質の含有量は、増殖速度や利用できる基質の種類、あるいはその他の環境条件

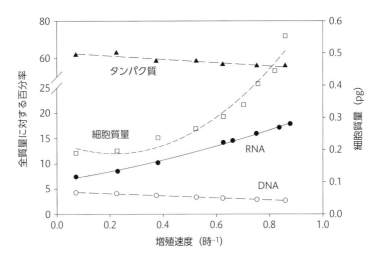

図2.3 室内の培養条件下で増殖している従属栄養細菌における高分子組成の変動。増殖速度の変化にともなう高分子組成の変化を細胞乾重量の百分率として表す。Mandelstam et al. (1982) に基づく。

によって大きく変わりうるが、細菌細胞あたりの全タンパク質の相対重量は約55％と一定であり、この値は増殖速度には依存しない。

　タンパク質とは異なり、その他の高分子の相対量、特に RNA と DNA の相対重量は細菌の増殖速度に依存して大きく変動する。図2.3 に示すように、同種の細菌であっても、緩慢に増殖している細胞は、速く増殖している細胞に比べて、DNA の相対重量が大きくなる傾向がある。表2.4 には、実験室で活発に増殖している細菌と、自然環境中で緩慢に増殖している細菌の生化学的組成をまとめた。細菌細胞の乾重量に占める DNA の寄与は、緩慢に増殖している細胞では10％であるのに対し、速く増殖している細胞では3％である。しかしこのことは、貧栄養環境に適応し本来的に緩慢に増殖する性質をもった細菌において、細胞あたりの DNA 含有量（絶対量）が大きいということを意味するわけではない。むしろその逆である。貧栄養環境に適応して緩慢に増殖する細菌は、ゲノムサイズが小さく、したがって細胞あたりの DNA 含有量（絶対量）は低い（10章）。それにもかかわらず細胞乾重量

表2.4 速く増殖している細菌（世代時間は1時間以下）と緩慢に増殖している細菌（世代時間は数日）および真核生物（酵母、世代時間は約7時間）の間での、細胞の生化学的組成の比較。
データはKirchman (2000b) および Foser et al. (2003) より得た。

生化学的成分	乾重に対する百分率		
	細菌		
	速い増殖	遅い増殖	真核生物
タンパク質	55.0	55.0	45.0
RNA	20.0	13.7	6.3
脂質	9.0	12.0	2.9
リポ多糖類（LPS）	3.4	3.3	0
細胞壁（ペプチドグリカンまたはキチン）	2.5	4.1	<1
炭素貯蔵物質（グリコーゲン）	2.5	0.0	8.4
その他の多糖類	<1	<1	31.5
DNA	3.0	10.0	0.4
モノマー（糖や無機イオンなど）	4.0	2.1	6
合計	99.4	100.2	100.5

に対するDNAの相対量が大きくなるのは、細胞サイズが小さいためである。一方、速く増殖する細菌は、2つあるいはそれ以上のコピー数のゲノムを有することがあるものの、その細胞サイズはそれにもまして大きい。そのため細胞乾重量に対するDNAの相対量は、速く増殖する細菌において低くなる傾向が見られる。

増殖速度はRNA含量に対しても大きな影響を及ぼす。実験室で活発に増殖している細菌では、典型的には乾重量の20%がRNAである。一方、自然環境中で緩慢に増殖している細菌の場合、この値は14%である（表2.4）。この違いが生ずるのは、細胞あたりのRNA量が、増殖速度とともに増加するからである。速く増殖するためには、速い速度でタンパク質を合成する必要があるが、それにはたくさんのリボソームとリボソームRNA（rRNA）が必要である。rRNAは、全RNAの約80%を占め、速く増殖している大腸菌の場合、転写産物の70%以上がrRNAの生産に費やされる（Vieira-Silva and Rocha 2010)。1細胞あたりのRNA量は、微生物の増殖速度の指標として用いられているが（Kemp et al. 1993）、同様なアプローチは、大型生物にも適用できるかもしれない。

▶ 真核微生物の生化学的組成

　真核生物の細胞サイズには非常に大きな幅があるため、その生化学的組成を一般化することは、原核生物の場合以上に難しい。表2.4には、真核微生物である出芽酵母 Saccaromyces cerevisiae の組成を例に示す。自然環境中での出芽酵母の生物量が大きいわけではないが、この微生物についてはよく研究がなされているため、ここでは例として選んだ。酵母では、細胞の乾重量あたりの核酸量が低いことが注目される。RNAは酵母乾重量の10%以下、DNAは1%以下を占めるにすぎず、これらの値は細菌に比べてずっと低い（表2.4）。真核藻類でも、乾重量に対するRNAやDNAの割合は同様に低い（Geider and LaRoche 2002）。たとえば渦鞭毛藻 Amphidinium carterae では、RNAの相対含量が2.5%、DNAの相対含量が0.7%である。

　真核微生物のDNA相対含量は低いが、DNAの絶対量、つまりこれらの微生物のゲノムサイズでみれば原核生物を上回る（10章）。たとえば典型的な細菌である大腸菌が 4.6×10^6 塩基対（4.6Mb）のゲノムをもつのに対して、単純な真核微生物である酵母のゲノムサイズはこれよりも2倍大きい。別の例を挙げると、真核藻類である珪藻のゲノムサイズは34.5Mbである。もちろん真核微生物のゲノムサイズは原核生物よりは大きいものの、Homo sapiens のようなより複雑な大型真核生物のゲノム（3000Mb）に比べればずっと小さい。

▶ 元素比を説明する

　前節においては、C、N、Pといった「元素組成」、またタンパク質やDNAといった「生化学的組成」という2つの観点から微生物の組成をみてきた。この2つの観点を組み合わせることは可能だろうか。以下に紹介する

数少ない関連研究によれば、元素組成と生化学的組成は、完全にとはいえないまでもおおむね調和的である。ある研究によれば式 2.1 が示す元素組成は、タンパク質が 52%、炭水化物が 35%、脂質が 12% という生化学的組成によって説明することができる（Kortzinger et al. 2001）。核磁気共鳴分光法（nuclear magnetic reasonance spectroscopy, NMR）を使って、元素組成を直接測定した別の研究によれば、タンパク質が 65%、脂質が 19%、炭水化物が 16% という生化学的組成が推定されている（Hedges et al. 2002）。このように演繹的に導かれたタンパク質含量（52～65%）は、実際に微生物で測定されている値の範囲内に収まっているが、一方、脂質と炭水化物については実測値よりも高い。このような不一致をもたらす理由のひとつに、核酸の寄与の扱いに関わる問題がある。核酸は N と P の両方に富んでおり（たとえば ATP の C:N:P 比は 3：1.7：1）、またある種の微生物においては量的に重要な生化学的成分である。演繹的に導いた脂質と炭水化物の含有量が測定値と比べて高いのは、核酸の寄与を無視したことに起因するのであろう。

　微生物の生化学的組成の情報は、細菌の C:P 比が藻類や菌類の C:P 比と異なる理由を知る手がかりになる。細菌の C:P 比は、大部分の真核藻類や菌類に比べて低い（P が多い）が、それは核酸の相対的な含有量の違いによる。細胞の乾重量の百分率として表したとき、細菌の核酸含量（DNA あるいは RNA）は、条件によっては藻類や菌類の核酸含量の 3 倍以上になる（ただし、すでに述べたようにそれらは増殖速度に依存して変化する。表 2.4）。一方、タンパク質含量で比較すると、細菌も、藻類や菌類と大きく違わない。核酸は P に富んでいるがタンパク質には P が含まれない。従って C:P 比で比較すると、細菌のほうがずっと C:P 比が低いということになる。細菌とその他の微生物の元素比の違いを説明するもうひとつの要因として、細胞サイズの違い、つまり体積と細胞表面積の比の違いを挙げることができる（図 2.4）。微生物細胞では大部分の炭素が細胞質中のタンパク質に含まれているため、炭素含量は細胞体積の増加にほぼ比例して増加するが、これに対して細胞膜の脂質に含まれる P は、表面積の増加に比例して増加する。表面積と体積を細胞半径から求める計算式を考えると、炭素含量は細胞半径の 3 乗（r^3）に比例して増加するのに対し、P は細胞半径の 2 乗（r^2）に比例して増加する。

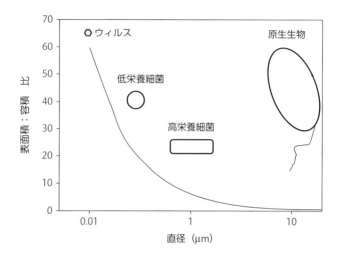

図2.4 生物のサイズと表面積と体積の比（S:V比）の関係。栄養物質の濃度が低い貧栄養環境中で増殖する細菌（低栄養細菌）のサイズは、栄養物質が豊富な環境中で生息する細菌（高栄養細菌）の半分あるいはそれ以下になる場合がある。図中ではサイズが 10 μm 程度の原生生物が示されているが、最も小さい原生生物のサイズは 1 μm 程度なので、その S:V 比はもっと大きい。生物圏で最も小さい生物体であるウィルスの S:V 比が最も大きい。

つまり表面積（P）と体積（C）の比は r の増加に比例して低下する。その結果、細菌のような小さい細胞では、藻類や菌類などのより大型の細胞に比べて C:P 比が低くなる。

なぜ C:P 比は C:N 比よりも大きく変動するのか？　このことを理解するうえでふたたび生化学的組成のデータが役に立つ。細胞中の N の大部分（80%）はタンパク質に含まれている。また細胞乾重量に対するタンパク質の割合は増殖速度にかかわらずほとんど変化しない。そのため細菌の C:N 比は環境条件が変化しても大きくは変化しない。ただし重要な例外もある。炭素に富んだ細胞外ポリマー（粘液質）を排出する細菌は、通常よりも C:N 比がずっと高くなりうるのである。ポリマーの排出が起こるのは、有機炭素に富んだ環境中においてのみであろう。ある種の藻類では C:N 比が高くなるという現象は普通に見られるが、これは細胞外あるいは細胞内に存在する多糖類

によるものである。藻類は、環境中に大量に存在する溶存無機炭素プールから炭素をいつでも獲得することができるため、一般的には炭素制限にはならない。

C:N 比とは対照的に、C:P 比は、細菌、藻類、菌類のいずれにおいても大きく変動するようである。タンパク質の場合と違って、リンに富んだ高分子である核酸（RNA）と脂質の含有量は増殖速度に依存して変化する。また細胞サイズも、増殖速度によって変わる。したがって、表面積と体積の比の変化が、全細胞炭素あたりの脂質含量の変化を引き起こす。脂質以外の P を含む生化学的物質としてポリリン酸があるが、これも C:P 比の変動に寄与しうる。ある種の堆積物や土壌などで見られるように、P の濃度や供給が高い環境中では、P はポリリン酸顆粒として細胞内に貯蔵される。RNA 含量の変化は、部分的には DNA や脂質の相対量の変化によって打ち消されるであろう（表 2.4）。とはいえ、C:P 比の変動に、P を含む生化学的物質（特に RNA）の含有量の変動が影響を及ぼしていることは明らかである。

▶ 微生物細胞の構造

微生物の細胞内構造は、少なくとも本章が扱うレベルにおいてはいたって単純である。見かけ上特にシンプルなのは原核生物である。細菌や古細菌の細胞にはオルガネラが無く単純な構造であることから「酵素の詰まった袋」と呼ばれたりもする。これに対して第 1 章で言及したように、真核微生物は葉緑体（光合成の場）やミトコンドリア（呼吸とエネルギー生産の場）といったさまざまなオルガネラをもつ。また真核生物は、ひとつあるいは時として複数の核を有し、この中に遺伝物質（DNA）が格納されている。従属栄養原生生物は膜で囲まれた袋である食胞を形成し、食作用（ファゴサイトーシス）によって捕食した餌粒子を、この中で消化・分解する（7 章）。

▶ 微生物の細胞膜と能動輸送

微生物であるか大型生物であるかにかかわらず、すべての細胞は細胞膜で囲まれている。厚さが約 8 nm の細胞膜は、細胞質成分が外に漏れ出すのを

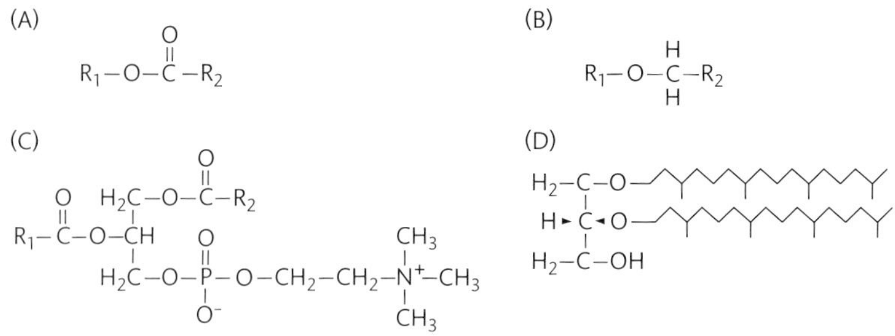

(A)

$R_1-O-\overset{\overset{O}{\|}}{C}-R_2$

(B)

$R_1-O-\overset{\overset{H}{|}}{\underset{\underset{H}{|}}{C}}-R_2$

(C)

$R_1-\overset{\overset{O}{\|}}{C}-O-\overset{\overset{H_2C-O-\overset{\overset{O}{\|}}{C}-R_2}{|}}{\underset{\underset{H_2C-O-\overset{\overset{O}{\|}}{\underset{\underset{O^-}{|}}{P}}-O-CH_2-CH_2-\overset{\overset{CH_3}{|}}{\underset{\underset{CH_3}{|}}{N^+}}-CH_3}{|}}{C}H}$

(D)

$\begin{matrix} H_2C-O-\!\!\!\sim\!\!\!\sim\!\!\!\sim\!\!\!\sim\!\!\!\sim \\ H-\overset{|}{C}-O-\!\!\!\sim\!\!\!\sim\!\!\!\sim\!\!\!\sim\!\!\!\sim \\ H_2C-OH \end{matrix}$

図2.5 微生物に含まれる脂質の種類。A）細菌や真核生物で見られるエステル脂質の一般構造。B）古細菌で見られるエーテル脂質の一般構造。C）エステル脂質の一例（ホスファチジルコリン）、D）エーテル脂質の一例。なお、A）とB）において、R_1とR_2で示される分子の部分構造に含まれる炭素の数や結合のタイプは微生物の種類によって異なる。

防ぐとともに、逆に環境中の好ましくない化学成分が細胞内に侵入するのを防いでいる。細胞質内の細胞構成要素を外界から仕切るうえで、細胞膜は不可欠なのである。第1章でみたように、細菌と真核生物の細胞膜の基本構造は驚くほどよく似ている。一般的な細胞膜は、細胞外環境（水環境）や細胞内部（細胞質）に面している親水性部位（グリセロールとリン酸から成る）と、膜の内側にある疎水性の側鎖（脂肪酸）が、エステル結合でつながった構造（リン脂質二重層）をしている（図2.5）。疎水性の側鎖は、基本的には、炭素数が偶数個の直鎖脂肪酸から成り、そこに二重結合やわずかな分枝が時として見られる程度である。これに対して、古細菌の細胞膜は、細菌や真核生物とは大きく異なっている。古細菌の場合、疎水性側鎖はイソプレン鎖からなり、これが親水性部位とエーテル結合でつながっているのである。また、疎水性側鎖は頻繁に分枝し、そこに環状構造（シクロアルカン）が含まれる場合もある。エーテル脂質はエステル脂質よりも高温下でより安定であるため、古細菌は細菌に比べて高温環境に対してより適応的であると考えられている（Valentine 2007）。

ある種の疎水性低分子や気体は、リン脂質二重層を通過できるが、親水性分子や荷電化合物は通過できない。たとえば、アンモニア（NH_3）は拡散に

よって容易に細胞膜を通過するが、アンモニウム（NH_4^+）の場合はそうはいかない。微生物が必要とする化合物の中で「低分子でかつ荷電していない」という条件を満たすものはまれである。そのため、必要な基質の輸送を促進するために、細胞にはリン脂質二重層を貫通する膜タンパク質が必ず装備されている。膜タンパク質の中には、非特異的ポーリンと呼ばれる、特定のサイズより小さな分子をすべて通過させる「孔（穴）」として機能するものもあるが、多くの輸送タンパク質は、特定の化合物のみを通過させるように設計されている。もし細胞膜がリン脂質二重層のみでできていたら、細胞はたちまち餓死してしまうであろう。

　拡散によって細胞内に取り込める化合物の種類は限られている。多くの化合物は、細胞内のほうが細胞外よりも高濃度であるため、拡散では取り込むことができない。このような場合、細胞は濃度の低い外界から、濃度の高い細胞内へと、濃度勾配に逆らって化合物を輸送しなくてはならない。そのために使われるのが能動輸送システムである。このシステムを動かすためにはエネルギーが必要である。能動輸送のシステムには、1）プロトン駆動力によるもの（これは単純な輸送に用いられる）、2）ATP の加水分解にともない発生するエネルギーを使う ABC 輸送体（ATP-binding cassette tranporters）によるもの、また、3）輸送する化合物が修飾を受けるグループ転移によるもの、などがある。大腸菌におけるグルコースの輸送はグループ転移の典型的な例である。能動輸送においては、ほぼ例外なく複数の膜タンパク質が必要であり、またそれ以外に細胞質タンパク質が関与することも珍しくない。能動輸送システムは、特定の化合物（たとえばグルコース）や関連する一群の化合物（たとえば分枝アミノ酸）に対して特異的に作用する。微生物は、ある特定の化合物に対して親和性やエネルギーコストが異なる複数の輸送システムをもつことが多いが（これを輸送システムの冗長性と呼ぶ）、それは最小限のコストで最大限の輸送を実現できるように、化合物の濃度に応じて異なる輸送システムを使い分けるためである。

　自然界の細菌にとって、ABC 輸送体は特に重要である。なぜなら、この輸送メカニズムのおかげで、環境中のごく低濃度の基質を効率良く取り込むことができるからである。グラム陰性細菌では、ペリプラズム（後述）にあ

表2.5 タイプの異なる微生物および一部の大型生物で見られる細胞壁の構成成分。

生物	細胞壁	主な成分
細菌	ペプチドグリカン	N-アセチルムラミン酸、N-アセチルグルコサミン、アミノ酸
古細菌	タンパク質、偽ムレイン	アミノ酸、N-アセチルグルコサミン、N-アセチルタロサミンウロン酸
藻類(緑藻、渦鞭毛藻)	セルロース	グルコース
藻類(珪藻)	被殻	ケイ酸
その他の藻類	さまざまなタイプ	グルコース、その他の糖
菌類	キチン	N-アセチルグルコサミン
昆虫	キチン	N-アセチルグルコサミン
甲殻類	キチン	N-アセチルグルコサミン

るタンパク質(ペリプラズム性結合タンパク質)が重要な役割を果たす。このタンパク質は、各種の基質に高い親和性をもって結合し、それらを適切な膜輸送タンパク質へと運ぶ働きをする。最終的に、基質はATP加水分解タンパク質によって細胞質内へと輸送される。グラム陽性細菌にはペリプラズムが無いが、別のタイプのABC輸送体が備わっている。

▶ 原核生物と真核生物の細胞壁

多くの微生物細胞には細胞壁がある。微生物は細胞壁をもつことで、細胞膜のみでは実現できない強固な構造や形態を維持することができる。また細胞壁には、細胞を保護するとともに、細胞が浸透圧によって破壊されるのを防ぐ役割もある。細菌の場合、細胞壁には約2気圧の膨圧が加わるが、これは自動車のタイヤ圧と等しい。高等植物や菌類あるいは大部分の原核生物は細胞壁をもつが、動物やある種の原生生物には細胞壁が無い。

真核生物の細胞壁にはいろいろなタイプのものがある(表2.5)。酵母や菌類の細胞壁にはキチン(N-アセチルグルコサミンがβ-1,4結合でつながったポリマー)が含まれている。藻類の中には、高等植物と同様にセルロース(グルコースがβ-1,4結合でつながったポリマー)を主成分とする細胞壁をもつものもいる。たとえば、従属栄養と独立栄養の原生生物からなる複雑な

グループである渦鞭毛藻はその一例である（7章）。あるいは、グルコース以外の糖からなる多糖類を細胞壁の主成分とする藻類も知られている。淡水や海洋で広く見られる珪藻類は、ケイ素を主成分とする細胞壁である被殻（ガラスの殻）に覆われている。原生生物の中には、細胞壁の構成成分が、まだ十分に明らかにされていないものもある。

　ペプチドグリカン（ムレインとも呼ぶ）は、細菌の細胞壁の主要な構成成分である。ペプチドグリカンの骨格はN-アセチルグルコサミンとN-アセチルムラミン酸がβ-1,4結合で交互につながった多糖類（グリカン）でできている（β-1,4結合は、細胞壁や外骨格に見られる3つの主要な多糖類である、セルロース、キチン、ペプチドグリカンのいずれにおいても共通して見られる結合であることに注意せよ）。ペプチドグリカンの多糖類鎖は、ペプチド鎖によって架橋されており、これには通常、L-アラニン、D-アラニン、D-グルタミン酸、リシン、ジアミノピメリン酸といった数個のアミノ酸が含まれる。細胞の構成成分に、D-アミノ酸のような非タンパク質含有性のアミノ酸が含まれるのは普通のことではない。ペプチドグリカンは、ペプチド鎖に含まれるD-アミノ酸の組成に基づいて、約100のタイプに分類されているが、それらの間には微妙な構造上の違いがある。上述したアミノ酸以外にも、ペプチド鎖に含まれるアミノ酸はいくつも知られているが、今のところ分枝アミノ酸、芳香族アミノ酸、含硫アミノ酸、ヒスチジン、アルギニン、プロリンが含まれるという例は知られていない。

　細菌は、細胞壁と細胞膜の構造の違いによって、グラム陽性とグラム陰性という2つのタイプに分けられる（図2.6）。この用語はオランダの内科医H.C.J.グラム（H.C.J. Gram, 1853～1938）に由来する。彼が考案した染色法（グラム染色）を用いたところ、染まり方の異なる2つのタイプの細菌が識別されたのである。後年、グラム染色による細菌の染色性の違いは、細胞壁と細胞膜の立体配置の違いによるものであることが明らかになった。グラム陽性細菌は、ペプチドグリカンを主成分とする厚い細胞壁でおおわれているが、細胞壁の外側に膜は存在しない。ただし莢膜や、あまりはっきりとは特定できない外部被覆をもつ場合がある。グラム陰性細菌も、細胞壁や外部被覆を有するが、これらはグラム陽性細菌の場合と比べてずっと薄い。また

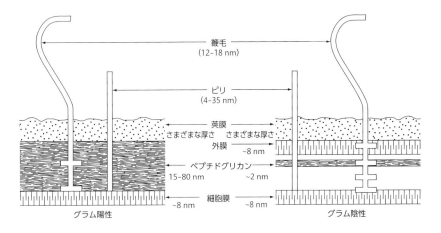

図2.6 細菌に見られる2つのタイプの細胞壁と細胞膜の配置。Neidhardt et al. (1990) の初版に掲載された図を F.C. Neidhardt の許可を得て転載。

　グラム陰性細菌には、グラム陽性細菌では見られない高分子のリポ多糖類 (lipopolysaccharide, LPS) を主成分とする外膜を有するという特徴がある。外膜と細胞膜に挟まれた空間は、ペリプラズムあるいはペリプラズム空間と呼ばれる。

　水圏の一次生産者として重要なシアノバクテリア（4章）の細胞壁と細胞膜は、基本的にはグラム陰性細菌型であるが、重要な違いもある（Hoiczyk and Hansel 2000）。シアノバクテリアのペプチドグリカン層は、典型的なグラム陰性細菌よりもずっと厚く、またペプチド鎖による架橋がより多く見られる。ペプチドグリカンの架橋率は、グラム陰性細菌で20〜33%であるのに対し、シアノバクテリアではグラム陽性細菌の架橋率（56〜63%）に近い値なのである。にもかかわらず、ペプチドグリカンの架橋に使われるアミノ酸の組成は、グラム陽性細菌よりもグラム陰性細菌に近い。またシアノバクテリアには、グラム陰性細菌と同様に、LPSとO抗原がある。O抗原は、グラム陰性の病原菌の場合と同様に、ある種のシアノバクテリア株の毒性に関与することがある。シアノバクテリアの外膜には、カロテノイドやβヒドロキシパルミチン酸のような珍しい脂肪酸が含まれるが、これらは典型的な

グラム陰性細菌には見られない成分である。

　古細菌の細胞壁や細胞膜には、LPSもムラミン酸も含まれない。古細菌の細胞壁にはさまざまなタイプのものがあるが（Mayer 1999）、ある種の古細菌は、偽ムレインあるいは偽ペプチドグリカンと呼ばれる、細菌のペプチドグリカンと共通するいくつかの特徴をもった成分から成る細胞壁を有する。偽ムレインにはN-アセチルグルコサミンが含まれるが、N-アセチルムラミン酸は含まれず、その代わりにN-アセチルタロサミンウロン酸が含まれる。グリコシド結合はβ-1,4ではなくてβ-1,3である。一方、多くの好塩古細菌やメタン生成菌を含む別の古細菌は、偽ムレインの代わりに糖タンパク質コート（S-層）を有する。さらに古細菌の中には、細胞壁をもたず、外界と細胞質を細胞膜で隔てるだけで生きているものもいる。細胞壁が無いという形質は、マイコプラズマ属の細菌でも見られるが、この属には肺炎やその他の呼吸器疾患を引き起こす*M.pneumoniae*のような病原菌が含まれる。

▶ バイオマーカーとしての微生物細胞の構成成分

　ここまで、微生物の元素組成や生化学的組成を調べることで、自然環境中の微生物がどのような増殖状態にあるのかについての手がかりが得られることを見てきた。しかしそれ以外にも、微生物の組成を使って得られる有益な情報がある。ある微生物に特異的に含まれる化合物を使うと、微生物の現存量の推定（たとえば自然環境中の細菌現存量を推定）ができるのである（Bianchi and Canuel 2001）。このような化合物はバイオマーカーと呼ばれる（表2.6）。

　一般生態学の場合と同様、微生物の生態を理解するうえでも個体数（細胞数）や現存量（そこから個体群サイズが推定できる）の情報は基本的に重要である。環境中の細菌数や現存量を調べる際には、顕微鏡やフローサイトメーターを使うのが最も一般的であるが（1章と4章を参照）、細胞壁や外膜の構成成分であるムラミン酸やLPSのような細菌に固有の化合物を、バイオマーカーとして利用することも試みられている。ムラミン酸はほとんどすべての細菌に見られるが、LPSをもつのはグラム陰性細菌のみである。ム

表2.6 微生物のバイオマーカーの例。PLFAはリン脂質由来の脂肪酸。

バイオマーカー	細胞構成成分	細胞構成成分	付記事項
ムラミン酸	細胞壁	細菌	現存量の指標
D-アミノ酸	細胞壁	細菌	真核生物由来の可能性もある（?）
リポ多糖類（LPS）	外膜	グラム陰性細菌	現存量の指標
i14:0	膜のPLFA	細菌	その他のPLFAについては本文を参照のこと
20:5 ω 3	膜のPLFA	藻類（珪藻）	
ジノステロール	膜のPLFA	渦鞭毛藻	
ステロール	外膜	真核生物	
エルゴステロール	外膜	菌類	ステロールの一種
バクテリオホパンポリオール	外膜	細菌	
糖脂質	ヘテロシスト膜	シアノバクテリア	Bauersachs et al. (2010)を参照のこと
エーテル脂質	外膜	古細菌	
ラダラン脂質	外膜	プランクトミセス門	アナモックス（12章を参照のこと）

ラミン酸を使って堆積物中の細菌現存量を調べたいくつかの研究例がある（Moriarty 1977; King and White 1977）。海洋においても、初期の研究では、直接顕微鏡法で計数された細胞が実際に細菌であることを確認するために、LPS濃度が測定された（Watson et al. 1977）。この研究の結果では、LPS濃度に基づく細菌現存量の推定値と、顕微鏡による直接計数がおおむね一致したが、それは海水中ではグラム陽性細菌（LPSを含まない）の現存量が大きいからである（9章）。

有機地球化学では、自然環境中から採取された有機物の起源を明らかにするために、さまざまなバイオマーカーが使われる（表2.6）。これらのバイオマーカーのほとんどすべては、微生物の細胞膜か細胞壁と関連している。このうち、リン脂質に含まれる脂肪酸（phospholipid-derived fatty acids, PLFA）は、注目すべきバイオマーカーである。いくつかのPLFAは特定のグループの細菌にのみ含まれる。たとえば、硫酸還元細菌に含まれるi17:1

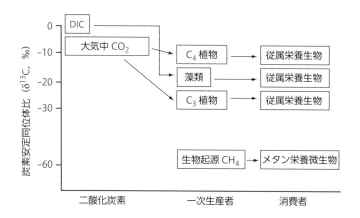

図2.7 大気二酸化炭素、溶存無機炭素（DIC）、メタン、植物、微生物に含まれる炭素の安定同位体比（$\delta^{13}C$）。生物起源メタンはメタン生成古細菌によって生成される。一方、熱分解起源メタンは地熱による有機物の加熱によって生成される。熱分解起源メタンの $\delta^{13}C$ は生物起源メタンに比べてずっと高い。Boschker and Middelburg (2002) から引用した。

と 10Me16:0、放線菌に含まれる 10Me17:0 や 10Me18:0、さらに真核藻類に見られる 20:5 o3 といった例が挙げられる。古細菌は独特なエーテル脂質を有するので、これをバイオマーカーとして使うことができる。地質学的な時間スケールでの温度の変動を推定するのに、古細菌の膜脂質に含まれるシクロペンタン環（TEX86）の数が用いられた例もある（Wuchter et al. 2004）。

バイオマーカー法と炭素安定同位体（^{13}C）分析を組み合わせることもできる。ここで有機物の ^{13}C の存在比（通常、$\delta^{13}C$ と表記される）から、ある従属栄養生物が利用した有機炭素がどのようなタイプの一次生産者に由来するものであるのかを推定する手法について簡単に説明しよう。かいつまんでいえば、C_4 植物の $\delta^{13}C$ 値は −14‰、藻類は −21‰、陸上の C_3 植物は −27‰ というように（‰という記号はパーミルと読み千分率を表す。% が百分率を表すのと類似している）、$\delta^{13}C$ 値は一次生産者のタイプによって異なる（図2.7）。またそれぞれの一次生産者を基盤とする食物連鎖の構成員の $\delta^{13}C$ 値は、その特徴的な $\delta^{13}C$ 値に近い値になる（より正確には、栄養段階ごとに $\delta^{13}C$ 値は約 1‰ 増加する）。「あなたはあなたが食べたものからできている」ので

ある。従って、ある従属栄養生物が −15‰ という $δ^{13}C$ 値を示したとすると、この生き物は主に C_4 植物を食べている植食者であると推論できるのである。窒素安定同位体比（$δ^{15}N$ 値）も、餌の起源に関する情報を含むが、炭素の場合とは異なり、栄養段階ごとに $δ^{15}N$ 値は約 3‰ も増加する。［訳注：δ（デルタ）は安定同位体比の表記法であり、標準物質の安定同位体比（炭素の場合は $^{13}C:^{12}C$ 比、窒素の場合は $^{15}N:^{14}N$ 比）と試料の安定同位体比の差の千分率として定義される。］

　以上の一般的な法則は、バイオマーカーやその他の個々の有機化合物にも適用できる。ただし、バイオマーカーの同位体比が炭素プール全体の同位体比とは異なることもある。これはバイオマーカー化合物の生合成にともなう同位体分別効果のためである。たとえば脂質の $δ^{13}C$ 値は全体の炭素プールの $δ^{13}C$ 値に比べて 2〜6‰ 低い。つまり全体の炭素プールの $δ^{13}C$ 値が −26‰ の場合、脂質は −28〜−32‰ になる。なお ^{13}C は、その天然同位体比の変動から有機物の起源や栄養相互作用を推定するために使われるほか、トレーサーとして使うこともできる。^{13}C を多量に含む ^{13}C - 標識化合物を微生物群集に添加し、一定時間培養をして ^{13}C - 標識化合物を取り込ませたのち、微生物の炭素プールの全体ないしは特定のバイオマーカーに ^{13}C が取り込まれる速度を測る、といった使い方である。

▶ 細胞外の構造

　多くの微生物は、細胞膜と細胞壁に加え、その他の細胞外の構造や高分子を有する。それらは細胞につなぎとめられてはいるものの、外膜や細胞壁からずっと外側に向かってつきだしている。このような細胞外の構造や高分子は、微生物を回転させたり一定の場所に定位させたりと、非常にさまざまな機能をもっている。

▶ 微生物の細胞外ポリマー

　環境や増殖状態によって、細菌やその他の微生物は、しばしば多糖類を主要な構成成分とする複雑な組成をもった細胞外ポリマーを分泌する。ある種

Chapter 2 元素、生化学物質、および微生物の構造

(A)  (B)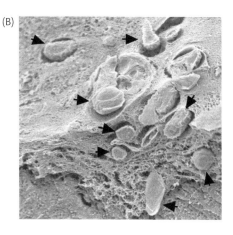

図2.8 細胞外ポリマーによって覆われた細菌。A）陰性染色により観察される莢膜の光学顕微鏡像。ひとつの細胞の長さは約 5 μm である。Hoffmaster et al. (2004) よりアメリカ科学アカデミーの許可を得て引用した。B) 長石の粒子を覆う粘性物質（スライム）の中に埋もれた細菌（矢印で示す）。Barker et al. (1997) より著者と出版社の許可を得て掲載した。

の細菌では、これらのポリマーは細胞の周囲に莢膜（きょうまく）と呼ばれる明確な層として存在する（図 2.8A）。一方、表面に付着する細菌の中には、あまり密な構造ではないが広範囲にわたるポリマーのネットワークを生成するものがある。このような細胞外ポリマーのことを、グリコカリックス、細胞外多糖類、あるいは細胞外ポリマー物質（extracellular polymeric substances、EPS）などと呼ぶが、単に「粘液質」と呼ばれる場合もある。自然環境中の自由遊泳細菌は、炭素制限になりやすいため厚い莢膜は作らないが、付着細菌の場合は細胞外ポリマーを伴っているのが普通である。

呼び方はどうであれ、これらのポリマーには、微生物にとって潜在的に重要ないくつもの機能がある。炭素が十分にある状態から、炭素不足の状態へと環境条件が変化した際には、これらのポリマーは炭素源としての役割を果たす。ポリマーはさらに、微生物が表面に付着する際の接着剤の働きもする。また捕食者である原生生物に食べられないように保護をする。根や根粒における植物と細菌の共生系においては、複雑なポリマーが重要な役割を果たす

61

(14章)。また細胞外ポリマーに包まれることで、病原細菌は抗生物質の影響を受けにくくなるため感染の制御が難しくなる。たとえば緑膿菌感染症の原因となる緑膿菌（*Pseudomonas aeruginosa*）のように、ポリマーそのものが感染症の発症に寄与することもありうる。真核微生物にも細胞外ポリマーを分泌するものがある。その機能はおそらく原核微生物の場合とほとんど同じであろう。原核微生物と同様に、真核微生物の細胞外ポリマーの主成分は炭水化物である場合が多い。藻類が生成するポリマーの炭水化物組成は種によって大きく異なるものの、ポリマーを構成する主要な単糖類はグルコースであるのが普通である（Biersmith and Benner 1998）。珪藻のなかにはキチン質の突起物を細胞外に分泌するものがあり、その長さは珪藻の細胞の長さの何倍にもなる。これらの突起物は捕食からの防衛や水中での浮遊状態の維持に役立っている［訳注：突起物によって水中での抵抗が大きくなり沈降しにくくなる］。

　細胞外ポリマーは、微生物にとってだけでなく他の生物や環境にとっても重要である。細胞外ポリマーは、微生物が他の生物によって捕食されるのを防ぐ一方で、デトリタス食者（デトリタスやデトリタスに付随した微生物を餌として摂取する後生動物）にとっては消化すべき重要な餌資源である。微生物が分泌した細胞外ポリマーは、水圏や土壌において凝集物の生成にも寄与する。有機凝集物は土質を決める要因として大変重要であるため、浸食の緩和や水や養分の保持促進の目的で人工ポリマーを土壌に添加することさえある。河川やその他の水圏環境では、水和した細胞外ポリマーが堆積物の物理的安定性の維持に貢献している（Gerbersdorf et al. 2008）。海洋の沿岸域では、底生珪藻が生成する多量の細胞外多糖類が、堆積物からの物質の流出速度を低減させていることが知られている（図2.9）。

▶ 鞭毛と繊毛

　多くの微生物は運動性を有し、水圏環境中あるいは土壌の水相中でかなりすばやく遊泳することができる。多くの運動性を有する原核生物や真核生物は、細胞からつきだした鞭毛と呼ばれる毛状の構造によって推進力を得る。ある種の微生物には、細胞の片側の極に1本ないし複数の鞭毛（極鞭毛）

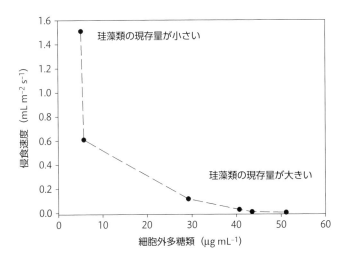

図2.9 堆積物の安定性に対して、珪藻が生産する細胞外多糖類（extracellular polysaccharide, EPS）が及ぼす影響。珪藻以外にも、EPSを生産することで堆積物の安定化に寄与する微生物が存在する可能性がある。Sutherland et al. (1998) のデータに基づく。

がついている。一方、側面からつきだした鞭毛（側鞭毛）をもつものもいる。

　原核生物でも真核生物でも「鞭毛」という用語が使われ、その機能はどちらの場合もほぼ同じである。ただし生化学的な構造という点でみると、原核生物と真核生物の鞭毛は大きく異なる。細菌の鞭毛はフラジェリンと呼ばれる高度に保存的な1本のタンパク質から構成されている。［訳注：保存的とは、細菌の種類によってアミノ酸配列が大きく異ならないという意味である］。古細菌の鞭毛は細菌のものと類似しているが、タンパク質や細胞への結合の仕方がやや異なる。真核生物の鞭毛は、中心部にある2本のタンパク質を9本のタンパク質が取り巻く複雑な束であり、これらすべてを、伸長した細胞質膜が覆っている。微生物が多くの短い鞭毛を有する場合は繊毛と呼ばれる。繊毛と鞭毛は構造的に同じであるが、短い場合には繊毛と呼ばれるのである。微生物の中には、鞭毛を使わずに固体表面上を滑走することができるものもいる。たとえば葉巻のような形をした羽状珪藻は被殻の孔（ラフェ）からポ

リマーを分泌することで滑走する。糸状シアノバクテリアのあるものは、糸状の構造の内側で細胞が回転や伸縮することで滑走する。ミクソバクテリアやバクテロイデス門に属するある種の細菌も滑走することが知られているが、そのメカニズムはまだ明らかではない。バクテロイデス門に属する *Flavobacterium johnsoniae* では、細胞の外膜にある 5 nm ほどの糸の束を使って滑走しているという報告がある（Liu et al. 2007）。

まとめ

1. 微生物細胞の構成成分（元素や生化学的物質）の組成は、自然環境中のさまざまな化学成分の分布や変動に大きな影響を及ぼす。生物地球化学的なプロセスの研究では、微生物の構成成分についての情報が役に立つ。

2. 元素や生化学的物質の組成は、微生物の種類や増殖条件によって異なる。従って組成を知ることで、増殖条件に関する情報を得ることができる。

3. 原核生物と真核生物（菌類や原生生物）では、細胞壁の構成成分が大きく異なるが、いずれの場合も、β-1,4 結合をもつポリマーがしばしば見られる。細菌細胞壁を構成するペプチドグリカンには、ムラミン酸やD体アミノ酸といったその他の生物では一般的には見られない成分が含まれる。

4. 細菌と真核生物の細胞膜はいずれもエステル脂質であるが、古細菌の細胞膜はエーテル脂質である。いずれの場合も、膜には輸送タンパク質が備わっており、微生物にとって必要な化合物を細胞内に取り込むために使われる。

5. 微生物は、多糖類を多く含む細胞外ポリマーを分泌することがある。ポリマーは、微生物が表面に付着する時に使われ、微生物を取り巻く物理的な環境の形成に寄与する。

Chapter 3

物理化学環境と微生物

　物理化学的な環境要因は、微生物のさまざまな特性（多様性、生物量、化学組成、増殖速度、代謝機能）に対して強い影響を及ぼす。温度やpHといった環境要因を考えてみれば、大型生物についても同様のことはいえるであろう。物理化学的な影響には、直接影響と間接影響がある。たとえば極端なpHや温度は、微生物に対して直接的な影響を及ぼす一方で、「大型生物の生存を不可能にする（排除する）」ということを通して間接的な影響も及ぼす。直接影響のメカニズムは、微生物でも大型生物でも大きくは違わないことが多い。そのような場合、環境の変化に対する生物特性の応答を記述するモデル式は、微生物でも大型生物でも似たようなものになる。その一方で、微小な空間に生息する微生物において特徴的に見られる影響というものもある。本章では、微生物の生息環境の物理化学的な諸特性を概観し、それが微生物にどのように影響を与えているのかについて考察を加えよう。

　微視的な世界での生命活動をイメージしやすくするために、微生物の世界に登場する生き物の大きさと、われわれが属する巨視的な世界の生き物あるいはその他の事物の大きさを比べてみよう（図3.1）。この図をみると、100 μmの大きさの繊毛虫や藻類が、微生物の世界ではいかに「巨大」であるのかがわかる。微生物同士の相互関係や、微生物と環境との相互作用の中には、

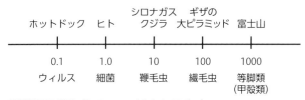

図3.1 肉眼で見える世界と顕微鏡下の世界における生物や事物の大きさのスケールの比較。どちらの世界でも生物の大きさ（長さ）には大きな幅があり、この幅は、体積や重量に換算するとさらに大きなものになる。大きさが何桁も異なるということが感覚的にどのようなことなのかを理解するために、肉眼で見える事物の例も示してある。

われわれが馴染んでいる巨視的な世界における相互作用へとそのままスケールアップできるものもある。たとえば微生物世界における捕食者と餌の関係は、巨視的な世界における同様な生命活動に類似している。しかしその一方で、微視的な世界での相互作用の中には、巨視的な世界での相互作用とは大きく異なる側面も見られる。数ミクロン、あるいは分子のスケールで起きているさまざまな事象が、いかにして生物圏の全体、あるいは地球規模の現象に対してインパクトを与えうるのだろうか。これを解き明かすことは、微生物生態学者に与えられた挑戦的な課題のひとつであるといえよう。

▶ 水

地球外惑星における生命探査においては、しばしば水の存在が関心の的になる。これは地球上において、水のあるところには生命が存在するということがよく知られているからである。微生物であるか後生動物であるかにかかわらず、細胞重量の約70％は水であり（2章）、成長のためには水が不可欠である。ある種の微生物は、芽胞あるいはシストと呼ばれる休眠ステージに入ることで、無水状態でも生き延びることができる。しかし完全に乾燥した状態で増殖できる微生物はいない。土壌中においてさえも、微生物が代謝を

して増殖をするためには、微小なスケールでの水環境がかならず必要である。水は土壌における微生物の種類、生物量、増殖に大きな影響を及ぼす。

微生物生態学の開拓者のひとりであるトーマス・D・ブロック（Thomas D. Brock, 1926〜）によれば、水はその特別な性質のために「生物進化の溶媒としての驚くべき役割」を果たした（Brock 1966）。水には 63 の特異な特性があるといわれるが、そこには以下のようなことが含まれる（Kivleson and Tarjus 2001）。まず水は極性をもち、比誘電率が高く、さらに小さい分子であるということ。このような物理的特性のお陰で、水は生物が必要とする多くの化合物の優れた溶媒になりうるのである。さらに水は粘性液体でもある。このことは微小なスケールにおける微生物の生命活動を理解するうえで重要である。水は大気よりもずっと粘性が高い。この一見とるに足らないような水と大気の物理的特性の違いを正しく把握することが、微生物の生命活動と、私たちやそれ以外の大型生物の生命活動との根本的な違いを理解するうえでのポイントになる。たとえば粘性が異なることで、水中と大気中では、気体や生物の移動の仕方やスピードが大きく違ってくる。動物にはなぜ骨があり、樹木にはなぜ木質があるのかといったことも、粘性の観点から説明できるだろう。陸上の大型生物は、酸素や二酸化炭素を大気から摂取するが、微生物はつねに水を介してそれらの気体を摂取する（たとえ乾燥した土壌中であっても、微生物は薄い水の膜を介して気体を摂取する）。

▶ 温度

氷点をはるかに下回る温度から 100℃を超える広範囲において、微生物は活動し、あるいは少なくとも生残することができる。低温側の極端な環境の例として南極が挙げられる。ここでは気温は日常的に −60℃まで下がり、最低気温として −90℃という記録があるが、このような環境においても微生物は見つかる。微生物は固い氷の中でもある程度の代謝を維持することができるが、そのためには液体の水が必要である。非常に低い温度でも液体の水が存在する生息場所の例として、北極海の氷で見られるブライン・チャネルが挙げられる。ここでは高い塩分のため、−20℃になっても水は液体のままで

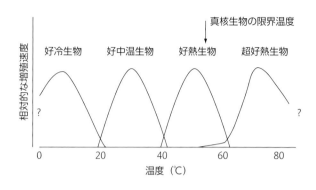

図3.2 異なる温度範囲で生育する生物を示すのに用いられる用語の定義。

ある(第1章でのべたように、ブラインの塩分は20％、すなわち海水よりも10倍近く高い塩濃度に達する)。高温側の極端な例としては、陸上の温泉やいくつかの海盆の海底で見つかる熱水噴出孔といった生息場所が挙げられる。微生物は熱水噴出孔から湧き出る150℃を超える噴出水のなかでも見つかっている(14章)。ただし、これらの微生物が代謝活性を有するとは限らない。低温水に由来する微生物が、高温の熱水に単に混入しただけという可能性もある。現在までのところ、増殖可能な最高温度の記録を保持しているのは、太平洋北東部にあるファンデフカ海嶺で単離された鉄還元細菌である。この微生物は121℃で増殖できると報告されている(Kashefi and Lovely 2003)。水温が100℃以上でも水が液体でありうるのは、深海の高い圧力のためである。このことから、生命の存在の限界を決めるのは、高い温度そのものではなくて、液体の水が存在するかどうかである、という仮説も提案されている。図3.2には、さまざまな温度範囲で増殖する微生物を表すのに用いられる用語のいくつかをまとめた。

　真核微生物は、極端な低温環境中においても普通に見られる。たとえば海氷のブライン・チャネルには、珪藻などの真核藻類や従属栄養原生生物が生息し、また南極の土壌では菌類が普通に単離される。ブライン・チャネルに生息する真核微生物の増殖を制限しているのは、温度(低温)というよりも、光(光栄養微生物の場合)や捕食活動の制約となる狭い空間(捕食性の原生

表3.1 さまざまな物理化学的環境条件下で生育する生物を示すのに用いられる用語。

環境要因	生物	最適増殖条件
温度	好冷生物	<15 ℃
	好中温生物	15–40 ℃
	好熱生物	45–80 ℃
	超好熱生物	>80 ℃
pH	好酸性生物	pH <5
	好中性生物	pH 6–8
	好アルカリ性生物	pH >8
塩分	弱好塩生物	1–6% NaCl
	中好塩生物	6–15% NaCl
	超好塩生物	>15% NaCl
圧力	耐圧生物	大気圧以上でも生残はするが増殖はみられない
	好圧生物	中程度の圧力条件下（10–80 MPa）で増殖
	超好圧生物	高圧条件下（>80 MPa）で増殖

生物の場合）であると考えられている。一方、高温の側では、真核微生物の分布や増殖可能な温度範囲がずっと限られてくる。真核微生物が見つかる温度の上限は約65℃であり、これはある種の原核微生物が100℃以上の環境中でも見つかるのと比べるとずっと低い温度である。また増殖ということについていえば、たとえば真核藻類の *Cyanidium caldarium*（イデユコゴメ）が増殖できる最高温度が55℃であるのに対し、シアノバクテリアは70℃以上の水中でも増殖することが知られている。真核微生物の中で比べると、一般的には、従属栄養微生物のほうが光栄養微生物に比べてより高温の条件下で増殖することができる。

表3.1には、微生物の温度選好性を表す用語を、それ以外の環境特性を表す用語とともに列挙する。これらの用語の多くは"phile"という語尾をもつが、これは"loving"を意味するギリシャ語に由来する。たとえば好冷生物（psychrophile）は低温（約10℃）で増殖するが、好熱生物（thermophile）は約40℃が増殖の至適温度である。これらの生物のいずれもが、「普通の」（少なくとも人間を基準に考えたときの）温度ではあまり増殖しない。好熱細菌

の中には、進化の過程で他の細菌よりも早い時期に分岐したものもいるようである。このことから、生命は、熱水噴出孔のような高温環境で誕生したのではないかともいわれる。超好熱生物（hyperthermophile）には多くの古細菌が含まれるが、これらは約60℃以上の高温条件下で増殖する。

　ある微生物について実験室で調べられた至適温度が、その微生物がもともといた環境における至適温度とは異なることがある。微生物が実験室で最もよく増殖する温度が、それが見つかった自然環境の温度よりも高いということもしばしば起こる。たとえば北極で見つかる従属栄養細菌 *Colwellia psychreruthraea* は、実験室では8℃で増殖速度が最大になり、最高で19℃の水中でも増殖が可能である（Methe et al. 2005）。しかし、北極海の平均水温は5℃以下である。この現象のひとつの説明として、北極海で暮らす微生物にとっては、ごくまれに訪れる高水温条件下で活発に増殖する能力をもつことが有利に働くという考えがある（ただし低水温条件下でも十分に増殖できる限りにおいてのことだが）。一方、実験室で調べた至適温度と、生育場所の温度環境の不一致は、実験上のアーティファクトだという説もある。つまり、上述の実験に用いた細菌（培養細菌）は、現場の微生物群集の特性を代表していないという考えである（寒冷環境に存在する微生物の大部分はまだ培養されていない）。いずれにせよ微生物は、それらの生息場所の温度環境に、なんらかの形で適応しているものと思われる。

▶ 反応速度に対する温度の影響

　温度は、微生物が関与するさまざまな酵素反応や、環境中で進行する非生物反応に対して直接的な影響を及ぼす。その意味で、微生物活性を支配する最も本質的な環境要因であるといえるだろう。温度の変化にともなう化学反応速度の変化は、反応速度（k、単位は時間あたり）と温度（T、単位はKelvin）を関連づける関数であるアレニウス式によって記述することができる。

$$k = Ae^{-E/RT} \tag{3.1}$$

Chapter 3　物理化学環境と微生物

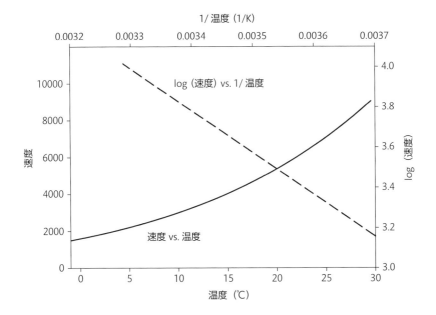

図3.3　アレニウス式に基づく温度と速度の関係の例。速度の単位は任意である。活性化エネルギーは 40 kJ・mol^{-1} と仮定した。この場合、20℃付近で Q_{10} は 2 である。上の X 軸の目盛りは温度（単位は、アレニウス式で使われる Kelvin (K)）の逆数である。

ここで、R は気体定数（8.31 J・mol^{-1}・K^{-1}）、A は任意の定数、E は活性化エネルギー（反応を定義する重要な特性）である。アレニウス式によれば、反応速度は温度の上昇とともに指数関数的に増大する（図3.3）。

多くの反応はアレニウス式に従うが、微生物の反応の中には、時としてアレニウス式に従わないものもある。おそらくこれは温度変化とともに活性化エネルギーが変化するためである。微生物生態学では、反応速度（あるいは増殖速度）と温度の関係を表すのに別の方法が使われることもしばしばある。土壌では、微生物の反応速度が温度の平方根に比例するという実験例の報告がある。この関係式はアレニウス式よりもシンプルであるが、機構論的な裏付けを欠いている（アレニウス式は分子の相互作用と温度の関係についての第一原理から導くことができる）。別のよく使われる表現として、温度が 10

BOX3.1　アレニウスと温室効果

スヴァンテ・アレニウス（Svante Arrhenius, 1859〜1927）は1903年にノーベル賞を受賞している。対象となったのは、主要研究分野の電気化学における業績であったが、アレニウスの最初の科学的業績は、実は地球の気候に対する温室効果ガスの効果に関するものであった。彼は、1896年に「地上温度に対する空気中の炭酸の影響」と題する論文を発表し、もしCO_2濃度が2〜3倍上昇したら、地球の温度は5℃上昇するであろうと述べた。アレニウスは、主に氷期と間氷期の繰り返しに関心があったのだが、その計算結果は気候変動の理解とも密接に関わっている。今日アレニウスの時代よりもはるかに複雑なモデルや多くの野外観測のデータを使って気候システムのCO_2に対する感度についての推定がなされている。アレニウスの計算結果は、これらの最新の推定値と驚くほど一致しているのである。

℃上昇するごとに速度が何倍上昇するのかを表すQ_{10}がある。多くの生物学的な反応において、Q_{10}が2であるということは、覚えておくべき重要な事柄である。このことを知っていれば、たとえば15℃で0.5日$^{-1}$の速度で増殖する微生物は、25℃では1.0日$^{-1}$で増殖すると予測することができる。実験的にQ_{10}を求める場合、正確に10℃の間隔で温度を設定して反応速度の測定が行われるとは限らない。そのような場合、Q_{10}は以下の式で計算することができる。

$$Q_{10} = (r_2/r_1)^{10/(t_2-t_1)} \tag{3.2}$$

ここで、r_1とr_2は、それぞれ2つの温度t_1とt_2（単位は℃）で測定した速度である。Q_{10}は、アレニウス式の活性化エネルギー（E）と次式で関係づけられる。

$$Q_{10} = \exp(10E / R \cdot T_1 \cdot T_2) \tag{3.3}$$

ここで、$T_2 = T_1+10$であり、温度の単位はKelvin。

Q_{10}は温度効果を表現するうえで便利で簡便な手段であるが、これもまた機構論的な裏付けを欠いている。たとえば、あるプロセス（反応速度）に対

する温度の影響が、5 〜 10°Cの範囲と 25 〜 30°Cの範囲で理論上等しかったとしても、それを Q_{10} で評価した場合には、それぞれの温度範囲で異なった Q_{10} が導かれる可能性がある。いいかえると、あるプロセスに対する温度効果が、ある温度範囲においてアレニウス式に正確に従っている場合であっても、Q_{10} はその温度範囲内で一定の値にはならず変化してしまうのである。[訳注：式 3.3 からわかるように、Q_{10} と活性化エネルギーを関係付ける式には温度の項が含まれるため、活性化エネルギーが決まれば一義的に Q_{10} が決まるというわけではない。]

　従属栄養微生物は、光栄養微生物に比べて温度の影響をより強く受けるといわれることがある。気候変動に対する生物応答を調べるモデルでは、一次生産速度は温度上昇による直接の影響を受けないのに対して、土壌における従属栄養活性と呼吸速度はその影響を受けると仮定されることが多い（Bardgett et al. 2008）。そのように仮定する根拠のひとつは、従属栄養反応とは異なり、光栄養にともなう光反応は温度には依存しないというものである。しかし光栄養生物においても、さまざまな光非依存性の生化学反応が進行するため、温度に対しての感受性はあるのかもしれない。実際、代謝速度に対する温度の影響は、従属栄養微生物と光栄養微生物とで異ならないという可能性も指摘されている（Lee and Dickie 1987）。植物プランクトンの最大増殖速度と温度の間の関係は、しばしばエプリー曲線（Eppley 1972）によって表される。これは生物海洋学者 R.W. エプリー（R.W. Eppley, 1931 〜 ）が導いた関係式である。この式によれば、最大増殖速度（G_{max}）は温度（T）とともに指数関数的に上昇する。

$$G_{max} = 0.59e^{0.0633T} \tag{3.4}$$

　エプリー曲線は、約 130 種類の植物プランクトン株を調べた研究結果に基づいて導かれたものである。個々の植物プランクトン種の温度に対する応答は大きくばらついたものの、すべての植物プランクトンのデータをプロットすると最大増殖速度は温度の上昇とともに指数関数的に増加したのである。

　従属栄養生物と一次生産者の間、あるいは水域と陸域の生物の間で温度の影響の仕方になんらかの違いがあるとしたら、それは気候変動が炭素循環や

その他の生物圏での循環に及ぼす影響を理解するうえで、非常に重要な意味をもつ。ただし、このような影響評価をするうえでは、温度変化が引き起こすさまざまな間接影響についても考慮する必要がある。たとえば、水文学的循環、つまり大気から陸域や陸水（河川や湖）を経て海域へとつながる水の動きに対する気候変動の影響は、このような間接影響のひとつの例である。微生物に対する温度の影響についての研究は、19 世紀のアレニウスの時代に端を発するのだが、今日でも、依然として興味の尽きないテーマである。

▶ pH

pH が微生物とそれを取り巻く環境に与える影響は、温度と同じくらい重要である。微生物が増殖可能な pH の範囲は、温度の場合と類似した用語で表される。好酸性微生物（acidophile）は、pH が 1 ～ 3 の水中や土壌で増殖する。一方、それとは対照的に、好アルカリ性微生物（alkaliphile）は pH9 ～ 11 を好む。海水の pH はおよそ 8 であるが、多くの湖は中性かあるいは弱酸性である。非海洋性の熱水は、非常に強い酸性である（pH 5）。これは炭鉱や鉱山から流出する廃水の場合も同様であり、このような場合には、周辺の環境に非常に悪い影響が及ぶ。火力発電所由来の汚染物質が原因の酸性雨のために、湖が酸性化することがある。土壌はその自然状態として多くの場合酸性（pH < 4）である。大型生物は、極端に低い pH（< 4）では生残することができないが、真核微生物の中にはそれが可能なものもいる。たとえばスペイン北西部を流れるリオ・ティントという酸性の川には、真核藻類が繁茂している。その川の集水域には大規模な鉄や銅の硫化物の鉱石があるため、何千年も前から採掘がなされており、河川水は極度に酸性（pH 2.3）になっているのである。鉄の酸化によってエネルギーを得るある種の細菌は、このような低 pH の環境中で繁殖することができる（13 章を参照）。

アルカリ性（pH > 10）の水圏環境の例として、モノ湖（カリフォルニア州）やグレートソルトレーク（ユタ州）、あるいはアフリカのリフトバレーにあるいくつかの湖が挙げられる。これらのアルカリ湖の塩分はきわめて高く、塩濃度は海水と同じレベルの 30 g liter^{-1} から高い場合には 300 g liter^{-1}

Chapter 3 物理化学環境と微生物

> **BOX3.2** 酸性雨と酸性の雨
>
> 新聞などで一般に用いられる「酸性雨」という言葉は、産業活動により排出された硫黄や窒素の酸化物により汚染された雨のことを指す。しかし、人為汚染が無かったとしても、すべての雨は酸性なのである。雨水の緩衝効果は弱いので、大気と平衡状態にある雨水は、たとえそれが清浄であったとしても、そこに溶け込む二酸化炭素とその結果生成される炭酸のために pH が 5.2 になる。自然排出源由来の SO_4^{2-} がそこに加わると、pH はさらに低下する。

以上にもなる。酸性環境の場合と同様、アルカリ性環境における生物群集の多様性は低く、そこに生息する後生動物の種数は限られている。ただし微生物については、いくつもの種類が存在している可能性がある。モノ湖は、魚はいないものの、多くの渡り鳥の餌となる小型のブラインシュリンプの一種(*Artemia monica*)がいることで有名である。ブラインシュリンプが餌にしているのは、真核光独立栄養微生物と数種のシアノバクテリアからなる高い生産性を有する藻類群集である(Roesler et al. 2002)。

アルカリ性土壌は多量の石灰岩（$CaCO_3$）と粘土を含む。水圏環境の場合と同様に、pH の高い土壌では、しばしば（常にではないが）主要な陽イオンの濃度が高くなる。特にカルシウム（Ca^{2+}）、マグネシウム（Mg^{2+}）、カリウム（K^+）、ナトリウム（Na^+）などが目立つ。土壌の pH は含水量の影響を受ける。降雨が少ないと pH は高くなるため、アメリカ合衆国西部の多くの地域をはじめとする世界の乾燥地帯にはアルカリ性土壌が見られる。土壌の pH が高くなると、多くの植物は生育が困難になるが、これは養分の利用可能性が低下するためである。全体としてみると、pH は土壌微生物の多様性に大きな影響を与える（9 章）。

pH はいくつもの主要な化合物や元素の化学的状態にも影響を及ぼす。たとえば好気環境で最も卓越する鉄の形態である 3 価鉄（Fe^{3+}）は、酸性環境中（pH < 3）では可溶性であるが、多くの環境で見られるそれよりも高い pH では、非晶質の水酸化鉄を形成する（図 3.4）。必須栄養素であるリン酸

75

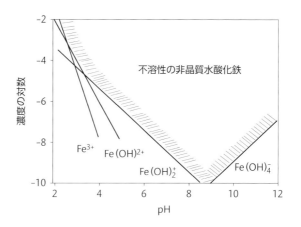

図3.4 鉄の溶解度と pH の関係。pH が非常に低いと（pH < 3）、鉄は Fe^{3+} やその他の荷電酸化物として存在するため可溶性である。pH が 3 以上では、鉄はその大半が固体（不溶性）の非晶質水酸化鉄である $Fe(OH)_3$ の形で存在する。Stumm and Morgan (1996) による。

塩や硝酸塩の土壌や堆積物粒子への吸着は、これらの粒子の陽イオンが帯びる正の電荷によるものであり、さらにその電荷は pH によって支配されている。そのほかに、pH によって電荷が変わる重要な化合物としてアンモニウムが挙げられる。アンモニウムは多くの微生物にとっての重要な窒素源である。アンモニア（NH_3）とアンモニウム（NH_4^+）の変換は次式で表すことができる。

$$NH_3 + H^+ \Leftrightarrow NH_4^+ \tag{3.5}$$

この反応の pKa は 9.3 であるから、pH が高い場合を除いては、ほとんどすべての環境中でアンモニウムが卓越する。見かけ上単純なひとつのプロトンの付加が、細胞膜を簡単に通過することができる非荷電分子（アンモニア）を、特別な輸送機構が無いと取り込むことができない荷電分子（アンモニウム）へと変換する。pH がアンモニアやアンモニウムに及ぼす効果は、海洋酸性化（4 章）が、窒素循環の中で重要な反応である硝化（12 章）に及ぼす影響を理解するうえでも重要である。

塩と浸透圧バランス

　微生物が生息可能な塩濃度には、蒸留水のレベルから、ブラインや特殊な池で見られるほぼ飽和濃度（NaClの場合35％）のレベルまで大きな幅がある。ただし微生物の種類によって、生き延びたり増殖したりすることができる塩濃度の範囲は異なっている。好塩微生物（halophile）は、他の塩はともかくとして、NaClが多少でも無いと増殖できないが、その一方で、塩が少しでもあると生残できない微生物もいる。塩蔵処理は、微生物の増殖を阻害することで肉や魚の保存をする手段である。極端に塩濃度の高い環境に適応しているのが超好塩微生物である。色々な面で興味深い超塩好性の古細菌が生息するアルカリ湖や塩田は、これらの微生物が生成する色素のために、水が鮮やかなピンク色に染まる。

　微生物やその他のすべての生物が直面する問題は、塩それ自体ではなくて、細胞と環境中を比べたときの水の相対的な量、より正確には水の活量、がどの程度であるかということである。ある種の超好塩生物を例外として、水の活量は外部環境中よりも細胞内で低く、逆に溶質の濃度は高い。その結果、細胞内への水の正味の流れが起こる。塩分が低い環境中の細胞にとってはこの勾配は比較的維持しやすい。しかし塩分が増加し水の活量が低下すると、細胞は水を保持しなくてはならないという問題に直面する。水を保持するためには、細胞は無機イオン（K^+のような）を取り込むか、有機溶質を合成するかして、内部の溶質濃度を上昇させる必要がある。これらの溶質（無機化合物の場合も有機化合物の場合もある）は適合溶質と呼ばれる。適合溶質が通常の細胞の生化学反応を妨げるようなことはあってはならない。有機適合溶質の例としては、グリシンベタイン、プロリン、グルタミン酸、グリセロール、ジメチルスルホニオプロピオン酸（DMSP）があげられる。DMSPは海洋細菌の硫黄源として利用され、分解されると硫化ジメチル（DMS）になる。海洋生物は、DMSの生成を介して気候変動に対して影響（フィードバック）を及ぼしうる［訳注：DMSが大気中に放出されると雲核の形成に寄与し、それを介して気候変動に影響を及ぼしていると考えられている］。図3.5にはいくつかの有機適合溶質の化学式を示す。

ジメチルスルホニオプロピオン酸 (DMSP):
$(CH_3)_2S^+CH_2CH_2COO^-$

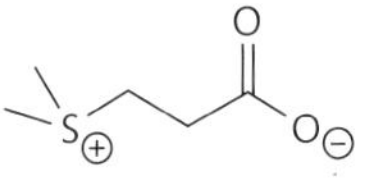

グリセロール：$C_3H_5(OH)_3$

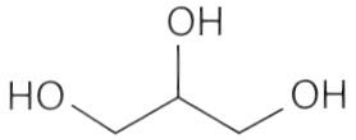

グリシンベタイン：$C_5H_{11}NO_2$

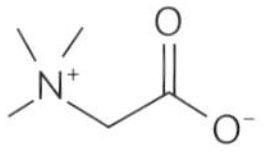

グルタミン酸：$C_5H_9NO_4$

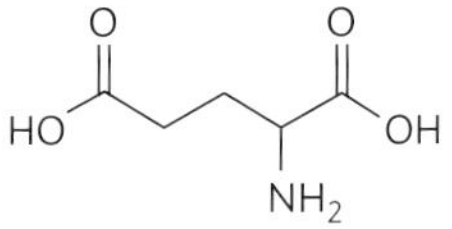

図3.5　微生物で見られる有機適合溶質の例。

　無機適合溶質と有機適合溶質には、細胞にとって有利な面と不利な面がある（Oren 1999）。無機適合溶質を使う細胞は、高い塩濃度に特別に適応した酵素やその他のタンパク質をもつ必要がある。一方、有機適合溶質は、生理学的なpHにおいて非荷電ないしは両性イオンであるから、これを使う細胞は特別な酵素やタンパク質を作る必要が無い。結果として、無機適合溶質を使うのは、ある種の超好塩微生物に限られることになる。しかし有機適合溶質の合成には、一般にエネルギーコストが高くつくという不利な面もある。高塩環境からは、エネルギー収量が低い代謝であるメタン生成（11章）やアンモニア酸化（12章）を行う微生物が単離されていないが、それはこのエネルギーコストの観点から説明できるのかもしれない。有機適合溶質の一種であるグリセロールの場合、その合成にはコストがあまりかからないが、グリセロールを使っているのは一部の真核生物に限られている。これはおそらく、分子量の小さい非荷電分子であるグリセロールを細胞内に保持するためには、膜を修飾しなくてはならないという別のコストがかかるためであろう。

▶ 酸素と酸化還元ポテンシャル

　すべての後生動物とほとんどすべての真核微生物（酵母といくらかの原生生物を除く）は、生残と増殖のために酸素を必要とする。多くの細菌と古細菌も、絶対的あるいは偏性的な好気性である。つまり酸素を必要とする。しかし原核生物の中には、酸素が無くても増殖することができるものも多くいる。これらは通性的（酸素のある条件にも耐えられる）あるいは偏性的（酸素がある条件に耐えられない）な嫌気性微生物である。微生物の群集構造や増殖を支配する要因として酸素がいかに重要であるのかについては 11 章で考察を加える。ここでは酸素やその他の酸化剤が、環境の酸化還元ポテンシャルにどのように寄与するのかをまとめよう。

　水や土壌の酸化還元状態は、白金を触媒とした標準水素電極（H^+/H_2）の電位を基準にして測定することができる。酸化還元電位は、以下のネルンスト式によって定義される。

$$E_h = E° - (0.0591/n)\log[還元体]/[酸化体] - (0.059m/n)pH \tag{3.6}$$

　ここで E^0 は標準電極電位、n は受け渡された電子の数、m は交換されたプロトンの数、［還元体］、［酸化体］はそれぞれ還元型と酸化型の化合物の濃度を表す。表 3.2 には、微生物や生物圏にとって重要な、いくつかの化合物の酸化型と還元型をまとめる。定義上、酸化型は電子を受け取ることができ、またそうすることで還元型に変化する。還元型ではこれとは逆のことが起こる。酸化型の中で最も注目すべき化合物である酸素は、酸化的な環境中（E_h はプラス）に多く存在する。逆に還元的な環境中（E_h はマイナス）には還元型の化合物がより多く存在する。

　化合物の形態が酸化還元電位によって変化するという例は多く挙げられるが、ここでは再び鉄を例にしてこのことを考えてみよう。つまり鉄の形態と、環境の酸化還元電位の関係についてである。ここで、pH と似たやり方で、pe を以下のように定義する。

$$pe = -\log(e) = E_h \cdot F/(2.3R \cdot T) \tag{3.7}$$

表3.2 微生物の生息環境において重要な役割を果たす元素の酸化型および還元型の化学種の例。E_h は標準水素電極を基準とした酸化還元電位。

元素	酸化型	還元型	E_h (mV)	付記
水素	H^+	H_2	0	定義上 E_h = 0
酸素	O_2	H_2O	+600 から +400	酸素発生型光合成の項（第4章）を参照のこと
窒素	NO_3^-	N_2, NH_4^+	+250	有機物を含め、このほかにもさまざまな化学形態の還元型物質がある
マンガン	Mn^{4+}	Mn^{2+}	+225	環境条件によっては Mn^{3+} も存在する
鉄	Fe^{3+}	Fe^{2+}	+100 から -100	スペシエーションは pH にも依存する
硫黄	SO_4^{2-}	S^{2-}	-100 から -200	硫化物は pH によっては通常 H_2S として存在する
炭素	CO_2	CH_4	< -200	有機物を含め、このほかにもさまざまな化学形態の還元型物質がある

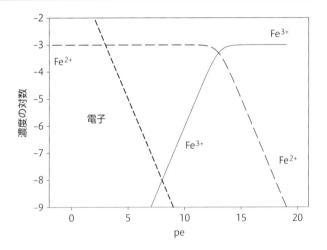

図3.6 酸化還元電位（pe）に依存した各態 Fe の濃度変化。Stumm and Morgan (1996) による。

e は電子の活量、R は気体定数、F はファラデー定数、T は絶対温度である。図3.6 に示すように、E_h の低い（pe の低い）還元的な環境中では Fe^{2+} が優占し、一方 E_h の高い（pe の高い）酸化的な環境中では、鉄の主要な形態は Fe^{3+} である。このような Fe^{2+} と Fe^{3+} の変換を含めて、すべての酸化還元反

応は熱力学によって支配されている。酸化還元反応の中には、微生物によって媒介され、ATP の合成に使われるものがある一方で、微生物が直接的には関与せず、非生物的に進行するものもある。自然界で見られる酸化還元反応の中には、微生物的なプロセスと非生物的なプロセスの相対的な重要性が、いまだによくわからないものもある。

▶ 光

　光は、光栄養微生物にエネルギーを供給する。また、光独立栄養微生物（4章）が二酸化炭素を固定して有機炭素を合成する時に必要なエネルギーの源でもある。光は、従属栄養微生物に対しても直接的あるいは間接的に影響を及ぼす。微生物細胞を構成する高分子の光損傷は、直接影響の一種である。間接影響としては、基質として利用する有機あるいは無機化合物の質や量の変化を介しての影響が挙げられる。光の効果は波長（色つまりエネルギー）によって異なる。最も高エネルギーなのは、波長がきわめて短い紫外線（UV）領域の光である。紫外線のうち UV-C（200 〜 280 nm）は大気に吸収されるが（Box3.3 を参照）、UV-B（280 〜 315 nm）と UV-A（315 〜 400 nm）は地表面に到達し、自然環境に対してさまざまな影響を及ぼす。紫外線だけでなく、可視光でも比較的短波長の光は従属栄養微生物や化学物質に影響を与えることがある。

　光によって、微生物にとって重要な DNA やその他の高分子が損傷を受けることがある。DNA の場合、隣接するピリミジン塩基が光効果で架橋されることによりピリミジン二量体が形成される。また紫外線は過酸化水素（H_2O_2）やスーパーオキシドラジカル（O_2^-）などの活性酸素種の発生を誘発する。これらは細胞内の DNA、タンパク質およびその他の高分子を酸化する。光エネルギーは熱に変換されるが、この熱も細胞構成要素に損傷を与えうる。DNA の損傷はとりわけ深刻である。もし修復されないままならば、DNA 損傷は突然変異を引き起こし、影響を受けた微生物の遺伝的構成を変えてしまうだろう。

　ほぼすべての微生物において、光誘発性の損傷を避け、あるいは修復する

> **BOX3.3** オゾンホール

UV-C（100～280 nm）をはじめとする、最も破壊力が強い短波長光は、大気中でオゾンによって吸収される。憂慮すべきことであるが、大気中オゾンは枯渇に向かっており、特に南極などの高緯度域ではオゾンホールの形成が進みつつある。成層圏オゾンは過去数十年の間減少し続けている。オゾンは塩素や臭素によって破壊されるが、これらのハロゲンはクロロフルオロカーボン（chlorofluorocarbons, CFCs）に由来する。CFCsは、かつては冷蔵庫その他の産業機器で盛んに使われてきたが、1989年にモントリオール議定書が締結されたことにより、今は使用禁止になっている。南極で行われた微生物生態学的な調査の結果、オゾンホールの下では微生物の活性が異なることが明らかにされている（Pakulski et al. 2008; Nisbet and Sleep 2001）。

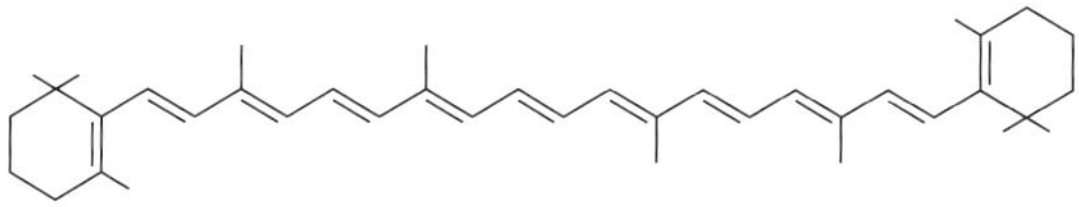

図3.7 微生物で広く見られる二重結合を多く含む化合物（βカロチン）の例。ここに示した化合物やその他の化合物は光を吸収するため、これをもつ従属栄養微生物は、光合成に必要な色素をもたないのにもかかわらず呈色する。

ためのさまざまな仕組みが見られる。ある種の微生物は、光よけのスクリーンをもっている。すなわち、光を吸収することで、光損傷を最小限にするためのカロテノイドのような色素である。これらの色素分子の交互二重結合は、光を吸収して特徴的な色を呈する。色素を有する微生物を固形培地上で培養すると、色鮮やかなコロニーができるのはこのためである。修復メカニズムにはさまざまなものがあるが、そのひとつとして、RecAによるDNA鎖断絶の修復が挙げられる。多くの好気性微生物で普通に見られるペルオキシダーゼやスーパーオキシドジスムターゼといった酵素は、活性酸素種が細胞の構成要素に損傷を与える前に、それらを無害化する役割を果たしている。こ

> **BOX3.4** 圧力の単位

国際単位系（SI）によると、圧力の単位はパスカル（Pa）である。しかし、それ以外にも、気圧やバールといった単位も使われる。1気圧は 1.10 バールあるいは 0.101 MPa に等しい。大体の目安として、水深 10m ごとに圧力は 0.1 MPa 上昇する。

れらの酵素は、光や酸素の無い環境中で生息する嫌気性微生物では見られない（11章）。

▶ 圧力

　海洋深層と地下環境（地球表層よりずっと深い地質学的な形成帯）は、地球上で最大の生物圏（バイオーム）である。ふつうこれらの生物圏は、例外的な微生物が生息する極限環境であるとみなされる。しかし、人間が生息するという理由から「極限的ではない」とされている環境というのは、実は地球全体からみるとむしろ例外的な環境であるという見方もできる。というのも、海洋深層や地下環境が占める空間は、われわれが生息する環境に比べてはるかに巨大だからである。この巨大空間に生息する生命は、大気圧を超える圧力のもとで生きている。

　通常、大気圧下に存在する微生物を、それより高い圧力のもとにおくと、活性の低下が見られる。しかし、このような普通の微生物の中にも、高圧に耐えることができ、圧力をもとに戻しさえすれば増殖活性を取り戻すことができるものがいる（Fang et al. 2010）。一方、圧力の高い条件下でのみ増殖が可能な生物もいて、これらは好圧生物（piezophile または barophile）と総称される。さらに 60 メガパスカル（MPa）以上の高圧環境に適応し、そこで増殖している生物は、超好圧生物（hyperpiezophile）と呼ばれる。圧力が大気圧の 1000 倍以上（110 MPa）になる太平洋のマリアナ海溝の海底には、このような微生物が生息している。温度や pH が極限的である場合とは対照

的に、海洋深層のような高圧環境では、微生物だけでなく、ある種の魚やその他の後生動物も生き抜くことができる。ただし、高圧の地下環境に生息する後生動物は見つかっていない（Bartlett 2002）。

 ある事故をきっかけに、圧力が微生物活性に対して及ぼす影響についての最初の知見が得られた。1968年10月16日、潜水調査艇アルビン号がマサチューセッツ沖で沈没し、海面下1,540mの海底に着底した（Jannasch et al. 1971）。3人の乗組員は無事脱出したが、かれらの昼食であったサンドイッチとリンゴは後に残された。8か月後にアルビン号が海底から回収されたとき、昼食はいまだに食べられそうであった。これに対して、海洋深層の温度（3℃）に放置したサンドイッチは、何週間かのうちには傷んでしまった。この「実験」の結果が意味するところは、サンドイッチのパンや肉を構成するでんぷんやタンパク質の分解が、海底の低水温によってではなく、圧力によって阻害されたということである。

 好圧微生物は、高緯度域の低温・常圧環境中で見つかる好冷微生物から進化したと考えられている（Lauro et al. 2007）。どちらのタイプの微生物も、それぞれの環境に対する適応が見られるが、そのいずれもが不飽和度の高い脂質をもつという点や、タンパク質とDNAに特徴的な構造変化が見られるといった点で、類似している面がある。

▶「小さく在る」ことの帰結

 ここまで、巨視的な世界においても多かれ少なかれ馴染みのある物理的要因について考察を加えてきた。しかし微生物世界では、「小ささ」という物理的な制約それ自体が、生命活動のさまざまな側面を制約している。「小さく在る」ということの帰結がすべて示されない限り、単に微生物は小さいということをいってみても、それはあまり意味のないことであろう。実際のところ、微生物の「小ささ」は、制限栄養物の輸送、捕食—餌相互作用あるいは高分子組成といった、生物学や生態学に関わるさまざまな事象に影響を及ぼしている。

 小さい生物の世界は、大型生物の世界とは根本的に異なっているが、この

違いを表すひとつの尺度にレイノルズ数（Re）がある。これは慣性力と粘性力の比を示す無次元パラメータであり、以下のように定義される。

$$Re = L \cdot v \cdot \rho / \mu \tag{3.8}$$

ここでLは代表的な長さスケール、vは速度、ρは液体の密度、またμは動粘性率（あるいは絶対粘性率）である。人間が生活する世界のレイノルズ数は10^4と大きな値であるのに対し、細菌の世界にこの式を適用してみると（$L = 1\,\mu m$、$v = 30\,\mu m \cdot 秒^{-1}$、$\rho = 1\,g \cdot cm^{-3}$、$\mu = 10^{-2}\,cm^2 \cdot 秒^{-1}$）、レイノルズ数は1以下という小さな値になる。このことから微生物は「低レイノルズ数環境」に生活しているといわれる。人間の世界とは異なり、低レイノルズ数環境中では、粘性力が慣性力を上回る。かつて物理学者エドワード・ミルズ・パーセル（E.M.Purcell, 1912～1997）は、もし人が低レイノルズ数環境中に生きているとすれば、まるでコールタールの中を泳いでいるような気分になるであろう、と述べている。コールタールの中にいる人の背中を押したとしても、彼は10ナノメートルも進まないのである（Purcell 1977）。図3.8には、さまざまなレイノルズ数の世界における生物のサイズと運動速度の関係をまとめた。

　低レイノルズ数の環境中で生活することのひとつの帰結は、分子の混合が拡散（勾配駆動型のプロセス）によって支配されるということである。これに対して巨視的な世界では、混合は主に乱流（慣性駆動型のプロセス）によって引き起こされる。拡散駆動型の世界では、混合は、無数のランダムな分子衝突の結果として起こる。この拡散駆動型の運動や混合の起こりやすさを表すのが拡散係数（D）である。距離（z）の関数としてのある化合物の運動あるいはフラックス（J）はフィックの第一法則に従い、次式で表される。

$$J = -D_c \cdot dC / dz \tag{3.9}$$

ここでDcは拡散係数、Cは化合物の濃度である。言葉で説明すると、拡散によるフラックスは、濃度勾配（dC/dz）と拡散係数（Dc）の積である。式3.9の右辺に負の符号がついているから、フラックスは常に濃度の高いところから低いところへ向かう。

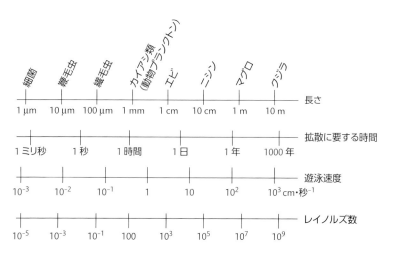

図3.8　レイノルズ数と、拡散の時間スケールや生物の遊泳速度の関係。Jørgensen (2000) による。

　拡散係数は相（液体、気体、あるいは固体）、温度、化学物質の種類によって異なる。これらのすべてが同じであれば、小さい化合物は大きな化合物よりもより迅速に拡散する。また非荷電分子は荷電分子よりも早く拡散する。タンパク質はデキストランのような多糖類よりも大きな拡散係数をもつ。それは同等の分子量のデキストランに比べて、タンパク質がより疎水的であり、かつよりコンパクトな傾向があるからである（表3.3）。気体の場合、拡散は温度とともに増大し、圧力とともに減少する。この関係は次式で表される。

$$D_n = D \cdot P / P_n \cdot (T_n / T)^{3/2} \tag{3.10}$$

　この式は、もともとの温度（T）と圧力（P）をそれぞれ T_n、P_n に変化させたときの拡散係数（D_n）を表す（Logan 1999）。水溶液の場合、拡散はやはり温度とともに増加する。たとえば水中での酸素の拡散係数は、温度が10℃の時に 0.157×10^{-4} cm^2・秒$^{-1}$ であるが、20℃では 0.210×10^{-4} cm^2・秒$^{-1}$ である。温度が倍になったのにもかかわらず拡散係数が57%しか上昇しないのは、温度上昇に伴う水の粘性率の低下によって部分的には説明できる。

表3.3 化学物質およびウィルスの拡散係数。Logan (1999) より。

化学物質・ウィルス	質量 (ダルトン)	拡散係数 ($cm^2 \cdot 秒^{-1} \times 10^8$)
アンモニア（NH_3）	17	2200
グルコース	220	673
デキストラン	60 200	35
血清アルブミン	70 000	61
タバコモザイクウィルス	31 400 000	5.3

　ストークス・アインシュタイン式を使うと、さまざまな拡散係数（D）をもった化合物が、どのような時間（T）と距離（L）のスケールで、拡散をするのかが把握できる。

$$T = L^2 / 2D \qquad (3.11)$$

　ひとつの例として、10℃の水中に溶けている酸素とグルコースを考えよう（表3.4）。これら2つの化合物は、細菌細胞のおよそのサイズである1 μm という距離を、1秒の1000分の1の時間で移動する。しかしこれが100 μm の距離となると移動に数秒かかり、さらに1 m 広がるためには10年以上の時間が必要である。

　細菌がある化合物を取り込む速度の上限は、拡散によって決まる。いま、半径 r の球形の細胞を考え、拡散によって、この細胞の表面に到達したすべての分子が細胞内に取り込まれるものとする。そうすると細胞外から細胞内への分子のフラックス（J）は次式で表すことができる。

$$J = 4\pi D \cdot r \cdot C \qquad (3.12)$$

　ここで、C は細胞から無限に離れたバルク溶液中の化合物濃度である。フラックス（J）の単位は、細胞あたり、単位時間あたりの質量である。次章では 3.12 式に基づいて、なぜ小さい細胞は大きな細胞よりも溶存有機物をより効率的に取り込めるのかについて考察を加える。このことは、外洋のような貧栄養的な環境中に生息する微生物の細胞サイズがなぜ小さいのかを理

表3.4 酸素とグルコースの拡散輸送の代表的な時間・距離スケール。Jørgensen (2000) より。

距離	酸素	グルコース
1 μm	0.34 ミリ秒	1.1 ミリ秒
10 μm	34 ミリ秒	110 ミリ秒
100 μm	3.4 秒	10 秒
1 mm	5.7 分	19 分
1 cm	9.5 時間	1.3 日
10 cm	40 日	130 日
1 m	11 年	35 年

解するうえで重要である。

▶ 自然水圏環境における微生物の暮らし

　低レイノルズ数の世界の法則は、土壌、堆積物あるいは実験室の純粋培養までをも含めた微生物が生息するすべての場に適用できる。サイズの圧倒的な重要性という観点からすれば、微生物の生息する場というのは、いずれも非常に類似しているといえるのかもしれない。とはいえ、湖や海洋の水中と、土壌や堆積物との間には、重要な違いもいくつかある。たとえば土壌や堆積物には固形物が大量に存在するのに対して、水中には固形物が少ない。そのため、水中の環境はよりシンプルで閑散としたものに見える（ただし後述するように水中環境も見かけよりはずっと複雑である）。

　湖や海の水中環境において、微生物の分布がいかに閑散としたものであるかを計算によって示そう。典型的には 1 mL の水中には約 100 万細胞の細菌が存在する（1章）。これは一見高密度のようにみえるかもしれない。しかし、栄養をたくさん含んだ培地で微生物を培養したときには、細胞密度が約 10^8 細胞・mL^{-1} に達するのに比べれば、これはずっと希薄である。密度が 10^6 細胞・mL^{-1} で、かつ微生物が水中に均一に分布していると仮定すると、計算上、個々の細菌の周囲には容積が 10^6 μm^3 の「空きスペース」が存在する

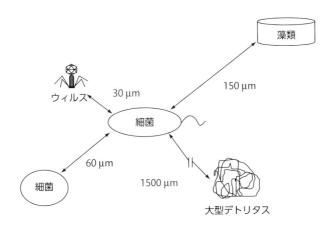

図3.9 水圏環境における微生物の空間分布。すべての生物や粒子が均一に分布すると仮定した。

ことになる。別の表し方をすると、細菌と細菌の間の平均的な距離はおよそ60 μmである。実験室で栄養分を多く含んだ培地で増殖させた細菌について同様な計算をすると、距離は10 μmと計算されるから、これに比べるとずっと離れていることになる。同一種に属する細菌間の距離となると、この値はさらに大きくなるであろう（ただし実際の距離は、種の定義やそれぞれのグループの相対的な数によって異なる（9章））。一般的に、水中の微生物では、お互いの存在を感知するメカニズム（クオラムセンシング、14章参照）が見られないが、これは淡水や海水中では、細菌同士が互いに遠く離れていて「近所づきあいをしない」ことの証拠であるという説もある（Yooseph et al. 2010）。

　従属栄養性微生物は、増殖に必要な有機物の排出源からも遠くはなれている。デトリタスや植物プランクトンの数は大きく変動するが、その密度はおよそ $10^3 \sim 10^4$ 粒子・mL^{-1}（あるいは細胞・mL^{-1}）のオーダーである。この密度の時に、ふたたび均一分布を仮定すると、水中において従属栄養細菌の細胞は、潜在的な有機炭素源から100 μm以上も隔たっていることになる。微生物の周囲に存在するさまざまな溶存態の分子でさえも、その数はわずか

なものである。すでに述べたように、またこれまで何度も強調したように、自然環境中ではごく一部の例外を除いて、必須化合物の濃度は非常に低いレベルに保たれている。この低濃度が意味するところは、微生物細胞の周囲には、平均的にはほんのわずかの基質分子しか存在しないということである。たとえば 100 nmol L^{-1} の濃度で水中に溶けているアミノ酸を例に考えてみよう。アボガドロ数を考慮すると、計算上、アミノ酸はひとつの細胞をとりまく 0.5 μm^3 の球体のなかに、わずか 30 分子しか存在しない。実際の環境中では、タンパク質を構成する 20 種のアミノ酸の濃度をすべて合計しても、ふつう 100 nmol L^{-1} よりもずっと低い濃度である。従って、細菌の周りに存在する、グルタミン酸やアラニンといった個々のアミノ酸分子の数は、30 分子よりもずっと少ないと考えられる。海水や湖水中では、アミノ酸以外の多くの有機化合物や無機化合物について同様のことがいえる。

▶ 運動性と走性

　以上の計算は、細胞やその他の粒子が均一に分布している状態を仮定した。しかし、実はこの仮定は現実とはかけ離れている。多くの微生物は、運動性や走性を有するのである。鞭毛を有する鞭毛虫や（鞭毛虫に含まれる分類群はかならずしも系統分類学的に近縁とは限らない）、繊毛をもつ繊毛虫（*Ciliophora* 門に属する）のような原生生物（真核微生物）は、餌に遭遇する確率を高めるために水中を泳ぎまわることができる。細菌も、鞭毛を使って推進力をえるが、細菌と真核微生物の鞭毛には構造的に大きな違いが見られる（2 章）。ある種の付着細菌や珪藻は、表面を滑走することができる。珪藻の場合、ポリマーの分泌によって滑走の推進力を得ている。海洋性のシネココッカス属（自由生活性の球状シアノバクテリア）のあるものは、鞭毛やその他の目立った運動装置が無いのにもかかわらず、ゆっくりとではあるが泳ぐことができる（McCarren and Brahamsha 2005）。微生物は信じられないほどのスピードで泳ぐこともある。細菌の遊泳速度の範囲は毎秒 1～1000 μm と報告されているが、この速度をそのまま人間のサイズに拡大すると驚くべきことになる。今、大きさが 1 μm の細菌が毎秒 100 μm の速度で遊泳しているとしよう。これは 1 秒間に細胞サイズの 100 倍の距離を泳い

Chapter 3 物理化学環境と微生物

> **BOX3.5** 微生物運動の物理学
>
> 微生物が粘性液体中をどのようにして動くのかという問題は、多くの著名な科学者の関心を集めてきた。中でも核磁気共鳴の発見で 1952 年にノーベル賞を受賞した E.M. パーセルは特筆に価する。彼は微生物の物理的環境に関する古典的な論文を発表しているのである（Purcell 1977）。アルベルト・アインシュタイン（Albert Einstein, 1879 ～ 1955）は、有名な「驚異の年」（annus mirablis）に発表した論文のひとつでブラウン運動を扱い、その中で微生物に言及こそしなかったものの、微生物と同様なサイズの粒子が 1 分間に移動する距離がどのくらいになるのか（6 μm である）についての計算をしている。

でいることを意味する。この値を、人（身長が 1 m としよう）にそのままあてはめたとしたら、その速度は秒速 100 m、つまり時速 300 km に達するという計算結果になるのである。

運動性を有することで、捕食性の微生物は餌粒子との遭遇確率を高めることができるが、微生物のサイズが十分に大きければ、拡散による無機あるいは有機栄養物の取り込みの制限を緩和することも可能である。微生物の種類によっては、走化性を使って、必要とする溶存化合物の発生源に向かって泳いでいくこともできる。走化性微生物が、溶存化合物の濃度勾配を感知してその発生源に向かうメカニズムのひとつに「回転と直進」（tumble and run）と呼ばれるものがある（図 3.10）。濃度勾配に逆らって（つまり栄養源に向かって）遊泳しているときには、直線的に泳ぐ（run）時間が長くなるが、濃度の減少が感知されると（これは微生物が間違った方向に進んでいるということの合図である）、細胞は回転運動（tumble）をして、進行方向をランダムに再設定するのである。このような行動の正味の結果として、微生物は必要とする溶存化合物の発生源に近づくことができる。場合によっては、阻害物質や有害な排出物を避けなくてはならないが、その時には負の走化性が使われる。

微生物の走性を誘発する環境中の「合図」は溶存化合物だけではない。光

91

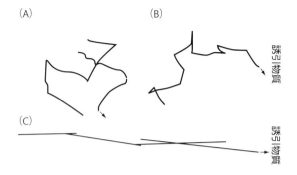

図3.10 細菌の移動の軌跡。A はランダムな場合、B と C は誘引物質に向かって正の走化性を示す場合である。B は古典的な「直進と回転」（偏ったランダム歩行）モデルを示す。誘引物質に対する偏りは約 1％にすぎないが、図では効果を示すために強調してある。C は「直進と後進」と呼ばれる別のメカニズムであり、水圏環境でよく見られる。この場合、誘引物質に向かっての長い直進的な遊泳の間に短い後進（逆進）が見られる。直進と後進で角度は数度しか異ならないが、わかりやすくするために強調してある。Jim G. Mitchell の図を許可を得て掲載している。

栄養微生物では光を感知する走光性が見られる。また別の微生物では、酸素を探すのに走気性が使われる。細胞内の磁石（磁鉄鉱（Fe_3O_4）あるいはグレイジャイト（Fe_3S_4）からなる）を使って、地球の磁場方向に遊泳する走磁性細菌という微生物もいる。走磁性細菌は、走磁性と走気性を組み合わせて使うことで、堆積物中で、酸素やその他の溶存化合物の濃度が最適である深さの層を見つけることができる。［訳注：走磁性細菌については 13 章で詳しく触れられる。］

運動性や走性によって好適な微小生息場所へと移動する能力は、微生物に多くの利益をもたらす。そう考えると、すべての微生物が運動性をもってもよさそうであるが、実際にはそうではない。たとえば海洋細菌のうち運動性を有するものの割合は、季節や場所によって変動するが、5 ～ 70％の範囲である（Mitchell and Kogure 2006）。運動性をもたない理由はいくつか考えられる。たとえば微生物によっては、運動に必要なエネルギーを産生するだけの十分な活性が無いということがあるだろう。また細胞サイズが小さい微

生物においては、運動することによって得られる利益のひとつである、拡散による制約からの回避という効果がほとんど期待できないということもある。ある理論計算によれば、拡散による制約から運動によって逃れるためには、細胞は最低でも 3.7 〜 8.5 μm の大きさがなくてならない（値に幅があるのは計算方法の違いによる。Dusenbery 1997）［訳注：細菌のように小さい微生物では、遊泳をしても、拡散律速の緩和効果がほとんど期待できない。ただし、走性により栄養源に到達できるというメリットは、サイズにかかわらず期待できる。］。「小さく在る」ことには、多くの有利な面がある一方で、不利な面もあるのだ。

▶ 水圏環境における Submicron および micron スケールでの不均一性

ここで、1 mL の水中に懸濁する微生物とデトリタス粒子の空間分布のスケッチ（図 3.9）に戻ろう。この図の説明をした時点では、「典型的な数と濃度を使った計算によれば、すべてのものが孤立し、互いに遠く離れている」という指摘をした。しかし私たちはいまや、すべてではないものの、ある種の微生物が栄養の豊富な有機物の発生源に向かって全速力で泳いでいるということを学んだ。有機物の発生源や藻類の細胞あるいは分解中のデトリタス粒子の周囲には走化性細菌が群がり、その細菌の群れ（スウォーム）には、餌を探し求めて泳ぎまわる捕食者が集まってくるのである。

実は水中の有機物の分布というのは複雑であり、その状態はよく混ざった均一なスープというイメージからはほど遠いのである。実際のところ、「溶存」有機物には多くの微粒子が含まれている（これは溶存物質と粒子状物質がどのように分けられるのかという問題と関連している。Box 3.6 を参照せよ）。微粒子には、コロイド粒子（サイズが 1 〜 500 nm の粒子）、無機態および有機態の微小凝集物、あるいはゲル状の微粒子が含まれる。海水中では有機態および無機態の成分が自発的に集合することでゲル状の微粒子が形成されるが、その大きさは 1 μm 以下から数ミクロンの範囲である。このゲル状の微粒子がさらに凝集してできるのが、透明細胞外ポリマー粒子（transparent exoplymeric particles, TEP）である。TEP はアルーシャン青という色素で染色され、その主成分はさまざまな微生物が分泌した多糖類であると考えられ

BOX3.6 溶存と粒子を分かつもの

自然環境中の物質を「溶存態」と「粒子態」に分けて調べるために、ガラス繊維でできたフィルターが使われる。このフィルターは500℃の加熱に耐えるため、燃焼炉を使ってフィルターに含まれる汚染有機物を容易に除去できる。粒子状有機炭素（POC）は、まずこの燃焼したきれいなガラス繊維フィルター上に捕集する。その後試料を燃焼して発生した CO_2 を測定する。これが最も一般的なPOCの測定方法である。ガラス繊維フィルターの中で最も細かい粒子を集めることができるのがWhatman社のGF/F（Glass Fiber Fine）というタイプのものである。定義上このフィルターを通過するものはすべて「溶存態」であり、フィルター上に捕集されるものはすべて「粒子状」である。GF/Fフィルターの公称孔径は0.6 μmであるが、実際にはそれよりも小型の成分であってもその一部はフィルターに吸着するし、逆に0.6 μmより大きな粒子の中にも、フィルターの目をすり抜けて「溶存態」に含まれてしまうものがある。また壊れやすい細胞やデトリタス粒子は、ろ過をしている間に壊れてしまい、それらの断片がフィルターを通過するということも起こりうる。水圏微生物生態学では「サイズ分画」と総称される手法が広く用いられる。サイズ分画にはさまざまなやり方があり、ここに挙げたガラス繊維フィルター以外にも、目的によってさまざまな素材でできたフィルター（ポリカーボネート、硝酸セルロースなど）や異なる孔径（0.1〜10 μm）のフィルターが用いられる。

ている。数ミクロンのスケールから、数十ミクロンあるいは数ミリメートルのスケールに視野を広げると、微生物の分布の不均一性（パッチネス）はより一層顕著になる。たとえば、比較的大きな粒子（数十ミクロン）に付着した微生物の群集組成は、その周囲に浮遊する自由生活性の微生物群集とは明らかに異なっている。熊手状にチップが装着されたピペットを使って数ミリメートルの間隔で海水試料を採取し、それぞれのチップ内の微生物群集を調べた研究によれば、微生物の数や種類（組成）は、試料（チップ）ごとに大きく異なっていた。このことから、海水中の微生物の分布が、数ミリメートルのスケールで不均一であるということが明らかになった（Long and Azam 2001）。

土壌での微生物の生活

　土壌微生物の細胞周囲の物理的環境には、前節で議論した水圏微生物をとりまく物理的環境と多くの共通点がある。実際、活性のある土壌微生物が見つかるのは、土壌粒子を覆っている水膜（water film）の中である。水膜中に生息する微生物のことを、ある土壌生態学者は「陸のプランクトン」と呼んだ（Coleman 2008）。プランクトンという用語は、もともと浮遊する生物相を指す用語として水圏生態学で用いられたのだが、それを借用したわけである。水圏環境の場合と同様に、酸化還元状態やpHあるいは温度は土壌微生物に大きな影響を及ぼす。また土壌微生物も低レイノルズ数の世界の住人であるという点で水圏微生物と変わらない。しかし当然のことながら、生物の生息環境としての土壌と水中にはいくつかの重要な違いもある。土壌環境を特徴付けるのは、空気や水が通る開水路（間隙空間）によって仕切られた無機態および有機態の粒子である。土壌中では、酸素濃度や酸化還元状態といった、微生物にとって重要な物理化学的環境条件が、わずか数ミクロン離れただけでも劇的に異なることがある。このような土壌環境の空間的な不均一性は、水圏環境の場合よりもはるかに顕著であるといえるだろう。

　土壌における微生物の生活を理解するうえでは、間隙空間の大きさや間隙のサイズ、形状、また間隙同士のつながり方などのすべてが重要である（Voroney 2007）。これらの特性は、土壌の種類によって異なる（表3.5）。無機質土壌では、体積換算で35～55%が間隙空間であるが、有機質土壌ではこの値は80～90%である。約10 μmより大きな間隙は粗大間隙と呼ばれ、ここでは空気も水も拡散と流動によって簡単に移動する。植物の根やミミズ、その他の大型土壌生物は、粗大間隙の形成に貢献する。約10 μmより小さい間隙（微細間隙）は、水を保持し土壌生物の動きを制約する場合がある。

土壌の含水量

　間隙空間がどの程度水によって満たされているのかということは、土壌の化学的特性や土壌微生物の生活に大きな影響を及ぼす。大気中に比べると水

表3.5 土壌の3つの主要無機成分の物理的特性。粒子は球形であると仮定した。Hartel (1998) のデータに基づく。

特性	砂	シルト	粘土
間隙サイズ	大きな間隙	小さい間隙	小さい間隙
粒径 (mm)	0.05-2	0.02-0.05	<0.002
透過性	迅速	緩慢ないしは中程度	緩慢
1 g あたりの粒子数	10^2-10^3	6×10^6	9×10^{10}
保水量	限定的	中程度	きわめて大きい
土壌粒子表面積 ($cm^2 \cdot g^{-1}$)	10-200	450	8×10^6
陽イオン交換容量	低い	低い	高い（ただし鉱物の種類によって異なる）

BOX3.7 硬い殻

土壌グラム陽性細菌の中には、*Bacillus* 属や *Clostridium* 属を含め、芽胞を形成するものがある。芽胞は生物圏で最も回復力の強い生物的構造であるといわれる。芽胞の回復力は、細菌 DNA からなるコアプロトプラストの周りにある皮膜タンパク質の数の多さやその性質に負うところがある。皮膜には、ジピコリン酸とカルシウムイオンの錯体のような通常の栄養細胞には見られない珍しい化合物が含まれる。芽胞は少なくとも数十年は生残することができる。2400 万年から 4000 万年前にコハクの中に閉じ込められた蜂、あるいは 2 億 5000 万年前の塩結晶から芽胞形成をする細菌が見つかったという報告があるが (Vreeland et al. 2000)、これには議論の余地もある。

中での気体の拡散はずっと遅い。たとえば 20°C における酸素の拡散係数は空気中で 0.205 $cm^2 \cdot$ 秒$^{-1}$ であるのに対し、水中では 0.0000210 $cm^2 \cdot$ 秒$^{-1}$ である。酸素は主に拡散によって土壌中に浸透するが、その速度は含水量、土壌型、土壌構造などにより大きく異なる。粘土は砂に比べて間隙が小さいため、粘土質の土壌は砂質土に比べて酸素の通気が悪くなる。湛水土壌は、微生物活性が高いと速やかに無酸素状態になる。

土壌中の水の状態は、含水量と水ポテンシャルという2つの基本的な特性で表すことができる。含水量とは、土壌の単位量あたりの水の量のことであり、乾燥の前後で土壌の重量を測定することで求められる。水ポテンシャルは、温度の変化を伴わずに水を動かすことによってなされる潜在的な仕事量、つまり位置エネルギー、のことである。水ポテンシャルは、マトリックス、浸透圧、重力、大気圧という4つの構成要素の総和である。マトリックス効果は水の土壌成分への吸着により生じ、負の水ポテンシャルをもたらす。浸透圧効果は水に溶存する溶質によるものであるが、これもやはり負の効果である。以上の2つの効果は土壌中での水の保持に寄与する。一方、重力と大気圧（これらは通常正の効果）は、土壌から水を押し出すのに寄与する。水ポテンシャルの単位は圧力と同じでPaあるいはより一般的にはkPaである。

水ポテンシャルのそれぞれの構成要素がどのように相互作用するのかを見るために、豪雨や春の融雪期のあとのように、圃場が水で飽和している状態を考えてみよう。最初は水ポテンシャルに対して負に働くマトリックス効果と浸透圧効果が、正の影響を与える大気圧効果と均衡するため、水ポテンシャルは0 kPaである。雨が降り止む（あるいは雪が融けてしまう）やいなや重力が支配するようになり、マトリックス効果と浸透圧効果によって保持できるレベルに達するまで土壌中の水は排出される。この時点で、土壌は圃場容水量に達したといわれる。圃場容水量（残った水の量）は土壌型によって異なる。ローム土の水ポテンシャルは−33 kPaであるが、砂質土では−10 kPaである。なお−50 kPaの水ポテンシャルは、砂質土では10%、粘土質土壌では54%の含水量に相当する。

水ポテンシャルを使うことで、土壌微生物が活性を保つためには、最低限どの程度の水が必要であるのかを示すことができる。微生物が移動するためには土壌の水ポテンシャルが少なくとも約−30 〜 −50 kPaでなくてはならない。これは土壌粒子表面に0.5 〜 4.0 μmの厚さの水膜がある状態に相当する。水ポテンシャルが−4000 kPa以下になると（あるいは水膜の厚さが3 nm以下になると）、細菌の活性は強い制約を受けるようになる。ただし実験的に乾燥させた土壌を用いた研究では、水ポテンシャルが約−80000 kPaの条件下でも細菌がまだいくらかの代謝活性（呼吸）を示したという結果が

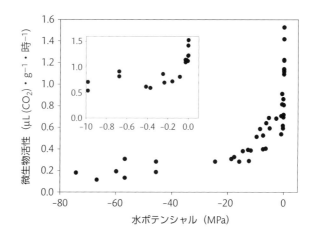

図3.11 微生物活性（ここでは呼吸）と水ポテンシャルの関係。操作実験により得られた結果を示す。挿入図は、同じデータのうち、水ポテンシャルの高い範囲のプロットを示した。Orchard and Cook (1983) に基づく。

得られている（図 3.11）。いくつかの証拠によれば、含水量の変化に対する細菌の応答は、細菌の種類によって異なる。また乾燥土壌では、一般に菌類の増殖が細菌の増殖を上回る。これは菌類の菌糸が、土壌中の乾燥した空間をうまく横切ることができるためである（糸状細菌であっても菌糸にはおよばない）。ある種の土壌微生物は、休眠状態の芽胞を形成することで、乾燥期を生き延びることがある。

▶ 土壌における温度と含水量の相互作用

温度が微生物に及ぼす直接影響は、水圏でも土壌でも同じである。自然環境で見られる典型的な温度の範囲における Q_{10} は、いずれの環境においても約 2 である。しかし土壌においては、水圏の場合とは異なり、温度は含水量の変化を通して微生物活性に対して間接的なインパクトを及ぼしうる。気候変動による温度上昇は、微生物活性を高めるかもしれない。しかしこれは一方では、土壌がより乾燥した状態になることにもつながりうる。その結果、

最終的には、温度上昇は微生物活性の低下につながるのかもしれない。多くの野外研究が行われた結果、土壌水分が微生物に影響を及ぼし始めるある閾値に達するまでは、温度が土壌呼吸の優れた予測変数であることが示されている。

　水ポテンシャルやその他の要因が関わるため、微生物活性と温度の間の関係は非常に複雑になりうる。温度の季節変化にともなう微生物活性の変化から推定すると、土壌の見かけの Q_{10} は、しばしば標準的な値である2よりもずっと大きくかつ変動幅の大きなものになる。同様な傾向は水圏でも見られる。一般的に水でも土壌でも、温度は微生物活性の優れた予測変数であるが、野外での変動から求められた Q_{10} は、操作実験で求められた値よりもしばしば高くなる。その原因の一端は、温度と共変動する「その他の要因」に求められる。たとえば温帯域では春に気温（水温）が上昇するが、この時期には従属栄養微生物が利用する有機炭素の供給も上昇する。この例の場合「その他の要因」である有機炭素の供給の上昇は主に一次生産の上昇に起因するため、直接的に温度にのみ依存するとはいえないかもしれないが、温度効果が「その他の要因」とより直接的にからみあうような事例もある。すでに考察したように、土壌水分は後者の例である（図3.12）。土壌や水圏環境中の微生物が温度変化に対してどのように応答するのかを理解することは、地球温暖化に対する生物圏のフィードバックを予測するうえで重要な課題である。

▶ バイオフィルム環境

　バイオフィルムとは、表面に付着して発達した複雑な微生物群集のことである。この用語は、通常は長さと幅が少なくとも数ミリはあるような、比較的大きな表面上の群集に用いられる。たとえば河川の岩や礫、船底、あるいは動物の歯の表面に発達する群集である。バイオフィルムは、植物や動物の生きた組織の表面にも発達する。これらの例からもわかるように、バイオフィルムは、自然環境中で重要であるばかりでなく、産業的および医学的なさまざまな局面で重要になってくる。たとえば下水処理場においては、排水から溶存化合物を除去するひとつの手段として、バイオフィルムが利用されて

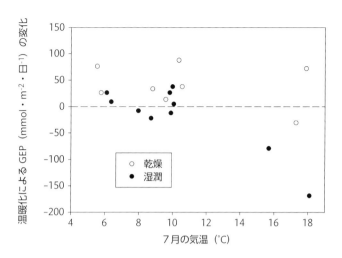

図3.12 生物プロセスに対して2つの環境要因(温度と土壌水分)が及ぼす相乗効果。この例では、ツンドラ土壌の温度を、気候変動予測に基づく温度上昇の下限である1〜2℃上昇させた場合に、総生態系生産速度(gross ecosystem production, GEP)がどのように変化するのかを調べた。大部分の場合、温度を上昇させることで生産速度は増大した(Y軸の値が正、すなわち破線より上)が、この効果は土壌水分や現場温度(加温しない自然状態での7月の平均気温)に依存して異なった。この例からも、生物プロセスに対する地球温暖化やその他の気候変動の影響予測がいかに複雑であるのかがうかがえる。データは Oberbauer et al. (2007) より。

いる。バイオフィルムの研究を専門に行っている研究機関もあるほどである。太陽光があたる水中の表面に発達するバイオフィルムでは、珪藻やその他の藻類も重要な構成要素であるが、これまで多くの研究が細菌を主要な対象としてきた。

　固体表面を、水や湿潤な土壌に浸漬すれば、どんな時にでもバイオフィルムは必ず形成される。浮遊性細菌は、おそらくは有機化合物に誘引され、あるいは捕食を回避するひとつの手段として表面上に定着するが、その瞬間からバイオフィルムの形成が始まる(図3.13)。初期定着者が細胞分裂をするとともに、ここに他の浮遊性細菌が合流(移入)するのである。このようなプロセスを経て、時間とともに微生物の層が何層も形成される。バイオフィルムの形成に要する時間は環境によって異なるが、初期定着期はおよそ数時

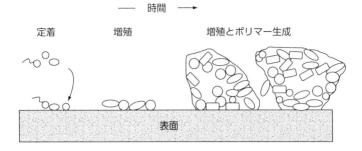

図3.13 バイオフィルム発達の時間経過。初期の定着段階から始まり、細胞外ポリマー生産を伴う成熟期を迎える。

間から数日は続き、より複雑なバイオフィルム構造ができるまでには数週間から数か月を要するだろう。細胞分裂と移入によって新たな細胞が加わる一方で、バイオフィルムの構成員である細菌やその他の微生物は細胞外ポリマーを分泌する。2章でふれたように、細胞外ポリマーの主成分は多糖類である。細胞外ポリマーは、細胞を表面につなぎとめ、炭素を蓄えるほか、捕食者に対しての防衛や、またおそらくは競争者の排除、さらには細胞近傍への細胞外酵素の保持といったさまざまな働きをする。成熟したバイオフィルムでは、その全質量に占める細胞外ポリマーの割合は、細胞が占める割合よりも大きくなる。細胞外ポリマーは、バイオフィルムの機能に大きな影響を及ぼすことから、基礎と応用の両面で重要な研究対象になっている。

　バイオフィルムを構成する細菌は、浮遊性細菌とは多くの面で異なっている。第一に細菌の種組成が異なる。これはデトリタスに付着した細菌の組成が、デトリタスをとりまく水中に浮遊する細菌の組成と異なっているのと類似している。第二に、表面への定着とバイオフィルムの成熟にともなって細菌の代謝が変化する。浮遊性細菌が孤立的であるのとは対照的に、バイオフィルムの細菌は他の微生物（それらは自らの娘細胞であるかもしれないし、そうではないかもしれない）に取り囲まれているため、外部環境との物質の交換が強く制限される。バイオフィルムの外側にいる細菌は、周囲の水中にいる細菌と同じように、水中の溶存化合物をすべて利用できるだろう（ただ

BOX3.8 3次元構造の中での微生物の暮らし

バイオフィルムの微生物やその構造を調べるうえで共焦点顕微鏡が役に立つ。普通の落射蛍光顕微鏡では、励起光があたる単一の焦点面から発した蛍光を観察するため、試料の2次元像しか得られない。焦点が合わないものは観察できないのである。この方法でも、十分に有用な微生物生態学的な情報が得られる場合も多い。一方、共焦点顕微鏡を使えば、複数の焦点面で撮った画像を編集して3次元画像を作ることができる。この3次元画像により、バイオフィルムの構造や機能に関する新たな知見が得られている。

し、バイオフィルムの内部から拡散してくる代謝副産物の濃度は、周囲の水中の濃度よりは高い)。しかし、バイオフィルムの内部に深く埋もれている細菌にとっては、周囲の水中に含まれるある種の化合物は、存在しないのと同じである(つまり、決して利用できない)。

　バイオフィルムの内部に埋もれた微生物は、外部の世界との接触がたたれており、両者の間に物質交換はほとんどないが、それはバイオフィルム自体が拡散を制限しているからではない。バイオフィルムの大部分は水から成っているので、その内部においても、周囲の水中と比べて約60%程度の拡散がある (Stewart and Franklin 2008)。バイオフィルムの内部にいる微生物にとっての問題は、別のバイオフィルム構成微生物によって化合物が消費されるという点にある。これに関しては、酸素に着目した研究が多くなされている。たとえば、220 μm の厚さの成熟したバイオフィルムについて、酸素濃度の鉛直分布を調べた研究によれば、175 μm の深さの層において酸素が完全に無くなることが示された。この事例では、バイオフィルムの外部表面においてさえ、酸素濃度は周囲の水中の40%にすぎなかった。ここから明らかなように、たとえバイオフィルム周囲の水環境が好気的であっても、バイオフィルムの内部では嫌気的な微環境が形成され、嫌気性微生物が駆動するプロセスが進行しうるのである。

　かつて成熟したバイオフィルムは「ティラミス」のような構造であり、何層にも積み重なった微生物の層が均等に表面を覆っていると考えられていた。

しかし共焦点顕微鏡を使った観察の結果、バイオフィルムは2次元的ではなく、複雑な3次元構造をもつことが明らかになってきた。微生物が作ったいくつもの塔の間にむき出しの表面があり、そのうえを流体が流れる溝が刻み込まれていることが示されたのである。この複雑な3次元構造が明らかになったことで、バイオフィルムの化学的特性やその他の特性が大きく変動する理由の一端が明らかになってきた。

まとめ

1. 水温、pH、圧力などの物理化学特性が大きく異なる環境の間では、そこで生残し増殖することができる微生物の種類は大きく異なっている。環境に対する微生物の選好性を示すために、語幹に「好」（英語の場合は語尾に philic）をつけた形容詞を用いる。たとえば、好冷性（psycrophilic）、好熱性（thermophilic）、好酸性（acidophilic）、好塩性（halophilic）、好圧性（piezophilic）といった例が挙げられる。

2. 一般に微生物の代謝（反応）速度は、温度が10℃上昇すると2倍になることが多い（$Q_{10} = 2$）。直接影響に加え、温度は微生物やその環境に対してさまざまな間接影響も及ぼす。このような影響過程の複雑性が、地球温暖化の影響予測を難しいものにしている。

3. 微生物が暮らすのは低レイノルズ数の世界である。この世界では、化合物の移動は乱流よりも拡散によって強く支配されている。溶存化合物の取り込みに際して、大きな細胞は小さいものに比べて、拡散による輸送の制限をより強く受けやすい。

4. おそらく水圏の微生物にとっての物理的な環境は閑散としたものである。細胞やその他の粒子はまばらであり、多くの溶存化合物の濃度は非常に低い。ただし化学走性や、さまざまなサイズの粒子が存在することで、微小スケールにおける不均一性が

生ずる。

5. 土壌微生物は土壌粒子の間隙に暮らす。間隙サイズは土壌型によって大きく異なり、含水量を規定している。一方、含水量は、さまざまな土壌特性や微生物活性に影響を及ぼす。

6. バイオフィルムは、微生物が作り出す複雑な構造である。バイオフィルム内では微生物が密集しているために、酸素やその他の溶存化合物の利用が制限される。バイオフィルムの諸特性の理解や実用化においては、細胞だけでなく、細胞外多糖類やその他のポリマーを考慮することも重要である。

Chapter 4

微生物の一次生産と光栄養

　本章では、生物圏の中で最も重要なプロセスである一次生産に焦点を合わせる。一次生産は、生態系におけるエネルギーや物質の流れの出発点であり、食物連鎖を支える重要な役割を果たしている。また、微生物や大型生物が利用する炭素やその他のさまざまな元素の循環の基盤でもある。一次生産者の種類や現存量、あるいは一次生産にともなう二酸化炭素の取り込みや有機物の生産は、食物網の動態や物質循環に大きな影響を及ぼす。
　微生物による一次生産は、地球規模でも地域的にもきわめて重要である。地球規模の年間一次生産量の内訳を見ると、その約半分は海洋に生息する微生物（真核藻類とシアノバクテリア）が担い、残りの約半分は陸域の高等植物によるものである。海洋微生物の光合成活性は、大気中の酸素の動態にも大きな影響を及ぼす。微生物は海洋ばかりでなく、陸域においてさえも一次生産者としての役割を果たすことがある。たとえば、高等植物が育たない砂漠や南極では、岩の表面や隙間に光合成を営む岩上生（epilithic）あるいは岩内生（endolithic）の微生物が生息している（Walker and Pace 2007）。光合成微生物（緑藻またはシアノバクテリア）と菌類の共生体である地衣類も岩盤上に生息する。また十分な光さえあれば、光合成微生物は土壌の表面でも生息できる。

表4.1 微生物による光エネルギーの利用。ここに示したのは、エネルギー生産に関与する主な色素のみであるが、これら以外に光捕集に使われる色素もある。Chl a はクロロフィル a、BChl a はバクテリオクロロフィル a を示す。

代謝	光を利用する目的	色素	炭素源	O_2 との関係	生物
酸素発生型光合成	ATP と NADPH の生成	Chl a	CO_2	O_2 を生成	高等植物、真核生物、シアノバクテリア
嫌気的酸素非発生型光合成	ATP と NADPH の生成	BChl a	CO_2 または有機炭素	O_2 は光合成を阻害	細菌
光従属栄養	ATP 生成	Chl a, BChl a またはロドプシン	有機炭素	O_2 を消費	原生生物、古細菌、細菌
混合栄養	ATP と NADPH の生成	Chl a	CO_2 または有機炭素	O_2 の生成および消費	原生生物
従属栄養	センシング	ロドプシン	有機炭素	O_2 の消費	真核生物、細菌、古細菌

　水圏の主要な一次生産者である光独立栄養微生物は、光合成にともなって酸素を発生する（表4.1）。このような酸素発生型の光合成は、さまざまな種類の真核生物とシアノバクテリアで見られるが、古細菌ではこれを行うものは知られていない。ある種の超好塩古細菌は、光エネルギーに依存したATP合成を行うものの、そのメカニズムは酸素発生型光合成とは大きく異なる。すべての光独立栄養微生物は、それが真核か原核かにかかわらず藻類と呼ばれ、さらにそれらが水圏環境中で浮遊していれば、植物プランクトンと呼ばれる。褐藻（コンブなど）のような大型藻類ははっきりと肉眼で見えるので、ここでは微生物には含めない。微生物の中には酸素非発生型の光合成を行うものもある（11章）。本章では、主に酸素発生型光合成を行う微生物の一次生産に着目するが、後段において光従属栄養にも触れる。光従属栄養微生物は、ATP合成に光エネルギーを使うが（光栄養）、同時に、有機物をエネルギー源（ATP合成）や炭素源として利用する（従属栄養）。

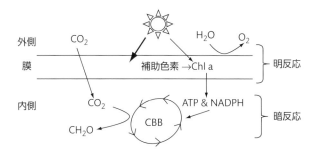

図4.1 酸素発生型光合成の概念図。補助色素によって捕集された光エネルギーは、反応中心のクロロフィル a に伝達される。反応中心では水が開裂し ATP と NADPH が合成され、これにともない酸素が発生する（明反応）。次に ATP と NADPH を使って CBB 回路が駆動される。これにより二酸化炭素が固定され、有機物（CH_2O）が合成される（暗反応）。

▶ 一次生産と光合成の基礎

一次生産の基本プロセスは光合成である。光合成の最初のステップである光反応によって、還元力（NADPH）とエネルギー（ATP）が生成され、同時に副産物である酸素が発生する。酸素発生型の光合成では、光エネルギーを使って水を開裂もしくは酸化する。

$$2H_2O + 光 \rightarrow 4H^+ + 4e^- + O_2 \tag{4.1}$$

光反応で生成される 4 つの電子は、$NADP^+$ を NADPH に還元するとともに、ADP に高エネルギーリン酸結合を付加して ATP を合成するのにも使われる。式 4.2 に示すように、有機炭素の合成には ATP と NADPH が必要である（Falkowski and Raven 2007）。

$$CO_2 + 2NADPH + 2H^+ + 3ATP \rightarrow \\ CH_2O + O_2 + 2NADP^+ + 3ADP + 3Pi \tag{4.2}$$

ここで CH_2O は、特定の化合物ではなく一般的な有機物を意味し、Pi は無機リン酸を示す。式 4.2 は光合成の後半部の反応、すなわち暗反応を示す

式である。暗反応では、CO_2 ガスの C が、非ガス態である有機化合物の C に付加あるいは固定されることから、このプロセスは炭素固定とも呼ばれている。

▶ 光と藻類の色素

　光独立栄養微生物はさまざまな色素を使って光を吸収するが（光捕集と呼ぶ）、これは光合成の重要なステップのひとつである。陸上植物と緑藻の色素には、クロロフィル a、クロロフィル b、および補助色素があり、このうち主要な働きをするのはクロロフィル a である。酸素非発生型の光合成細菌の場合は、クロロフィル a と類似した構造をもつバクテリオクロロフィル a がこれに相当する。水圏の光栄養微生物の場合、クロロフィル a 分子の 99% 以上は光捕集のために使われる。捕集された光エネルギーは、光合成の反応中心複合体にある特殊なクロロフィル a（あるいはバクテリオクロロフィル a）に伝達され、ここで光エネルギーは化学エネルギーに転換される。反応中心複合体のクロロフィル a は光合成にとって必要不可欠であり、すべての酸素発生型光合成生物がこれを有する。一方クロロフィル b は、すべての酸素発生型光合成生物にあるという訳ではない。

　光合成微生物には、陸域の高等植物に比べてより多くの種類の補助色素が見られる。さまざまな補助色素を使うことで、深い水深にまで届く主な波長域である緑色光（およそ 450〜550 nm）を捕集することができるのである。数メートルよりも深い水深になると、クロロフィル a やクロロフィル b が吸収する光のうち、650 nm 以上の波長域の光はほとんど存在しなくなる。緑色光を吸収する代表的な補助色素として、珪藻やその他の真核藻類に見られるフコキサンチン（カロテノイドの一種）や渦鞭毛藻に見られるペリディニン（やはりカロテノイドの一種）、また、シアノバクテリアや真核藻類（紅藻とクリプト藻）に見られるフィコエリトリンが挙げられる（図 4.2）。光栄養微生物は、黄色、赤色、褐色あるいは深緑色といった、高等植物には見られない色を呈することがあるが、これはクロロフィル a と比べて補助色素の含有量が相対的に大きいためである。

　自然環境中の光栄養微生物の生態を研究するうえで、色素の情報は有用で

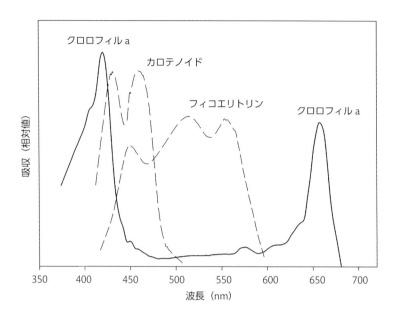

図4.2 光合成微生物が有する主な色素の光吸収スペクトル。高等植物やシアノバクテリアを含むすべての酸素発生型光合成生物がクロロフィルaを有する。フィコエリトリンはシアノバクテリアや紅藻で見られる。それ以外に、フコキサンチンのようなカロテノイドもある。

ある。その利用には大別して2通りのやり方がある。第1番目は最も一般的なもので、クロロフィルa濃度から藻類の現存量を推定するというものである。クロロフィルa濃度は、試料のアセトン抽出物を蛍光法ないしは分光光度法を用いて分析することで容易に測定することができる(蛍光法のほうが分光光度法よりも高感度である)。藻類の現存量(試料あたりのμg C)は、クロロフィルa濃度(試料あたりのμg Chl)に、換算値(単位クロロフィルa量あたりの藻類炭素量)を掛け合わせることで推定できる。藻類炭素量とクロロフィル量の比として50:1という値が広く用いられているが、この比は、光強度や水温によって大きく変動する(最大で10倍)。クロロフィル法は、藻類現存量の推定方法としては大雑把な方法であるといえよう。第2番目は、色素のデータから光栄養微生物の種類を同定するというものであ

表4.2 真核藻類の主なグループと、それぞれが保有する特徴的な色素。Dawes (1981) その他の文献に基づく。

門または綱	通称	特徴的な色素	海産種の%	付記
緑藻植物門	緑藻	クロロフィル b	13	維管束植物（陸上植物）の祖先
褐藻綱	褐藻	クロロフィル c、フコキサンチン	99	コンブを含む
紅色植物門	紅藻	フィコビリン	98	微生物はほとんど含まれない
珪藻綱	珪藻	クロロフィル c、フコキサンチン	50	珪藻は春のブルームにおいてしばしば優占する
円石藻綱	円石藻	クロロフィル c、フコキサンチン	90	外殻が $CaCO_3$ から成る
ラフィド藻綱		クロロフィル c、フコキサンチン	?	赤潮の原因となる藻類
クリプト藻綱		クロロフィル c、キサントフィル、フィコビリン	60	鞭毛を使って運動する
渦鞭毛藻綱	渦鞭毛藻	クロロフィル c、ペリディニン	93	従属栄養のものを含む。赤潮の原因となる藻類

［訳注：分類名については原著に一部改変を加えた］

る（表4.2）。色素分析には高速液体クロマトグラフ法（この機器については5章を参照）を使い、得られたデータをもとに植物プランクトン群集の分類的な組成を調べる。群集組成を調べる別の方法として、直接顕微鏡法や分子生物学的な手法もある（9章）。

▶ 無機炭素の輸送

色素によって捕集された光エネルギーは、ATP と NADPH の合成に用いられ、さらに式4.2で示したように、二酸化炭素（CO_2）の固定に利用される。式4.2は、カルビン・ベンソン・バッシャム回路（Calvin-Benson-Bassham cycle, CBB cycle）と呼ばれる生化学反応の式であり、CO_2 という化学形態の無機炭素が有機物に変換されることが示されている。ただし、ここで注意しなくてはならないのは、自然環境中では、CO_2 は溶存無機炭素（dissolved

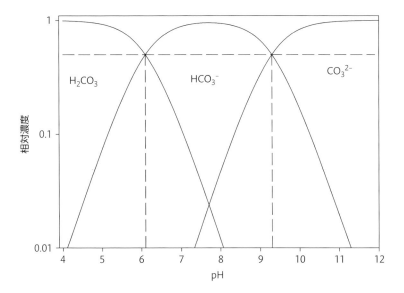

図4.3 天然水域で見られる3つの主要な無機炭素化合物の相対的濃度（対数目盛り）とpHの関係。点線は相対濃度が0.5になるpHを示す。H_2CO_3とHCO_3^-の濃度が等しくなるpH（pK_1）は6.1であり、HCO_3^-とCO_3^{2-}の濃度が等しくなるpH（pK_2）は9.3である。

inorganic carbon, DIC) の4つの化学形態のひとつにすぎないということである。CO_2以外には、H_2CO_3（炭酸）、HCO_3^-（重炭酸イオン）、およびCO_3^{2-}（炭酸イオン）がある。各態無機炭素の相対濃度はpHに依存して変化し、その化学平衡は以下のように記述される。

$$H_2O + CO_2 \Leftrightarrow H_2CO_3 \Leftrightarrow H^+ + HCO_3^- \Leftrightarrow 2H^+ + CO_3^{2-} \tag{4.3}$$

最初の脱プロトン反応（$H_2CO_3 \Leftrightarrow H^+ + HCO_3^-$）のpKa値は約6、2番目の反応（$HCO_3^- \Leftrightarrow H^+ + CO_3^{2-}$）のpKa値は約9である。したがって、pHが7から8の間にあるような水中では、DICの主要な化学形態は重炭酸イオン（HCO_3^-）である。たとえば海水のpHはふつう約8.2の付近で安定しているので、海水中のDICの主要な化学形態は重炭酸イオンである。一方、湖

や土壌におけるpHの変動幅は大きい。この変動には、自然要因とともに酸性雨や炭鉱廃水の流入などの人為要因が関与する。

　前段落で海水のpHが安定していると述べたが、人為影響によるpHの変化も報告されている。大気中CO_2濃度の上昇が、海洋の酸性度の上昇を引き起こし始めているのである。産業革命以降、pHはすでに0.1 pHユニット低下しており、この傾向が続けば、これからの100年間に、さらに0.3から0.6ユニットの低下が起こると予測されている（Doney et al. 2009）。pHは対数スケールなので、0.3ユニットの低下は酸性度が100％上昇することを意味している。この酸性度の大幅な上昇は、海洋生物に対してさまざまな影響を及ぼす可能性がある。［訳注：海水の酸性度の増加のことを海洋酸性化（ocean acidification）と呼ぶが（12章）、これは海水が酸性（pH < 7）になることを意味しているわけではない。海水のpHが0.3 pHユニット低下するということは、もし現在がpH 8.2であったとしたら、それがpH 7.9に下がるということである。海水はいぜんとしてアルカリ性（pH > 7）である。］

　大気中のCO_2濃度が上昇し、より多くのCO_2が自然水中に溶解したとしても、CO_2の水中濃度は依然として低い。たとえば海水中の全DIC濃度はおよそ2 mMであるが、このうち溶存CO_2が占めるのはわずか10 μMである。つまり酸性湖を除けば、自然水中において、HCO_3^-やCO_3^{2-}の濃度は溶存CO_2よりもはるかに高いのである。このことは水圏の藻類にとってはやっかいな問題となる。なぜなら電荷をもったDICは簡単には膜を透過しないからである。藻類の取り込みによって溶存CO_2の濃度が低下すると、HCO_3^-は脱プロトン化してCO_2を生成する傾向があるものの、この変換が進む速度は光合成に比べてかなり遅い。

　藻類は、この無機炭酸の獲得に関わる問題に対しさまざまな対応策を講じている。まずCO_2の受動的拡散に加えて、HCO_3^-の能動輸送を行っているという報告がある（Chen et al. 2006）。さらに炭酸脱水酵素を使ってHCO_3^-をCO_2に変換し、生成したCO_2を受動的拡散で取り込むというメカニズムも知られている。光独立栄養藻類において炭酸脱水酵素は葉緑体の外膜や原形質膜に見られる。CO_2濃縮機構の違いは、地質学的な時間スケールでの植物プランクトンの分類群の消長、たとえば大気中CO_2が現在の8倍もあ

ったデボン期初期（約 4 億年前）における渦鞭毛藻の出現とも関連していると指摘されている（Beardall and Raven 2004）。

炭酸脱水酵素は生物界で広く見られる酵素である。藻類や高等植物だけでなく、動物もこの酵素をもっており（アルファ炭酸脱水酵素）、pH バランスの維持や CO_2 輸送の促進のために使っている。興味深いことに、炭酸脱水酵素には亜鉛が含まれる。外洋では亜鉛の濃度が非常に低いため、ある種の植物プランクトンは亜鉛の代わりにカドミウムを使うことがある。これは、生物が有毒な金属を利用する珍しい例のひとつである。

▶ 二酸化炭素固定酵素

細胞内ないしは葉緑体に取り込まれた二酸化炭素は、還元されて有機化合物に変換されたのちに細胞の生産に用いられる。好気的な表層環境では、二酸化炭素固定の主要な経路は CBB 回路であり、これは生物圏の主要な一次生産者である高等植物、真核藻類およびシアノバクテリアで共通して見られる。またこの経路は、多くの化学無機合成独立栄養微生物でも見られる。微生物によっては、別の二酸化炭素固定経路を用いるものもあるが、その場合は酵素のタイプや、ATP や NADPH の要求性などが異なる（表 4.3）（Hanson et al. 2012）。これらの代替経路は、光合成の初期進化過程で重要な役割を果たしてきた可能性があるが（Fuchs 2011）、今日の酸化的な地球表層環境で一次生産を支える主要な生化学的経路はなんといっても CBB 回路である。

CBB 回路に関与する酵素のひとつであるリブロース 1,5-二リン酸カルボキシラーゼ / オキシゲナーゼ（ribulose-bisphosphate carboxylase/oxygenase, Rubisco）は、微生物生態学的に興味深い研究対象である。この酵素は次の反応を触媒する。

$$\text{リブロース-1,5-二リン酸} + CO_2 \rightarrow 2\ \text{3-ホスホグリセリン酸} \quad (4.4)$$

Rubisco は独立栄養生物にとってきわめて重要な酵素であり、細胞を構成する全タンパク質量の最大 50％ を占めることもある。実際、Rubisco は自然界に最も豊富に存在する酵素のひとつである。この酵素は触媒部位を含む大サブユニット（約 55,000 Da）と、制御に関わる小サブユニット（約 15,000

表4.3 独立栄養生物で見られる二酸化炭素固定経路。光栄養生物には、真核藻類のほかシアノバクテリアや非酸素発生型光合成細菌が含まれる。Hanson et al. (2012) を改変。

経路*	鍵酵素	該当する経路が見られる機能群		
		光栄養微生物	化学独立栄養細菌	化学独立栄養古細菌
CBB	ルビスコ ホスホリブロキナーゼ	有り	有り	無し
rTCA	ピルビン酸シンターゼ ATPクエン酸リアーゼ	有り**	有り	有り
3-HP	マロニルCoAレダクターゼ プロピオニルCoAシンターゼ	有り**	有り	無し
アセチルCoA	一酸化炭素デヒドロゲナーゼ アセチルCoAシンターゼ ピルビン酸シンターゼ	無し	有り	有り
3-HPP: 4-HB	コハク酸セミアルデヒドレダクターゼ 4-ヒドロキシブチル-CoAシンターゼ	無し	無し	有り
ジカルボン酸/4-HB	コハク酸セミアルデヒドレダクターゼ 4-ヒドロキシブチル-CoAシンターゼ	無し	無し	有り

* CBB = カルビン・ベンソン・バッシャム回路、rTCA = 還元的カルボン酸回路、3-HP = 3-ヒドロキシプロピオン酸回路、4-HB = 4-ヒドロキシ酪酸回路。
** 嫌気的酸素非発生型光合成細菌で見られるが、真核光栄養生物やシアノバクテリアには見られない。

Da）からなる。一般的なホロ酵素である Form I は、それぞれ 8 個ずつの大サブユニットと小サブユニットから成る非常に大きな複合体であり（約 550,000 Da）、これは高等植物のほか、シアノバクテリアや化学無機独立栄養細菌、あるいは光独立栄養細菌などに見られる（Tabita et al. 2008）。

一方、大サブユニットのみから成る別のタイプのホロ酵素も知られている（Form II、III）。Form II は、水圏によく現れる渦鞭毛藻などの真核藻類や、化学無機独立栄養および光独立栄養細菌に見られる。一方、Form III が見つかっているのは、今のところ古細菌のみである。Form IV の Rubisco は、Rubisco 様タンパク質（Rubisco-like proteins, RLP）とも呼ばれる。正真正

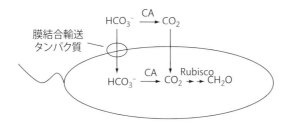

図4.4 光合成生物による溶存無機炭素の取り込み。CA は炭酸脱水酵素、Rubisco はリブロース 1,5-二リン酸カルボキシラーゼ/オキシゲナーゼ。

銘の Rubisco に類似した配列をもっているが、CO_2 の同化には関与していない。RLP は、微生物細胞において CO_2 同化以外のさまざまな機能を有する。

Rubisco をコードする遺伝子を利用することで、一次生産に寄与する独立栄養微生物の種類を推定することができる（Bhadury and Ward 2009）。ある環境中で、ある特定の Rubisco 遺伝子が検出されれば、潜在的にはその遺伝子を保有する独立栄養微生物によって一次生産が行われていたと推論できるのである。このような手法を使うことで、自然環境中に存在する培養が困難な微生物が、どのような生態学的あるいは生物地球化学的な機能を有するのかについての理解を深めることができる（これは微生物生態学の重要課題のひとつである）。9 章で見るように、自然環境中の微生物の同定のために小サブユニットリボソーム RNA（rRNA）遺伝子が一般的に使われるが、この遺伝子の場合は、その塩基配列情報を特定の機能に関連づけることは難しい。また色素の組成は光栄養生物の群集組成に関するある程度の手がかりを与えてくれるものの、その情報は大まかな系統分類群レベルに留まる。これに対して Rubisco 遺伝子の発現（mRNA の合成）を調べれば、自然環境中で実際に炭素固定を行っている微生物の種類に関する有益な情報を得ることができるのである（Wawrik et al. 2002）。

▶ 一次生産、総生産、純生産

　一次生産速度は、生態系の特性やそこでの微生物学的ないしは生物地球化学的なプロセスを把握するうえで最も重要な速度変数のひとつである。一次生産速度のデータを正しく解釈し、プロセスを理解するためには、その測定方法を知っておく必要がある。

　ここで考察の対象とする一次生産は、式 4.1 と 4.2 の総和として定義され、次式のような単純な式で表される。

$$CO_2 + H_2O \rightarrow O_2 + CH_2O \tag{4.5}$$

　式 4.5 を見るとわかるように、一次生産速度を推定するためには大きく分けて次の 2 つの方法が考えられる。ひとつは、元素（C または O）の移行速度を測定する方法。もうひとつは、O_2、CO_2、ないしは CH_2O の濃度の時間変化を測定するという方法である。微生物生態学では、目的に応じてさまざまな測定手段が用いられるが、一般的に、CH_2O の濃度変化を測定する方法は精度が劣り、あまり実用的ではない。一方、試料に $^{14}CO_2$（実際には $NaH^{14}CO_3$）を添加し、^{14}C が有機物（CH_2O）に移行する速度を追跡する方法は、最も広く使われる方法のひとつである。この方法の利点は、簡便さと迅速さにある。放射活性を測定する機器（液体シンチレーションカウンター）が比較的安価でかつ普及しているという点も有利である。

　改良型のウィンクラー法か酸素電極を用いれば、溶存酸素濃度（O_2）の変化も比較的簡単に測定できる。最も古くから使われてきた方法のひとつである「明暗ビン法」では、試料水をビンにいれて密封し、明条件下と暗条件下で培養したビン中の酸素濃度の時間的な変化を測定する。酸素濃度は、暗ビン中では減少するが、明ビン中では増える場合も減る場合もある。明ビン中の酸素濃度の変化が純群集生産（net community production, NCP）に相当し、暗ビン中の酸素濃度の低下が呼吸（respiration, R）に相当する。総生産（gross production, GP）は下式のように定義される。

$$GP = NCP + R \tag{4.6}$$

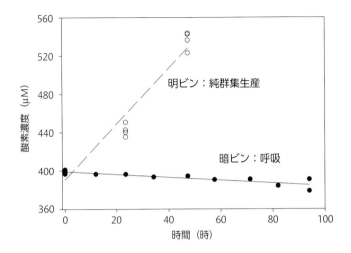

図4.5 明暗ビン法による純群集生産速度と呼吸速度の測定。純群集生産速度は明ビン内での酸素濃度の時間変化から、呼吸速度は暗ビン内での酸素濃度の減少から求めることができる。本図のデータは北極海で行った実験の結果である。この実験で使った表面海水中の酸素濃度は比較的高いが、これには純一次生産速度が高いことのほか、純一次生産速度に比べて呼吸速度が相対的に低いことや水温が低いことなどが関係している。データは Cottrell et al. (2006a) より。

言葉で説明すると、総生産とは純生産に呼吸を加えたものであり、総生産から呼吸を差し引くと純生産が得られる。純群集生産の他に、純一次生産や純生態系生産といった用語も用いられる。これらの用語は呼吸に関与する生物や、プロセスのスケールの違いによって使い分ける。一次生産者とそれに密接に関わる生物のみを対象とする場合は、純一次生産という用語が用いられる。一方、生態系の全体を考慮するときには純生態系生産という用語が用いられる。純群集生産は、以上の両極端に対して、その中間的なスケールを考慮する場合に用いられる。明暗ビン法はもともと酸素に着目する方法であるが、酸素ベースで測定された速度を炭素に換算し、現存量の生産速度や二酸化炭素の排出量を推定することも可能である。この換算の際には、呼吸商（$CO_2:O_2$ 比）を約 0.9 と仮定するのが普通である（Williams and del Giorgio 2005）。明暗ビン法には、明ビンと暗ビンのいずれにおいても呼吸速度が等

しいという隠れた前提があるが、この前提がどの程度正しいのかは、^{18}O（安定同位体）法を使って確認することができる。

　^{14}C 法と ^{18}O 法による一次生産速度の測定結果の比較から、^{14}C 法では純生産速度と総生産速度の中間の値が得られると結論づけられている。^{14}C 法で得られた一次生産速度が総生産速度に比べて低いのは、^{14}C がさまざまなプロセスを介して失われるためである。たとえば、^{14}C で標識された有機物の一部は培養中に呼吸によって $^{14}CO_2$ に変換されるが、それが適切に補正されなければ、^{14}C 法で得られた生産速度は総生産速度よりも低い値になるであろう。別の問題としては、培養中に ^{14}C で標識された溶存態有機物が分泌ないしは放出されるということがある。もしこの ^{14}C の損失が考慮されなければ、溶存態の形で固定された炭素は一次生産速度の推定には含まれないことになる。溶存態有機物に移行した ^{14}C の一部は、標準的な方法では捕集できない小型の従属栄養性微生物によって取り込まれることもありうる。以上のような問題はあるものの、^{14}C 法は、今日においても有力な一次生産速度の測定手段として頻繁に使われている。

　正味の群集生産の規模やその符号（純生産が正なのか負なのか）についての知見は、生態系の炭素循環やその他の生物地球化学的プロセスの特性について多くの重要な示唆を与えてくれる。環境によっては純生態系生産が一時的に負になる（呼吸が総生産を上回る）ことがある。また、より生産性の高い別の水域や陸域から有機炭素が流入するような場合には、生態系の純生産が負になるということも起こる。たとえば多くの湖では、陸域の一次生産者によって生産された有機物が湖内に流入するために、純生態系生産が負になる（すなわち従属栄養的になる）（図4.6）。このような湖では、水中の二酸化炭素分圧（pCO_2）が大気の pCO_2 を上回るため、CO_2 が湖面から大気へと放出される。湖からの二酸化炭素の放出量は、地球規模の炭素収支において無視できない（Tranvik et al. 2009）。従属栄養的な湖とはいっても、栄養物質の流入が大きい場合には藻類の大発生が見られることがある。そのような場合でも、藻類による酸素の生産が、陸上起源の有機物の分解にともなう酸素消費に追いつかないため、全体として従属栄養的になるのである。海洋では、純群集生産が負になる海域（つまり従属栄養的な海域）が広域的に存

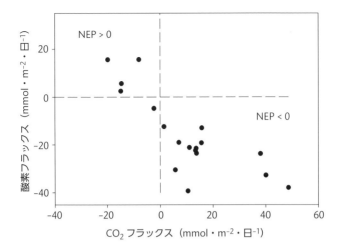

図4.6 米国ミシガン州北部にある4つの湖で4年間にわたり測定された酸素と二酸化炭素のフラックスと、それから推定された純生態系一次生産（net ecosystem production, NEP）。正の値は、各気体（酸素または二酸化炭素）が湖から大気へと放出されていることを意味する。多くの場合、酸素フラックスが負で、二酸化炭素フラックスが正であることから、これらの湖においては通常 NEP が負であることがわかる。データは J.J. Cole より提供された（Cole et al. 2000）。

在するかどうかが論争の的になっている。従属栄養海域に流入する有機炭素の起源が未知であるため、論争はなかなか収束しない。

　生態系生産は、炭素と同時に酸素にも影響を及ぼす。地球上の大気に酸素があるのは、光合成による酸素の生産と、呼吸による酸素の消費とがおおむね釣り合っているからである。よく知られているように化石燃料の燃焼は、大気中 CO_2 の上昇を引き起こしているが、同時にそれによって、大気中の酸素濃度が少しずつ減少している。ここで純生態系生産が正の場合は、水中の CO_2 濃度が下がり、その結果その水圏システムの二酸化炭素分圧（pCO_2）が低下するということに注意しよう。水中の pCO_2 が大気の pCO_2 よりも低ければ、大気から水中への CO_2 の正味のフラックスが発生する。ひとつの重要な例は、大気から海洋への CO_2 の移行である。地球上の多くの海域は、大気 CO_2 の正味の吸収源である。実際、化石燃料の燃焼によって排出され

た全 CO_2 の約半分は海洋に吸収されている（Houghton 2007）。もし海洋が CO_2 を吸収しなければ、大気中には現在以上に大量の CO_2 が存在するのかもしれないのである。

▶ 陸上高等植物による一次生産と水圏微生物

　上述のように、現存量や一次生産速度を測定するさまざまな手法を用いることで、高等植物と水圏の光独立栄養微生物が、それぞれ地球規模の一次生産の約半分ずつを担っていることが明らかにされている。陸域と水域では、一次生産者にさまざまな違いがあるが、その中でも最も明瞭かつ重要なのは、おそらくサイズの違いであろう。サイズの違いは、陸域と水域の生態系構造を比較するうえで重要な観点であるばかりでなく、現存量や増殖（成長）速度の違いにも関連している。陸域と水域の比較を通して、個体あたりの生産速度や現存量が、一次生産速度の変動に及ぼす影響についての理解を深めることができる。

　現存量と一次生産速度はいずれも大きく変動するが、表4.4には一般的な平均値をまとめた。これを見ると、陸域と水域の間で単位面積あたりの現存量や一次生産速度がどの程度違うのかを把握することができる。単位面積あたりの現存量は、最も栄養に富んだ（富栄養な）湖や小さい池においてさえも、陸域に比べればはるかに小さい（ただし、不毛な砂漠は例外）。栄養の乏しい（貧栄養な）外洋域では、透明で青い水色からも明らかなように、現存量はさらに小さい。ところが、水域における単位面積あたりの一次生産速度は陸域に匹敵する。海洋が全球一次生産の約半分を担っている理由は、単に海洋の総面積が大きいためだけではない。いくつかの海域では、1 m^2 あたりの一次生産速度が相当に高くなるのである。

　なぜ現存量が小さい水域において、一次生産速度が高くなりうるのか。その理由は増殖速度の速さにある。生産速度（P）と増殖速度（μ）および現存量（B）の間の関係は次式で表される。

$$P = \mu \cdot B \tag{4.7}$$

表4.4 地球上の主なバイオームにおける光独立栄養生物の現存量と増殖速度。NPP（net primary production）は純一次生産である。回転時間は現存量をNPPで割って求めた。データはValiela (1995)による。

場所		面積 (10^6 km^2)	現存量 (kg(炭素)・m^{-2})	NPP (g(炭素)・m^{-2}・年$^{-1}$)	回転時間 (年)
水圏					
	外洋域	332	0.003	125	0.02
	湧昇域	0.4	0.02	500	0.04
	大陸棚	27	0.001	300	0.00
	汽水域	1.4	1	1500	0.67
	その他の湿地	2	15	3000	5.00
	湖	2	0.02	400	0.05
陸域					
	熱帯域	43	8	623	12.6
	温帯域	24	5.5	485	11.3
	砂漠	18	0.3	80	3.8
	ツンドラ	11	0.8	130	6.2
	農耕地	16	1.4	760	1.8

　ここでBは単位面積あるいは容積あたりの質量（たとえばg(炭素)・m^{-2}）という単位であり、μは時間あたり（たとえば日$^{-1}$）という単位である。したがってPの単位は、単位面積（あるいは容積）あたり、時間あたりの質量（たとえばg(炭素)・m^{-2}・日$^{-1}$）である。光合成独立栄養微生物の場合、増殖速度を直接測定することも可能であるが（たとえば藻類の色素への^{14}Cの取り込みを測定するという方法がある）、ここでは式4.7を使って、PをBで割ることによって求める。この方法を使うと、いくつかの問題はあるものの、藻類の増殖速度の概算値を得ることができる。ここでは陸上生態系との比較のために、μの逆数をとって回転時間を計算する（6章）。

　この計算によれば、藻類は約0.1から0.2日$^{-1}$の増殖速度をもち、4〜7日間で1回転している。より正確な測定によれば増殖速度は約1日$^{-1}$である。従って控えめに見積もっても、藻類の増殖速度は陸上植物の増殖速度よりも100倍から1000倍速い（表4.4）。つまり、水域における単位面積あたりの

現存量は陸域に比べてはるかに低いものの、この差は藻類の速い増殖速度によって帳消しになるのだ。より一般的には、生物のサイズが小さいほど増殖速度は速くなるため、水域における単位面積あたりの一次生産は陸域とほぼ等しくなるのである。なお本書においては、生物の回転時間（単位は時間）や現存量（単位は単位容積または面積あたりの質量）が、物質の循環速度やフラックス（単位は単位容積または面積あたり、単位時間あたりの質量）に及ぼす影響についていくつかの事例を紹介するが、ここでの議論はその最初の例である。

　水域における一次生産者の増殖が速いのならば、その現存量はどうして低く維持されているのだろうか？　その理由を一言で言えば、一次生産者の死亡速度が増殖と同じくらい速いためである。植物プランクトンの主要な死亡要因は、植食者による捕食（7章）とウィルス感染（8章）であるが、一部は深層へと沈降し、光を受けることができなくなって死亡する。

▶ 春のブルームと植物プランクトンの増殖

　表4.4には、一次生産速度や一次生産者の現存量が、さまざまな生態系の間でどのように異なるのかについておおまかな傾向を示したが、これらの値は、数時間から数年の時間スケールで大きく変動することに注意せよ。一次生産は夜間にはゼロであり、晴天時の日中には高くなる。陸域からの無機栄養塩類の流入やその他の富栄養化を引き起こすプロセスの影響が年々増大する湖や沿岸海域では、一次生産や藻類現存量も年ごとに増大する。年間の大気中 CO_2 濃度の変化を見ると、季節変動の重要性がわかる。純一次生産が季節変動するために、大気中 CO_2 濃度は夏に低く冬に高くなるのである。

　以上に述べた時間変化は、陸域と水域の双方における一次生産者（高等植物あるいは藻類）の季節的な推移によって引き起こされる。一般に、温帯域の湖や海域では、植物プランクトンの細胞数や現存量は冬から春にかけて大幅に増加する（図4.7）。この大きな増加のことを春の植物プランクトンブルームと呼ぶ。ブルーム期間中は純生産速度が高く、植物プランクトンの増殖はウィルス感染や捕食による死亡を上回る。ブルームは注目すべき生物地

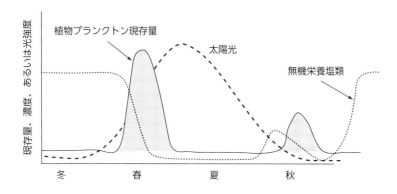

図4.7 温帯の水圏環境において春と秋に見られる植物プランクトン現存量の季節的なピーク（ブルーム）。主要な無機栄養塩類には、硝酸イオン、リン酸イオンおよび珪酸イオンが含まれる。珪酸イオンは珪藻によって利用される。

球化学的イベントであり、その最盛期のみならず衰退後も含めた比較的長期間にわたり、さまざまな生態系プロセスに影響を及ぼす。もしブルームがどのように始まってどのように終わるのかを正確に理解できれば、植物プランクトン群集の増殖やその制御についての理解は大きく進むだろう。植物プランクトンやそれ以外のどのような生物においても、個体群の消長に影響を及ぼす要因は、ボトムアップ要因（藻類の場合でいえば光や栄養塩類濃度のように増殖に影響を及ぼす要因）とトップダウン要因（捕食のように現存量に影響を及ぼす要因）にわけることができる。本章ではボトムアップ要因に焦点をあてて考察を進め、トップダウン要因については後章（7、8章）で触れることとする。

　春のブルームはどこでも起きるというわけではない。熱帯湖沼では、温帯や高緯度海域で見られるような光や水温の季節変化が無いためブルームは起きない。海洋では、高栄養塩・低クロロフィル（high-nutrient-low-chlorophyll, HNLC）海域と呼ばれる海域がある（亜寒帯太平洋、熱帯太平洋、南大洋が含まれるが、このうち最も面積が広いのは南大洋である）。このような海域では、海水中の鉄濃度がきわめて低いために一次生産が抑制され、顕著なブルームは見られない（Boyd et al. 2007）。

大部分の温帯湖沼やいくつかの海域では顕著な植物プランクトンのブルームが春に見られるが、なぜ春季には現存量が高くなるのだろうか？　反対に、なぜ冬季や夏季には現存量が低いのだろうか？　思い浮かぶひとつの要因は水温かもしれない。たしかに生物プロセスの多くは水温の影響を受ける（2章）。しかし植物プランクトンのブルームは北極海や南極海の凝固点に近い非常に低水温の海水中でも起こることがある。従って水温というのは完全な答えにならない。

冬季に現存量が低いのは、鉛直混合によって光条件が悪くなるためである。光の質（波長）や量（光強度）は水域や水深によって大きく異なるが、これは植物プランクトンの種組成や生産速度に大きな影響を及ぼす要因である。湖や海洋では、光強度（I）は水深とともに指数関数的に減衰し、深度（z）の関数として記述される。

$$I_z = I_0 e^{-kz} \tag{4.8}$$

ここで、I_0 は表面（z = 0）の光強度、k は減衰係数である。この係数は外洋では小さく、濁った池では大きい。図4.8に見られるように、光合成（P）と光強度（I）の関係は単純な線形関係ではなく曲線になるが、これを記述するために多くの式が提案されている。下式は最も単純なもののひとつである。

$$P = P_{max} \tanh(\alpha \cdot I/P_{max}) \tag{4.9}$$

ここで P_{max} は最大光合成速度、α（光合成速度をクロロフィルで規格化した場合は α_{chl}）は図4.8に示した曲線（P-I曲線）の初期立ち上がり勾配である。式4.9では、表面水中でしばしば見られる強光による光合成の阻害の効果は考慮されていない。一次生産の極大は、表面ではなくて有光層（有光層は、表面の約1％の光強度の深さまでの層と定義される）のやや深い層で見られることが多いが、それはこの強光阻害のためである。［訳注：一次生産が亜表層で極大を示す理由としては、強光阻害以外に、深層からの栄養塩供給の影響なども考えられる。］

海洋における春のブルームの発生メカニズムを説明するために提案された

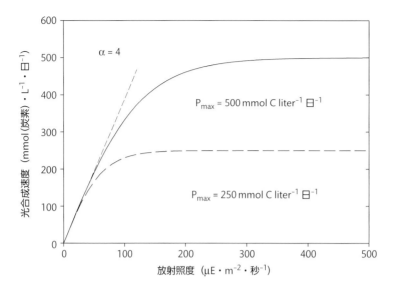

図4.8　光合成速度（一次生産）と光強度の関係。

のが臨界深度理論（Sverdrup 1953）である。この理論では、水柱の上下混合が、光環境と植物プランクトンの増殖に対して及ぼす影響が考慮されている。「臨界深度」とは、水柱中で積算したときに、植物プランクトンの増殖が呼吸による損失と釣り合う（つまり正味の増殖がゼロになる）混合層深度（海水が上下混合する層の厚さ）を意味する。冬季には上下混合が強く、栄養塩を豊富に含む深い層の海水が表層に運ばれるため、表層の栄養塩類の濃度が高くなる。それにもかかわらずブルームが起きないのは、植物プランクトンが上下混合によって光の届かない深い層に高い頻度で運び込まれ、光制限が起こるからである。水柱全体としては、植物プランクトンの呼吸による損失が増殖を上回る。いいかえると冬季には混合層深度が臨界深度を超えるため、ブルームが起きないのである。冬から春に推移すると、表層は日射によって暖められて密度が低下する。この暖かくて低密度の表層水が、冷たくて高密度の深層水のうえに置かれるため、水柱はより安定になり（上下混合が不活発化し）、混合層深度が臨界深度よりも浅くなる。このため水柱中の

植物プランクトンは十分な光を得ることができるようになり、増殖が呼吸による損失を上回るようになる。この植物プランクトンの活発な正味の増殖によって春のブルームが起こるのである。臨界深度理論のみで春のブルームを完全に説明することはできないが（Behrenfeld 2010）、この理論は、湖や海洋における植物プランクトンの増殖を考えるうえでの有用な枠組みを提供してくれる。［訳注：臨界深度と関連する用語に補償深度がある。補償深度は、総光合成速度が呼吸速度と等しくなる光量の水深として定義される。上述の明暗ビン法を思い出してほしい。この実験を、ビンをさまざまな水深につるして行った場合に、明ビン中の酸素濃度が、培養開始時と 24 時間の培養後で変化しない水深が補償深度であるとイメージすると良い。これに対して、臨界深度は、ある一定の水深における総生産速度を考えるのではなく、水柱全体で積分したときの総一次生産速度がゼロ（純一次生産速度＝呼吸速度）になる混合層の厚さのことである。ここで、混合層内では、植物プランクトンが完全に均一になるように間断なく上下混合が起きていると仮定される。なお本段落を訳すのにあたり、原著の記述にいくつかの改変や補足説明を加えた。］

▶ ブルームを引き起こす主な植物プランクトン

どのようなタイプの植物プランクトンがブルームを引き起こすのかによって、ブルームが水圏生態系に及ぼすインパクトは異なる。植物プランクトンのグループ分けには前述のように色素が用いられるほか（表 4.2）、細胞壁の組成や細胞サイズの違い、あるいは特異的な化合物を生産するかどうかを基準にしていくつかの「機能的グループ」に分類する場合もある（表 4.5）。表 4.5 に示した 5 つの機能的グループはそれぞれが異なる特性をもっており、水圏生態系に与えるインパクトも異なる。それぞれの機能的グループにはさまざまな種類の藻類が含まれるが、その多くは、しばしば大量発生してブルームの形成に寄与する。［訳注：生物を系統分類学的な類縁性によってではなく、その機能の類似性に基づいて分類することを、一般に「機能群（functional group）」に分類するという。人間社会にたとえれば、家族や血縁

表4.5 機能に基づく植物プランクトンのグループ分け（機能的グループ）。珪藻、ジアゾ栄養微生物、ピコ植物プランクトンは淡水と海水の両方で見られる。ただしジアゾ栄養微生物の例として示しているトリコデスミウム属（*Trichodesmium*）は海洋にのみ分布する。円石藻類は海洋にのみ見られる。

機能的グループ	機能	例
珪藻	珪酸塩の利用。湖や沿岸海域でのブルーム形成	タラシオシラ属（*Thalassiosira*）、アステリオネラ属（*Asterionella*）
円石藻	炭酸カルシウムの生成	エミリアニア・ハクスレイ（*Emiliania huxleyi*）
フェオシスティス	DMSの生成	フェオシスティス属（*Phaeocystis*）
ジアゾ栄養生物	N_2固定	トリコデスミウム属（*Trichodesmium*）
ピコ植物プランクトン	貧栄養域において現存量や生産の大きな割合を占める	シネココッカス属（*Synechococcus*）、プロクロロコッカス属（*Prochlorococcus*）

関係でまとめるのか、仕事の種類でまとめるのかの違いである。同じ家系の人が同じような職業につくという傾向はもしかしたらあるかもしれないが、そうならない場合も多いであろう。微生物の場合も、系統分類学的な位置づけと機能が関連することがある一方で、全くそうならない場合も多い。本書において何箇所かで触れられているように、系統分類学的類縁性と機能がどのような関係にあるのかを調べることは、微生物生態学における重要な研究課題のひとつある。本書では、1章において、炭素源やエネルギー源の獲得様式の違いに基づいて、微生物を大まかな機能群に分けた。それに対して本章では、主にブルームを引き起こす植物プランクトンを、その生態系における機能をもとにしていくつかのより細かいグループに分けている。1章にでてくる機能群との混乱を避けるために、ここでは functional group に「機能的グループ」という訳語をあてることにした。〕

▶ 珪藻

珪藻類は、しばしば湖や沿岸海域の春の植物プランクトンブルームの主要構成種となる。珪藻が春によく増殖するのはおそらく次のような理由からである。まず珪藻は他の藻類に比べて高濃度の硝酸イオン（春の主要な無機窒

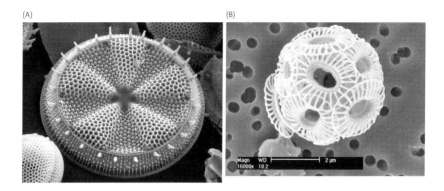

図4.9 一般的に見られる真核藻類の走査型電子顕微鏡写真。いずれも細胞の大きさ（直径）は約 50 μm である。A は珪藻、B は円石藻。写真の掲載にはハミルトン大学の Ken Bart およびロンドン自然史博物館の Jeremy Young の許可を得た。

素源）やリン酸イオンをうまく利用することができる。また珪藻は、春の低水温条件下で他の藻類よりも速く増殖することができる。さらに春に典型的に見られる光環境の大きな変動に対処することもできる。珪藻は、他の藻類が必要としない栄養素、すなわちケイ酸イオン（珪藻にのみ見られる被殻と呼ばれる細胞壁を合成するのに用いられる）を必要とするが（2 章）、それにもかかわらずブルームを引き起こす。ケイ酸イオン濃度は初春には高く、ブルームの進行とともに低下する。晩春には、珪藻の増殖は珪酸イオンの枯渇によって制限されるようになり、やがて珪酸イオンの枯渇やその他の要因のために、珪藻以外の藻類が優占するようになる。

　珪藻（湖においては緑藻の場合も多い）が春にブルームを起こすということは、高次栄養段階（大型生物）、またある意味では水圏生態系全体を維持するうえで非常に重要である。これらのブルームは植食性動物プランクトンの成長を支え、その動物プランクトンは無脊椎動物の幼生や魚の餌になる。ある種の魚類は、春のブルーム期と一致するように産卵する。海洋学者アルフレッド・ビゲローは、ウオルト・ホイットマンの詩「草の葉」の一節（さらにそれはイザヤ書 40.6 からの引用だが）をもじって「すべての魚は珪藻である」(all fish is diatoms) と述べた。ただし植食者が珪藻を摂餌するのは、

それを選好するというよりも、おそらく単にブルーム期に珪藻が優占するという理由からだろう。動物プランクトンの種類によっては、珪藻によって生殖が阻害される場合があることが知られている（Miralto et al. 1999; Ianora et al. 2004）。

▶ 円石藻と生物ポンプ

　海洋において顕著なブルームを引き起こすもうひとつの主要グループが円石藻である。円石藻のブルームは、珪藻ブルームの終了後に時折現れる。円石藻の大きな特徴は炭酸カルシウム（$CaCO_3$）でできた石灰殻（円石）によって覆われていることである（図4.9B）。淡水ではカルシウム濃度が低すぎるためこのグループはあまり見かけない。円石藻は一次生産のみでなく、$CaCO_3$の形成や深層や堆積物への$CaCO_3$の輸送を介して炭素循環に関与している（13章）。$CaCO_3$に富んだ石灰化微生物が深層へと沈降することで、海洋表層におけるCO_2の損失と堆積物中への炭素の埋没が促進される。海洋の堆積物中に埋没した炭酸カルシウムやその他の無機炭素は、地球上で最大の炭素貯留プールのひとつに数えられる（13章）。

　円石は海洋の「生物ポンプ」（表層から深層への生物やデトリタスの沈降による炭素輸送機構）のひとつの構成要素である。$CaCO_3$を含んだ円石は、ポンプの「硬い」部分を構成する。「柔らかい」部分は植物プランクトンが合成した有機物であるが、それが動物プランクトンの糞粒に再収納され、あるいは別の形状や組成の有機デトリタスへと変質したのちに深層へと沈降する。硬い部分と柔らかい部分がともに沈降することで、海洋の表層から深層や海底堆積物へと炭素は輸送される。

　$CaCO_3$の形で輸送される炭素の量は、一般的には全炭素輸送量の10％以下である（Sarmiento and Gruber 2006）。小さい寄与であるのにもかかわらずこの輸送が重要なのは、$CaCO_3$が堆積物中における数千年あるいはそれより長い時間スケールにおける炭素の貯留に寄与するからである。$CaCO_3$は有機炭素の沈降速度を上昇させる錘（バラスト）としても働く。しかし大部分の炭素は堆積物にまでたどり着くことはない。なぜなら水柱中で従属栄養生物が有機炭素をCO_2に戻し、また$CaCO_3$は溶存イオンへと再溶解する

> **BOX4.1** 微生物の化石層
>
> 古海洋学や陸水学では、堆積物中に保存される珪藻や円石藻の殻（細胞壁）を、地質学的な時間スケールでの一次生産や炭酸カルシウムのフラックスの変動を表す指標として用いる。有名なドーバーの白い崖は、約1億4000万年前の白亜紀、英国南部が熱帯の海の底にあったころに沈殿した円石（チョーク）によって形成された。この堆積物は、氷河期に海面が後退するのにともない露出するようになった。氷河期がすぎると海面が上昇し、やわらかい堆積物は削り取られ、英国海峡と円石の崖が後に残されたのである。

からである。たとえそうであれ、海洋の深層で再生されたCO_2は、数百年間は表層に戻ることはなく大気との接触を断たれる。もし生物ポンプが存在しなければ、大気中のCO_2濃度は425〜550 ppmになるという推定もある（推定値の幅は、計算の際にどのような仮定を置くのかによる）。つまり現在のレベルよりも70から200 ppm近くも上昇する。別の極端な計算例を挙げると、もし生物ポンプが100％の効率で働けば、大気中のCO_2はわずか140〜160 ppmに低下すると予測されている（Sarmiento and Toggweiler 1984）。

▶ フェオシスティスと硫化ジメチル

　フェオシスティス属（プリムネシウム亜綱）は、ブルームを引き起こすもうひとつの光独立栄養微生物であり、それ自身がひとつの機能的グループを構成している（表4.5）。本属の生活史は風変わりである。鞭毛を有する細胞が単独で存在することもできるのだが、それらは未知の環境要因が引き金となって群体を形成する。フェオシスティス属のいくつかの種は、沿岸水中でブルームを引き起こし深刻な水質問題を引き起こす。また大量の細胞外ポリマーを分泌することがあり、北ヨーロッパやアドリア海の海辺では、見た目の悪い泡沫が数メートルの厚さで集積することがある。南極海とりわけロス海では別の種が大量発生するが、その群体は動物プランクトンに摂餌されることなく速やかに沈降し、水柱中から消失する。

　フェオシスティス属がそれ一属で機能的グループを成すのは、これらが海

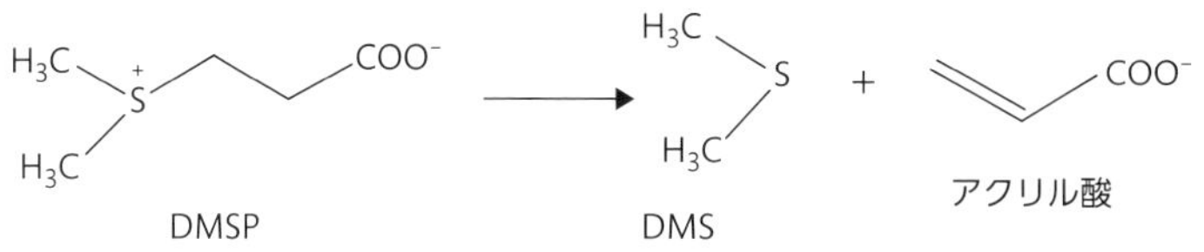

図4.10 ジメチルスルホニオプロピオン酸からの硫化ジメチルとアクリル酸の生成。

洋における主要な硫黄気体である硫化ジメチル（dimethylsulfide, DMS）を生成するためである。DMSは、別の有機硫黄化合物であるジメチルスルホニオプロピオン酸（dimethylsulfoniopropionate, DMSP）（図4.10）の分解によって生成される。3章で述べたように、DMSPはフェオシスティスやその他いくつかの藻類が浸透圧調節のために合成する。DMSPが藻類において果たすもうひとつの生理学的役割として抗酸化作用も示唆されている（Sunda et al. 2002）。当初、海洋学者は藻類がDMSPからDMSを直接作り出すと考えていたが、その後の研究により、DMSPはまず藻体から放出され（これにはもしかしたら動物プランクトンの摂餌が関与するのかもしれない）、続いて従属栄養性細菌によって分解されることが明らかになった。DMSPを分解する従属栄養細菌の中には、DMSPを開裂してDMSとアクリル酸を生成するものがいる一方で、DMSPを脱メチル化し3-methiolpropionateを生成するものもいる（Gonzalez et al. 1999）。［訳注： 脱メチル化経路の場合は、DMSは生成されない］

　以上の有機硫黄化合物は、硫黄循環において重要な役割を果たす。海洋の従属栄養性細菌は、必要な硫黄のほとんどすべてをDMSPから得ている（Kiene and Linn 2000）。より重要なのは地球の熱収支に対するDMSの影響である。海洋の表層水中に過飽和量で存在するDMSは、大気中に放出されたのち硫酸に酸化され、エアロゾルの形成に寄与する。エアロゾルは太陽光を散乱させるとともに、雲形成のホット・スポットである雲殻として働く。一方で雲量は地球表面に到達する光や熱の量に影響を及ぼす。このDMS生成を介してのプランクトンと地球の気候の相互作用は、ジェームズ・ラブロック（James Lovelock, 1919〜）が最初に提唱した「ガイア仮説」（Charlson et al. 1987;

Kleidon 2004）の議論の中のひとつの事例である。ガイア仮説によれば、生物圏とそれ以外の構成要素の間の負のフィードバックが、地球の気候と生物地球化学プロセスの恒常性（ホメオスタシス）を保っている。

▶ ジアゾ栄養糸状シアノバクテリアおよびその他の群体性シアノバクテリア

湖や貯水池では、夏季にシアノバクテリアの顕著なブルームが発生することがある。これらのブルームを形成するシアノバクテリアの細胞は、しばしば数ミリメートルもの長さに達し、繊維が束ねられた状態になることがある。シアノバクテリアの主要な機能は一次生産であり、この点では真核藻類と同じである。実際シアノバクテリアには、真核生物や高等植物と共通する生理的形質が見られる。これらの生物はすべて同じメカニズムを用いて光エネルギーを化学エネルギーに転換し、同じ代謝経路であるCBB回路を使って無機炭素を有機炭素に固定する。炭素固定の酵素であるRubiscoも、これらの独立栄養者の間ではほとんど異なるところが無い。

しかし別の観点からみると、シアノバクテリアは細菌ドメインに属しているという点で他の光独立栄養生物とは大きく異なる。シアノバクテリアは葉緑体やその他のオルガネラをもたない。ゲノムはふつう環状DNAである。またグラム陰性従属栄養性細菌のように、ムラミン酸やリポ多糖類といった細菌のみに見られる構成成分を含んだ細胞壁を有する。光を捕集する色素（集光性色素）の組成や配置も真核藻類や高等植物とは異なる。特異な色素を含むため、シアノバクテリアは弱光環境中で繁茂することができ、このような環境中では、時として真核藻類より優位に立つ。色素は分類学上の有用なマーカーでもある。シアノバクテリアはかつてラン色（青緑色）藻類と呼ばれた。古臭い呼称ではあるが、ある種のシアノバクテリアの色は、まさにこの呼称のとおりである。緑はクロロフィルaによるものであり、青の色調はフィコビリンのひとつであるフィコシアニンによる。実際、抽出したフィコシアニンは鮮やかな青色を呈する。これとは対照的に、海洋で一般的に見られるシアノバクテリアであるシネココッカスは、血のように赤い色素であるフィコエリトリンを多量に有する。そのためこのシアノバクテリアは、いくらかのフィコシアニンやそれ以外のフィコビリタンパク質、またクロロフィル

表4.6 自然環境中で見られる主なシアノバクテリア

属	形態	生息場所	生態学的に顕著な特性
アナベナ属	繊維状	淡水域	N_2固定
ミクロコレウス属	繊維状	土壌、砂漠の表土	過酷な条件に耐える
ミクロシステス属	繊維状	淡水域	毒素の生成
トリコデスミウム属	繊維状	海洋	N_2固定
リケリア属	内部共生	海洋	N_2固定
シネココッカス属	球菌	海洋および淡水	一次生産*
プロクロロコッカス属	球菌	海洋	一次生産*
未同定	球菌	海洋	N_2固定

* この表に示したシアノバクテリアはすべて真核藻類と同様に、酸素発生型の光合成を行う一次生産者であるが、その中でも、シネココッカスとプロクロロコッカスは特に貧栄養海域において、一次生産速度や植物プランクトン生物量の大きな割合を占める重要な一次生産者であるという点で特筆に価する。

aをもっているのにもかかわらず、高密度に増殖した液体培養中でピンク色を呈するのである。表4.6には自然界で見られるいくつかのシアノバクテリアをまとめる。

　淡水域においては、夏季の高水温が糸状シアノバクテリアのブルームを引き起こすひとつの要因になる。これらのシアノバクテリアは、真核微細藻類よりも、高い水温によって利するところが大きい。さらに重要な要因はリン酸塩の供給である（Levine and Schindler 1999）。リン酸塩は淡水生態系やいくつかの海域において、しばしば一次生産の制限となる栄養塩である。そのためリン酸塩濃度が低いときは、より優れた取り込みシステムをもった真核藻類のグループが、シアノバクテリアより優位に立つ。しかしリン負荷による富栄養化の進んだ水域では、真核藻類との競争が緩和され、シアノバクテリアのブルームが見られるようになる。シアノバクテリアの大量発生は水質に負の影響を与え、生態系の健全性を損なわせる。近年、有害シアノバクテリア・ブルームの出現頻度が増えているという報告がある（Paerl and Huisman 2009）。

　窒素ガスをアンモニウムに固定することができるある種の糸状シアノバクテリアは、リン酸塩濃度の高い淡水域で優占することがある。N_2を固定で

きる生物をジアゾ栄養生物という。ある種のジアゾ栄養シアノバクテリアの群体には、窒素固定を行う特殊な細胞であるヘテロシストがある。リン酸塩が十分にあると、HN_4^+や硝酸イオン（NO_3^-）のような窒素栄養化合物が一次生産を制限する重要な要因になるため、窒素固定シアノバクテリアの繁茂が潜在的に可能になる。窒素固定を行う原核生物は多く知られているが（窒素固定を行う真核生物は知られていない）、窒素固定と一次生産の両方で大きな寄与をするようなシアノバクテリアは限られている。淡水生態系で優占するのは、ヘテロシストをもった糸状シアノバクテリアである。一方海洋では、ヘテロシストをもたない別のタイプのシアノバクテリアが重要な役割を果たす。

　淡水環境において糸状シアノバクテリアやその他の群体性シアノバクテリアが繁栄している理由は、窒素固定以外にもある。ひとつは動物プランクトンの摂餌からの回避である。ろ過食性動物プランクトンは、糸状あるいは群体性シアノバクテリアを効率よく摂餌することができない。また、ある種の糸状シアノバクテリアは非常に大型の群体を作るが、それによってなおいっそう摂餌されにくくなっている。シアノバクテリアの群体は、湖や貯水池の水面に浮かぶ緑色の浮きカスとして肉眼でみることができる。ある種のシアノバクテリアはガス胞を使って浮力を調節する。要約すると、窒素固定と高水温によって支えられた増殖の速さと、動物プランクトンによる摂餌からの回避や浮力調節の結果として、シアノバクテリアは濃密なブルームを形成するのである。

　ある種のシアノバクテリアは摂餌に対する化学防衛を示す。最もよく知られているのは、アナベナ属、アファニゾメノン属、ミクロシスティス属、ノジュラリア属などの淡水種が生成する毒素によるものである。ミクロシスティスの有毒株が生成する主要な毒素であるミクロシスチンはヒトの肝障害を引き起こすとともに（Carmichael 2001）、動物プランクトンの心臓やその他の筋肉に影響を及ぼす（図4.11）。動物プランクトンや植食性魚類は、これらの毒素によって死亡には至らないものの、シアノバクテリア・マットの摂餌を忌避するようになる。シアノバクテリア・ブルームは、毒素やその他の二次代謝産物の生成を通じて水質の低下を引き起こす場合がある。シアノバ

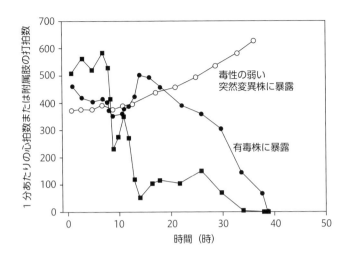

図4.11 シアノバクテリア毒素（ミクロシスチン）が淡水産動物プランクトンであるミジンコに及ぼす生理学的な影響。ミジンコ個体に、ミクロシスティスの有毒株と弱毒株（突然変異株）を摂餌させ、心臓の鼓動（心拍数）を測定した。○は突然変異株を与えた場合、●は有毒株を与えた場合の心拍数の時間変化。有毒株を与えた時の胸部附属肢の打拍数の時間変化（■）も示す。データはRohrlack et al. (2005) に基づく。

クテリアが濃密に存在する貯水池を水源とする飲料水の味は劣る。さらに悪いことには、シアノバクテリアで汚染された水は、人、ペット、家畜、鳥、魚にとって有毒な場合がある（Pitois et al. 2000）。

　毒素生成はシアノバクテリア・ブルームが引き起こすさまざまな悪影響のひとつにすぎない。水圏食物網の土台である一次生産者が真核藻類から群体性シアノバクテリアに切り替わるということは、食物網の全体に対しても悪影響を及ぼしうる。植食性動物プランクトンにとって、もし唯一の餌が食いにくいシアノバクテリアだとしたらそれこそ災難である。その悪影響は植食者を食べる捕食性動物プランクトンや仔稚魚にまで及ぶ。

　湖や貯水池の水面に浮かぶシアノバクテリアの浮きカスは、見た目が悪いばかりでなく、光を遮るという効果がある。このため水面下の植物プランクトンには光が届かず、水中の光合成活性（酸素の生成）が低下する。さらに

表4.7 水圏環境中に出現する有毒あるいは有害な藻類。表中に示した生物にとってのみでなく、人にとっても有害である。すなわち、これらの藻類が高濃度に含まれる水への接触や、藻類で汚染した魚介類の摂取を通じ、人の健康が損なわれることがある。

藻類の種類	属	問題	影響を受ける生物
渦鞭毛藻	*Gambierdiscus*	シガテラ魚毒	ある種の熱帯魚
渦鞭毛藻	*Dinophysis, Prorocentrum*	下痢性貝毒	ムラサキイガイ、カキ、ホタテガイ
渦鞭毛藻	*Karenia brevis*	神経性貝毒	マナティ、バンドウイルカ、カキ、魚、ハマグリ、鳥
渦鞭毛藻	*Alexandrium, Gymnodinium, Pyrodinium*	麻痺性貝毒	ムラサキイガイ、ハマグリ、カニ、カキ、ハマグリ、ニシン、イワシ、海獣、鳥
珪藻	*Pseudo-nitzschia*	記憶喪失性貝毒	マテガイ、アメリカイチョウガニ、ホタテガイ、ムラサキイガイ、カタクチイワシ、アシカ、カッショクペリカン、ウ
ペラゴ藻	*Aureoumbra*	赤潮	動物プランクトンや二枚貝による摂餌圧の減少、二枚貝の死亡率の増加、光透過率の減少、海草藻場の衰退
ラフィド藻	*Heterosigma*	魚毒	魚

　悪いことに浮きカスが発生している水中では、シアノバクテリアの藻体から放出された有機化合物を利用する従属栄養微生物の呼吸によって酸素の消費が高まる。このため、水面のシアノバクテリア・マットの中では活発な光合成のために酸素が十分に供給されるのに対し、その直下の水中には無酸素あるいは貧酸素の水塊が出現する。低酸素の水中では微生物が硫化水素などの有害化合物を生成する。これは無酸素あるいは貧酸素の水塊がもたらす悪影響の一例である。

　有害なブルームの原因となるのはシアノバクテリアのみではない。真核藻類の場合でも、その現存量が非常に高いレベルになれば問題が生ずる。問題を引き起こす真核藻類の多くは渦鞭毛藻に属している（表4.7）。

▶ ブルームの後:ピコプランクトンとナノプランクトン

　春のブルームが進み、現存量が高いレベルに達し微生物が水柱中の栄養分をとり尽くすと、栄養塩類の濃度は数 µM から数 nM あるいはさらに低いレベルにまで減少する。その結果、藻類の増殖は栄養分によって制限されるようになる。このことは増殖速度の低下とブルームの停止を説明はするが、なぜ植物プランクトンが姿を消し、ブルームが崩壊するのかについての説明にはならない。さまざまなタイプの原生生物や動物プランクトンが植物プランクトンを摂餌し、またウィルスが植物プランクトンに感染することで、水柱中の植物プランクトンが消失するのである。またもし植物プランクトンの細胞が十分に大きく、また形状が適していれば、それらは単に沈むことによって消失する。植物プランクトンは有光層以深へと、あるいは時として海底や湖底にまで運ばれていく。春のブルームのあとには、完全な細胞の形状を保った植物プランクトンが、水深 2000 m の海底で多量に見つかることがあるが、それは沈降のためである。

▶ 制限栄養素をめぐる競争

　春のブルームが衰退すると、無機栄養塩類の枯渇によって、ブルーム構成種とは別の種類の藻類が植物プランクトン群集の中で優占するようになる。大型珪藻をはじめとする細胞サイズの大きな種類は減衰し、ナノプランクトン(細胞直径、2〜20 µm)やピコプランクトン(0.2〜2 µm)のサイズ区分に属する小型藻類から成る複雑な群集へと推移する。ナノプランクトンには、渦鞭毛藻やクリプト藻、あるいはその他の分類学的な研究が進んでいない藻類グループが含まれる。ピコプランクトンには球状シアノバクテリアと小型の真核藻類が含まれる。これらの小型細胞は、アンモニウムやリン酸塩といった栄養塩の濃度がきわめて低い(10 nM 以下)外洋域のような貧栄養環境中で優占し、その現存量と一次生産は大型植物プランクトンを上回る。以上のことは、栄養塩濃度が低い時には、制限栄養素をめぐる競争において小型の細胞が大型の細胞よりも優位に立つということを意味するが、それはなぜだろうか?

大型細胞が最初に直面するのは物理学的な問題である。微生物の世界では、細胞表面に栄養素を運ぶ主要なプロセスは拡散である。細胞は、拡散によって供給される以上の栄養塩を取り込むことはできない。3章の式3.12は、拡散（細胞あたり、単位時間あたりのフラックスを次元とする）によって制約される取り込みの上限が、拡散係数（D）、細胞から離れた点での栄養塩濃度（C）および細胞半径（r）の関数であることを示している。細胞の単位容積または単位現存量あたりのフラックスを計算するために、式3.12を球形の細胞の容積（$V=4/3\pi r^3$）で割り、次式を導く。

$$\text{生物量あたりのフラックス} = 3D \cdot C/r^2 \tag{4.10}$$

　式4.10は、拡散によって制約される取り込みの上限が細胞サイズの減少とともに増大することを示している。細胞サイズ（直径）が増加しても、現存量あたりのフラックスを同じレベルで維持しようとすれば、栄養塩濃度を細胞サイズとともに増加させなくてはならない。たとえば15 nMの硝酸イオンが与えられたときに1 μmの細胞は1日$^{-1}$で増殖できる。一方、5 μmの細胞が同じ増殖速度を実現しようとしたら、100 nM以上の硝酸イオンが必要になる（Chisholm 1992）。細胞の形状や遊泳性を考慮すると話は複雑になるが、貧栄養な水中では大型の細胞は小型の細胞に比べて拡散律速になりやすいという結論は変わらない。

　物理学的な制約に加えて、生化学や生理学の点からみても、大型の細胞は貧栄養な水中での生活にはむいていない。このことを理解するためには、栄養塩濃度の変化にともなって取り込みがどのように変化するのかを考えてみる必要がある。この関係は、酵素の速度論の場合と同様にミカエリス・メンテン式で表される。

$$V = V_{max} \cdot S/(K_s + S) \tag{4.11}$$

　ここで取り込み（V）は栄養塩濃度（S）の関数であり、両者は取り込み系の2つのパラメータである最大取り込み速度（V_{max}）と半飽和定数（Ks；取り込み速度がV_{max}の半分の時のSに等しい）によって関係づけられる。基質濃度の範囲が大きい場合、基質濃度の増加とともにVはV_{max}に達する

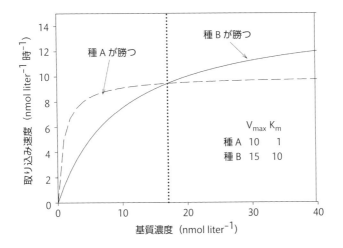

図4.12 ミカエリス・メンテン式で表される溶存化合物の取り込み。例として、同じ溶存化合物をめぐって競争関係にある2種の取り込みパターンを比較する。ある基質濃度の範囲において、取り込み速度が高いものがこの競争の勝利者となる。

まで増加し、図4.12で示す曲線が得られる。しかしSが非常に小さいとき（とりわけKsに比べて小さいとき）には、Ks+Sは近似的にKsと等しくなり、式4.10は次式のように単純化される

$$V = (V_{max}/K_s)S \tag{4.12}$$

式4.12が意味するところは、春のブルームの後のように栄養塩濃度が非常に低いときには、取り込み速度はV_{max}とK_sの比（これを親和定数という）に依存するということである。つまり制限栄養素の取り合い競争で小型細胞が大型細胞より優位に立つためには、K_sがより低いか、V_{max}がより高い、あるいはそれら両方の条件が満たされなくてはならない。実際に小型細胞のK_sが大型細胞に比べて低いという報告がある。また単位現存量で標準化したV_{max}も小型細胞において値がより高くなりうる。

これをより詳しく見るために、単位面積あたりの輸送タンパク質の総数が等しい2つの細胞を考えよう。ただし、一方の細胞は他の細胞に比べてサイズが大きく、細胞あたりの重量も大きいものとする（ただしそれぞれの細胞

の密度は等しいと仮定せよ)。大型の細胞は表面積がより大きく、輸送タンパク質の総数もより多いが、表面積と容積の比は小型細胞に比べて小さい。表面積(SA)は半径の二乗(r^2)の関数であるが、容積はr^3に比例するため、表面積と容積の比は$1/r$に比例する(rの増加とともに減少する)。つまり大型細胞では現存量あたりの輸送タンパク質の数が小型細胞に比べて少ないということになる。もしV_{max}が輸送タンパク質の数によって決まるとすれば、このことはV_{max}に影響を及ぼす。要約すると、細胞あたりのV_{max}は大型細胞のほうが大きいが、単位現存量あたりのV_{max}(輸送タンパク質の数)は小型細胞のほうが大きい。

つまり栄養塩濃度がきわめて低い環境において、小型植物プランクトン(球状シアノバクテリアと真核藻類の両者を含む)がなぜ優占するのかということは、それらのサイズが小さいということで説明できる。サイズは、溶存化合物の利用をめぐる従属栄養性細菌と植物プランクトンの相互作用を考えるうえでも重要である。前述の議論と同様、より小型の従属栄養性細菌は、大型の植物プランクトンよりも無機栄養塩をめぐる競争において優位に立てると予想されるし、実際にしばしばそのような現象が見られる。サイズは摂餌やトップダウン支配にも大きな影響を及ぼす(7章)。この効果は、ブルームの終了後に、なぜ優占種が小型の植物プランクトンに置き換わるのかを説明するもうひとつの要因である。

▶ 球状シアノバクテリアによる一次生産

球状シアノバクテリアは、ブルームの後によく現れる植物プランクトングループのひとつであり、栄養塩濃度が非常に低い(< 10 nM)貧栄養海域で優占する。異なる孔径のフィルターを用いて、一次生産速度($^{14}CO_2$取り込み)や植物プランクトン生物量(クロロフィル濃度)のサイズ分布を調べた結果、球状シアノバクテリアの重要性が明らかになった。結果の一例を図4.13に示すが、ここからわかるように貧栄養な外洋域(北太平洋還流域)では$^{14}CO_2$取り込みやクロロフィルaの最大90%が1 μm以下のサイズ画分に見られる。顕微鏡観察の結果、この画分には多数の球状シアノバクテリアが見

Chapter 4 微生物の一次生産と光栄養

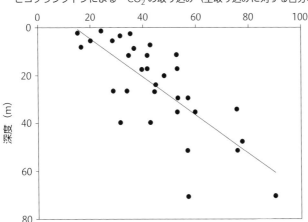

図4.13 貧栄養海域である東部太平洋赤道域における一次生産に対するピコプランクトン（< 1 μm）の寄与。ピコプランクトンの寄与は深度とともに増加する傾向があるが、これは深い層でピコプランクトンの増殖速度や生物量が高いためである。グラフはいくつもの地点で得られた実験結果を合わせて作成した。データは Li et al. (1983) に基づく。

られた。外洋域の面積の広さを考慮すると、球状シアノバクテリアが地球上の一次生産の約25％を担っているという推定値も得られた。初期の研究では、主にフィコエリトリンを豊富に含み、落射蛍光顕微鏡で容易に観察ができるシネココッカスについて詳しい研究がなされた（1章）。一方、フローサイトメーターが使われるようになり、別のタイプの球状シアノバクテリアであるプロクロロコッカスがシネココッカスと並んで重要な役割を果たしていることが明らかになった［訳注：プロクロロコッカスは光合成色素による自家蛍光がきわめて微弱であるため通常の落射蛍光顕微鏡法で観察するのが困難である。フローサイトメーターは、流体中を流れる細胞にレーザー光を照射して個々の細胞が発する蛍光を検出する装置であるが、この機器を用いるとプロクロロコッカスが発する微弱な自家蛍光を測定することができる。なおフローサイトメーターを使った粒子解析手法のことをフローサイトメトリーと呼ぶ。この用語は、本書の別の章にもしばしば登場する］。シネココッカ

表4.8 主要な球状シアノバクテリア2属の比較。

特性	シネココッカス	プロクロロコッカス
大きさ（直径）	1.0 μm	0.7 μm
クロロフィルa	有り	改変されている
クロロフィルb	無し	有り
フィコビリン	有り	さまざま
分布	汎存種	亜熱帯環流域
硝酸イオンの利用	有り	無し*
窒素固定	いくつかの株で見られる	無し

* これまでに培養されたプロクロロコッカス株の中に硝酸イオンを利用するものは無い（Coleman and Chisholm 2007）。

　スとプロクロロコッカスはいずれも低緯度の外洋域で多く見られる。一方、貧栄養な湖には淡水性シネココッカスが出現する。これら2タイプのシアノバクテリアの主な形質を表4.8にまとめる。

　シネココッカスとプロクロロコッカスでは深度分布パターンが異なる。どちらのシアノバクテリアも水柱の比較的深い層で見られる光の強度と質（波長）に適応しているが、一般的には、シネココッカスはプロクロロコッカスに比べて浅い層に分布している。プロクロロコッカスには強光型と弱光型の2つのタイプ（エコタイプ）があり、この両者の間でも深度分布は異なる。強光型はクロロフィルaとクロロフィルbの含有量の比が小さく、逆に弱光型ではこの比が大きい。予想されるように、ふつう弱光型は強光型よりもより深い水深の層に多く分布する。単離株の16S rRNA遺伝子を調べたところ、エコタイプ間で塩基配列の違いはほとんど無く（平均類似度 > 97%）、その差は種として区別するレベルではなかった（9章）。ところが全ゲノム塩基配列解析の結果では、エコタイプ間で大きな違いが見られた（Rocap et al. 2003）。

Chapter 4　微生物の一次生産と光栄養

▶ 海洋における光従属栄養

　光からエネルギーを獲得し、二酸化炭素から炭素を得る微生物（光独立栄養生物）においても、呼吸（O_2 を消費して CO_2 を生成するプロセス）は進行する。一般に、光独立栄養生物の呼吸は一次生産の 20 〜 50% に相当するが、この値は藻類の群集組成によって異なる（Langdon 1993）。光合成が活発に進み O_2 濃度が高いときには、光呼吸と呼ばれる別のタイプの呼吸も進む。しかし、たとえ呼吸や光呼吸が行われても、真核藻類やシアノバクテリアの基本的なエネルギー源は光であり、生合成に必要な炭素は CO_2 の固定によって得ている。そのため、これらは光独立栄養生物に区分されるのである。

　一方、本節で扱う光従属栄養の場合は、エネルギー源として光と有機物の両方を用いる。光従属栄養微生物は、大別して、光合成と食作用を行う混合栄養原生生物（これについては 7 章で扱う）と、光と有機物からエネルギーを獲得する細菌と藻類の 2 タイプに分けられる。光従属栄養生物の種類によって、光と有機物に対する相対的な依存度は異なる。いま完全に光に依存する光独立栄養微生物と、完全に有機物に依存する従属栄養微生物を両端としてそれを線で結ぶと、個々の光従属栄養微生物は、光と有機物への相対依存度に応じて、その線分上（栄養スペクトル）のどこかに位置づけることができる。

▶ 藻類による有機物の取り込み

　大部分の水圏環境中で、溶存有機物（dissolved organic matter, DOM）の取り込みと分解を主に行うのは従属栄養細菌であるが（5 章）、シアノバクテリアや真核藻類のような光栄養微生物が、DOM を利用することもある。プロクロロコッカスでよく調べられているように、ある種の光栄養微生物は、DOM のある種の成分（とくに注目すべきはアミノ酸）を利用することができる（Zubkov 2009）。この場合、藻類は必ずしも炭素やエネルギーを得るために有機化合物を取り込むわけではなく、むしろ P や N のような無機栄養素を得るためにそうしているのである。

143

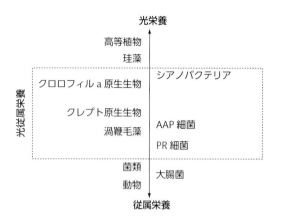

図4.14 光従属栄養とは、従属栄養と光栄養の中間に位置する栄養様式である。クロロフィルa含有性原生生物とは、クロロフィルを有するが同時に食作用による摂餌をすることもできるグループのことである（7章）。渦鞭毛藻はこのグループに含まれるが、完全に摂餌に依存するものや、逆に完全に光合成に依存するものも見られるため、ここでは別記してある。クレプト原生生物とは、捕食した植物プランクトンから「盗んだ」葉緑体（クレプト葉緑体）に部分的に依存するグループのことである（7章）。AAP 細菌は好気的酸素非発生型光合成を行う。PR 細菌はプロテオロドプシンをもつ。

▶ 好気的酸素非発生型光合成細菌

　次に扱う光従属栄養細菌の2つのグループは、前節で触れたシアノバクテリアや真核藻類とは大きく異なる。最初に取り上げるのは好気的酸素非発生型光合成細菌（aerobic anoxygenic phototrophic bacteria, AAP 細菌）である。酸素非発生型の光合成は、もともと無酸素環境中の嫌気性細菌で見つけられた。この発見からかなりの時間が経過してから、好気環境中に偏性 AAP 細菌が存在することが明らかになった（Yurkov and Beatty 1998）。その呼称のとおり AAP 細菌には、増殖に際して酸素を必要とし（好気的）、光栄養にともない酸素を発生しない（酸素非発生型）という特徴がある。AAP 細菌は、従属栄養的に獲得したエネルギーに加えて光エネルギーを利用することができるのである。嫌気的酸素非発生型の光合成細菌とは異なり、AAP 細菌は Rubisco をもたず、増殖のために有機炭素を要求する。当初、AAP 細菌は生

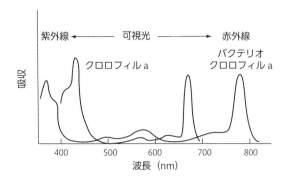

図4.15　クロロフィルaとバクテリオクロロフィルaの吸収スペクトル。

態学的に重要だとは考えられなかったが、海洋において広く分布することが明らかになってきたことで、その見方が変化している。

　AAP細菌が海洋に広く分布していることは、バクテリオクロロフィルa（これはAAP細菌と嫌気的酸素非発生型光栄養細菌がともに有する色素である）に特徴的なある蛍光特性—すなわち光スペクトルの赤外領域（770 nm）に見られる主要な吸収極大（図4.15）—を手がかりにして初めて見出された（Kolber et al. 2000）。AAP細菌を検出するためには、細胞を緑色光で励起する必要がある。緑色光はAAP細菌の主要な集光性色素であるカロテノイドによって吸収され、次に、光エネルギーがカロテノイドからバクテリオクロロフィルに移動したのちに、励起された細胞が赤外領域の蛍光を発する。この独特な赤外蛍光をうまく利用し、蛍光顕微鏡観察を行うことで、海域によってはAAP細菌が非常に多く存在するということが明らかになっている。たとえば地球上で最も貧栄養な環境のひとつである南大洋では、AAP細菌が全細菌数のおよそ20％を占めるという高い値が報告されている（Lami et al. 2007）。一方、同様に高い値が富栄養の汽水域でも見出されている（Waidner and Kirchman 2007）。AAP細菌数が非常に大きな変動を示す理由はまだ明らかにされていない。

　色素の含有量は、AAP細菌にとっての光栄養の重要性について示唆を与える。AAP細菌のバクテリオクロロフィル含有量は細胞あたり0.1 fgにす

ぎず、この値はプロクロロコッカスで見られるジビニルクロロフィルa含有量の100分の1から200分の1である（1 fgは10^{-15} g）。プロクロロコッカスはDOMを利用することができるが、光の無いときにDOMのみに依存して増殖することはできない。つまりプロクロロコッカスは、栄養スペクトルのうち「厳密に光栄養」という端に近いところにあると考えられよう。一方AAP細菌は、DOMを炭素源として暗条件下で培養することが可能である。これらの実験結果や色素含有量から考えて、AAP細菌は栄養スペクトルのうち「厳密に従属栄養」という端に近いところに位置づけられるのであろう。

▶ 光従属栄養細菌におけるロドプシン

　ロドプシンとは、オプシンタンパク質と、光吸収分子であるレチナールが結合したものである。ロドプシンは生物の3ドメインのすべてにおいて見られ、類似した構造を有するが、その機能はさまざまである（Spudich et al. 2000）。哺乳類のような後生動物では、ロドプシンは網膜の光受容細胞中にあり、色の違いを検出する。原核生物の中でロドプシンが最初に見つかったのは超好塩古細菌であり、このうち*Halobacterium salinarum*については詳細な研究がなされている（Mukohata et al. 1999）。後生動物のロドプシンと区別するために、古細菌のロドプシンはしばしばバクテリオロドプシン［訳注：細菌が有するロドプシンの意］と呼ばれるが、古細菌（*Archaea*）と細菌（*Bacteria*）が異なるドメインに属することを考えると、この呼称は厳密には正しくない。

　ある種のロドプシン（センサリーロドプシンIおよびII）は、私たちの目の場合と同様、光センサーとして働き、いくつかの好塩古細菌では走光性システムの一部として機能している。他のロドプシン（ハロロドプシン）は、光駆動型の塩素ポンプとして働き、好塩古細菌が高塩濃度の条件下で生残しあるいは増殖することを助けている。古細菌に見られる4番目のタイプのロドプシンは、プロトン駆動力によるATP合成を行い、光駆動型プロトンポンプとしての役割を果たしている。この最後のタイプのロドプシンがあることで、好塩古細菌は、光エネルギーの獲得や光栄養による増殖をすることができる。*H. salinarium*のような好塩古細菌は、有機炭素が利用できないと

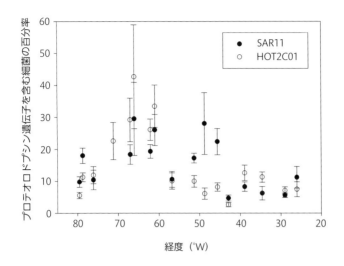

図4.16 北大西洋のフロリダ沖からアゾレス海にかけての海域における、2種類のプロテオロドプシン（PR）遺伝子の相対的存在量の水平分布。相対的存在量は、16S rRNA遺伝子のコピー数（細菌数の指標）に対するPR遺伝子のコピー数の百分率として表す（遺伝子コピー数は定量的PCRで推定した）（9章を参照）。ただし1細菌数あたりの16S rRNA遺伝子コピー数は2と仮定した。2種類のプロテオロドプシン遺伝子は、それぞれSAR11とHOT2CO1に含まれるものであるが、これらはいずれもアルファプロテオバクテリアに属する細菌である。データはCampbellほか（2008）より。

きには、独立栄養によって増殖することもできる。

太平洋において、非培養法による研究が進められた結果、細菌がロドプシンをもつことが初めて発見された（Beja et al. 2000）。ロドプシンをもつことが明らかになった最初の細菌が、ガンマプロテオバクテリアのグループに属するSAR86クラスターであったことから、この細菌が有するロドプシンには、プロテオロドプシン［訳注：プロテオバクテリア門の細菌が有するロドプシンの意］という呼称が用いられた。この呼称は、新しく見つかったロドプシンを、古細菌が有するバクテリオロドプシンと区別するためであったが、その後の研究で、SAR86クラスターでの発見に引き続き、ロドプシン遺伝子が別の細菌グループでも見られることが明らかになった。その中にはプロテオバクテリアとは全く異なるバクテロイデス門の細菌も含まれていた

(Venter et al. 2004)［訳注：したがってプロテオロドプシンという呼称も厳密には正しくない］。北大西洋で行われた研究の結果、かなりの割合の海洋細菌がプロテオロドプシンをもっていることが明らかにされている（図4.16）。また多くの湖や汽水域においてもプロテオロドプシン遺伝子が見つかっている。湖や土壌に一般的に見られる細菌門である放線菌（9章）に属するいくつかの種でもロドプシンが見つかっているが（Sharma et al. 2008）、淡水で見られるプロテオロドプシンは、海水のものとは大きく異なっている。

　プロテオロドプシンが広範囲で見つかるのにもかかわらず、プロテオロドプシンが細菌にもたらす利益については不明の点が多い。室内実験でこれまでに調べられた4種類のプロテオロドプシン保有細菌のうち、光を照射したときの増殖速度が光を照射しないときのそれを上回るということが示されたのは1種類のみである（Gómez-Consarunau et al. 2007）。プロテオロドプシンを保有するある種の海洋細菌では、飢餓条件下での生残が暗条件よりも明条件において改善したが、同じ細菌のプロテオロドプシン欠損突然変異株ではこのような光の影響が見られなかった。このことから飢餓応答においてプロテオロドプシンが機能している可能性が示唆されている（Gómez-Consarnau et al. 2010）。自然環境中で活発に増殖している細菌では、プロテオロドプシンが、まだ知られていない別の機能を発揮しているのかもしれない。

▶ 光従属栄養の生態学的および生物地球化学的なインパクト

　自然界における生物間でのエネルギーや元素の伝達に関する従来のシンプルなモデルは、光従属栄養やその他の混合栄養を考慮した、より複雑なモデルへと改良する必要があるのかもしれない。従来のモデルは、光をエネルギー源とする光独立栄養生物と、それらが合成した有機物に依存する従属栄養生物という2つの構成要素のみから成り立っており、その意味で比較的考えやすいものであった。ここに光従属栄養というプロセスを加味すると、光独立栄養生物にある程度の従属栄養活性を付加し、光が有機物の取り込みや分解に与える影響プロセスを含めたモデルにする必要があるだろう。実際のところ、光従属栄養微生物は、ふつうの従属栄養微生物よりも高い効率で有機物を利用することができるのかもしれない。もしエネルギーを光から得るこ

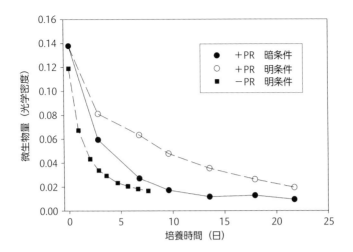

図4.17 明暗条件下におけるビブリオ属 ADN4 株の生残曲線。プロテオロドプシンを保有する野生株（+PR）と、保有しない突然変異株（-PR）の比較。データは Gómez-Consarnau ほか（2010）より。

とができれば、エネルギーを産出するために酸化する有機炭素の量は、その分だけ少なくてすむと考えられるからである。さらに、混合栄養の原生生物は、重要な元素である N、P、Fe などを餌から摂取することができるから、貧栄養環境においても生残することができ、また潜在的には光独立栄養微生物との競争で優位に立つことができるだろう。混合栄養や光従属栄養の機能を十分に考慮するためには、生物地球化学モデルを改良する必要がある。

まとめ

1. 全球一次生産の約半分は水圏の微生物が担い、残りの半分を陸上植物が担う。このうちシアノバクテリアは、水圏の一次生産の約半分（つまり全球一次生産の約 25％）を担う重要な一次生産者である。

2. 光と栄養塩類は、一次生産速度に影響を及ぼす重要な要因である。

栄養塩類には、アンモニウム、硝酸イオン、リン酸イオン、鉄が含まれる。重要な光独立栄養微生物である珪藻の場合は、以上の栄養塩に加えて珪酸イオンも要求する。

3. 藻類群集を構成する真核微生物は多様であり、その種類により生態系の中で果たす役割もさまざまである。重要な真核微生物の機能的グループとして、珪藻、緑藻、円石藻（$CaCO_3$ 形成に関与）、フェオシスティス（DMS 生成に関与）が挙げられる。

4. シアノバクテリアと真核微生物はいずれも生態系において一次生産者としての役割を果たしており、クロロフィル a と CBB 回路を使って光合成を行うという点では、機能的に類似している。しかしシアノバクテリアは細菌ドメインに属しており、両者は系統遺伝学的には大きく隔たっている。

5. 淡水では、窒素固定をする糸状シアノバクテリアが普通に見られる。一方、海水中、とりわけ貧栄養外洋域では、球状シアノバクテリア（シネココッカスやプロクロロコッカス）が多く存在する。

6. 貯水池や小さな池、あるいは湖といった淡水環境においては、シアノバクテリアのブルームが水質悪化や生態系機能の劣化を引き起こすことがある。それ以外の藻類の中にも、水産生物や人間にとって有害なものがある。

7. 光従属栄養微生物は光エネルギーを利用するが、同時に他の微生物を摂餌したり（混合栄養原生生物）あるいは DOM を利用する場合もある。

Chapter 5
有機物の分解

　前章では、独立栄養微生物、つまり一次生産者による有機物の生産について考察した。本章では、従属栄養微生物による有機物の分解について議論する。これら2つのプロセスは、自然界の炭素循環の中で重要な位置を占めている。地球上の一次生産者によって1年間に固定される炭素のほとんどすべては、再び大気中へと戻されるが、この有機物分解プロセスには従属栄養微生物、大型動物、さらには独立栄養生物さえもが関与している（4章）。ここで前文中の「ほとんどすべて」という表現に注意してほしい。一次生産と分解は、ほぼ完全に均衡してはいるのだが、さまざまな理由でわずかな不均衡が生じており、そのことが生態系に対していろいろな影響を及ぼすのである。たとえば、生物圏の全体が大気中の二酸化炭素の「正味の」生産者であるのか、あるいは「正味の」消費者であるのかということは、このわずかな不均衡によって決まる。不均衡には、分解と一次生産の両方が関わっている。生物圏が二酸化炭素を大気から海洋へ、あるいは逆に海洋から大気へと移行させる正味のフラックスも、一次生産と分解の両者の影響のもとに決まるのである。

　炭素循環は、すべての生物地球化学的な循環がそうであるように、さまざまなリザーバー（物質の濃度あるいは質量で表される物質の貯留）の間の物

質の移動（時間とともに変動する速度）によって結びつけられている。物質の移動には自然的、人為的プロセスの両方が関与する。自然条件下における主要な炭素リザーバー間での炭素の交換速度は、人為的プロセスによる炭素の交換速度を大きく上回る。特に従属栄養生物による二酸化炭素の生産量は、化石燃料の燃焼やその他の人間活動に起因する人為的な二酸化炭素の排出量よりもはるかに大きい。現在問題になっているのは、人為的な二酸化炭素の排出量が二酸化炭素の吸収量を上回った結果、大気中の二酸化炭素濃度が上昇し、地球が温暖化しているということである（1章）。炭素循環に関わる多くの自然プロセスは、大規模でありかつ変動性に富んでいるため、人間活動が炭素循環にどのような影響を及ぼすのかを正しく理解し、それが気候変動とどのように関連するのかを明らかにしようという試みは、なかなか一筋縄ではいかないのである。たとえば「失われた炭素」の問題がある。人間活動によって年間 8 Pg（ペタグラム、10^{15} グラム）燃焼される炭素のうち、「わずか」約 3 Pg が大気中に残留する。残りの 5 Pg は、海洋に吸収され、あるいは陸上の植物に取り込まれるということになるのだが、このうち 3 Pg ほどの炭素については毎年どこに失われているのかが最近になるまでわからなかった（Stephens et al. 2007）。今日では、この「失われた炭素」問題はおおむね解決したといえそうだが、炭素循環の別の側面においては依然としていくつもの謎が残されている。そのため、今後数百年の間に、気候変動に対して生物圏がどのように応答するのかを予測することが難しくなっている。

　炭素循環には、無機的および有機的ないくつものリザーバーが関与している（図 5.1）。最大のリザーバーは、海洋の溶存無機炭素（dissolved inorganic carbon, DIC、大部分は重炭酸イオン）と陸上や海洋堆積物中の炭酸カルシウム（石灰岩を構成する主要な鉱物）である。溶存態リザーバーである DIC に比べて、生物体や非生物粒子態有機物（死んだ有機物）に含まれる炭素の量は少ない。水圏生態学者は、このような死んだ有機物のことをデトリタスと呼ぶ。陸上生態学者は、死んだ有機物のうち植物由来であることがわかるものについては、「植物リター」あるいは単に「リター」という用語を用いる。もうひとつの大きな溶存態リザーバーは溶存有機炭素（dissolved organic carbon, DOC）である。その他に海洋の堆積物中にも大量

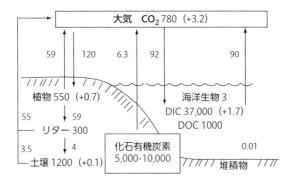

図5.1 地球規模の炭素循環。各リザーバーの名称の横にある数字の単位は、Pg（炭素）・年$^{-1}$（Pg = 10^{15} g）である。カッコ内の値は、年間の変化量を表す。土地利用の変化によって発生するCO_2（2 Pg（炭素）・年$^{-1}$）や、最大の炭素リザーバーである炭酸塩岩（13章）はこの図には示されていない。文献によっては、海洋と大気の間の炭素フラックスとしてもっと高い値が使われることもあり、その場合は陸域と大気の間のフラックスにより近くなる（Sarmiento and Gruber 2006）。Houghton (2007) に示されているデータに基づいて作成した。

の有機炭素が含まれるが、最大の有機炭素リザーバーは土壌やその他の陸域構成要素のなかにある。大気リザーバー中のCO_2は2011年1月現在で391 ppm、すなわち全大気中の総量として780 Pgであるが、この量と比較して以上に挙げた有機炭素リザーバーの大きさは、ほぼ匹敵するか（海洋DOC）それを上回る（土壌有機物）レベルである。微生物は、これらの大きな炭素リザーバー間での炭素フラックスの支配要因のひとつとして非常に重要な働きをしている。

本章では、好気呼吸と好気的環境中での粒子態デトリタスやリターさらにはDOMの分解について考察する。無酸素環境中での嫌気的分解については後章（11章）で扱う。

好気呼吸を表す単純な式を以下に示す。

$$CH_2O + O_2 \rightarrow CO_2 + H_2O \tag{5.1}$$

ここでCH_2Oは、前出（4章の式4.2）のように一般的な有機物を化学記号にしたものであり、個別の化合物を特定しているわけではない。好気的環

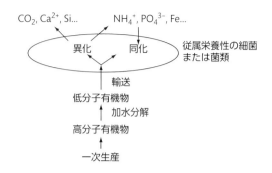

図5.2 従属性栄養性細菌や菌類による有機物の無機化。微生物代謝のうち、エネルギー産生に関わるのが異化であり、細胞構成成分の合成に関わるのが同化である。同化の最終的な帰結は微生物の増殖である。同化や異化の過程において、ある種の無機態化合物（NH_4^+、PO_4^{3-}、Fe）は潜在的に利用されるが、他のもの（CO_2、Ca_2^+、Si）はほとんど利用されることが無い。

境中では、有機物は好気呼吸によって完全に分解され、それにともない酸素の消費と二酸化炭素や水の生成が起こる。しかし大部分の有機物には、炭素以外の多くの元素が含まれており、単に炭素のみが分解に関与しているというわけではない。実際、有機物の分解（無機化）に際しては、二酸化炭素に加えてアンモニウムやリン酸イオンといった多くの無機栄養物質が放出されるのである（図5.2）。無機化（mineralization）の代わりに「再無機化」（remineralization）という表現が使われることもあるが、これはNやPのような必須元素を含んだ化合物が、生物によって取り込まれたり放出されたりしながら、終わることのない循環をすることを強調するためである。よく知られているように、従属栄養微生物はデトリタスの分解と無機化において重要な役割を果たしている。

▶ さまざまな生態系における有機物の無機化

　微小スケールにおける無機化を考察する前に、グローバルな視点から、いったいどこで無機化や呼吸が活発におきているのかを探ってみよう。前章に

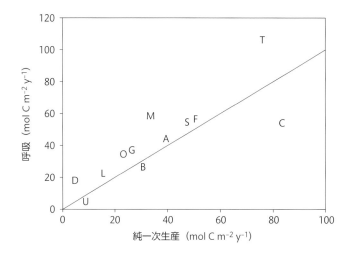

図5.3 地球上の主なバイオームにおける呼吸速度（R）と純一次生産速度（NPP）の関係。直線は1:1の関係を示す。回帰式（$R = 0.868 NPP + 11.6$, $r^2 = 0.68$）の勾配とY切片は、それぞれ1あるいは0と有意に異ならない。Dは砂漠、Uはツンドラ、Gは温帯の草原、Bは北方樹林、Mは地中海森林地帯、Aは農耕地、Sは熱帯サバンナ、Fは温帯林、Tは熱帯雨林、Oは外洋域、Cは大陸棚、Lは湖。データは以下の文献に基づく。Pace and Prairie (2005)、Raich and Schlesinger (1992)、Bond-Lamberty and Thomson (2010)、Field et al. (1998)。

おいて、私たちは、全一次生産のおよそ半分が陸上植物によるものであり、残りの半分が海洋の微生物によるものであることを学んだ。呼吸の場合もおおまかには陸上と海に半々でわりふられる。一次生産の場合と同様に、海洋（とくに外洋域）における呼吸速度は、単位容積あたり（たとえば 1 m³）にしたときにはわずかなものである。しかし海は広大な面積を占め、また深いため、生態系全体として積算すると大きな値になる。一方、湖や川の呼吸速度は、生態系全体で積算したときには小さい値であるが、単位容積あたりの速度としては大きい。最後に土壌の呼吸は、地表面の約30%しか占めないのにもかかわらず、海洋にほぼ匹敵するほど大きい。これは単位面積あたりの呼吸速度が非常に高いためである。

　一般的な傾向として、一次生産速度が高い生態系では呼吸速度も高い（図5.3）。全体として2つのプロセスの間には見事な相関があり、回帰分析の結

果からは、呼吸と純一次生産が全体としては均衡していることがうかがえる。しかしこれら2つの速度プロセスが均衡しないという重要な例外もある。一次生産速度が呼吸速度を上回るとき、システムは正味の独立栄養であるといい、このひとつの例としては、水圏環境で見られる春のブルーム期が挙げられる。逆に、光が届かないところでは一次生産がゼロであるため、地下環境は正味の従属栄養システムであるとみなすことができる。微生物生態学者や生物地球化学者にとってより興味をそそるのは、4章で言及したように、呼吸速度が一次生産速度を上回る、すなわち正味の従属栄養状態にある水圏システムである。図5.3に示した12のバイオームのうち9例において呼吸速度が純一次生産速度を上回っているが、その理由は明らかでない。呼吸速度や一次生産速度が時空間的に大きな変動をすることを考えれば、2つのプロセス間の速度の違いは実は有意ではないという可能性もある。

▶ 地球上の呼吸の大部分はだれによってなされているのか？

4章において私たちは、微生物が地球上の全一次生産の約50％を担っていること、またそれは海洋における真核植物プランクトンとシアノバクテリアの光合成によることを学んだ。地球上の全呼吸に対する微生物の寄与は50％をずっと上回る値であると思われるが、この寄与率を正確に推定することは容易ではない。ここでは全球の推定よりも、個々の生態系における寄与率の推定のほうがより重要であろう。これらの推定値をみると、生態系における炭素やその他の元素の流れを構造的に把握するうえで、微生物を考慮することがいかに重要であるのかがわかる。

水圏環境で微生物による呼吸を推定するためには、まずろ過によって大型生物を取り除き、つぎにそのろ過液を培養して酸素の消費を調べる。培養は暗条件下（光合成とそれにともなう酸素生成を止めるためである）で行い、酸素濃度の時間変化を追跡する。この際、場合によってはDOMの濃度変化も同時に調べる。一方、別に準備したろ過しないサンプルを暗条件下で培養し、水中に存在する全生物による呼吸を測定する。以上のような実験の結果、ほぼすべての呼吸は200 μm以下のサイズの生物（ここには小型の動物プラ

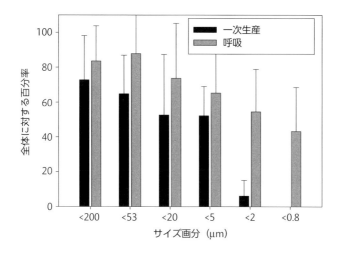

図5.4 呼吸速度と光合成速度のサイズ分布。ろ過をしていない試料で測定された値に対する百分率で示してある。データは Williams (2000) より。

ンクトンや植物プランクトンの大部分が含まれる）によるものであることが示された（図5.4）。興味深いことに、全呼吸の半分近くは、孔径 0.8 μm のフィルターを通過した生物によるものであることがわかった。この寄与率は環境によって異なるが、通常 50% あるいはそれ以上というようにきわめて高い値を示す。別の解析の結果、このサイズ画分に存在する生物の大部分が細菌であることが明らかになっている。ここで紹介した培養法とは異なる、別の方法を用いた研究でも、水圏生態系における全呼吸の半分以上が細菌によるものであるという結論は支持されている。

堆積物中における微生物と大型生物の呼吸、あるいは土壌における細菌と菌類の呼吸を比較することはかなり難しい。堆積物中の大型生物の呼吸の測定に関して、これまでに用いられている唯一の方法は、現存量のデータと、室内実験で測定された現存量あたりの呼吸速度のデータを組み合わせるというものである。これらの研究によれば淡水や沿岸海洋の堆積物中で、大型生物が全呼吸に対して占める寄与は 5 ～ 30% である（Canfield et al. 2005）。土壌では、植物の根を取り除く前と後で呼吸を測定するという研究が行われ

ている。それによれば、全呼吸の約半分が、根（独立栄養呼吸と呼ぶ）ないしは根圏に生息する微生物によるものであり（Andrews et al. 1999; Raich and Mora 2005）、残りのほとんどすべてはその他の微生物によるものである。土壌中では、センチュウ、ミミズ、昆虫の幼生などの大型生物の現存量が全生物の現存量に占める割合は小さく（< 5%）（Fierer et al. 2009）、これらの大型生物は呼吸にはほとんど寄与しない。大型土壌生物は、植物リターやデトリタスの大きな破片を細断することで、それらの表面積を拡大し、微生物の増殖とデトリタス有機物の分解を促進するという点で重要な役割を果たしている。

　水圏生態系とは対照的に、陸上では菌類が土壌呼吸に大きく寄与している。ここでは死んだ有機物のうえで生活する菌類（腐生菌）に焦点をあわせ、根に共生している菌類（菌根菌）についての考察は 14 章に譲ろう。抗生物質やその他の阻害剤を用いた実験の結果によれば、土壌における微生物呼吸に対する細菌の寄与は 35%、菌類の寄与は 65% であった（Joergensen and Wichern 2008）。ただし阻害剤による活性停止の効果は完全ではないため、もしかしたらこれらの寄与率はあまり正確な推定値ではないのかもしれない。菌類と細菌の相対的な寄与は、含水率や温度といった環境要因に依存して土壌ごとに大きく異なる。乾燥した土壌においては、菌類は細菌よりも活発である。また低温条件下では、呼吸に対する菌類の寄与が細菌の寄与に比べてより大きくなることがある（Pietikainen et al. 2005）。土壌や水面に立ち枯れている植物の分解においては、細菌よりも菌類の寄与が大きい。いずれにせよ土壌においては、全呼吸と有機物の分解に対する寄与という意味では、細菌と菌類の両方が重要である。

　呼吸の場合と同様、土壌では全生物の現存量に対する菌類の寄与が、水圏環境に比べてずっと大きくなる（表 5.1）。正確な寄与率は、土壌の種類や地理学的立地、また微生物現存量の測定方法などによって変わる。落射蛍光顕微鏡法（1 章）を用いると、細菌の直接計数値や、菌類の菌糸長を求めることができる。得られた値は、たとえば土壌か堆積物の重量（g）あたり、ないしは単位容積（mL）あたりの細胞炭素量といった共通の単位で表す。細菌や菌類の現存量の推定法にはこれ以外の方法もあるが、その際に用いら

表5.1 さまざまな生息場所における細菌と菌類の細胞数や菌糸長。ND は検出されなかったことを意味する。サンプリングの地点や季節によりこれらの値は最大で10倍程度は変動しうる。データは以下の文献に基づく。Frey et al. (1999)、Busse et al. (2009), Whitman et al. (1998)。

生息場所	細菌数 (10^6細胞・mL^{-1}またはg^{-1})*	菌糸長 (m・g^{-1})	全微生物現存量に対する細菌の百分率
土壌（農耕地）	900	164	71
土壌（森林）	300	330	35
湖	1	ND	100
海洋	0.5	ND	100
海洋堆積物	460	ND	100

* 湖や海洋では水の容積（ミリリッター）あたりの生物量を単位として用いるが、土壌や堆積物では、質量（グラム）あたりの生物量である。

れる転換係数には不確実性が大きい。方法的な問題はあるものの、菌類は土壌において全微生物の現存量のおよそ 50% 程度を占めているというデータがある（Joergensen and Wichern 2008）。これに対して、湖や海洋においては菌類を検出すること自体が困難である。ある種の菌類は水圏環境を生息場所としており、大型粒子や新鮮なデトリタスに多く見つかることがある。しかし一般的に水圏環境において、菌類の現存量は細菌には及ばない。

自然界において、細菌と腐生菌は生態学的に同じ役割を果たしているように見える。しかし水圏環境と土壌環境では、両者の現存量や分解に対する寄与が大きく異なる。これはなぜだろうか？　水圏環境の水柱中では、希薄な溶存化合物をめぐる競争において、サイズの小さい細菌の方が有利であるため細菌に軍配があがる。しかしこの競争原理は、水浸しでない限り、土壌ではそれほど重要ではない。陸上環境では菌糸という独特のスタイルをもった菌類に軍配があがるのである。菌糸を使うと、湿潤な状態にある微小な空間（微環境）をまたぐことができるし、細菌には接近できないような有機物の小さな塊に接近し、それを利用することもできる。細菌の中にも糸状の形態のものはいるが、糸状細菌と菌糸の類似性は見かけ上のものにすぎない。糸状細菌の場合とは異なり、菌類の細胞質は堅い菌糸の内部を動くことで、菌糸が接近した好適な増殖条件の恩恵を得ることができるのである。19 世紀

のある微生物生態学者は、菌類というのはチューブの中に住んでいるアメーバであると考えたほどである（Klein and Pascheke 2004）。このように、菌糸の中を細胞質が動き回る生活様式を獲得したことが、土壌における菌類の成功の鍵を握っている。

▶ 炭素循環における速い経路と遅い経路

　土壌生態系を理解するうえで、呼吸、現存量あるいは生産に対する、細菌と菌類の相対的な寄与を明らかにすることは重要である（Moore et al. 2005）。第一に押さえておきたいのは、炭素循環における速いサイクルを細菌が媒介し、遅いサイクルを菌類が媒介している、という点である。これは、この両者が利用する有機物の違いを反映している。土壌において、細菌は易分解性の有機化合物を利用するのに対し、菌類は難分解性の物質（あとで考察するように、そのうち最も重要なのはリグノセルロースである）を分解する。このように異なるタイプの有機炭素を利用しているために、両者の増殖速度が異なってくる。6章でより詳しく議論するように、細菌は菌類よりも速く増殖する。この増殖速度の違いからも、細菌が速いサイクルを、菌類が遅いサイクルをそれぞれ媒介しているということが説明できる。もちろん、すべての一般化がそうであるように、ここには例外もある。しかし「遅い循環経路と速い循環経路」というモデルは、土壌の微生物の増殖の意味を概念的に把握するうえで有用である。

　細菌であれ菌類であれ、微生物による有機物の無機化速度や呼吸速度の意味を理解することは、生態系における炭素流を考えるうえで重要である。その意味を正しく理解すれば、生態系が植物、植食者、捕食者のみで構成されているという見方が劇的に変わってくる。呼吸が高いということは、通常、有機物の分解が速いということである（式5.1）。呼吸に使われる有機物が古く、また遠い昔に一次生産者によって合成されたものでない限り、陸上であれ水中であれ、微生物の呼吸があるということは、植食者によって利用されなかった一次生産の余りが存在することを意味している（図5.5）。つまり微生物による呼吸が、ある生態系における全呼吸の大部分を占めているような場合、そのことは一次生産の大部分が微生物を経由しているのであって、

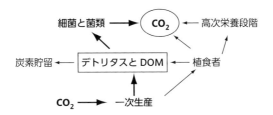

図5.5 自然生態系における一次生産の行方。しばしば太い矢印で示したデトリタス経路が主要な役割を果たす。

大型生物を経由しているわけではないということを含意する。微生物の呼吸量がかくも大きいということの意味をさらに考えていくと、地球上に大型の植食者や捕食者が存在するということ自体が驚くべきことであるとさえ思えてくる。しかし、植食者や捕食者はたしかに存在する。ということは、少なくとも一部の植食者や捕食者は、微生物を基盤とする食物網から利益を得ていることになる（7章）。仮に植食者や捕食者が微生物食物網に頼らず、他の大型生物のみを消費しているといった場合でも、それらは消化や生存に関わるその他の側面で、実は微生物に依存しているのである（14章）。

▶ デトリタス有機物の化学的特性

　従属栄養微生物による有機物の無機化や、呼吸、増殖といったプロセスを理解しようとすると、デトリタス有機物の化学的な組成についての知識が必要になってくる。というのも、これらのプロセスは、有機物にどのような化合物や元素が含まれるのかによって大きく変化するからである。2章で議論した微生物細胞の組成の場合と同様に、2つの相補的なアプローチを使うことで非生物的な有機物の組成を考えることができる。ひとつは主要な生化学物質の相対的な量を明らかにすること、もうひとつは元素比を調べるということである。土壌と水圏では優占する一次生産者が異なるため、有機物の生化学的な組成と元素比には大きな違いが見られる。高等植物と植物プランク

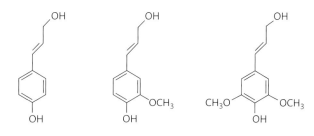

  p-クマリルアルコール   コニフェリルアルコール   シナピルアルコール

図5.6 樹木の主要な構造成分であるリグニンの共通サブユニットの構造。リグニンのタイプによって、各サブユニットの存在量が異なる。

 トンが光合成を行うのに必要な形質には多くの共通点が見られるのだが、その一方で、高等植物は陸上で繁栄するために必要なさまざまな付加的な構造を進化させてきた。陸上植物が、地面から空中へと伸び上がり、また植食者の攻撃から自らを防衛するという2つの課題の解決に成功している理由の一端に、多量のセルロースとそれに関連する複雑な炭水化物やリグニン（これはとくに樹木に多量に含まれる）を有しているということがある。セルロースはβ-1,4結合でつながったグルコースの重合体である。一方リグニンは多くのフェノールあるいは芳香族グループを含み、非常に複雑な構造をしている（その構造はまだ完全には明らかになっていない）。リグニンは樹木の主要な成分であり、リグニンがもたらす強度ゆえに木は高く伸びることができる。植食者にとって樹木が食いにくいのは、リグニンが含まれるためである。植物プランクトンやその他の水圏の一次生産者にも細胞壁にセルロースをもつものがいるが、リグニンを合成するという例は知られていない。水の中にただよう植物プランクトンや大型藻類にとって、リグニンや木部構造は無用の長物である。

 植物プランクトンは陸上植物よりもはるかにタンパク質に富んでいるが、これは上述のように、陸上での暮らしに必要な炭水化物やリグニンをもたないからである。ある種の大型藻類には、植物プランクトンに比べてより多くの炭水化物（たとえばアルギン酸）が含まれるが、その場合でも陸上植物の

炭水化物含有量には及ばない。同様に水圏環境中の懸濁態デトリタスはタンパク質に富んでいるが、これに対して、陸上のデトリタスは陸上植物の組成を反映し炭水化物に富んでいる。陸上植物がもつ炭水化物やリグニンは植物体に物理的な強度を与えているが、その一方で、それらの化学的特性のために、陸上のデトリタスは微生物による分解を受けにくいという性質を示す。以上に列記した主要な生化学物質のほかに、デトリタスには化学的な名前をつけることのできない多くの構成成分が含まれる。この未同定の成分は、デトリタスの年齢や分解の段階によってはデトリタス全質量の90%あるいはそれ以上を占める。未同定の成分が占める割合は、新鮮なデトリタスや植物リターでは低いが、デトリタスが年齢を経て分解が進むとこの割合が増加する。未同定の有機化合物の化学的特性を調べ、それらが形成されるメカニズムを明らかにすることは、有機地球化学における主要な研究課題のひとつである。

　DOMや粒子状デトリタスの研究における2番目のアプローチは、元素（ふつうはC、N、P）を調べることである。デトリタスや植物リターを構成する主要な元素の相対的な量は、それらの生化学的な組成によって決まる。水圏環境中では、生物もデトリタスもタンパク質の含有量が高く窒素に富んでいる。陸上環境の生物とデトリタスについては逆のことがいえる。もうひとつの重要な元素であるリンについても、やはり水圏のほうが総質量に対する相対的な量が高くなる。もちろん陸上植物にも、タンパク質や核酸、脂質が含まれるから、植物由来のデトリタスにも若干の窒素やリンは含まれる。しかしこれらNやPに富んだ化合物は、炭水化物やリグニンに含まれる大量の炭素によって薄められてしまうのである。したがって、陸上の有機物のC:N比やC:P比は非常に大きくなる。これと対照的に、水圏環境のデトリタスでは、これらの比がずっと小さい（表5.2）。

▶ 溶存有機物

　図5.1からわかるように、生物圏において、DOCはきわめて大きな炭素リザーバーである。その大きさは粒子状デトリタス、植物リター、あるいは全生物の現存量（バイオマス）を上回るほどである。DOMはDOMの主要

表5.2 植物由来デトリタスおよび陸生・水生生物の生化学的組成。データは Canfield et al. (2005) および Randlett et al. (1996) による。

	全体に対する百分率				
	リグニン	炭水化物	タンパク質	脂質	C:N 比
陸域					
わら	14	81	1	2	80
木の葉	12	77	7	12	50
マツ材	27	72	0	1	640
水域					
コンブ	0	91	7	<1	50
珪藻	0	32	58	7	6.7
動物プランクトン	0	14	46	<1	6.7

な構成成分であるが、水圏環境では、孔径が約 0.5 μm のフィルターを通過するものはすべて DOM に含まれるものと定義される。粒子状デトリタスの場合と同様に、DOM の濃度は、通常、主要な元素（主に C、N、P）の濃度として表される。このうち、最もよくわかっているのは DOC についてであり、溶存有機窒素（DON）と溶存有機リン（DOP）については不明の点が多い。土壌生態学者の主な関心は植物リターや粒子状デトリタスにあるが、土壌の間隙水や地下水には DOC やその他の DOM 化合物も含まれている。土壌生態学では DOM の代わりに「可溶性有機物」(soluble organic material) という用語が使われることがある。

　水圏環境では、DOC 濃度は一般的には植物プランクトンの生物量（クロロフィル量）や一次生産速度と類似した変動を示す。外洋域の表層水中の DOC 濃度は、富栄養な貯水池や湖に比べてずっと低い。たとえば冬のロス海（南極海）の DOC 濃度は約 50 μM であるが、富栄養な湖や貯水池では 500 μM 以上である。淡水環境の DOC の一部は陸上から流入するが、植物プランクトンの生物量が同じような水域であっても、淡水のほうが海洋よりも DOC 濃度が高いのはこのためである。陸起源の有機炭素は海にも流入するが、その流入量は海洋の DOC プールに比べて小さい。湖でも海洋でも

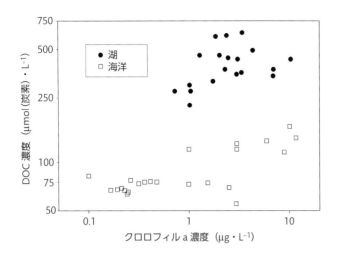

図5.7 いくつかの湖沼や海域における DOC 濃度とクロロフィル a 濃度の関係。データは del Giorgio et al. (1999) と Kirchman et al. (2009) に基づく。

DOC 濃度は有光層で高く深度とともに低下するのがふつうである。海洋の深層水中の DOC の濃度は低いレベル（約 35 μM）であるが、深層水の容積の大きさゆえ、海洋深層水全体としての DOC 量は莫大なものになる。生物圏の DOC の大部分は海洋深層水中に存在する。

　DOM リザーバーのうち化学的に同定することができるのは約 10% にすぎない。構造がわかっている構成成分の中で最も量が多いのは多糖類とタンパク質である。DOM 構成成分としての多糖類やタンパク質の濃度は、通常、DOM 試料を酸加水分解して得られる単量体（モノマー）の濃度から求める。たとえば、酸を使ってタンパク質や他の化合物と結合したアミノ酸（結合態アミノ酸）を加水分解して遊離態に変換したのちに、遊離態アミノ酸濃度を高速液体クロマトグラフ法（後述）で測定する。ここで、加水分解の前と後のアミノ酸濃度の差から、結合態アミノ酸濃度が求められる。［訳注：加水分解前のアミノ酸濃度が遊離態アミノ酸の濃度であり、加水分解後のアミノ酸濃度が全アミノ酸（＝遊離態アミノ酸＋結合態アミノ酸）の濃度である。］遊離態と結合態の炭水化物の場合も同様な手順がとられる。近年、フーリエ

変換イオンサイクロトロン共鳴質量分析計（Fourier transform ion cyclotron resonance mass spectrometry, FI-ICR-MS）などを用いた DOM の分析手法は長足の進歩を遂げつつある（Disttmar and Paeng 2009）。

　遊離態のアミノ酸や糖のような単純なモノマーの濃度は、通常きわめて低く、結合態の濃度の 10 分の 1 程度である。水圏環境では、通常、個々の遊離態アミノ酸の濃度は＜ 1 ～ 2 nM、また全アミノ酸の濃度は 100 nM 以下である。これは非常に希薄なレベルであり、分析の操作中の汚染を避けるためには細心の注意が必要である。たとえば 1 L の純水に瞬時指先をつけると、指先のわずかのアミノ酸がとけだして、だいたいこのレベルのアミノ酸濃度になる。土壌では濃度がずっと高くて 10^{-3} M のオーダーであるが（Jones et al. 2009a）、おそらくこれは土壌間隙水の抽出の際にモノマーが部分的に放出され、そのモノマーの濃度が測定値に含まれているためであろう。しかし土壌においてさえも、モノマーの濃度は、それを構成成分とするポリマーの濃度よりもずっと低い。つまり、遊離態のグルコースやその他の糖類あるいはアミノ酸の濃度は、多糖類、ペプチド、タンパク質の濃度よりもずっと低いのが普通である。

　土壌有機物や水圏環境中の DOM の大部分は腐植質であるといわれる。土壌化学では、酸と塩基を使った抽出法やその他の簡単な方法を用いて土壌有機物を異なる画分に分離し、それぞれの画分の化学的性質が調べられる。腐植質あるいはそれと関連する用語は、ある決められた抽出手順によって分離され、ある程度その全体としての性質が予測できるような画分として定義される（図 5.8）。古典的なモデルによれば、腐植質とは、多数の芳香環から成る、きわめて複雑な構造をした化合物であり、そこにはフェニル基やカルボキシル基（−COOH）がちりばめられている（Stevenson 1994）。陸上植物由来のリグノセルロースを多く含んだデトリタスには腐植質に特有の性質がみられ、また、古典モデルにおいて腐植性成分として知られる残基が検出される。陸起源の有機物が大量に流れ込む小型湖沼や河川には、この種のデトリタスが大量に存在することがある。しかしこのような腐植質の古典的なモデルは、土壌や水圏環境における有機物の化学組成を正確には反映していない可能性が高い（Kleber and Johnson 2010）。土壌や水圏環境における天然

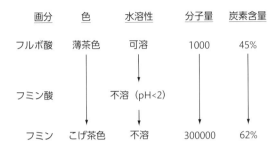

図5.8 土壌から分離された有機物画分の古典的な定義。ここに示した用語、とりわけフミン酸は、水圏環境のDOMに関する記述の中でしばしば用いられる。Stevenson (1994) に基づく。

有機物の複雑性については、まだ不明の点が多く残されているのである。

▶ デトリタス食物網

　デトリタスと植物リターは、植物プランクトンや高等植物あるいは動物が衰弱して死亡することによって生成される。また、植食者による摂餌やウィルスによる細胞溶解の副産物としてデトリタスが生成されることもある。後生動物の摂餌者の糞粒も一種のデトリタスである。糞粒のサイズは摂餌者や餌濃度に依存して変動する。原生動物さえもサブミクロン粒子（ピコペレット）を生成するが、これらの粒子の多くはDOMリザーバーに含まれるであろう。水圏環境中では、溶存化合物は互いにくっつきあって「凝集」し、粒子状デトリタスを形成する。デトリタスは、それがどのようなメカニズムで生成されたのかによって組成や分解速度が異なる。

　デトリタスがあるおかげで、細菌、菌類、原生生物、後生生物から成り立つ複雑な食物網（デトリタス食物網）が発達する。これらの生物は、生きている植物や藻類にではなくて、粒子状の死んだ有機物に直接的または間接的に依存して生きているのである。デトリタス食物網は、塩性湿地、多くの汽水域、泥炭地、すべての土壌など、デトリタスが豊富に存在する生息場所において特に重要である。デトリタスや植物リターは、単にリザーバーとして

表5.3 デトリタス食者のいくつかの例。デトリタス食者とは、デトリタスを消費してそれを炭素やその他の元素およびエネルギーの源として利用することができる真核生物のことである。これらの生物にとっては、デトリタスの炭素そのものと同等ないしはそれ以上に、デトリタスに付随している細菌やその他の微生物が重要であるという可能性がある。

生息場所	生物	付記事項
水圏（水柱）	動物プランクトン	大部分は植食者ないしは肉食者
水圏（堆積物）	線虫	
水圏（堆積物）	ハルパクチス目カイアシ類	
水圏（堆積物）	多毛類	主に海洋で見られる
土壌	ヒメミミズ	ミミズ（環形動物）の一種で、ポットワーム（植木鉢の虫）の俗称で知られる
土壌	貧毛類	ミミズの仲間
土壌	線虫	
土壌	トビムシ	小型節足動物（<5 mm）

大きいのみならず、フラックスとしても非常に大きい。樹木の場合は一次生産のほぼすべてが、また草原の場合はそのおよそ半分が、デトリタス食物網に流れる。この割合は、デトリタスが豊富な水圏環境である小さい池や塩性湿地においても高いと思われる。一方、粒子状デトリタスの量がそれほど多くない外洋域や大型湖沼ではこの割合は低くなる（< 10%）。

　さまざまなタイプの生物がデトリタスを摂餌する。これらの生物は、それを単一の食糧にするのではないにせよ、潜在的には、炭素やその他の元素およびエネルギーをデトリタスから得ることができる（表5.3）。このような生き物はデトリタス食者と呼ばれる。海洋の底生生物生態学では沈殿物食者という用語が使われるが、これは表層中のプランクトン生産に由来するデトリタスが堆積物上に沈殿することに由来する。水圏環境の水柱中では、デトリタスに特化した後生動物は比較的まれなようである。これは摂餌者がより選択的であり、個々の餌アイテムを選んで摂取するからである（ただしある種のろ過性動物プランクトンは、ある範囲内の大きさの粒子ならばなんでも摂取するようである）。これとは対照的に、デトリタス、植物リター、無機粒子が大量にある土壌や堆積物では、デトリタス食者の摂餌はかなり非選

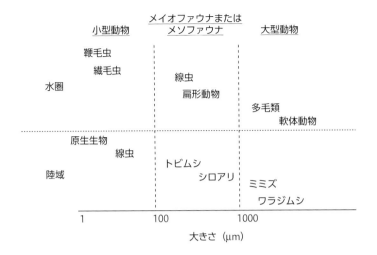

図5.9 捕集のために用いられた網やふるいの目合いに基づく生物群集の区分。例として挙げられている生物分類群はごく一部のものにすぎない。底生生物を扱う研究者はメイオファウナを使うが、土壌生態学者はメソファウナという表現を好む。ここに示した生物の多くは、デトリタスやデトリタスに付随する微生物を摂餌することができる。表5.3にはより多くの例が示されている。

択的である。これらの生物は体サイズによってグループ分けがなされている（図5.9）。

デトリタス食者は、デトリタスと一緒にそこに付着した微生物を摂餌する。一方、デトリタスに付着していない微生物は小さすぎるため食べることができない。動物の栄養という観点からいうと、デトリタスの本体とそこに付着する微生物はどちらがより重要であろうか？　わずかな例外を除き、質量でみれば、デトリタス本体は微生物よりも多くの有機炭素を含んでいる。しかし、もしかしたら微生物のほうが栄養上の価値はより高いのかもしれない。というのは、微生物はタンパク質含有量が高いが、デトリタスは、その年齢や起源によって違いはあるものの、主にリグノセルロースなどの構造的多糖類から構成されているからである。共生細菌の助けを借りたとしても（14章）、後生動物にとってこれらの多糖類は消化がしにくく、また窒素の含有量も低い。微生物かデトリタスか、という疑問に戻ると、それに対する単純な答え

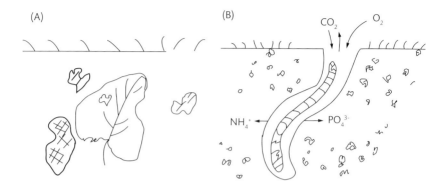

図5.10　ミミズのような大型動物が、有機物の分解や土壌や堆積物の構造に対して及ぼす影響。パネルAは、ミミズのいない土壌においてデトリタスの大きな破片が壊されずに残っている様子を表す。パネルBでは、ミミズやその他の大型動物がデトリタスを細断することを通して有機物の無機化（アンモニウムやリン酸イオンの放出）を促進することを示す。これらの生物の巣穴は、土壌や堆積物中での気体や溶存化合物の拡散を促進する。

は無いといわなくてはならない。動物の栄養に対するそれぞれの相対的な寄与は、デトリタスとデトリタス食者のタイプによって変わりうるのだ。

　陸域でも水域でも、デトリタス食者の呼吸はそれほど重要ではない。つまりデトリタスの無機化に対するデトリタス食者の直接的な寄与は小さい。しかしデトリタス食者は、間接的にデトリタスの分解に大きな影響を及ぼす。デトリタス食者によって、デトリタスや植物リターが物理的に細断され小型化すると、デトリタスの表面積が増加して微生物が付着しやすくなり、露出した有機化合物の分解が促進されるのである（図5.10）。また大きさが2 mm以上の大型土壌動物は、土壌の団粒を破砕し通気性や通水性を改善し、環境改変を通じて微生物の活性に影響を及ぼす。特にミミズによる土壌環境の改変は、純粋な物理プロセスによる地質形成作用を大きく上回るといわれる（Chapin et al. 2002）。同様に堆積物においては、大型底生動物の巣穴を通して堆積物の内部にまで酸素が供給されるため、無酸素層の発達が抑制される。このことは堆積物の化学プロセスを考えるうえで重要である。土壌でも堆積物でも、もし大型動物がいなければ、地球化学的なさまざまな特性が

秩序のある縞模様（層）を形成するが、大型動物による撹乱のおかげで、縞模様や諸特性の鉛直勾配が破壊されるのである。以上を要約すると、土壌や堆積物において無機化の大部分を担っているのは細菌や菌類である。デトリタス食者やその他の大型動物は、デトリタスの分解を促進する役割を果たしている。

▶ DOMと微生物ループ

　植物や藻類が生産する粒子状の有機物（細胞やデトリタス）の一部は、溶存態有機物（dissolved organic matter, DOM）のリザーバーへと移行する。微生物はこのDOMを有機基質として利用することができる。土壌や堆積物では、植物の根から放出されるDOMは「地下部の生産」の一部とみなされる。これは「地上部の生産」に比べるとあまり目立たず、その生産速度の正確な見積もりは難しいのであるが、ある研究によれば、高等植物の「地下部の生産」は全一次生産の最大50%に相当する（Hogberg and Read 2006）。根から放出された溶存態あるいは可溶性の有機物は、植食者を経由せずに直接土壌微生物に受け渡される。水圏生態系においては、植物の根の場合と同様に植物プランクトンが直接DOMを放出する。ただし多くの従属栄養生物もDOMの生産に寄与している。植物プランクトンによるDOCの放出速度は、^{14}Cトレーサーを使って測定することができる。植物プランクトンによっていったん細胞内に取り込まれた$^{14}CO_2$が、最終的にDOMリザーバーへと移行するプロセスを追跡するのである。このような実験の結果、DOMとして放出される炭素が一次生産に対して占める割合は、最大で50%にも達するということが示されている。ただしさまざまな水圏環境で求められた平均的な値は10%程度である。

　^{14}Cで標識されたDOCの一部は、植物プランクトンの細胞から直接分泌されたものであるが、それ以外に植物プランクトンを摂餌する植食者が、摂餌の最中に意図せず漏出してしまったものも含まれうる（このプロセスは「くいこぼし」と呼ばれる）。また水圏生態系に生息する植食者や捕食者の排泄にともない放出されるDOMもある。さらにウィルスによって溶解された

細胞の内容物もDOMとして放出される。細菌の呼吸が一次生産の約50％に相当する一方、植物プランクトンの分泌により直接的に供給されるのは、平均的には一次生産の約10％にすぎない。したがって大部分のDOM生産は、植物プランクトン以外の生物が関与するメカニズムによっているのである。このような理由から、細菌の生産や呼吸と一次生産の関係は複雑なものになる。

　DOMは炭素やその他の元素の巨大なリザーバーであると同時に、そこを通過する元素のフラックスも相当に大きい。この大きなフラックスによって微生物の増殖や呼吸が支えられている。土壌中の微生物活性を支える有機物源としてのDOMと粒子状有機物の相対的な重要性を正確に比較することは困難であるが、平均的には土壌呼吸の少なくとも約半分がDOMの消費によると推定できる。これは根からのDOMの分泌や地下部の生産が、陸上植物の全一次生産に占める割合と等しい。仮に残りの半分が粒子状デトリタスの消費だとしても、DOMの寄与が大きいことに変わりは無い。水圏環境では、「自由遊泳性」細菌と粒子に付着した細菌の活性を簡単に比較することができる。まず^{3}Hあるいは^{14}Cで標識したグルコースやアミノ酸のような溶存化合物を試料水に添加してから1時間程度培養する。次に孔径が1 μmまたは3 μmのフィルターを使って付着微生物を捕集し、そこに取り込まれた放射能を測定する。最後に、この値をろ液（フィルターを通過した）画分に含まれる自由遊泳性細菌に取り込まれた放射能と比較する。

　このような実験を行うと、通常75％以上の細菌活性が自由遊泳性細菌によるものであり、粒子に付着した細菌（付着細菌）の寄与は比較的小さいという結果が得られる。菌類や大型の植物プランクトンあるいは原生生物のような細菌以外の微生物による取り込みがある場合には、それらが大きなサイズ画分に含まれるため、付着細菌による取り込みは過大評価される可能性がある。つまり全取り込みに対する自由遊泳性細菌の取り込みの寄与は、実際にはもっと大きいのかもしれない。一方それとは逆に、粒子がろ過の際に破壊され、付着細菌がフィルターを通過してしまう場合には、自由遊泳性細菌の寄与が過大評価になりうる。また自由遊泳性細菌とはいっても、実際にはGF/Fフィルター（3章でふれたように、これは溶存と粒子のプールを分離

Chapter 5 有機物の分解

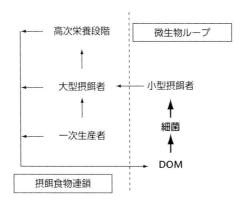

図5.11 溶存有機物（DOM）の生産と、従属栄養細菌によるDOMの取り込みを起点とする微生物ループの概念図。大型生物が利用できない性状の有機物（この図の場合はDOM）を細菌が消費するというのが重要なポイントである。同様な考え方は、水圏環境のみならず土壌で見られるさまざまな微生物相互作用にもあてはまる。

するのに用いられるフィルターである）を通過することができる微細な粒子（コロイド態の有機物）を利用している可能性もある。

　DOMの状態が厳密にどうであったとしても、大型生物、つまり微生物以外の食物網の構成員にとってDOMを利用するのは容易なことではない。しかしDOMが微生物に取り込まれることで、DOMに含まれる炭素や窒素あるいはその他の元素は、微生物以外の生物でも容易に利用できる状態、つまり粒子状の有機物へと変化し、潜在的には高次の栄養段階へと転送されるようになるのである。DOMを基点とする経路、もっと正確には一次生産→DOM→微生物→摂餌者という経路のことを、微生物ループと呼ぶ（図5.11）。この用語を提唱したのは水圏微生物生態学者であるが（Azam et al. 1983）、類似した概念は陸域生態系にも適用することができる（Bonkowski 2004）。細菌と菌類は、リグノセルロースのように消化することができない有機物を、土壌の後生動物が利用可能な餌に変換する。要約すると、細菌や菌類は自然生態系において分解者としての役割を果たすが、それに加えて食物網の重要な構成員でもあるのだ。

173

しかし微生物が取り込んだ炭素がすべて摂餌者や高次栄養段階の生物にとって利用可能になるというわけではない。その一部は呼吸によってCO_2に変わり、もし再び一次生産者によって固定されることがなければシステムから失われることになる。呼吸に回らなかった残りの炭素が生物体の生産に使われ、摂餌者にとって利用可能な餌になる。重要なのは、これら2つの炭素の行方、つまり呼吸に使われるのか生産に使われるのかを明らかにすることである。この問題は「シンク・リンク問題」と呼ばれている（Pomeroy 1974）。微生物ループはシンクであり、炭素のほとんどが呼吸によって消費されてシステムから失われるのだろうか？　それとも微生物ループはリンクとして働き、微生物によって取り込まれた有機炭素は高次の栄養段階へと転送されるのだろうか？　シンクとしての働きとリンクとしての働きのどちらがより重要だろう？

　ある実験によって水圏生態系における「シンク・リンク問題」に対するひとつの答えが得られた。この実験では、大型のメソコスム（10〜1000 L以上の水をいれた大型のバッグ）に放射性炭素で標識したグルコース（^{14}C-グルコース）を添加し、さまざまなサイズ画分に含まれる生物への放射能の移行を2週間程度にわたり追跡した。実験の結果、大型生物からはほとんど放射能が検出されなかった。つまり細菌によって取り込まれたグルコースとそれに由来する炭素は、大型生物の食物連鎖にはほとんど転送されなかったのである（図5.12）。いいかえると、微生物ループと大型生物の間のリンクはほとんど無かったということになる。大部分の放射能は、単に呼吸によってCO_2に変換されただけである。つまり微生物ループは主にシンクとして働いたのだ。

　この実験から得られた結論は、細菌の増殖効率（bacterial growth efficiency, BGE）に関する研究結果からも裏付けられた。増殖効率とは、生産（production, P）が、生産と呼吸（respiration, R）の合計（つまり細菌が消費した炭素の総量）に対してどの程度の割合を占めるのかを表す数値である。

$$BGE = P / (P+R) \cdot 100 \tag{5.2}$$

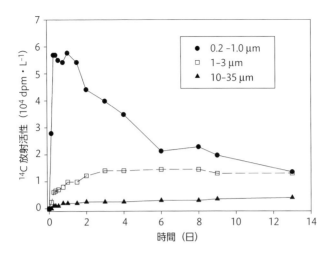

図5.12 メソコスムに添加した ^{14}C-グルコースの行方。^{14}C の大部分（ここでは放射能を dpm で表す）は小型のサイズ画分（0.2 から 1.0 μm）に取り込まれ、それより大きなサイズ画分にはごくわずかしか移行しない。このことは、細菌によって取り込まれた有機炭素の大部分が呼吸によって無機化され、大型の生物あるいは高次の栄養段階にはほとんど転送されなかったことを意味する。この実験結果は微生物ループがシンクであることを示している。データは Ducklow et al. (1986) より。
〔訳注：dpm は disintegration per minute の略で、1 分間あたりの崩壊数の意味。放射線の強さを表す単位。〕

「シンク・リンク問題」が議論されはじめた当時、微生物生態学では、一般に細菌や菌類の増殖効率は高い（およそ50%程度）と考えられていた。ところが自然環境中の微生物群集の増殖効率の測定が進むのに従い、増殖効率は、従来考えられていた50%よりもずっと低い値であることがわかってきた。それらの結果によれば、海洋においてはおよそ15%、汽水域においては35%程度の値である。土壌の微生物の増殖効率については、グルコースや酢酸のような単純な化合物をモデル有機基質として増殖効率を測定した研究例はあるものの、自然環境中での微生物の増殖効率については知見が乏しい。土壌微生物のほうが、水圏環境中の細菌よりも増殖効率が高いという報告もあるが、データは限られている。菌類と細菌のいずれもが有機物を利用し、両者に見られる代謝経路も類似していることを考えると、増殖効率が

175

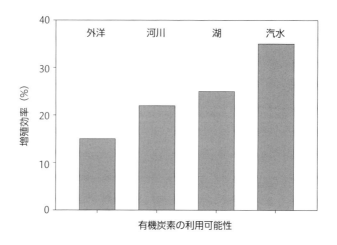

図5.13 自然生態系における増殖効率。増殖効率が生態系によって異なることを説明する仮説はいくつかあるが、そのひとつは、有機炭素の量や質が異なるというものである。データは del Giorgio and Cole (1998) より。

大きく異なると考える根拠はあまり無いであろう。ここで増殖効率が従来考えられていた50%よりも低いということは、生物体として生産され捕食者を通じて高次の栄養段階へと転送される炭素は、CO_2 として放出される炭素に比べてわずかであることを意味する。つまり増殖効率が低いほど、微生物ループのシンクとしての働きが強くなるのである。

しかし別の観点から考えると、微生物ループの「リンク」としての働きもやはり重要である。DOMや複雑なデトリタスの中に含まれる物質やエネルギーを利用できるのは微生物だけであり、微生物の働きなくしてこれらの物質やエネルギーが大型生物や高次栄養段階へと転送されることはないからである。微生物ループを「リンク」と考えたとき、それを介しての炭素の転送効率は、古典的な食物網における転送効率とそれほど違わない。この転送効率の問題は次のような実験により調べられた。すなわち、湖水に $^{14}CO_2$ または ^{14}C-グルコースを別々に添加し、それぞれの ^{14}C が大型動物プランクトンにどの程度転送されるのかを調べたのである（Sylie and Currie 1991）。前に述べた実験の場合のように、^{14}C-グルコースは微生物ループを介しての炭

素の転送を調べるために用いられた。一方 $^{14}CO_2$ は、一次生産者による炭素の固定と、伝統的な生食連鎖を介しての炭素の転送を追跡するために使われた。この実験の結果、初期の ^{14}C 取り込み量［訳注：^{14}C グルコースについては細菌による取り込み量、^{14}C については植物プランクトンによる取り込み量のこと］で規格化した値で評価すると、ほぼ同量の ^{14}C が大型動物プランクトンから検出されることが示された。つまり細菌から大型生物への炭素の転送は、植物プランクトンから大型生物への炭素の転送と、効率としてはほぼ等しかったのである。この転送効率を考えるうえで重要なのは、食物連鎖の最上位の生物にいたるまでの栄養段階あるいは炭素伝達ステップの数である（Berglund et al. 2007）。伝達ステップが、細菌やその他の微生物ループ構成員によるのか、それとも後生動物によるのかということは問題ではない。ステップの数が問題なのである。栄養段階のステップ数が食物連鎖を通しての炭素転送効率に及ぼす影響については7章で考察する。

▶ 高分子有機化合物の加水分解

　後生動物がデトリタスや植物リターを細断化しても、デトリタス有機物が微生物にとってただちに利用できる状態になったという訳ではない。デトリタスを構成する約 500 Da 以上の大きさの高分子化合物は、微生物の細胞膜を通過できないのである。微生物はなんらかの方法で高分子有機物を小さな化合物へと変換しなくてはならない。通常この変換をつかさどるのは、ポリマーからモノマーへの加水分解である。加水分解とは、字義通り「水で分解する」ことであり、ポリマーを構成するモノマー同士をつないでいる結合を開裂する作用のことである。たとえばタンパク質の加水分解によって、アミノ酸やオリゴペプチドが放出される（ただし、CO_2 や NH_4^+ は生成されない）。分解プロセスの中で、加水分解はしばしば律速段階（最も速度の遅い反応）になるといわれるが、それを裏付けるひとつの証拠として、自然環境中において、一般的にポリマーはモノマーよりも濃度が高いということが挙げられる。上述のように、環境中の有機物が膜を通過して細胞内へと運ばれる際に、膜を通過できる最大の分子量は500である。500というカットオフ値は、輸

表5.4 いくつかのポリマーと、それを加水分解する酵素および加水分解酵素活性を測定するのに用いられる蛍光疑似基質。

高分子化合物 (生化学ポリマー)	加水分解酵素	蛍光擬似基質*
タンパク質	ロイシンアミノペプチダーゼ	ロイシン-MCA
キチン、糖タンパク質	N-アセチル-β-D-グルコサミニダーゼ	MUF-N-アセチルグルコサミン
ペプチドグリカン	リゾチーム	MUF-N- tri-N-アセチル -β-キトトリオシド
キチン	キチナーゼ	MUF-N- tri-N-アセチル -β-キトトリオシド
有機リン酸塩	ホスファターゼ	MUF-リン酸
セルロース	セルラーゼ	MUF-β-D-セロビオシド
アルファ結合を含む多糖類	α-D-グルコシダーゼ	MUF-α-D-グルコシド
脂質	リパーゼ	さまざま

*MCA= methylcoumaryl; MUF= methylumbelliferyl

送に関与する膜タンパク質の特性によって決まるのだが、この値は細菌だけでなく他の生物にもおおむねあてはまる。後生動物や原生生物は、捕まえた食物を消化管や食胞内に収納し、そこで分泌される消化酵素の働きで食物の大部分を占める高分子化合物を加水分解する。この酵素作用で生じた分子量500以下の化合物が、原生生物の細胞や後生生物の消化管の表皮細胞に取り込まれる。

　高分子化合物を構成するさまざまなポリマーを加水分解するためには、いろいろなタイプの加水分解酵素が必要である（表5.4）。個々の生化学ポリマーの加水分解には、それぞれに特異的な酵素が必要とされるため、酵素の名称は、たとえばセルロースを加水分解するセルラーゼ、タンパク質を加水分解するプロテアーゼというように、対応するポリマーの名前をもとにしてつけられるのが普通である。多くのポリマーについていえることだが、ポリマー鎖の異なる部分に作用する複数の酵素を使うことで、加水分解を効果的に進めることができる。ひとつの恰好の例としてタンパク質の分解を見てみ

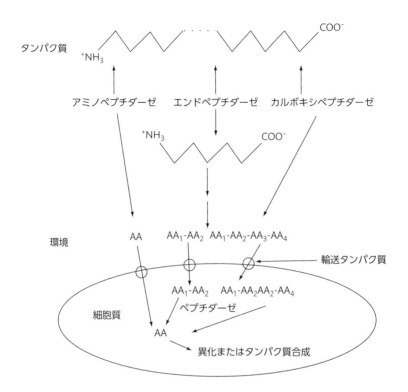

図5.14 高分子有機物を分解するのに必要な酵素の例。AA は遊離態アミノ酸である。

よう（図 5.14）。タンパク質の分解で最初に働くのは、エクソプロテアーゼとエンドプロテアーゼである。エクソプロテアーゼは、アミノ酸ないしはジペプチド（2 つのアミノ酸が結合したポリマー）をポリペプチド鎖の末端で切断する。一方、エンドプロテアーゼは末端から遠くはなれたところでペプチド鎖を切断する。エクソプロテアーゼは、ペプチド鎖を N 末端で切断するアミノペプチダーゼと、C 末端で切断するカルボキシペプチダーゼに分けられる。以上の酵素作用で生成したオリゴペプチドは、ペプチダーゼによってさらに加水分解される。もし基質となるオリゴマーの分子量が 500 以下であれば（この分子量は、おおよそアミノ酸が 5 つつながったペンタペプチ

ドのサイズである）、この加水分解は細胞内でも起こりうる。最終的に生成したモノマーは、新たなポリマーの生合成やエネルギー産生のための異化反応に使われる。モノマーの異化という段階こそが、生化学ポリマー分解の最終段階であり、ここにおいて初めて有機炭素が CO_2 に酸化され、有機窒素が NH_4^+ に変換されるという「無機化」が完了するのである。

　加水分解によって、ポリマーから低分子量の産物を生成する酵素がその役割を全うするためには、それらが細胞（外膜）の外側に存在する必要がある。このことから、これらの酵素は細胞外酵素あるいはエクトエンザイムと呼ばれる。バイオフィルムの中や粒子状デトリタスを生息場所とする細菌の場合、細胞外酵素を外界に分泌することは有効な戦略であるが、これは土壌の団粒の中にいる細菌や菌類にとっても同様である。このようなプロセスはある面、原生生物の食胞や後生動物の消化システムで起きていることと類似している。すなわち、細胞外に分泌された酵素は、高い確率で標的とするポリマーに到達すると期待される。加水分解で生成した低分子産物が、もともと酵素を放出した細胞によって取り込まれることなく拡散で散逸してしまうという可能性は低い。

　水圏環境中の自由遊泳性細菌については事情が異なる。このような環境中では、もしある細菌が外界に酵素を放出してしまえば、ポリマーの加水分解で生じた低分子産物が、その加水分解酵素を合成・分泌した当の細菌から遠く離れたところに拡散してしまう確率が高い。周囲にいる別の細菌は、酵素を合成するコストを負担しないまま、拡散してきた低分子産物を「盗み取って」しまうであろう。また分泌された酵素自身も、他の微生物にとっての良好な炭素・窒素源になってしまう。したがって水圏環境中の自由遊泳性細菌は、酵素を放出するのではなくて、それを外膜に付着させるか、あるいはぶら下げた状態に保っているようである。水圏環境中では、ポリマーの加水分解酵素はその大部分が細胞表面に局在しているのが普通であり、溶存態のリザーバー中にはごくわずかな酵素活性しか検出されない。例外として、ある種の酵素が溶存画分で高い活性を示すことがあるが、その理由はよくわかっていない。

Chapter 5 有機物の分解

▶ リグニンの分解

　リグニンは、高分子有機物の中で最も量が多いもののひとつである。リグニンに含まれる特徴的な化合物というものもありはするが（図5.8）、タンパク質や炭水化物の場合とは異なり、リグニンは規則的な反復結合をもつポリマーではない。従ってそれが分解される機構は、他の生化学ポリマーの場合とは大きく異なる。リグニン分解のうえで重要な過酸化水素（H_2O_2）の生成には、アルデヒド類の分泌や、細胞外酵素によるアルデヒド類の過酸化水素への酸化といったさまざまなプロセスが関与している。リグニンペルオキシダーゼ、マンガンペルオキシダーゼあるいは銅依存性ラッカーゼなどを含むいくつもの酵素がリグニンを攻撃するが、この際きわめて反応性の高い化合物である過酸化水素が補助基質として用いられる。リグニン分解の詳細についてはまだ不明の点が多い。

　土壌におけるリグニンの主要な分解者は白色腐朽菌である。このうち、最もよく研究がなされているのは同担子菌綱に属するマクカワタケ *Phanerochaete chrysosporium* である。「白色」の名の由来は、リグニンを含んだ茶色い部分が分解されることで、全体として木が色落ちするためである。対照的に、褐色腐朽菌はセルロースやヘミセルロースを多く含む白色部分を主に分解するため、リグニン成分を多く含む色の濃い部分が残る。^{14}C と ^{13}C の両方のトレーサーを用いた実験の結果から、菌類はリグニン由来の炭素を生合成には使わないことが示されている。またリグニン分解が細胞外で進むことを考えれば、分解によってエネルギーを作りだしているようにも見えない。むしろ白色腐朽菌がリグニンを分解するのは、樹木デトリタスに含まれるより分解しやすい成分であるセルロースやヘミセルロースへのアクセスを良くするためのようである。

　土壌におけるリグニン分解において細菌は重要ではない。またこれまでのところ、完全に木を分解できる細菌は単離されていない（Li et al. 2009）。菌類はそれらが持っている酵素や菌糸による増殖形式といった面において、おそらく木やリグニンのより優れた分解者なのである。しかし細菌の数のほうが圧倒的に多い水圏環境中では、数に勝る細菌のほうが菌類よりも重要な働きをするということが起こらないだろうか？　この可能性を探るために、

181

リグノセルロース中のリグニンないしはセルロースを ^{14}C で標識した標品を沿岸海水に添加し、細菌または菌類に作用する阻害剤を添加した条件下で培養して、^{14}C の移行を追跡する実験が行われた（Benner et al. 1986）。その結果、細菌は、菌類や大部分の真核生物が生残できない無酸素環境中において、リグニン分解にほんのわずかに寄与するだけだということが明らかにされた。

▶ 低分子有機化合物の取り込み：回転とリザーバーの大きさ

　分子量の大きな化合物の加水分解ないしは断片化のあとに続く有機物分解のステップは、モノマーおよびその他の低分子化合物の同化である。これらの化合物は、微生物による生化学ポリマーの加水分解によって生成されるのみでなく、土壌では植物の根から、水圏環境では植物プランクトンや動物プランクトンから放出されることもある。さまざまな低分子有機化合物のなかでも、遊離態のアミノ酸とグルコースについてはその同化過程が最も詳細に調べられている。その理由は、タンパク質や多糖類が細胞の主要構成成分であるばかりでなく、化学構造が明らかな天然有機物のなかでも高い割合を占めるためである。これに加えて、アミノ酸やある種の糖については、その濃度が高速液体クロマトグラフ法（図 5.15）で高感度に測定できること、また放射性同位体（^{14}C、^{3}H）や安定同位体（^{13}C）で標識した化合物が入手できるなどの理由から、微生物による取り込み過程の解析がやりやすいという側面もある。

　濃度だけから判断すれば、低分子有機化合物は微生物の増殖や全体としての有機物の分解において重要でないように見えるかもしれない。しかし低濃度であるにもかかわらず、アミノ酸やその他のモノマーのフラックスは非常に大きい。フラックスには溶存アミノ酸の生産と取り込みの両方が含まれるが、定常状態（$dS/dt = 0$）においてこれらは釣り合う。化合物あるいは基質の濃度（S）の時間変化は次式で表すことができる。

$$dS/dt = P - \lambda \bullet S \tag{5.3}$$

ここで P は生産速度、λ は回転速度定数である。フラックスの単位は、濃

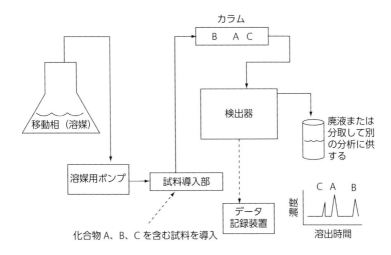

図5.15　高速液体クロマトグラフ法（High performance liquid chromatography, HPLC）による化合物の定量。微生物生態学者は、さまざまな有機物の複雑な混合物である自然試料中に含まれている特定の化合物の濃度を測定するためにHPLCを用いる。基本的な原理は普通のクロマトグラフ法と変わらない。適当な溶媒（あるいは移動相）を用いて試料をカラムに注入すると、カラム充填剤に対する親和性が化合物ごとに異なるため、カラムに保持される時間（溶出時間）も化合物によって違ってくるのである。カラム充填剤の粒径が小さいとカラムに高圧が加わることから高圧液体クロマトグラフ法と呼ばれることもある。

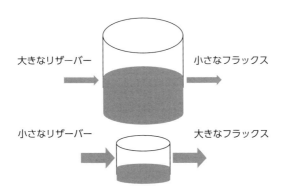

図5.16　リザーバーの大きさとフラックスの関係。リザーバーが小さくフラックスも小さい場合や、リザーバーが大きくフラックスも大きいという場合もあるが、ここには示されていない。

> **BOX5.1** 回転時間の長さは？
>
> 回転時間とは「リザーバーの中身が完全に使い尽くされて一回転するのに必要な時間」と考えがちであるが、これは厳密には正しくない。より正確に回転時間（τ）を定義すると以下のようになる。まずリザーバーに添加したトレーサー（R）（ここでは、溶存物質を考える）の濃度変化を考えよう。もしこのトレーサーのフラックスが一次反応に従うとすれば、Rの濃度変化は次式で表される。
>
> $$dR/dt = -\lambda \cdot R$$
>
> ここでλは一次反応定数であり、単位は「時間あたり」。λは回転時間の逆数である。この式を解くと、
>
> $$R_t = R_0 e^{-\lambda t}$$
>
> ここでR_0は添加したトレーサーの濃度である。Rはtが無限大になるまで完全にはゼロにならない点に注意せよ。つまりリザーバーは決して完全には「回転」しないのである。上の式から、回転時間はリザーバーの内容物の約63%を除去するのに必要な時間であるということを示すことができる。

度の単位（単位面積あるいは容積あたりの質量、たとえば nmol liter^{-1}）と回転速度定数（単位時間あたり、たとえば日$^{-1}$）をつなげたものである。非常に低濃度であるのにもかかわらず、回転が十分に速いために非常に大きなフラックスが実現するのである（図5.16）。微生物生態学では、しばしば回転速度定数の逆数である回転時間を使ってフラックスとリザーバーの大きさの関係を定量化する。一方、地球化学では同じ概念に対して「滞留時間」という用語を使う。［訳注：式5.3においてPと$\lambda \cdot S$が釣り合った状態が定常状態である。ここでフラックスが大きいといっているのは、P（あるいは$\lambda \cdot S$）が、Sが低いのにもかかわらず大きい値になるという意味である。］

アミノ酸のような低分子化合物の回転時間は、土壌で見られるようにそれらの濃度が高い場合においてさえも、数分から数時間の範囲内である。そのため自然環境中での細菌の増殖のかなりの部分を（時としてすべてを）、遊

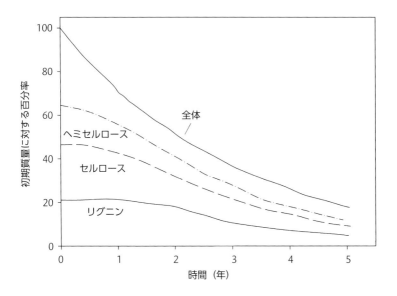

図5.17 リターを構成するさまざまな化学成分の分解。ヨーロッパアカマツの葉の例を示すが、別の種類のリターでも一般的な傾向は同じである。Berg and Laskowski (2006) を一部改変。

離態アミノ酸や糖のフラックスのみで支えることができる（Kirchman 2003）。より一般的にいうと、ある化合物の濃度が低いということは、必ずしもその化合物の生産速度が低いということを意味するとは限らない。化合物は活発に生産されているのだが、微生物がそれにおとらず迅速に消費するために、その化合物の濃度が低いレベルのまま維持されている場合があるのだ。

▶ 化学組成と有機物分解

こうみてくると、分解とは、化合物を切断してそのサイズを大きいほうから小さいほうへと変えるプロセスのようにみえるが、はたしてそうだろうか。分子サイズはたしかに重要であるが、微生物による分解速度を決める要因は、実はそれだけではない。化学組成というのが大きな影響を及ぼすのである。これについて最もよく知られているのは、おそらく高等植物由来のデトリタ

スに含まれる有機分子のタイプ別の分解速度の違いについてであろう（図5.17）。低分子化合物は、植物リターからすばやく溶出し簡単に分解される。その結果、上述のように回転時間が速くなる。つぎにくるのはでんぷんのような単純な炭水化物である。これは植物の主要な貯蔵物質のひとつであり、α-1,4結合でつながったグルコースから成る。タンパク質もその大部分は簡単に分解されるが、髪の毛に見られるケラチンのようなものはそうでもない。セルロースはもうひとつのグルコース含有ポリマーであるが、この場合はβ-1,3グリコシド結合でつながっており、でんぷんよりはずっと分解しにくい。とはいえ、木を構成するその他の化合物（主にリグニン）に比べれば迅速に利用される。リグニンは、加水分解酵素の接近を妨げることで、木の中のセルロースや他の生化学ポリマーの分解を遅延させる。

　植物リターや有機汚染物質の分解についての研究が進んだおかげで、化学構造が分解速度にどのような影響を及ぼすのかについて、いくつかの一般化をすることができるようになった。一般に微生物にとっては、自然環境中に見られるたくさんの分枝をもった大きなポリマーの結合を加水分解することは難しい。また、リグニンに代表される芳香族環や複素環を多く含む化合物の分解も困難である。自然環境中に放出される多くの有機汚染物質も、芳香族環を含むために残留性や潜在的な毒性が高くなる。

　ひとつの例は多環式芳香族炭化水素（polycyclic aromatic hydrocarbon, PAH）である。この化合物は石油が不完全燃焼したときに（酸化による二酸化炭素への変換が不完全なときに）発生する。ここでは、PAHの分解に影響を及ぼす2つの要因を指摘しよう。第一に、-Cl、-NH$_2$、あるいは-OHといった残基が付加されると、PAHの分解速度が遅くなり細菌はあまり増殖しなくなる。第二に、芳香族性の度合いがPAHの分解に影響を及ぼすことが実験的に示されている。たとえば、2つしか芳香族環をもたないナフタレンは微生物が容易に分解するが、4つの環をもつクリセンはそうはいかない。微生物分解や光化学反応（後述）にもかかわらず、環境中に残留しうる高分子PAHによる環境汚染は大きな懸念材料である。

　驚くべきことに、以上に記したいくつかの一般的な傾向以外には、有機物の化学構造と分解速度の関係について明らかになっていることはほとんど無

い。地球化学では、しばしば詳細な化学構造よりも、リグニン含有量や C:N 比、C:H 比といった、有機物全体としての特性が調べられる。C:N 比や C:H 比（後者は化合物の酸化状態の指標）が低いほど分解速度が速くなる傾向があるといわれるが、多くの例外もある。

▶ 無機栄養物質の放出とその制御

　有機物の分解と無機化を完了するためには、低分子化合物が、特異的な膜輸送タンパク質によって細胞内へと運び込まれる必要がある。細胞内に入ると、低分子化合物は中央代謝経路を構成するさまざまな反応に供給され、増殖効率に応じて、生物体の合成ないしは呼吸を介してのエネルギー生産のために用いられる。エネルギー生産に使われると、炭素は究極的には CO_2 へと酸化され、それ以外の元素は無機化合物として放出される。一般に自然生態系においては、従属栄養細菌や菌類が有機物を分解し、アンモニウムやリン酸イオンあるいはその他の無機化合物を生成する働きをしている。ただし上述のようにそれらの化合物は、細菌や菌類によって同化されて生物体の合成に用いられることもある。微生物がアンモニウムのような無機栄養化合物を放出するのか取り込むのかは、基質の元素比と増殖効率によって決まるが（アンモニウムに関する個別事例は 12 章で取り上げる）、全体としては正味の無機化が起こるため、水域や陸域の生態系において一次生産者は無機栄養物を利用できる。従属栄養微生物による有機物の無機化があるからこそ一次生産は維持されるのである。

　したがって、無機化速度の支配要因を理解することは重要な課題である。生物地球化学では、水温や無機栄養物濃度といった要因が、酸素消費、二酸化炭素の生産、アンモニウムの放出といったさまざまな「無機化の指標」に対してどのような影響を及ぼすのかについての研究が行われる。微生物生態学では、この同じ問題を、これらの要因が微生物の増殖にどのような影響を及ぼすのか（これについては 6 章で考察する）という別の観点からとらえる。アプローチは異なるものの、もし増殖効率が一定であれば、普通はどちらの場合も得られる答えは同じである。つまり無機化速度も微生物の増殖速度も、

有機物の濃度と質および水温によって強く支配される。無機化に影響を及ぼすもうひとつの重要な要因に酸素濃度がある。酸素濃度が 5 μM 以上の環境中では、有機物の無機化における最も重要な電子受容体は酸素であるが、この濃度以下になると別の電子受容体が使われる（11 章）。

有機物の光酸化

　微生物生態学者は、デトリタス有機物の分解が主に微生物が媒介する生物プロセスであると考えがちであるが、非生物的な要因である光が、有機物の分解に大きく寄与する場合もある。光は微生物に対して直接的な影響を及ぼすだけでなく（3、4 章）、デトリタスや DOM にも影響を及ぼしうるのである。そのメカニズムは、微生物やその他の生物を構成する有機化合物に対して光が影響を及ぼすメカニズムと基本的には同じである。光を吸収する DOM は有色あるいは発色団含有 DOM（chromophoric dissolved organic matter, CDOM）と呼ぶ。CDOM の化学組成については不明の点が多いが、その主成分は芳香族化合物や二重結合が交互に並んだ構造を有する有機化合物であろうと考えられている。CDOM は陸域では普通に見られる。そのため褐色の池や小さい湖のように陸起源物質の流入が大きい水域では CDOM 濃度が高い。また植物プランクトンを基盤とする食物網を介してもある程度の CDOM が生産される。

　衛星で得られる海色のデータを用いることで、植物プランクトンの現存量、一次生産、および海洋のその他の特性を推定することができる。このような研究をしている光学海洋学者や、湖沼を研究対象とする陸水学者は、その起源がなんであれ CDOM に強い関心をもっている。その理由は CDOM が水中での光減衰に大きく寄与するからである。

　おそらく CDOM の分解過程では、微生物よりも光のほうが重要である。図 5.18 には、湖水を暗所または自然太陽光のもとで 2 か月間以上にわたり培養し、そのあいだ溶存有機炭素と CDOM の濃度を定期的に測定した結果を示す。この実験では CDOM は明条件ではすみやかに分解されたが、暗所ではほとんど分解されなかった。実験終了時には、太陽光にさらされた

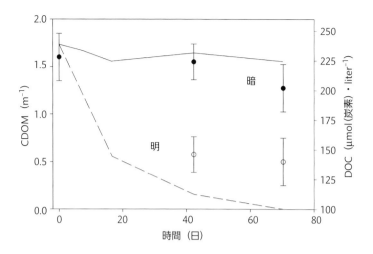

図5.18 明および暗条件下における湖水中の DOC と CDOM の分解。実線と点線は吸光度（300〜700 nm）から測定した CDOM 濃度。白丸と黒丸は DOC 濃度。データは、King et al. (2010) と Vahatalo and Wetzel (2004) に基づく。

CDOM はすっかり漂白され、測定可能な濃度以下になっていた。DOC 濃度についても暗条件下よりは明条件下において大きな減少が見られた。明条件では 40% が、暗条件では 10% が分解されたのである。この実験結果では DOC の分解に対する光の影響が非常に強く現れているが、それは光分解を受けやすい陸起源 DOM やその他の CDOM が実験に供した湖水中に大量に含まれていたためである。ここで DOC 濃度が減少したということは、有機炭素の一部が光酸化の主要な反応生成物である二酸化炭素（CO_2）に変換されたことを意味している。ただし光酸化に際しては二酸化炭素のほかに、いくらかの一酸化炭素（CO）も生成される。CO は CO_2 とほぼ同程度に酸化されているが、ある種の細菌はこれを基質として利用することができる。光化学反応の結果、易分解性のカルボニル化合物（主に低分子量の脂肪酸やケト酸）や、溶存有機窒素（DON）に由来するアンモニウムや遊離態アミノ酸が生成されることも知られている（Bushaw et al. 1996）。

▶ 難分解性有機物

　工業的に生産される人工有機物を含め、微生物は有機物を驚くほど効率的に分解する。にもかかわらず、一次生産者が生産する有機物のなかには、ごくわずかではあるが微生物による迅速な分解を免れる成分が含まれている。土壌や海洋には、平均的な寿命が数百年から数千年の難分解性有機炭素化合物の巨大なリザーバーがあるが、それはこのわずかな成分が長い時間をかけて蓄積した結果である。放射性炭素を使った年代測定の結果によれば、海洋の表層の DOC の 50%が、また深層の DOC のほぼすべてが、古い年代を（成分によっては 12000 年）を示す（Hansel et al. 2009）。土壌中の難分解性有機物の推定年代は、抽出方法や地質学的な条件によって異なるが、およそ 300 年から 15000 年の範囲であるとされている（Fallon and Smith 2000; Trumbore 2009）。難分解性有機物の保存メカニズムは完全には明らかになっていない。土壌においても水圏環境においても、微生物が難分解性有機物の生成に関与している可能性がある（King 2011; Ogawa et al. 2001）。易分解性の化合物が粘土粒子（土壌や湖）や珪藻の被殻（水圏環境）に吸着することで、微生物による攻撃から守られている可能性もあるが、難分解性化合物が数千年もの間分解されずにいることを説明するためには、おそらく吸着というメカニズムだけでは不十分であろう。

　どのようにして生産され保存されるのかはともかくとして、難分解性有機炭素は、地球規模での炭素循環を考えるうえで重要な構成成分である（図5.1）。この大きな有機炭素リザーバーがほんの少し変化しただけでも、大気中の二酸化炭素濃度が大きく変動する可能性がある。従って気候変動メカニズムの研究においても、難分解性有機炭素について理解することは重要である。

まとめ　1. 細菌と菌類による呼吸量は、生物圏における全呼吸量の半分ないしはそれを上回る規模である。

2. 水圏環境中では細菌の生物量が菌類の生物量を大きく上回る。一方土壌では、細菌も菌類もともに生物量が大きく有機物の分解のうえで重要な役割を果たしている。

3. デトリタス食物網は、デトリタスとそれに付随する微生物を炭素源あるいはエネルギー源として利用するさまざまな生物によって成り立っている。炭素の無機化に対するデトリタス食者の直接的な寄与は小さいが、これらは、その他の真核生物とともにデトリタスを細かく破砕し、微生物の攻撃にさらされる表面積を拡大することを通じて、分解を促進している。

4. 生化学ポリマーやその他の高分子有機化合物は、まず加水分解によって約 500 Da 以下の低分子化合物へと変換されなくてはならない。ポリマーの加水分解にはさまざまな種類の酵素（加水分解酵素）が関与する。加水分解酵素は個々のポリマーの化学構造に特異的なばかりでなく、場合によってはポリマー内での作用部位についても特異性を示す。

5. 多糖類や大部分のタンパク質は微生物によって容易に分解されるが、リグニンのように多くの異なるタイプの化学結合をもった化合物は分解されにくい。

6. 一次生産者はごくわずかではあるが従属栄養微生物が分解できない有機物を生産する。この難分解性有機物は、巨大な炭素リザーバーを形成し、大気 CO_2 の吸収源になるとともに、正味の酸素生産にも貢献する。

Chapter 6

微生物の増殖、現存量、生産、および、それらの支配要因

　前章では、有機物が無機物（特に二酸化炭素）に変換されるプロセス、つまり分解と無機化について学んだ。その中で強調したのは、従属栄養微生物の重要性である。水域における主要な分解者は細菌であるが、土壌では細菌に加えて菌類も重要な役割を果たしている。水域と土壌における有機物分解の50%以上は、従属栄養細菌と菌類が担っている。見方を変えると、一次生産者が作り出した有機物の大半を細菌や菌類が消費しているということになる。微生物は、自らの遺伝子を将来の世代に受け渡し、生存と増殖を維持するための手段として有機物を消費するのであるから、有機物の分解プロセスをより深く理解するためには、微生物の増殖とその制御機構を知る必要がある。そこで本章では、微生物動態を表す重要な基本特性である現存量と増殖速度および生産速度について考察を加えることにしよう。［訳注：現存量はbiomass（バイオマス）の訳語である。生物体の質量（乾燥重量）や炭素量のことを指す。生物量とも訳されるが、本書では、細胞数や遺伝子の出現頻度をもとにして推定された生物の量（英語ではしばしばabundanceが使われる）に対して生物量という訳語をあてることにした。したがって、本書においては、現存量（質量や炭素量）と生物量は、必ずしも同義ではない。］

　ここでは好気的環境中で従属栄養細菌と菌類が関わるプロセスに焦点を絞

るが、本章で扱う話題の多くは、細菌や菌類以外の微生物や、嫌気的環境中でのプロセスについてもあてはまる。ただし嫌気的環境中では、嫌気性細菌の増殖の支配要因として、酸素に代わる電子受容体の利用可能性が問題になることが多い（11章）。

▶ 細菌は生きているのか死んでいるのか？

　1970年代に、自然試料中の細菌の計数に落射蛍光顕微鏡法が本格的に導入されるようになったが、それによりある重大な事実が明らかになった。細菌数が「非常に」多いということである。その当時問題になったのは、これら多数の細菌が本当に活性を有し、生きているのか、ということであった。有機物の分解は、少数の生きている細菌やその他の微生物が行っていることであり、落射蛍光顕微鏡で観察される細胞の大部分は、実は死細胞ないしは休眠細胞なのではないかという疑問が生じたのである。細菌の代謝状態についての問題が最初に提起されたのは、実は1960年代にさかのぼる。その時代にすでに、寒天平板上に増殖する細菌数（平板数）が、落射蛍光顕微鏡による「直接計数」の値よりもずっと低いということが認識されていたのである（1章）。この食い違いのひとつの説明は、自然環境中には通常の培養法では計数できない細菌が多く存在するということであった（今日ではこれが正しい説明であることがわかっている）。しかし当時は、直接計数法で求められた全菌数の99%かそれ以上の細菌が「死細胞」であるという可能性も十分にありそうだと考えられたのである。

　今日では、さまざまな証拠から、「99%の細菌が死んでいる」という推論が正しくないことが明らかにされている。しかし、ある環境中で計数される全菌数のうち、実際に何パーセントが生きていて、何パーセントが死んでいるのか、ということを正確に示すことは容易ではない。全菌数としてカウントされる細胞の中には、決して生き返ることのない本当に死んだ細胞と、代謝を維持し分裂を繰り返す高い活性をもった細胞を両端とし、それらの間に位置する、種々の異なる「活性状態」をもった細胞が多く含まれる。そのことが、生きた細胞と死んだ細胞の判別を難しくしているのである（図6.1）。

Chapter 6　微生物の増殖、現存量、生産、および、それらの支配要因

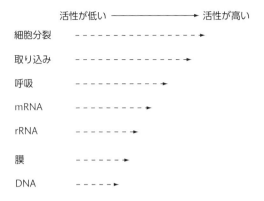

図6.1　自然環境中における微生物の活性状態。計測方法（どのような細胞特性を計測するのか）によって「活性」が定義される。「細胞分裂」をするためには有機基質の「取り込み」が必要であり、そのためには「呼吸」活性が必要であるというように、より上位に示されている細胞特性にとって、より下位の特性が陽性であるということが必要条件になる。別の言い方をすると、基質の「取り込み」が陽性であっても「細胞分裂」をしているとは限らない。ただし、「取り込み」が陽性であれば、「呼吸」や「mRNA の発現」などより下位の特性は陽性でなくてはならない。del Giorgio and Gasol (2008) が示したダイアグラムを参考にして作成した。

このような微生物細胞の活性状態を調べるために、シングルセル法が用いられる。これは、微生物群集全体の特性ではなくて、個々の細胞の特性を調べるための手法である。図 6.1 にまとめたように、活性のある細胞と不活性な細胞の存在比は、両者をどのような方法で区別するのかによって異なること、またその区別に際して微生物活性のどのような側面に着目するのかによっても変わってくることに注意せよ。

　シングルセル法のひとつにマイクロ・オートラジオグラフ法 (microautoradiography, MAR 法) がある。微生物生態学における MAR 法の最初の適用例は、沿岸海水中で増殖している細菌による ^{3}H-チミジンの取り込みを調べた研究である (Brock 1967)。方法の概要は以下のとおり。まず放射標識した有機化合物 (たとえば ^{3}H-アミノ酸) をサンプルに添加し、数時間培養したのちにろ過または遠心法で細菌を集める。集めた細菌は写真フィルムのイマルジョンに包埋する。活性が非常に高いサンプルの場合は数時間、比較的活性の低いサンプルの場合は数日間の暴露ののちにイマルジョ

> **BOX6.1** デジタル時代が到来する前の写真技術
>
> 写真というのは、かつては電子技術ではなくて化学技術の賜物であった。デジタル時代が到来する前は、印画紙に塗られたイマルジョン（乳液）に含まれる特殊な化学物質の光化学反応を利用して写真の現像が行われたのである。マイクロ・オートラジオグラフ法では、写真の印画紙に塗られていたのと同じようなイマルジョンが用いられる。ただし写真の場合イマルジョンと反応するのは可視光であるが、マイクロ・オートラジオグラフ法の場合は可視光ではなくて放射性核種の崩壊によって発する放射線である。マイクロ・オートラジオグラフ法やその他の微生物生態学的な手法で使用される放射性同位体は、ほとんどすべての場合きわめて安全性の高いものである。最も一般的に使用されるのは低エネルギーのβ粒子を放射する^{3}H、^{14}C、^{35}S、^{33}Pなどである。

ンを現像し、微生物のDNAを染色し、サンプルを落射蛍光顕微鏡下で検鏡する。^{3}Hアミノ酸を取り込んだ細胞は、細胞の周囲に銀粒子が沈着する（図6.2）。この沈着は、^{3}Hの崩壊で照射されるベータ線が写真イマルジョンに含まれるある種の化合物に衝突することによって生ずるのである（Box 6.1）。

環境や放射標識化合物の種類によって異なるが、MAR法で陽性の細菌（活性を有する細菌）が全菌数に対して占める割合は、一般に10％以下から50％（場合によってはそれ以上）の範囲である。MAR法で検出されるのは菌体構成成分を合成している細菌のみであるから、この割合はかなり高いと考えることができる。つまり自然環境中では、相当な割合の細胞がある程度の活性を有していることになる。MAR法を別の方法と組み合わせることで、有機物を同化している微生物の種類（細菌あるいは植物プランクトン）を調べることもできる。そのような手法を使った研究の結果、水圏環境中における溶存有機物（DOM）の主要な消費者が従属栄養性細菌であるということが示されている（5章）。

細菌の活性状態を調べるために、MAR法以外にも、フローサイトメーターによる計数や細胞分取をうまく組み合わせることで、活性のある細菌数を調べるというアプローチなど、さまざまな方法が考案されている（del

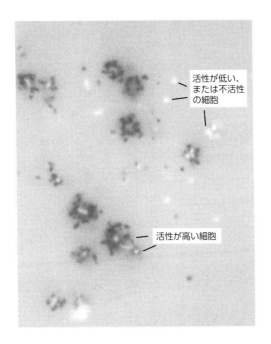

図6.2 マイクロ・オートラジオグラフ法で得られた顕微鏡画像の例。白い点状のものは、DNA染色剤である4',6-ジアミジノ-2-フェニルインドール（4',6-diamidino-2-phenylindole, DAPI）によって染色された細菌細胞である。^3H-アミノ酸を取り込んだ細胞は細胞の周囲に銀粒子（黒色の部分）を伴っている。

Giorgio and Gasol 2008）。このような手法は水圏だけでなく土壌にも適用されている（Shamir et al. 2009）。

▶ 土壌や堆積物における細菌の活性状態

個々の細菌細胞の活性の有無は、土壌や堆積物においても生ずる疑問であるが、物理的条件が水圏よりも複雑であるため、答えをだすのがさらに難しい。デトリタスや無機的粒子の複雑なマトリックスの妨害があるため、個々の細胞を調べる際に多くの実際的な問題が生ずるのである。一方、概念上の問題もある。同一の試料中には多くの微生息場所が存在するが、それをひとまとめにして試料内の細菌細胞の平均的な活性状態を求めた場合、その値が

何を意味しているのかということである。たとえばある粒子のある面に存在する細菌細胞は非常に高い活性をもっているが、反対側の面に存在するものはそれほど活性が高くない、ということがありうる。このような方法的ないしは概念的な難しさや問題はあるものの、以下のようないくつかの一般化は可能であろう。

　湿潤な土壌や堆積物中では、水圏環境の水柱中の細菌の場合と同じくらいの割合で活性のある細胞が検出されるようである。たとえば、ある研究によれば、松の実生の根圏中にいる細菌の約50%が活発な呼吸活性を示した（Norton and Firestone 1991）。同様に、多くの土壌において50%以上の細菌がリボソームを保有していることが示されている（リボソームを保有することは、タンパク質合成や一般的な細胞活性の維持のうえでの最小限の必要条件である）（Eickhorst and Tippkotter 2008）。これとは対照的に、堆積物にMAR法を適用した数少ない研究によれば、嫌気環境中における重要な有機化合物のひとつである酢酸を取り込んだのは、全細菌のうちの10%以下であった（11章）。同様に、ある帯水層において、ナフタレンを利用した細菌は全体の5%以下であった（Rogers et al. 2007）。もっとも5章で述べたように、ナフタレンは化石燃料の不完全燃焼にともない生成される汚染物質であるから、ナフタレン利用細菌の割合が低かったとしてもそれほど驚くべきことではないのかもしれない。

　乾燥土壌の細菌やその他の微生物の大半は不活性であるが、水を添加するとそれらが明らかな応答を示す。乾燥土壌に水を添加すると、最初は無視できるほど小さかった呼吸速度が、数分後には顕著に高くなるのである。この応答のことを、最初の記載者であるH.F. Birchにちなみ「バーチ効果」と呼ぶ（Birch 1958）。呼吸速度とともに増殖速度の増加も見られるが、その程度や応答のスピードは呼吸の場合ほど顕著ではない。また、水の添加に対する応答は、細菌よりも菌類においてより著しい（Bapiri et al. 2010）。以上のことが意味するのは、乾燥土壌中においては、微生物は完全に不活性ないしは休眠状態にあるが、死んでいるわけではないということである。環境条件さえ整えば、それに対する微生物の応答は迅速である。

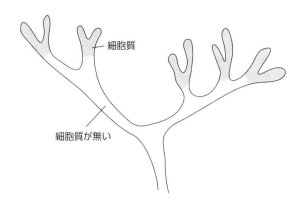

図6.3 菌類の菌糸ネットワーク。細胞質が詰まっている部分と空っぽの部分が見られる。細胞質が菌糸の先端に移動した結果、基部には空の鞘が残されている。Klein and Paschke (2004) から引用。

▶ 土壌菌類の活性状態

多くの土壌菌類は菌糸で増殖をするため、土壌菌類のうちのどの程度の割合が活性を有するのかと問うことにはあまり意味がなさそうである。このような理由に加え、土壌を扱うということの技術的な困難さもあり、MAR法を使った土壌菌類の活性についての研究はほとんど進んでいない（Baath 1988）。菌類の活性状態について見当をつけるために、菌糸のうちで細胞質が詰まっている部分の割合を調べるということが行われる（図6.3）。菌類は、資源が十分に存在しない微環境から、資源の豊富なより好適な微環境へと菌糸内の細胞質を移動させることで、細胞質の代謝を維持している。この細胞質の移動の後に残るのが、不活性で空っぽな菌糸、つまり、細胞質が立ち去ったあとの菌糸である。したがって、細菌の活性判定の場合に使われる陽性細胞の割合と同じような意味で、全菌糸に対する細胞質が詰まった状態の菌糸の割合を、菌類群集の活性状態の指標にすることができる。

土壌菌類の活性状態は、すでにみた細菌の場合と類似している。細胞質の詰まった菌糸は、全菌糸長の10〜50%を占め、その割合は多くの環境特性に応じて変動する（Klein and Paschke 2004）。たとえば細胞質の詰まった菌

糸は、植物の根の近くやその他の有機物源の近くで卓越している。細胞質の詰まった菌糸の割合は、植物の種類に依存するほか、細菌の場合のように、有機炭素、アンモニウム、あるいは水の添加といった増殖を促す処理を施すことによっても変動する（Klei et al. 2006）。物理的な擾乱も、細胞質が詰まった菌糸の分布やその割合に影響を及ぼすことがある。

▶ 微生物の増殖と生産

活性のある細胞数に関する研究が進むにつれ、自然環境中での細菌の増殖速度がどの程度であるのかということが問題になってきた。仮にすべての細菌が生きていたとしても、それらの増殖速度は非常に遅いという可能性もある。同じことは土壌の菌類についてもあてはまる。微生物が物質やエネルギーのフラックスにどの程度寄与するのかを理解するためには、細菌や菌類の集団全体としての増殖速度や生産速度についての情報が必要である。微生物が関与する多くの代謝過程は、増殖速度を尺度として評価することができる。増殖が速いときには代謝速度も速いと推定できるのである。増殖速度は自然界における生物の基本特性のひとつである。

自然環境中での増殖を調べる前に、いくつかの基本的なパラメータや定義を整理しておこう。対象となるパラメータを表6.1にまとめる。

▶ 実験室内での純粋培養の増殖：回分培養

実験室内での単一の微生物種の培養には、回分培養と連続培養という2通りの方法がある。これら2つの培養法は、それぞれ自然界での増殖を記述する2つのモデルに対応している。回分培養は、実験用フラスコのような閉鎖環境中に新鮮な培地を加えることで成り立つ単純な増殖モデルである。新鮮な培地に微生物を接種すると、通常、増殖はすぐには開始せず数時間の遅れを伴う。この遅れのことを遅延時間と呼ぶ。遅延時間は細菌の株の種類や、接種前にその株がおかれていた環境条件と培養の条件とがどの程度異なるのかによって変わる。微生物はいったん増殖を開始すると、対数期あるいは指数期と呼ばれる段階に入り、細胞数は指数関数的に増加する。細菌数（N）

表6.1　微生物の現存量や増殖に関わる用語と基本的なパラメータ。

特性	記号	単位[a]	方法
細胞数	N	細胞数・L^{-1}	顕微鏡法、フローサイトメトリー
現存量	B	mg(炭素)・L^{-1}	細胞数やバイオマーカーからの推定
増殖速度	μ	日$^{-1}$	生産速度と現存量から推定
現存量の生産	BP	mg(炭素)・L^{-1}・日$^{-1}$	ロイシンの取り込み速度からの推定など
世代時間	g	日	増殖速度から推定
細胞収量	Y	細胞・L^{-1}	細胞数または現存量からの推定
増殖効率	BGE	無次元	さまざまな方法

a 本表には主に水圏試料で使われる単位を示す。堆積物や土壌の場合は、現存量の単位として、乾燥重量（グラム）あたりの微生物量（乾燥重量換算）がよく使われる。また、水圏であるか土壌であるかにかかわらず、単位面積あたり（たとえば1 m^2あたり）の現存量や生産速度といった単位も使われる。

の変化は時間（t）の関数として表される。

$$dN/dt = \mu N \tag{6.1}$$

ここで、μ は細菌個体群の比増殖速度（瞬間増殖率と呼ばれることもある）である。純粋培養での増殖速度は、時間に対する ln(N) の勾配として計算される。ln(N) は N の自然対数あるいは $2.30 \times \log(N)$。細胞数あるいは現存量の変化（dN/dt）は増殖速度ないしは生産速度に等しい。式6.1の解は

$$N_t = N_0 e^{\mu t} \tag{6.2}$$

ここで、N_t は時間 t における細胞数、N_0 は初期細胞数（t=0）である。μ の単位は時間あたりであることに注意しよう。たとえば実験室内で速い速度で増殖している微生物の場合は、時間あたり（時$^{-1}$）という単位が使いやすく、もっとゆっくりと増殖している自然界における微生物集団の場合は、日あたり（日$^{-1}$）という単位が便利である。

増殖速度（μ）に関連するパラメータとして、個体群の回転時間（μ^{-1}）と世代時間（g）がある。両者とも単位は時間（たとえば、時または日）。世代時間は、ある個体群が倍加するのに必要な時間として定義される。つまり

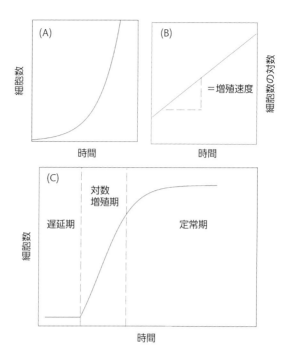

図6.4 回分培養における細菌の増殖。(A) 指数関数的な増殖 (遅延期や定常期は含まない)。(B) 指数関数的な増殖。細胞数を対数目盛りでプロットしたもの。(C) 遅延期の後、指数 (対数) 増殖期を経て定常期にいたる増殖曲線。制限基質 (通常は有機炭素) を使い尽くすと、定常期に入り細胞数は変化しなくなる。

$$2N_t = N_t e^{\mu g} \tag{6.3}$$

以上から g は次式で求められる

$$g = \ln(2)/\mu = 0.692/\mu \tag{6.4}$$

培養を続けると、なんらかの資源が制限となり、増殖速度は低下し、最後には完全に停止する。この時点で、培養は定常期に入る (図6.4)。場合によっては、いくらかの細胞は増殖を続け、他の細胞は死亡し溶解するということが起こるが、最終結果は同様である。つまり定常期には細胞数は一定に

なる。図6.4 に示す増殖曲線はシグモイド曲線と呼ばれ、以下のロジスティック式によって表現することができる。

$$dN/dt = r \cdot N/(K-N) \quad (6.5)$$

ここでrは比増殖速度、Kは最大個体群サイズないしは環境収容量である。NがKに対して十分小さいとき、式6.5は式6.1と等しくなることに注意せよ。rとKというシンボルを使って、生物に対して加わる2つのタイプの淘汰圧、r選択とK選択が定義される。

　r選択とK選択という用語は、もともと新たな生息場所への大型真核生物の定着に関連して用いられた。r選択者である初期定着者は、迅速に増殖することで、空いている空間や新たな生息場所の利用という面で優位にたつ。新たな生息場所が収容量に達すると、迅速に増殖することはもはや有利ではなくなり、かわりに混み合った条件下での生存に有利な形質をもったK選択者が卓越するようになる。r選択者の形質は、増殖条件が急激に変化し、高密度の個体群の集積が妨げられるような、不安定な環境下での繁栄を可能にする。これとは対照的に、増殖条件が一定であるために、個体群が高密度になりやすい安定な環境中ではK選択者が優占する。以上のような、主に大型生物の生態学の中で作られた一般概念は、環境中の微生物を考えるうえでも有用である。たとえばある種の細菌は、有機物濃度の高い時に迅速に増殖するように適応しており、新たな生息場所に定着するr選択者のようにふるまう。このような細菌はコピオトロフ（高栄養細菌）と呼ばれる。逆にK選択者の細菌は、基質濃度の低い、安定した環境中で緩慢に増殖するように適応している。このような細菌のことをオリゴトロフ（低栄養細菌）と呼ぶ。

▶ **実験室内での純粋培養の増殖：連続培養**

　回分培養において特徴的なのは、それが流入も流出もない閉鎖システムであるという点だ。接種された微生物が利用できるのは培養開始時に添加された培地だけであり、一方、増殖の副産物である老廃物は、ガスを除いては除去されることが無い。この単純な増殖モデルとは対照的に、連続培養においては、微生物に対して常に新鮮な培地が供給され、またその供給速度と同じ

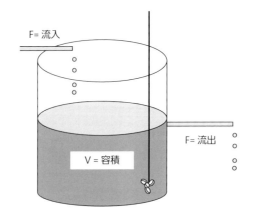

図6.5 単純な連続培養。新鮮な培地が流入する速度（F）は、反応器から培地が流出する速度に等しくなくてはならない。流入（流出）速度は重力あるいはポンプを使って制御する。曝気により反応器内の循環と酸素やその他の気体の供給を促す場合もある。

速度で、古くなった培地が老廃物や細胞とともに除去される。ケモスタットとは、すべての化学物質の濃度が一定に保たれているような連続培養のことである。すべてのケモスタットは連続培養であるが、連続培養が必ずしもケモスタットであるとは限らない。

　連続培養の中には、よく工夫がなされ洗練されたものもあるが、基本設計に限ってみれば単純である（図6.5）。培養を開始するためには、まず反応器に微生物を接種し、最初は回分モードで作動させる。つまり最初は微生物の分裂にともなう流入や流出はない。つぎに滅菌した培地を反応器に一定の速度で送液（注入）し、同時に注入速度と等しい速度で反応器内の培地を除去する。こうすることで反応器内部の培地容量を一定に保つ。送液を開始すると、最初に微生物数は減少するが、やがて新しい培地を利用することで微生物の増殖がはじまり、微生物数は増加する。この振幅が続いたのちに、微生物の数が一定の状態、つまり定常状態に達する。この時点で以下のことが成り立つ。

$$\mu = D \tag{6.6}$$

ここで、D は希釈速度であり、下式で定義される。

$$D = f/V \qquad (6.7)$$

f は送液速度（単位はたとえば L 時$^{-1}$）、V は反応器の容積（L）。希釈速度は、増殖速度と同じ単位である（たとえば、時$^{-1}$）。

いたって単純ではあるが、式 6.6 には連続培養における増殖の本質が示されている。この式が意味するのは、連続培養では、実験者が制御する希釈速度によって増殖速度が決まるということである。また、有機物質の供給や濃度にかかわらず増殖速度が一定であることも意味している。ただし、現存量のレベルは有機物濃度と増殖効率によって規定される。

自然界における微生物の増殖にあてはめると、連続培養は回分培養とは異なるモデルを提供していると考えられる。自然界においては、一般に増殖と除去が均衡しているために微生物数は時間とともに大きくは変化しない。これは連続培養と同じである。連続培養における送液による除去は、自然界では摂餌やウィルス溶菌によって引き起こされる死亡に相当する。連続培養モデルでは、ある時空間スケールにおいて、またある環境中において、微生物群集が準定常状態にあると見なしている。もちろん自然界では、微生物の増殖のための条件は常に変化しているであろう。しかし条件が変化する時間スケールが、微生物にとって意味のある時間スケール［訳注：たとえば世代時間］よりも十分に長ければ、この準定常状態のモデル（つまり連続培養モデル）は適用できることになるだろう。一方、もし微生物の増殖にとって意味のある時間スケールで増殖条件が変動するのならば、回分培養のほうが、微生物の増殖についてのより正確なモデルであるということもありうる。たとえば、春のブルーム（4 章）の発生初期段階における植物プランクトンのように、栄養濃度が高くて死亡率が低い条件下では、回分培養モデルが適用できるのかもしれない。

回分培養も連続培養も、自然界における微生物の増殖の完全なモデルとはいえない。しかし、このようなモデルで使われる用語や概念は、自然環境中での微生物の現存量や生産速度を支配するプロセスを研究するうえで役に立つ。

▶ 自然界での増殖と生産の測定

　通常、実験室内で増殖速度を測定することはとても簡単である。回分培養であれば単に細胞数や現存量の経時的な変化から計算すればよいし、連続培養ならば希釈速度を知るだけで事足りる。しかし自然環境中では、微生物は複雑な生物群集の一構成員であり、増殖は摂餌やウィルス感染による死亡と均衡しているのが普通である。活性を有する細胞の数などから、微生物が増殖しているに違いないということがデータによって示されている場合でさえも、通常、微生物数や現存量は時間的にも空間的にもわずかな変動しか示さない。したがって自然界での細胞数や現存量の経時的変化の情報は、死亡要因を取り除くためのなんらかの操作を伴わない限りは、増殖速度についてなにも語ってくれない。

　表 6.2 には過去 30 年間に水圏生態系における細菌の増殖速度や生産速度を測定するために提案された方法をまとめる。これらの方法のいくつかのものは、土壌細菌の増殖速度の測定にも用いられている。土壌でも水圏環境でも、チミジンおよびロイシンの取り込みに基づく方法（Fuhrman and Azam 1980; Kirchman et al. 1985）が広く用いられている。これら 2 つの方法はよく似ている。DNA を構成する 4 つのヌクレオチドのひとつであるチミジンは、DNA 合成の測定に用いられる。一方アミノ酸のひとつであるロイシンはタンパク質合成の測定に用いることができる。分裂している細胞は、そうでない細胞に比べてより多くの DNA を合成しなくてはならないため、増殖にともないより多くのチミジンを取り込む。同様に、速く増殖している細胞は、より多くのタンパク質を合成するために、遅く増殖している細胞よりも多くのロイシンを取り込む。同じような基本的な考えは、菌類の増殖速度の測定にも用いられる。ただしこの場合には、前駆体の標識化合物として ^{14}C - 酢酸が用いられる。培養後に菌類が共通に有するステロールであるエルゴステロールを分離し、取り込まれた ^{14}C の放射能測定を行うのである（Rousk and Baath 2007; Newell and Fallon 1991）。この手法は酢酸エルゴステロール法と呼ばれる。

Chapter 6 微生物の増殖、現存量、生産、および、それらの支配要因

表6.2 細菌やその他の微生物の生産速度を測定するための方法。

方法	原理	付記事項
$^{14}CO_2$ 固定	光依存性の CO_2 の取り込み	独立栄養生物が対象
$^{14}CO_2$ の暗固定	アナプロレティック過程による光非依存的な CO_2 固定	CO_2 固定速度と現存量生産の間の関係は変化する
分裂途中の細胞出現頻度 (frequency of dividing cells, FDC)	増殖速度が速くなると分裂直前の細胞の出現頻度が高くなる	FDCと増殖速度の間の関係は変化する
^{3}H-アデニン取り込み速度	アデニンは RNA 合成に使われる。rRNA 合成速度は増殖速度の指標になる	tRNA や mRNA の合成速度は必ずしも増殖速度の指標にはならない
^{35}S-硫酸塩取り込み速度	硫酸塩はタンパク質合成に使われる。タンパク質合成速度は増殖速度の指標になる	海水中では測定が難しい［訳注：海水中には多量の硫酸イオンが含まれるため、多量の ^{35}S-硫酸塩ををトレーサーとして添加しなくてはならない］
エルゴステロールへの ^{14}C 酢酸塩の取り込み速度	酢酸塩はエルゴステロール合成に使われる。これは菌類の増殖速度の指標になる	菌類を対象とする
希釈法またはサイズ分画ろ過法	希釈やろ過により捕食やウィルス溶菌の影響を低減化させた後、微生物現存量の増加を調べる	煩雑であるとともに、希釈やろ過後に培養を行うという操作による影響が大きい
^{3}H-チミジン（TdR）取り込み速度	TdR は DNA 合成に使われる。DNA 合成速度は増殖速度の指標になる	本文を参照のこと
ロイシン（Leu）取り込み速度	Leu はタンパク質合成に使われる。タンパク質合成速度は増殖速度の指標になる	本文を参照のこと

▶ 水圏環境中での細菌の生産速度

　以上の方法は、従属栄養性細菌の生産速度を推定する方法として、小さな池から世界中の海にいたるさまざまな水圏環境において用いられてきた。生態系における従属栄養細菌の重要性を評価し、生産や現存量のレベルを支配する要因を明らかにするうえで、生産速度の情報は有用である。さまざまな水圏環境での測定値を整理した結果、細菌生産速度は一次生産速度と正の相

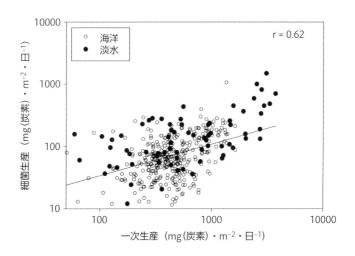

図6.6 さまざまな水圏環境における細菌生産速度と一次生産速度の関係。海域と淡水域で得られた多くのデータを用いて相関係数を求め（r = 0.62、n = 441、p < 0.001）、最小二乗法により回帰線を導いた。ここでは結果を見やすくするために一次生産速度が 50 mg(炭素)・m^{-2}・日$^{-1}$ を上回るデータのみを示してある。Fouilland and Mostajir (2010) のデータに基づく（データ提供者は Eric Fouilland）。

関を示すという重要な傾向が明らかになった。つまり、一次生産速度が高いと細菌生産速度も高くなる（図6.6）。しかしこの関係には大きなばらつきも含まれている。細菌生産速度と一次生産速度の相関が非常に強い時、両者は密接に「共役している」という。一方、調査水域や調査のタイミングによっては、両者の間に有意な相関が見られないことがある。しばしば指摘されることであるが、細菌生産と一次生産は、大きな時空間スケールでは共役するが、小さいスケールでは共役しないのかもしれない。

　もうひとつ重要なのは、細菌生産速度（BP）が一次生産速度（PP）に比べてどの程度の規模であるのかということ、つまり両者の間の比（BP:PP）である。この比は、従属栄養細菌とそれ以外の微生物ループの構成員が、一次生産の消費のうえでどの程度重要であるのかを表す指標である。BP:PP 比は、時間的・空間的に大きく変動するが、通常は外洋域で低く約 0.1 程度であるのに対し、湖では時として 0.3 から 0.5 といった高い値になる。湖では

陸起源有機炭素の流入があるということが、この比を高くするひとつの要因になっている。実際、陸起源有機炭素の影響をより強く受ける小さい湖では、大きな湖に比べて BP:PP 比が大きくなる。汽水域においても、陸起源有機炭素の影響を受けて BP:PP 比が大きくなる場合がある。別の極端な例としては、北極海や南極海では BP:PP 比がしばしばとても小さくなる（たとえば、0.05 以下）。

BP:PP 比が 0.1 あるいはそれ以下という値を示されると、細菌はそれほど重要でないという印象を受けるかもしれない。しかし BP:PP 比の本当の意義を理解するためには、細菌増殖効率（bacterial growth efficiency, BGE）と関連づけた考察をする必要がある。5 章で述べたように、BGE は以下の式で表される。

$$BGE = BP/(BP+R) \tag{6.8}$$

ここで R は呼吸である。ここで細菌炭素要求量（bacterial carbon demand, BCD）を生産と呼吸の和（BP + R）として定義すると、以下の式が導かれる。

$$BCD = BP/BGE \tag{6.9}$$

この式と、一次生産速度、細菌生産速度、および細菌増殖効率のデータを用いることで、従属栄養細菌による有機炭素の総消費量を一次生産に関連づけることができる。表 6.3 にはいくつかの水圏環境における炭素フローに対する従属栄養細菌の寄与をまとめた。

表 6.3 のデータから、一次生産の消費者として従属栄養細菌が重要な役割を果たしていることを改めて確認することができる。外洋域では BP:PP 比は低い傾向にあるが、そのことは低い BGE によって打ち消され、一次生産の約 65% がなんらかの経路を通じて DOM に変換され、さらに従属栄養細菌へと流れていくと見積もられる。この百分率は、呼吸のみから推定したのとほぼ同じ値である（5 章）。その他の海洋環境や湖でも同様の百分率が得られるが、この場合は BP:PP 比と BGE の両者がより高い値をとる。データをより詳しく分析した結果によれば、BP:PP 比、あるいは DOM と従属栄養細菌を経由するフラックスは表 6.3 に示された値よりもさらに高いという可

表6.3 植物プランクトンと従属栄養細菌の平均的な生産速度、BP:PP 比、細菌増殖効率（bacterial growth efficiency, BGE）および、一次生産のうち従属栄養細菌によって消費された部分の百分率（BP:PP 比 ÷ BGE × 100）。BP と BP のデータは図 6.6 に、また BGE のデータは図 5.13 に基づく。

環境	一次生産速度（PP）(mg(炭素)・m^{-2}・日$^{-1}$)	細菌生産速度	BP:PP	BGE	一次生産に対する細菌の炭素消費の百分率
外洋	1000	98	0.10	0.15	65
北極海および南極海	1063	17	0.02	0.15	11
その他の海洋環境	780	179	0.23	0.35	66
湖	1385	224	0.16	0.25	65

能性も示唆されている（Fouilland and Mostajir 2010）。例外は北極海と南極海である。年間を通して寒冷な極域の環境では、BP:PP 比が非常に低く、それは同様に低い BGE によっても打ち消されることが無い。結果として、極域では、一次生産のごくわずかな部分しか DOM と従属栄養細菌へは流れないという結論になる。

▶ 水圏環境における細菌の増殖速度

　自然環境中の微生物の増殖速度の測定は容易ではない。それは生産速度の測定が難しいのと同じ理由からである。微生物群集は複雑であり、通常その増殖は死亡と均衡している。増殖速度の直接的な推定法は、分裂中の細胞頻度を測定する方法や、細胞あたりのリボソーム RNA 含有量を使う方法など、いくつかのアプローチに限られる。一方、細菌生産速度と生物量（細胞数または現存量）から増殖速度を求める方法もある。つまり、細菌生産速度を細胞数または現存量で割った値を増殖速度の推定値とするのである。細菌群集の中には、増殖速度がゼロの細胞（死菌、休眠細胞）から、非常に高い増殖速度をもつ細胞まで、さまざまなものが含まれている可能性があるが、この方法では、これらさまざまな細菌についての平均的な増殖速度が得られる。

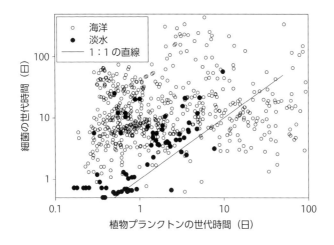

図6.7 海域と淡水域における細菌と植物プランクトンの世代時間。Fouilland and Mostajir (2010) のデータに基づく（データ提供者は Eric Fouilland）。

このようなアプローチは、問題点もあるものの、微生物が自然環境中で増殖する時間スケールに関して、おおまかな見通しをつけてくれるという点で有用である。

　水圏環境では、上に述べたアプローチを用いた微生物の増殖速度の測定が広く行われてきた。ここでは得られたデータを用いて、水圏以外の多くの自然環境も視野にいれつつ、微生物の増殖速度には一般的にどのような傾向があるのかについて考察を加えよう。図6.7には、さまざまな水圏環境における従属栄養細菌の世代時間と、植物プランクトンの世代時間の関係がプロットされている。植物プランクトンの増殖速度は、一次生産速度とクロロフィル濃度から計算することができるが、これは細菌速度と細菌現存量から細菌増殖速度を求めるのとある面で類似した方法である。このデータを見ると、水圏環境中の従属栄養細菌は比較的ゆっくりと増殖することがわかる。増殖速度は通常は数日のオーダーであり、実験室で培養した細菌が30分おきに倍加することができるのに比べるとずっと遅い速度である（室内培養での世代時間の最短記録は海洋細菌 *Vibrio natriegens* で測定されており、10分を

下回っている)。冬季の極海域の細菌の世代時間はさらに長く、数か月以上にもなる。自然界での細菌の増殖速度は、室内の最適条件下での増殖速度に比べると、ずっと遅いのである。

　図 6.7 からは、さらに別のことが読み取れる。それは従属栄養細菌の世代時間が、しばしば植物プランクトンの世代時間よりも長いということである。図 6.7 のデータを使って計算すると、植物プランクトンの平均世代時間は、淡水で 1 日、海洋で 20 日である。一方、細菌の平均世代時間は淡水で 4 日、海洋で 34 日になる。図に示されている、いくつかの非常に長い世代時間については、データとしての信頼性が低いので考察の対象からはずすべきかもしれない。しかしたとえそのようにしても、図 6.7 のプロットの大部分は、1:1 のラインの上方にあるから、細菌のほうが植物プランクトンよりも平均世代時間が長いという一般的な傾向は変わらない。陸起源有機炭素を使って細菌が活発に増殖できる淡水湖沼においても、細菌の世代時間は植物プランクトンよりも長い（ただしその差は海洋の場合ほどは大きくない）。いくつかの汽水域では、例外的に細菌の世代時間が植物プランクトンを下回る。このような汽水域では光制限によって植物プランクトンの増殖が抑制されているのかもしれない。

　大部分の水圏環境において、細菌が植物プランクトンよりもゆっくりと増殖しているのはなぜか？　この現象を単純な理屈で説明することはできない。ひとつの理由として、細菌と植物プランクトンの間で、増殖の支配メカニズムが異なるということがあるのかもしれない。外部からの物質流入のない水体では、細菌の増殖は植物プランクトンに由来する有機炭素に依存する。細菌の現存量は、植物プランクトンと同等かそれを上回るほど大きいので、細菌の増殖は緩慢にならざるをえない。これに対して、植物プランクトンは、摂餌者と細菌の両方から増殖に必要な無機栄養物を得られるという点で有利である。一方、細菌と植物プランクトンでは、トップダウン支配［訳注：摂餌やウィルス溶菌による死亡］の強さが異なるということもあるのかもしれない。

Chapter 6　微生物の増殖、現存量、生産、および、それらの支配要因

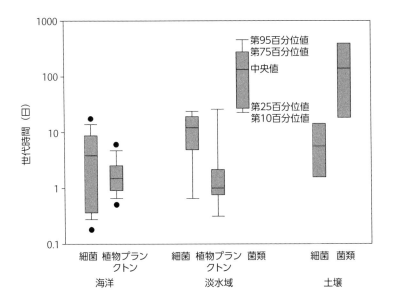

図6.8　土壌と水圏環境における細菌、植物プランクトン、菌類の世代時間。データは以下の文献から集めた。Carter and Suberkropp (2004)、Cole et al. (1988)、Demoling et al. (2007)、Guils et al. (2008)、Kirchman et al. (2009)、Rousk and Baath (2007)、Rousk and Nadkarni (2009)

▶ 土壌における細菌と菌類の増殖

　土壌における細菌や菌類の増殖に関する研究においても、水圏の場合と同様な手法が用いられてきた。細菌の増殖についてはロイシン法またはチミジン法（あるいはその両方）、菌類の増殖については酢酸エルゴステロール法が使われてきたのである。

　土壌でも水圏でも、細菌の増殖は、菌類よりも速いようである（図6.8）。初期の報告では、細菌の潜在増殖速度は非常に大きく、その世代時間（数時間）は菌類の10分の1であったと述べられている（Coleman 1994）。新しい方法を使った最近の研究の結果では、細菌も菌類もその増殖速度は初期の推定値から下方修正されている。しかし、相対的に細菌が菌類よりも増殖速度が大きいという結論は同じである。砂質ローム土では、菌類の世代時間は

213

100日以上とされ（Rousk and Baath 2007）、これは土壌中の典型的な細菌の世代時間よりも約10倍長い（Baath 1998）。細菌と菌類の増殖を比較した数少ない研究でも、細菌が菌類よりも速く増殖することが示されている（Buesing and Gessner 2006）。水圏環境でも、菌類の増殖速度は土壌の場合と同様に低い値である（Gulis et al. 1998; Pascoal and Cassio 2004; Newell and Fallon 1991）。土壌微生物生態学者の中には、土壌における細菌の増殖速度が水圏環境に比べて小さいと結論づけるものもいるが（Baath 1998）、この仮説を検証するためにはより多くの土壌のデータが必要である（図6.8）。いずれにせよ、菌類や細菌の増殖速度に関する入手可能なデータからは、5章において考察された次の一般的な仮説が支持される。すなわち、ゆっくりと増殖する菌類は遅い炭素循環経路を駆動し、速く増殖する細菌は速い炭素循環経路を駆動する、という仮説である。

ここまで議論してきた増殖速度は、ある環境から採取された細菌や菌類の群集全体としての速度である。土壌において腐生菌類と菌根菌類の増殖速度を区別して評価するという試みはまだなされていないが、これらの生息環境の大きな違いを考えると、増殖速度も大きく異なる可能性があるだろう。より一般的には、土壌中の微生物にとっての物理化学環境は、非常に小さなスケールで大きく異なる（3章）。従って、細菌と菌類のいずれの場合も、環境中での増殖速度の不均一性は非常に大きいと考えられる。

▶ 自然環境中において微生物の生産と増殖を決めるものは何か？

自然環境中での細菌や菌類の増殖速度は、室内培養実験で見られる最大の増殖速度に比べてずっと小さい。自然環境中では、なぜもっと速く増殖できないのだろうか？　第4章でみたように、光栄養微生物に関していえば、その答えは単純である。自然環境では光と無機栄養素（窒素、リンおよび時には鉄を含んだ化合物）の供給が増殖を制限するのである。従属栄養微生物に関しては、答えはそれほど単純ではない。ここでは、ボトムアップ要因に焦点をあわせて考察を加えよう（トップダウン要因については後章にゆずる）。

▶ 増殖と炭素循環に対する温度の影響

　ボトムアップ要因の中で最も重要なのは温度である。3章では、化学反応や自然環境中でのさまざまなプロセスの速度に対する温度の影響について考察した。微生物の増殖も例外ではない。一般的な法則として増殖速度の Q_{10} はおよそ2と覚えておこう。といっても、この値はもちろん変動する。温度影響の程度を表す値を正確に決めることは重要な課題である。特に土壌生態系においては、地球温暖化にともなう将来の温度の変化（予測値）に対して、土壌呼吸と有機物分解がどのように応答するのかを調べようと多くの研究が行われている（Davidson and Janssens 2006）。北極圏ではこの問題は特に重要である。たとえ数度の温度上昇が起きただけでも、凍土が融解し、有機物が流出し、さらにそれが無機化されて二酸化炭素の放出につながりうる。そればかりか、重要な温室効果ガスであるメタンの大気への放出フラックスが増大するかもしれない（Dorrepaal et al. 2009）。土壌群集の呼吸速度の Q_{10} は、生態系レベルにおいては1.4程度であるが、操作実験の結果では、通常はるかに高い Q_{10} 推定値（2以上）が得られる（Mahecha et al. 2010）。操作実験では、自然環境中にある多くの重要な要因が取り除かれてしまっているのではないかという議論もなされている。

　温度は、温帯の水圏環境における細菌の増殖にも影響を及ぼす。しばしば細菌生産速度は水温と最もよく相関する。この相関は、溶存有機炭素（DOC）、クロロフィル濃度あるいは一次生産といったその他の特性との相関よりも強い。ロードアイランド州のナラガンセット湾がその例である（図6.9）。この湾では、水温は−1℃から23℃の範囲であり、その中で、細菌生産速度は100倍以上変動した（Staroscik and Smith 2004）。この研究期間中、これら2つのパラメータの間の相関は高かった（r = 0.70）。対照的に、細菌生産速度とクロロフィルa濃度（これはしばしば有機炭素供給の指標として用いられる）の間には有意な相関が無かった。このシステムを研究した研究者たちは、細菌生産速度を支配する最も重要な要因は水温であったと結論付けた。しかし水温と生産の関係は季節的に変動した。また野外データから導かれた Q_{10} は、水温だけを変化させて行った実験から推定した Q_{10} に比べてずっと高かった。以上から、水温以外の要因も細菌生産速度と増殖速度に影響を与えたことが

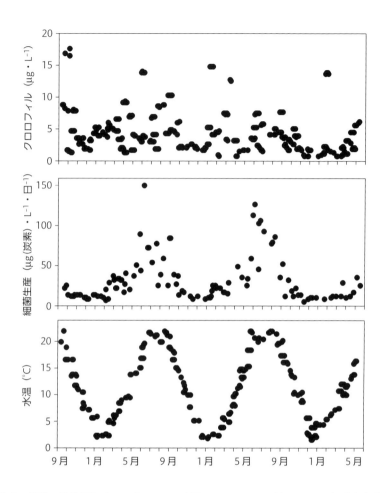

図6.9 温帯の沿岸環境（ロードアイランド州ナラガンセット湾）における細菌生産速度の季節変動は水温とはよく相関するが、クロロフィル a 濃度との相関は弱い。データは、Staroscik and Smith (2004) より。

示唆された。土壌微生物生態学者も、高い Q_{10} 値は、温度以外の要因が作用した結果であると結論づけている（Davidson et al. 2006）

　ナラガンセット湾の研究では、微生物の増殖と水温の間の関係を調べるために、2つの変数間の機能的な関係（相関）を解析している。一般的にいって、

Chapter 6 微生物の増殖、現存量、生産、および、それらの支配要因

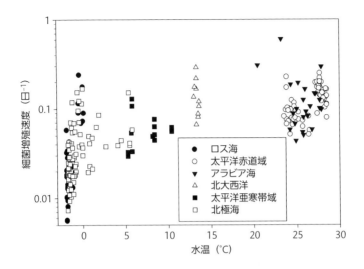

図6.10 さまざまな外洋域生態系における細菌の増殖速度。データはKirchman et al. (2009) より。

このアプローチにはひとつの落とし穴がある。相関があるということが、必ずしも因果関係を意味するとは限らないということである。3章で述べたように、温帯地域（水域）では、温度が変化すると、光、一次生産速度、現存量といった（これはすべて潜在的には増殖に影響を及ぼす）その他の生態系特性もそれとともに変化する。温度が細菌生産速度と有意に相関したのは、もしかしたら、生態系の別の（細菌生産以外の）特性に温度が影響を及ぼし、その特性が細菌生産速度に影響を与えた、ということの反映なのかもしれない。

　ひとつの生態系の中での変動だけでなく、生態系間での増殖速度の変動を調べたらどうだろうか？　温度によって、生態系による増殖速度の違いはどの程度説明できるだろうか？　たとえば細菌の増殖速度は、極域と低緯度海域では大きく異なる。年間を通して水温の低い北極海や南極のロス海では細菌の増殖速度は低く、それよりも水温が少し高い亜寒帯太平洋や北大西洋では高い（図6.10）。増殖速度の温度依存性は $Q_{10} = 2$ という一般的な関係に比べてはるかに強い（約10倍あるいはそれ以上）。一方、赤道太平洋やア

217

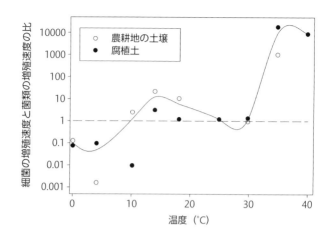

図6.11 ロイシン法（細菌）と酢酸エルゴステロール法（菌類）で計測された細菌と菌類の増殖速度の比。水平の破線は比が1であることを示す。データはPietikainen et al. (2005) より。

ラビア海の温暖な海域を比較すると、水温の変動幅が5℃から28℃の範囲において、増殖速度は約0.1 日$^{-1}$（世代時間は約7日）を中心として大きくばらつく。淡水や汽水環境を比較した場合には、増殖速度は、低水温の水域で小さいという傾向が見られる。

　要約すると、温度は重要であるが、すべての生態系においてそうであるわけではなく、またその効果は過大評価される可能性もある。極域においては、細菌は実際には低水温に適応しているという証拠がある。極域において細菌の増殖速度が低いのは、DOMの濃度や供給速度が低いという別の理由によるのである。

▶ 土壌の菌類と細菌に対する温度の効果

　水圏環境の場合と同様に土壌環境においても、温度は細菌や菌類の増殖速度の変動を支配する有力な要因である。実際、土壌呼吸の変動の大部分は温度によって説明されている。土壌微生物は、海底の熱水孔に生息する微生物のように、極端な高温にさらされることはない。しかし極端に低い温度にさ

らされるということは起こりうる。凍土では、温度が氷点下39℃にまで低下するが、そのような環境においてさえも細菌の活性が検出されたという報告がある（Panikov et al. 2006）。ひとつの重要な問題は、温度に対する応答が、菌類と細菌でどのように違うのかということである。

　3章でみたように、細菌と真核生物を比較すると、より高温の水中で増殖できるのは細菌である。土壌における細菌と菌類（真核生物）についても、この温度に対する適応の傾向はある程度あてはまる。農耕地および森林の土壌において、細菌の増殖の至適温度は菌類の至適温度よりも約5℃高かったという報告がある（Pietikainen et al. 2005）。逆に、低温域では菌類のほうがより適応的であり、細菌が増殖できる限界の温度よりも4〜5℃低い土壌中でも菌類は増殖することができる。ある研究によれば、細菌の低温限界は−12℃なのに対し、菌類では−17℃であった（Pietikainen et al. 2005）。その結果、細菌生産と菌類生産の比は、土壌温度の上昇とともに増加した（図6.11）。以上のことは、土壌中において、菌類が冬季に優占し、細菌現存量が高くなる夏季には減衰したという調査結果と整合的である。また雪に覆われた（低温の）土壌では、そうでない土壌に比べて細菌現存量と菌類現存量の比が小さかったという報告もある（Schadt et al. 2003）。

▶ 有機炭素による制限

　土壌でも水域でも、従属栄養細菌と菌類の増殖を決定する要因としてしばしば最も重要になってくるのは有機物の濃度と供給速度である。5章で述べたように、自然環境中では有機物の濃度が（とりわけ易分解の成分については）非常に低い。そのため自然環境中の従属栄養微生物の増殖は遅いのである。水域の細菌が炭素制限の状態にあるという仮説は、細菌生産と一次生産を比較した結果により支持されている。図6.6に示すように、湖や海洋においては一次生産速度と細菌生産速度の間に全体として正の相関がある。一次生産が直接的あるいは間接的にDOMやデトリタスの供給を支配し、これが一方で従属栄養細菌の活性を支配するというのがこの結果の最も単純な解釈である。一方で土壌での菌類の増殖に関しては、このようなデータは少ない。有機物含量と菌類の増殖の間に相関があったという報告や（Rousk and

Nadkarni 2009)、土壌呼吸と一次生産の間に相関があったという報告（Sampson et al. 2007）があるが、これらは土壌微生物が有機炭素制限の状態にあることを裏付ける数少ない証拠である。

　従属栄養細菌の炭素制限を示すもうひとつの証拠は、添加実験によって得られている。この種の実験では、有機化合物を水あるいは土壌に添加し、微生物生産を時間とともに追跡する。土壌や水域から採取したサンプルを用いて実験を行うと、しばしば細菌や菌類の増殖が、有機化合物を添加した実験区において、そうでない対照区（無添加区）と比較して高くなるという結果が得られる（Baath 2001; Demoling et al. 2007）。有機炭素の添加は、通常アンモニウムやリン酸イオンなどの無機栄養物質の添加よりも強い増殖促進効果を示す（ただし重要な例外もあるが、それについては後述する）。

　有機炭素やその他の元素による増殖の制限を考える場合、濃度と供給速度の両方が重要になってくる。濃度と増殖速度の関係は以下の式（モノ式）で記述される。

$$\mu = \mu_{max} \cdot S/(K_s+S) \tag{6.10}$$

ここで μ は増殖速度、μ_{max} は最大増殖速度、S は増殖制限基質の濃度、Ks は増殖速度が最大増殖速度の半分になるときの基質濃度である（図6.12）。モノ式とミカエリス - メンテン式の類似性に注意せよ（式4.11）。自然環境中での微生物の増殖が、式6.10に従わないときもある。たとえば温帯域の水圏環境において初春に見られるように、基質濃度が高いのにもかかわらず増殖速度は低いということがありうる（4章）。つまり濃度と増殖の関係がモノ式からの予測とは逆になるのである。同様なことは有機炭素以外の制限基質でも見られる。このパラドックスはどのように説明されるだろうか。もしかしたら制限基質以外の別の要因によって増殖が制限されていたのかもしれない。あるいは基質濃度の上昇に対して微生物の応答がついていけず、増殖が低いままであったという可能性もある。後者の場合、応答に必要な時間が経過すれば増殖速度は高くなるであろう。

　直観的に考えると、濃度や供給速度といった有機物の量的な面だけでなくて、有機物の質的な面も従属栄養細菌や菌類の増殖速度に影響を及ぼしそう

Chapter 6 微生物の増殖、現存量、生産、および、それらの支配要因

> **BOX6.2** 自由の戦士であり優れた微生物学者であったモノ
>
> モノ式はジャック・モノ（Jacques Monod, 1910 ～ 1976）の名前に由来する。モノは大腸菌の lac オペロンの研究によりフランソワ・ジャコブやアンドレ・ルボフらとともにノーベル賞を受賞した。lac オペロンは、転写レベル遺伝子制御の初期モデルのひとつである。モノは微生物学者になる前は、第二次世界大戦中のナチスドイツによるフランス侵攻に抵抗するレジスタンスの一員であった。

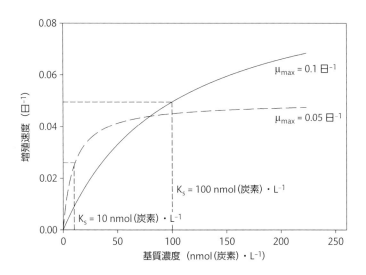

図6.12 競争関係にある 2 種の増殖速度と制限基質濃度の関係。モノ式による記述。

である。実際にはこの仮説を支持する証拠は、野外研究からはほとんど全く得られていない。すでに述べたように、分解速度は基質の質によって異なる（5章）。従ってタンパク質や単純な多糖類のような分解されやすい有機化合物を与えれば、従属栄養微生物はより迅速に増殖するであろうと推察される。しかしここで知りたいのは、有機物の質のもっと微妙な違いが増殖にどのような影響を及ぼすのかということである。自然環境中での有機物の分解につ

いての研究から導かれた結論を使って増殖速度についての議論をすることもできるが、分解と増殖に対する温度効果の違いなどの複雑な要因があるため、そう単純にはいかない（Craine et al. 2010）。いずれにせよ現時点でいえることは、たとえ有機物の濃度や供給速度が同じであっても、基質の質が違えば増殖速度が異なるということはいかにもありそうだ、というところまでである。

▶ 無機栄養物による制限

　従属栄養微生物は、一般に有機炭素の制限を受けやすいが、これには例外もある。興味深い例外として、無機栄養物質による増殖の制限がある。土壌や湖、海洋では、微生物が必要とする無機栄養物質の濃度が低い場合がある。その様な環境中では、無機栄養物質が従属栄養細菌や菌類の増殖を制限する可能性がある。サルガッソ海や地中海では、リン酸イオンが細菌の増殖を制限するようである。このことは添加実験の結果（図6.13）や、溶存化合物中の炭素：リン比と窒素：リン比が、細菌の菌体についてのそれぞれの比を上回ること（2章）などから裏付けられている。これらの海域では、一次生産もリン酸イオンによって制限されていると考えられている。これは、海洋における一次生産の制限元素は窒素であるという一般的な原則に反しているが、サルガッソ海には窒素固定を行うシアノバクテリアであるトリコデスミウム（*Trichodesmium*）が大量に出現するため窒素制限が緩和されるのであろう。メキシコ湾の一部もリン制限になることがあるが、これはミシシッピ川からの窒素の流入によって窒素制限が緩和されるためである。

　従属栄養細菌がリン酸イオンで制限されているという証拠はいくつかの研究によって得られている。その一方で、アンモニウムやその他の無機窒素化合物のみが細菌の増殖を促進したという報告は少ない（Church 2008）。以上のことから次のような2つの疑問が生ずる。第一に、なぜ従属栄養的な増殖は一般的に有機炭素によって制限され、無機栄養物によって制限されないのか。第二に、なぜリン酸制限は窒素制限よりも普通に見られるのか。

　第一の疑問に対するひとつの答えは12章で詳しく見るストイキオメトリーと関連する。好気的微生物は、有機炭素を生物体の生合成と呼吸の両方に使うが、NやPは生物体の生合成にしか使わない。ここで微生物が使う有

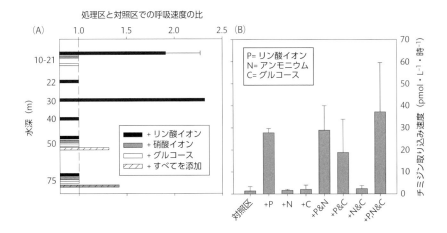

図6.13 サルガッソ海において、どの栄養元素が細菌の増殖を制限しているのかを調べた研究例。(A) 群集呼吸をリン (リン酸塩)、窒素 (硝酸塩)、炭素 (グルコース) のいずれかを添加した条件下で測定し、それぞれの添加区で得られた呼吸速度を、無添加の対照区で得られた呼吸速度で標準化した値を示す。培養時間は 24 時間。(B) リン (リン酸塩)、窒素 (アンモニウム)、あるいは炭素 (グルコース) を添加してから 24 ～ 48 時間後に、細菌生産速度をチミジン法により測定した。データは Obernosterer et al. (2003) および Cotner et al. (1997) より。

機物と微生物のそれぞれについて典型的な C:N 比を仮定すると、細菌も菌類もアンモニウムを排出する (同化するのではない) ということがわかる。つまりこのような典型的な条件下では、微生物は無機窒素によって制限されないということを意味している。同様な議論は、リン酸イオンの利用とリンの排出に対する C:P 比の影響に関しても成り立つ。別の答えもある。これは、無機栄養素をめぐっての従属栄養細菌と独立栄養微生物の競争 (水圏)、または従属栄養細菌と高等植物の競争 (陸域) と関連する。4 章で見たように、従属栄養細菌は細胞が小さくて表面積と容積の比が大きいため、アンモニウム、リン酸イオン、およびその他の溶存化合物をめぐる競争において、大型植物プランクトンや高等植物よりも常に優位に立つ。しかし従属栄養微生物が無機栄養素を独占すると、独立栄養生物の増殖は低下し、ひいては有機物生産の低下を引き起こすであろう。そうなると結局のところ従属栄養者は有

機炭素制限におちいるのである。

　第二の疑問（従属栄養細菌にとって、なぜリン酸制限のほうが、窒素制限よりも普通に見られるのか）はどうであろう。従属栄養細菌がリン制限になることで知られるサルガッソ海では、細菌は例外的にリンに富んでおり、非常に低い C:P 比を有し、増殖のためにたくさんのリンを必要とする、というのがひとつの答え。しかしこの考えを検証するためのデータはほとんどないし、別の環境では、このような考えは妥当ではないと結論付けられている（Cotner et al. 2010）。これ以外の可能性としては、窒素とリンを含んだ生化学物質の違いが挙げられる。2 章で見たように、窒素は主にタンパク質に含まれる。タンパク質が、細胞内で増殖と無関係に分解されたり合成されたりする（回転させられる）ことはほとんどない。一方、リンは核酸や脂質あるいはヌクレオチドに含まれる。これらのうちの少なくともあるもの（たとえば、mRNA や ATP）は細胞内で迅速に回転している。

▶ 共制限と支配要因間の相互作用

　自然生態系において、微生物は非常に低い濃度で存在するさまざまな化合物を使って生きることができるように適応している。そのため、ひとつの制限要因にだけ目を向けると現象を単純化しすぎてしまう恐れがある。添加実験を行うと、有機化合物と無機栄養塩を両方同時に添加した時の方が、それらを単独で加えたときよりも、より顕著な生産の促進が見られるという結果がしばしば得られる。これは複数の化合物（有機化合物と無機栄養塩）がどちらも低濃度で存在するからである。高栄養塩―低クロロフィル海域（4 章）において、鉄と有機炭素源を同時に添加すると、それらを単独で添加したときよりも、細菌生産に対する促進効果はより顕著である（Church et al. 2000; Kirchman et al. 2000）。これを有機炭素と鉄の共制限と呼ぶ研究者もいるが、これらの実験結果では、鉄の効果は有機炭素の制限が緩和されたのちになって初めて見られているので、おそらく鉄は 2 次的な制限要因であるというほうが正しいであろう。

　複数の制限要因が生理学的に関連していると、共制限がより明確に見られる。そのような例はいくつもある（表 6.4）。たとえば鉄濃度が低いと硝酸

表6.4　複数のボトムアップ要因が微生物の増殖に及ぼす共制限の事例。

微生物のタイプ	主要因	副次的要因	付記事項
光独立栄養微生物	光	硝酸イオン	硝酸イオンの利用にはエネルギーが必要
すべての微生物	硝酸イオン	鉄	硝酸イオンの利用には鉄を含む硝酸イオン還元酵素が必要
すべての微生物	リン酸イオン	亜鉛	アルカリ性ホスファターゼには亜鉛が必要
すべての微生物	窒素（尿素）	ニッケル	ウレアーゼにはニッケルが必要
ジアゾ栄養微生物	窒素	鉄	ニトロゲナーゼには鉄が必要
細菌	有機炭素	温度	
土壌微生物	有機炭素	水	

還元酵素の働きが低下するため、硝酸イオンの利用が阻害される。その結果、微生物は窒素制限に陥ることがある（鉄を含む酵素である硝酸還元酵素は、硝酸イオンをアンモニウムに還元する酵素であり、微生物の生合成にとって不可欠である）。窒素固定において重要なニトロゲナーゼは、鉄を補助因子として要求するもうひとつの酵素である。これら以外にも、コバルトや亜鉛のような鉄以外の微量金属を必要とする酵素が多く存在するが、微量金属の濃度はとりわけ外洋域では非常に低いレベルである。一般的にいうと、ある化合物や元素が、別の化合物や元素の獲得のために必要とされる場合に明確な共制限が見られることがある。

　温度が関わる共制限や、複数の要因の複合的な影響について、いくつかの例を紹介しよう。まず、極域の微生物に見られる温度と有機炭素による共制限の例である。温度と炭素基質は生理学的に関連する環境要因である。低温は、膜を硬化させ、溶存化合物の輸送阻害を引き起こす。ある仮説によれば、微生物は水温が低い時のほうが、温かい時よりもより多量のDOMを必要とする（ただし、いずれの温度でも増殖速度は同じであると仮定する）。一方、土壌微生物生態学の分野では、有機物分解の温度依存性（Q_{10}）が有機物の質によって異なるのかどうかについて活発な議論が行われている（Knorr et al. 2005; Fang et al. 2005）。温度とそれ以外の要因が複合的な影響を及ぼす例として、土壌における温度と水含量が微生物活性に及ぼす影響が挙げられ

る。土壌では、水の添加によって細菌の増殖速度が加速することがあるので（一方、水を添加せずに、グルコースのみを添加しても増殖促進は見られない）、微生物の増殖が水によって制限されていることがわかる（Lovieno and Baath 2008）。では温度と水含量は、土壌における呼吸や分解にどのような影響を与えるだろうか。これに関して多くの研究がなされてきたが、それをまとめると次のようになる。加温は分解や微生物の増殖を加速するが、その一方で、温度が上昇すると蒸発が促進され湿度（水含量）が低下するため、微生物活性は水による制限を受けるようになる（Howard and Howard 1993）。このように温度と水含量という2つの要因が複合的に関与するため、温暖化に対する陸上生態系の応答予測に使われる全球モデルの中で、土壌 Q_{10} をどのように設定すべきなのかは複雑な問題になっている（Davidson and Janssens 2006）。

▶ 生物間の競争と化学コミュニケーション

　ここまで微生物やその他の生物の生物量は考慮せずに、微生物の増殖を支配する非生物的な要因に関する考察を加えてきた。温度は好例であるが、これらの要因は、その影響が微生物の生物量によって変化しないため密度非依存的であるといわれる。一方、捕食は密度依存的要因である。なぜなら捕食の影響は、捕食者と餌の生物量に依存して変化するからである（7章）。多くの非生物要因は密度非依存的であるが、すべてがそうであるわけではない。たとえば物理的な空間あるいは「空き地」は、土壌の微環境やバイオフィルムにおいて微生物の増殖を制限しうる要因である。土壌水分は、降雨イベントの頻度や強度のような密度非依存的な要因と、土壌マトリックス内において微生物が生産した細胞外ポリマーによる水の保持のような密度依存的要因の両方が関与する複合的な環境要因ということができる。

　もうひとつの重要な密度依存要因として競争が挙げられる。従属栄養細菌が無機栄養物質をめぐって真核植物プランクトンと競争する場合のような、小さい微生物と大きい微生物の競争についてはすでに考察した。4章では、溶存栄養物やその他の化合物の輸送を記述するミカエリス・メンテン式を用

表6.5 土壌において細菌と菌類に影響を及ぼす要因のまとめ。＋は正の影響（＋の数が大きいほど影響が大きい）、－は負の影響、――は強い負の影響を表す。

要因	細菌に対する影響	菌類に対する影響	文献
湿度	+++	++	Bapiri et al. (2010)
温度	+++	++	Pietikainen et al. (2005)
酸度	――	++	Rousk et al. (2009)
撹乱	++	+	Six et al. (2006)
金属類	――	+	Rajapaksha et al. (2004)
C:N *	-	+	Six et al. (2006)

* 環境中あるいは実験室において、菌類は、高い C:N 比の有機物質があるとよく増殖する。細菌も、時として窒素を与えると増殖が低下することがある。

いて競争について調べたが、このことはモノ式の観点からみることも可能である（図6.12）。低い K_s と高い μ_{max} をもつ微生物は、高い K_s と低い μ_{max} をもつ別の微生物を駆逐するであろう。細菌と菌類は潜在的には同じ有機基質をめぐって競争をする。両者の増殖速度や現存量の変化の方向はしばしば逆向きであることから、なんらかの相互作用が背後に隠されていることが示唆される。別の考え方としては、両者が競争をしているのではなく、単に同じ環境要因に対して異なる応答をしているということもありうる（表6.5）。

菌類の添加や除去あるいは細菌活性の阻害剤の添加といった操作を加えたあとに、細菌と菌類の増殖を追跡した実験の結果から、細菌と菌類が競争をしていることを示す強い証拠が得られた。(Rousk et al. 2008)。阻害剤を使った実験では、添加した阻害剤（オキシテトラサイクリン、タイロシン、ブロノポール）が細菌の増殖をより強く阻害したときに、菌類の増殖がより顕著に促進された。このことから、細菌が菌類に対して密度依存的な影響を与えたこと、つまり増殖を制限する同じ有機基質をめぐって、細菌と菌類の間に直接的な競争があることが強く示唆されたのである。細菌と菌類は、異なる種類の有機化合物を利用して増殖することができるのであるが（5章、Steinbeiss et al. 2009）、それにもかかわらず両者は競争していたのである。

微生物は競争するだけでなく、化学的な合図を使って相互作用をすること

もある。化学シグナルは増殖だけでなく行動や代謝に関わる多くの側面に影響を及ぼす。たとえばある種の細菌はポリエン系ナイスタチンのような有機化合物を分泌することで、菌類に対して負の影響を与える。ストレプトマイセス属の土壌細菌は、菌類や他の細菌に対して阻害的に働く抗菌物質や抗生物質を生成することで有名である。しかしこれらの抗微生物化合物が、自然環境中で実際どのように働くのかについてはほとんど明らかにされていない。実験室や人間の体内で見られることが、必ずしも自然環境中で起きていることを代表しているとはかぎらない（Davies 2009）。たとえばナイスタチンは菌類の感染に対する有効な薬剤であるが、これはある種の細菌がバイオフィルムを形成するときのシグナルでもある（Lopez et al. 2009）。微生物は抗微生物性の「化学兵器」以外にも、他の微生物とのコミュニケーションの目的でさまざまな有機・無機化合物を放出する。このようなコミュニケーションのひとつの形態であるクオラムセンシングについては14章で考察する。

まとめ

1. すべてではないものの、多くの細菌や菌類は自然環境中で活発な代謝を行いながら増殖をしている。微生物には、「死んだ状態」と「活発な細胞分裂（生産）を繰り返している状態」を両端として、その間に位置付けられるさまざまな活性状態がある。

2. 一次生産の場合と同様に、生産速度のデータは、従属栄養細菌や菌類が炭素フラックスにどの程度寄与しているのかを評価するうえで有用である。生産速度のデータのみでなく、その他の手法で得られたデータからも、従属栄養微生物を介しての炭素やエネルギーフラックスが大きいことが裏付けられている。

3. 栄養に富んだ培地を用いて室内実験で培養された微生物に比べると、自然環境中での細菌の増殖はずっと遅い。土壌や水圏環境中で、細菌は菌類よりも速く増殖しているようであるが、このことは、土壌中には炭素循環の遅い経路と速い経路があるというモデルと整合的である。

4. 好気的環境中では、従属栄養細菌や菌類の増殖は有機物の供給速度やその質によって制約されるのが普通である。ただし環境条件によってはリン酸イオンのような無機栄養塩類が細菌の増殖を制限することもある。

5. 細菌や菌類の増殖に対して温度は強い影響を及ぼすが、その影響の中身はさまざまである。気候変動を理解するうえで、微生物が温度変化にどのように応答するのかを調べることは意義深い。

6. 微生物は、制限基質（有機物、無機物を含む）をめぐってお互いに競争するばかりでなく、抗微生物化合物の分泌を介して直接的に相互作用をする場合もある。

Chapter 7

摂餌と原生生物

　前章までに、自然環境中の微生物（細菌、菌類、藻類）の増殖速度が、実験室内の最適条件下で見られる増殖速度に比べて遅いということを学んだ。しかし、たとえ増殖速度が遅いとしても、微生物がなんらかの要因で死亡することが無ければ、生物圏は微生物によってたちまち埋め尽くされてしまうだろう。有機炭素やある種の制限栄養素が欠乏すると自己分解によって死んでしまう微生物もいるが、多くのものは、きわめて劣悪な環境条件下におかれても、たとえ緩慢ではあれ増殖することができる。水圏環境中では、表層に生息する大型植物プランクトンのうちのいくらかのものは重力によって沈降し最終的に光の届かない深層で死亡する。しかし、細菌などの小型の微生物にとって沈降はとるにたらない消失要因である。当然、陸域では微生物の沈降は無視できる。自然環境中で微生物個体群をコントロールする主要なメカニズムは、摂餌とウィルス溶菌による死亡であり、これらの要因をひとくくりにして、「トップダウン支配要因」と呼ぶ。摂餌者とウィルスの相対的な重要性については8章で考察することとし、本章では、摂餌に焦点をあわせて議論を進めよう。

　微生物を摂餌する生物にはさまざまなものがいる。このうち細菌や藻類の摂餌者として最も重要なのは原生生物（protist）である。原生生物は単細胞

表7.1 自然界における原生生物の生態学的役割。この表に示されていない原生生物の中にも生態学的に重要な役割を果たすものがいる。また表中の原生生物の各グループがここに示した以外の機能を発揮する場合もある。

生態学的な役割	生物のタイプ	付記事項
一次生産	植物プランクトンと藻類	多くの独立栄養原生生物は摂餌をする
植食	鞭毛虫と繊毛虫	原生生物は植物プランクトンの主な摂餌者
細菌食	ナノ鞭毛虫およびアメーバ	多くの原生生物が細菌を摂餌することができる
混合食	多くの種類	混合栄養性生物は、光栄養と従属栄養の双方によりエネルギーを得る
肉食	繊毛虫	大型鞭毛虫は小型鞭毛虫を摂餌することができる
寄生	原生動物	すべての原生動物が寄生性というわけではない

の真核生物であり、ナノ鞭毛虫［訳注：ナノという接頭語は大きさが2〜20 μm のプランクトンを指す］のように細菌よりもやや大きい細胞サイズのものから、1 mm を超える繊毛虫までが含まれる。原生生物は、一次生産、摂餌、寄生といったさまざまな生態学的プロセスの中で重要な役割を果たしている（表7.1）。一次生産者として重要な働きをするのは、独立栄養原生生物である（4章）。それ以外の原生生物は摂餌者として重要であり、藻類（珪藻を含む）や細菌あるいはその他の微生物に対する摂餌圧の大部分を担っている。原生生物の存在自体は何世紀も前から知られており、古くは「微小な動物」（animalcules）と呼ばれていた。17世紀に、アントニ・ファン・レーウェンフック（Antonie van Leeuwenhoek, 1632〜1723）は、原始的な顕微鏡を使って自分自身の糞便や歯垢を観察したのだが、その時に発見された微生物を記載するためにこの用語が用いられたのである。原生動物（protozoa）という用語も用いられるが、光合成を行うものや機能（代謝）が不明の場合は原生生物のほうが適切であろう。細菌の場合と同様に、多くの原生生物は単離培養されておらず、実験室で増殖させることができない。そのため、原生生物の代謝や生態学的な役割についてはまだ不明の点が多い。ただし、近年になって非培養法が用いられるようになり、原生生物の生態学的機能に関する新たな知見が得られつつある。原生生物の培養上の問題については9章

> **BOX7.1** 原生動物とはなにか？
>
> 英語の原生動物（Protozoa）の語源は、ギリシャ語の protohi（始め）と zoa（動物）である。この用語を使うことに反対する微生物生態学者もいるが、その理由は、原生動物と動物の間にはほとんど共通点が無いというものである。原生動物の中には光合成を行うものがあるが、これは全く「動物的」ではない。彼らは原生動物より原生生物（Protist）という用語を使うべきだと考えている。困ったことに原生生物には、植物プランクトンから従属栄養性の摂餌者まで、実にさまざまな単細胞の真核生物が含まれてしまう。光合成は行わず従属栄養のみで生活している原生生物については、原生動物という用語を使うことは適切であるし、また便利である。

で考察する。ここでは、従属栄養と光従属栄養（混合栄養）の原生生物に着目しよう。

▶ 水圏環境における細菌食と植食

　湖や海洋における細菌数のデータが集まり始めた頃、微生物生態学者はそのデータをそれほど興味深いとは思わなかった。いつどこで測定しても細菌数はそれほど大きくは異ならなかったからである。たとえば温帯域では夏に高く冬に低いという季節変化が見られたが、その変動幅はせいぜい10倍以内であり、同じ海域における植物プランクトンの季節変動幅に比べるとわずかであった。いつも同じ数というのではあまりおもしろくない。ところが実のところ、細菌数の定常性というのは大変に興味深い現象だったのである。次のような2つの疑問について考えてみよう。第一に細菌数はどうして時・空間的にある一定の狭い範囲内におさまるのかという疑問。第二になぜ特に海洋の表層においては約 10^6 細胞 mL^{-1} という細菌数が典型的に見られ、それと大きく異なる値にはならないのだろうかという疑問。これらの疑問に対する答えの一部は、「細菌食」つまり原生生物やその他の生物が細菌を摂餌するプロセスの中に見つけることができる。

　どのような生物が細菌を食べているのかを明らかにするためには新たな方

表7.2 細菌に対する摂餌速度を測定する方法。第Ⅰ種の方法では、モデル餌粒子を用い、第Ⅱ種の方法では、なんらかの処理後に細菌あるいはその他の微生物数の変化を調べる。Strom (2000) による。

区分	方法	説明	利点	欠点
第Ⅰ種	蛍光ビーズ	細菌と同程度のサイズの蛍光ビーズを与え、それらが摂餌者の細胞内にどの程度取り込まれるのかを時間を追って測定する。	もし顕微鏡観察で同定が可能ならば、どのような摂餌者が細菌食に関与していたのかが特定できる。	ビーズの表面は、細菌細胞表面と質的に異なる。
	蛍光標識細菌 (Fluorescently labeled bacteria, FLB)	蛍光ビーズ法と同様であるが、蛍光ビーズの代わりに、蛍光標識した細菌を用いる。	蛍光ビーズ法と同様。	細菌を蛍光標識する過程で、餌細菌が変化する可能性がある。
	放射標識細菌	放射性同位体で標識した細菌が、摂餌者に取り込まれる速度を測定する。	蛍光ビーズ法や蛍光標識細菌法に比べて、測定が簡単である。	すべての細菌が放射標識化合物を取り込むとは限らない。
第Ⅱ種	希釈法	ろ過水を用いてサンプルを希釈することで、摂餌圧を減衰させた条件下で培養を行い、細菌の純増殖速度を測定する。	餌である細菌の増殖速度と、摂餌速度の両方を測定することができる。	実験が煩雑であるのに加え、希釈操作によって細菌の増殖速度が変化する可能性がある。
	サイズ分画法	ろ過によって摂餌者やその他の大型生物を取り除いた条件下で培養を行い、細菌数の時間変化を調べる。	細菌数を測定するだけなので、簡便である。	ろ過によってすべての摂餌者が取り除けるわけではない。また、通常のろ過で、ウィルスを除去することはできない。
	代謝阻害剤法	細菌増殖の阻害剤、または摂餌活性の阻害剤を添加した条件下で培養を行い、細菌数の時間変化を調べる。	細菌数を測定するだけなので、簡便である。	阻害剤は標的とする細胞以外の細胞にも影響を及ぼす可能性がある（特異性の問題）。あるいは、標的細胞に対する阻害効果が完全ではないという可能性もある。

法の開発が必要であった。当時、一次生産速度や細菌生産速度が比較的簡単に測定できるようになっていたのに比べると、細菌やその他の微生物に対する摂餌速度を測定するのは難しかった。実際のところ今日においても、この方法を用いれば摂餌速度を正確に調べられるといった決め手となる手法は確立していない。しかしいくつかの方法が考案され、摂餌速度や原生生物の生物学的特性についてなんらかの情報を与えてくれた。表7.2には水圏環境で細菌食を調べる研究手法を整理した。これらの方法を土壌試料にそのまま適用することは難しい。この表には細菌食を調べる目的以外で用いられる方法も含まれる。たとえば希釈法はもともと真核微生物とシアノバクテリア（シネココッカスやプロクロロコッカス）に対する摂餌速度を推定するために考案された（Landry and Hassett 1982）。

　いくつかの方法を組み合わせると、どの生物が細菌の主たる摂餌者であるのかを調べることができる。たとえばある簡単な実験から主要な細菌食者のサイズについての情報が得られた（Sherr and Sherr 1991）。その実験とは、さまざまな孔径のフィルターを用いて海水や湖水試料をろ過し（そうすることで試料中の特定サイズ以上の生物を取り除くことができる）、ろ過液中の細菌数の時間変化を追跡するものであった。もし細菌数が時間とともに増加したら、ろ過によって取り除かれた生物が主要な細菌食者であると推定できる。実験の結果、大型動物プランクトン（カイアシ類）を取り除いても細菌数はただちには増加しないことがわかった。つまり主要な細菌食者は大型動物プランクトンではなかった。次に5 μm以下のサイズ画分の生物を除去したところ細菌数は時間とともに増加した。このことから、主要な細菌食者のサイズは5 μm以下であることが明らかになった。さらに蛍光色素で染色した細菌や、細菌を模した蛍光ビーズを用いた実験の結果、この細菌食者が従属栄養ナノ鞭毛虫類（heterotrophic nanoplankton, HNANまたはheterotrophic nano-flagellates, HNF）と呼ばれる、細胞サイズが3〜5 μmの小型の鞭毛虫であることがわかった。図7.1には鞭毛虫の顕微鏡写真をいくつか示す。鞭毛虫という呼称は、この微生物が水中での移動や摂餌に用いる1本ないしは2本の鞭毛を有することによる。一般に光合成色素（主にクロロフィル）を欠くことや細菌を餌として与えないと生残できないことから従属栄養である

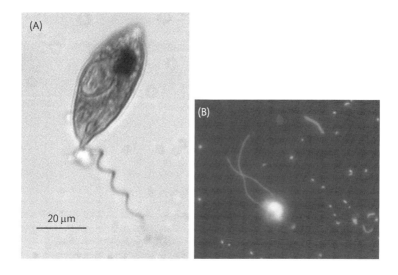

図7.1 細菌やその他の微生物を摂餌する鞭毛虫のいくつかの例。パネルA：ベーリング海で採集されたユーグレナ属の鞭毛虫の光学顕微鏡写真。Evelyn Sherr の好意による。パネルB：サルガッソ海で採集された未同定の鞭毛虫の落射蛍光顕微鏡写真（DNA染色）。小型の細胞は大きさが約 0.5 μm の細菌である。Craig Carlson の好意による。

と判断されるが、種類によっては光合成と摂餌（細菌や小型の微生物を餌とする）の両方を行うものもいる。海洋や湖沼で普通に見られる鞭毛虫を表7.3 にまとめる。

　一般に水圏環境では土壌に比べて無殻アメーバの生物量は低い。水中のアメーバの生物量は鞭毛虫に及ばないのである（ただし繊毛虫に匹敵するほどになるという報告はある）(Lesen et al. 2010)。アメーバが水中に少ないのは、それらが粒子状デトリタスやその他の表面の上で増殖するように適応していることの反映なのかもしれない（水中環境では土壌や堆積物に比べて固体表面がずっと少ない）。しかし水圏環境でも時としてアメーバによる摂餌が細菌やその他の小型の微生物の死亡に対して有意に寄与することもある。アメーバのように壊れやすい微生物に関しては今後さらなる研究が必要である。

　鞭毛虫やアメーバ以外にもさまざまな生物が細菌やそれと同等のサイズの

表7.3 自然環境中で見られる鞭毛虫類。鞭毛虫はさまざまな門に属し、系統樹のあちらこちらに散らばっている。渦鞭毛藻については別にまとめる。Sherr and Sherr (2000) および Howe et al. (2009) より。

グループ	属の例	生息場所	特徴
黄金色藻	*Paraphysomonas*	淡水域および海洋	普通に単離される従属栄養微生物
黄金色藻	*Ochromonas*	淡水域および海洋	混合栄養
ユーグレノゾア	*Euglena*	淡水域	混合栄養
ビコソエシド	*Cafeteria*	淡水域および海洋	二本の不等長鞭毛をもつ従属栄養微生物
ペディネリド	*Ciliophys*	淡水域および海洋	一本の鞭毛をもつ従属栄養微生物
襟鞭毛虫	*Monosiga*	淡水域および海洋	一本の鞭毛と襟を持つ従属栄養微生物
ケルコゾア	*Heteromita*	土壌	優占する従属栄養鞭毛虫
ケルコゾア	*Bodomorpha*	土壌	優占する従属栄養鞭毛虫
パラバサリア	*Trichomitopsis*	シロアリの腸	セルロースを加水分解する
動物性鞭毛虫	*Giardia*	哺乳類の消化管	ミトコンドリアを持たない寄生性微生物

微生物を摂餌する（Storm 2000）。水域によっては原生生物以外の摂餌者が「トップダウン支配」のうえで大きな役割を果たす。たとえば、淡水域では枝角亜目ミジンコ属に属するいくつかの動物プランクトンが細菌食者として重要な役割を果たすことがある。ミジンコは餌をこしとって摂餌をするが、その時に使う毛状構造の網の目が細かいため、細菌サイズの微細粒子を捕獲することができる。なおミジンコは主に湖に生息しており、植物プランクトンの摂餌者（植食者）としても重要である。海洋環境中の大型の細菌食者としては、幼生類、サルパ、ウミタルなどのゼラチン質動物プランクトンが挙げられる。これらはすべて脊索動物門に属している（ゼラチン質といっても刺胞動物門に属するクラゲとは系統学的に大きく異なる）。幼生類はゼラチン質のハウスの中に住み、細かい網目からなる粘性の高いろ過装置を用いて微生物を捕獲する。ろ過の網目が詰まるとそれを捨て去り新たに作り直すが、生産性の高い水中では１日に何度もこれを繰り返す。幼生類やその他の細菌食ゼラチン質動物プランクトンの体サイズ（数ミリメートルから数センチメー

トル）が、鞭毛虫の細胞サイズ（数ミクロン）よりもずっと大きいという点は注目に値する。餌（細菌）と摂餌者（ゼラチン質動物プランクトン）の間でサイズが大きく異なるということは、物質やエネルギーが食物網を通して転送される効率を考えるうえで重要である。これについてはあとで触れることにしよう。微生物生態学ではしばしばそうであるが、ここでもサイズが重要な問題になる。

▶ 土壌や堆積物中での細菌や菌類の摂餌者

　土壌中の微生物を摂餌する主要な生物は、原生動物、線虫類、および節足動物である（図7.2）。従来、土壌に生息する原生動物は肉質鞭毛虫亜門と有毛虫亜門という2つの亜門に属するとされていた（Coleman and Wall 2007）。しかし今日では、肉質鞭毛虫亜門という分類単位は使われない。原生動物の分類に関しては現在でも論争が続いているが（Adl et al. 2005）、生態学的には大きく4グループに分けることができる。すなわち鞭毛虫、無殻アメーバ、有殻アメーバ、そして繊毛虫である。鞭毛虫は水圏環境で見られるものと機能的に同じであり、細菌を主な餌としている。森林土壌では、鞭毛虫の密度は10^5細胞g^{-1}にも達することがある。水圏環境と大きく異なるのは、無殻アメーバの生物量が非常に大きくまた活性も高いという点である。これはさまざまなタイプの土壌でいえることである。無殻アメーバは、細菌のみならず菌類や藻類あるいは小型のデトリタス粒子さえも食べている。固い細胞壁が無いため大変柔軟性に富んでおり、他の摂餌者がはいりこめないような土壌の小さな隙間や孔に侵入することができる。無殻アメーバとは対照的に有殻アメーバは固い外部の殻を有する。ある種の森林土壌を除いて通常は無殻アメーバほど生物量が多くない。4番目の原生動物のグループである繊毛虫は、細菌を摂餌するが、その細胞数は10〜500細胞g^{-1}と鞭毛虫よりもずっと低レベルである。したがって細菌食者としては鞭毛虫ほど重要ではないだろう。

　鞭毛虫は細菌食者として重要であるが、菌類の摂餌者としてはそれほど重要でない（Ekelund and Ronn 1994）。菌類の主な摂餌者は線虫類である。線

図7.2 土壌における細菌や菌類の摂餌者の例。節足動物や線虫が細菌と菌類の両方を摂餌するとは限らない。節足動物にはダニやトビムシが含まれる。Chapin et al. (2002) に基づく。

虫類は生物圏の中で最も数が多く、多様性の高い多細胞生物のひとつである。線虫類は原生動物やワムシとともに水膜や土壌中の水を含んだ空隙の中に生息し、菌類のほかにもさまざまな餌を摂餌している。餌の選択性によっていくつかのグループに分類することができる。細菌食に特化しているものや、菌類のうちの特定の分類群(腐生性、菌根性および食作用性のもの)を選択的に摂餌するものがいる一方で、雑食者として知られるものもいる(Wardle 2006)。線虫類の中には、菌類の菌糸や根あるいは根毛を引き裂くための短剣様の構造を有するものが多く見られる。線虫による菌類の摂餌は、菌類に特異的な脂肪酸が線虫の組織や体内に検出されるかどうかを手掛かりに調べられてきた(Ruess and Chamberlain 2010)。菌類の摂餌者には、ほかにダニやトビムシのような節足動物がいるが、その多くは空気を含んだ土壌間隙中の餌を摂餌することができる。

堆積物の主要な細菌食者は鞭毛虫である(Kemp 1990)。ただし土壌の場合と同様メイオファウナやマクロファウナと呼ばれる底生動物(5章)も細菌を摂餌する(Pascal et al. 2009)。干潟の主な摂餌者は、有孔虫、線虫、ソコミジンコといったメイオファウナである。一方マクロファウナであるタニシは細菌やデトリタスを摂餌するようだ。土壌や堆積物において、細菌に対する摂餌圧と細菌の増殖がどのように釣り合っているのかを調べるのは容易ではないが(First and Hollibaugh 2008)、多くの場合、摂餌圧は細菌の増殖に比べて低いようである。これは細菌の死亡要因として摂餌以外にも重要なプロセス(たとえばウィルスによる溶菌)があることを意味しているのかも

> **BOX7.2** 役割転換
>
> 通常、線虫や小型節足動物は菌類の摂餌者であるが、ある種の菌類と、線虫・小型節足動物の間では、この捕食—被食関係が逆転することがある。線虫捕食菌が線虫を捕らえて消化することは、多くの研究で示されている。少なくとも一例の報告によれば、トビムシを捕食する菌類もいる（Klironomos and Hart 2001）。菌類は、線虫や小型節足動物を捕食することで、窒素・炭素あるいはエネルギーを得ているのではないかと考えられている。

しれない。あるいは土壌や堆積物中では粒子が非常に多く摂餌速度の測定が困難であるため、摂餌圧が過小評価されているという可能性も否定できない。

▶ 原生生物の摂餌メカニズム

　前節までに、水圏環境や土壌における細菌や菌類の主要な摂餌者にはどのような生物がいるのかについて整理した。ここでは原生生物の摂餌活動の特性を考えることで、細菌食についてより深く考えてみよう。多くの原生生物は、餌粒子を摂取し食胞内でそれらを消化する食作用というメカニズムで摂餌活動を行う（図7.3）。食作用を理解することは原生生物の生物学的あるいは生態学的特性を知るうえで有意義である。原生生物と大型動物（後生生物）の摂餌活動には多くの類似点がある一方で、本質的な違いもある。

　原生生物の摂餌活動の中で第一に重要なのは、いかに餌を見つけるか、あるいは餌に遭遇するかという問題である。この最初の問題を理解するために次のことを思い出そう。つまり、大型の摂餌者の場合とは異なり、原生生物とその餌は粘性力が卓越する低レイノルズ数の世界の中で生きているということである。3章で見たように、低レイノルズ数の世界での暮らしをイメージするためには、われわれが糖蜜やコールタールの中で泳いでいる状況を想像するとよい。このような世界で餌をとらえるために、原生生物は水をそれ自身の後方に一方向的に流すようにする必要がある。この一方向的な流れを

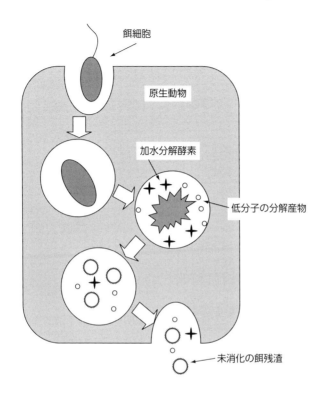

図7.3　微生物を摂餌する原生動物で見られる食作用。Nagata (2000) より。

作りだすために、原生生物は左右非対称な運動をする（Storm 2000）。鞭毛虫の場合、コルク栓抜きのようならせん状の遊泳や左右非対称的な鞭毛運動が見られる。繊毛虫はまるでボートを漕ぐように繊毛を波打たせる。ある種の原生生物は特殊化した摂餌装置をもっている。たとえば襟鞭毛虫類に見られる「襟」がそれにあたる。

　従属栄養原生生物は、餌の取り方によって分類することができる（Montagnes et al. 2008）。ろ過食者（ここにはある種の繊毛虫と鞭毛虫が含まれる）は摂餌流を作りだす。拡散食者（たとえば太陽虫）は硬い腕状の構造（有軸仮足）をつきだし、そこに餌が衝突するのを待っている。能動的摂餌者（ある種の繊毛虫、鞭毛虫、無殻アメーバなど）は、能動的な狩りをして餌を捕まえる。

> **BOX7.3** ぞっとするような食事の仕方
>
> 従属栄養性鞭毛虫の中には尋常でないやり方で餌にむさぼりつくものがいる。ペダンクルと呼ばれる突起を餌に突き刺し、その中身を吸い取ってしまうのである。フィエステリアに類縁の渦鞭毛藻は、さまざまな植物プランクトンを摂餌するが、魚や人間の赤血球を食べて増殖することもできる（Jeong et al. 2007; Nisbet and Sleep 2001）。

　これらいずれの摂餌メカニズムの場合でも、いったん捕獲された餌粒子は食胞に包み込まれる。食胞とは原生生物の細胞膜が餌粒子を包み込んだものである。食作用は哺乳類の白血球が外来の粒子に遭遇したときのプロセスと類似している。食作用について知ることは、自然界で典型的に見られる餌濃度における原生生物の摂餌を理解するうえで重要である。

　餌粒子がいったん食胞内に入ると消化が始まる（Fenchel 1987）。このプロセスでは、プロテアーゼやリゾチーム（細菌が餌の場合）といったさまざまな消化酵素が食胞内に放出され、捕まえられた餌を攻撃して切断する。食胞内は酸性であるため、餌は殺され消化が促進される。これは哺乳類の消化システムの場合と似ている。消化プロセスの産物は、飲小胞によって細胞質の中に輸送される。飲小胞は食胞と類似しているが大きさは食胞に比べるとずっと小さい。消化過程の全体を通して食胞は原生生物の細胞の中を動き回る。消化が完了すると食胞膜は原生生物の外部膜と融合する。繊毛虫の場合この融合はミニチュア版の肛門、すなわち細胞肛門で起こる。食胞内の完全に消化されなかった内容物はこの段階で外界に捨てられる。原生生物のひとつの細胞がある餌粒子を消化するのにかかる時間は、餌量、餌の質および原生生物の増殖速度により異なるが、およそ数分から数時間のオーダーである。

▶ 摂餌に影響を及ぼす要因

　餌条件の変化に直面したときに原生生物摂餌者が示す応答には、2つの一

般的なタイプがある。第一は機能的応答——すなわち餌生物量の変化に対する摂餌速度の応答である。第二は数の応答——これは餌生物量の変化に対する摂餌者の増殖速度の応答である。機能的応答は比較的短い時間スケール（数分から数時間のオーダー）で起こる現象であるのに対し、数の応答はより長い時間スケール（原生生物の典型的な世代時間である数日のオーダー）で起こる現象である。原生生物の生態学的役割だけでなく、土壌や水圏環境に生息するすべての摂餌者の生態学的役割を考えるうえで、この2つのタイプの応答は重要である。原生生物の摂餌速度に影響を及ぼす要因には、餌の数、餌のサイズ、および餌の化学組成がある。本節は主にこれらの要因を考察したのちに、餌生物が示す防衛が摂餌にどのような影響を及ぼすのかを考えてみよう。

▶ 餌の数と摂餌者—餌サイクル

　餌の数は摂餌速度に影響を及ぼす最も単純かつ重要な要因である。大雑把にいえば、微生物の世界では、餌の数が増加すると摂餌者と餌が遭遇するチャンスが大きくなるから、摂餌速度は速くなると期待される。しかし摂餌速度は無限に速くはなりえない。なぜなら食作用の速度に限界があり、摂餌速度はその制約以上の値にはなりえないからである。いいかえると、餌濃度が増加した場合、あるレベルにおいて摂餌速度は極大値に達する（図7.4）。図7.4の例では、摂餌は摂食速度（すなわち、個々の摂餌者が単位時間あたりに摂取する餌の数ないしは量）で表されている。もうひとつよく用いられるのはクリアランス速度である。これは、単位時間あたりにそこに含まれるすべての粒子が除去される水の容積のことであり、摂食速度（時間あたりの餌量）を餌密度（単位体積あたりの餌量）で除することで求められる。クリアランス速度は「時間あたり」という単位をもつ（たとえば時$^{-1}$）。摂餌を調べるうえでは、餌の数の代わりに餌の現存量（水の単位容積あたりの炭素量）もよく用いられる（図7.4）。

　摂食速度と餌量の関係を表す曲線の形は、すでに見た溶存化合物の濃度とその取り込み速度の間の関係を表す曲線と非常によく似ている。実際ミカエリス・メンテン式（式4.1）と同じ式を用いることで、摂食速度を餌量の関

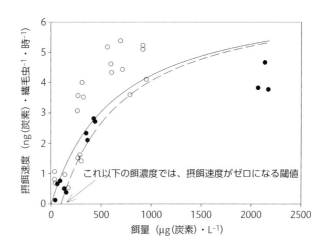

図7.4 繊毛虫における餌量と摂餌速度の関係。2種の藻類を餌として与えた。黒丸は *Nannnochloropsis* が餌の場合、白丸は *Isochrysis* が餌の場合である。実線は、実際のデータを使って計算した回帰曲線を示す：$I = 8.96 \cdot P/(641+P)$（ただし I は摂餌速度、P は餌濃度）。破線は、摂餌の閾値を説明するために加えた曲線であり測定値ではない。Chen et al. (2010) のデータ。

数として記述することができる。しかし取り込みの場合とは異なり、原生生物の摂餌活動は餌密度がある閾値以下になると停止する場合がある。図7.4では、破線と X 軸の交点がこの閾値である。つまりたとえ餌が存在しても、その量がある閾値以下の場合には摂食速度がゼロになるのである。このような応答が見られる進化生態学的な理由は、摂餌活動に必要なエネルギーコストと得られる利益を比較してみると理解できる。つまり、まばらに存在する餌を摂餌することによって得られる利益に比べて、その摂餌のために必要なエネルギーのコストのほうが上回るときには、摂食を停止するのが有利な戦略になりうる。

もし実際に「摂餌の閾値」が存在すれば、そのことはなぜ細菌数が多くの水圏環境においておよそ 10^6 細胞 mL^{-1} という値をとり、また多くの土壌や堆積物中で 10^9 細胞 g^{-1} という値をとるのか、という疑問に対するひとつの答えになるかもしれない。細菌数はある閾値までは増加するがそれ越えると

摂餌圧によって頭打ちになると考えれば、これらの細菌数は「摂餌の閾値」を反映しているとみなすことができる。閾値がある値に収れんするのは、摂餌行動や細菌食のエネルギー収支上の制約のためであろう。では腹を減らした肉食者が餌を探し回っているのにもかかわらず、なぜ原生生物は自然環境中に存在しうるのか？　このことも肉食者に捕食の閾値があると仮定すれば説明できる。肉食者は、あるタイプの餌のレベルが閾値を下回ったときには、別のタイプの餌を食べるように餌を切り替えることもできる。

　以上の「摂餌の閾値」に関する考察は合理的で、微生物世界の生命活動のある側面をよく説明しているように見える。しかし実際にこの考察を裏付ける確実なデータが十分にあるわけではない。図7.4からもわかるように、摂餌速度が低いときには測定誤差が大きいため、閾値を実験によって正確に求めることは難しい。

　図7.4に示したのは、餌量に対する原生生物の機能的な応答であるが、数の応答についてもこれととてもよく似た図が描ける。つまり原生生物の増殖速度は餌量の増加とともに増大するが、やがて極大値に達しそれ以上は増大しなくなる。この関係は、細菌の増殖速度と有機炭素濃度の関係、あるいは藻類の増殖速度と無機栄養素濃度の関係と類似している（図4.12を参照せよ）。増殖速度を餌量の関数として記述する式は、摂餌速度を餌量の関数として記述する式と完全に等しい。実験的に閾値を示そうとすると、増殖の閾値を求めることのほうが摂餌速度の閾値を求めることよりも簡単である場合が多い。しかし、原生生物の増殖速度と餌量の関係を示すグラフというのは、当初に与えられた餌レベルに対する原生生物の応答を表現したものであり、その点で静的（static）なものである。実際には摂餌者の個体群と餌の個体群は相互に影響を及ぼしあうため、両者の生物量は連続的に変化するのである。

　この摂餌者と餌の相互作用を記述した最初のモデルのひとつが、ロトカ・ボルテラのモデルである。このモデルはアメリカの生物物理学者アルフレッド・ロトカ（Alfred Lotka, 1880〜1949）とイタリアの数理生物学者ヴィト・ボルテラ（Vito Volterra, 1860〜1940）によりそれぞれ1925年と1926年に独立に発表され、その後さまざまなタイプの捕食―被食関係の解析に使われてきた。たとえば古典的な例として、カナダにおけるヤマネコとウサギの関

係を解析した例が挙げられる。ここでは、微生物の世界にこのモデルを適用してみよう。ロトカ・ボルテラのモデルは 2 つの微分方程式からなる。最初の式では、餌量の変化速度が、比増殖速度（r）、摂餌速度定数（a）、餌量（H）および摂餌者量（P）の関数として記述される。

$$dH/dt = r \cdot H - a \cdot H \cdot P \tag{7.1}$$

言葉で表現すると、餌量の変化速度（左辺）は、餌の増殖速度（右辺第 1 項）と摂餌による死亡速度（右辺第 2 項）の差に等しい。第二の式は摂餌者に関するものである。

$$dP/dt = b \cdot H \cdot P - m \cdot P \tag{7.2}$$

ここで b は摂餌者の比増殖速度、m は摂餌者の比死亡速度。ふたたび言葉で表現すると、摂餌者量の変化速度（左辺）は、摂餌者の増殖速度（右辺第 1 項）と摂餌者の死亡速度（右辺第 2 項）の差に等しい。このモデルには次のようないくつもの仮定が含まれている。1）餌の増殖が指数関数的である（つまり増殖速度が餌個体群の大きさに比例する）、2）速度定数が餌や摂餌者の個体群の大きさによらず一定である［訳注：ここでは速度定数は r、a、b、m というパラメータを指す］、3）生態学的プロセスとしては摂餌による死亡のみが存在する（たとえば競争の効果はこのモデルでは表現されていない）。以下に、このモデルから導かれるいくつかの予測について考察を加えよう。

第一の予測は、摂餌者と餌の生物量が時間とともに振動するということである（図 7.5）。モデルのパラメータによっては解が不安定になり、摂餌者や餌の個体群が絶滅したり無限大になったりするが、ある特別なパラメータセットの時に得られる安定解においては、摂餌者個体群は、餌個体群に追随しながら振動し、この変動が永遠にくりかえされる。このモデルは振動の周期（個体群が、増大と減少を経て初期値に戻るまでに要する時間）と振幅（個体群サイズの最大値と最小値の差）の予測にも用いることができる。周期は摂餌者と餌の個体群のいずれについても等しいが、振幅は両者の間で異なる。

古典的な捕食―被食関係に見られる振動は、実験室内の制御された条件下

Chapter 7　摂餌と原生生物

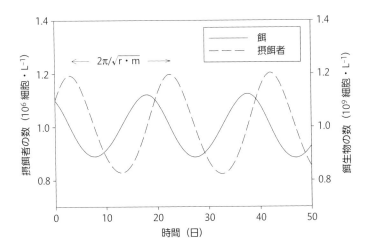

図7.5　ロトカ・ボルテラのモデルから予測される摂餌者（原生動物）と餌（細菌）の時間変動。振幅の周期は $2\pi/\sqrt{r \cdot m}$。餌の周期は m/b に比例し、摂餌者の周期は $r \cdot \sqrt{m}/(a \cdot \sqrt{r})$ に比例する。r、m、a、b というパラメータは本文中で定義した。r と m はそれぞれ 0.2 および 0.5 日$^{-1}$ と仮定したが、これは、海洋微生物の典型的な増殖速度である（6章）。次に、摂餌者と餌が平衡状態であると仮定し、式 7.1 と 7.2 をゼロとしたときの解を使って a と b を求めた。ここで捕食者と餌の生物量は、10^4 細胞・L^{-1}（原生動物）と 10^9 細胞・L^{-1}（細菌）とした。これは海洋で見られる典型的な生物量である。

では観察されることがあるが、自然環境中の微生物についてこのような振動が観察されたという事例は非常に稀である。このことは、自然環境中でも図 7.5 に示されるような振動が実際に起きているものの、それを観測することが困難だということを反映しているのかもしれない。たとえば図 7.5 に示した例では、餌個体群の振動の振幅は 20% 程度にすぎないが、このような小さい変動を自然環境中で高い精度で検出することは困難であろう。

　もうひとつのポイントとして、振動の時間スケールの問題がある。いま自然環境中での微生物の増殖・摂餌速度や個体群サイズに関して典型的なパラメータ値を仮定すると、ロトカ・ボルテラのモデルの予測では、振動の周期はおよそ 20 日程度になる。この理論的な予測を高い信頼性をもって検証するためには、2 サイクル分の振動、いやより正確を期するならば 3 サイクル

分の振動についてのデータが必要である。このようなデータを得るためには、40〜60日間の観測が必要になる。このような長期間にわたり微生物の変動を詳細に観測することは、土壌や小型の湖沼においてさえも容易ではないし、ましてや外洋域ではほぼ不可能である（外洋域での一回の研究航海の期間というのは長期の場合でも30日間程度である）。つまりたとえ多くの自然生態系において、細菌とその摂餌者がロトカ・ボルテラのモデルで予測されるような変動をしていたとしても、その振幅は比較的小さく観測は難しい。このため、摂餌によって細菌数が一定に保たれているように見えるのかもしれない。

より基本的な問題として、ロトカ・ボルテラのモデルの非現実的な仮定にも目を向ける必要があろう。このモデルには、摂餌者の餌の切り替え、摂餌者間あるいは餌生物間の競争、またボトムアップ支配といった多くの生態学的プロセスが含まれていない。これらのプロセスは摂餌者と餌の振動の振幅を小さくし、また規則的な振動のタイミングを乱す働きをするのである。ただしたとえこのような問題があるにせよ、ロトカ・ボルテラのモデルは、摂餌者と被食者の関係を記述するより現実的で洗練されたモデルを作るうえでの出発点として有用である。

▶ 摂餌者と餌のサイズの関係

餌生物と摂餌者の関係を考えるうえでは、それぞれの個体数に加えて、体サイズを考慮することも重要である。すでにみたように、自然環境中では細菌の大きさは約 0.5 μm であり、一方その主要な摂餌者である鞭毛虫の大きさは 1〜5 μm である。このような体サイズの関係は、別の餌生物と摂餌者の場合はどのようになっているだろうか。また微生物世界においては、体サイズという観点から「だれがだれを食べているのか」を予測できるような一般的な法則はあるのだろうか。このような疑問に対してエレガントな答えを出したのがデンマークの微生物生態学者トム・フェンチェルである（Tom Fenchel, 1940〜）（Fenchel 1987）。彼は仮想的な球形の原生動物（半径 R とする）が、同様に仮想的な球形の餌（半径 r）を食べていると仮定し、そのような場合には、摂餌者のクリアランス速度は r/R の関数として変動しなく

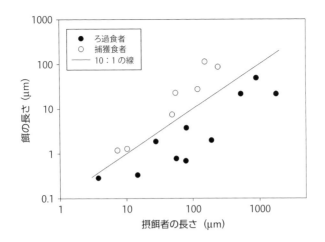

図7.6　餌の長さと摂餌者（繊毛虫）の長さの関係。Fenchel (1987) より。

てはならないと考えた。続いて、この比（r/R）がおよそ 0.1 であるという経験的な証拠を得ることに成功した（図 7.6）。つまり「餌生物の体サイズに比べて摂餌者の体サイズは約 10 倍大きい」という法則性が見出されたのである。

　フェンチェルの提案から 20 年以上たったが、この「10 倍大きい法則」はまだ色あせていない。今日では、この法則そのものよりも、この法則の例外について考えることのほうがより興味深いといえるだろう。例外はいくつかある。そのひとつは法則から期待されるよりもはるかに大きい摂餌者が存在するということである。水圏では、たとえばゼラチン質の細菌食性動物プランクトンである幼生類の存在がそれにあたる。土壌や堆積物においては「10 倍大きい法則」から期待されるよりも大きな体サイズの生物（ある種のイガイや大型のデトリタス食者）が、細菌やそれと同じくらい小さい微生物の摂餌者として重要な役割を果たす。これらは比較的わかりやすい例外といえよう。おそらく、より意外な事例は「10 倍大きい法則」から期待されるよりもずっと小さい摂餌者が存在するということかもしれない。たとえば、大きさが 0.5 μm の細菌を大きさが 1 〜 3 μm の原生生物が食べるという例。あ

> **BOX7.4** 球形の原生生物を考えよ
>
> サイズが摂餌に及ぼす影響を考える際に、フェンチェルはすべての餌と捕食者が球形であると考えた。もちろん本人にもわかっていたように、これは現実とはかけはなれている。しかし、この仮定をおくことによって計算が単純化され、原生動物による摂餌に関する頑健な予測を導くことが可能になった。複雑な問題を扱う際に単純な仮定を置くことは、生物学者以上に、物理学者やモデル研究者がよく行うが、これによってしばしば有益な結果や洞察が得られる。John Harte (1985) の著書『球形の牛を考えよ』では、複雑な問題を考える方法について考察がなされている。この本のタイトルは、一頭の牛から何足の靴が作れるのかを推定する方法からきている。答えは近似計算でえられるのである。たとえ答えをだすのにコンピュータが必要であったとしても、不必要な細部は避け、問題の最も重要な側面に焦点をあわせることが重要である。

るいは、大きさが 100 μm 以上もある大型の鎖状珪藻を、それよりも小さな繊毛虫や従属栄養渦鞭毛藻（約 50 μm）が食べるという例などである（Sherr and Sherr 2009）。このような例外はあるものの、微生物世界の摂餌者と餌生物の関係を考える際には、「10 倍大きい法則」が、おおまかなガイドラインとして依然として有用である。

これと関連する事柄として、ある体サイズを有する摂餌者の摂餌速度が、餌生物のサイズによってどのように変化するのかという問題がある。フェンチェルの「10 倍大きい法則」から、次のような予測ができる。すなわち、ある摂餌者にとっての最適餌サイズと比べて、餌サイズがそれより小さくても大きくても、摂餌速度は低下する。大きすぎる餌は摂餌の許容限度を超えてしまうし、小さすぎる餌は捕獲が非効率になる。この両極端の間に、摂餌速度が最大になる最適餌サイズがある。摂餌者の体サイズが増加すると、最適餌サイズも同様に増加する。餌のサイズが摂餌に与える影響は、実験的には、同一の摂餌者に対してさまざまなサイズの餌を与えることで明らかにすることができる。図 7.7 にはそのようにして得られたデータの一例を示す。別の実験のやり方としては、原生動物を添加することによって細菌群集のサ

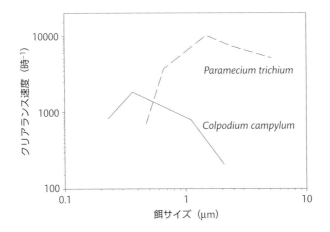

図7.7 繊毛虫の摂餌(クリアランス速度)と餌サイズの関係。*Paramecium trichium* の細胞サイズは約 90 × 55 μm、*Colpodium campylum* は約 60 × 25 μm である。Fenchel (1980) より。

イズ分布が時間とともにどのように変化するのかを調べる方法もある。このような実験を行うと、原生動物の添加によって細菌が長い鎖状の集合体や凝集体を形成することがある。これは、細菌が集合することでサイズを大型化し、原生動物による摂餌を回避した結果であると解釈される。

　以上をまとめると、微生物世界においては、サイズは摂餌速度やだれがだれを食べるのかを決定するうえで鍵になる重要な要因のひとつである。そのためさまざまな現象を「サイズの効果」という観点から統一的に把握できるのである。近似的には、同じサイズの餌は、同じ摂餌者によって、同じ摂餌速度で消費される、ということができる(ある種の原生動物は、プラスチックのビーズを、それと同じサイズの微生物とほとんど同じ速度で摂餌するので、蛍光プラスチックビーズは摂餌速度の推定のための代替餌粒子として用いられる)。たとえば、細菌と球状シアノバクテリア(シネココッカスやプロクロロコッカス)はほぼ同じサイズなので、同じような原生生物のグループによって食べられていると推論することが可能である。同様に、従属栄養ナノ鞭毛虫を摂餌する摂餌者は、同じくらいのサイズの植物プランクトンも

摂餌するであろう。

▶ 化学的認識と組成

　微生物のサイズは摂餌行動を強く規定する要因であるが、サイズだけでは説明できないこともある。そのことは比較的古くから知られていた。サイズ以外の要因として、まず餌の化学組成が挙げられる（Jürgens and Messana 2008）。室内実験において、サイズも外形も類似した細菌種 A と B を餌として用い、原生動物を培養すると、A 種を与えたときにはよく増殖し、B 種ではあまり増殖しないということが起こりうる。また、餌細菌を熱殺菌してから与えると、生菌を餌とした場合よりも原生動物の増殖速度が低下する（おそらく熱処理によって、生卵がゆで卵に変わるように餌の化学的性質が変化したのである）。さらにプラスチックビーズや蛍光標識した細菌に対する摂餌速度は、処理を加えていない細菌に対する摂餌速度よりも低下するという報告もある。以上のような知見は、餌の化学的特性、とりわけ餌細胞表面の組成が原生生物の摂餌速度や増殖速度に影響を及ぼすことを示唆している。原生動物やその他の摂餌者は、なんらかの方法で餌を「味わう」ことができるようである。

　以上の仮説は次のような実験の結果によって裏付けられた。この実験では、まずプラスチックビーズの表面をさまざまなタイプの有機化合物でコーティングすることで、表面特性が異なるプラスチックビーズを調製した。つぎにこれを原生生物に与えて、それぞれのビーズに対する摂餌速度を測定した。その結果、海産渦鞭毛藻 *Oxyrrhis marina* は、マンノースでコートしたプラスチックビーズを他の糖でコートしたものに比べてより速い速度で摂餌することが明らかになった（Wootton et al. 2007）。

　別の実験結果から、どのようにして摂餌の選択性が生じたのかについてのヒントが得られた（図 7.8）。渦鞭毛藻 *Oxyrrhis marina* の培養にマンノースを添加したところ、通常の植物プランクトンに対する摂餌が阻害されたが、そのような阻害現象は、他の糖を添加したときには見られなかったのである。以上の結果は、餌の選択性（ここでは細胞間の相互作用が重要と考えられる）がレクチンと呼ばれる一種の細胞表面受容体によって媒介されていることを

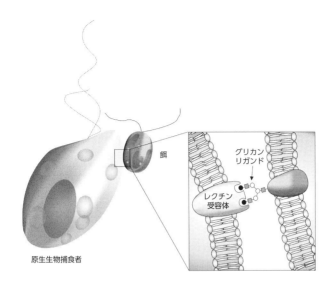

図7.8 タンパク質と炭水化物の相互作用に基づく原生生物(摂餌者)による餌の分子認識モデル。摂餌者の細胞表面のレクチン受容体が、餌の表面の炭水化物に分子構造特異的に結合する。レクチンは炭水化物結合性のタンパク質、グリカンは糖タンパク質や糖脂質の炭水化物部分である。図は Emily Roberts から提供された。詳細は Wootton et al. (2007) を参照のこと。

示している。レクチンとは糖結合性のタンパク質であり、植物から人間にいたる多様な生物においてさまざまなの細胞間の相互作用に関与している。上記の事例では、渦鞭毛藻はマンノース結合性レクチンを受容体として用いることで餌の細胞表面のマンノースを認識したものと考えらえる。摂餌者がマンノースを含む餌を選択したというわけではない。そうではなくて、摂餌者は、マンノースの存在を目印にして、その粒子が自らにとって必要な、質の高い餌であるということを認識したのである。

餌細胞表面の化学特性が、摂餌者の食胞内での餌の消化効率(原生生物の細胞質に同化される餌の炭素量)に影響を及ぼすこともある(Jürgens and Massana 2008)。ある種の細菌は独特な細胞壁を有することで摂餌に対する抵抗性を示す(Tarao et al. 2009)。いったんは摂餌されたものの、食胞内から外界へとそのまま吐き出される(排泄される)細菌もいる。一方、レジオ

ネラ菌（*Legionella*）のように原生動物の食胞内で生残し、そのことで塩素処理やその他の殺菌処理に対する抵抗性を示す細菌もいて公衆衛生上の問題を引き起こしている［訳注：レジオネラ菌はレジオネラ肺炎を引き起こす］。また餌成分の一部は消化されずに外界に排泄される（図7.3）。

摂餌者がある種の餌を他のものに比べてより選択的に摂餌するのはなぜだろう。ひとつの理由は、原生生物にとってより栄養価に富んでいる餌を選択的に摂取するためである。ここで「より栄養価に富んでいる」というのは、選択された餌の化学組成が、原生生物のより活発な増殖を促すということを意味している。原生生物は、C:N比の低い餌を選択的に摂餌するが（Mongtagnes et al. 2008）、これはおそらくC:N比の低い餌がタンパク質をより多く含んでいるためであろう。餌の脂質含量も重要な要因である。たとえば細菌に含まれるある種の多価不飽和脂肪酸は、原生生物や後生動物の増殖を促進することが知られている（Storm 2000）。逆に細菌にこの脂肪酸が含まれないと、細菌を基盤とする食物網を通しての物質フラックスが制限されることもある（von Elert et al. 2003）。従属栄養細菌とシアノバクテリアはともに原生動物やその他の真核生物が必要とするステロールを欠いている（Martin-Creuzburg and von Elert 2009）。興味深いことに、細菌に特異的に含まれるある種の脂肪酸は、摂餌者である真核生物の細胞成分としてそのまま保持されることがある。このため、脂肪酸の分析結果に基づいて、ある生物の餌が細菌であるということを推定することができる。

▶ 摂餌に対する防衛

原生生物による摂餌圧に対して、餌となる細菌やその他の微生物は、ある種の防衛戦略を使って対抗する。ひとつの戦略はサイズによるものである。微生物によっては、細胞を小型化することで摂餌を回避している。従属栄養細菌の小型化による摂餌回避に関しては研究例が多い。前述のように、自然環境中の細菌数の変動幅は比較的小さいが、小型化による摂餌回避は、この細菌数の安定性維持に部分的に貢献しているのかもしれない。逆に細胞サイズを大型化するという摂餌回避戦略の例も知られている。ただし、原核生物

の場合は特にそうであるが、あまり大きくなりすぎると、細胞質の中を栄養物質が拡散するのに要する時間が長くなり、それによって増殖が律速されてしまう。また環境中に希薄な状態で存在する有機炭素や無機栄養素の取り込みをめぐる競争においても、大型細胞は小型細胞に比べて不利である。細胞自体を大きくする以外の別の方策もある。細菌は鎖状の集合体や凝集体を形成するが、この集団としての大型化によって、ナノ鞭毛虫による摂餌から逃れることができる。これに関連して、摂餌者が放出する化学物質が、細菌による凝集体形成を誘発するという報告がある（Blom et al. 2010）。また凝集体形成の際に放出する細胞外ポリマーが、摂餌者の分子認識を妨げる「隠れ蓑」になる可能性もある。ただし、大型化による摂餌回避戦略は完全なものではない。ある摂餌者にとっては食べることができないほどサイズが大きくても、別の摂餌者にとってはちょうど食べごろのサイズになる、といったことが起こりうるからである。そう考えると、以上に挙げた微生物の特性の中には、摂餌回避以外の理由で発現しているものも含まれているのかもしれない。たとえば多くの自然環境中で細菌が小型化するのは、摂餌圧の直接的な影響というよりは、有機炭素濃度が低いということのほうが一義的な要因なのかもしれない。とはいえ摂餌者が及ぼす強い選択圧に対抗するために、餌生物は摂餌を回避しあるいは少なくともその影響を軽減するような戦略を編み出してきたと考えられるのである。

　別の種類の防衛は「化学兵器」によるものである。淡水産の細菌ジャンチオバクテリウム（*Janthinobacterium lividum*）とクロモバクテリウム（*Chromobacterium violaceum*）は、紫色の色素であるヴィオラセインを生産するが、この色素はナノ鞭毛藻や線虫あるいはミジンコ類などの摂餌者を殺滅する（Deines et al. 2009）。ある種の土壌菌類は、土壌中に抗摂餌者化合物を分泌し、また土壌の小型節足動物による摂餌を阻止するための結晶構造を細胞壁の中に構築するようである（Bollmann et al. 2010）。もうひとつの化学防衛戦略の例は、海産の摂餌性渦鞭毛藻オキシリス（*Oxyrrhis marina*）で知られている。実験結果によれば、オキシリスは藻類（*Emiliania huxleyi*）のある培養株は摂餌したが、別の培養株は摂餌しなかった。食べられなかった株はジメチルスルホニオプロピオン酸（dimethylsulphoniopropionate,

DMSP）を生産したことから、この硫黄化合物が、藻類の生理学上の役割（4章）に加えて被食防衛のうえでの役割を果たしていることが示唆された。一方 DMSP は、潜在的には細菌食者あるいは植食者であるようなある種の微生物を引き寄せる働きもする（Seymour et al. 2010）。DMSP の一部は気候関連気体である硫化ジメチル（dimethyl sulfide, DMS）に転換される（4章）。以上のことから、微生物の捕食―被食関係と大気における物質循環プロセスの間にゆるいつながりがあることが示唆される。

▶ 摂餌が餌生物の増殖に及ぼす影響

　前節までに、摂餌の結果として餌群集の一部が殺されることや、その一方で防衛的な対抗措置が誘導されることを見てきた。これ以外に、摂餌は餌群集に対して間接的な効果を及ぼすこともある。たとえば摂餌者が放出する無機的および有機的な化合物が、摂餌をまぬがれた餌微生物によって利用されれば、結果的に餌群集の増殖に対してはポジティブな効果となる。特にこの放出された化合物が制限元素であるような場合は、摂餌をまぬがれた幸運な餌細胞は、その化合物を取り込んで摂餌圧の存在下でより速く増殖することができる。この効果は、摂餌者が休眠細胞や非常にゆっくりと増殖している細胞を多く摂餌する場合に特に顕著であろう。つまり生き残った餌個体群にとっての利益が大きく、結果としてより多くの餌細胞が高い活性を有することにつながると予想されるのである（Berman et al. 2001; del Giorgio et al. 1996）。土壌や水圏環境において、摂餌圧の増大がデトリタスの分解速度を増大させるという現象が知られているが、これは摂餌者による不活性細胞の間引き効果によって説明できるのかもしれない。

　摂餌圧は、活発に増殖をしている細胞を選択的に除去する効果を介して、餌個体群の増殖や生残に対して直接的なインパクトを与える可能性もある。このような直接的な効果が現れる理由は、餌の細胞サイズと摂餌速度の間の関係の中に見出せる。前述のように、あるサイズの範囲内においては、餌サイズが大きいほど摂餌速度は速くなる。ところで微生物が細胞分裂（二分裂）によって増殖するサイクルの中には、必ず細胞が大型化する（おおざっぱに

は2倍の大きさになる）段階が存在する。この「いまにも分裂しそうな細胞」は、分裂後の2細胞（それらは再び小型化している）に比べて摂餌されるリスクが高い。実際に沿岸海洋水中で細菌に対する摂餌を調べた実験では、鞭毛虫が「いまにも分裂しそうな細胞」をそれ以外の小型の細胞に比べてより速い速度で摂餌していることが示されている（Sherr et al. 1992）。より速く増殖している細菌個体群では、より緩慢に増殖している個体群に比べて、「いまにも分裂しそうな細胞」が出現する頻度が高い。また一般に、速く増殖している個体群は、緩慢に増殖している個体群よりも平均的な細胞サイズが大きいという証拠もある（Gasol et al. 1995）。以上を総合的に考えると、増殖速度の速い個体群は増殖速度の遅い個体群に比べて摂餌圧をより強く受けている（負の作用を受けている）ということになる。いいかえると、高い摂餌圧の下では、緩慢な増殖のほうが有利であるということを意味している。多くの例外があるものの、この現象は、自然界において増殖速度の遅い微生物が増殖速度の速い微生物と共存し生残することができる理由のひとつであるといえよう。

▶ 繊毛虫と渦鞭毛藻の摂餌

　従属栄養細菌や球状シアノバクテリアあるいは小型真核生物の主要な摂餌者は、サイズが 1〜5 μm の鞭毛虫である。ではこの鞭毛虫を食べるのはどのような生物だろうか。「10倍大きい法則」によれば、10〜50 μm くらいの大きさの摂餌者であると予想される。土壌中におけるこのような摂餌者として、線虫類やアメーバが挙げられる。水圏環境では、20〜200 μm サイズの小型動物プランクトン（主に原生生物）が鞭毛虫の潜在的な摂餌者であり、これには大型の鞭毛虫をはじめさまざまな微生物が含まれる（図7.9）。最初に研究がなされた小型動物プランクトンは、コレオトリカ亜綱の繊毛虫ティンティニッドであった。ティンティニッドには頑丈な被殻（もしこれがなければ細胞は簡単に壊れてしまう）があるため、細かい目合いのプランクトンネットでそれらを捕集し、被殻の形状を手がかりにして同定をすることができた。その後捕集方法や固定方法が改良されると、一般的には、ティンテ

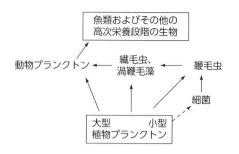

図7.9 水圏環境中での繊毛虫や渦鞭毛藻の役割を示す微生物食物網モデル。細菌は従属栄養細菌を意味する。球状シアノバクテリアは小型の植物プランクトンに含まれる。植物プランクトンと細菌をつなぐ点線は、溶存有機物やデトリタスを介した間接的な関係を表す。動物プランクトンは甲殻類あるいはその他の後生動物の摂餌者を意味する。

ィニッド以外の被殻をもたない繊毛虫（無殻繊毛虫）のほうがずっと数が多いということが明らかになった。

▶ 水圏生態系の植食者としての繊毛虫

かつて水圏環境中の植食者といえば、海洋においてはカイアシ類が、また淡水においては枝角類のような甲殻類動物プランクトンのみが重要であると考えられていた。しかし今日では、繊毛虫やその他の原生生物が植食者として重要な役割を果たしていることが明らかになっている（Storm et al. 2007）。細菌食性のナノ鞭毛虫に加え、繊毛虫やその他の小型動物プランクトンは重要な植食者であり、さまざまなタイプの植物プランクトン（長い鎖状の珪藻も含まれる）を摂餌する。小型の繊毛虫は、細菌以外に小型の植物プランクトン（シネココッカスやプロクロロコッカス）も摂餌している。カイアシ類のような大型動物プランクトンは、植物プランクトンを摂餌する植食者としてよりは、小型動物プランクトンを摂餌する肉食者としてより重要なのであろう。

形態学的に分類すると、水圏環境で最も普通に見られるのはコレオトリカ亜綱（アルベオラータ上門、繊毛虫門、旋毛綱）に属する繊毛虫類である（Sherr and Sherr 2000）。形状は丸型あるいは楕円体で、口腔に繊毛の冠がある。普

BOX7.5　ムチを振り回す

渦鞭毛藻という呼称に、「鞭毛」（英語の flagellate の語源はラテン語の鞭）が含まれているのは、渦鞭毛藻が2本の鞭毛を有することを考えれば当然である。では、「渦」（dino）のほうはどうであろう。dino の語源はラテン語の「渦巻き」である。大型の渦鞭毛藻は一時間に1 m も遊泳できるタフな遊泳者であることを考えると、「渦」が冠されているのもうなずける。

通に見られるものの中には、すでに述べたティンティニッドの他に、*Strombidinopsis* や *Strobilidium* などがある。すべての繊毛虫が厳密な従属栄養者というわけではない。あるものは混合栄養であり、光栄養と従属栄養の両方を行うし（後述）、ほぼ完全に独立栄養のものもいる。繊毛虫の写真を図 7.10 に示す。

▶ 土壌や堆積物中の繊毛虫

水圏と比べると、土壌における繊毛虫の生態学的な役割はそれほど重要ではない。繊毛虫の土壌中での分布は非常に湿潤な環境に限られている（Foissner 1987）。また鞭毛虫の摂餌者としての役割も、水圏環境におけるそれほど大きくはない（土壌中では、繊毛虫だけでなく線虫をはじめとするその他の生物が鞭毛虫の摂餌者としての役割を果たす）。土壌において、繊毛虫の生物量は鞭毛虫の生物量を下回るが、これは水圏環境においても同様である。

ある種の土壌繊毛虫は、土壌間隙や空隙にトラップされた細菌や鞭毛虫を摂餌する。乾燥に耐性をもった休止期細胞であるシストを形成する繊毛虫も知られており、シストは何十年間も乾燥に耐えることができる（水圏の繊毛虫の場合には乾燥に曝されるということはないが、増殖条件が悪くなるとシストを形成するものがいる）。土壌繊毛虫は、土壌粒子の表面で生活するように適応している（走触性）。土壌種の約半数はコルポダ綱であり、残りの種のほとんどすべては粒子表面に生息するスティコトリカ亜綱（旋毛綱）に属する。

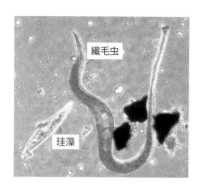

図7.10 海洋堆積物で見られるトラケロネマ目トラケロラフィス属の繊毛虫と羽状珪藻。繊毛虫（収縮している）の長さは約 500 μm。伸長したときには 1 mm 以上になる。繊毛虫の横の大きな黒い塊は砂粒である。David J. Patterson による画像を"microscope"（microscope.mbl.edu）の好意で転載した。

　海底の底生環境で繊毛虫が重要になるのは、間隙空間の大きい砂質においてである（Fenchel 1987）。シルトや粘土質の堆積物中では間隙空間が限られるため、砂質に比べて繊毛虫の数は少ない。土壌の場合と同様に、堆積物中に生息する多くの繊毛虫では、間隙内の空間や粒子の表面での生活に対する適応が見られる。あるものは数ミリメートルに及ぶ長い細胞形状をもち、細胞の片側にしか繊毛が無い。これらの微生物は底生藻類、鞭毛虫、その他の繊毛虫および細菌を摂餌する。水圏の堆積物中において、繊毛虫は季節や場所によっては藻類や細菌の主要な消費者になる場合がある。

▶ 従属栄養渦鞭毛藻

　その他の注目すべき小型動物プランクトンとして従属栄養渦鞭毛藻が挙げられる。4章では植物プランクトンと一次生産に関する考察の中で渦鞭毛藻について触れたが、これらの中には、混合栄養生物あるいは厳密な従属栄養生物としての役割を果たすものもいる。「典型的な」渦鞭毛藻をイメージしてみよう。それは洋ナシ型の形状をしており、細胞のまんなかあたりの周囲を走るひとつの横溝と、そこから縦方向に延びるもうひとつの縦溝によって特徴づけられる（図7.11）。この微生物は2本の鞭毛を使って移動するが、

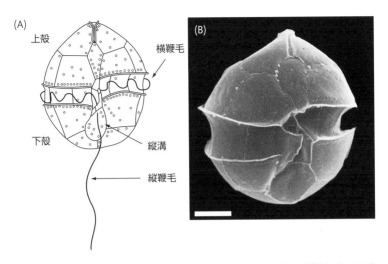

図7.11 （A）渦鞭毛藻の一般的な構造を示す模式図と（B）電子顕微鏡写真。写真で示した種（*Stoeckeria algicida*）の大きさは約 17 × 13 μm。Hae Jin Jeong の許可を得て転載。

そのうちのひとつは横溝にかぶさり、他のものは縦溝の中で波打っている。種類によっては、セルロースからなる殻板で守られていることもあるが、無殻のものもある。すべての渦鞭毛藻に共通するもうひとつの特徴は、細胞核（渦鞭毛藻核）の中にある染色体が、分裂時以外は常に凝集している（緩まない）ということである。これは他の真核生物では見られない特徴である。

渦鞭毛藻のサイズや代謝は非常に多様である（表 7.4）。*Amphidinium* 属の種は、殻板を有し、餌につきささる管状の構造（肉茎）を使ってナノ鞭毛虫を摂餌することができる。別の種は、一般的な食作用で珪藻や繊毛虫を摂餌する。別のものはベール食者と呼ばれ、偽足状の細胞質シート（ベール）を突出させることで大型の鎖状珪藻さえも包み込み、食胞内で消化し栄養素を吸収する（その後、偽足は細胞内に戻る）。ある種の従属栄養渦鞭毛藻は発光性であるが、その中で最も有名なのは夜光虫（*Noctiluca scintillans*）である。この微生物は約 500 μm かそれ以上の大きさで、ルシフェリン・ルシフェラーゼ系を使って光を発する。好適でない増殖条件に対する応答として、渦鞭

261

表7.4 いくつかの一般的に見られる渦鞭毛藻の属。従属栄養性の種については、主な摂餌メカニズムを示した。データは Hansen (1991) より。

属	栄養摂取様式	餌	付記事項
Gonyaulax	光独立栄養	無し	いくらかの種は有毒
Peridinium	光独立栄養	無し	有殻。大部分が淡水種
Ceratium	光独立栄養	無し	有殻
Dinophysis	ペダンクル（細い管）を使って捕食	繊毛虫	有殻。いくつかの種は有毒
Amphidinium	ペダンクル（細い管）を使って捕食	ナノ鞭毛虫	有殻
Gymnodinium	ペダンクル（細い管）を使って捕食	珪藻	無殻
Noctiluca	飲み込み型の捕食	適当なサイズの粒子ならばほとんどすべてのものを飲み込む	生物発光をするものを含む
Oxyrrhis	飲み込み型の捕食	ナノ鞭毛虫、珪藻	実験室で簡単に培養することができるが、自然界にいる別の分類群のモデル生物としては優れていない
Protoperidinium	捕食ベール（feeding veil）を使って捕食	鎖状の珪藻やその他の大型植物プランクトン	牽引ロープのような繊維をつかって餌に吸着したのちに摂餌活動を始める

毛藻はシストを形成する場合がある。シストは沈降し堆積物中で生残する。

▶ 微生物食物網から高次栄養段階へのフラックス

　以上の節において、微生物世界に登場する主要な摂餌者（微生物の摂餌者）をおおまかに整理した。土壌では、微生物の摂餌者はミミズ、昆虫、および線虫などに捕食され（図7.2）、これらはさらにより大型の陸上生物によって消費される。水圏環境では、動物プランクトンが微生物世界と高次栄養段階の大型生物（ここには水産資源として重要な魚種が含まれる）の間をつなぐ。これらのリンクを通じて、微生物食物網から大型生物や高次栄養段階にはどの程度の量の物質やエネルギーが転送されうるのだろうか。この答えは、

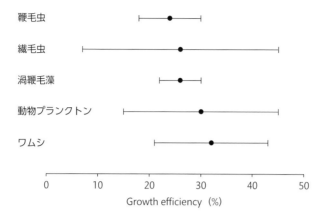

図7.12 原生生物摂餌者と甲殻類動物プランクトンの増殖効率。データは Straile (1997) より。

栄養転送（つまりひとつの生物が他の生物を食べるということ）の回数と、それぞれの転送の効率に依存する。この効率（栄養転送効率）は、ひとつ上の栄養段階に潜在的に受け渡される炭素やその他の物質、あるいはエネルギーの量を表すものであり、細菌や菌類について定義した増殖効率（有機炭素の総消費に対する生産の比）と類似している（5章）。図7.12には、細菌や菌類以外の水圏食物連鎖のさまざまな構成員の増殖効率をまとめる。ウィルスによる溶菌のようなプロセスによって、ひとつ上の栄養段階にとって利用可能な餌量が減少する場合は、栄養転送効率が増殖効率よりも小さくなることもありうる。以下の議論では、単純化のために栄養伝達効率（E）は30%と仮定しよう。このように仮定することで、一次生産（P）を起点として、ある任意の栄養段階（i次消費者）にとって利用可能な炭素の量を記述する単純な式を導くことができる。

それぞれの栄養段階におけるすべての生産が次の栄養段階にとって利用可能であるとすれば、植食者（一次消費者）を捕食する肉食者（二次消費者）にとって利用可能な炭素量は、$E \cdot P$となる。同様にして、三次消費者にとって利用可能な炭素量は、$E(P \cdot E)$すなわち$P \cdot E^2$。より一般的にはi次の消費者（栄養段階は$i+1$）にとって利用可能な一次生産（H_i）は次のよう

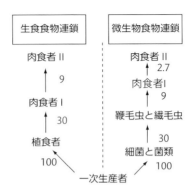

図7.13 生食食物連鎖と微生物食物連鎖を介した正味の転送効率。一次生産量を100とした時の、消費者に転送される炭素量を示す。

になる。

$$H_i = P \cdot E^{i-1} \tag{7.3}$$

式7.3に従うと最上位の肉食者（たとえば魚）が三次消費者である生食食物連鎖では、一次生産量の9%（= 0.3^2）が転送される。これに対して、微生物食物連鎖では、サイズの小さい微生物が一次消費者として加わるために、最上位の肉食者は四次消費者になり、一次生産量の2.7%（= 0.3^3）しか転送されないという結果になる（図7.13）。つまり生食食物連鎖は、微生物食物連鎖よりもずっと転送効率がいいのである。その理由は、単純に後者においては前者よりも栄養段階の数が多いためである。

食物連鎖の中で並べられたいくつものステップを眺めていると、つぎのような疑問が生ずる。すなわち、ひとつの栄養段階（たとえば肉食性動物プランクトンやミミズ）が変化すると、それがそれよりも2つあるいはそれ以下の栄養段階の生物（たとえば一次生産者や従属栄養細菌）に対して影響を及ぼすだろうかという疑問である。端的にいって答えはイエスである。ひとつの栄養段階がそれよりも何段階も下位のレベルに及ぼす影響のことを栄養カスケードと呼ぶ（Pace et al. 1999）。この効果があるからこそ、陸上世界に緑が保たれているという仮説がある（緑の世界仮説：植物が繁茂できるのは、

肉食者が植食者の個体群管理をしているためであるという考え）。水圏環境においては、大型肉食動物プランクトンを取り除くと、下位の栄養段階を構成するナノプランクトンや細菌あるいはその他の微生物量に影響が及ぶことがあるが、この現象の説明に栄養カスケード・モデルが使われる（Zollner et al. 2009）。陸域では、地上生物群集と土壌生物群集（土壌中の微生物やその他の地下生物）が栄養カスケードを介して関係していると考えられている（Wardle et al. 2005）。たとえば畜牛が土壌に対する有機物の負荷を変化させると、土壌細菌や菌類の現存量や増殖が影響を受け、さらには細菌食性あるいは菌類食性の線虫類にも影響が及ぶ（Wang et al. 2006）。

▶ 混合栄養原生生物と内部共生

　4章では、光独立栄養微生物であるシアノバクテリアと植物プランクトンを中心に議論を進めたのに対し、本章では微生物や小型の粒子状有機デトリタスを摂餌している従属栄養原生生物に焦点をあてた。しかし「完全に光独立栄養」あるいは「完全に従属栄養」といった栄養様式をもつ原生生物は、実は連続的に変化する栄養様式の両端に位置するのである（図7.14）。たとえば、珪藻が他の微生物を摂餌することができないのは、ケイ酸質の細胞壁によって食作用が妨げられるからである。一方、色素（クロロフィル）をもたない原生生物である原生動物は光合成を行うことができず、厳密な従属栄養である。この2つの両端の間に位置する混合栄養原生生物は、光合成を行うのと同時に食作用によって餌を捕獲・消化することもできる。混合栄養原生生物は、図7.9に示すような食物網図式の中ではしばしば忘れ去られた存在である。

　混合栄養原生生物の中には、基本的には光栄養に依存するが、必須のビタミンや特定の種類の脂質あるいは窒素やリンに富んだ有機物を得るために食作用による餌の摂取を行うものがいる。食作用によって摂取する餌は、窒素やその他の元素を多く含んだ塊であるため、環境中にはきわめて低い濃度でしか存在しないアンモニウムやリン酸イオンといった溶存化合物の取り込みによる元素供給を補てんすることができる。微生物学者が最初に混合栄養に

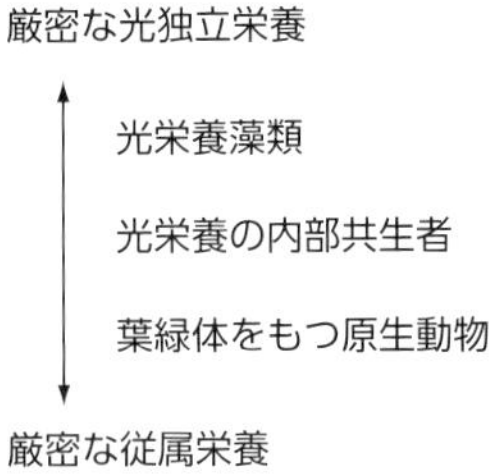

```
           厳密な光独立栄養
                ↑
           光栄養藻類

           光栄養の内部共生者

           葉緑体をもつ原生動物
                ↓
           厳密な従属栄養
```

図7.14 原生生物の代謝の多様性。光が無いと増殖できない厳密な光独立栄養生物と、餌が無いと増殖ができない厳密な従属栄養生物を両端として、その間にさまざまな混合栄養原生生物が配置されている。Caron (2000) を修正した。

気が付いたきっかけのひとつは、細菌やその他の微生物が存在しないと、ある種の藻類を増殖させることができないという事実であった。今日では、多くの混合栄養原生生物（食作用をする藻類）が知られている（表7.5）。混合栄養原生生物は淡水域では全群集の最大50%を占めることがあり、また海洋環境でも同様に重要である。混合栄養原生生物の摂餌が及ぼす影響も、厳密な従属栄養細菌食者に匹敵するほど大きくなりうる（Zubkov and Tarran 2008）。土壌においては、混合栄養原生生物が光の十分にあたる表土で見つかることがある。混合栄養原生生物の一例を図7.15に示す。

　混合栄養原生生物の中には、餌として摂取した植物プランクトンの葉緑体を消化せずに、少なくとも短期間は保持するものがいる。これらの消化されなかった葉緑体は、盗葉緑体（kleptochloroplasts あるいは cleptochloroplast。ギリシャ語で klepto は「盗む」という意味である。）と呼ばれる（Caron 2000）。盗葉緑体をもつ原生生物の例としては、繊毛虫の *Strombidium* や *Mesodinium*、あるいは渦鞭毛藻の *Gymnodinium* や *Amphidinium* が挙げられる（表7.5）。これらの原生生物は盗葉緑体の光合成によって生産された有機炭素を利用することができる。繊毛虫のミリオネクタ・ルブラ（*Myrionecta rubra*、旧称 *Mesodinium rubrum*）の場合、増殖に必要な有機炭素のほとんどすべてを盗葉緑体から獲得している。これらの葉緑体と光栄養原生生物が有する葉緑体との間には多くの本質的な違いがある。たとえば、もし原生生

表7.5 食作用を行う光栄養原生生物の例と主な生息場所。Caron (2000) より転載。

綱	属	生息場所	付記事項
黄金色藻綱	Dinobryon	淡水	通常は群体
黄金色藻綱	Poterioochromonas	淡水	いくつかの種は主として従属栄養
黄金色藻綱	Ochromonas	淡水と海洋	いくつかの種は土壌に見られる
渦鞭毛藻綱	Gymnodinium	海洋	盗葉緑体を有することがある
渦鞭毛藻綱	Amphidinium	海洋	盗葉緑体を有することがある
渦鞭毛藻綱	Gonyaulax	淡水と海洋	赤潮原因種を含む
ハプト藻綱（プリムネシオ藻）	Prymnesium	海洋	有毒種を含む
ラフィド藻綱	Heterosigma	海洋	赤潮種を含む
旋毛綱	Strombidium	海洋	盗葉緑体を有することがある
リトストマ綱	Mesodinium	海洋	盗葉緑体を有することがある

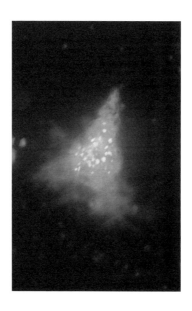

図7.15 混合栄養原生生物の例。アラスカ湾で採集された繊毛虫 Laboea stobila。三角形の上部にある黒い斑点（原図では赤色）は葉緑体であり、中央部の白い斑点（原図では橙色）は摂餌された餌の藻類である。繊毛虫の大きさは約 100 × 40 μm。Brady Olson の許可を得て転載。

物が摂餌を通して取り込まなければ、盗葉緑体は通常数日のうちに失われる。ただし、ミリオネクタ・ルブラは例外であり、この場合は葉緑体とともに餌の核も保持されるため、盗葉緑体は繊毛虫の細胞内で生産されるのである（Johnson et al. 2007）。このような例外はあるものの、一般的に葉緑体保持をする原生生物は、基本的には従属栄養であり、日和見的に餌由来の葉緑体による光合成から利益を得ていると考えられている。葉緑体保持は多くの繊毛虫で普通に見られる。海洋や汽水環境の繊毛虫群集のうち最大でほぼ半数の種で、葉緑体保持に関連する代謝が見られる。渦鞭毛藻においても葉緑体保持は一般的に見られる。渦鞭毛藻の中には、それらが葉緑体を別の微生物に依存していることが明らかにされるまで、誤って光独立栄養であると考えられていたものもある。今日では、食作用のできない厳密に光独立栄養の渦鞭毛藻というのがはたして存在するのかどうかさえもが疑問視されるようになってきている。

▶ 食作用、細胞内共生、藻類の進化

　葉緑体保持をする食作用性の原生生物とその餌の間の関係は一方向的であるが、内部共生藻類を有する原生生物の場合はそうではない。内部共生藻類を保有する原生生物は、餌を消化し葉緑体を保持するかわりに、藻類を保持し養育するメカニズムを進化させたのである。内部共生の場合、原生生物が宿主として保有するのは単一の藻類種のみであるが、これは、葉緑体保持をする原生生物の場合に、複数の藻類種から葉緑体を搾取するのと対照的である。共生藻の種類は分類学的にきわめて多様であり、緑藻、プリムネシオ藻、プラシノ藻、珪藻、渦鞭毛藻が含まれる（Caron 2000）。ただし内部共生的な関係が特に普通に見られる藻類の系統（lineages）というのもあるようである。たとえば渦鞭毛藻では、*Gymnodinium beii* は浮遊性有孔虫4種において見つかっているし、*Scrippsiella nutricula* は何種類もの放散虫において見つかっている。渦鞭毛藻 *Symbiodinium* 属は、サンゴで見られる共生藻である。

　食作用性原生生物とその共生藻は、この関係を通して、おそらく互いに多くの利益をあたえあっているのであろう。原生生物の側は、もし共生藻がな

ければ従属栄養によってしか生きられないが、独立栄養の共生藻がいることで、それらが合成して分泌する有機物から炭素やエネルギーを得ることができる。またいくらかの共生藻をその時々に応じて消化することで、追加の物質やエネルギーを得ることができる。これは共生藻の個体群を管理可能なレベルにおさえておくためにも必要なことであろう。共生藻は、紫外線を吸収し宿主の原生生物を保護するという役割も果たす（Sonntag et al. 2007）。この共生関係を別の側面から考えると、共生藻には摂餌から保護されるという利益があるし（原生生物の宿主によって時折消化されることはあるにしても）、もしかしたらウィルスによる攻撃からも保護されているのかもしれない。また共生藻はアンモニウムやリン酸といった宿主が老廃物として排出する無機栄養塩類を容易に吸収することができる。宿主1細胞あたりに存在する共生藻の数は、数千細胞に達することがあるが、このような大集団を形成しうるということ自体が、共生関係が共生藻にとって利益のあるものであることを端的に意味するのであろう。

　共生藻を有する食作用性原生生物は、生態学的に重要であるだけでなく、藻類の進化を説明する理論である共生説を裏付ける証拠としても重要である（図 7.16）。従属栄養原生生物とシアノバクテリアの共生は、藻類の進化の過程における最初の共生イベントのひとつであり、これが究極的には、植物の色素体である葉緑体の起源となったと考えられている。渦鞭毛藻、ハプト藻、あるいはクリプト藻では、葉緑体の周囲に3重ないし4重の膜が存在するが、このことは、最初の共生イベントに引き続き、複数回の共生イベントが続いたことを意味している。つまりこれらの藻類の色素体は、2次的あるいは3次的な共生イベント（つまりシアノバクテリアではなく真核藻類の共生）の結果として生じたのだと考えられる。たとえば、クロムアルベオラータの場合、色素体は紅藻の祖先からきていると考えられている（Reyes-Prieto et al. 2007）。これらの色素体は完全に藻類細胞に組み込まれている。つまりかつての共生者の遺伝子が宿主の核の中に移動しその関係が固定されている。しかし、このパートナーシップの起源は共生にあるのだ。現生におけるこれら共生性原生生物の存在は、今日水圏や土壌でふつうに見られる藻類が進化してきた過程で、共生イベントが何度も起きたということの強い証拠なので

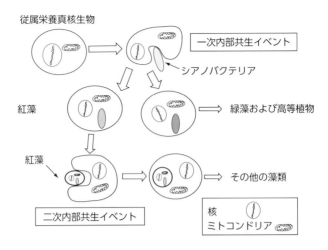

図7.16 藻類あるいは高等植物への進化へといたる内部共生イベント。ミトコンドリアの成立にいたる一次内部共生イベントは示されていない。紅藻や緑藻の学名はそれぞれ紅色植物門と緑藻植物門である。Delwiche (1999) および Worden and Not (2008) に基づく。

ある。いいかえると、藻類の進化の根底にあるのは、原生生物の摂餌や葉緑体保持といった、今日の生態系で広く見られる微生物プロセスなのである。

まとめ

1. 細菌を摂餌できる生物（細菌食者）にはさまざまなものが知られているが、多くの水圏・土壌環境中においては、大きさが1〜5 µm の鞭毛虫が主要な細菌食者である。一方、土壌や堆積物中における菌類の主要な摂餌者は、線虫のような大型生物である。

2. 通常、原生生物は食作用により摂餌をする。このプロセスは、原生生物と餌の遭遇と細胞間認識、餌粒子の取り込み（食作用）、食胞内での餌の消化、という3段階から成る。

3. 餌のサイズ、数、化学組成は、摂餌速度に影響を及ぼす。

4. 摂餌活動は、餌の個体群にさまざまなインパクトを与える。大型で分裂直前の細胞に対する選択的な摂餌圧は、餌のサイズや増殖速度に影響を及ぼす。高い摂餌圧が加わると、餌の側では摂餌者に対して化学防衛で対抗する。

5. 多くの原生生物が混合栄養性であり、光独立栄養とともに摂餌を行うことができる。混合栄養原生生物には通常の葉緑体をもつものもあるが、なかには部分的に消化した光独立栄養微生物から取り込んだ盗葉緑体をもつものもある。

Chapter 8
ウイルスの生態学

　生物圏において、ウイルスは最も数の多い生物体（biological entities）のひとつである。地球上に存在するウイルスの総数は 10^{31} 粒と推定されており、これらすべてを数珠つなぎにして一直線に並べたとすると、宇宙空間で隣接する銀河を 60 個束ねてもまだお釣りがくるほどの総延長距離になる（Suttle 2005）。ウイルスは、宿主の細胞外では活性をもたない粒子であり、化学反応を触媒することができない。それにもかかわらず、ウイルスは直接的あるいは間接的な仕方で炭素循環を含む多くの生物地球化学的なプロセスに対して影響を及ぼしているのである。もっとも、このようにウイルスをその生態学的な役割から捉えるという考え方は、すべての生物学者によって共有されているわけではない。たとえば、ノーベル賞受賞者である二人の生物学者はウイルスをどう見たか。ピーター・メダワー（Peter Medawar, 1915 〜 1987）によれば、ウイルスは「タンパク質で包んだ悪い知らせ」ということになるし、一方、デイビッド・ボルティモア（David Baltimore, 1938 〜）は、「もしウイルスがここにいなかったら、彼らにお目にかかりたいとは思わないだろう」と考えたのである（Ingraham 2010）。たしかに、ウイルスが引き起こす病気を私たちは待ち望んではいない。しかし、もしウイルスを魔法かなにかですべて消滅させたとすれば、生態系の様子は現在とは随分と違

うものになるかもしれないのである。本章では、ウィルスが、微生物やその他すべての生物の生態と進化にとって、いかにかけがえの無い役割を果たしているのかについて考えたい。おそらく、ウィルスがいなければ生命は存続できなかったとさえいえるのである。

　ウィルスを定義付ける基本的な性質のひとつは、複製のために宿主に感染しなくてはならないということである。ただし、超好熱古細菌に感染するある種のウィルスは例外である（Haring et al. 2005）。ウィルスによる感染は、宿主細胞にとって致命的でありうる。そのため、すでに7章において述べたように、ウィルスは微生物にとってのトップダウン支配要因のひとつに数えられる。本章では、土壌および水圏環境におけるウィルスのトップダウン支配やその他の生態学的な役割を理解するために、ウィルスの何たるかについて詳しく学ぶことにしよう。地球上のそれぞれの生物は、すべて1種ないしは数種のウィルスの宿主であるが、自然界に最も普通に見られるウィルスは、細菌に感染するウィルスだと考えられる。なぜなら、細菌はその個体（細胞）数が最も多い生物だからである。細菌に感染するウィルスは、バクテリオファージあるいは単にファージと呼ばれる。

▶ ウィルスとは何か

　ある面でウィルスは非常に単純であるといえる。核酸（メダワーのいうところの「悪い知らせ」）がタンパク質のコート（カプシド）か、あるいはある種のウィルスにおいては膜によって覆われているだけのものなのである。タンパク質のコートは、ウィルスの核酸を微生物による分解や宿主による防衛、さらには物理的な破壊作用から保護するために必要である。ウィルスには4つの基本的な形態があるが、そこには単純な幾何学的な形状のものから、月面着陸船にも似た複雑な構造のものまでが見られる（図8.1）。これら4形態のうちの2つは、カプシドタンパク質のサブユニットがウィルスゲノムを収納するためにとる立体配置によって区別される。すなわち、カプシドのサブユニットがゲノムのまわりをらせん状に取り巻いているのが「らせん状ウィルス」であり、複数の平面から成る幾何学的な立体配置で特徴付けられ

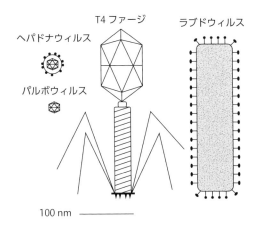

図8.1 ウィルスの形態とサイズの例。T4ファージやヘパドナウィルスは二本鎖DNAをもつが、パルボウィルスは一本鎖DNAである。いずれのウィルスも正二十面体のカプシドをもつ。ラブドウィルスには、表面が糖タンパク質で覆われた脂質のエンベロープがあり、その内部にネガティブセンス一本鎖RNAが収納されている。Wagner et al. (2008) より。

るのが「多面体ウィルス」である。後者の立体配置の代表例は正20面体、つまり20の正三角形と12の頂点からなる多面体である。形態のうえで3番目のカテゴリーに属するのが宿主由来の脂質膜に覆われている「エンベロープウィルス」である。ヒト免疫不全ウィルス（HIV）はこのタイプのウィルスの一例である。4番目のタイプは「複合ウィルス」（complex virus）。このウィルスはカプシド以外に尾部やその他の構造を有する。古細菌ウィルスではしばしば紡錘形やびん型などの奇妙な形態が見られる（Prangishvili et al. 2006）。電子顕微鏡を使って自然環境試料中のウィルスとデトリタス粒子とを判別する際には、これらの構造や規則的な幾何学的形状が重要な手がかりになる。

　ウィルスの分類のうえでは、形態の違い以上に重要で、またその差異が顕著な形質がある。それは遺伝物質の違いである。ウィルスのゲノムは、単に二本鎖DNAだけではない（これは原核生物や真核生物との顕著な違いだ）。ウィルスにおいては、二本鎖DNA、一本鎖DNA、二本鎖RNA、一本鎖

表8.1 核酸型によるウィルスの分類（ボルティモア分類）。ウィルスは7群に分類されるが、ここではそのうちの5群のみを示す。核酸は二本鎖（ds）または一本鎖（ss）である。一本鎖の核酸には、ポジティブセンス（＋）のものと、ネガティブセンス（－）のものがある。ネガティブセンスの一本鎖RNAは、最初に逆転写酵素によってDNAに転写される。ゲノムサイズの単位は、二本鎖の場合はkbp（1000塩基対）、一本鎖の場合はkb（1000塩基）である。この表のウィルスは、人や有用生物に対して病原性を示すものに偏っている。データはWagner et al. (2008) より。より詳細は国際ウィルス分類委員会の分類体系（www.ictvdb.org）を参照のこと。

タイプ	遺伝物質	科の例	ウィルスの例	ゲノムサイズ (kbpまたはkb)	宿主
I	dsDNA	ミオウィルス科	T4	39-169	細菌、古細菌、藻類
II	(+) ssDNA	パルボウィルス科	アルーシャンミンク病ウィルス (Alutian mink disease virus, AMDV)	4-6	脊椎動物、無脊椎動物
III	dsRNA	レオウィルス科	ロタウィルスA	19-32	脊椎動物、無脊椎動物、植物
IV	(+) ssRNA	ピコルナウィルス科	C型肝炎ウィルス	7-8	脊椎動物
VI	ssRNA-RT	レトロウィルス科	HIV	7-12	脊椎動物

RNAというように、核酸という分子がとりうる可能な限りのすべてのバリエーションが見られる（表8.1）。ある種のRNAウィルスは、ポジティブセンスRNAを有する。これは本質的にmRNAと同じであるため、ウィルスゲノムが宿主細胞に侵入した直後にそれを使ってタンパク質の合成を開始することができる。ネガティブセンスRNAウィルスの場合は、最初にそれらを、RNAポリメラーゼを用いてポジティブセンスに転換しなくてはならない。レトロウィルスと呼ばれる別のウィルスの場合には、逆転写酵素を用いて、最初にDNA（cDNA）を合成し、このcDNAが宿主の染色体に取り込まれる。実験室で最もよく研究がなされているウィルスはRNAウィルスである。それとは対照的に、自然環境中で最もよく調べられているのは二本鎖DNAウィルスである。自然生態系におけるRNAウィルスの研究例は少ない（後述）。

ウィルスのサイズは種類によって大きく異なるが、これは、ウィルスゲノ

ムのサイズの違いによってある程度説明できる（表8.1）。最も小さなウィルスであるサーコウィルスはたった2つの遺伝子（< 2,000 ヌクレオチド）しか持たず、その直径はわずか20 nm である。このようにウィルスは、ほんのいくつかの遺伝子しか必要としないが、それは増殖の際に宿主の遺伝子に頼ることができるからである。逆に、非常に大きなウィルスもいる。大きなものは、細菌細胞のサイズほどにもなり、ある種の細菌よりはゲノムサイズが大きいということもある。たとえばミミウィルスは直径が1ミクロン近くあり、1.2 Mb のゲノムをもつ（Claverie and Abergel 2009）。ただし、自然環境中に存在するウィルスの大部分は小型のものである。実験室で研究されているウィルスは、一般に自然界で見られるものよりも大きいという傾向がある（Weinbauer 2004）。自然環境中でも室内培養においても、一般的な規則として、ウィルスと宿主細菌の大きさの比は、およそ1：10である。ウィルスが保有する遺伝物質の量は、宿主の細菌に比べればずっと少ない。

▶ ウィルスの複製

ウィルスは絶対的な寄生者である。宿主細胞に侵入し、その生化学的装置を占領し、より多くのウィルスを合成するという究極的な目標の達成を企てる。ウィルスがこの目標の達成のために用いる一般的な戦略には2つのものがある。ひとつの戦略は、溶菌性ウィルスのもので、その生活史には溶菌期だけが見られる。すなわち、溶菌性ウィルスの場合、感染後に宿主細胞の内部でウィルス複製のプロセスがすぐに始まる。ある種のウィルスの場合、ウィルスの全体（ゲノムもカプシドも含む）が宿主細胞に侵入するが、別のウィルスの場合は、遺伝物質のみを宿主細胞の内部に注入する。侵入後しばらくの間、ウィルス粒子は見つからず、宿主が感染したようには見えない。この期間を潜伏期という。潜伏期が過ぎると、ウィルスは宿主細胞にウィルス遺伝物質を大量に合成させる。ウィルスゲノムには複製に必要な酵素がコードされているが、同時に、ウィルスは宿主が持っている代謝的に重要な遺伝子を使うことで、多くのウィルス遺伝物質やカプシドタンパク質成分の生合成を行わせるのである。充分な遺伝物質とタンパク質が準備されると、ウィ

ルス遺伝物質はカプシドの中に収納され、宿主細胞の中には多くの完全な形状のウィルスが現れる。この段階の細胞を電子顕微鏡で観察すると、宿主細胞が感染している様子がよくわかる。このようにして宿主細胞内に出現したウィルスは、その後、宿主細胞を破壊し（溶菌）、環境中に放出される［訳注：lysis の訳語として、藻類が宿主の場合は「溶藻」あるいは「溶解」といった用語が用いられるが、本書では基本的に「溶菌」で統一し、特に藻類ウィルスについて言及している箇所でのみ「溶藻」を用いる］。ひとつの宿主細胞で作られるウィルスの数はバーストサイズと呼ばれる。バーストサイズは、数粒から 100 粒以上の範囲でさまざまな値をとるが、普通は 50 粒程度である（Fuhrman 2000）。

　溶原性ウィルスは、溶原期という段階を経てから溶菌期に進むという点で溶菌性ウィルスとは異なる戦略をとる。溶原期とは、宿主細胞に感染したウィルスの遺伝物質が宿主ゲノムに組み込まれた状態にある段階のことであり、その期間はさまざまである。溶原期には、ウィルスゲノムは宿主ゲノムとともに複製される（図 8.2）。これはある意味で、ウィルスが宿主ゲノムに隠れていると見ることもできる。宿主が細菌の場合、組み込まれたウィルスゲノムはプロファージと呼ばれる（真核生物が宿主の場合はプロウィルスと呼ぶ）。このように溶原期には、ウィルスは宿主と平和共存しているのであるが、ある時点で、環境からの合図を引き金としてプロファージは活性化し、新しいウィルス粒子を作り始める。つまり溶菌期へと移行する。溶原期から溶菌期への切り替えについては、室内実験によってかなり詳細に調べられている（このプロセスは、初期の分子遺伝学において、遺伝子発現の制御に関するモデルであったためである）。さていったん溶原期から溶菌期へと移行すると、あとのプロセスは溶菌ウィルスの場合と同様である。つまり、宿主は溶菌され、ウィルスが環境中に放出される。

　溶菌期あるいは溶原期というのは、ウィルスの複製に関わるさまざまな生活史段階の極端なケースにすぎないという言い方もできる。たとえば偽溶原性のウィルスの場合、溶菌期に移行するまでのある一定の期間、宿主とともに複製を繰り返すという点で溶原性と類似しているが、真の溶原性とは異なり、偽溶原性ウィルスのゲノムは宿主ゲノムに組み込まれることが無い。ま

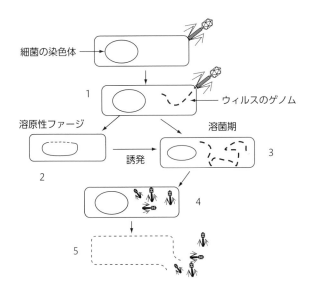

図8.2 溶原性ファージの生活史に見られる溶原期と溶菌期。ステップ1：ファージの核酸が宿主である細菌に注入される。ステップ2：ファージの核酸が細菌の染色体に組み込まれる（溶原経路）。点線は組み込まれた遺伝子（プロファージ）を表す。ステップ3：誘発によって、プロファージは細菌の染色体から切り取られ、複製される。ステップ4：ファージの核酸は頭部（カプシド）に収納される。ステップ5：収納が完了すると溶菌が起こる。

たある種のウィルスは、宿主を溶菌することなく（つまり殺すことなく）、環境中にウィルスを放出する。ウィルスは膜を通過して、ないしは宿主の膜で包み込まれた後に、環境中に放出されるのである。このプロセスは何世代にもわたって続くことがあり、この間、宿主は慢性的な感染状態にあるとみなされる。慢性感染の場合、宿主はウィルスによって寄生はされているものの、殺されることはない。

▶ 自然環境中の溶原性ウィルス

前節では、ウィルス生態学における基本概念のひとつとして溶原性について学んだ。本節では、自然環境中で溶原性ウィルスがどの程度存在している

のか、あるいは溶原期から溶菌期への移行がどのような環境条件下で誘発されやすいのかについて考えることで、ウィルスとその宿主との関係についての理解を深めたい。すでに述べたように、溶菌性ウィルスは感染後すぐに宿主を殺すが、溶原性ウィルスの場合はそうではない。ということは、溶原性ウィルスが宿主に及ぼす影響は、少なくとも短期的には、溶菌性ウィルスのインパクトに比べて小さいように思われる。しかし宿主個体群の動態に及ぼす長期的な影響は無視できない。自然環境試料中の溶原性ウィルス数は、マイトマイシンCの添加や紫外線の照射（あるいはそれら両方）といった処理を施したのちに、ウィルス数がどの程度増加するのかを計数することで推定できる。これらの処理によって、溶原期から溶菌期への移行が誘発されるのである。つまり誘発処理後のウィルス数の顕著な増加は、その環境中に溶原性ウィルスが多量に存在することを意味する。

　溶原性ウィルス（より正確には誘発処理アッセイで検出されるウィルス）は、これまでに調べられた水圏環境中では、きわめて高頻度に出現するというわけではないようである。たとえば、地中海で2年間にわたって行われた研究で、溶原性ウィルスが検出されたのは、分析に供した全試料の半数以下についてのみであった（Boras et al. 2009）。またメキシコ湾における1年間の研究で得られた試料では、そのうち20％についてしか溶原性ウィルスが検出されなかった（Williamson et al. 2002）。後者の研究では、溶原性ウィルスは微生物増殖速度の低い試料から検出される傾向が見られた。この結果は、溶原期から溶菌期への移行が、宿主の増殖が活発でない時に起こるという考えと一致している。しかし一方で、同じメキシコ湾において、リンの添加が、溶原期から溶菌期への移行を誘発したという結果も得られている（メキシコ湾はリンが不足している海域である）。この結果は、リンの添加が宿主の代謝活性を増大させ、そのことがウィルス複製の活発化を促したためであると解釈されている。以上のデータから、溶原性ウィルスは宿主の増殖が非常に悪い時と、非常に良い時に、溶菌期に移行しやすいということが示唆される。つまり一方で、溶原性ウィルスは宿主細胞の増殖や代謝活性が低下し、プロファージの複製が最も遅くなった時に宿主を離れる（ただし宿主が不活性になりすぎてウィルス複製の最終ステップを支えることができなくなる前に離

れなくてはならない)。他方、正反対のケースとして、溶原性ウィルスは宿主細胞が活発に増殖している時に溶菌期へと移行し宿主を離れる(細胞内のATP濃度が宿主の代謝活性を測るひとつの手がかりになる)。この場合、放出されたウィルスにとっては、活発に増殖する新たな宿主細胞に遭遇する確率が高くなることが期待される。

　土壌環境における溶原性ウィルスの存在頻度については不明の点が多いが、ある研究によれば、土壌中では溶原性ウィルスが卓越しているという。ビーズを使って土壌から細菌を抽出し、溶原化した細菌の頻度を調べた結果、85％もの細菌が溶原化していることが示された(図8.3)。この値は、今のところ水圏で報告されているどの値よりもずっと高い。このことは、土壌の環境が不均一で宿主微生物群集が多様であるために、溶原化という戦略がウィルスにとって有利であることを意味するのかもしれない。ただしこの研究では、土壌細菌の抽出方法のアーティファクトのために、溶原性ウィルスの頻度が過大評価されたという可能性もある。

▶ 分子スケールにおける宿主とウィルスの接触

　ウィルスは宿主をどのように認識して侵入するのか。この問題は、宿主とウィルスの相互作用やウィルスの生態学を考える際、さまざまな意味において重要である。ウィルスは自ら移動する手段をもたないため、宿主との遭遇においてはランダム運動に依存するしかない。水圏環境中では、ウィルスと宿主の間の平均的な距離は少なくとも 30 μm はある。ただし、ウィルスや微生物の数が多い土壌中や堆積物ではこの距離は縮まるであろう(3章)。ウィルスは宿主細胞のどこに衝突してもいいというわけではない。宿主の外膜にある特異的な部位(受容体)を認識し、そこに飛び込まなくてはならないのである。この受容体に衝突することが、ウィルスによる宿主への吸着の発端となり、最終的にウィルスないしはウィルスゲノムが宿主の中に侵入する。もちろん宿主はウィルスに攻撃されようとして受容体を作っているというわけではない。宿主にとって重要な機能を有する膜の特定の部位をウィルスが乗っ取ることで、宿主の中に侵入するのである。大腸菌に見られる

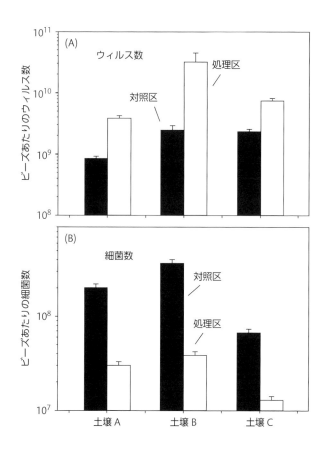

図8.3 土壌中の細菌に感染するウィルスの誘発実験の例。パネルA：対照区（処理なし）およびマイトマイシンC処理をした処理区におけるウィルスの数。マイトマイシンC処理により、溶原相から溶菌相への切り替えが誘発されるため、ウィルス数は増加する。B：処理区では、ウィルスによる溶菌のために細菌数が減少する。縦軸にある"ビーズあたり"という見慣れない単位は、土壌サンプルからウィルスや細菌を抽出する方法によるものである。データはGhosh et al. (2008)に基づく。

*lam*B遺伝子がコードするマルトース輸送のためのタンパク質は古典的な例である。ラムダファージは、この膜タンパク質を受容体として大腸菌に吸着するのである。これらの宿主表面の受容体は多くの場合タンパク質であるが、糖タンパク質や糖脂質の糖鎖（炭水化物）が同様な働きをすることもある。

ただしタンパク質は糖鎖よりもより特異的な受容体である。

　ウィルスと宿主の間の分子間相互作用が特異的であるため、一般に、あるひとつのウィルスが攻撃できるのは、ひとつのタイプの宿主に限られる。ひとつのウィルスが複数の宿主を攻撃することもあるが、その場合、宿主は同じ種に属するか、または近縁な関係にあるのが普通である（例外については後述）。一方、あるひとつの宿主を複数のウィルスが攻撃する場合がある。その場合、それぞれのウィルスは宿主の膜にある異なる受容体を標的とするのである。このような特異性のおかげで、私たち人間は、水中や土壌中に多数存在するウィルスの攻撃を恐れることなく、湖で泳ぎ、庭の草取りすることができるのである。ウィルスと宿主の特異的な関係は、微生物群集に対するウィルスのトップダウン支配の特性を考えるうえで重要である（9章）。ウィルスと細菌の間の平均距離が水圏環境では約 30 μm と計算されることはすでに述べたが、ウィルスとその特異的な宿主の間の距離ということになれば、これよりもずっと長い距離になるであろう。また、ウィルスがその宿主となる特異的な微生物の死亡率の上昇をもたらすという点に着目すると、ウィルスによるトップダウン支配は、微生物群集の組成に大きな影響を及ぼすという点で特徴的であることがわかる。以上、ウィルスと宿主の関係の特異性について述べてきたが、互いに近縁関係にはない複数の宿主を攻撃することができるウィルスが存在することにも触れておこう。シアノバクテリアを攻撃するある種のファージはそのひとつの例である（Weinbauer 2004）。自然環境中の大部分のウィルスはひとつの宿主に専門化していると考えられてはいるのだが、実際のところ、厳密には、この専門化の程度についてはまだ不明の点が多く残されている（Winter et al. 2010）。

　以上にまとめたウィルスと宿主の相互作用の概要は、微生物や動物細胞が宿主の場合であり、分厚い被覆をまとった高等植物にはあてはまらない。高等植物を攻撃するウィルスは特異的な受容体を使わないのだが、その理由は、植物細胞が外部環境と接する部位がワックスやペクチンで保護されているからである。セルロースの細胞壁は、植物細胞をウィルス攻撃から守る防御壁である。細菌や動物のウィルスとは異なり、植物ウィルスは、害虫の侵入や機械的な破損の助けを借りることで高等植物の外壁を突破するのである。

自然環境中におけるウィルス数

　ウィルス数を計数する方法は、細菌やその他の微生物の計数法と共通点が多い。宿主である微生物の単離が難しいということは、すなわちウィルスの研究が難しいということを意味している。この方法的な制約は、自然環境中でのウィルスについての理解を妨げる一要因である。

プラーク法によるウィルス計数

　この古典的アッセイは、通常、室内実験においてファージを計数する際に用いられる（図8.4）。どんな宿主であっても、もし寒天のような固体培地上で培養することが可能でさえあれば、それを攻撃するウィルスの数をプラーク法で求めることができるであろう。プラーク法においては、まず宿主微生物を寒天平板上で増殖させ、びっしりと密集した宿主細胞の芝を形成させる。次に、ウィルスを含んだサンプルをこの芝の上に注ぎ一晩培養する。ウィルスが複製して宿主細胞を溶かすと、芝の上に穴ないしはプラークが肉眼で見えるようになる。ここで、1粒のウィルスによる攻撃を起点として、やがてそのウィルスが、十分な数の宿主細胞を溶菌しながら増殖した結果、最終的に肉眼で見えるひとつのプラークが形成されたのだと仮定すれば、芝上のプラークの数は試料水中に含まれたウィルス数に等しいということになる。プラーク法は、ウィルスの計数だけでなく、種々のウィルスが混在する試料の中から特定のウィルスを単離する手段としても使うことができる。個々のプラークには、最初に宿主を攻撃したウィルスのクローン集団が含まれるからである。プラークを採取すれば、そこに含まれるウィルスを、宿主細胞を懸濁させた液体培地の中で増殖させることができる。プラーク法で求められるウィルス数は、自然試料中に実際にいるウィルスの総数よりも大幅に低い値である。実際、プラーク法でウィルスを検出するためには自然試料中のウィルスを濃縮しなくてはならない。ある研究によれば、チェサピーク湾で採取された36試料中わずか10試料でしかウィルスは検出されなかった。試料1Lあたりのプラーク形成単位（plaque forming unit, pfu）として見積もられたウィルス数はわずか7pfuであったが、実際にはそれらの試料水中の

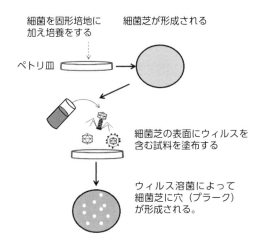

図8.4 プラーク法によるウィルスの計数と単離の手順。ウィルスによる溶菌の結果、宿主の芝の上に穴（プラーク）ができる。プラークを採取し、そこに含まれるウィルスを単離すれば、溶菌を引き起こしたウィルスをより詳しく調べることができる。ここでは細菌を宿主とした場合を例として示すが、寒天平板上に増殖して細胞の芝を形成しさえすれば、その他の微生物にもこの手法は適用可能である。

総ウィルス数は試料1Lあたり10^{10}粒であった（Wommack and Colwell 2000）。プラーク法でウィルス数が大幅に過小評価されるのは、適切な宿主細胞が固体培地上では増殖できないからである。このことは1章で述べた微生物の培養困難性のひとつの帰結であるといえる。本書においてすでに何度も言及したように、自然環境中に存在することが知られているほとんどすべての細菌と大部分のその他の微生物は、固体培地上には増殖しない。これらの微生物を室内で増殖させようとして培養方法にさまざまな改良が加えられてはいるが、そのような改良法を使ったとしても、プラーク法に類似した新たなウィルス計数法を開発することは容易ではない。プラーク法では、培養困難な微生物に感染する多くのウィルスが見落とされてしまうのである。

　プラーク法の問題点は、そのまま自然環境中のウィルスを研究するうえでの方法的な制約を意味している。自然環境中に存在するほとんどすべての微生物においてそうであるように、ウィルスの大部分は、単離もできなければ

同定もでき ず、したがって伝統的な室内実験の方法を用いて研究することができない。宿主である微生物を実験室で増殖させることができないために（自然環境中の大部分の微生物は培養困難なのである）、ウィルスの単離や同定が（少なくとも伝統的な方法では）できないのである。近年、ウィルスの研究にも、培養に依存しない方法（非培養法）が使われており、その結果、新たな知見が得られつつある（10章）。しかし自然環境中のウィルスの多様性や生態学的な役割についての知識はまだきわめて限られている。非培養法を使った場合でさえも、自然界でのウィルスの研究には大きな制約がある。原核生物や真核生物を調べるのに用いられるrRNAに基づくアプローチ（あるいはそれに類似した手法）が、ウィルスには適用できないのである。すべての微生物細胞は少なくとも1コピーのrRNA遺伝子をもつが、これに対して、すべてのウィルスに共通に存在する遺伝子というのは存在しない。ウィルスのゲノムの変異性は大きく、核酸のタイプさえも異なる。ウィルスゲノムの変異性は、ウィルスが宿主に感染するために使う戦略の多様性を反映する。自然界におけるウィルスの多様性は、DNAポリメラーゼやカプシドタンパク質のようないくつかの遺伝子を用いて調べられているが（Rowe et al. 2011）、あるひとつの生息場所において、これらの系統遺伝学的なマーカーが、すべての、あるいは大部分のウィルスの多様性を網羅しているという保証は無い。ウィルスの多様性研究におけるこれらの問題を解決するひとつの方策については10章で考察する。

▶ 顕微鏡によるウィルスの計数

　プラーク法によって自然環境中にウィルスが存在することは示せるが、この方法で得られるウィルス数は非常に低いということを述べた。自然環境中に多量のウィルスが存在することは、沿岸海水試料を透過型電子顕微鏡（transmission electron microscopy, TEM）で調べた研究によって初めて明らかにされた（Torrella and Morita 1979, Bergh et al. 1989）。TEM法の最初のステップは、遠心管の底に置いた小さいグリッドの上に、遠心力でウィルスを沈殿させることである。遠心が終わったら、小さいグリッドを取り外し、処理を施しTEMで観察する。TEM像には、由来のわからない多数の不定

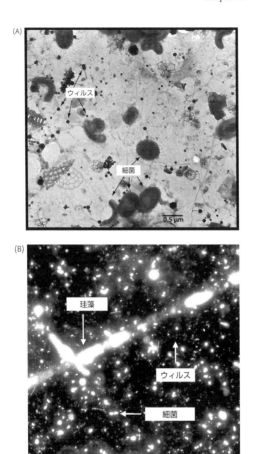

図8.5 自然環境中のウィルスの例。パネルA：電子顕微鏡写真（K.E. Wommack の許可のもとに掲載）。パネルB：落射蛍光顕微鏡写真（M.T. Cottrell の許可のもとに掲載）。

形の粒子とともに、既知のウィルスと同様な形状とサイズをもった粒子が観察される（図8.5A）。ある容積の試料水中に含まれるウィルスがすべてTEMグリッド上に集められたと仮定すれば、グリッドの一定面積中のウィルスを計数することで、試料水中のウィルス数を推定することができる。グリッド上の、あるいは超薄切片にした微生物試料をTEMで観察すれば、ウ

ィルスが感染した細胞を見ることができる。TEM 法は非常に有力な手法であるが欠点もある。ひとつは操作が難しい高価な機器（すなわち TEM）が必要であるということ。もうひとつは粒子や細胞の隙間に隠れてしまったウィルスを見落としてしまう可能性があるという点である。

　TEM 法の問題の一部は、落射蛍光顕微鏡法により克服できる。このアプローチは、試料を SYBR Green I のように非常に輝度の高い核酸染色剤を用いて染色するということを除けば、細菌やその他の微生物を計数するのに普通に使われている落射蛍光顕微鏡法とほとんど違わない。落射蛍光顕微鏡でみると、SYBR Green I で染色したウィルスは緑色の光を放つ小さなピンポイントのように見えるが、細菌やその他の微生物はこれに比べるとずっと大きい（図 8.5B）。このように点にしかみえない小さな粒子が実際にウィルスであるということは、別の試験によって確認されている。落射蛍光顕微鏡法によるウィルスの推定値は、TEM 法による推定値とほぼ等しいか、やや（30％程度）上回る（Fuhrman 2000）。TEM 法ではウィルス数が過小評価される傾向があるのかもしれない。

　水圏環境試料中のウィルス計数には、フローサイトメトリーも用いられる。この方法では、落射蛍光顕微鏡法の場合と同様に、SYBR Green I のような高輝度の蛍光染色剤で染色したウィルスを計数する。個々の粒子が発する蛍光と側方散乱光の強度の違いによって、ウィルスと他の微生物の区別ができるのである。注意点は、機器を清浄かつ他の粒子の混入の無い状態に保ちバックグランドノイズを極力低減させることである。適切な使い方をすれば、フローサイトメトリーで計数されるウィルス数は、落射蛍光顕微鏡法で得られる値とほとんど変わらない。メリットは、より高い精度、簡便さ、迅速さをもってウィルスを計数できる点にある。迅速性は多試料を解析する場合に特に重要である。

▶ 自然環境中でのウィルス数の変動

　TEM 法や落射蛍光顕微鏡法による研究が進んだ結果、私たちは、いまや自然界におけるウィルスの天文学的な数に関する議論ができる。これらの研究の結果、生物圏の、実際上すべての生息環境においてウィルスが非常に多

BOX8.1 光学顕微鏡と電子顕微鏡の検出限界

光やその他の電磁放射を使って明瞭に解像できる最小の粒子サイズは、理論的には波長の約半分の長さが限度である。つまり、電子顕微鏡の検出限界は約 0.2 nm（ただし加速電圧によって異なる）、一般の光学顕微鏡では約 200 nm（0.2 µm）である。この物理的制約を考えると、ウィルスを光学顕微鏡で観察するのは理論的に不可能のように思えるかもしれない。しかし 50 nm ほどの大きさのウィルスであっても、核酸蛍光染色剤で染色すれば、落射蛍光顕微鏡下で観察することができる。その理由は、染色されたウィルスが発する強い蛍光がフレア現象を起こし、実際のサイズよりも大きな像を結ぶからである。とはいえ、非常に小さいウィルスや一本鎖の核酸をもったウィルスは、落射蛍光顕微鏡では見落とされてしまうということもありそうである。

量に存在することが明らかになった。典型的には、水圏環境では 1 mL の水中には 10^7 粒のウィルスが、1 g の堆積物中には 10^{10} 粒のウィルスが存在する（表 8.2）。これはプラーク法の結果とは大きく異なる。ウィルスは極限環境を含めて、微生物が生息するところにはどこにでも見つかる。温泉には、好熱古細菌を攻撃する奇妙な形をしたウィルスがいる（Prangishvili et al. 2006）。ウィルスが多くいるという発見に触発され、ウィルスとそれが自然界で果たす役割についての多くの研究が行われることになった。ウィルス数の多寡を評価する有益な方法のひとつは、細菌数に対する相対値、すなわちウィルス数：細菌数比（virus to bacteria ratio, VBR）として表す方法である。上述のように、自然環境中において大部分のウィルスは細菌を宿主とすると考えられる。なぜなら、通常、自然界において細菌は他の微生物や大型生物に比べてその個体数がずっと多いからである。大部分の環境（特に水圏環境）において、VBR は平均的にはおよそ 10 の値をとるが、その理由は完全には明らかでない。VBR は、時間的にあるいは環境によって大きく変動する。VBR の変動幅は、水圏環境では 1000 倍、土壌では 10,000 倍近くに達する（Srinivasiah et al. 2008）。

表8.2 自然環境中におけるウィルスと細菌の数。水圏環境のデータの単位は、1 mL あたりの数、土壌や堆積物は、1 g あたりの数である。ウィルス：細菌は、ウィルス数と細菌数の比のことである。水圏環境のデータは Wommack and Colwell (2000)、土壌のデータは Williamson et al. (2005)、堆積物のデータは Danovaro et al. (2008) に基づく。Srinivasiah et al. (2008) も参照のこと。

生息場所			ウィルス数（x 10^6, mL あたり、ないしは g あたり）	ウィルス：細菌
淡水	プルスゼー湖	春	254	41
	ケベック州（カナダ）の湖	夏	110	23
	ドナウ川	周年	12–61	2–17
海洋	チェサピーク湾	春	10	3.2
	南カルフォルニア沿岸	春	18	14.2
	北太平洋	春—秋	1.4–40	2.3–18
堆積物	ギルバート湖（ケベック州）	2–14 m	720–20 300	0.8–25.7
	チェサピーク湾	1–17 m	340–810	57
	相模湾	1450 m	290–2560	8.0–35.0
土壌	シルトローム	トウモロコシ畑	1100	2750
	ローム質砂	トウモロコシ畑	870	3346
	シルトローム	森林	2940	11
	山麓地帯の湿地	森林	4170	12

　土壌とりわけ農耕地では、これまでの報告の中で最も高いレベルの VBR (2,500 以上) が測定されている（表 8.2）。土壌において VBR が高く変動性に富んでいる理由の一端は、菌類を宿主とするウィルスの存在にあるのかもしれない。5章で述べたように、土壌では菌類の生物量がしばしば大きくなり、菌類と細菌の生物量の比は大きく変動する。このことが土壌における VBR の変動と関係している可能性がある。一方、土壌における菌類ウィルスの数は過小評価されているのかもしれない。というのも、菌類ウィルスの多くは RNA ウィルスであることが知られているが、通常の落射蛍光顕微鏡で用いられる DNA 染色剤では、RNA ウィルスは染色されにくいのである（Yu et al. 2010b）。また多くの菌類ウィルスは、宿主の細胞内を伝播するため、どのような染色剤を使ったとしても、通常の落射蛍光顕微鏡法で検出すること

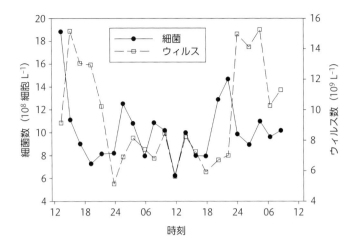

図8.6 約2日間にわたるウィルス数と細菌数の時間変動。データはWeinbauer et al. (1995)に基づく。

は難しいであろう。土壌においてVBRが大きく変動するもうひとつの理由として、乾燥やその他の環境要因に対する感受性が細菌に比べてウィルスのほうが低いということが挙げられるかもしれない。細菌数とウィルス数が、それぞれ別の環境要因の影響を受けながら変動すれば、VBRは大きく変動すると考えられる。

　細菌やその他の微生物の増殖が活発になるような条件下では、ウィルスの数も増えるという一般的な傾向がある。また、微生物数が多い時期、あるいはそのような場では、ウィルスの数も多い。しかし、たとえば1日の間での変化というような時間スケールで、細菌数とウィルス数の関係をみると、単純な正の相関になるわけではない。ウィルス数の変動は、細菌数の変動の後を追うような時間変動を示すことがある。図8.6に示す水圏環境における例では、第1日目の13:00hと24:00hに見られる細菌数のピークに続いて、数時間後にウィルス数のピークが見られる。これは捕食者―餌サイクルを思い出させる。つまり、餌（細菌）の消長と時間差をおいて捕食者（原生生物摂餌者）が消長するというパターンである。細菌とウィルスの相互作用は、土

壌においても同様にダイナミックである（Srinivasiah et al. 2008）。ある実験によれば、酵母抽出液を土壌に添加したところ1日以内に細菌数が増加し、それに続いてウィルス数が増大した。そのパターンは図8.6に示したものと類似していた。

　細菌数とウィルス数の時間変化に時間差（ラグ）があればVBRは当然変動する。実際、VBRは細菌数が高い期間や場所において低くなる傾向があるが（Wommack and Colwell 2000）、これは単純に、ウィルス―細菌相互作用が捕食―餌関係と類似した性質をもつためであるのかもしれない。しかしウィルスと宿主の相互作用は、ある意味で捕食者と餌の相互作用よりももっと複雑である。あるウィルスが、ある特定の宿主を攻撃するということは、ウィルス数の変動が、細菌群集の多様性の影響を受けることを意味する。細菌群集の多様性が低く種数が少なければ、その他すべての条件が同じ場合、ウィルス数は低下しVBRは低くなると予測される［訳注：ただし、一般的に細菌の多様性とVBRの間に強い関係性があるとは考えにくい］。一方、宿主が活発に増殖するような、栄養が豊富で生産性の高い環境中ではVBRは高くなりうる。このような環境中では、宿主である細菌とウィルスの遭遇確率は高くなり、感染率も高くなる。これに加えて増殖速度の速い細菌細胞は、より多くのウィルスを生産することができる（つまりバーストサイズが大きくなる）。

▶ ウィルスによる細菌の死亡

　自然環境中でのウィルスの生態学的役割には、摂餌者の役割と類似した側面がある。摂餌者が餌となる微生物の生物量をコントロールするのと同じように、ウィルスは宿主の生物量をコントロールする。ある特定の宿主の数が増えると、その宿主を攻撃するウィルスの生産速度や溶菌活性が高くなり、その宿主の数は減る。このようなメカニズムは「勝者を殺す」仕組みとして知られている（9章）。それは自然環境中でいったいどの程度重要なのだろうか？　別の問い方をすると、微生物の死亡要因全体の中で、摂餌と比較して、ウィルスによる溶菌というのは果たしてどの程度、量的に重要なのだろ

Chapter 8 ウィルスの生態学

うか？　環境中に多くのウィルスが存在することは、必ずしもウィルスによる溶菌が微生物の死亡要因として重要であるということを意味しない。もしかしたら環境中で計数される多くのウィルスは感染力を失っており、宿主を攻撃することができないのかもしれない。仮にすべてのウィルスが感染力をもっていたと仮定しても、ウィルスの数のみから感染速度を推定することは困難である。なんらかの方法を使って、ウィルス感染による微生物の死亡速度を推定する必要がある。ウィルスによる溶菌速度を測定する方法として、今日まで少なくとも6通りの手法が提案されている（Weinbauer 2004）。いろいろな方法が提案されているということ自体が、ウィルスが関与するプロセスの測定の難しさを物語っているともいえるだろう。ここではウィルスの生態学をより深く理解するために、2つの方法について考察を加える。

▶ 感染頻度

　ウィルスに感染した細胞数を計数するというのは、ウィルス溶菌を推定する方法の中でもおそらく最も直接的な方法であろう。感染した細胞は最終的には溶菌によって死亡することが運命づけられているので、細菌群集全体の中で感染した細胞が占める割合は、おおまかにはウィルスによって支配されている細菌の割合を反映するということができる。TEM観察を基に推定した感染細胞の割合は、自然界では、一般に1～5％である（Proctor and Fuhrman 1990, Weinbauer and Peduzzi 1994）。一見するとこれは低い値で、ウィルスが細菌に及ぼす影響も小さいことを意味しているようにみえる。しかしTEMで観察された「感染細胞」には、ウィルス粒子をもたない（つまりウィルスのカプシドが作られ、可視化できる段階にまで至っていない）感染細胞が全く含まれていないことに注意しなくてはならない。実際のところ、ウィルス粒子が宿主細胞の中に存在するのをTEM像として確認できる期間は、ウィルスの感染からバーストにいたるまでの生活史の期間中で、時間にして10～20％を占めるのにすぎない。宿主に対するウィルスのインパクトを正確に評価するためには、このことを考慮しなくてはならない。このような補正をして計算をすると、1～5％の「感染細胞」が存在するというTEMの観察結果は、実際には細菌の死亡率の5～50％が、ウィルス感染によるも

のであるということを意味するのである。

► ウィルス減少法

　この方法は、海水や湖水で用いられる方法であり、土壌や堆積物には適用できない。まず試料水を、ウィルスは通り抜けるが細菌やそれ以外の微生物は保持されるような孔径（通常は 0.2 μm）のフィルターを用いてろ過する。この操作によって細菌を濃縮すると同時に試料水中のウィルス数を減少させる（理想的にはできるだけゼロに近づける）。次に、限外ろ過法でウィルスを除去した試料水を、ろ過濃縮された細菌画分に添加する。この時マイトマイシン C の添加区と非添加区を設けることで、溶原性ウィルスを溶菌期へと誘導した場合としない場合でのウィルス数の比較ができるようにする。総ウィルス数は時間とともに増加するが、これは実験開始以前に感染していた宿主から溶菌性と溶原性（マイトマイシン C を添加した場合）のウィルスが放出されるためである。試料水中のウィルス数を減少させたことで、培養期間中に宿主がウィルスに攻撃されてそれがウィルス数の増加につながるという効果［訳注：新規感染によるウィルス生産の寄与］や、吸着によるウィルス数の減衰の影響を低減できる［訳注：細菌の細胞表面への吸着のことを指していると思われる］。また一般的に、ウィルス数が非常に低いとウィルス粒子のわずかな増加でも感度良く検出することができる。この方法を用いて得られた結果の例を図 8.7 に示す。ウィルス減少法でウィルス死亡率を推定するためには、バーストサイズの推定値が必要である。欠点もあるものの、ウィルス減少法は、ウィルス感染にともなう死亡速度の推定のための最もすぐれた方法のひとつである（Boras et al. 2009）。この方法を用いることで、ウィルス感染にともなう死亡が、細菌の死亡率の大きな割合（10 〜 50%）を占めるという結果が得られている。

► 細菌死亡率に対するウィルスと摂餌者の寄与

　以上に考察した 2 つの方法、あるいはその他の方法を用いた研究の結果、ウィルスによる溶菌が、細菌の死亡要因の中の大きな部分を占めるというこ

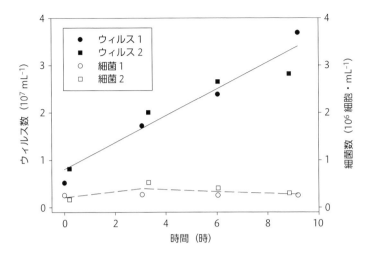

図8.7 ウィルス減少法で得られたデータの一例。この方法では、ろ過と希釈（希釈液にはウィルスを除去した試料水を用いる）によって試料水中のウィルス数と細菌数を減少させたのち、ウィルス数の変動を調べる。この図の実験の場合、実験開始時のウィルス数と細菌数は、試料水中のそれぞれの値よりも 60〜90% 低い値である。時間の経過とともにウィルス数が増加したのは、溶原ウィルスや溶菌ウィルスが宿主から水中へと放出されたためである。一方、培養期間中に細菌数の大きな変化は見られなかった。2 つの異なる培養実験の結果をまとめて示した。データは Wilhelm et al. (2002) に基づく。

とが示されている。大雑把にいえば、細菌の死亡の約半分がウィルスによるものであり、残りの半分がさまざまな原生生物の摂餌によるものである。ただしこの比率は大きく変動する。また、データの大半は海洋環境についてのものであり、土壌に関してはデータが存在しない。ウィルスと摂餌の相対的寄与に関する知見はまだ限られている。

ウィルスが細菌の死亡要因として特に重要な役割を果たしていると考えられる環境のひとつに富栄養海域がある。栄養濃度が高く、宿主細胞の生産が活発な環境中では、ウィルスと宿主の遭遇が頻繁に起こり、またバーストサイズも大きくなる。このことは容易に理解できるだろう。実際さまざまな海洋環境で得られたデータを解析したある研究によれば、貧栄養な海洋環境では、多くの場合、細菌生産の大部分が摂餌により消費されていたが、富栄養

環境では、摂餌だけでは説明できなかった［訳注：従って、ウィルスが細菌の死亡要因として重要であると推察された］（Storm 2000）。しかしその後の研究の結果では、貧栄養海域である地中海や北大西洋の外洋域においても、ウィルスによる溶菌が細菌の死亡要因の約半分を占めることが明らかにされている（Boras et al. 2009; Boras et al. 2010）。

　摂餌者である原生生物が活発に増殖できない環境中では、ウィルスが細菌の死亡要因として果たす役割が相対的に大きくなる。そのような環境の例としては、ウィルス数がとても多い北極の海氷（Maranger et al. 1994）や、低pH、高塩分、あるいは高温の環境が挙げられるだろう。つまり原生生物やその他の真核生物にとっては生存が困難な環境である。ただし極限環境中において一般的にはウィルス数は低いが、これは宿主細胞の数が少ないからであろう。pHと塩分は、宿主細胞やその他の粒子へのウィルスの吸着に対して影響を及ぼす。具体的にはMg^{2+}のような2価陽イオンは、ウィルスが粒子に吸着するのを促進することがある（Weinbauer 2004）。おそらくウィルスが細菌の死亡要因として相対的に最も重要になるのは嫌気環境である。無酸素環境中では、酸素欠乏によってほとんどすべての真核生物が姿を消すため、細菌にとっては、ウィルスが唯一とはいかないまでも主要な死亡要因となる。ある湖の無酸素の深水層では、ウィルス数とウィルス溶菌速度が非常に高かったという報告がある（Weinbauer and Hofle 1998）。

▶ ウィルス生産速度と回転時間

　ウィルス生産速度は、細菌やその他の微生物の生産速度と同じ意味で使われるが、これを測定することでウィルスが細菌に与えるインパクトを調べることができる。方法の概要は以下のとおり。細菌生産速度をDNA合成速度から求めるのと同じように、放射標識したチミジン（DNAウィルス）あるいはリン酸（DNAおよびRNAウィルス）を試料水に添加して一定時間培養する。次に、ウィルスが含まれるサイズ画分への放射活性の取り込み速度から、ウィルス生産速度を推定する（Steward et al. 1992）。この方法による測定の結果、細菌の死亡率の10～50％はウィルスによるものであるという

初期の結果が確かめられた。このデータを使うと、ウィルスのプールがどの程度の速さで回転しているのかということも調べることができる。自然環境中における遊離ウィルス（宿主の外に存在するウィルス）の半減期はどの程度のものか？　この問題を、多くのウィルスの宿主である従属栄養性細菌の回転時間との比較から考えてみよう。

ウィルス生産速度（P_V）は、細菌生産速度（P_B）、バーストサイズ（S）、および細菌生産のうちウィルス溶菌によって消失する割合（F）に依存する。

$$P_V = P_B \cdot S \cdot F \tag{8.1}$$

この式は、生産された細菌細胞のうちで、ウィルス感染により溶菌される細胞が、それぞれ S という数のウィルスを生産する、ということを意味している。ここで、すでにみたように、以下の関係式が成り立つ。

$$P_B = \mu \cdot B \tag{8.2}$$

μ は細菌増殖速度、B は細菌数である。ウィルスの回転時間（T_V）を以下の式で定義しよう。

$$T_V = V \cdot P_V^{-1} \tag{8.3}$$

ただし V はウィルス数である。また細菌についても同様に回転時間（T_B — これは世代時間に等しい）を以下のように定義する。

$$T_B = B \cdot P_B^{-1} \tag{8.4}$$

式 8.2 〜 8.4 を 8.1 に代入したのち、ウィルス数：細菌数比（VBR）を用い、式を整理すると次の式が得られる。

$$T_V = T_B \cdot VBR \cdot S^{-1} \cdot F^{-1} \tag{8.5}$$

式 8.5 は、ウィルスの回転時間が細菌の回転時間とともに変化すること、しかし一方で、VBR、バーストサイズの逆数、およびウィルスによって殺される細菌生産の割合の逆数の関数でもあることを意味している。ここで典型的な数値、たとえば VBR = 10、S = 50、F = 0.5 を使うと、ウィルスの回転時間

は細菌の回転時間の2.5分の1である。細菌個体群が1日に1回の頻度で回転しているとき、ウィルスはおよそ10時間に1回くらいの速度で回転していると見積もられる。Fが低い場合を除き、文献に報告されているVBRとSの推定値を使うと、ほとんどの場合ウィルスが細菌よりもずっと早く回転しているという結果になる。以上の計算から得られた結果は、生産性の高い汽水域で得られたデータと整合的である。このデータによれば、ウィルスは1日あたりに1回から3回の頻度で回転している（Winget and Wommack 2009）。

▶ ウィルスの不活化と消失

　以上の計算で示されたウィルスの速い回転時間は、自然環境中に多数のウィルスがいるということと整合的であるように見える。しかしウィルスを除去するなんらかのメカニズムがなければ、ウィルスは数を増やし続け、生物圏をびっしり埋め尽くしてしまうであろう。幸い、自然環境中には、ウィルスを不活化させて消失へと導くさまざまな要因がある。不活化は宿主に感染する能力（感染性）の低下を、消失はウィルス粒子数の減少を意味する。[訳注：decayおよびinactivationに不活化、lossに消失の訳語をあてたが、数の減少に対してdecayを使用していると思われる箇所では、decayを消失とした。] ウィルスの不活化と消失の測定は、細菌宿主に対するウィルスのインパクトを調べる方法のひとつである（Heldal and Bratbak 1991）。もしウィルス数がある一定時間の間およそ一定に保たれているとすると、ウィルスの消失速度はウィルスの生産速度と等しくなくてはならない。つまり定常状態を仮定すれば、消失速度はウィルスによる細菌の死亡率の程度を表す。これまでに調べられた水圏環境でのウィルスの消失速度の測定結果をみると、おそらくは方法上の理由から疑わしいほど高い値が報告されている場合もあるが（Fuhrman 2000）、不活化や消失がウィルスの生態を理解するうえで重要であることは確かである。

　水圏環境中でウィルスの不活化や消失を引き起こす最も重要な要因は、日光、とりわけ紫外線（UV）である。紫外線はウィルスの遺伝物質に対して修復できないほどの損傷を与える。微生物に対する影響の場合と同様、光は

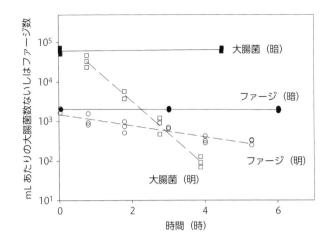

図8.8 ファージ（MS2）と細菌（大腸菌）に対する太陽光の影響。ファージ数はプラーク法で求め、細菌数は平板法で求めた。データは Kapuschinski and Mitchell (1983) に基づく。

過酸化物のような反応性化合物の生成を通して、直接的ないしは間接的にウイルスの核酸に損傷を加える。大腸菌のような腸内細菌に感染するウイルス（大腸菌ファージ）に関しては、不活化や消失についてよく調べられている。これは人間にとっての病原性ウイルスが環境中でどのような運命をたどるのかを理解するためのモデルとして、大腸菌ファージが用いられてきたためである。図 8.8 に示す例では、光はファージと大腸菌の両方を殺す。しかし、日光のみでは必ずしもウイルス粒子の消失にはつながらないようである。また日光が決して届かないような土壌中、堆積物中あるいは地下水といった生息環境におけるウイルスの不活化は、光の作用では説明ができない。

　土壌や堆積物では、コロイドやその他の粒子への吸着によってウイルスは不活化され、このことがウイルスの主要な消失要因のひとつになっている。pH や塩濃度のようなその他の物理化学要因は、ウイルスとその宿主に対する直接的な影響にくわえ、ウイルスの吸着に影響を及ぼすことを通してウイルスの感染性を制御する（Kimura et al. 2008）。培養法のアッセイを用いた研究で示されているように、土壌の乾燥もウイルスの不活化を引き起こす要

因である。しかし乾燥後にもウィルス粒子が依然として存続し計数されることがある。そのため乾燥土壌中においてウィルス数やVBRが高くなることがある（Srinivasiah et al. 2008）。土壌中において、培養法アッセイを用いて調べた結果では、しばしば温度がウィルス感染性の変動を説明する主要な要因になる（Kimura et al. 2008）。バーストサイズが温度とともに上昇する場合でさえ、感染性は温度の上昇とともに低下する。その他にウィルスの消失を説明するメカニズムとして、微生物が関与するプロセスが挙げられる。従属栄養性細菌は、栄養豊富な粒子であるウィルスを分解・消費する。また原生生物は、大型のウィルスを摂餌することがある。ただし少数の実験結果を除いては、これらの生物プロセスがウィルスの消失要因として重要であるという証拠は少ない（Weinbauer 2004）。

▶ 植物プランクトンのウィルス

前節では従属栄養性細菌に感染するウィルスに焦点をあわせたが、ウィルスは生物圏のすべての生物を攻撃し、潜在的にはすべての生物の生物学や生態学に大きな影響を及ぼす。もちろんホモサピエンスも例外ではない。1918年から1920年にかけてのインフルエンザの大流行による病死者の数（世界で5000万人）は、第一次世界大戦中の塹壕での戦死者の数（1600万人）を上回る。HIVが引き起こすAIDSは、今日の世界における恐るべき人類の敵であり、いくつかの開発途上国、とりわけアフリカのサブサハラ地域においては壊滅的な被害を与えている。口蹄疫を引き起こすウィルスは、毎年家畜に対して何億ドルもの損害を与えている。ウィルスは野生生物も殺すが、これについてはあまり研究がされていない。知られているのは、野生のウィルスと家畜化された動物および人間の間に多くの関連があるということである。多くのインフルエンザウィルスは、豚や鳥にまず感染したのち人間に感染するように進化する。また現在人間に感染しているその他のウィルスは、もともとは霊長類やその他の哺乳類を宿主にしていたようである。そのようなウィルスの例としては、エボラ・マルバーグ・ウィルスやHIVが知られている（Daszak et al. 2000）。このように別の動物に起源をもつウィルスに

よって引き起こされる疾病のことを人畜共通感染症という。

　ウィルスはシアノバクテリアや真核藻類にも影響を及ぼす。光合成独立栄養微生物のウィルスを研究するひとつの動機は、ウィルスによる溶菌が藻類の増殖を制御し植物プランクトンのブルーム（ここには赤潮を引き起こす有害なものも含まれる）を終焉させるひとつのメカニズムになりうるという点にある。1960年代の初めには、当時は緑青色藻（blue-green algae）と呼ばれていたシアノバクテリアに感染するウィルスについての報告がなされており、またシアノバクテリアのブルームにウィルス（シアノファージ）がどのように影響を及ぼすのかということに関する議論もなされていた。今日では、シアノファージは、ミオウィルス科、シホウィルス科およびポドウィルス科の3科に分類される。シアノファージに引き続き、緑藻（クロレラ）に感染するウィルスがすぐに単離された。しかし生態学的により重要な真核藻類を攻撃するウィルスの存在を示す証拠は、その後何年も現れなかった。今日では、土壌、湖沼、海洋において見られる主要な藻類種を攻撃する多くのウィルスがいることが明らかになっている。ウィルスは珪藻や円石藻にさえも感染する。なんらかの手段で、これらの藻類が有するケイ素あるいは炭酸カルシウムの被覆を突破するのである（Tomaru et al. 2009）。藻類に感染する多くのウィルスは大型で二本鎖DNAをもつフィコドナウィルス科に属する。ただし一本鎖DNAまたは一本鎖RNAをもつウィルスの中にも藻類に感染するものはいる。

　円石藻 *Emiliania huxleyi* とそれを攻撃するウィルスは、ウィルスと藻類の相互作用の特徴を示すいい例である。この植物プランクトンは海洋に普通に存在し、北太平洋ではしばしば春のブルームの優占藻である。図8.9に示すように、北海では、ブルームの終期に、最大で50％もの *E. huxleyi* 細胞が可視的にウィルスに感染していた（これは非常に高い感染率を意味する）という報告がある。その後の研究の結果、*E. huxleyi* ウィルスはスフィンゴ糖脂質合成酵素の遺伝子をもっており、このウィルスが藻類に感染するとその遺伝子が発現するということがわかった。スフィンゴ糖脂質はプログラム細胞死と類似した一連の生化学的イベントを引き起こす。この藻類を殺すのには、単離されたスフィンゴ糖脂質を添加するだけでも十分なのである。北大西洋

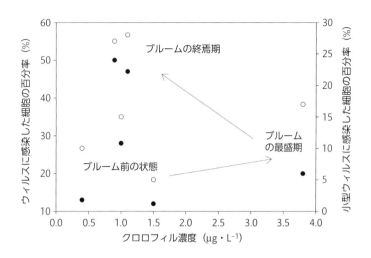

図8.9 北海における円石藻 *Emiliania huxley* のブルーム期に測定された藻類細胞の感染率。電子顕微鏡による観察の結果、藻類に感染したウィルスには、大型のウィルス（黒丸）と小型のウィルス（白丸）があることがわかった。ブルームの推移は人工衛星から調べた光の反射率や、硝酸イオンあるいはクロロフィル濃度から推定した。硝酸イオン濃度はブルーム前には高く、ブルーム後には低かった。データは Brussard et al. (1996) より。

におけるある観測結果では、円石藻色素（19'-hexanoyloxyfucoxanthin）の濃度が低いところでは、スフィンゴ糖脂質の濃度が高いということが明らかにされた（Vardi et al. 2009）。このことから、この海域においては、ウィルスによる細胞破壊が、円石藻の生物量の変動を引き起こしたものと推察された。

▶ ウィルスと摂餌者の生態学的な役割の違い

ウィルスの生態学的な役割のひとつは、宿主を殺し、摂餌者の場合と同様にトップダウン型の制御を行うことにある。すでに述べたように、細菌の死亡要因の約半分はウィルスに帰するものであり、残りの半分が摂餌者によるものである。しかしウィルスと摂餌者の類似性は表面上のことである。ウィルスの生態学的役割は、さまざまな面において摂餌者のそれとは異なってい

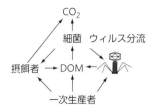

図8.10 微生物食物網におけるウィルス分流の位置づけ。ウィルスによる細胞の破壊によって、溶存有機物（DOM）やデトリタス有機物が水中に放出される。なお、この図ではウィルスが感染するのは細菌と植物プランクトンだけになっているが、実際には、ウィルスは摂餌者やその他の生物にも感染しうる。

る。本章の残りの部分では、この違いが何であるのかということ、さらにウィルスの役割の別の側面についても考察を加えよう。

▶ ウィルス分流とDOM生産

　摂餌と溶菌（溶藻）は、餌ないしは宿主細胞が死亡するという意味で類似したプロセスである。しかし、これらのプロセスの結果として環境中に放出される物質の種類や形状は大きく異なる。摂餌者は餌を完全に消費し、有機炭素を二酸化炭素に酸化し、有機窒素とリンをそれぞれアンモニウムとリン酸イオン（あるいは摂餌者が必要としないその他の無機栄養化合物）へと無機化することができる。これとは対照的にウィルスの場合は、死亡する最後の瞬間まで、宿主の細胞は生きた状態を保ちながらウィルス構成成分の合成や新たなウィルス粒子の組み立てを行う必要がある。宿主細胞の生化学的な仕組みはウィルスによって乗っ取られ、ウィルスの目的にあうように改変されるものの、完全に破壊されるわけではない。従ってウィルスによる溶菌の結果として、宿主細胞の含有物は、ほとんど酸化や無機化を受けることなくその全体として環境中に放出される。土壌中では、放出された細胞内容物は土壌粒子の表面に吸着するが、水圏環境中では溶存有機物（DOM）のプールに流れ込む。

　このウィルスによる溶菌（溶藻）にともなうDOM生産とそれに引き続く

微生物によるDOMの利用のことを「ウィルス分流」(viral shunt)と呼ぶ（図8.10）。溶菌（溶藻）にともなって放出される有機化合物の大半は微生物が容易に利用することができる易分解性DOMであると考えられている。ウィルスによって藻類や高等植物の細胞が破壊されると、細菌や菌類が利用可能な有機物が供給される。このウィルスによる細胞破壊というプロセスがなければ、藻類や高等植物が生成した有機物はもしかしたら植食者へと転送されていたのかもしれない。一方DOMを利用する従属栄養性細菌や菌類がウィルスによって破壊されても、従属栄養性微生物の生存にとって必要な「新しい」有機物が供給されるわけではない。しかしその場合でさえも、DOMの生産は従属栄養性微生物の増殖にとってポジティブな効果を及ぼす可能性がある。ウィルスによる溶菌は、リンや鉄などの潜在的な制限元素を含んだ物質の放出につながるかもしれないからだ（Riemann et al. 2009; Poorvin et al. 2004）。また、ウィルスの攻撃を免れた細菌は、溶菌で生産されたDOMを食い尽くすことができるため、ウィルスのいる時のほうがいない時に比べて平均的な細菌増殖速度が速くなることも示唆されている。溶菌に由来するDOMが、全DOM生産の大きな部分を占めるという可能性もある（Evans et al. 2009）。ウィルスによって破壊された藻類や細菌の現存量のほとんどすべてはDOMプールに流入するため、ある環境中における全DOM生産に対するウィルス溶菌（溶藻）にともなうDOM生産の寄与は、おおまかには、その環境中で一次生産や細菌生産のどの程度の割合がウィルスによって消費されるか（溶菌ないしは溶藻されるか）を基に評価することができる。

▶ ウィルスとその宿主の個体群動態

ファージと細菌のシステムは、捕食－被食相互作用の理論的な問題を探求するためのモデルとして用いられてきた（Kerr et al. 2008）。捕食－被食相互作用の解析に用いる同じ数理モデルをウィルスとその宿主の個体群動態を調べるために適用することができる。いずれの場合も、その動態を特徴付ける基本的な特性は、片方の個体群振動が、他方の位相のずれた振動によって追随されるということである。しかしウィルスと宿主の相互作用には、捕食－被食相互作用には見られない重要な側面がある。

Chapter 8 ウィルスの生態学

 ひとつの違いは、餌生物が捕食者に対して示す防衛に比べて、宿主がウィルスに対して示す防衛ははるかに容易に進化しうるという点である。ひとつの突然変異が起こるだけで、宿主はウィルスの攻撃に対する耐性を獲得しうる。単一の細菌とファージを用いた室内実験の結果では、しばしば細菌の自然突然変異が起こり、その突然変異体はファージに対する抵抗性をもつようになる。抵抗性のメカニズムにはさまざまなものがあるが、そのひとつは、単にウィルスが宿主を識別するのに用いるタンパク質や膜成分の合成を停止することである。たとえばマルトース輸送タンパク質をもたない大腸菌は、ラムダファージの攻撃を受けることはない。さらに、たとえウィルスが宿主の防衛の第一ラインを突破したとしても、ウィルスゲノムは酵素（制限酵素）によって分解され不活化されるかもしれない。これらの抵抗性のためウィルスは宿主を絶滅させることはできないのである。このことは、植物プランクトンに感染する溶藻性ウィルスを調べた研究によって明らかにされている（Thyrhaug et al. 2003）。これとは対照的に、条件さえ整えば、摂餌者は餌生物を完全に駆逐する、つまり回復ができないほどにその数を減少させることができる［訳注：ただし7章で言及されているように、摂餌者の場合も、餌生物の密度が低下してある一定のレベルにまで達すると、そこで摂餌活性や増殖が停止するため、摂餌によって餌生物が絶滅するとは限らない］。ある種の微生物は、たとえば連鎖状になったり塊を作ったりすることで摂餌者が食べることができないほど大きくなる、といった摂餌回避のメカニズムを発達させる。しかし微生物がウィルスに対抗するために用いる手段の多彩さに比べたら、摂餌回避のためのメカニズムの種類は乏しいといえよう。

 では、なぜすべての微生物がウィルスに対する抵抗性をもたないのだろうか？　どのようにしてウィルスは存続できるのか？　ここには次の2つのことが関わってくる。

 第一にウィルスに対する抵抗性をもつためにはコストが伴うということである。このコストがあるために、抵抗性株は感受性株に比べて増殖速度が遅い。つまりウィルスがいなければ、抵抗性株は感受性株との競争に負ける（優占できない）のである。室内実験により、ウィルスの存在下において、大腸菌のウィルス抵抗性株とウィルス感受性株が共存できることが示されている

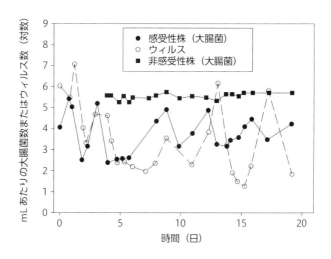

図8.11 炭素制限条件の連続培養中における大腸菌のウィルス感受性株とウィルス非感受性株（抵抗性株）の共存。ウィルス数の推移も示す。培養液中の大腸菌が非感受性変異株のみになってしまわないのは、これらが有機炭素の競争において感受性株に劣るからである。ウィルスと感受性株の変動パターンが、捕食―被食関係で一般的に見られる振動パターンであることに注意せよ。データはBohannan and Lenski (1999) より。

（図 8.11）。ここで、前者はボトムアップ支配（有機炭素）により、後者はトップダウン支配（ウィルスによる溶菌）により制御されている。細胞表面にあるウィルス受容体の除去や修飾は、宿主と環境の相互作用に影響を及ぼしうる。たとえばマルトース輸送タンパク質をもたない大腸菌株はウィルスに攻撃されることはないが、その株はもはやマルトースを取り込むことができない。抗ウィルス防衛のコストがそれほど明瞭でないときもある。上記の例でいうと、ウィルス抵抗性の大腸菌株はたとえ主要な炭素源がマルトースでなくても、親株（ウィルス感受性株）に比べて増殖速度が遅い。コストは、突然変異のタイプや宿主の代謝能力あるいは環境によって異なる。

　第二のポイントは、宿主がウィルス抵抗性を獲得すると、それに対する応答としてウィルスが進化するということである。もし宿主が突然変異によって受容体を完全に失えば、ウィルスがそれを克服することは難しいだろうが、

受容体がわずかに改変されるような突然変異の場合には、改変受容体を認識できる（したがって受容体を改変した宿主突然変異体を攻撃できる）ようなウィルスの突然変異体に正の淘汰が加わりうる。この突然変異体にとってのコストは、それらがもはや親株の受容体を識別できず、したがって親株を攻撃できないということである。このような受容体に関連する突然変異にくわえて、潜伏期間やバーストサイズの突然変異に対する正の淘汰も考えられるだろう。もちろん進化はウィルス側でのみ見られるのではない。ウィルスの突然変異は宿主である微生物の突然変異に対して淘汰を加え、さらにそれがウィルスの突然変異に淘汰を加えるといった連鎖が生ずる。最終的には、ウィルスとその宿主による進化的な軍拡競争が進行する。

▶ ウィルスが媒介する遺伝的交換

　軍拡競争という比喩からイメージできるように、微生物はウィルスによる溶菌（溶藻）を回避するための多くのメカニズムを進化させてきた。このことは確かなことであり、その点においては、ウィルスは宿主個体群に対してネガティブな影響しかあたえないように見える。しかしウィルスは、宿主に対して、微生物や高等植物の生態や進化を考えるうえで重要なポジティブな影響も及ぼしうるのである。ウィルスは微生物にとってのある種の「性」である。より正確にいえば、ウィルスは微生物の間での遺伝物質の交換を媒介する。ここでは、まず細菌に焦点をあわせてこのことをみてみよう。

　通常、細菌は無性的な細胞分裂によって繁殖する。いいかえると、母から娘へと、同じ遺伝物質が他の細胞からの遺伝子を混入させることなく受け渡される。しかし細菌は次の3つのメカニズムによって、他の細胞の遺伝子を取り込むことができる。第一は形質転換。これは周辺環境中に遊離しているDNAの取り込みのことである。2番目は接合。これは2つの細胞をつなぐタンパク質チューブ（ピリ）を介した、ひとつの細胞と他の細胞の間でのDNA交換。3番目が形質導入。ここにウィルスが関与する。自然界でどのメカニズムが最も広く見られ、あるいは重要であるのかはよくわかっていないが、おそらく形質転換はまれであろう。というのは、微生物が遊離DNA

を新たな遺伝物質の供給源として使うことよりは、それを分解して炭素源や窒素・リン源として消費するということのほうがずっと起こりやすそうだからである。これに対して微生物のウィルス感染はきわめて普通に起こることであり、実際、微生物や大型生物のゲノムの中には多くのウィルス遺伝子が存在する。自然環境中では、ウィルスが媒介する微生物間での遺伝子交換速度が非常に速いと考えられている（Jiang and Paul 1998）。この遺伝子交換には、宿主 DNA のみを含むウィルス様粒子である遺伝子伝達因子（genetic transfer agent, GTA）が関与することがある（McDaniel et al. 2010）。

ウィルスが微生物遺伝子の交換を媒介できるのは、ウィルス遺伝物質をウィルス粒子の中に収納するときに「間違い」が起こるためである（図 8.12）。つまり、宿主ゲノムの遺伝子の一部が、ウィルス遺伝物質とともにカプシドに収納されてしまうのである。ここで、宿主遺伝子が全ゲノムの中からランダムに選ばれる場合（普遍形質導入）と、ウィルスがそれ自身を宿主染色体の特異的な箇所に挿入するために、宿主遺伝子の選択が特異的になる場合（特殊形質導入）がある。どちらの場合でも、新たに形成されたウィルスは、これらの宿主遺伝子を新たに感染した宿主の中へと持ち込む。新たに感染された宿主は、ウィルス由来の宿主遺伝子を発現し、新たな代謝能力を獲得することがありうるのである（既存の代謝ではあるがバージョンの異なる代謝経路を利用する、あるいは既存の代謝産物を量的に多く生産する能力を獲得するといった場合も含まれる）。

細菌による新たな代謝経路の獲得について最もよく研究されているのは、ファージにより細菌に導入された毒性遺伝子のために、非病原性株が病原性株に転換する事例についてである。一例を挙げると、通常は無害な汽水性細菌であるコレラ菌（*Vibrio cholerae*）は、糸状ファージ CTXphi の感染によって疾患（コレラ）を引き起こす病原体へと転換する。このファージは、コレラ毒素や吸着を促進するピリなどを含むその他の遺伝子からなる「病原性遺伝子の島（pathogenicity island）」を保有する。このウィルスに感染すると、キチンや腸内細胞への付着力の強化や、みずからをバイオフィルムに組み込ませる能力を増大させることを通して、この細菌の生存力は強化される（Pruzzo et al. 2008; Faruque et al. 2006）。

Chapter 8 ウィルスの生態学

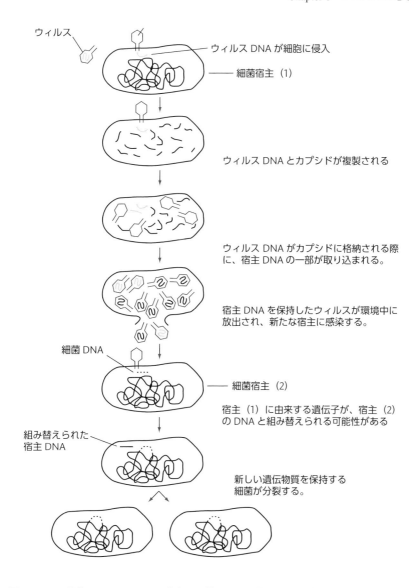

図8.12 形質導入とはウィルスが媒介する微生物間の遺伝的交換(性)のことである。

309

さまざまな自然環境から単離されたウィルスゲノムの中に細菌の遺伝子が見つかっているが、これは形質導入が起きているためである。生物圏で細胞数が最も多い光独立栄養微生物であるシネココッカスやプロクロロコッカス（4章）に感染するウィルス（シアノファージ）に見られる光合成遺伝子はその一例である（Lindell et al. 2005）。この遺伝子には、光システム II のコア反応中心タンパク質 D1 をコードする *psb*A と強光誘導性遺伝子（*hli*）が含まれる。シアノファージが保有するこれらの遺伝子は、感染したシアノバクテリアの細胞内で、ファージ遺伝子とともに共転写され発現する。この発現によって光合成速度とファージ増殖の両方が強化されるため、宿主とファージはともに利益をえる（ただし宿主にとってこの利益は一時的なものでしかない）。

　ウィルス感染が宿主の死をもたらすというのは避けられないことのように見えるが、実はそうであるとも限らない。むしろ、多くのウィルスと宿主の相互作用系において、宿主の死は規則というよりは例外であるとさえいえる。溶原性ウィルスは自分自身を宿主の染色体から切りだす能力を失うこともある。そうなると溶菌期には決して移行しない。従って、宿主細胞を溶菌しないだけでなく、ウィルス遺伝物質が、前の宿主からつれてきた遺伝子とともに、宿主遺伝物質に永続的に組み込まれるということも起こる。実際、細菌やその他の微生物、いやそれどころか人間を含むすべての生物において、ゲノムの中にはウィルスの名残があちらこちらに見られる。ゲノムの塩基配列決定がなされたすべての細菌のうち最大 70％のゲノムは、プロファージを含んでいる（Paul 2008）。宿主の遺伝物質とともに複製されるということは、ひとつのウィルス遺伝子にとって、その利己的目標（すなわちそれ自身のコピーをより多く生産する）を達成するためのひとつのメカニズムである。この目標は遺伝子を遊離ウィルス粒子のなかに収納することによっても達成されうるし、いっぽうで宿主ゲノムのたくさんの遺伝子の中に潜伏することによっても達成されうるのだ。ウィルスがいることで、宿主である微生物にとっても利益がある。ウィルスから獲得する新しい遺伝物質の中には、潜在的には、微生物がさまざまな環境条件の変化に対処するうえで有用な遺伝子が含まれているのかもしれないのである。

新たな遺伝物質の獲得は進化の駆動要因である。「もしウィルスがここにいなければ、彼らにお目にかかりたいとは思わないだろう」と述べたボルティモアは間違っているといわなくてはならないひとつの理由がここにある。もちろん、われわれは人間に病気を起こすようなウィルスを撲滅し、メダワーが嫌った「悪い知らせ」を最小限のものとしなくてはならない。しかし大部分のウィルスは人間や農作物に病気を起こさないばかりか、多くのものは他の生物に対して良い影響を及ぼす（Roossinck 2011）。ウィルスは自然界で欠かすことのできない役割を果たしており、私たちが知る生命というものにとって不可欠な存在なのである。

まとめ

1. ウィルスは核酸とそれを覆うタンパク質のコートからできている。ただし種類によっては宿主と同様な膜で覆われている場合もある。ウィルスの核酸には、DNA や RNA がとりうるすべての型が見られる。核酸型の違いに基づいてウィルスの分類がなされる。

2. ウィルスは感染した宿主の生化学的な仕組みを使って増殖する。溶菌性ウィルスの生活史には溶菌期のみが見られるが、溶原性ウィルスの場合は、溶原期と溶菌期が見られる。貧栄養環境中では溶原性ウィルスのほうが有利なようである。

3. 顕微鏡による計数結果によれば、自然環境中には非常に多数のウィルスが存在する。通常ウィルス数はその主要な宿主であると思われる細菌の数よりも約 10 倍多い。これに対して、プラーク法を用いるとわずかな数のウィルスしか検出されない。このことは、単離して実験室で増殖させることができるウィルスは、自然環境中に存在するウィルスのうち、ごく一部のものにすぎないということを意味している。

4. 自然環境中の細菌の死亡原因の約半分はウィルス溶菌によるものであり、残りの半分は摂餌によるものである。ただしこの割

合は環境によって大きく異なる。ウィルスが植物プランクトンに感染することでブルームが終焉することがある。ウィルスは、生物圏のすべての生物に対して、生物学的あるいは生態学的になんらかの影響を及ぼしている。

5. 宿主はウィルスに抵抗するために形質を進化させる場合がある。ウィルスが宿主を認識するのに使う受容体を変化させるというのはその一例である。このような防衛にはコストがかかる。ウィルスの側も、宿主の防衛に対抗してその形質を進化させることがある。

6. ウィルスは微生物に対してポジティブな影響を及ぼすこともある。たとえば、溶菌に際して溶存有機物が放出されるというのはその一例である。また宿主間での遺伝物質の交換を媒介することで、微生物やその他の生物の進化に対して影響を及ぼす。

Chapter 9
自然環境中における微生物の群集構造

　前章まで、自然環境中で微生物が果たしている生態学的あるいは生物地球化学的な役割について考察を加えたが、その中で、微生物の分類学的な帰属（属名や種名）についてはあまり触れてこなかった。真核藻類（植物プランクトン）や原生動物のように分類学的な研究の歴史が古い微生物グループについては分類名を使った箇所もあるが、それらにおいてさえも、分類学的な帰属にあえてこだわらずとも、さまざまな微生物プロセスについての理解を深めることはできる。1章で述べたように、このような研究方法を「ブラックボックス・アプローチ」と呼ぶ。

　この章では、ブラックボックスの蓋を開き、自然環境中で優占する微生物の種類について学ぶことにしよう。微生物生態学では、微生物の分類名のリストや、系統遺伝学的な関係、あるいは環境中での出現頻度について言及する際に、群集構造という用語が使われる。群集構造を調べるひとつの意義は、そうすることで、生物地球化学的プロセスをはじめとする微生物が媒介するさまざまな機能についての理解をより深いものにすることができるという点にある。実際、群集構造と機能の関係は、今日の微生物生態学における重要な研究課題のひとつである。ただし、群集構造を研究する理由は他にもある。地球上で最も数の多い生物である微生物に名前をつけることは、生物界を秩

序付け、生物同士の進化的な関係（すなわち系統学）を理解するという、分類学の目標を達成するうえでのひとつの重要なステップである。自然界における微生物の多様性を探るという興味深いパズルを解くことは、地球上の生命の多様性を理解するうえで不可欠なことである。

▶ 分類学と遺伝子による系統学

　対象となる生物をよく観察し、脚の数、毛、鱗、種子あるいは花の有無などさまざまな形質を記録するというのが、生物分類の伝統的なやり方である。背骨や細胞壁といった内部の形質も重要であるが、それらも含めて生物の特性の把握の主な手段は、形質の視覚的な観察である。ところが、微生物の場合は、このような一般的な生物分類手法が適用できる範囲がきわめて限られている。最大の問題は単に微生物が小さいということにあるのではなく、それらが視覚的に区別できるような特徴を欠くという点にある。原生生物や菌類の中には形態的な特徴を有し、外見によって同定することができるものもあるが、多くの微生物についてそれは不可能である。外見が似ている真核微生物（形態種）であっても、実際には異なる種であるということがありうる。

　以上の問題は、特に細菌と古細菌の区別において顕著である。電子顕微鏡を用いても、これらの微生物は球形か桿形にしかみえず、その形態からなにか重要な手がかりが得られるということはまれである。そこで微生物の同定では、伝統的にさまざまな生化学的試験、すなわち、グラム染色や、さまざまな化合物を分解する能力の測定、あるいは酵素活性のアッセイなどが行われる。表現型を調べるという意味では、微生物学的な試験も、動物の毛や植物の種子を調べることと同じである。しかし、ここで同定に用いられるほとんどすべての生化学的特性は、実験室内で純粋培養された微生物でなければ調べることができないという問題に突き当たる。培養されていない微生物についてこれらの特性を調べることはできないのである。では、自然環境中の微生物の圧倒的大部分を占める「培養できない微生物」はどうやって同定するのか？

　解決策は「ある遺伝子」を用いるということだ。簡単にいうと、この「あ

BOX9.1 細菌分類学のバイブル

『バージェイの細菌学マニュアル』は、細菌の分類学に関する重要な情報源のひとつである。米国細菌学会（現在の米国微生物学会）のもとにデビッド・ヘンドリックス・バージェイ（David H. Bergey, 1860〜1937）を委員長とする委員会が組織され、1923年にマニュアルの初版が出版された。その後、版を重ねて『バージェイの鑑別的細菌学マニュアル　第9版』が1994年に出版された。現在は、複数の巻からなる『バージェイの体系的細菌学マニュアル』に引き継がれている。その第1巻は2001年に刊行され、古細菌といくつかの光栄養細菌が取り上げられた。2010年に刊行された第4巻ではバクテロイデス門やその他の門が取り上げられている。
(http://www.bergeys.org/)

る遺伝子」の配列が類似している生物は、異なった配列をもった生物よりもより密接な系統関係にあると考えるのである。第1章で述べたように、原核生物において最も広く用いられている「ある遺伝子」は16S rRNA遺伝子であり、真核微生物では18S rRNA遺伝子である。この基本的な考え方は、微生物だけでなく大型生物の分類学や系統学にも用いられる。生命のバーコードプロジェクトでは、無脊椎動物や脊椎動物の同定や分類のために、ミトコンドリアにあるチトクロームオキシダーゼのサブユニット1（CO1）遺伝子、あるいはその他の遺伝子の配列が使われる（Bucklin et al. 2011）。

　実際のところ、遺伝子を使ったアプローチが、微生物を純粋培養することの代替策になるというわけではない。たしかに遺伝子を使えば、培養することなしに自然環境中に存在する微生物を同定することが可能である。しかし、微生物を培養し、室内での実験に供することなしに、それらの生理的特性や生態学的役割を明らかにすることは大変に難しい。微生物学者は、微生物にとってのより「自然な」環境を実験室内で再現する試みを通して、難培養性の問題の解決にむけての挑戦を続けている。多くの微生物学者は、適切な培養条件が見つかりさえすれば、自然界のすべての生きた微生物は培養可能であると信じている。つまり条件さえ整えれば、室内で増殖できないような微生物（培養不能菌）などというものは存在しないと信じているのである。し

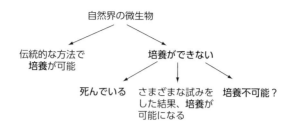

図9.1 微生物において「培養が可能」、「まだ培養されていない」、「培養ができない」という概念の違いを示すダイアグラム。「まだ培養されていない」微生物の中には、伝統的な方法では培養ができないものの、莫大な労力を費やして先端的な手法を使えば単離培養ができるというものが含まれる。このような努力を費やしても培養ができないものは、「培養不可能」というカテゴリーに入れてある。しかしそれらの微生物も、今日知られていない方法を用いることで、将来は「培養が可能」になるという可能性は否定できない。Madsen (2008) の図にヒントを得て作成した。

かし、いくらかの共生細菌や複雑な集合体の中で生息する細菌は、もしかしたら培養不能菌といってもいいのかもしれない。まだ培養されていない自由遊泳微生物（これらは共生や寄生をすることなく独立して増殖しているようにみえる）が培養不能であるかどうかについては議論の余地がある。もし新しい方法が見つかれば、これらの細菌のあるものは培養可能になるのかもしれないし、あるいは、どのような方法を使っても最後まで培養できない微生物というのもいるのかもしれない。公衆衛生学の分野では、培養できない微生物は、その細胞が「生きてはいるが培養はできない状態」(viable but non-culturable state) にあるとされる (Oliver 2010)。

▶ 16S rRNA に基づく方法の紹介

第1章ではカール・ウーズの仕事を紹介した。彼は、培養細菌や古細菌の分類学と系統学の研究において 16S rRNA 遺伝子を最初に用いたのである。では、なぜ 16S rRNA 遺伝子なのか。それには以下のような理由がある。

・この遺伝子はすべての細菌と古細菌が有する。真核生物でさえも、この遺

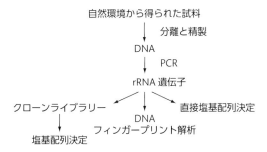

図9.2 PCR 法を使った rRNA 遺伝子解析に基づく微生物群集構造の研究手法。クローンライブラリーとはクローン化した DNA を含む大腸菌のコロニーの集合（コレクション）のことである。クローンライブラリー法では、微生物群集の rRNA 遺伝子を PCR 法で増幅したのちに、得られた DNA 断片を大腸菌に組み込んでクローン化する。さらに、クローン化した DNA の遺伝子情報を解析することで群集構造を調べる。DNA フィンガープリント法には、変性剤勾配ゲル電気泳動法（DGGE）や制限酵素断片長多型法（t-RFLP）がある。この手法では、rRNA 遺伝子の断片を物理的に分離し、その分離パターン（フィンガープリント）から群集組成を解析する。

伝子をミトコンドリアと葉緑体に有する。
・この遺伝子は領域によって変動性の程度が異なる。すなわち、すべての生物において配列がほぼ等しい非常に保守的な領域（定常領域）から、逆に、変動性が大きくて系統的に遠い関係の生物間では大きく配列が異なる領域（可変領域）まで、さまざまなものがある。定常領域は、さまざまな遺伝子が混ざった試料から 16S rRNA 遺伝子だけを探し出すうえでとても有用である。一方、可変領域は、ある微生物グループを他から区別するときに不可欠である。
・16S rRNA 遺伝子をもとにして作られる系統関係は、それ以外の多くの遺伝子から得られる系統関係と一致する。したがって、その生物の全体としての進化的歴史を反映している可能性が高い。

図 9.2 には自然微生物群集の 16S rRNA 遺伝子を調べる主なアプローチをまとめる。1 章で触れたとおり、培養に依存しない方法を総称して「非培養

BOX9.2　遺伝子のコピー

1987年にキャリー・マリス（Kary Mullis, 1944～）（1993年にノーベル賞受賞）によって考案されたPCR法は、微生物生態学で最も普通に用いられる技術のひとつである。PCR法において鍵になる酵素は、耐熱性DNAポリメラーゼである。マリスが使ったのは、*Thermophilus aquaticus*（Taq）から抽出した酵素であるが、この細菌をイエローストーン公園の温泉から最初に単離したのは、微生物生態学の創始者のひとりであるトーマス・ブロックである。

法」（cultivation-independent method）と呼ぶ。［訳注：訳語としては培養非依存法のほうが原義に忠実であるが、本書では慣用語である非培養法を用いた。］著者によっては、cultivationの代わりにcultureという用語（あるいはその文法的な派生語）を使うが意味は同じである。「非培養法」は、もうひとつのよく用いられる用語である「分子生物学的方法」よりもより包含的であり、有用であるといえよう。ここでは細菌と古細菌に焦点をあわせるが、同様な方法は原生生物やその他の真核微生物の研究においても用いられる。

　自然試料の解析に際しては、さまざまな種類の生物から成る複雑な群集が持つ膨大な量の標的外の遺伝子の中から、いかにして16S rRNA遺伝子だけを取り出すのかということが最初の問題になる。これを克服するために、非培養法においては、ポリメラーゼ連鎖反応（PCR）が使われる。PCRには2つのオリゴヌクレオチド（プライマー）が必要である。プライマーのそれぞれは約20塩基対（bp）の長さで、遺伝子の特異的な領域に相補的な配列になるように設計されている。ここで、PCRプライマーの標的として、16S rRNA分子の定常領域が役に立つ。この領域に対しては、複数のプライマーのセットが利用可能であるが、どのセットが適切であるのかは、対象とする試料や、どのようにしてPCR産物ないしはアンプリコン（PCRによって産生されたDNA）を解析するのかによって異なる。PCRの原理ややり方は、多くの教科書やウェブサイトでみることができる。知っておくべきことは、PCRの結果として非常にたくさんの必要とする遺伝子（アンプリコン）が、

試料中のすべての生物から得られるということである。より正確には、合成されるのは 2 つのプライマー部位に挟まれた領域の DNA 断片である。いったん PCR が終了すると、次に PCR 産物をどのように分析するのかということが問題になる。図 9.2 には、これに関連する主なアプローチをまとめた。

▶ 種の問題

　非培養法による研究の結果について考察する前に、ある問題について触れなくてはならない。その問題とは、微生物においては「種」が何を意味するのかの定義が実は明確ではないということである。病原性や、共生関係の特異性や、環境中での微生物の役割など、そこに関与する微生物が「同じ仲間」であるか、「違う仲間」であるのかを区別することが重要になる局面は種々あるが、そのいずれの場合においても、明確な種の定義が無い限り、その考察自体が隘路に陥りかねない。古典的な生態学では、ニッチの定義（ある種によって利用可能でありまた実際に利用されている複数の資源からなる多次元空間）は、種の概念と密接に結びついている。

　生物学的種概念と呼ばれる古典的な定義では、種とは、「交配することができ、また繁殖することが可能な子孫を生み出すことができる個体の集合」とされる。この定義は、原核生物やその他多くの微生物にとって、さらには大型の真核生物にとってさえも、それらが無性繁殖する場合には意味が無い。提案されている種の定義は他にもあるが、一般的に受け入れられているのは生物学的種概念のみである。

　かつて微生物学者は、細菌または古細菌の 2 集団の比較において、もしそれらの 16S rRNA 遺伝子の塩基配列が 97％ 以上同じであれば同一の種であると考えた。この閾値は、純粋培養された細菌における 16S rRNA 遺伝子の類似性と、DNA-DNA ハイブリダイゼーションの結果の比較に基づくものである。DNA-DNA ハイブリダイゼーションとは、ひとつの生物のゲノムのどれだけが、別の生物のゲノムとハイブリダイズするか（あるいは結合するか）を、百分率で表したものである。いくつかのデータが示すところによれば、もし DNA-DNA ハイブリダイゼーションの結果が 70％ を超えれば、

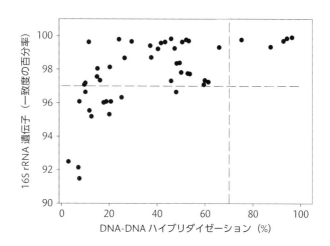

図9.3 2種の細菌の16S rRNA遺伝子を比較したときの一致度（Y軸）と、それらのゲノムをDNA-DNAハイブリダイゼーションで比較したときの一致度（X軸）の関係。97％レベルの一致度を示す水平線は、系統型を定義する際にしばしば用いられるカットオフ値に相当する。この定義による系統型はおそらく最も種に近いとみなされる。一方、DNA-DNAハイブリダイゼーションに基づく定義では、70％レベルの垂直線よりも左側にあるプロットは、別の種と判定される。データはStackebrandt and Goebel (1994) より。

2つの生物は同じ種に属すると判定することができる。ところが、この70％レベルと、16S rRNA遺伝子で使われる97％閾値を比べると、図9.3に明らかなように、97％の周辺に大きなばらつきが見られる。別のデータからも、この閾値には問題があることが明らかになっている。2つの生物の16S rRNA遺伝子の塩基配列に97％以上の一致が見られない場合、それらは同じ種に属さない、というのは正しいのだが、問題なのは、97％以上の一致が見られる場合である。その場合、それら2つの生物は、同じ種に属してもいいし、属さなくてもいい、ということになってしまう。4章に述べたシアノバクテリア（プロロコッカス）のエコタイプはこのような問題のひとつの例である。また、*Bacillus*属の3種（*B. anthracis*、*B. thuringiensis*、*B. subtilis*）の場合、16S rRNA遺伝子は99％以上一致するものの、生理的に重要な特徴が互いに大きく異なっているため、別種として扱われるのである。

表9.1 細菌の分類学的レベルと、それに対応する 16S rRNA 遺伝子の一致度。原核生物と真核生物を識別するためには、16S rRNA 遺伝子以外の遺伝子を使わなくてはならないので、ドメイン・レベルでの一致度の欄は「該当せず」としてある。データは、Konstantinids and Tiedje (2007) および Brenner and Famer (2005) より。

分類階級	例	一致度（%）	階級あたりの数*
ドメイン	細菌	該当せず	3
門	プロテオバクテリア	75	90
綱	ガンマプロテオバクテリア	78	7
目	エンテロバクター（腸内細菌）目	84	18
科	エンテロバクター（腸内細菌）科	90	1
属	エシェリキア（大腸菌）属	95	38
種	大腸菌	97–99	5
株	大腸菌 O157	>97	?

* それぞれの分類階級に属する構成単位の数。たとえば、生命には 3 つのドメインがあり、細菌はそのひとつである。細菌ドメインには約 90 の門が記載されておりプロテオバクテリア門はそのひとつである。ただし門の数は、細菌分類学者によって、あるいはどのように門の候補を扱うのかによって異なる。

　以上の理由から、多くの微生物学者は「種」という用語は使用せず、そのかわりに、操作上の定義である、リボタイプ（ribotype）、系統型（phylotype）あるいは操作的分類単位（operational taxonomic unit, OTU）といった用語を使う。通常、これらの用語は、16S rRNA 遺伝子の塩基配列が 97% 以上一致している生物を記載する時に使われるのである（以下、本書では主に「系統型」を用いることにしよう）。また共通祖先から派生した密接に関連する生物グループを表すために、クレードという用語が用いられることもある。表 9.1 には、さまざまな分類階級における 16S rRNA 遺伝子の一致性（identity）の閾値［訳注：何%以上一致すれば、ある分類階級において同一であると判定されるのかを示す値］をまとめた。

▶ 細菌群集の多様性

　微生物群集の多様性を調べるために 16S rRNA 遺伝子やその他の遺伝子の塩基配列が用いられる。群集内での多様性（アルファ多様性とも呼ばれる）

には、種の豊富さと均等度という2つの側面がある。種の豊富さとは、単純に、ある群集中に存在する系統型の数のことである。希薄化曲線（rarefaction曲線、collection曲線とも呼ばれる）による解析は系統型の豊富さを特徴づける方法のひとつである。この曲線を使って計算をすると、ある一定の容積（重量）の試料中に存在する系統型の数を推定することができる。多様性のもうひとつの側面である均等度は、各系統型の個体数から計算する。各系統型の個体数が等しければ、きわめて均等度の高い群集ということになる。逆に、非常に不均等な群集では、多くの個体から成る少数の系統型が卓越し、それ以外の系統型の個体数は非常に少なくなる。このような多様性の2つの側面を定量的に評価するために、生態学や微生物生態学では、さまざまな多様性指数が使われる（表9.2）。なお、表9.2に示した多様性指数では、系統型間での系統分類学的な関係は考慮されない。つまり、2つの近縁な系統型は、類縁性の低い別の系統型と同じように扱われる。系統学的な多様性の評価には、系統学的多様性指数（phylogenetic diversity）や系統学的種変動指数（phylogenetic species variability）といった別の指標が用いられる（Cadotte et al. 2010）。

多様性指数は16S rRNA遺伝子やその他の系統遺伝学的マーカーの塩基配列データをもとにして計算されることが多い。塩基配列決定は、かつては多大な労力と費用を要する解析であったが、今日では、次世代型の塩基配列決定法が開発されたおかげでかなり簡便かつ安価になってきている。最新の手法を使うと、1サンプルあたり数百万の塩基配列を数時間で得ることができる。これは伝統的な方法に比べて数千倍の量の塩基配列決定ができることを意味している。タグ・パイロシーケンス法は次世代法のひとつであるが、この方法では、PCRによって得られた16S rRNA遺伝子のパイロシーケンス断片を用いる。パイロシーケンス法（この方法を最初に商品化した会社にちなんで454シーケンス法ともいわれる）は、数百万の塩基配列を迅速かつ安価に提供する。パイロシーケンス法の導入により、以下に述べる2つの事実が明らかになってきた。

第一に、微生物群集の多様性が非常に高いということである。実際、高速塩基配列決定法を駆使しても、今日までに調べられた大部分の細菌群集は、

表9.2 多様性指数のまとめ。指数の中には、種の豊富さを評価するためのものや、群集の均等度を評価するためのもの、あるいはその両方を評価することを意図したものなどがある。Chao 1 は Anne Chao に由来する。ACE は Abundance Based Coverage Estimator の略である。Magurran(2004) はここに示した以外の指数について考察を加えている。

多様度指数	記号	記号	式
シャノン	H	両者	$-\sum p_i \log(p_i)$
シンプソン	D_1	主に均等度	$1-\sum p_i^2$
逆シンプソン	D_2	主に均等度	$1/\sum p_i^2$
シャノン均等度	J'	均等度	$H/\ln S$
シンプソン均等度	E_D	均等度	D_1/S
Chao1	S_{choa1}	豊富さ	$S_{obs} + f^2(1)/2f(2)$
ACE	S_{ACE}	豊富さ	$S_{abund} + S_{rare}/C_{ace} + f(1)/C_{ace}\gamma^2_{ace}$

記号の定義：
S = 群集中に見出された種の数
$f(1)$ と $f(2)$ = それぞれ一度だけあるいは二度だけ検出された種の数
p_i = i 番目の種が群集全体の中で占める割合。$p_i = n_i/N$ という式で定義される。ここで、n_i は i 番目の種の個体数、N は群集全体の個体数である。
C_{ace} = $1-f(1)/N_{rare}$　ここで、N_{rare} は希少種の数。希少種は「10個体以下で構成される種」と定義されるが、この定義は恣意的である。
S_{abund} = 10個体以上で構成される種の数。
S_{rare} = 10個体以下で構成される種の数。
S_{obs} = 観測された種の数

$$\gamma^2_{Ace} = max\left[\frac{S_{rare}\sum_{i=1}^{10}i(i-1)F_i}{C_{ACE}(N_{rare})(N_{rare}-1)} - 1, 0\right]$$ ここで F_i は、i 個体で構成される種の数である。

まだ完全にはその組成が明らかになっておらず、希薄化曲線は、系統型を相当に低いレベルの一致度でグループ化しないかぎり飽和しないのが普通である（図9.4）。細菌群集内の系統型の数の正確な推定値は環境によって異なるが、一般的には、ある環境中のある時間断面において、その数は、数万といわないまでも、数千のオーダーに達する。第二の観察事実は、細菌群集が数種類の非常に数の多い系統型と、多くの希少な系統型によって構成されているということである。たとえば群集全体の80％あるいはそれ以上は、数の多い順に上位100位までの系統型によって占められており、一方、残り

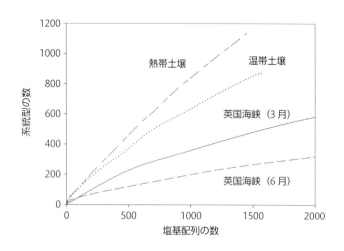

図9.4 土壌と海洋における典型的な希薄化曲線。データは Gilbert et al. (2009) および Lauber et al. (2009) より。

の20％の中に数千を超えるその他の希少な系統型が含まれるといった群集構造パターンが見られる。このようなまれな系統型の集合は「希少生物圏（rare biosphere）」と呼ばれている（Sogin et al. 2006）。個々の系統型の出現頻度の分布は、相対出現頻度を、群集内での系統型の順位（最も出現頻度の高いものから最も低いものまでを並べたときの）に対してプロットしたグラフ、すなわち「順位─出現頻度曲線」で表すことができる。

　順位─出現頻度曲線の形は環境によって異なる。それぞれの環境における群集の多様性を反映するのである（図9.5）。たとえば英国海峡では、非常に出現頻度の高い数種類の細菌が存在し、そのそれぞれが全群集の10％かそれ以上を占めている。その一方で、その他の出現頻度のあまり高くない系統型は、そのそれぞれが、全体の1％かそれよりもずっと少ない割合を占めるにすぎない。対照的に、土壌群集はもっと均等であり、非常に出現頻度の高い系統型の数は相対的に少ない（Lauber et al. 2009）。つまり、土壌の順位─出現頻度曲線は英国海峡やその他の海洋環境で見られる曲線よりも平坦

Chapter 9 自然環境中における微生物の群集構造

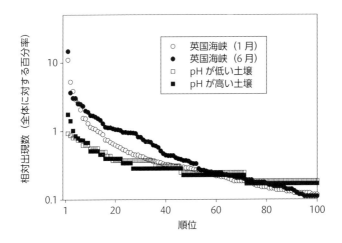

図9.5 海洋（英国海峡）と2タイプの土壌（pHの低い森林土壌とpHの高い低木地帯）における系統型の相対出現数。相対出現数は、ある系統型の出現数を、群集を構成する全系統型の出現数の和で割ったものである。その値を出現数の順位（高いものから低いものにむけて並べた）に対してプロットしてある。出現数の高かった上位100位までの系統型のデータのみを示してあるが、個々の群集には数千の希少種が含まれている。データはGilbert et al. (2009) およびLauber et al. (2009) より。

である。より均等であることに加え、土壌群集は、系統型の数が多いという特徴がある。タグ・パイロシーケンス法で得られたデータによれば、97％以上の一致度をもった系統型の数（豊富さ）を比べると、一般に、土壌では海洋の2倍かそれ以上の値になる。ただしその値は、環境によって、あるいは同じ環境でも時間によって、さまざまな要因の影響を受けながら大きく変動する。土壌群集の多様性の高さを説明するひとつの要因は、多くの微小環境の存在（環境の不均一性）にある。土壌に比べると水の中の世界は一般的にはずっと均質度が高い。2章では、水圏環境で見られる微小スケールの不均一性について考察をしたが、このような不均一性も、土壌環境の空間的な複雑さの程度には及ばないのである。

325

▶ プランクトンのパラドックス

　水圏の微生物群集は、土壌ほどではないとはいえ非常に多様である。この事実は、水圏生態学者の興味の対象となってきた。陸水学者ジョージ・イブリン・ハッチンソン（George Evelyn Hutchinson, 1903～1991）は、この現象を「プランクトンのパラドックス」と呼んだ（Hutchinson 1961）。彼がまず指摘したのは、水圏の微生物は、物理的に単純で構造化されていない環境中において、限られた数の同じ資源をめぐって競争をしている、ということである。このような条件下では、微生物群集は非常に多様であってはならない。なぜなら競争排除則に従って、数種の成功した種のみが他の種を打ち負かし駆逐するに違いないからである。ところが実際は、水圏群集は期待されるよりもずっと多様である。以上のことから、このパラドックスが生ずる。どのようにして多くの種がこんなにも単純な環境中で共存できるのだろうか？

　ハッチンソンはパラドックスを解決するためのいくつかの示唆を与えた。ひとつは、水圏環境は時間的な変動が大きいため、共存が可能だというものである。彼が考えたのは植物プランクトンについてであるが、このパラドックスとハッチンソンの解決法は、従属栄養細菌やその他の微生物にも同様にあてはまる。

　細菌に関してパラドックスを解消するためには別の考え方もある。ひとつは、微生物にとっての環境は、微小スケールでは、水中においても非常に複雑だということである（3章）。また一般に植物プランクトンにとっては炭素源としてのCO_2といくつかの無機栄養素が必要だけなのとは異なり、従属栄養細菌は多種多様な有機化合物を利用する。このことが「専門化」に向けての淘汰圧を加え、多くの異なる種類の細菌の共存を可能にするのかもしれない。パラドックスのさらに別の解消法としては、多くの細菌には活性が無いため、たがいに直接的な競争関係にはないという考えかたもある。最後に、摂餌者やウィルスによるトップダウン支配の影響により、多種の細菌の共存が可能になっているという可能性も考えられる。

　土壌や堆積物においても類似した多様性のパラドックスがある。大型生物についての議論においては、この問題は「土壌動物多様性のエニグマ」

(Coleman2008) と呼ばれてきた。パラドックスと呼ぼうがエニグマと名付けようが、土壌や堆積物において微生物の種類が非常に多い理由は微小環境だけでは説明しきれない。これらの環境における多様性は、微小環境によって説明しうる多様性よりも高いのだ。パラドックス／エニグマの解決法は、水圏環境の場合と同じである。つまり、時間的変動、有機物の多様性、トップダウン支配を想定することである。以上に加えて、土壌や堆積物中では、多くの微生物が休眠によって競争排除を避けており、もしかしたら休眠戦略の効果が水圏環境の場合よりも大きいのかもしれない。

▶ 培養された微生物と培養されていない微生物の違い

　非培養法を使った研究が発展したことで次のような疑問が生じた。培養された原核生物と非培養法で検出される原核生物は、果たして系統分類学的に同じ帰属であるのかどうか、という疑問である。この疑問は、どのようなタイプの微生物についても生ずるものであるが、これまで最も集中的に調べられてきたのは好気性従属栄養細菌についてである。自然環境中の細菌のごく一部しか寒天平板上に増殖しないのだから、細菌を計数する手段として、寒天平板法が役に立たないことは明らかである。しかし、寒天平板法で培養された細菌は、果たして自然環境中の細菌群集の典型的な構成員なのだろうかという疑問は残る。培養できる細菌（寒天培地で単離した細菌）と培養できない細菌（自然界の細菌群集）は、はたして系統分類学的に密接に関連しているだろうか。

　以上の疑問に答えるために、自然細菌群集について、培養された細菌の16S rRNA 遺伝子と、非培養法で調べた 16S rRNA 遺伝子を比較する研究がなされた。その結果、両者の類似性はそれほど高くないことが分かった。たとえば土壌中では、寒天培地上で最も普通に培養されるのはストレプトマイセス属とバチルス属であるが、16S rRNA 遺伝子のクローンライブラリー法やその他の非培養法で調べると、それらの出現頻度は高くはなかった（Janssen 2006）。同様に、沿岸海水中では、シュードモナス属やビブリオ属の細菌がしばしば単離され寒天平板上に増殖するが、非培養法を用いるとそれらの属

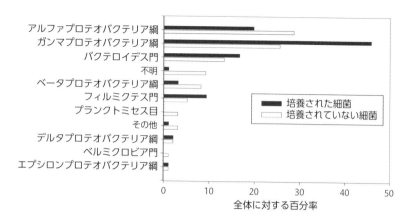

図9.6 培養法と非培養法で調べられた海洋の細菌群集構造の比較。いずれの場合も16S rRNA遺伝子解析を用いて群集構造を調べた。不明は、16S rRNA遺伝子が分類できなかったことを意味する。その他は、分類はできたが、その出現数が全細菌群集の2%以下であったものの合計を示す。データはHagström et al. (2002) より。

の16S rRNA遺伝子は比較的まれにしか出現しなかった（図9.6）。

土壌でも水圏環境でも、培養された細菌と培養されない細菌の組成の違いは、単にいくつかの種や属が見つかるか見つからないかといったレベルに留まらない。高次系統分類群レベル（門、綱）においても顕著な違いが見られるのである。土壌では、培養法を用いると、非培養法を用いたときに比べてグラム陽性細菌の出現頻度がずっと高くなる。水圏環境では、ガンマプロテオバクテリアが寒天平板上に最も普通に出現する系統群である。これらの細菌グループは非培養法でも検出はされるものの、多くの場合、出現頻度がより高いのは別の系統分類群に属する細菌である。すなわち、土壌の場合ならば別の門に属するアシドバクテリアがよく現れるし、水圏環境ではプロテオバクテリア門の別綱であるアルファプロテオバクテリアやベータプロテオバクテリアがしばしば優占するのである。古典的な方法で培養された細菌の組成と、自然群集の大部分を構成する培養されない細菌の組成は、すべての系統分類学的なレベルにおいて大きく異なる。

古細菌についても細菌の場合と同様なことがいえる。培養された古細菌が、

自然環境中で非培養法によって検出される代表的な古細菌と一致するような例はまれである。原生生物についても事情は同じだが、これについては後述するように議論の余地がある。土壌の菌類については、他の微生物の場合ほど研究が行われていない。しかし土壌菌類において、もし培養によるバイアスの問題が無いとしたらそれはむしろ驚きであろう。

▶ 土壌、淡水および海洋における細菌の種類

地球上の主要な生息場所に、さまざまな種類の微生物はどのように分布しているのか？ 微生物生態学者が取り組んでいるこの問題は、生物地理学上の重要な課題のひとつである。研究すべき課題はまだ多く残されているが、ひとつ明らかになってきたことは、土壌、湖沼、海洋の間では、出現する微生物の種類が、門あるいはその他の高次系統分類群のレベルにおいて異なっているということである。

自然界に見られる細菌の門の数は50〜100であるが、ある特定の環境に着目すると、その環境中で高い頻度で出現するのは、ほんの一握りの門にすぎない。生物圏の主要な生息場所（土壌、淡水、海洋）で比較すると、いずれの生息場所にもある程度の出現頻度で見られる門もいくつかはあるものの、大部分の門は、生息場所によって出現頻度が大きく異なっている（図9.7）。プロテオバクテリア門は、どこにでも見つかる門であるが、淡水と海洋と土壌では、優占する綱が異なる。淡水では、ベータプロテオバクテリア綱が最も出現頻度が高く、それに、ガンマプロテオバクテリア綱とアルファプロテオバクテリア綱が続く。海洋では、アルファプロテオバクテリア綱が通常最も出現頻度が高く（特にSAR11クレード）、ガンマプロテオバクテリア綱が2番目に優占する。ベータプロテオバクテリア綱はずっと少ない。土壌においても、プロテオバクテリア門は出現頻度が高い。嫌気的な堆積物中ではデルタプロテオバクテリア綱が卓越する（11章）。多くの培養されたプロテオバクテリア門については、過去何十年もの間、実験室において集中的な研究がなされてきた。そこには、*Rhizobium*（14章）、ベータプロテオバクテリア綱に属する *Burkholderia*、およびガンマプロテオバクテリア綱に属する

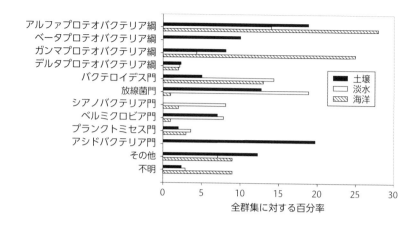

図9.7 好気的土壌、淡水域、および海洋における細菌の群集構造。データは Hagström et al. (2002) Zwart et al. (2002)、Janssen (2006) より。Tamames et al. (2010) も参照のこと。

Alteromonas、*Escherichia*、*Pseudomonas*、*Salmonella*、*Vibrio* といった属が含まれる。

　プロテオバクテリア門とならんで、淡水やいくつかの海洋環境において出現頻度が高いのがバクテロイデス門（*Bacteroidetes*）である。海洋によく出現する *Flavobacteria* や、湖でみつかる *Sphingobacteria* はこの門に属する（Barberan and Casamayor 2010）。図9.7を見るとバクテロイデス門は土壌中にはあまり出現しないようにみえるが、実際には、この門は、ある種の土壌においては高い出現頻度を示す（Lauber et al. 2009）。この門はとても複雑であり、好気性細菌と嫌気性細菌の両方が含まれる。嫌気性のバクテロイデス門には、人の消化管で優占するバクテロイデス属（Karlsson et al. 2011）や、歯周病の原因菌として有名なポルフィロモナス属が含まれる。好気性のバクテロイデス門にはシトファーガやフラボバクテリアが含まれ、これらをつないでシトファーガ・フラボバクテリアグループと呼ばれることも多い。

　もうひとつの門である放線菌門（*Actinobacteria*）は、淡水および土壌中に多く出現するが、海洋ではそれほどでもない。acl および aclV クレードに

属する放線菌門のいくつかのグループは、淡水中で非常に多く出現することがある（Newton et al. 2011）。アクチノミセス属（アクチノミセス目に属する）は菌類の菌糸に似た分枝したフィラメントを有するが、これらは土壌に多く出現し、雨の降ったあとの土壌の特徴的なにおいのもとになっている。放線菌門は、かつては高 G-C グラム陽性細菌と呼ばれていた。G-C とは、細菌の DNA に含まれるグアニンとシトシンの割合である。

現在はフィルミクテス門として分類される低 G-C グラム陽性細菌は、土壌からしばしば単離されているが、非培養法を用いて調べると、土壌でも水圏でもそれほど出現頻度が高くない。フィルミクテス門に属する細菌の培養株の中でも、バチルス属（*Bacillus*）の *B. anthracis*（炭疽菌。炭疽病を引き起こす）、*B. thuringiensis*（生物農薬として用いられる）および *B. subtilis*（枯草菌。細胞発生のモデル生物として用いられる）などについては、これまで多くの研究が行われてきた。

アシドバクテリア門は、土壌に非常に多く出現するが（Jones et al. 2009b）、淡水や海洋ではほとんど見られない。この門に属する細菌には、実験室で簡単に培養ができ増殖できるものが少ないため、1995 年になって初めて独立の門として認められた。これまで 60,000 を超える細菌の単離株の特性解析がなされているが、そのうち、アシドバクテリア門に属すると分類されたものはわずか 70 である。名前からうかがえるように、これらの細菌は酸性の培地中で最もよく増殖する。非培養法を用いた研究により、アシドバクテリアが、pH の低い土壌中では出現頻度が非常に高く、細菌群集の 50％以上を占めることが明らかになっている。pH が上昇すると相対的な出現頻度は減少するものの、pH が約 6 を超える土壌中においてさえも、アシドバクテリアは依然として出現頻度が高く、群集の 20％を占める（図 9.8）。低い pH 値は、土壌に比べて淡水ではそれほど一般的ではなく、また海洋ではきわめてまれである。この門が水圏環境において高い出現頻度を示さないのはそのためであろう。ただし例外としては、酸性の沼地や採掘現場からの廃酸に汚染された湖などが挙げられる（Kleinsteuber et al. 2008）。

以上に見てきたように、異なる環境中には異なる門あるいは綱の細菌が見つかる。非常に類似した 16S rRNA 遺伝子をもった細菌が、主要代謝機能に

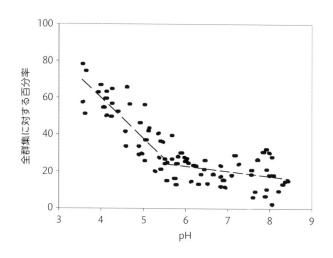

図9.8 土壌におけるアシドバクテリア門の相対出現数とpHの関係。データはJones et al. (2009) より。

おいて異なるという例も多くあるものの、以上の知見は、同じ高次系統分類群レベルに属する細菌が、なんらかの共通した生態学的形質をもつという主張を裏付けるひとつの根拠になっている（Philippot et al. 2010）。系統分類学的に近縁の微生物はその生態特性においてもなんらかの類似性を有するのに違いない。以上は、群集の構造と機能の関係に関わるより広範な問題の中のひとつの論点として位置付けることができる。

▶ 非極限環境の古細菌

　純粋培養をした単離株のDNA配列データの解析の結果、古細菌は、その名を冠した「ドメイン」として位置付けられた。このドメインは、細菌や真核生物とは大きく異なる。解析に用いた単離株の由来から、当初は、古細菌は極限環境のみに生息し、地球進化の初期に現れた生命に近い生物であると考えられた（1章を参照せよ）。しかし非培養法を用いた研究が進んだ結果、古細菌が極限環境のみでなく、ほとんどあらゆる自然環境中に生息している

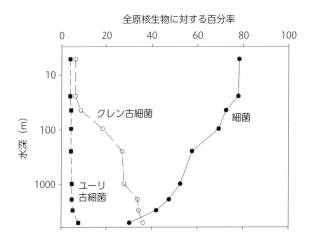

図9.9　北太平洋におけるバクテリアと2つの古細菌門の相対出現数の鉛直分布。データはKarner et al. (2001) より。

ことが明らかになった。ただし大部分の自然環境中では、細菌に比べて古細菌の出現頻度は低い。たとえば土壌や海洋の表層水中では、古細菌の出現頻度は微生物全体の5％以下である（Ochsenreiter et al. 2003; Karner et al. 2001）。

　重要な例外は海洋の深層水である（図9.9）。水深が約500mより深い水中では、全微生物に対する古細菌の相対出現頻度は最大50％に達する。古細菌の主な2門のうち、通常はクレン古細菌（*Crenarchaeota*）がより多く現れるが、海盆によってはユーリ古細菌（*Euryarchaeota*）の出現頻度が高くなることもある（Stoica and Herndl 2007; Aristegui et al. 2009）。［訳注：海洋で見られるクレン古細菌は、近年、タウム古細菌という新門に分類されるようになった。462ページの訳注を参照のこと。］海洋の深層は全海洋容積の75％を占めることを考えると（1章）、生物圏全体における古細菌の出現頻度や生物量はかなり大きなものになる。古細菌は、冬季の南極海域や北極海の表層水においても多く出現する。ただし、どちらの極海でも夏季には出現頻度が低くなる（Church et al. 2003）。深層の場合と同様、冬季の極域では

333

日射が無く、また海水中の有機物や植物プランクトンの生物量は低い。

自然環境中での古細菌の分布を理解するうえで、古細菌の生理学的特性を知ることは重要である。12 章でより詳しく議論するように、多くの古細菌は化学独立栄養であり、エネルギー獲得のためにアンモニアを酸化しているようである。このことは、海洋において古細菌の分布が植物プランクトンや光の分布と見かけ上「負の関係」を示すということを説明するうえでの助けになる。多くの環境中で、全原核生物群集の出現量のなかで化学独立栄養古細菌が占める割合はあまり大きなものではない。それは古細菌がアンモニアをめぐっての藻類や細菌との競争に負けるためである。また光はアンモニア酸化を阻害する (12 章)。同様に土壌中では、化学独立栄養古細菌は、アンモニアをめぐる競争において、従属栄養細菌のみならず菌類や植物に比べても劣っている。一方、若干の証拠によれば、アンモニアの濃度が低いときには、アンモニア酸化をする古細菌の競争力が高まる (Erguder et al. 2009)。これは、アンモニア濃度が極端に低い海洋深層において化学独立栄養古細菌がなぜ成功しているのかを説明するひとつの理由になりうるであろう。水圏環境の表層水や土壌中で、従属栄養古細菌の出現頻度がなぜ低いのかを説明するためには別の仮説が必要である。

▶ Everything is everywhere?（すべてのものが、どこにでも？）

生息場所の環境条件が大きく異なれば、そこに見られる細菌や古細菌の群集組成が大きく違ったとしても（たとえ、その違いが高次分類群に及んだとしても）、ある面、当然のことのように思える。微生物の生物地理学にとってより興味深いのは、「地理的に距離がある程度離れているが、環境条件は類似している 2 地点間で、微生物群集組成は果たして同じか、それとも異なるか」という問いであろう。多くの大型生物については、同じ環境条件の生息場所であっても、大陸が異なれば、そこに生息する群集が異なるということはよく知られている。ガゼルはアフリカのサバンナに、プロングホーンは北米に生息する（その逆はありえない）。これらの動物はアフリカとアメリカが大陸移動によって離れ離れになり、海洋により隔てられて以来、2 億

図9.10 地理学的な距離は隔たっているが類似した環境中で見られる微生物群集の類似性。Everything is everywhere は多くの微生物群集にあてはまるが、大型生物の場合は、しばしば距離が遠ざかると群集構造が異なるという傾向が見られる。

5000万年から5億年の時をかけて、それぞれの大陸において独立に進化した。では、同じ環境条件の土壌や水のなかからは、同じ微生物が見つかるのだろうか。

ローレンス・バース・ベッキング（Lourens G.M. Bass Becking, 1895〜1963）のアフォリズム "Everything is everywhere, but the environment selects"（すべてはあらゆるところに、しかし環境が選択する）というのがひとつの答えである。つまり、ある系統型がある特定の生息場所において多く出現するかどうかは、その生息場所の環境条件によって決まるということである（図9.10）。バース・ベッキングの仮説が正しいと信じるに足る十分な理由がある。微生物は信じられないほど数が多く、その分散を、距離、山、海洋、あるいはその他の地理学的特性によって食い止めることはできそうにない。微生物が新しい生息場所で繁殖しそこに住みつくためには、理論的にはたったひとつの細胞がそこに到着すればいいだけなのである。数の多さ、分散の容易さ、無性生殖といったすべての特性が「すべてはあらゆる場所にいる」という仮説を支持する。

今日までに得られたかなりのデータが、少なくとも細菌と古細菌についてはこの仮説を支持している（Martiny et al. 2006）。たとえば、類似した土壌環境中の細菌群集は、異なる緯度であっても類似している（Fiere and Jackson 2006）。また、北極海や北極域の湖の細菌は、対応する南極の水中

の細菌と類似しているようである（Pearce et al. 2007）。同様なことは、モンゴルとアルゼンチンのソーダ湖の古細菌群集についてもいえる（Pagaling et al. 2009）。最後の例は、巨大な海産繊毛虫、*Zoothamnium niveum* に共生している細菌である。この細菌の 16S rRNA 遺伝子および炭素と硫黄代謝の遺伝子は、地中海とカリブ海のサンプルのいずれにおいても同じだった（Rinke et al. 2009）。以上のすべての事例において、地理的な距離ではなくて、局所的環境が遠く離れた生息場所における細菌の高い類似性を説明する。しかしバース・ベッキング仮説にあわない例や反論もある（Pagling et al. 2009; Mariny et al. 2006）。

　原生生物に関してもバース・ベッキング仮説をめぐる論争が続いている。原核生物の場合と違って議論を複雑にしているのは、原生生物の中には形態で識別できるものがいるという点である。非常に類似した見かけをもつ原生生物が遍在的な分布を示すことは、バース・ベッキング仮説を支持する証拠とされてきた（Fenchel 2005）。これに対して、rRNA やその他の系統遺伝的マーカーの配列を使った研究（McManus and Katz 2009）では、あるものはバース・ベッキング仮説を支持し、他のものは支持しないという状況にある。原生生物群集の rRNA 遺伝子が地理的に異なることから、すべてのもの（少なくともすべての原生生物）があらゆる所にいるという訳ではない、ということが示唆されている。同様に、土壌中の菌類も、形態やその他の伝統的な方法で同定したときには限定的な分布を示しているようであり、分布の遍在性は認められない（Foissner 1999）。

　微生物生態学における多くの問題がそうであるように、この場合も比較のスケールが重要になってくる。「あらゆるものがあらゆる場所に」存在するのかどうかという問題に対する答えは、系統型を定義する際に用いる 16S rRNA 遺伝子の同一性基準のレベル（それを 97% にするか、あるいは、99% や 100% にするか）によって異なってくるかもしれない。また、より詳細な系統遺伝学的な解像度を有する別の遺伝子を用いて系統型を定義すれば、異なる答えになる可能性がある。さらにサンプリングのスケールによっても答えは異なるであろう。多くの微小スケールの環境を覆うような大きなサンプルを使うことで、もっと小さいサンプルをとれば観察されたかもしれ

ない群集間での差異がぼやかされてしまう、ということもありうる。

何が多様性のレベルと細菌群集構造を支配するか

異なる環境中にはしばしば異なる細菌群集が存在するのだから、それぞれの環境の間には、微生物群集の組成の変動につながるような、物理的、化学的あるいは生物的な、なんらかの特性の違いがなくてはならない。生産速度や生物量に影響を及ぼすトップダウン要因やボトムアップ要因が、同時に群集の個々の構成種にも影響を及ぼし、その結果として群集構造が決まる。本節の課題は、どのような環境においてどのような要因が最も重要なのかを明らかにすることである。なお、環境間での群集構造の違いをβ多様性と呼ぶ。

温度、塩分、pH

環境による細菌群集の違いのかなりの部分が、温度、塩分、pHという3つの物理化学的要因によって説明できる場合が多い(3章)。これらの要因は、微生物に対して直接の影響を及ぼすだけでなく、他の特性に対する影響を通じて間接的な影響も及ぼす。たとえばpHや塩分は、微生物の吸着に影響を及ぼすことを通じて細菌群集に影響を及ぼす。細菌群集構造の規定要因としてのこれら3要因の相対的な重要性は土壌と水圏で異なる。

たとえば、海洋や温泉では細菌群集構造の変動のかなりの部分が温度によって説明されるが (Fuhrman et al. 2008; Miller et al. 2009)、土壌では多様性と温度の間に明瞭な関係は見られない (Fierer and Jackson 2006)。同様に海洋環境では、熱帯域のほうが極域に比べて細菌がより多様になる傾向があるが、土壌ではそのような傾向は見られない(図9.11)。より温暖な水中では、代謝速度が高まり種分化の速度が上昇する結果として、微生物群集がより多様になるのかもしれない。しかしこの仮説を支持する証拠はまだ十分ではない。一方、たとえ寒冷な水中では種分化が遅かったとしても、そのことは、数千年あるいは数百万年といった時間スケールの中で起こる細菌の多様化にとってさほど重要な意味をもたないという議論もありうる。また、もし種分化の速度が問題ならば、温度と多様性の関係は土壌においても見られてしか

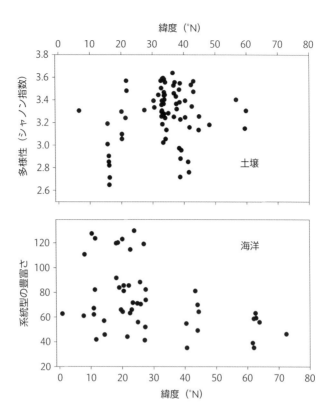

図9.11 土壌と海洋における細菌群集の多様性の南北変動（熱帯から北極にかけて）。海洋では高緯度になるほど多様性（系統型の豊富さ）が有意に低下するが、土壌ではそのような傾向は見られない。データは Fiere and Jackson (2006) と Fuhrman et al. (2008) より。

るべきであるが、実際にはそのような観察結果は得られていない。土壌群集の多様性に影響を及ぼすのは主に pH の変動であり、温度の影響は見られていないのである（Fiere and Jackson 2006; Lehtovirta et al. 2009）。

塩分は、群集構造に影響を及ぼしうるもうひとつの要因である。ベータプロテオバクテリアが湖には多く、海洋には少ないということは、塩分によって説明できるのかもしれない。細菌と古細菌の群集構造に広域的な違いをもたらしているのは塩分であるという報告もある（Lozupone and Knight 2007;

Tamames et al. 2010; Auguet et al. 2010)。しかし塩分が系統型の豊富さに影響を及ぼすという証拠はない。海洋と淡水湖における微生物の多様性は同程度である。また汽水域において、ほぼ淡水のレベルから海洋のレベルまで塩分が大きく変化しても、系統型の数がそれにともなう規則的な変化を示すということはない。

　塩分やその他の物理化学要因が極端な場合は、たしかに多様性は低下する。NaClの飽和濃度に近い非常に高い塩濃度の塩田がその例である。塩田には細菌や古細菌はほんの数種しかいない（Anton et al. 2000）。非常に低いpHの水中でも多様性はあまり高くない。鉱山廃水で汚染された池ではpHは1近くあるいはそれ以下になりうるが、そこにはほんの数種の原核生物の分類群が見られるのみである。ただし生物量は非常に大きくなりうる（Bond et al. 2000）。温泉では、高水温（特に65℃以上）になると多様性が低くなる（Miller et al. 2009）。

▶ 湿度と土壌微生物群集

　含水量は土壌における微生物活性と多様性に大きな影響を及ぼす。非培養法による研究の結果によれば、湛水土壌に優占する細菌は数種類のみであるのに対し、不飽和の表層土壌においては、細菌群集はより均等で系統型がより豊富である（Zhou et al. 2004）。シルトや粘土の含量が異なることで土壌の団粒構造が変化すると、それにともなって群集構造も変化するが（Carson et al. 2010）、この変化も含水量と関連している。シルトと粘土の含量が高い土壌では、水ポテンシャルや空隙の結合度が低いが、このような土壌では、細菌同士の競争が軽減される。なぜなら、活性の高い細菌がいる水を含んだ空隙が、乾燥した区画によって他の空隙と隔てられるため、ある種の細菌が多量に繁殖できる微環境が作り出されるからである。結局のところ、より乾燥した土壌において細菌の多様性はより高くなるのである。対照的に、DNAフィンガープリント法を使った研究によれば、土壌菌類の多様性は干ばつ時には低かった（Toberman et al. 2008）。以上の2つの研究は、土壌水分に対する応答の仕方が、細菌と菌類群集では異なることを示している。しかしこのことを確証するためには、同じ土壌と水分条件下で、細菌と菌類を

同時に調べる必要がある。

▶ 有機物と一次生産

　熱帯雨林やサンゴ礁では生物多様性が高いが、その理由のひとつとして、これらの生態系の生産性（一次生産速度）の高さが挙げられる。植物群落の生産性が高いことで多様な植食者の大きな生物量が支えられる一方で、それによって多くの肉食者が養われるというように、影響は食物連鎖を伝播する。しかしこの効果はある生産性のレベルで打ち止めになり、生産性が非常に高くなると、多様性は逆に減少する。つまり生産性と多様性の関係は上に凸の一山型曲線になる。このようなパターンは、ある種の微生物群集についても知られている。図9.12Bには、菌類の多様性で見られた一山型の関係を示す。ただしこのような関係が、これまでに調べられた微生物群集について一般的に知られているというわけではない。海洋では、緯度勾配に沿って植物プランクトンの生物量と細菌の多様性の間に有意な正の関係があるが、一山型になる兆候はなにもない。淡水や海水環境を全体としてみると、生産性と多様性の間には負の関係が見られることのほうがより一般的である（図9.12A）(Smith 2007)。土壌では、有機炭素を添加すると細菌群集の組成は変化するが（Fiere et al. 2007)、土壌細菌群集の多様性と土壌有機物含量や植物の多様性との間に明瞭な関係は見られていない (Fiere and Jasckson 2006)。

　有機物の量だけでなく、どのようなタイプの有機化合物が環境中にあるのかということも細菌群集構造に影響をあたえうる。特別な酵素がなければ利用できないような有機物がある場合、その有機物を使って迅速に増殖できる細菌には正の淘汰（選択圧）が加わると予想される。1種類ないしは2種類程度の有機化合物を加えると、ほんの数種類の細菌が群集の中で優占するようになる。これは集積培養の原理、つまりごく限られた細菌分類群に対して正の淘汰を加える（あるいはそれらを集積する）ように増殖条件を設定するのと同じことである。たとえば高等植物由来の構造的多糖類であるセルロースやヘミセルロースの存在は、間違いなくある種の細菌に対して正の淘汰を加える。ある研究では、水圏環境に生息するプロテオバクテリア門と好気的なバクテロイデス門のある種の細菌が、それぞれ異なるタイプの有機化合物

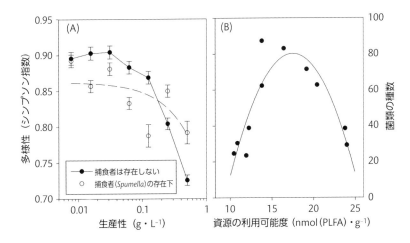

図9.12 多様性と生産性の関係。A：細菌の多様性は生産性の増加（有機物供給の増加）とともに減少するが、その関係は *Spumella* のような原生生物による摂餌があるかないかで異なる。B：菌類の種数と資源の利用可能度の間に見られる典型的な一山型の関係。資源の利用可能度はリン脂質脂肪酸濃度から推定した微生物現存量を指標にして評価した。データは Bell et al. (2010) および Waldrop et al. (2006) より。

（生化学的ポリマーやその他の有機物）を取り込んだと報告されている（Kirchman 2002a）。しかし天然有機物の多様性が、細菌の多様性を高めるかどうかは明らかではない。

▶ 摂餌とウィルスによる溶菌

摂餌者とウィルスは、微生物の生物量を制限し増殖速度に影響を及ぼす。このトップダウン支配は、特定の微生物に対する選択的な影響を通して、多様性や群集構造の変動を引き起こす。一般に、摂餌者よりもウィルスのほうが群集構造に対してより強い影響を及ぼすと指摘されることが多いが、これを証明するためにはより多くのデータが必要である。

摂餌が群集構造に影響を及ぼすメカニズムを理解するためには、摂餌速度に影響を及ぼす要因を考える必要がある。7章で述べたように、細胞サイズはそのような要因のひとつである。摂餌速度は餌のサイズによって大きく変

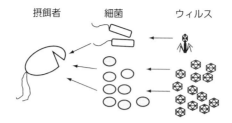

図9.13 勝者を殺せ (kill the winner) 仮説。この図に示したモデルでは、摂餌者は2種の細菌を区別しないで食べるが、ウィルスの攻撃は種特異的である。図中のウィルスの相対サイズは実際よりも大きい。一方、ウィルスの相対数は実際よりも小さい。自然環境中の典型的なウィルス数：細菌数比は 10:1 である。細菌の数が多いと、それらを攻撃するウィルスの数も多くなる。

わるため、ある微生物が摂餌を回避して細胞数を増加させられるかどうかは、その微生物の細胞サイズにかかっている。その他に、細胞表面の化学組成も摂餌速度に影響を及ぼす。このような摂餌選択性に関わる要因を考えることで、なぜある特定の微生物グループが他のものに比べてより効果的に摂餌を回避できるのかが理解できる。ベータプロテオバクテリアの *Polynucleobacter* 属や、放線菌門に属するある種の細菌は淡水湖で高い出現頻度を示すが、それは、それらが有する摂餌抵抗性のためであるといわれる (Jürgens and Massana 2008)。同様なメカニズムは海洋や土壌でも働いているに違いない。

　ウィルスは摂餌者よりもはるかに数が多いが、その事実だけから考えても、ウィルスのインパクトはおそらく摂餌者によるインパクトを上回るということがいえそうである。ウィルスの数は、その宿主と予測される細菌の数に比べて約10倍多い（8章）。それに対して摂餌者は餌よりもずっと数が少ない。平均的には自然界における摂餌者とウィルスの数の比は $1:10^4$ である（図9.13）。ウィルスと宿主の間には特異性があるため、すべてのウィルスがすべての宿主を攻撃できるわけではない。しかし数が多いということで、潜在的には多数のウィルスによる特定の細菌の攻撃が確実なものになる。ウィルスが多数存在することと、ウィルスと宿主の相互作用の特異性のために、細菌はウィルスによる攻撃を最小化する戦略を発達させるように淘汰圧を受け、

その一方でウィルスはこれを打ち破るために進化する。このような進化的軍拡競争は、細菌の多様性を高めることにつながると考えられる。

　別の重要なポイントは、ウィルスによる溶菌が、宿主の細胞数の増加とともに増加するということである。これはウィルスと宿主の遭遇率が、それぞれの数に依存するためである。結果として、非常に細胞数の多い微生物は、より多くのウィルスと遭遇し、より多くのウィルスを生産することになる。このような考えは「勝者を殺せ」仮説（Kill the winner hypothesis）と呼ばれている（Thingstad 2000）。溶存化合物の取込の競争に勝った細菌（勝者）は数を増やすが、この成功はより多くのウィルスの生産と溶菌圧の強化につながるため、勝者の数は減衰させられる。結果として、より優れた競争者が劣位の競争者を駆逐することが無くなり、より多くの種の共存が可能になる。残念なことにこの仮説を支持する実験的なデータはほとんどない。

▶ 16S rRNA を分類および系統遺伝的なツールとして用いることの問題点

　ここまで考察を加えた微生物群集構造についての結論は、そのほとんどすべてが 16S rRNA 遺伝子のデータに基づいている。しかし 16S rRNA 遺伝子を用いて群集構造を調べることについては、よく知られたいくつかの問題がある。第一の問題点は、多くの細菌が複数の 16S rRNA 遺伝子コピーをもっているということである。培養細菌の 16S rRNA 遺伝子のコピー数を見ると、*Pelagibacter ubique*（SAR11 を代表するもののひとつ）のようにひとつしかないものから、*Clostridium paradoxum* や *Photobacterium profundum* のように、最大で 15 コピーをもつものまでがある（Lee et al. 2009）。さまざまな培養株の平均値は 1 細胞あたり約 4 コピーである。一方、メタゲノム法（10 章）を用いたある研究によれば、自然環境中の海洋細菌における平均値は 1 ゲノムあたり 1.8 コピーであった（Biers et al. 2009）。1 細胞（ゲノム）あたりの 16S rRNA 遺伝子のコピー数のばらつきは、16S rRNA 遺伝子の出現頻度から自然環境中の細菌の生物量を推定する際の誤差要因になる。

　16S rRNA 遺伝子に関する第二の問題は、上述のように、生理生態学的な

特性が大きく異なる 2 種の微生物が、類似した 16S rRNA 遺伝子をもつということがありうるという点である。このような事例は、生物（種）の進化と 16S rRNA 遺伝子の進化が必ずしも一致しないということを意味する。その原因は 16S rRNA 遺伝子の保守性、つまり非常に緩慢にしか変化しないという性質に求められる。塩基配列がわずか 0.06％しか違わない 2 つの 16S rRNA 遺伝子は、100 万年も前に分岐したと考えられているのである（ただし分岐年代の推定にも問題は多い）(Kuo and Ochman 2009)。16S rRNA の塩基配列が類似しているからといって、それらが必ずしも同じ代謝機能を共有しているとは限らない。細菌の種によっては、ある代謝機能をコードする遺伝子が、ゲノム上の他の遺伝子と独立に獲得された場合もあれば、そうでない場合もあるからである（10 章）。

以上の問題は、別の系統遺伝マーカーを使うことである程度解決できる。そのひとつがインタージェニックスペーサー領域（intergenic spacer, ITS）である。ITS 領域とは、細菌の場合ならば 16S rRNA と 23S rRNA 遺伝子の間の DNA を、真核生物ならばその他の rRNA 遺伝子の間の DNA のことを指す。古細菌には ITS 領域は無い。ITS 領域は近縁の微生物を調べるときに有用である。その他の系統遺伝的マーカーとして、さまざまなタンパク質遺伝子も使われる（表 9.3）。一般に細菌はこれらの遺伝子を 1 細胞あたり 1 バージョン（あるいはコピー）しかもたないため、16S rRNA のような複数コピーの問題を避けることができる。これらのタンパク質をコードした遺伝子の系統は、一般的には 16S rRNA の系統と一致する。以上のような代替的な系統遺伝マーカーは、ある特定の問題においては有用であるものの、原核生物群集の全体の特徴をつかむマーカーとして最も優れているのは 16S rRNA 遺伝子である。実際のところ代替遺伝子にはいくつかの問題がある。

第一の問題は、16S rRNA 遺伝子のデータベースに比べて、タンパク質をコードする遺伝子の既知配列が少ないということである。既知配列のデータベースが限られていると、未知配列の同定や微生物群集組成の検索が難しくなる。ただしデータが増えればこの問題は克服されるかもしれない。第二の問題として、タンパク質をコードしている遺伝子の場合、すべての細菌に存在する保守的な領域（定常領域）がほとんど無いということが挙げられる。

表9.3 細菌の系統遺伝学的研究で用いられるタンパク質コード遺伝子。保有率は、解析に供した11種の細菌のうち、該当する遺伝子が検出されたものの割合（百分率）（データは Santos and Ochman 2004 による）。研究数は、Web of Science の検索でヒットした「各遺伝子の略称」および「分類学に関連する用語（phylogen* or taxonom*）」を含む論文の数（検索日は2010年12月6日）。比較のために 16S rRNA についても同様の数値を示した。

Gene	タンパク質の名称あるいは機能	保有率（%）	研究数
rpoB	RNA ポリメラーゼ・サブユニット	55	323
gyrB	DNA ジャイレース	91	291
recA	相同組み換えと DNA 修復	45	290
fusA	伸長因子 G	45	16
ileS	イソロイシン tRNA 合成酵素	45	14
lepA	伸長因子 EF4	55	9
leuS	ロイシン tRNA 合成酵素	82	7
pyrG	CTP シンターゼの構成要素	73	7
rplB	50S リボソームのサブユニットタンパク質 L2	64	3
rrn	16S rRNA	100	8913

この問題は簡単に解決できそうにない。すべての微生物において保存されるようなタンパク質の重要な機能がコードされている領域は、タンパク質遺伝子の全体からするとほんのわずかな部分にすぎない。そのためタンパク質遺伝子の塩基配列は非常に変異性に富んでいるのである。また別の問題として、タンパク質遺伝子では、ある種のアミノ酸をコードするヌクレオチドトリプレットのうち3番目の塩基が変異しうるということも挙げられる。以上とは対照的に、16S rRNA 遺伝子にはいくつもの保存的領域が存在するが、それはこの遺伝子の産物（16S rRNA 分子）の多くの領域がリボソームの機能に直接関与しており、突然変異による変化に耐えることができないためである。これらの問題があるため、複雑な試料から特定のタンパク質遺伝子をすべて取り出すような PCR プライマーを開発することは困難であり、また多くの場合には不可能でさえある。PCR ができないと非培養法は適用できないのが普通である。

> **BOX9.3** 分子時計

系統遺伝学的マーカーの塩基配列はほぼ一定の速度で変化するため、これを「分子時計」として使うことができる。分子時計は地質学的な時間スケールでの進化速度を調べるうえで非常に有用である。たとえば分子時計を使うと、ヒトと類人猿が分岐したのは400万年から800万年前と推定できる。16S rRNA遺伝子については、偏性内部共生細菌の塩基配列の変異を使って時計の校正（変異速度の推定）を行う（この共生細菌の宿主の進化速度は別の方法で推定されている）。しかし微生物生態学的な研究で使われるのは、ほとんどの場合、塩基配列データのみであり、その変異を進化時間に変換することは行われない。

▶ 原生生物やその他の真核生物の群集構造

　真核微生物の群集構造の研究と細菌群集の研究には多くの共通点がある。真核微生物の研究（非培養法）では、原核生物の16S rRNA遺伝子と同じ意味で18S rRNAがよく用いられる。原生生物やその他の真核微生物から抽出した18S rRNA遺伝子やそれ以外の系統遺伝学的マーカー遺伝子を調べる際には、多くの場合16S rRNA遺伝子で用いられるのとよく似た手法を使うことができる。大きな違いは、原核生物の場合とは異なり、原生生物の中には形態（外見）によって同定できるものがいるという点である。すなわち形態的な特徴や、鞭毛や繊毛の数の違い、あるいは運動性（回転するかしないか）によって区別することができる。また細胞が鱗で覆われていたり、網状またはその他の形状の構造体を突出させたり、特徴的な色素を有するものもいる。分類学者は、このようなさまざまな外見上の特徴を使うことで、系統遺伝学的マーカー遺伝子の塩基配列データに頼ることなく、原生生物に名前をつけたり分類したりすることができる。このような形態に基づく同定の結果は、遺伝子の塩基配列による同定の結果と一致する場合もあるが、そうならない場合も多い。

　見かけが同じであっても系統遺伝学的マーカー遺伝子の塩基配列が異なる

Chapter 9 自然環境における微生物の群集構造

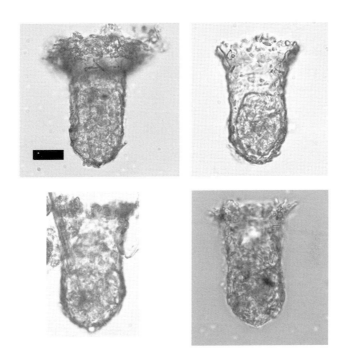

図9.14 見かけが同じであるが、遺伝子情報（塩基配列）が異なる原生生物の例。*Tintinnopsis* 属のティンティニッドは被殻（細胞をゆったり包んだ殻）のサイズや形で分類することができる。上段の 2 個体は同一の 18S rRNA 遺伝子の塩基配列を有する。下段の 2 個体も同様である。しかし、上段の 2 個体と下段の 2 個体は塩基配列が 6% 以上異なっている。スケールは 20 μm。顕微鏡写真撮影は Luciana Santoferrara による。写真は George McManus が提供し、その許可のもとに掲載した。

というのはよくある問題である（McManus and Katz 2009）。図 9.14 にこの問題の一例を示す。図に示した繊毛虫はサイズがほぼ同じであり形もとてもよく似ているので、同じ形態種（morphospecies）に属するようにみえる。しかし小サブユニット rRNA 遺伝子の塩基配列を調べると 6% 以上の違いが見られ、これらは別種であると判定される。ある生物を、形態をもとに同定した場合と遺伝子の塩基配列をもとに同定した場合で食い違いが生ずるという事例は、外見上の特徴が乏しい小型の原生生物（< 5 μm）でとりわけ多

347

く見られる。形態的には類似しているのに実際には異なる生物を、隠ぺい種（cryptic species）と呼ぶことがある。微生物生態学者の中には、rRNA 遺伝子は異なるが、見かけの類似した微生物を、異なる種と考えるべきであるという考えに疑問を呈するものもいる。このような遺伝子の違いは、現実的な生物学上の帰結をなんらもたらさず、単に種内での中立変異を反映しているにすぎないかもしれないというのである（Fenchel 2005）。しかし大部分の微生物生態学者は、このような塩基配列の変異は無視できないと考えている（McManus and Katz 2009）。

▶ 自然環境中における原生生物とその他の真核微生物の種類

　すでに見たように、土壌、海洋、湖沼に生息する主な真核微生物のグループには以下のようなものが含まれる。すなわち、藻類（4 章）、原生動物、繊毛虫およびその他の原生生物（7 章）、光合成と捕食の両方を行う光従属栄養真核生物（4、7 章）、土壌中に多く見られる菌類（5 章）である。非培養法を用いてさまざまな rRNA 遺伝子を解析した結果、真核微生物がこれまで考えられていた以上に多様であることが明らかになってきた。パイロシーケンス法で得られたデータによれば、海洋における真核微生物の多様性は細菌の多様性に匹敵する（Brown et al. 2009）。またクローンライブラリー法を用いたある研究によれば、土壌の真核微生物の多様性は細菌の多様性を上回る（Fierer et al. 2007b）。非培養法を用いることで、これまで知られている真核微生物の 40 の主要なサブグループに加えて、少なくとも 10 の（おそらくは 30 近くの）サブグループが存在することが明らかになってきている。

　新規サブグループのひとつはアルベオラータで見つかっている。従来の方法による分類では、繊毛虫や渦鞭毛藻類がこのグループに含まれる。新規アルベオラータ（novel alveolata, NA）と呼ばれる海洋で見つかった新たなサブグループは、既知のアルベオラータとの類縁性が低く、それが自然界で果たす役割については謎が多い（Worden and Not 2008）。一部の新規アルベオラータは寄生性なのかもしれない（Brown et al. 2009）。海洋では、ストラメノパイルに属する新規サブグループも見つかっており、MAST グループ

Chapter 9 自然環境中における微生物の群集構造

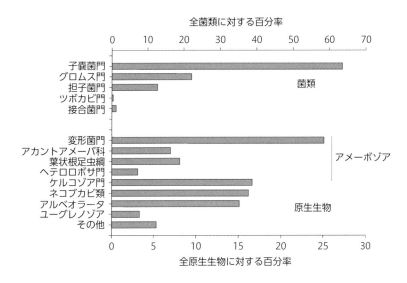

図9.15 ドイツの砂質土において非培養法で検出された真核微生物。データは Urich et al. (2008) より。

(marine stramenopiles group) として位置づけられている。これらと従来から知られているストラメノパイルとの類縁性は低い。従来から研究が進んでいるストラメノパイルは不等毛類とも呼ばれ、珪藻類やその他のクロロフィル c をもつ藻類がここに含まれる。不等毛類を特徴づける形質のひとつは、性状が異なる 2 本の鞭毛をもつということである［訳注：片方の鞭毛には小毛がはえているが、他方には無い］。なおこのグループに属する珪藻類の栄養細胞に鞭毛はないが、配偶子には鞭毛がある (Jürgens and Massana 2008)。

非培養法によって土壌から抽出される rRNA 遺伝子の大部分は菌類のもので占められている。ある研究によれば原生生物がそれに続いた（土壌の単位重量あたりの菌類と原生生物の小サブユニット rRNA 遺伝子の数はそれぞれ 2987 と 1370 であった）(Urich et al. 2008)。また、全菌類の 60％以上が子嚢菌門によって占められ、グロムス門の寄与は 25％以下であった（図 9.15）。これまで菌類については培養法を用いた研究が多くなされてきており、すでに十万種以上が記載されている (McLaughlin et al. 2009)。しかしこの

記載種数も、生物圏における菌類の推定種数（70万〜150万種）には遠く及ばない。

一例として図9.15に示した原生生物群集ではアメーボゾアが優占しているが、緑藻、原生動物、繊毛虫を含むその他の原生生物も多く見られる。原生生物の中で最も出現頻度が高かった変形菌には粘菌が含まれる。これらは地面にひろがり、好適な条件下では大型化することがある（1 mに及ぶ）。土壌で見られる原生生物の中には、よく研究されている海洋原生生物と近縁のものもいる。たとえばケルコゾアと海洋の有孔虫や放散虫との類縁性は高い。またすでに述べたように、アルベオラータには繊毛虫と渦鞭毛藻が含まれる。

▶ プロセスの理解と群集構造の関連

本章の冒頭で、生物地球化学的プロセスは、そのプロセスを媒介する微生物の種類を知らずとも調べることが可能であるということを述べた。そうすると、もしプロセスを理解するというのが目標ならば、実際のところ群集構造の何について知るべきなのかという疑問が生ずる。答えは、どのようなプロセスを扱っているのか、また特に何について知ろうとしているのかによって異なる。たとえば、どのような種類の微生物が光合成を行うかということは、食物網動態（一次生産者の細胞サイズは植食者のサイズを決める）や元素の循環（異なる一次生産者は異なる元素を要求する）を理解するうえでさまざまな意義を有する。同様に土壌における有機物の分解の中で細菌と菌類の相対的な寄与を知ることは明らかに重要である。メタン生成（11章）や窒素固定（12章）のような多くのその他のプロセスは、特定の種類の微生物によって媒介される。一般生態学においては、ある環境中にどのような種類の生物が存在し、それらがどのような働きをしているのかを知ることが不可欠である。微生物生態学も例外ではない。

どのような種類の微生物がどのようなプロセスを媒介するのかということを調べるのに加え、機能と多様性、あるいはそれらと群集の安定性との間にどのような一般的な関係があるのかについての研究も行われている。このよ

うな事柄は、もともとは大型生物群集について提起された問題である。すなわち、攪乱に対して微生物群集がどの程度の回復力（レジリエンス）を示すのか、また、この回復において、機能的な冗長性がどのような役割をもつのかといった問題である。ある仮説によれば、微生物群集の中で卓越するのは非常に類似したプロセスを媒介する機能的に冗長な種であるが、これらの種間には、温度、pH あるいはその他の環境特性に対する応答という面で大きな違いが見られる。このような冗長性は、環境が変化した時に重要になる。すなわち、機能的には冗長であるが多様な種から成る群集は、攪乱に対して迅速に応答することができ、環境変化に対して強い回復力を示すため、重要なプロセスが途切れることなく継続することが可能になるのである。このようなメカニズムは、人間による汚染が引き起こす環境変化に対する生態系の回復力の発現を理解するうえで重要であろう（Cardinale 2011）。まとめると、生物圏の生物地球化学的な循環を維持するうえで、微生物群集の多様性は重要な意義をもつ可能性がある。

まとめ

1. 自然環境中には培養が困難な微生物が多く存在する。この問題に対処するために、培養に依存しない遺伝子解析手法（非培養法）が用いられる。対象とする遺伝子は、通常、原核生物の場合は 16S rRNA 遺伝子、真核生物の場合は 18S rRNA 遺伝子である。これらの遺伝子の塩基配列を解析することで、微生物の分類学的ないしは系統遺伝学的な類縁性を推定するうえで必要な有益な情報が得られる。

2. 標準的な培養法で単離される微生物と、自然環境中で非培養法により検出される微生物を比べると、それらの分類学的な帰属は大きく異なる。

3. 生物圏には全部で 50 〜 100 門の細菌が存在するが、ある特定の生息場所で多く現れるのはそのうちのごく一部（10 以下）である。一般的に微生物群集はいくつかの優占グループ（系統

型あるいはクレード）と、たくさんの希少グループから成り立っている。希少グループの全体を希少生物圏と呼ぶ。

4. ボトムアップ要因は、現存量や増殖速度といった微生物全体としての特性だけでなく、微生物の群集構造にも影響を及ぼす。ボトムアップ要因とトップダウン要因（特にウィルスによる溶菌）の相互作用のもとに、微生物群集を構成する分類群の組成が決まるのである。

5. 原核生物の場合とは異なり、真核微生物では、顕微鏡や伝統的な培養法を用いることで、群集構造に関する有益な情報を得ることができる。しかし、非培養法が使われるようになり、多くの自然環境中で、新しいタイプの真核微生物（とりわけ小型の原生生物）の存在が明らかになってきている。

6. 一般生態学においては、生物を同定することが、自然環境中の生物の役割を理解するうえで不可欠である。おそらくこのことは微生物生態学にもあてはまるだろう。しかし、微生物群集構造と生物地球化学プロセスがどのように関連付けられるべきかについては、依然として明確な答えがでていない。

Chapter 10

微生物とウィルスのゲノムおよびメタゲノム

　前章で述べたように、自然環境中の微生物の種類を調べる際には、通常rRNA遺伝子が使われる。一方、生物地球化学的プロセスについての研究では、しばしば機能遺伝子と呼ばれる別のタイプの遺伝子が用いられる。機能遺伝子とは、通常、対象とするプロセスの鍵となる酵素をコードする遺伝子のことである。たとえばCO_2の取り込みに関与する*rbcL*、メタンの酸化に必要な*pmoA*、ナフタレンの分解に関わる*nah*といった例が挙げられる。機能遺伝子を使うアプローチには、有用な面もあるが欠点もある。一般的に、これらの遺伝子の解析には、遺伝子の保存領域を標的としたプライマーを使ったPCR法が用いられるが、「保存性」が完全でないと、プライマーと遺伝子の塩基配列が大きく食い違い、対象とする機能遺伝子が増幅できないという結果になる。また、ひとつのプロセスに複数の機能遺伝子が関与するということがしばしばあるが、その場合には、いくつものプライマーセットを使ってPCRを何度も行わなくてはならない。さらに、機能遺伝子の解析のみでは、プロセスを媒介する微生物の種類を特定できないのがふつうである（その理由は後述）。

　ゲノム解析法と呼ばれる一連の手法を用いると、上に述べたような機能遺伝子を用いるアプローチの問題点を克服することができる。本章では、この

ゲノム解析法を紹介しよう。ゲノム解析、メタゲノム解析あるいは環境ゲノム解析といった用語が、微生物生態学においてどのように定義されるのかについては後述するが、簡単にいってしまえば、これらの手法は、自然環境中の微生物がどのような生理的特性をもち、どのような生物地球化学的な役割を果たすのかを調べるための手法である。ただしゲノム解析には、このようなプロセス解析の手段としての有用性とは別に、それ自身の意義もある。ゲノム（全 DNA）、トランスクリプトーム（全 RNA）およびプロテオーム（全タンパク質）は、生物が有する重要かつ決定的な特性である。従って、微生物のこれらの特性を知ることは、微生物そのものについての理解を深化させることにつながる。このことは同時に、自然環境中での微生物の役割を理解するうえでの重要な基礎にもなる。

▶ ゲノム解析あるいは環境ゲノム解析とは何か

単一の遺伝子や複数の特定遺伝子に着目した研究手法とは異なり、ゲノム解析においては、生物の全ゲノムについてのデータを対象にする。全ゲノムとは、すべての遺伝子の塩基配列が、完全に、かつ個々の染色体における正しい順番と構成のもとに整理されたものである（ただし、ボックス記事 10.1 を参照）。ゲノムのデータが初めて得られたのは 1977 年のことで、これはバクテリオファージ（φX174）に関するものであった。このゲノムは 5,386 ヌクレオチドから成る非常に小さなもので、そこには 8 つの遺伝子しか含まれなかった（Smith et al. 2003）。1995 年には、*Haemophilus influenzae* と *Mycoplasma genitalium* という 2 種類の細菌についてすべての塩基配列が決定され、本格的なゲノム研究が始まった（Fraser et al. 1995; Fleischmann et al. 1995）。これらの細菌が最初の研究対象として選ばれたのは、それらが病原菌であり、またゲノムが小さい（この理由がおそらくより重要）といった理由からである。ただしゲノムが小さいといっても、細菌としてはゲノムが小さいという意味である。*H. influenzae* と *M. genitalium* のゲノムサイズは、それぞれ 1.8 および 0.58 Mb であり、これは、φX174 やその他のウィルスのゲノムに比べればはるかに大きい。ここで、「Mb」とは DNA の塩基対（base

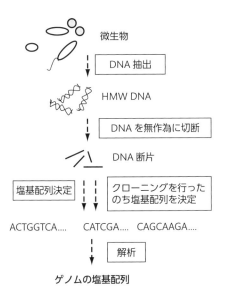

図10.1 ショットガン塩基配列決定法によるゲノム解析。当初この手法は純粋培養された細菌に適用されたが、現在では複雑な自然環境中の微生物群集の解析にも用いられる。また、従来は塩基配列決定の前にDNA断片をクローン化する必要があったが、次世代型の塩基配列決定法が使われるようになりクローン化は不要になった。HMWは高分子量（High molecular weight）を意味する。

pair）が100万あることを示す単位である。これらの細菌のゲノム塩基配列の決定には、当時革命的なアイデアといわれたショットガンクローニング法が使われた（図10.1）。最初に得られた真核生物のゲノム塩基配列のデータは *Saccharomyces cerevisiae*（出芽酵母）のものであり、これは1996年に公表された。ヒトゲノムのドラフトが公表されたのは2000年である。

今日、原核生物のゲノムの塩基配列決定は日常的に行われており、ヒトを含む真核生物についても近い将来にはそうなるであろう。日常化してきた理由は、φX174の塩基配列が調べられた時代に比べて、塩基配列の決定にかかる費用が大幅に低減したことにある。1970年代には1遺伝子の塩基配列決定をするのにかかる費用は1塩基対あたり1000ドル近かったが、今日では、0.0001ドル以下である。9章で述べたパイロシーケンス法のような新しい高

> **BOX10.1** 完全ゲノムとドラフトゲノム
>
> ゲノム研究のプロジェクトによっては、コンピュータプログラムが自動的に行う塩基配列決定で得られるすべての塩基配列を集めはするものの、それらを隙間（ギャップ）の無い「閉じた」ゲノムにまとめるまでの工程を省くことがある。「閉じた」ゲノムすなわち完全ゲノムに対して、このようなゲノムのことをドラフトゲノムと呼ぶ。実際のところ、ドラフトゲノムでも、ある生物のゲノム塩基配列の大部分を決めることができる（1～10％は未決定のまま残る）。塩基配列を組み立て、隙間を埋め、すべての欠落部分を明らかにするという、完全ゲノムを構築するのに必要な時間と費用を、より多くのドラフトゲノムを得ることに振り分けるというのも、生態学的な課題に取り組むうえではしばしば重要な戦術になる。ただし、ドラフトゲノムでは、重要な遺伝子を見落としてしまう可能性があるという弱点がある。

速の塩基配列決定技術の開発により、今後も費用の低減化は続くであろう。近い将来には、ヒトゲノムの塩基配列決定は1,000ドルほどで可能になり（ちなみに1990年代後半にヒトゲノムの塩基配列決定をするのにかかった費用は23億ドルであった）、自らのゲノムを知ることが、健康診断の一部になる日がやってくるだろう。新しい塩基配列決定技術の開発を後押ししているのは、医療分野での応用によって得られる莫大な利益に対する期待であるが、一方で、この新しい技術は、微生物学や微生物生態学を含めた基礎的な生物学分野にも広く浸透している。

病原菌の場合に比べると、生態学的に重要な微生物ゲノムの塩基配列データはまだ少ない。とはいえ、その数は年を追うごとにほぼ指数関数的に増加している。今日、1,500種類以上の微生物ゲノムのデータがさまざまな形で利用可能である（Wu et al. 2009）。「環境ゲノム解析」あるいは「生態学的ゲノム解析」といった用語は、環境形成や生態学的なプロセスにおいて重要な役割を果たす生物のゲノムを調べることを意味する。ここでの私たちの主な関心事は、自然環境中の微生物群集であり、その大部分は培養されていない微生物によって占められている。9章で学んだように、これらと実験室で培養された微生物とは、しばしば系統分類学的に大きく異なっている。しか

しhere で注意すべきなのは、培養された微生物のゲノム解析というのがきわめて重要であり、ここから多くの有益な情報を得ることができるという点である。実際、培養された微生物のゲノムに関する情報が無ければ、培養されていない微生物（つまり自然環境中の微生物群集）から得られたゲノム情報の詳細な解析を行うことは困難であるとさえいえるのである。

▶ ゲノムの塩基配列をゲノム情報に変える

　いったんゲノムの塩基配列が決まると、その時点から本当の仕事が始まる。塩基配列の生データを使ってできる解析というのもあるが、多くのゲノム解析研究においては、遺伝子の名前や正確な機能とまではいわないまでも、塩基配列になんらかの意味を見出す必要がある。最初のステップは、オープンリーディングフレーム（open reading frame, ORF）を見つけることである。ORF とは、開始コドン（通常 ATG、これはメチオニンをコードする）で始まり、停止コドン（TAA、TGA または TAG）で終了する DNA の塩基配列のことである。このような塩基配列は遺伝子である可能性が高い。次に生物情報科学の手法を駆使して ORF が本当に遺伝子かどうかの決定が試みられる。そしてもし遺伝子だということになれば、その塩基配列をジェンバンク（Genbank）のようなデータベースに登録されている別の塩基配列と比較することで、その機能の特定を試みる。塩基配列の比較において、最も頻繁に使われる情報解析ツールが「BLAST」（Basic Local Alignment Search Tool）である。BLAST 解析やアノテーション（遺伝子の意味付け）に関わる多くのステップは自動化されており、大部分の作業は、洗練された計算機プログラムによって行われる。ただし遺伝子の種類によっては、アノテーションを手作業で行わなくてはならない。

　BLAST 解析による塩基配列の比較の結果、注目するゲノム上の未知遺伝子と有意な類似性を示す既知遺伝子が、ジェンバンク・データベース中に見つかる可能性がある（これを「ヒット」したという）。ヒットした既知遺伝子の機能が実験的に明らかにされているような理想的な場合には、未知遺伝子と既知遺伝子が同じ機能を有するということは確からしいといえる。しか

しデータベース中に見つかった既知遺伝子の機能が登録された根拠が、Genbank 中にある、別の「機能が確認されている遺伝子」との塩基配列の類似性のみであって、実際には、その既知遺伝子から生成される酵素やその他の遺伝子産物の機能の確認がきちんとなされていないということもしばしばある。塩基配列の類似性のみを根拠にして特定された酵素は、「推定的 (putative)」であるといわれ、その機能には不確定性があることを念頭に置く必要がある。一方、着目する未知遺伝子が、Genbank 中の既知遺伝子と非常に類似しているが、その既知遺伝子の機能が明らかでない、という場合もある。これらは「保存領域を含む未知遺伝子 (conserved unknown genes)」という。以上のような遺伝子に加え、いかなる既知遺伝子とも有意な相同性 (ホモロジー) を示さない、本当に未知の ORF が現れることもしばしばある。このような ORF は ORFans と呼ばれる。原核生物ゲノムの場合、通常その 10 〜 20% が ORFans である (Koonin and Wolf 2008)。

よく研究されている微生物においてさえも、多くの遺伝子の機能は未知のままである (図 10.2)。大腸菌 K12 株は最もよく調べられた生物のひとつであるが、全塩基配列決定で見つかった 4,288 種類のタンパク質遺伝子のうち 40% 近くについては、当初はその機能が特定できなかった (Blattner et al. 1997)。その後、研究の進展とともに、機能が不明の遺伝子の割合は減少してはいるが、それでも、2009 年の時点で 20% の遺伝子の機能が未知のままである。これは驚くほど高い値であるといえよう。もちろん、ある遺伝子の機能を本当にわかったと結論付けるための判断基準が研究者によってまちまちであるという問題はある。そのようなことはあるにしても、大腸菌やその他の非常によく研究されている微生物についてさえも、ゲノムに含まれる遺伝子の機能について、まだ多くの不明の点が残されているのは事実である。ましてや、それほど研究の進んでいない微生物については、機能が未知の遺伝子の割合はさらに高くなるのである。

▶ 培養された微生物からの教訓

以上のように、よく特性がわからない、あるいはその機能が全くわからな

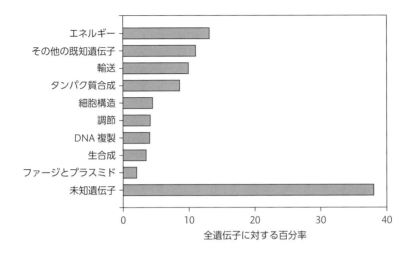

図10.2　大腸菌 K12 株の塩基配列が初めて決定された際の遺伝子のアノテーション。「その他の既知遺伝子」は、個々の遺伝子が全遺伝子に対して占める割合が 2% 以下であるような既知遺伝子の合計である。未知遺伝子の割合は現在ではこの図に示した値の約半分に減少しているが、依然として高い値である。データは Blattner et al. (1997) より。

い遺伝子があるということは、培養された微生物のゲノムを調べることによって得られた最初の教訓である。その他にもさまざまな教訓がある。これらの教訓は、自然環境中の培養されていない微生物へのゲノム解析法の適用や、得られた結果の考察において活かされることになる。

▶ rRNA 遺伝子の類似性・ゲノムの非類似性

　ゲノム研究の初期の段階では、属、あるいは場合によってはドメインのレベルで異なる微生物の間でのゲノムの比較に焦点があてられた。実際、細菌の次に塩基配列決定がなされたのは古細菌（メタン生成菌）であった（Bult et al. 1996）。続いて第二段階では、同じ微生物種であるが異なる株というように非常に類似している生物間でのゲノムの比較に興味の中心が移った。この段階では、病原菌や大腸菌のように、その生理学や分子生物学についての研究が長年にわたり行われてきた微生物が研究の対象となった。この初期の

比較ゲノム研究の結果、驚くべきことに、非常に近縁の微生物でもゲノムが大きく異なることがあるということが明らかになった。たとえば大腸菌の3株では、タンパク質コード遺伝子のうち、すべての株で共通なのはわずか40％にすぎなかった（Welch et al. 2002）。また、植物病原細菌である *Ralstonia solanacearum*（青枯病菌）の株の間では、ゲノムレベルでの類似度はわずか68％であった。これらの細菌で見られた種内変異（多様性）の程度は、ヒトとフグの違いよりも大きかったのである（Philippot et al. 2010）。別の見方をすると、ほとんど同一の16S rRNA遺伝子を共有する細菌が、互いに非常に大きく異なるゲノムを有するということがあるということである。たとえばプロクロロコッカスでは、すでに紹介したように強光と弱光に適応したエコタイプ間で16S rRNAはわずかしか違わなかったが、全ゲノム配列には大きな違いがあった。また強光タイプと弱光タイプのゲノム上の遺伝子の数は、それぞれ1,716と2,275というように、ゲノムサイズさえも異なった（Rocap et al. 2003）（ちなみに、この強光タイプのプロクロロコッカスのゲノムサイズは、これまでに調べられた酸素発生型光栄養生物の中で最小である）。

▶ ゲノムサイズ

　ゲノムサイズは、原核生物の間あるいは原核生物と真核生物の間で大きく異なる（図10.3）。全ゲノムの塩基配列が解明された細菌のうち、ゲノムサイズが最小なのは細胞内共生菌 *Carsonella ruddii*（0.18 Mb）、最大なのは土壌細菌 *Sorangium cellulosum*（13 Mb）である（Koonin and Wolf 2008）。自由生活性（非共生性）の細菌では、種間でのゲノムサイズの変動幅は約10倍であるが、これは真核生物における変動幅（5,700倍）に比べるとはるかに小さい（Pellicer et al. 2010）。*C. ruddii* に見られるように、一般に偏性の共生者や寄生者のゲノムサイズは非常に小さい。一方、土壌細菌の中にはゲノムサイズの大きなものが見られる。これまでに調べられた自由生活性細菌のうちでゲノムサイズが最小なのはOM43クレードに属する海洋細菌（1.3Mb）であり、同じく海洋細菌である *Pelagibacter ubique* がこれに続く。9章で解説したように、これらの細菌は伝統的な寒天平板を使って単離する

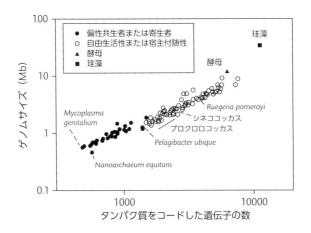

図10.3 さまざまな細菌と2種の真核生物におけるゲノムサイズとタンパク質コード遺伝子の数の関係。データは、Giovannoni et al. (2005) と Armbrust et al. (2004) より。

ことができず、栄養素を何も添加していない海水中で非常に緩慢に増殖する（その増殖速度は室内培養した細菌のものとしてはきわめて遅い）。大部分の海洋細菌は、これらのゲノムサイズの小さい培養細菌と同じような細胞サイズ（細胞あたりのDNA含量としても、タンパク質含量としても）であることから（Straza et al. 2009）、一般に、海洋の貧栄養環境に生息する培養されていない細菌も、おそらくゲノムサイズが小さいと考えられる。これとは対照的に、さまざまな土壌細菌のゲノムサイズから明らかなように、土壌中には、ゲノムサイズの大きい未培養の細菌が多く存在すると考えられる（Konstantinidis and Tiedje 2004）。

全体としては、細菌のゲノムサイズはふた山形に分布する。つまり、ゲノムサイズの頻度分布をグラフにすると、2Mbのあたりと5Mbのあたりにひとつずつピークが現れる（Koonin and Wolf 2008）。このふた山形分布は、海洋や湖の細菌群集をフローサイトメトリーで解析したデータと整合的である（6章）。フローサイトメーターを使って、細菌のDNA含量（DNA染色剤が発する蛍光強度）と側方散乱の強度（細菌サイズを表す）をプロットす

361

ると、しばしば2つのかたまり（cluster）が現れる。ひとつのかたまりは低核酸含有細菌と呼ばれ、もうひとつのかたまりは高核酸含有細菌と呼ばれる。細菌とは対照的に、古細菌のゲノムサイズにはふた山形分布は見られず、中央値はおよそ 2 Mb である（Koonin and Wolf 2008）。

　大部分の真核微生物は原核生物よりもゲノムサイズがずっと大きい。たとえば、珪藻 *Thalassiosira pseudonana* のゲノムは 31.3 Mb である（von Dassow et al. 2008）。これは、細菌 *P. ubique* のゲノムよりも 20 倍近く大きい。別の例は菌類 *Neurospora crassa* で見られ、これは 40Mb のゲノムと約 10,000 のタンパク質コード遺伝子を有する（Galagan et al. 2003）。例外的な真核微生物は、プラシノ藻綱の *Ostreococcus tauri* である（Derelle et al. 2006）。この藻類のゲノムは 12.6Mb であるから、土壌細菌 *Sorangium cellulosum* のゲノムよりも小さい。ただし、この藻類が染色体を 20 ももつのに対し、土壌細菌の染色体はたったひとつである。*P. ubique* の場合のように、*O. tauri* はゲノムあたりの遺伝子数が多く、何もコードしていない DNA の量は最小限である。非常に小さく、細胞サイズが約 1 μm ほどしかない *O. tauri* のゲノムには、なにか細菌と似た特徴があるのかもしれない。別の極端な例は、顕花植物である *Paris japonica*（キヌガサソウ）で、この種のゲノムサイズである 150,000 Mb は、これまでに調べられている生物の中で最大である（Pellicer et al. 2010）。

▶ **真核生物と原核生物のゲノム構成**

　真核生物と原核生物のゲノムはサイズ以外にも多くの面において違いがある（表 10.1）。真核生物ゲノムは細菌のゲノムよりもずっと大きいが、タンパク質コード遺伝子の数にはそれほどの違いはない。再び *T. pseudonana* を例にすると、この珪藻にはおよそ 11,000 のタンパク質コード遺伝子があるが、この数は細菌 *P. ubique* よりも約 10 倍多いだけであり、その差は、ゲノムサイズが 20 倍違うのに比べれば小さいといえる。この違いの理由の一端は、真核生物には原核生物に比べてより多くの調節遺伝子があるということにある。真核生物の間でのゲノムサイズの違いも、部分的には調節遺伝子の数によって説明ができる。人間中心的にいえば、*Homo sapiens* がたった 22,000

表10.1　真核微生物と原核生物のゲノム構造の比較

特性	原核生物	真核生物	付記事項
ゲノムサイズ（Mb）	0.18-13	10-150 000*	真核生物には無脊椎動物や植物を含む
構成	ひとつの環状染色体	複数の線状の染色体	細菌では、複数のレプリコンが見られることがある
関連する遺伝子はクラスターをつくるか？	遺伝子はオペロンに含まれる	オペロンのような遺伝子のクラスターはほとんど見られない	オペロンとは共調節される遺伝子のクラスターを指す
イントロンは？	まれである	普通に見られる	イントロンは、遺伝子の途中にある不要な（アミノ酸配列を指定しない）DNA断片のこと
「ジャンク」DNA	少ないまたは存在しない	多く存在する	ジャンクDNAはおそらく細胞にとって不可欠な役割を果たしている
反復配列	まれである	普通に見られる	真核生物のゲノムでは、2回あるいはそれ以上の反復配列が多く見られる
全ゲノムに対するタンパク質コード遺伝子の割合	高い	低い	上記3つの特性の帰結である
rRNA遺伝子	1-10（平均的には5以下）	数100	

* Gregory (2010) と Pellicer et al. (2010) による。

の遺伝子しかもたず、この数が野菜の遺伝子の数ほどしか無いというのは驚きかもしれない。ヒトが、カブやヒト以外の哺乳類と違うのは、遺伝子の調節の仕方と、遺伝子の中身においてなのである。真核生物ゲノムが大きいもうひとつの理由として、ゲノムの大領域が非コードDNAによって占められていることが挙げられる。非コードDNAとは、タンパク質もRNAもコードしていないDNAである。これらは、かつては「ジャンクDNA」と呼ばれていたが、しだいに真核生物ゲノムにおける非コードDNAの重要な機能が明らかになってきている。もうひとつの違いは、真核生物ゲノムには、し

ばしばイントロンと呼ばれる DNA 配列が挿入されている点である。イントロンは、いかなるアミノ酸もコードしない。転写はされるがタンパク質に翻訳されることなく、転写産物（mRNA）から除去されるのである。上述の、あるいはその他のゲノム構成の違いを調べると、代謝調節の仕方や生態特性といった面で、原核微生物と真核微生物の間にさまざまな違いがあることがわかってくる。

遺伝子間領域（intergenic space, IS）の大きさは、ゲノムあたりのタンパク質コード遺伝子の数と関係する。一般に真核生物の IS は、原核生物よりもずっと大きい。細菌の種間でも IS には大きなばらつきがある。*P. ubique* の IS の大きさの中央値はわずか 3 塩基対であるが（Giovannoni et al. 2005）、これに対し *Photobacterium profundum* では 137 塩基対である。*Mycobacterium leprae* や *Rickettsia* のような細胞内共生性あるいは寄生性微生物では IS はさらに大きく、これらのうちのあるものはクリスパー（clustered regularly interspaced short palindromic repeats, CRISPR）や偽遺伝子によって埋められている。クリスパーは、ファージの感染に対する細菌の抵抗性と関連すると考えられている（Horvath and Barrangou 2010）。偽遺伝子とは、かつてはタンパク質をコードしていたが現在は機能しなくなった遺伝子のことである。

▶ 増殖速度とゲノム解析

ある環境条件下において、ある特定の遺伝子を有する微生物と、それを欠いている微生物の間で増殖速度が異なる場合があることは容易に理解できるが、ここでは特定の遺伝子についてではなく、ある微生物が有する全ゲノムとしての特性が、その微生物の増殖速度の上限を根本的に制約する側面があるということについて考察を加えよう。ひとつの重要な特性は、ゲノムのサイズである。少なくとも栄養が豊富な条件下では、細菌の増殖速度は、より大型の微生物の増殖速度を上回るが、その理由の一端はゲノムサイズの小ささにあると考えられる。つまり細菌はそのゲノムの小ささゆえに、より大型の（つまりゲノムサイズの大きい）生物に比べてゲノムの複製に必要なエネルギーコストが低くてすむため、より速く増殖することができるのである。しかし増殖速度は単にゲノムのサイズによってのみ決まるというわけではな

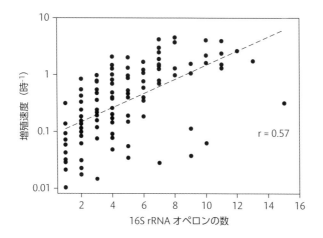

図10.4 異なる細菌における増殖速度とrRNA遺伝子のコピー数の関係。遺伝子コピー数に対する増殖速度（対数）の関係を示す回帰直線と、両者の間の相関関係数を示す。データはViera-Silva and Rocha (2010) より。

い。実際、細菌同士で比較をすると、ゲノムサイズと最大増殖速度の間には明瞭な関係が見られない（Vieira-Silva and Rocha 2010）。これはおそらく、複数の選択要因が互いに拮抗的に働くためであろう。たとえばさまざまな種類の栄養素が豊富に存在する条件下では、ゲノムサイズの大きい細菌のほうが、ゲノムの小さい細菌よりも速く増殖することができるであろう。なぜなら、ゲノムの小さい細菌は、豊富かつ多様な資源を有効に利用するのに必要な機能遺伝子や調節遺伝子を欠いている可能性が高いからである。このように、細菌同士で比較するとゲノムサイズと増殖速度の間の関係はあまり明瞭ではないのであるが、これに対して、タンパク質合成に関わるさまざまな遺伝的形質に着目すると、遺伝子の数と増殖速度が密接に関係する場合があることも知られている。

　微生物生態学の観点からみて最も興味深いのは16S rRNA遺伝子の例だろう。細菌においては、16S rRNA遺伝子の保有数と、最大増殖速度の間に、かなり強い相関がある（図10.4）。増殖速度の速い細菌は、塩基配列がほぼ等しい（1％以下しか異ならない）、複数の16S rRNA遺伝子コピーを保有

しているのである。興味深いことに、タンパク質合成に関与するその他の遺伝子である RNA ポリメラーゼ、リボソームタンパク質、あるいは tRNA の遺伝子の場合は、速く増殖する細菌の場合でも、必ずしも複数のコピーがあるとは限らない。その代わりこれらの遺伝子には、すべて複製開始点に近いところに位置しているという共通の特徴が見られる（Vieira-Silva and Rocha 2010）。活発に増殖する細菌において、ある遺伝子が染色体の複製開始点の近くにあるということは、実際上その遺伝子の「数が多い」のと同じ意味がある。このように、タンパク質遺伝子の並び方（配置）の違いから、定常条件下での細菌の増殖速度や、なぜある種の細菌が他のものに比べて環境条件の変化により迅速に応答しうるのか、といったことを説明することができる。

増殖速度に関連するもうひとつのゲノムの特性に「コドンバイアス（codon usage bias）」と呼ばれるものがある。これは、あるアミノ酸に対して、ひとつのコドンを他のコドンよりもより選択的に使うということである。多くのアミノ酸では、それをコードする DNA 塩基のトリプレットが 1 種類以上あるということを思い出そう。たとえばイソロイシンは、ATT、ATC、ATA によってコードされる。増殖速度が遅い細菌の場合はこれら複数のコドンが同じ頻度で使用されるが、速く増殖する細菌の場合はコドンバイアスが大きくなる（Vieira-Silva and Rocha 2010）。あるコドンを他のコドンより好んで使うことで、翻訳効率を高め、タンパク質合成速度や増殖速度を上昇させるのである。興味深いことに、増殖速度が同じくらいの通常の細菌と比較したとき、好冷細菌ではコドンバイアスが大きいのに対し、逆に好熱細菌では小さいという傾向がある。このようなゲノムの特性は、温度の影響を補償するうえで役に立っているのであろう。つまり好冷細菌においては、コドンバイアスによって低温による生化学反応の減速を補い、逆に好熱細菌では、コドン使用の均一化（バイアスの低減化）により高温条件下での代謝反応の過度の促進を抑制していると考えられるのである。

▶ 染色体、プラスミド、レプリコン

細菌の遺伝物質はひとつの環状 DNA、つまりひとつの染色体として表される。しかし古くから知られているように、多くの細菌でプラスミドのよう

な非染色体DNAが見つかる。プラスミドは、普通わずか数千の塩基対から成り、染色体よりもずっと小さい環状のDNAである。そこには抗生物質耐性のうえで必要な遺伝子や、あまり一般的には見られない有機化合物［訳注：たとえば農薬などの汚染物質］の分解に必要な遺伝子が含まれる。これらの遺伝子が細菌の増殖や生存にとって必要になるのは、おそらくあまり一般的でない環境中においてのみである。細菌にとってそれらの遺伝子が必要でなくなればプラスミドは失われる。たとえば、抗生物質耐性遺伝子のプラスミドは、抗生物質が存在しない環境中では、負の淘汰を受けて消失する。

　ホールゲノムショットガン塩基配列法によって細菌ゲノムの物理的構成が詳細に調べられた結果、メインの染色体と通常のプラスミドに加え、いくつもの染色体外のDNAがあることが明らかになった（Moran 2008）。ある種の染色体外DNAは、メインの染色体に匹敵するほどの大きさがあり、そこには多くの不可欠な遺伝子が含まれている。プラスミドと染色体を区別するのは、サイズ、複製を直接支配する遺伝子の種類、またRNA遺伝子のような不可欠な遺伝子の有無（これらは染色体には有るが、プラスミドには無い）である。プラスミドや染色体のことをレプリコン［訳注：DNAの複製単位］と呼ぶが、古細菌や細菌の多くが複数のレプリコンを有する（表10.2）。

　細菌のゲノム構成には進化的あるいは生態学的な意味が隠されている。大きなレプリコンが果たしてメインの染色体の一部分が分離することで形成されたのか、あるいは巨大プラスミド（megaplasmids）の合体により形成されたのかについてはまだ明らかでない。プラスミド上の遺伝子は、メインの染色体やその他の大型レプリコンに収納されている遺伝子に比べて、生態学的な時間スケール（つまり比較的短い時間スケール）における可動性が高いようである。ここで「可動性」とは、環境条件がある遺伝子に対して正の淘汰を加えなくなった時にその遺伝子がどの程度消失しやすいのかを意味するのみでなく、細菌間での交換による遺伝子の伝播のしやすさも意味する。「可動性遺伝因子」というのは、細菌の間で交換することが可能なDNA断片のことである。この交換は、細菌の世代時間に相当する数時間から数日の短い時間スケールで起こりうる現象であり、ある環境中のある時間断面における細菌の「成功」［訳注：相対出現頻度の上昇］に貢献しうる。このような可

表10.2 原核生物の遺伝物質の基本特性。レプリコンは、染色体とプラスミドのことを指す。GC は、DNA の塩基であるグアニンとシトシンを指す。GC 含量はゲノムの全体特性のひとつとして一般的に用いられる。データは Moran (2008) と http://cmr.jcvi.org/ より。

生物	ゲノムサイズ (Mb)	レプリコン数	ORF の数	rRNA オペロンの数	GC 含量 (%)
古細菌					
Aeropyrum pernix K1	1.67	1	1841	1	56
Archaeoglobus fulgidus DSM 4304	2.18	1	2420	1	48
Methanocaldococcus jannaschii	1.74	3	1786	2	31
Methanococcus maripaludis S2	1.66	1	1722	3	33
Methanosarcina acetivorans C2A	5.75	1	4540	3	42
細菌					
Colwellia psychrerythraea 34H	5.37	1	4910	9	38
Bacillus anthracis Ames	5.23	1	5637	11	35
Desulfotalea psychrophila LSv54	3.66	3	3234	7	46
Geobacillus kaustophilus HTA426	3.59	2	3540	9	52
Nanoarchaeum equitans Kin4-M	0.49	1	536	1	31
Pelagibacter ubique HTCC106	1.31	1	1354	1	29
Photobacterium profundum SS9	6.4	3	5491	15	41
Rhodopirellula baltica SH1	7.15	1	7325	1	55
Ruegeria pomeroyi DSS-3	4.6	2	4284	3	64
シアノバクテリア					
Anabaena variabilis ATCC 29413	7.07	4	5697	12	41
Nostoc sp. PCC 7120	7.21	7	6127	11	41
Prochlorococcus marinus MED4	1.66	1	1713	1	30

動性遺伝因子があるために、細菌のゲノムやまたおそらくはその他のすべての自然環境中の微生物のゲノムは、大型生物のゲノムに比べてずっと動的である。次節で述べるように、これらの可動性遺伝因子の交換は、系統遺伝学的に遠く離れた生物の間でも起こりうる。

▶ 遺伝子水平伝播

　微生物のゲノムが明らかになったことにより、ダーウィンとその継承者が予想もしなかったような進化の新しいメカニズムが明らかになった。伝統的な進化モデルでは、遺伝子はある世代から次の世代へ、つまり親からその子孫へと受け渡される。その過程で、ある遺伝子は生き残った子孫に受け継がれ、その一方で別の遺伝子は繁殖前に死亡した子孫とともに消失する。rRNA 遺伝子の塩基配列に基づく伝統的な系統樹は、このような遺伝子の垂直的な交換を反映する。同様にその他の遺伝子についても、それぞれの塩基配列に基づく系統樹を作成することができる。ここで問題が生ずるのは、遺伝子によって系統樹が異なる場合である。この系統樹の不一致の問題は、遺伝子の比較研究が始まった早い段階で既に指摘されていたことであるが、全ゲノムのデータが充実するのにともない、不一致がますます明白になったのである。不一致の理由のひとつは、遺伝子によって進化速度が異なるということにあるが、もうひとつの理由は、遺伝子の水平伝播にあると考えられる。

　遺伝子の水平伝播とは、母から娘へと遺伝子が垂直的に受け渡されるのではなく、互いに関係の無いある生物から他の生物へと遺伝子が動くことである。この遺伝子の交換は、ウィルスによる感染や（形質導入、8 章を参照）、分解されずに環境中に残存している DNA の取り込み（形質転換）を介して引き起こされる。遺伝子を渡す側の生物（ドナー）と受け取る側の生物（レシピエント）が近縁の場合には、交換された遺伝子が、レシピエント中に残るチャンスは大きくなる。ただし系統的に遠く隔たった生物の間でも、遺伝子の水平伝播が起こるという例は多く知られている。細菌と古細菌との間、あるいは原核生物と真核生物（ヒトを含む）との間でさえも交換が起こるのである。遺伝子の水平伝播は、ある遺伝子の系統樹と 16S rRNA 遺伝子の系統樹の間の不一致を引き起こすばかりではない。その影響は、微生物のゲノム上で隣接するさまざまな遺伝子の関連性（relatedness）にも及ぶ。同一ゲノム上の大多数の遺伝子は、共通の祖先をもつ近縁生物の遺伝子に最も類似するのが普通であるが、水平伝播で導入された遺伝子の場合は、系統遺伝学的に遠く隔たった生物の遺伝子と高い関連性を示すのである。伝播して間もない遺伝子では、GC 含量やコドンバイアスが、同じゲノム上の別の遺伝子

とは異なるということもある。

　遺伝子の水平伝播が一般的に見られるということになると、いかなる遺伝子であれ、ある特定の遺伝子の類縁性に基づいて生物の進化の過程を追跡するということが果たして可能なのか、という根本的な疑問が生ずる。実際、系統樹というモデル（つまり天に向かって枝を張った樹木というたとえ）は、遺伝子の水平伝播によって生ずる多くの「からみあった枝」を加えることで修正されなくてはならないのである。今日、全ゲノムの塩基配列データを用いた微生物の進化プロセスの研究（phylogenomics）において、このような試みがなされつつある。ただし一般的にいって、情報処理に関連する遺伝子（たとえばDNAやタンパク質の合成遺伝子）では遺伝子の水平伝播が起きにくいということも知られている（Daubin et al. 2003）。特に16S rRNA遺伝子は、生物の系統関係を正しく反映するということが、全ゲノム塩基配列を用いた系統関係の解析の結果から支持されている（Wu et al. 2009）。16S rRNA遺伝子やそれと類似した遺伝子において水平伝播が起きにくいのは、水平伝播によって持ち込まれた遺伝子産物が、既存の分子装置に簡単には適合しないためであると考えられている。複雑な構造のリボソーム（これは何種類ものrRNA分子と50種類以上のタンパク質から構成されている）に、外来性のrRNA分子がぴったりあてはまるということは、簡単には起きそうにない。

　以上とは対照的に、酵素をコードする機能遺伝子の場合は、その遺伝子産物がしばしば単独で作用するため、非常に大きな変異性を示すことがある。反応を最も直接的に触媒する酵素の部位（触媒部位）の塩基配列は、さまざまな生物の間で類似している（つまり非常に保存性が高い）のが普通であるが、酵素のその他の部分をコードする遺伝子は大きな変異性を示しうるのである。

　ある特定の遺伝子が、どの生物に由来するのかを決めようとする場合に、遺伝子の水平伝播の問題が立ちはだかる。特に問題なのは、その塩基配列のデータが、非培養法で検出された自然微生物群集の遺伝子から得られている場合である。このような場合、該当する遺伝子を、確信をもって起源生物と関連づけることはしばしば困難である。なぜなら、上述のように、16S

Chapter 10 微生物とウィルスのゲノムおよびメタゲノム

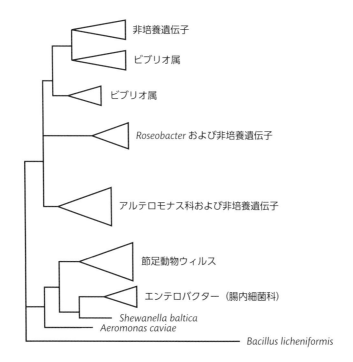

図10.5 さまざまな細菌および昆虫に感染するウィルスに見られるキチナーゼ遺伝子の近隣結合樹。楔形はそこにいくつもの関連遺伝子が含まれることを意味する。「非培養遺伝子」は、そのキチナーゼ遺伝子が海水中から非培養法で得られたものであることを意味する。分類名が付されたその他すべての遺伝子は培養された生物に由来する。この系統樹をみると、3種の細菌の遺伝子と節足動物ウィルスの遺伝子が同じ系統にあり、また、アルファプロテオバクテリア綱に属する *Roseobacter* の遺伝子が、ビブリオ属やアルテロモナス科（いずれもガンマプロテオバクテリア綱）の間にある。これらのことから、キチナーゼ遺伝子の水平伝播が生じたことがうかがえる。データは Cottrell et al. (2000) より。

rRNA 遺伝子の系統関係が、機能遺伝子の系統関係と必ずしも一致しないからである。ひとつの例として、キチンを加水分解する酵素（キチナーゼ）を見てみよう（図10.5）。この例の場合、さまざまな細菌で見つかるキチナーゼの種類を、16S rRNA 遺伝子で判別される系統分類群をもとにして分類することはできない。これはおそらくキチナーゼ遺伝子の水平伝播のためであ

る。図10.5において、キチンを外骨格にもつ昆虫に感染するウィルスのゲノムに見つかるキチナーゼ遺伝子が、細菌のキチナーゼ遺伝子の枝に存在するということは、これらの遺伝子が水平伝播することを裏付けるひとつの証拠である。また、この系統関係からみると、海水から非培養法で採取したキチナーゼ遺伝子はビブリオ属に由来するように見えるものの、確実なことはいえない。この不確実性は、PCR法で得られた短いDNA配列の解析結果を解釈する場合にはつねに付きまとう問題である。短いDNA配列には、機能遺伝子の配列が含まれてはいるものの、系統遺伝学的なマーカー遺伝子の配列は全く含まれないのである。この問題は、次節に述べるいくつかの方法によって克服することができる。

▶ 培養されていない微生物のゲノム情報：メタゲノム解析

　培養されていない微生物の生態を理解するうえで、培養された微生物のゲノム情報は大変に有益である。しかし本書において繰り返し述べてきたように、室内で培養された微生物と、自然環境中の培養されていない微生物には大きな隔たりがある。また仮にすべての微生物の培養が可能になったとしても、自然環境中にはあまりにも多種の微生物が存在するため、そのすべてについて培養実験を行うことは難しい。幸いなことに、培養されていない微生物の遺伝情報を、室内培養を介することなしに直接的に調べる手法がある。このアプローチの狙いは、培養されていない微生物のゲノムを完全に解明すること自体にあるのではなく、むしろPCR法を使わずに多数の遺伝子の塩基配列データを同時に得るという点にある。このようなアプローチはメタゲノム解析と呼ばれる。メタという接頭語には、多くの種類の生物を同時に調べるという意味がある。

　メタゲノム解析法を用いることで、培養されていない微生物の生理学や生物地球化学的な役割についての手がかりを得ることができる。RNA遺伝子やその他の系統遺伝マーカーの塩基配列から、自然環境中に存在する微生物の種類についての多くの情報が得られるが、これらの情報を、ある特定の生物地球化学的な機能に関連付けるうえで、メタゲノム解析は有力な手段であ

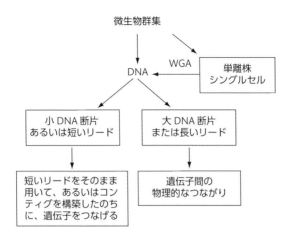

図10.6 メタゲノム解析法のまとめ。WGA は、全ゲノム増幅法（whole genome amplification）の意味で、これは少量あるいは希釈された試料（ここではシングルセル）からより多くの DNA を得るための方法である。従来のメタゲノム解析法では、外来 DNA に由来する小 DNA 断片（< 10 kb）か大 DNA 断片（> 10 kb）がクローン化された。より最近のメタゲノム解析法では、クローン化を経ずにただちに塩基配列決定を行い、DNA 塩基配列をえることができる。

る。これまでのメタゲノム解析研究の多くは細菌に焦点をあわせてきたが、真核微生物やウイルスに関するメタゲノム解析も進みつつある。

▶ メタゲノム解析法

メタゲノム解析からどのようなデータや有意義な情報が得られるだろうか。その答えは用いるメタゲノム解析手法のタイプによって異なる。図10.6には、いくつかの異なるアプローチを示す。ひとつのアプローチは、個々の細菌細胞を調べるシングルセル法である。これは厳密にはメタゲノム解析ではないという議論もありうるが、生態学的ゲノム解析の一種であることは間違いない。シングルセル法は、大型真核生物（後述）に適用しやすい手法であるが、原核生物についての適用例もある（Stepanauskas and Sieracki 2007）。メタゲノム解析法は、さらに、クローニングないしは塩基配列決定に供する DNA 断片のサイズによって分類することができる。

> **BOX10.2** クローン化とクローン化ベクター
>
> クローン化では、まず外来 DNA（挿入 DNA）をクローン化ベクターに挿入する。ベクターは宿主（通常は大腸菌）の中で挿入 DNA とともに増幅される。ベクターとは、もともと自然環境中に存在したプラスミドやファージを大幅に改変したものである。PCR 産物をクローン化する場合と、小 DNA 断片メタゲノムライブラリーを構築する場合では、異なるタイプのベクターが使われる。プラスミドが扱うことができる DNA 断片の大きさは最大で約 10 kb までなので、大型の挿入 DNA を使う場合は、別のベクターが必要である。このようなベクターには約 40 kb まで扱えるフォスミドや、100 kb 以上の挿入 DNA を扱える BACs（細菌人工染色体）がある。

　第一は小 DNA 断片を調べる方法。この小 DNA 断片には、遺伝子と呼ぶのに値しないほどの少量の遺伝物質しか含まれない。初期の研究では、これらの小 DNA 断片（inserts）を、まず大腸菌でクローン化し、小 DNA 断片ライブラリー（Box 10.2）を作成した。クローニングとライブラリーの構築が、塩基配列決定やその他の解析のために必要だったのである。しかし、より最近になって使われ始めた次世代型塩基配列決定法では、このクローニングの段階は不要である。莫大なデータセット、つまり数千あるいは数百万の塩基配列、またはリード（read）、が解析の度に得られるというのも次世代法の有利な点である。一方次世代法には、リードあたりの塩基対の長さ（リード長）が短いという不利な点もある。次世代法の種類によって異なるが、リード長は通常 100 〜 1,000 塩基対にすぎない。このリード長では、通常ひとつの遺伝子の全体をカバーすることはできないし、ましてひとつのゲノム中の、いくつかの隣接遺伝子を合わせて解析することは不可能である。

　小 DNA 断片メタゲノムライブラリーあるいは次世代アプローチによって得られた塩基配列データを使うと、PCR バイアス［訳注：PCR の過程である特定の配列が選択的に増幅されること］の影響を受けずに、微生物が潜在的にどのような生物地球化学的な機能を果たしているのかを調べることができる。ただし上述した遺伝子の水平伝播の問題があるため、この情報のみで

は、機能を特定の微生物に関連づけることはできない。小 DNA 断片（リード）は短すぎるため、それらを使って rRNA 遺伝子のような系統遺伝マーカーと機能遺伝子を同時に解析することはできないのである。しかし別の方法を組み合わせると、この関連付けが可能になる。十分な量の塩基配列データがあれば、共通部分を有する 2 つないしはそれ以上の小配列を貼り合わせて、DNA 断片（コンティグと呼ぶ）を組み立てることができる。この過程で 2 つの無関係な塩基配列が人為的に張り合わされた DNA 断片、すなわちキメラができることがあるが、このようなキメラを完全に取り除けば、再構築されたコンティグは微生物に由来すると仮定することができる。

　もうひとつは、大きな DNA 断片を使ったメタゲノム解析法である。DNA 断片の大きさは、フォスミドクローンライブラリーの場合で約 40,000 塩基（40kb）、また BAC クローンライブラリーの場合で 100kb 以上である。簡単に説明すると、まず DNA を試料から抽出し、適当なサイズに断片化する。次にこの DNA 断片をフォスミドか BAC ベクターのどちらかに挿入し、大腸菌を使ってクローニングをする。さらにクローン化された DNA 断片をさまざまな方法で調べてそれらの塩基配列を完全に決定する。今日では、次世代シーケンス法を使うのが最も効率的である。最終的に 40kb から > 100kb の長さの塩基配列のデータが得られる。典型的な遺伝子の長さを約 1kb と仮定すると、これらの塩基配列は、あるひとつの微生物に由来する 40 から 100 以上の遺伝子に相当することになる。この塩基配列の長さにこそ、大きな DNA 断片を使う手法の有利さがある。クローン化された長い DNA 断片には、遺伝子の全体が含まれるだけでなく、しばしば全オペロンや関連する遺伝子群も含まれる。この断片中に rRNA 遺伝子もしくはそれ以外の系統遺伝マーカーが含まれるような理想的な場合には、ある機能遺伝子がどのような種類の微生物に由来するのかを特定することができる。つまり系統遺伝学的マーカーと機能遺伝子の両方が同一の DNA 断片上に存在することを根拠にして、ある特定の種類の微生物が、ある特定の生物地球化学的な機能を果たしていると推論することができるのである。

　ただしいまのところ、次世代型塩基配列決定法のみで、フォスミドあるいは BAC クローンライブラリーのメタゲノム情報を完全に解析することはで

きない。次世代法で解析できるリード長は、ひとつあるいはせいぜい 2 つの遺伝子をカバーするのに十分な長さしかないからである。小 DNA 断片ライブラリー法は近年使われなくなったが、大 DNA 断片ライブラリー法に代わる手法は現在のところ存在しない。しかし技術の進歩は長足である。数年前には不可能であったようなことが、今日ではあたりまえといったことが、今後も起こるであろう。

▶ プロテオロドプシン物語その他

　プロテオロドプシンの発見の経緯は、メタゲノム解析法の有効性を理解するうえでの格好の材料である。次世代法の登場以前に行われたプロテオロドプシン研究においてはさまざまなクローニング法が駆使された。

　4 章では、プロテオロドプシンがいかにして光エネルギーを捕集し、自然環境中の細菌による ATP 合成に関与しているのかについて述べた。この発色団タンパク質複合体に関連する遺伝子は、沿岸海水由来の DNA から構築したメタゲノム BAC ライブラリー中で発見された（Beja et al. 2000）。ライブラリーをスクリーニングしたところ、16S rRNA 遺伝子をひとつ含んだ 130kb のクローンが見つかった。この 16S rRNA 遺伝子は、もともとサルガッソ海で発見された SAR86 クレード（ガンマプロテオバクテリア）と近縁であった。このクローンの塩基配列決定の結果、多くのその他の遺伝子が見つかり、そこには、古細菌のロドプシンに類似した塩基配列も含まれていた（図 10.7）。ひとつの BAC クローンに、ロドプシン遺伝子と 16S rRNA 遺伝子が共に存在していたことから、ロドプシンが細菌由来であることが裏付けられたのである。この結果は、メタゲノム解析法により、ある特定の培養されていない微生物の系統遺伝学的な帰属（つまり、SAR86 クレード）と、ある特定の機能（つまり、プロテオロドプシンによる光エネルギーの捕集）が関連づけられた好例といえよう。BAC クローンのサイズが十分に大きかったため、プロテオロドプシン遺伝子をまるごともともとの BAC クローンから取り出し、その特性を詳細に調べることが行われた。これにより、プロテオロドプシンタンパク質を、部分的にではなく全体として扱うことができた。その結果、少なくとも大腸菌を使った室内実験では、塩基配列からの予

Chapter 10 微生物とウィルスのゲノムおよびメタゲノム

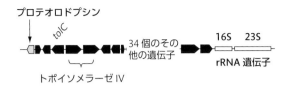

図10.7 あるBACクローンの遺伝子地図。プロテオロドプシンと16S rRNAをコードする遺伝子が含まれている。16s rRNA遺伝子から、このゲノム物質がSAR86細菌に由来することが示された。それぞれの遺伝子の転写方向が矢印で示されている。単純化のために、いくつかの遺伝子とその名称のみを示す。Oded Bejaの許諾を得て図を掲載した。Beja et al. (2000) に基づく。

測通り、プロテオロドプシンの機能が、古細菌のロドプシンの機能と類似していることが実際に示されたのである（Beja et al. 2000）。

　小DNA断片メタゲノムライブラリー法も、初期のプロテオロドプシン研究では重要な役割を果たした。SAR86におけるプロテオロドプシンの発見に触発され、PCR法や大DNA断片メタゲノム法による研究が行われた結果、ロドプシンはSAR86クレード以外の細菌にも存在するらしいということが明らかになってきた（de la Torre et al. 2003）。しかし海洋におけるプロテオロドプシン遺伝子保有細菌の多様性が明確に示されたのは、小DNA断片メタゲノム解析法を用いた研究によってであった（Venter et al. 2004）。この研究により、プロテオバクテリア門以外の細菌にもこの遺伝子を有するものがあること、従って「プロテオ」という接頭語の用法が誤っていることがわかった。（ただし、プロテオロドプシンという用語は依然として広く使われている。）メタゲノム解析法では、PCR法で増幅できない遺伝子をも含めて調べることができるため、PCR法を使ったアプローチに比べて、はるかに多様な遺伝子を扱うことができる。ここで紹介したメタゲノム解析研究では、小DNA断片クローンライブラリーが使われたが、今日では同様な研究を、次世代型塩基配列決定法を使って（つまり、クローニングをすることなしに）行うことも可能であろう。

　プロテオロドプシンの発見の経緯は、メタゲノム解析が、自然環境中の微生物が有する未知の機能や代謝の解明にどのように貢献するのかをよく物語

っている。このようにして見いだされた新たな機能が、生物地球化学的な循環やその制御についての考え方の変更を迫ることもある。好気的環境における硫化物イオンや一酸化炭素の酸化は、メタゲノム解析により見つかった新たな代謝（少なくともそれが調べられた環境においてはそれまで知られていなかった代謝）の例として挙げることができる（Moran and Miller 2007）。硫化水素やその他の還元型の硫黄化合物が、酸素が豊富な環境中に多量に存在することはないため（11章）、これらの化合物の代謝に関わる遺伝子が、好気的な表面海水中で見つかったということは驚きであった。一方、一酸化炭素（これは酸化が進んだ、エネルギー産出性の弱い化合物である）は、有機化合物の光化学反応によって産出され、それをある種の細菌が利用するということは以前から知られてはいたものの、エネルギー産出性の高い有機化合物を使う能力をもった細菌が、一酸化炭素酸化遺伝子（*cox*）を有することはないであろうと考えられていたのである。メタゲノム解析法の威力を示す別の例として、古細菌によるアンモニア酸化の発見もあげられるだろう（Schleper et al. 2005）。窒素循環における重要な反応のひとつであるアンモニア酸化に細菌が関与していることは何十年も前から知られていたのだが、このプロセスの駆動において古細菌が重要な役割を果たすことは、海洋や土壌で行われたメタゲノム解析研究によって初めて明らかにされたのである。

▶ 酸性鉱山廃水中の単純な群集のメタゲノム解析

これまで考察してきたゲノム解析研究の適用例は、数千種類の異なる細菌からなる複雑な微生物群集に関するものであった。これとは対照的に、廃鉱から流れ出る廃水河川（酸性鉱山廃水）の岩石上を覆うバイオフィルムに見つかる非常に単純な微生物群集に対してゲノム解析が適用された例もある。鉱山から流れ出る廃水は強酸性であり、還元型の硫黄や鉄化合物を多く含んでいる。ある種の原核生物はこれらの化合物をエネルギー源とするとともに（化学無機栄養）、このエネルギーを利用して二酸化炭素の固定（化学独立栄養）を行う。藻類や高等植物が存在しないこの暗黒の環境においては、二酸化炭素は微生物にとっての唯一の炭素源である。カリフォルニア州アイアン山の

Chapter 10 微生物とウィルスのゲノムおよびメタゲノム

リッチモンド鉱山における酸性鉱山廃水の微生物群集のゲノム解析の結果を見ると、このような微生物群集がいかに単純であるのかがわかる。細菌と古細菌の分類群はそれぞれわずかに3種類しか見つからなかったのである(Tyson et al. 2004)。最も出現頻度の高かった細菌は、*Leptospirillum* グループ II、続いて *Leptospirillum* グループ III であった。これらはいずれもニトロスピラ門に属する。出現頻度の高かった古細菌はテルモプラズマ目の *Ferroplasma* 属と同定された。この属のメンバーである *Ferroplasma acidarmanus* fer1 は、先行研究により、すでにリッチモンド鉱山から単離されており、また塩基配列の決定も行われていた。酸性鉱山廃水中では真核微生物はまれである。実際このメタゲノム解析でも、真核生物の遺伝子は検出されなかった。

微生物群集の組成が単純であるため、*Leptospirillum* グループ II と、*F. acidarmanus* fer1 に非常に近縁の *Ferroplasma* タイプ II と呼ばれる種類については、ほぼ完全なゲノムを構築することができた。このゲノムデータは、バイオフィルムの微生物群集を構成する細菌と古細菌の機能を考えるうえでの重要な情報になった。塩基配列データを調べたところ、*Leptospirillum* グループ II と III のいずれもが、CO_2 の固定経路のひとつであるカルビン・ベンソン・バッシャム回路(CCB回路)の遺伝子をもっていることがわかった。ただし微生物の種類によっては、還元的アセチルコエンザイム A 回路を使って CO_2 を固定していることを示唆する証拠も得られた。また酸性鉱山廃水は、固定型窒素(N_2 以外の窒素)の発生源から遠く離れているため、そこに生息する微生物群集にとって窒素固定は不可欠な機能であると予想したが、実際に調べてみると、驚いたことに優占細菌であった *Leptospirillum* グループ II には窒素固定遺伝子が見つからなかった。それに対して *Leptospirillum* グループ III は窒素固定遺伝子をもっていた。*Ferroplasma* タイプ II も窒素固定遺伝子をもたなかったことから、結局、生物量としては多くなかった *Leptospirillum* グループ III が、この酸性鉱山廃水の微生物群集における「キープレイヤー」であると結論付けられた。以上の研究例のように、自然環境中で一見少数派と見られる微生物グループが、生物地球化学的な循環において重要な役割を果たすことがある。このような現象を明らかにすることは、微生物生態学における重要な課題のひとつである。

メタゲノム解析と活性スクリーニングから得られる有用化合物

　1章において、微生物が、産業や医療の分野で使われる多くの有用化合物を生産することについて触れた。たとえば医療分野で用いられる多くの抗生物質は土壌から単離された微生物が生産する。メタゲノム解析を適用することで、実験室では単離や培養ができない環境中の微生物が生産する有用化合物を見つけ出すことができる。いまのところ、このような手法が最も頻繁に適用されているのは土壌の微生物群集であるが（Daniel 2005）、一般的な考え方や主な手順（活性スクリーニング）は、どのような環境の微生物にも適用できる。

　有用化合物を生成するメタゲノムクローンの多くは、活性を目印として、メタゲノムライブラリーをスクリーニングすることで得ることができる（図10.8）。このアプローチは、潜在的には非常に有力であるが、簡単ではない。着目する遺伝子が大腸菌を用いてクローン化できるだけでは十分ではなく、その遺伝子から「機能するタンパク質」が生産されなくてはならないからである。また多くのクローンについて、それぞれが生産するタンパク質の活性を検出する必要もある。つまり何千あるいは何百万ものクローンを迅速にスクリーニングする技術が必要なのである。たとえばクローンライブラリーを、酵素の疑似基質（analog）に暴露することで、酵素活性を検出するといった手法が用いられる。これらの疑似基質は、酵素によって加水分解されると色あるいは蛍光を発する（この手法は細胞外酵素活性を調べるときにも用いられる。5章参照）。発色するないしは蛍光を発するこれらのクローンは、対象とする遺伝子をもつと判定される。関連して、対象とする遺伝子を有し、かつその遺伝子産物を生産する細菌のみが生育するような寒天平板培地を使った手法も用いられる。たとえば抗生物質を含んだ寒天平板を用いることで、抗生物質耐性遺伝子をもつ大腸菌だけを選択的に増殖させることができるが、このような方法を使えば、数千あるいは数百万の大腸菌コロニーを調べるかわりに、数個の耐性コロニーを調べることで、目的とする遺伝子を探索することができる。

　活性スクリーニングには弱点と強みがある。興味の対象であるタンパク質

Chapter 10 微生物とウィルスのゲノムおよびメタゲノム

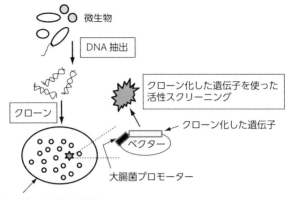

図10.8 メタゲノムライブラリーを使った活性スクリーニング。切断された人工基質から発する蛍光などを手がかりとして、ライブラリーの中で活性のあるもの（図中では星で示す）を検出し、目当ての遺伝子を含むクローンを見つける。活性は、標的遺伝子によって生産されたタンパク質に由来するものであるが、このタンパク質は大腸菌によって生産される必要がある。すなわち、大腸菌のプロモーターによるmRNA合成の開始と、それに続く大腸菌のリボソームやその他のタンパク質合成機構によるmRNAの翻訳が起こる必要がある。

を、大腸菌が全く生産しないか、生産してもタンパク質が全く機能しない、あるいはスクリーニング試験の条件下では生産しない、といったことがありうる（弱点）。これは標的とする化合物が毒性をもつためかもしれないし、大腸菌にとってあまりにも異質のため合成ができないのかもしれない。通常、標的化合物を生産するひとつの陽性クローンを見つけるのに、しばしば数千から数百万もの莫大な数のライブラリーをスクリーニングしなくてはならないというのも難点である。一方このアプローチの強みは、活性スクリーニングの結果得られる遺伝子が、通常、別のアプローチで見つかる遺伝子とは大きく異なるという点にある。塩基配列決定によるクローンのスクリーニングで得られるのは、既知の遺伝子と類似した遺伝子のみであるが、活性スクリーニングでは新規遺伝子が発見される可能性がある。

▶ メタRNA発現解析とメタプロテオミクス

　自然微生物群集からある遺伝子が見つかったということは、潜在的にはその遺伝子の特定の機能がその群集に備わっているということを示唆する。しかし、その遺伝子は発現するかもしれないし、発現しないかもしれない。生物地球化学的あるいはブラックボックス・アプローチ（1章）を用いることで、その特定の機能を実際に環境中で調べることができる場合もある。しかしどのような種類の微生物がその機能を担っているのかはわからないし、またある種の機能については（プロテオロドプシンによる光捕集の場合のように）、その機能を検出する手法さえ確立していない。この問題に対処するひとつの方法は、着目する生物地球化学的プロセスと関連する代謝機能遺伝子の発現（mRNA合成）を調べることである。特に原核生物の場合は、特定の機能遺伝子のmRNAが特定の微生物に見つかったという情報は、その微生物が特定のプロセスを担っていることを裏付ける有力な証拠になる。

　全RNA発現解析とは、ある生物により合成されるすべてのRNA分子を網羅的に調べることであり、一方メタRNA発現解析は、複数の生物からなる群集全体のRNAを調べるアプローチのことである。これらのRNAに基づく手法は、ゲノム解析やメタゲノム解析と多くの点で類似している。実際、RNAは、塩基配列の決定に先立ち、逆転写酵素を使ってDNAに変換されるのである。しかしRNA解析には、以下のようにいくつもの技術的な問題がある。まずRNAが分解しやすいということ。またRNAプールの約80%を占めるrRNAが（2章）、通常のメタRNA発現解析の主な標的であるmRNAの解析の妨げになる。さらに、ひとつの遺伝子の発現ならばPCR法を使って調べることができるが、多数の遺伝子の発現を同時に調べることを目的とした全RNA発現解析やメタRNA発現解析においては、このような手法を使うことはできない。

　全RNA発現解析で検出されるmRNAの種類から、自然環境中での微生物の代謝機能を推定することができる。土壌や水圏の細菌から検出されるmRNAの多くは、RNAとタンパク質の合成に関わる酵素のものである。このことは、RNAとタンパク質の合成に細胞がつぎ込むエネルギーの大きさ

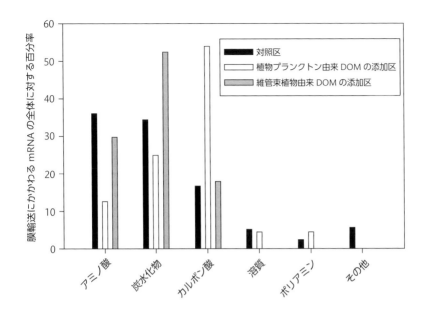

図10.9　海洋細菌群集における有機炭素の輸送体に関するメタRNA発現解析。無添加区（対照区）および植物プランクトンや塩性沼沢に生える維管束植物から抽出した有機物の添加区において、1時間の培養後に採取した細菌群集について得られた結果を示す。「溶質」は、プロリンやグリシンベタインのような、細菌が適合溶質として利用する化合物を指す。「その他」には、脂質や核酸のような化合物の輸送体として知られているものが含まれる。アミノ酸や炭水化物の輸送体の転写物が多く見られるが、これは細菌の増殖を支える基質としてこれらの有機化合物が重要であることを示す別のデータと整合的である。データはPretsky et al. (2010) より。

を反映していると思われる。タンパク質の折りたたみ輸送やDNA修復に関わる遺伝子の発現も高い。水圏細菌群集を扱った研究では、生物地球化学プロセスに関連する遺伝子のうち、特に輸送タンパク質の遺伝子が大量に発現していることが明らかにされた（Poretsky et al. 2009）。この研究によれば、有機炭素源の種類に依存して、ある種の輸送体の遺伝子が他のものに比べてより多く発現した（図10.9）。土壌においては、PCR法による試験から、古細菌が細菌に比べてより強くアンモニア酸化遺伝子（*amoA*）を発現しているということが示されたが、この研究でも、メタRNA発現解析が重要な役

割を果たした（Leininger et al. 2006）。

　メタRNA発現解析法は真核微生物の研究において特に有効である。活性の高い微生物についての有用な情報が得られるばかりではない。真核ゲノムのタンパク質をコードする遺伝子を見つけるうえでは、ゲノムやメタゲノムを直接調べるよりは、mRNAを調べるほうが近道なのである。通常、真核生物のゲノムは、原核生物のゲノムよりもずっと大きいということを思い出そう。これは真核生物のタンパク質遺伝子がしばしばイントロンによって中断されていることや、真核生物のゲノムが多数の調節領域や機能のなさそうなDNAをもつこと等による。ジャンクDNAは転写されず、イントロンは転写のあとにすぐ取り除かれる。そのため後に残るのは、タンパク質をコードした配列のmRNAのみということになる。渦鞭毛藻に特異的なスプライスドリーダー配列を用いて、湖や汽水域の渦鞭毛藻のメタRNA発現解析を行った研究では、水圏の真核生物からプロテオロドプシン様の遺伝子が見つかるという予期せぬ結果が得られた（Lin et al. 2010）。

　しかし、ひとつの大きな問題が残っている。真核微生物については、そのゲノムやタンパク質遺伝子に関して、あまりにも少しのことしか分かっていないということである。たとえば土壌の真核生物群集についてのあるメタRNA発現解析の結果では、多数の（全体の32%）の新規未同定タンパク質（hypothetical protein）が見つかり、多くの遺伝子の由来が特定できなかった（Bailly et al. 2007）。この土壌試料については、大部分のrRNA遺伝子が原生生物と菌類のものであったのにもかかわらず、メタRNA発現解析で見つかった既知遺伝子の約35%は、菌類と後生動物からのものであり、原生生物由来のものはほとんどなかった。メタRNA発現解析で得られたデータの中に原生生物の遺伝子が少なかったのは、ゲノムデータベースの中に原生生物の塩基配列のデータが乏しいことによるのであろう。

▶ プロテオミクスとメタプロテオミクス

　ある酵素のmRNAが検出されれば、その酵素が触媒するプロセスが実際に起きていることを裏付けるある程度の証拠にはなる。特に原核生物の場合にはそうである。しかし、その証拠は完全なものではない。それは、真核生

物はいうに及ばず、原核生物の場合においてさえも、mRNA が翻訳され機能発現に到るまでの間にはさまざまな調節メカニズムがあり、たとえあるタンパク質の mRNA が存在しても、そのタンパク質の機能が発現するとは限らないからである。直接的にタンパク質を調べるプロテオミクス法を使うと、実際の機能の発現により近づくことができる。ゲノム法やメタ RNA 解析法について解説したときと同様であるが、プロテオミクス法では、ある細胞の中のさまざまなタンパク質を網羅的に調べ、メタプロテオミクス法では、これとおなじことを自然群集について行う。タンパク質は、クロマトグラフ法で分離し、ペプチドに断片化し（サイズは方法により異なる）、最終的に質量分析計（mass spectrometer, MS）や複数の質量分析計を並列した装置（MS/MS）を用いて分析を行う（VerBerkmoes et al. 2009）。質量あるいはサイズがわかればペプチドの組成の推定はできるが、タンパク質を特定するためにはそれをコードする遺伝子の情報も必要である。

　水圏微生物群集のメタ RNA 発現解析の結果では、輸送タンパク質の発現が卓越するという結果が得られているが、このことはメタプロテオミクス研究によっても確認されている（図 10.10）。メタプロテオミクス研究によって未知タンパク質も見つかっている（これはメタゲノム解析による未知遺伝子の発見と類似している）。一見情報が乏しそうなタンパク質のデータでも、興味深い知見が得られる場合がある。酸性鉱山廃水の微生物群集によるバイオフィルム発達に関する研究がその例である（Donef et al. 2010）。この研究では、メタプロテオミクスで得られたデータをメタゲノム解析データと組み合わせてバイオフィルムを構成するたがいに近縁の微生物を調べることで、より多くの情報を得ることに成功した。重要な結果のひとつは、酸性鉱山廃水の微生物群集のゲノムのうち実際に発現したのはごく一部であり、またそれらがある時点において、タンパク質に翻訳されたということである。

▶ **ウィルスのメタゲノム解析**

　自然環境中のウィルスの研究においては、メタゲノム法がとりわけ有効である。ウィルスには、分類学的あるいは系統遺伝学的解析で頻繁に用いられ

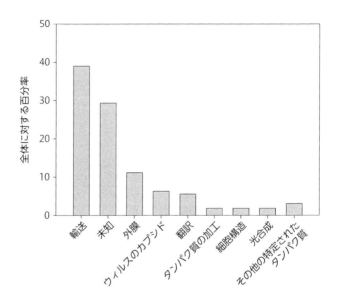

図10.10 メタプロテオミクス解析の結果の一例。海洋細菌群集に見られるタンパク質が示されている。輸送体タンパク質が多く見られるということは、海洋におけるメタRNA発現解析の結果と整合的である。「その他の特定されたタンパク質」には、酸化還元反応やプロトンポンプ、転写、炭素・窒素代謝に関与するタンパク質が含まれる。データはMorris et al. (2010) より。

るrRNAに相当する高分子が無いということを思い出そう（8章）。いくつかの研究では、rRNAの代わりにカプシドやDNAポリメラーゼといったウィルスが共通にもつタンパク質の遺伝子が調べられてきた。しかし自然環境中でのウィルスの多様性や、その他の多くの基本的な問題は未解明のまま残されてきた。メタゲノム法は、このような問題に対するいくつかの解決策を提供したのである。研究の手順を要約すると、まずろ過によって大型生物を取り除いたのちに、限外ろ過でウィルスを濃縮する。続いて超遠心やその他の手段を使ってウィルスの核酸を精製し遺伝子解析に供する。これまでの多くの研究では、二本鎖DNAウィルスが重点的に調べられてきた。ただしサルガッソ海では一本鎖DNAウィルスの研究例も報告されている（Angly et al. 2006）。

ウィルスのメタゲノム解析の結果、その圧倒的ともいえる多様性が明らかになってきた（Kristensen et al. 2010）。海洋だけでも、10^{30} のオーダーの異なるタイプのウィルスが存在すると推定されたのである。土壌や堆積物における多様性はこれを更に上回ると考えられている。ある研究によれば沿岸海洋の表面海水中には 7,000 のウィルスゲノムが存在する（Edwards and Rohwer 2005）。メタゲノム解析から得られたウィルスの多様性の推定値が、16S rRNA 遺伝子に基づく細菌の多様性の推定値と比較可能であるとすれば、この研究が行われた環境中では、ウィルスのゲノム数が細菌の種類数とほぼ同じであったということになる。しかしウィルス群集と細菌群集の均等度は異なった。細菌群集の場合は、少数の優占する系統型と多くの希少な系統型によって構成されていたのであるが、ウィルス群集は、これに比較して均等度が高かった。つまりどの種類のウィルスもその出現頻度は低く、群集の中で一部のタイプが卓越するという傾向は見られなかった。出現頻度を順位（個々の系統型の出現頻度を、降順に並べたときの順位）に対してプロットすると、ウィルスと細菌で違いが見られた（図 10.11）。

このような多様性の大きさに加え、大部分のウィルス遺伝子が既知遺伝子と一致しないことが、ウィルスのメタゲノム解析を困難なものにしている。自然環境中のウィルス遺伝子の 50 〜 90% は、培養されたウィルスや微生物の遺伝子と一致しないのである。既知遺伝子だけに着目すると、ウィルスのメタゲノム上に出現する遺伝子と、微生物のメタゲノム上に現れる遺伝子との間には強い関連が見られる（Kristensen et al. 2010）。たとえば炭水化物の代謝遺伝子はウィルスのメタゲノムにも微生物のメタゲノムにも共通して見られるが、細胞シグナリング遺伝子はいずれのメタゲノムにおいても出現頻度が低い。同様に、ウィルスのメタゲノム中に見られる微生物遺伝子の系統遺伝学的な起源は、微生物群集の組成を反映する。すなわち細菌が卓越する環境中では、ウィルスのメタゲノム中の微生物遺伝子は主に細菌由来であり（古細菌や真核生物由来の遺伝子はまれである）、とりわけ細菌群集の中でも優占するグループ（たとえばプロテオバクテリア）の遺伝子によってその多くが占められる。以上のような傾向は、ウィルスとその宿主に密接な関係があることを反映している。

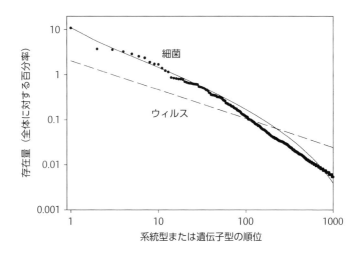

図10.11 沿岸海域におけるウィルスと細菌の順位・存在量曲線。細菌の曲線は対数正規分布に最もよくあてはまったが、ウィルスの曲線は負の指数分布であった。細菌の曲線は 16S rRNA 遺伝子の出現頻度を（実際のデータは黒丸で示す）、ウィルスの曲線はメタゲノムデータをもとにして作成した。最も出現頻度の高かった 1000 の系統型（細菌）あるいはゲノム（ウィルス）についてのデータのみを示す。2つの曲線は明白に異なるが、その違いの大部分は、16S rRNA 遺伝子解析の系統遺伝学的な分解能の低さに起因するものと思われる。データは Gilbert et al. (2009) および Angly et al. (2005) より。

　ウィルスのメタゲノム中に見つかるいくつかの既知遺伝子から、ウィルスの種類と同時にその生活史（溶菌性と溶原性の相対的な重要性）を探る手がかりが得られる場合がある。バクテリオファージのカウドウィルス目は、自然環境中に最も高頻度で出現するタイプのウィルスであるが、科ごとに見るとその出現頻度は大きく異なる。たとえばチェサピーク湾では、ミオウィルス科とポドウィルス科がこの目の大部分（80％以上）を占め、シホウィルス科の出現頻度は低かった（Bench et al. 2007）。これとは対照的に、堆積物や地中環境では、シホウィルス科の出現頻度が最も高かった（Edwards and Rohwer 2005）。一方、培養実験からは、ミオウィルス科とポドウィルス科に属するウィルスが主に溶菌性であるのに対し、シホウィルス科のものは溶原性であることが示されている。以上の結果は、生息場所による溶原性と溶

菌性の相対的な重要性の違いについての別の知見と整合的である（8章を参照）。シホウィルス科の出現頻度から考えると、溶原性は水圏環境の水柱中よりも、堆積物や陸上環境において重要であるようにみえる。

▶ RNA ウィルス

以上に考察を加えた二本鎖 DNA ウィルスに加え、自然環境中には、さまざまな RNA ウィルスが存在し、これらは主に真核生物に感染することが知られている。自然環境中における RNA ウィルスに関する知見はきわめて乏しい。その理由は、これらのウィルスが DNA ウィルスよりも小さいこと、また RNA を取り扱うことにともなう操作上の難しさによる。メタ RNA 発現解析の場合のように、RNA ウィルスのメタゲノムは、RNA を cDNA へと逆転写したのちに cDNA の配列決定をするという手順で行われる。これまでに報告された限られた研究によれば、自然環境中では、RNA ウィルスの多様性は DNA ウィルスよりも低かった。また既知の RNA ウィルスと類似した遺伝子が、環境中の RNA ウィルス遺伝子の大部分を占めていた（Kristensen et al. 2010）。RNA ウィルスと DNA ウィルスの多様性の違いは、それぞれの宿主の多様性の違い（つまり RNA ウィルスの主な宿主である真核生物の多様性が、DNA ウィルスの主な宿主である原核生物の多様性よりも低いこと）を反映しているのかもしれない。

多くのマイナス鎖および二本鎖 RNA ウィルスは、植物や動物に感染することが知られているが、これまでに得られたウィルスのメタゲノム解析データの中に、これらのウィルスの存在を示す痕跡は見られない。自然環境中の RNA ウィルスは、プラス鎖 RNA をもつピコルナウィルス目に属するようである。ブリティッシュコロンビアの沿岸海水で行われたある研究によれば、RNA ウィルスのほとんどすべてがこの目によって占められていた（Culley et al. 2006）。ピコルナウィルス目のウィルスの中には動物や高等植物に感染するものも知られてはいるが、海洋のピコルナウィルス様のウィルスは、原生生物、特にクロムアルベオラータ（*Chromalveolata*）スーパーグループに感染するようである（Kristensen et al. 2010）。このスーパーグループはさまざまな真核微生物の集合であり、珪藻、ラフィド藻、渦鞭毛藻などが含まれる。

ただし自然環境中の RNA ウィルスに関する知見は乏しいので、今後研究が進むと以上のような見方は修正されることになるのかもしれない。

まとめ

1. 純粋培養された微生物のゲノム解析によって、細菌の代謝制御や増殖戦略についての新たな知見が得られている。ただしよく研究がなされている生物においてさえも、まだ多くの遺伝子はその機能がわからないままである。

2. メタゲノム解析によって、生物地球化学的プロセスの個々の機能をつかさどる生物の特定がなされるとともに、微生物学的あるいは生物地球化学的な解析ではあまり明らかでなかった微生物の新たな機能も見つかっている。

3. 数種の構成員からなる単純な群集の場合、メタゲノム解析によって完全なゲノムを再構築することが可能である。またその情報を基にして、それぞれの構成員の生態学的な役割を明らかにすることができる。

4. メタゲノムライブラリーを使った活性スクリーニング法では、環境中の遺伝子をすべて集めて大腸菌宿主内で発現させる。この手法を使うと、抗生物質のような有用化合物を見つけ出すことができる。

5. メタ RNA 発現解析やメタプロテオミクス解析を使って、遺伝子発現やタンパク質を調べると、実際の生物地球化学プロセスと密接に関わる情報を得ることができる。またメタゲノム解析や生物地球化学的な解析では得られないような、微生物群集についての洞察をえることもできる。

6. メタゲノム解析によって、ウィルスの非常に高い多様性や大量の未知遺伝子の存在が明らかになってきたということは特に重

要である。またこれらの解析によって、ウィルスによって攻撃されている宿主がどのような生物であり、溶原性がどの程度一般的なのかについての手がかりも得られてきている。

Chapter 11
嫌気的環境におけるプロセス

　前章まで、主に好気的な環境中に生息する微生物について考察を加えてきた。光合成生産によって酸素が供給される明所のみならず、光の届かない暗条件の生息場所においてさえも、好気的な従属栄養性微生物にとって必要な十分な量の酸素が存在することが多い。それは暗所においても、そこに流入する有機炭素を分解（酸化）するのに見合うか、ないしはそれを上回る量の酸素が、拡散やその他の物理的プロセスによって十分に供給されることが多いためである。しかし、生息場所のタイプや時期によっては酸素の供給が不十分になり、環境中の酸素が枯渇してしまうこともある。そうすると何が起こるだろうか？　本章では、そのことについて考えよう。

　酸素が枯渇した嫌気的な生息場所の空間スケールや物理的な配置はさまざまである。たとえば、微小スケールの嫌気的環境が、好気的環境のごく近傍に形成されることがある。堆積物においては、表面とそこから数ミリメートルの間の薄い層の中に生息する好気的従属栄養微生物が活発に酸素を消費するために、それよりも深い層への酸素の進入がさえぎられる。その結果、好気的な直上水からわずか数ミリメートル隔てられた堆積物中に、嫌気的な環境が形成される。同様に、有機物に富んだ凝集物の内部では、好気的従属栄養微生物が酸素を消費し尽くすため、全体としては好気的な土壌あるいは水

環境中に、嫌気的な微環境（つまり凝集物の内部空間）が形成される。好気的環境であるにもかかわらず、メタンのような嫌気的代謝の産物が検出されることがあるが、それは、このような嫌気的な微環境の存在によって説明することができる。これに対して、好気的な明環境から遠く離れたところに、広大な嫌気環境が形成されるという場合もある。土壌や海底堆積物の深部に広がる地下環境は、全海洋の容積の数倍に匹敵する巨大な無酸素空間であり、そこでは、酸素に富んだ水の物理的交換は妨げられている。湖の底層水はしばしば無酸素になるが、それは有光層から沈降してくる有機物の分解にともなう活発な酸素消費のためである。空間スケールの大小にかかわらず、無酸素の世界は、細菌と古細菌が卓越する世界である。嫌気的な環境中でも真核微生物は存在するが、その生物量はわずかである。

　現在の地球表層環境は好気的であるが、地質年代を通して常にそうであったというわけではない。地球が誕生してから今日にいたる全期間のうち、最初の半分は地球全体が嫌気的であった（図11.1）。大気中に酸素が豊富になり始めたのはわずか25億年前のこと、つまりシアノバクテリアによる酸素発生型光合成が始まった後のことである。はじめのころ、酸素は地球規模の「汚染物質」であった。酸素は、抗酸化物質をもたない嫌気性細菌に対して致死的作用を及ぼす（これに対してすべての好気性生物には抗酸化物質が備わっている）。もちろん、嫌気性微生物以外の多くの生物にとっては酸素が必要不可欠である。大型の真核生物の進化が可能になったのは、大気中の酸素濃度が十分に高くなった後のことである。大気中の酸素濃度は石炭紀を通じて上昇した（この時期に広大な森林の樹木が分解されることなく埋没し、究極的には石炭になった）。今日、石炭やその他の化石燃料の燃焼によって大気中の酸素は、わずかずつではあるが有意に減少し続けている。私たち自身がよく知っているように、現在の酸素濃度は、大型生物にとって至適の範囲内にある。酸素濃度が現在よりも高くなれば火事が起こりやすくなるだろうし、低くなれば大型生物は生残することができない。しかし、生命が産声をあげたのは、嫌気的地球においてであった。

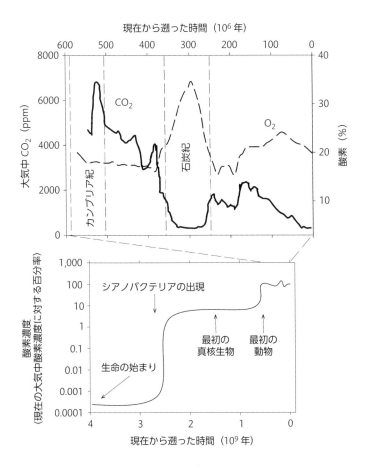

図11.1 地質学的な時間スケールにおける大気中の二酸化炭素濃度と酸素濃度の変動。酸素濃度は、上図では大気中の全気体濃度に対する百分率で示されているが、下図では現在の大気中濃度（present atmospheric level, PAL）に対する百分率で示されている。上図の横軸は現在から過去6億年までの範囲であるのに対し、下図では現在から過去40億年という地質学的な地球史のほぼ全体をカバーしていることに注意せよ。上図には2つの地質学的に重要な年代も示してある。カンブリア紀には後生動物の爆発的な多様化が起こった。石炭紀にはリグニンを多く含む植物が大量に繁茂し、それが結果として多くの炭層の形成につながった。データは Berner (1999)、Berner and Kothavala (2001)、Donoghue and Antcliffe (2010)、Kump (2008) に基づく。

▶ 嫌気呼吸とは

　嫌気的環境中で起こるプロセスのうち、炭素循環の観点から最も重要なのは、陸上植物や藻類が合成した有機物を無機化するプロセスである。大部分の有機物は好気呼吸をする生物によって分解されるが、一部の有機物はこれをまぬがれて酸素が十分に存在しない場所に運ばれる。その後、嫌気呼吸を含む嫌気的プロセスを介して無機化が起こる。ここで嫌気呼吸についての理解を深めるために、好気条件下での無機化に立ち戻り、それを記述する式の成り立ちを見てみよう。すでに学んだように、有機物の好気的酸化を表す式は以下のとおりである。

$$CH_2O + O_2 \rightarrow CO_2 + H_2O \tag{11.1}$$

　CH_2O は一般的な有機物を表しており特定の化合物を指す訳ではない。式 11.1 は酸化還元反応を表し、2 つの半反応に分けることができる。ひとつの反応は電子（e^-）を生成する。

$$CH_2O + OH^- \rightarrow CO_2 + 4e^- + 3H^+ \tag{11.2}$$

　一方、もうひとつの半反応は電子を受容する。

$$O_2 + 4e^- + 4H^+ \rightarrow 2H_2O \tag{11.3}$$

　式 11.2 と 11.3 をつなげると式 11.1 になる。言葉で説明すると、有機物は電子供与体であり、酸素は電子受容体である。

　式 11.1 をより一般的な形で書くこともできる。

$$CH_2O + X_2 + H_2O \rightarrow CO_2 + 2H_2X \tag{11.4}$$

　ここでは、電子受容体 X_2 を使って有機物が二酸化炭素に酸化されるということが示されている。嫌気呼吸では、式 11.4 において X_2 というようにシンボル化されているさまざまな電子受容体（酸素以外の）が用いられる。X_2 にあてはめることのできる元素や化合物にはいろいろあるが、それらは

Chapter 11 嫌気的環境におけるプロセス

BOX11.1 釣り合いのとれた式

電子と元素の平衡式を使うと生物地球化学的な反応を簡潔かつ効果的に表すことができる。化学式の釣り合いをとるためには、まず電子供与体に由来する電子の数が、電子受容体によって受け取られる電子の数と一致することを確認する必要がある。これらは酸化されたり還元されたりする元素の原子価から求めることができる。水素原子の原子価は +1 ないしは 0（H_2）であり、酸素原子は-2 ないしは 0 である。いっぽう炭素原子は、最も還元的な状態である CH_4 の-4 から、最も酸化的な状態である CO_2 の +4 の範囲で、さまざまな原子価をとりうる。水素と酸素を除くその他の主要元素は、化学式の両辺でその数が同じになるように釣り合いをとらなくてはならない。水素と酸素の原子を均衡させるためには、H^+ か OH^- を、式のどちらの辺にでもいいから必要に応じて加えることができる（ただし O_2 は使えない）。その理由は、環境中の反応が H^+ や OH^- が十分に存在する水溶液中で進行するためである（土壌の場合においてさえもこのことはあてはまる）。以上の手順を正しく踏めば、電子、元素、電荷のすべての釣り合いがとれる。平衡式に関する参考書は多くあるが、"Brock Biology of Microorganisms［訳注：邦訳は「Brock 微生物学」（室伏、関監訳）、オーム社］"には化学式の釣り合いとエネルギー収量の計算についての入門的な解説がある。

すべて「還元される」という共通の特性をもつ。つまり電子を受け取ることができる。たとえば硝酸イオン（NO_3^-）の窒素は酸化状態（+5）なので、X_2 になりうる。しかし、アンモニウム（NH_4^+）はその窒素が強い還元状態（-3）にあるため、X_2 にはなりえない。

▶ 電子受容体の順番

上に示したいくつかの式は、酸素以外の電子受容体を使って有機物を酸化することが可能であるということを理論的に示したものである。これらの式は、自然環境中においてどのような電子受容体が最も重要であるのかということを予測するうえではあまり役に立たない。そこで環境中で一般的に見られる 3 種の電子受容体、すなわち酸素、硝酸イオン、硫酸イオンが堆積物中

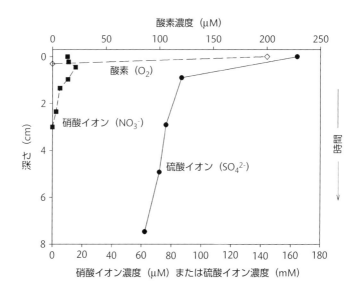

図11.2 堆積物中での3つの主要電子受容体濃度の鉛直分布。硫酸イオンの濃度（単位はmM）はX軸の値を10で割った値である（最大濃度は約17 mM）。硝酸イオン濃度の単位はμMである。深度が深くなるということは、それだけ時間が経過していることを意味する。密閉系で培養すると、これら3電子受容体は、酸素、硝酸イオン、硫酸イオンの順番に使い尽くされる。データはSørensen et al. (1979) より。

で示す典型的な鉛直分布から、電子受容体の相対的な重要性について考えてみよう（図11.2）。堆積物の表面からそれ以深の層にかけてのこれらの化合物の濃度変化をみると、酸素（O_2）、硝酸イオン（NO_3^-）、硫酸イオン（SO_4^{2-}）の順番で枯渇することがわかる。この鉛直的な変化は、各化合物濃度の時間的な変化の反映とみなすことができる。すなわち、十分な有機物を電子受容体とともにビンの中にいれて培養すると、酸素が最初に枯渇し、次に硝酸イオンが、そして最後に硫酸イオンが枯渇する。ではなぜこの順番なのか？

この順番を決めるのはある化合物が電子を受容する傾向（tendency）である。電子受容性の傾向は、H^+ が H_2 に還元される際の電位を0mVと定義した時に、それに対する相対値として測定される。電子受容体は複数の半反応を電位の順に並べた「電子の塔」（図11.3）のどこかに位置づけることができる。O_2

Chapter 11 嫌気的環境におけるプロセス

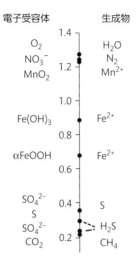

図11.3 電子の塔。微生物によってふつうに用いられる電子受容体が関与するいくつかの半反応式について、それぞれの電位（単位はボルト）が示されている。ここに示した Mn(IV) の形態は軟マンガン鉱（MnO_2）であり、いっぽう $Fe(OH)_3$ はアモルファス鉄酸化物である。データは Canfield et al. (2005) と Stumm and Morgan (1996) より。

は最上部にあり +1.27V、CO_2 は最下部にあり +0.21V である。つまり O_2 は最も強い電子受容体で、CO_2 は最も弱い電子受容体である。電子受容性の傾向は、さまざまな元素や化合物が嫌気呼吸や嫌気的環境中での有機物の無機化にどの程度寄与するのかを理解するうえで重要な特性である。

複数の電子受容体が、時間的あるいは深度の方向にどのような順番で枯渇していくのかを説明するためには電子の塔を調べれば十分である。しかし、ある電子受容体を他の電子受容体の代わりに用いることが、ある微生物にとってどの程度の利益になるのかを調べ、あるいは酸素欠乏下での有機物の酸化においてどのような電子受容体が最も重要になるのかを予測しようとすれば、電子の塔だけは不十分である。ここで役に立つのは、ある有機化合物を酸化するのに用いられる電子受容体の理論的なエネルギー収量を求めることである。エネルギー収量とはギブズ自由エネルギー（$\Delta G°'$）の変化のことである。上付き記号は標準的な生化学的条件を意味する。すなわち pH が 7 で

399

表11.1 さまざまな電子受容体を用いて有機物を酸化したときの理論的なエネルギー収量。有機物（C_0）の炭素、窒素、リンの含有量はレッドフィールド比に従う。これらの式にはしばしば複数の反応が含まれる。たとえば酸素についての1番目の式には、従属栄養生物による好気呼吸とともに硝化（12章）も含まれている。この表で、酸化型のマンガンはバーネス鉱であり、酸化型の鉄は針鉄鉱である。別の計算方法によれば、硝酸イオンを使ったときのエネルギー収量はマンガンを上回り、酸素に続いて2番目になる。データはNealson and Saffarini (1994) より。

電子受容体	反応式	エネルギー収量 ($kJ \cdot mol^{-1}$)
酸素	$C_0 + 138\,O_2 \rightarrow 106\,CO_2 + 16\,HNO_3 + H_3PO_4 + 122\,H_2O$	−3190
マンガン	$C_0 + 236\,MnO_2 + 472\,H^+ \rightarrow 106\,CO_2 + 236\,Mn^{2+} + 8N_2 + H_3PO_4 + 366\,H_2O$	−3090
硝酸イオン	$C_0 + 94.4\,HNO_3 \rightarrow 106\,CO_2 + 55.2\,N_2 + H_3PO_4 + 177.2\,H_2O$	−3030
鉄	$C_0 + 424\,FeOOH + 848\,H^+ \rightarrow 106\,CO_2 + 424\,Fe^{2+} + 16\,NH_3 + H_3PO_4 + 742\,H_2O$	−1330
硫酸イオン	$C_0 + 53\,SO_4^{2-} \rightarrow 106\,CO_2 + 53\,S^{2-} + 16\,NH_3 + H_3PO_4 + 106\,H_2O$	−380
CO_2	$C_0 \rightarrow 53\,CO_2 + 53\,CH_4 + 16\,NH_3 + H_3PO_4$	−350

温度が25℃であり、また反応に関わるH^+以外の化合物はそれぞれ等濃度（モル）で存在するという条件である。ここで電子受容体を相互に比較するために、異なる電子受容体が同じ電子供与体（ここでは有機物を考える）を酸化した場合を仮定しよう。このような仮定に基づく電子受容体の比較を表11.1にまとめるが、ここで「共通の有機化合物」として仮定しているのは、主要元素（C、N、P）の含有比がレッドフィールド比（5章）に従うような仮想的な化合物である。すぐ後で見るように、硫酸イオンを還元する微生物（硫酸還元菌）と二酸化炭素を還元する微生物（メタン生成菌）では用いる電子供与体が異なる。しかしながらさまざまな電子受容体を比較するうえでは、このような共通の有機化合物を仮定した理論的エネルギー収量の算出にも一定の有用性がある。

表11.1にまとめたエネルギー収量に基づく電子受容体の順番は、鉄とマンガンを除けば、電子の塔で見られる順番にほぼ等しい（図11.3）。この表において、電子供与体はすべての反応において同一であるから、反応によってエネルギー収量が違うのは電子受容体が異なるためである。エネルギー収

量を計算することで、電子の塔だけではわからない新たな側面が見えてくる。表11.1を見ると、酸素とそれに続くいくつかの電子受容体［訳注：マンガンと硝酸イオン］との間で、エネルギー収量の差はほんのわずかである。このことは、微生物がこれらの電子受容体を、酸素とほとんど同程度に利用できることを意味する。これとは対照的に、硫酸イオンや二酸化炭素を電子受容体として使うと、同一の有機炭素を酸化して産生されるエネルギーは、酸素を使ったときのほぼ10分の1かそれ以下である。以上の計算の結果から、電子受容体としての硫酸イオンと二酸化炭素の重要性は、電子の塔から推察されるよりも小さいということが示唆される。

なぜ真核生物が硫酸イオンや二酸化炭素といった電子の塔の下のほうにある電子受容体を使わないのかということも、エネルギー収量の観点から理解することができる。電子受容体のエネルギー収量が小さすぎると、真核生物の生命活動に必要な高エネルギーをまかなうことができないのである。いっぽう理論的なエネルギー収量からみると、酸素の代わりにマンガンや硝酸イオンを使うということがあってもよさそうである。じっさい電子受容体として硝酸イオンを使う真核微生物が知られている（Risgaard-Peterson et al. 2006; Kamp et al. 2011）。ただしエネルギー収量のみでは説明できないこともある。原生動物の中には嫌気的環境中で外部電子受容体を使わず発酵によって増殖するものがいる［訳注：発酵はエネルギー収量の低いプロセスである］。いっぽうマンガンや鉄は比較的エネルギー収量が高いが、これを利用する真核微生物は今のところ知られていない。これはマンガンや鉄が鉱物状であるということと関連するのかもしれない（マンガンや鉄を利用する細菌や古細菌にとっても、鉱物状であるということはその利用に際しての制約要因となっているが、そのことについては後述する）。

▶ さまざまな電子受容体による有機炭素の酸化

ここまで、標準的な生化学条件下における基本的な熱力学を考え、理論的な観点から酸素やその他の電子受容体を比較した。電子の塔やエネルギー収量に基づく予測は、現実の環境中でのプロセスをよく説明しているだろうか。

この疑問に対して実験による答えをだすことは容易ではない。ある特定の電子受容体がどの程度利用されているのかを測定し、それが有機炭素の酸化にどの程度寄与しているのかを計算することはしばしば困難をきわめる。この技術的な困難さや、必要とされる労力の膨大さのため、複数の電子受容体の相対的な寄与を同時に調べた研究例は限られている。

　しかし長年にわたる研究の蓄積の結果、有機物を酸化して二酸化炭素に変換するうえで、どの電子受容体が最も重要なのかを考察するのに必要なデータはある程度得られている（表 11.2）。地球規模で考えると、最も重要なのは酸素である。有機物の酸化において、酸素が高いエネルギー収量をもつ電子受容体であることから考えて、このことは驚くには値しない。本書の第 5 章においても、その紙幅を割いたのは有機物の好気的酸化についてである。環境によっては鉄やマンガンが重要な電子受容体になりうる。これも高いエネルギー収量を考えれば、それほど驚くべきことではないかもしれない。いっぽう酸素に次いでエネルギー収量が高いのは硝酸イオンであるが、汚濁水やある種の飽和土壌のように硝酸イオン濃度の高い環境を除いては、有機物酸化に対する硝酸イオンの寄与は比較的小さい。海洋では脱窒あるいは窒素循環全般と関連して硝酸還元の役割についての多くの研究がなされてきた（12 章）。太平洋の海盆で見られる低酸素の水塊中では有機炭素の無機化の最大 50％が硝酸還元によるものであったという報告もある（Liu and Kaplan 1984）。しかし地球規模でみると有機炭素の酸化に対する硝酸還元の寄与は小さいのである。

　電子の塔の一番下のほうにある 2 つの電子受容体は、エネルギー収量が非常に小さいのにもかかわらず、しばしば有機物の酸化のうえで酸素に次いで重要な役割を果たす（表 11.2）。一般に、硫酸還元は海洋環境で、二酸化炭素は湿地や水田のような淡水環境において重要である。つまり電子受容体の相対的な重要性はエネルギー収量だけでは説明できないということになる。表 11.2 に示したデータを理解するためには、エネルギー収量の他に 2 つの要因を考える必要がある。電子受容体の濃度と化学形態である。

表11.2 海洋と淡水の堆積物および土壌における有機炭素の無機化に対するさまざまな電子受容体の相対的な寄与。この表にまとめた多くの研究では、嫌気環境のみが調査の対象とされているため、地球環境全体としての酸素の重要性は過小評価されている。海洋や不飽和土壌における主要な電子受容体は酸素である。データは参考文献の欄に数字で示した以下の文献に基づく。1. Capone and Kiene (1988)、2. Canfield et al. (2005)、3. Keller and Bridgham (2007)、4. Yavitt and Lang (1990)、5. Roden and Wetzel (1996)、6. Thomsen et al. (2004)。nd は測定値が無いことを意味する。

地点	総酸化速度 (mmol(炭素)・m^{-2}・日$^{-1}$)	総炭素フローに対する寄与（%）						参考文献
		O_2	NO_3^-	Fe (III)	Mn (IV)	SO_4^{2-}	CO_2	
海洋								
シップウィセットの塩水沼地（米国マサチューセッツ州）	458	10	nd	nd	nd	90	nd	1
サペロ島の塩水沼地（米国ジョージア州）	80	0	0	95	0	5	0	1
チリ沖	60	0	0	0	0	100	nd	2
セントローレンス湾（カナダ）	5	17	4	18	2	59	nd	2
深海	<0.1	80	20	0	0	0	nd	2
淡水および土壌								
米国ミシガン州の湿原*	175	nd	<1	<1	<1	13	35	3
セッジ草原（米国ウィスコンシン州）*	120	nd	nd	nd	nd	<1	9	4
米国アラバマ州の湿原*	117	nd	nd	55	nd	7	38	5
米国ミシガン州の沼地*	110	nd	<1	<1	<1	10	19	3
ウィンターグリーン湖（米国ミシガン州）*	14.4	nd	nd	nd	nd	13	87	2
ミシガン湖（北米五大湖のひとつ）	6.8-8	37	<3	44	0	19	0	6

*全嫌気呼吸に対する百分率を示す。

▶ 濃度と供給による制約

　表 11.1 にまとめたエネルギー収量の熱力学的計算では、すべての化学種が同じ濃度で存在することを仮定した。しかしこれは現実とは大きくかけはなれた仮定である。酸素が電子受容体として重要である理由としては、単にエネルギー収量が高いということだけでなく、それが多くの場合簡単に利用することができ、また濃度が高いということも挙げられる。実際、生態系においては有機物の生産と酸素の生産はほぼ釣り合っており、両者の供給はおおむね等しくなる。これは偶然のことではない。地球上の有機物生産で圧倒的に重要なのは酸素発生型光合成による一次生産であるため、生産された有機物のすべてを酸化するのに必要な十分な量の酸素が光合成によって生産されるのである。酸素以外の電子受容体が重要になるのは、物理的プロセスによる酸素の供給がなんらかの理由で滞った場合に限られる。

　硝酸イオンの場合はこうはいかない。酸素とは異なり、硝酸イオンの生産と有機炭素の生産の間には密接な関係が無い。このため（あるいはそれ以外の理由から）、硝酸イオンの濃度や供給速度は低いレベルに抑えられる。硝酸イオンの理論的エネルギー収量が大きいのにもかかわらず、有機物の酸化に対する硝酸還元の寄与が一般的にそれほど大きくない理由はここにある。生態系における硝酸イオンの生成の起点は窒素固定（$N_2 \to NH_3$）であるが［訳注：窒素固定とそれに続くさまざまな生化学反応がおこり、最終的に硝化によって硝酸イオンが生成する］、窒素固定の反応速度は遅く、またそれを駆動できる微生物の種類は限られている。このことは酸素発生型光合成による酸素形成能が多くの生物種に広く分布しているのと対照的である。一方、硝酸還元は反応速度が速いプロセスであり、また窒素ガス（N_2、N_2O）の生成を介して生態系からの窒素の消失を引き起こしうる。さらに硝酸イオンは高等植物、藻類、従属栄養細菌などにより取り込まれる（生物体の生合成に際しての窒素源として利用されるのである）。

　電子受容体の濃度と供給速度は、各電子受容体が、それぞれどの程度有機物の酸化に寄与するのかを決める重要な要因のひとつである。海洋環境での有機物の酸化において硫酸還元が重要なのは、硫酸イオンの濃度が高いためである。硫酸還元の産物（H_2S）は、通常簡単に硫酸イオンに戻るため、海

洋環境中では硫酸イオンは枯渇しない。淡水や土壌では硫酸イオンの濃度が低いため、ふつう硫酸還元の重要性は低い。いっぽう二酸化炭素はどのような環境においても十分に高い濃度で存在するため、二酸化炭素の還元が二酸化炭素の濃度によって制約されることは決して無い。同様に、鉄やマンガンもしばしば大量に存在するため、環境によっては有機物の酸化において重要な役割を果たす。しかし、鉄やマンガンの場合はその化学形態もそれらの利用性を制約する重要な要因になってくる。

▶ 化学形態の影響

電子受容体の化学形態や状態は、その電子受容体がどの程度、またどのようにして微生物に使われるのかを決める要因のひとつである。微生物が通常使う電子受容体には、気体から固体までさまざまな化学形態のものが含まれる。繰り返しになるが、酸素は微生物にとって最も利用しやすい化学形態をとる化合物である。酸素は電子の塔のなかで一番分子量の小さい化合物であり、すべての電子受容体の中で最も拡散速度が大きい。気体であるため水が無くても微生物のもとへと輸送されうる。最後に、酸素は荷電しておらず低分子であるため、特別な輸送メカニズムが無くても簡単に細胞に入る。二酸化炭素も低分子の気体で非荷電であるという点で酸素と類似しているが、エネルギー収量の低さを補うことはできない。

有機炭素の酸化に対する硝酸還元の寄与が小さいのは、主に硝酸イオンの濃度の低さのためであるが、硝酸イオンの化学形態の影響を受けているという面もある。硝酸イオンは荷電した非ガス状態の分子である。そのため、水が無いと微生物にまで運ばれないし、さらに膜を通して細胞内に輸送するためには、特異的な輸送メカニズムとエネルギーが必要である。

3価鉄イオン（Fe(III)）を電子受容体として用いる際に大きな影響要因になるのが、鉄の化学状態である。おそらく最も重要なのは、3価鉄イオンが、一般的な環境中のpH条件下において不溶性であり、膜を通過するには大きすぎる粒子態の酸化物として存在しているということである。そのため鉄還元細菌は、鉄酸化物と物理的に接触し、有機物から鉄酸化物へとなんらかの方法で電子を輸送しなくてはならない（図11.4）。この接触には「ナノ電線」

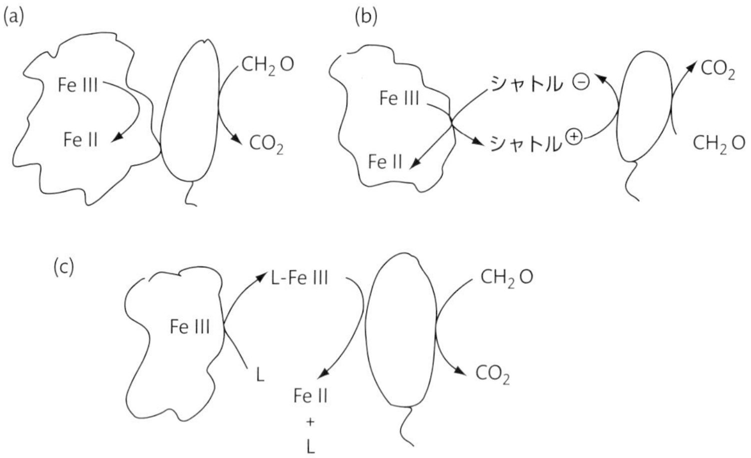

図11.4 不溶性鉄酸化物を鉄還元細菌が利用するときに用いる3つの戦略。(a) 鉄酸化物との直接的な物理的接触。(b) 細菌は自らが産生したか、あるいは環境から供給された外部電子シャトルを使って電子を電子供与体（たとえば有機化合物）からFe(III)へと運ぶ。(c) 細菌は錯体を形成するリガンド（L）を産生して鉄酸化物を溶解する。Weber et al. (2006) より。

が介在することもありうる（Roden et al. 2010）。一方、物理的な接触が無くても不溶性鉄酸化物からの電子の輸送が電子伝達体（シャトル）によってなされることもある。鉄にはアモルファス酸化物から高度に結晶化したものまでさまざまな結晶度（crystallinity）のものがあるが、この結晶度の違いは鉄還元細菌による酸化鉄の利用に対して複雑な影響を及ぼす。還元されやすいアモルファス酸化物の形態をとる鉄は、高度に結晶化した鉄よりも有機物の酸化に対する寄与が大きい。以上を要約すると、土壌や堆積物中では鉄の濃度が高く、かつ酸化鉄はエネルギー収量の高い電子受容体であるが、有機物酸化に対する鉄の寄与の大きさは、鉄の化学的形態という複雑な要因の影響を受けて変化する。

嫌気食物連鎖

　ここまで酸素以外の電子受容体を使う微生物が、同じ有機化合物（電子供与体）を使うことができると仮定してきた。実際にはこれは現実とは大きく異なる仮定である。たしかに硝酸還元と酸素還元（好気呼吸）を見れば、利用される有機化合物はどちらの場合もほぼ同じである。じっさい地球化学的なモデルではこれら2つのプロセスがほぼ同等の働きをしていると見なされることが多いし、また理論的にも酸素あるいは硝酸イオンを電子受容体として使えば、どのような易分解性有機物も、単一の微生物によって分解、酸化、無機化されうる。しかし硝酸還元以外の嫌気呼吸を行う多くの嫌気性細菌や古細菌は、限られた有機化合物しか利用することができない。そのため硫酸イオンや二酸化炭素が末端電子受容体であるような環境中では、その環境中に生息する微生物群集の全体（コンソーシアム）が有機物の無機化に関与することになる。このコンソーシアムのことを嫌気食物連鎖と呼ぶ。コンソーシアムのメンバーは互いに食ったり食われたりしているわけではないのだが、「食物連鎖」という用語は、ひとつの生物から他の生物へと有機炭素が受け渡されるという概念を的確に言い表しているといえよう（図11.5）。

　植物性デトリタスが分解されて最終的に二酸化炭素に変換されるプロセスを、順を追って見ると以下のようになる。まずデトリタスは大型動物によって細断され小さな断片になる（5章）。次にデトリタスに含まれる高分子をさまざまな微生物が加水分解酵素（セルロースの場合ならばセルラーゼ）を使って切断し、種々のモノマー（単量体）へと変換する（たとえばセルロースの場合ならばグルコースへと）。モノマーやその他の副産物を利用するのは発酵細菌である（これらの化合物を硫酸還元菌やメタン生成菌が直接使うことはできない）。発酵細菌が生成するさまざまな化合物のうちで最も重要な酢酸や水素ガス（H_2）あるいはその他の化合物を、硫酸還元菌やメタン生成菌（二酸化炭素還元者）が利用する。このようにして嫌気食物連鎖が完結するのである。

　嫌気食物連鎖モデルは、二酸化炭素あるいは硫酸イオンが最終的な電子受容体であるという仮定に基づいている。鉄やマンガンのようなその他の電子

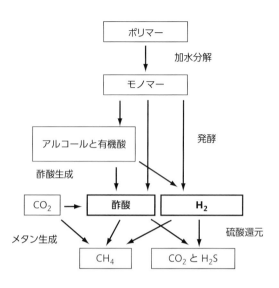

図11.5　嫌気食物連鎖。酢酸と水素が鍵化合物になっている点に注意せよ。

受容体がこのモデルにどのように組み込まれるべきなのかについてはまだ明らかでない。

▶ 発酵

　異化的プロセスの一種である発酵は、生物起源の有機ポリマーの加水分解と末端電子受容体による酸化との間を埋める中間プロセスとして重要である。発酵細菌は嫌気食物連鎖の重要な構成員であるが、その自然環境中での生態については不明の点が多い。発酵は微生物において、あるいは真核生物においてさえも普通に見られる代謝である。哺乳類の筋肉細胞にさえも一種の発酵を行う機能が備わっている。酸素供給が不十分なとき私たちの筋肉は乳酸発酵をするのである。

$$\text{グルコース} \rightarrow 2\text{乳酸} + 2\text{H}^+ + 2\text{ATP} \tag{11.5}$$

　この反応のエネルギー収量は 196 kJ mol^{-1} であり、好気呼吸の 3000 kJ mol^{-1} という収量に比べてずっと小さい。筋肉細胞は酸素の供給が不十分で

BOX11.2 役に立つ廃棄物

微生物による発酵にはさまざまなタイプのものがあるが、発酵経路の呼称は廃棄物として排出される代謝終産物に由来する。たとえば乳酸発酵がその一例であるが、これは何世紀も前からヨーグルトやチーズあるいはその他の食品を作るために使われてきた。エタノール発酵はワインやビールを醸造するうえで重要なプロセスである。また商業的に価値のある、酵素、ビタミン、抗生物質といった多くの生産物が、発酵を利用して造られてきた。インシュリンのような化合物は、別の生物に由来する遺伝子を組み込んだ発酵微生物によって生産される。ブタンや石油のように燃料になる多くの炭化水素化合物も、発酵によって生産することができる。

外部電子受容体が使えない時に乳酸発酵に頼るのである。乳酸発酵では、グルコースを構成する炭素の正味の酸化が起きないため二酸化炭素の発生は見られない。つまり、グルコースの酸化によって生成した電子の行き場が無い。嫌気状態に置かれた筋肉細胞や発酵微生物は、基質準位リン酸化反応によってエネルギーを獲得する。呼吸の場合と異なり、発酵によるATP生成には膜が関与しない。無酸素状態で筋肉細胞を長期間維持することはできないが、多くの微生物は発酵で得られるエネルギーだけに頼って増殖することができる。

発酵は細菌や古細菌で広く見られ、また嫌気性真核微生物の中にも発酵をするものが知られている。発酵のみに依存する微生物としてよく知られているのは、乳酸発酵細菌 *Lactobacillus* 属である。土壌中にはアシドバクテリア門に属する *Acidobacterium capsulatum* とそれに近縁の細菌が非常に多く見られるが（9章）、安定同位体を用いた実験の結果によれば、これらの細菌は沼沢地や泥炭地での糖の発酵において重要な役割を果たしている（Hamberger et al. 2008）。筋肉細胞の場合と同様、発酵微生物の多くは、酸素が利用可能になりさえすれば、もっとエネルギー収量の高い好気呼吸に切り替える。このような切り替えができる微生物を通性好気性微生物と呼ぶ。通性好気性微生物の中には発酵だけでなく嫌気呼吸をするものもいる。

発酵にともなう有機化合物の排出は、嫌気食物連鎖における重要なプロセスである。排出される有機化合物はもともとの有機物のようにエネルギーに

富んでいるというわけではないが、これらを酸化することで、硫酸還元菌やメタン生成菌（二酸化炭素還元者）が十分なエネルギーを産生できる程度には還元されている。堆積物中において酢酸やプロピオン酸の濃度やフラックスを調べた研究によれば、発酵によって排出されるさまざまな化合物のうち、嫌気食物連鎖の炭素・エネルギー流の中で最も重要な役割を果たしているのは酢酸と水素ガスである（Parkes et al. 1989）。なぜ酢酸と水素が嫌気食物連鎖における鍵化合物になるのか？　酢酸と水素ガスは発酵の直接的な生成物であると同時に、次節にみるように、嫌気食物連鎖を構成するその他の微生物群集が関与する別の代謝過程を通しても生成されるのである。

▶ 種間水素伝達と栄養共生

次に扱う嫌気食物連鎖の代謝過程は酢酸生成、すなわち酢酸菌（acetogenic bacteria）による酢酸と水素ガスの生成である。酢酸菌には約20属が知られ、その多くはグラム陽性菌である。単離株としてよく調べられているのは *Acetobacterium* 属と *Clostridium* 属であり、これらは土壌、動物の消化管、堆積物といったさまざまな環境から単離されている（Drake et al. 2008）。

酢酸菌は発酵の一般的な終産物のひとつであるエタノールをはじめ、さまざまな有機化合物を利用することができる。エタノールの利用を記述する反応式は以下のとおりである。

$$\text{エタノール} + H_2O \rightarrow \text{酢酸} + H^+ + 2H_2 \tag{11.6}$$
$$\Delta G°' = 9.6 \text{ kJ mol}^{-1}$$

この反応には根本的な問題がある。式11.6では、ギブズ自由エネルギー変化（$\Delta G°'$）が正、つまりこの反応の進行は熱力学的に不可能なのである。ところが実験の結果では、この反応は進行し、微生物はこの反応から得られるエネルギーを使って増殖することができる。どうしてこのようなことが可能なのか？　見かけ上はまるで生物プロセスが熱力学的な法則を打ち破ったかのようにみえる。しかし実際にはそんな驚くべきことが起きているわけではない。単に、上記の反応が標準的な生化学的条件下で進行しているとは限らないということを意味しているだけなのである。

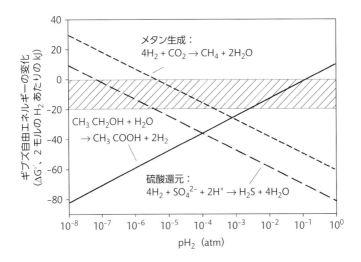

図11.6　3種類の生化学反応におけるエネルギー収量と水素ガス（H_2）分圧の関係。酢酸生成（CH_3COOH の生成のこと。図中では反応名の表記は省略）では、ギブズ自由エネルギー変化の計算値が pH_2 の増加とともに増加するが、それは水素ガスが反応の生成物であるからである（化学式の右辺をみよ）。斜線領域の上端では、ギブズ自由エネルギーがゼロであり、このレベル以下ならば反応は熱力学的に起こりやすい。斜線領域の下端は、微生物代謝を支えることができる最小限の負のギブズ自由エネルギー変化を示す。データは Canfield et al. (2005) より。

　式 11.6 のエネルギー収量は反応が標準的な生化学的条件下で起きていると仮定して導かれていることに注意してほしい。最も重要なのは、反応物と反応生成物が等濃度であるという条件である。実際には、水素ガスは取り去られてその濃度が低下する。水素ガスの濃度が、式 11.6 における水素とエタノールの濃度比に比べてはるかに低いレベルになったときに、反応は左辺から右辺に向かって進む。理論的な計算によれば、水素ガスの分圧が 1 気圧以下になるとエタノールから酢酸を生成することが熱力学的に可能になる。また約 0.01 気圧以下になるとエネルギー論的に微生物の増殖を支えることができるようになる（図 11.6）。理論上は、もうひとつの終産物である酢酸を取り除くことで反応を右辺に進ませることも可能ではある。しかし酢酸のような電荷をもった大きな化合物を取り除くよりも、拡散で素早く広がるガ

ス（ここでは水素ガス）を取り除くほうがずっと簡単である。

　水素ガス濃度の減少には、拡散に加えて別の微生物による水素利用が関係する。水素ガスの生産者（酢酸菌）と水素ガスの利用者（硫酸還元菌あるいはメタン生成菌）との間での水素の受け渡しのことを種間水素伝達と呼ぶ。両者が物理的に互いに近接していて相互互恵的な配置をとった状態をとくに栄養共生（syntrophy）と呼び、この場合、種間水素伝達は大きく促進される（Stams and Plugge 2009）。

　1940年にH.A. Barkerが単離、記載した*Methanobacillus omelianskii*は栄養共生の有名な例である。当初、これはエタノールと二酸化炭素を用いて酢酸とメタンを生成する細菌であると考えられた。またこの反応は熱力学的にも可能であるように見えた（$\Delta G^\circ = -116.4$ kJ/反応）。しかし後になって明らかになったのは、この反応は実際には2種類の微生物によって引き起こされているということであった。ひとつはエタノールから水素ガスと酢酸を生成する酢酸菌（*Acetobacterium woodii*）であり、もうひとつは水素ガスと二酸化炭素（しかしエタノールは使わない）を使ってメタンを生成するメタン生成菌（*Methanobacterium bryantii*）であった。これら2種類の微生物が混在した状態で「単離」され、長い間一緒に維持されたということは、2者のつながりが物理的に強固であることを意味している。

▶ 硫酸還元

　海洋環境における嫌気食物連鎖の最終段階は硫酸還元である。硫酸還元とは硫酸イオンを末端電子受容体として、酢酸や水素ガス、あるいは発酵や酢酸生成のその他の副産物が酸化される反応である。以下に硫酸還元で使われるさまざまな電子供与体について考察する。酢酸（CH_3COO^-）が電子供与体の場合の反応は以下のとおり。

$$CH_3COO^- + SO_4^{2-} \rightarrow 2HCO_3^- + HS^- \tag{11.7}$$

　この反応およびこれに関わる硫黄循環は重要である。まず生物圏では大量の有機物が硫酸還元によって酸化される。また海洋に限らず自然生態系全般

表11.3 同化的硫酸還元と異化的硫酸還元の比較。

特性	同化的	異化的
目的	生合成	エネルギー生成
還元された硫黄の運命	有機化合物に同化される	排出される
エネルギーを必要とするか否か	必要とする	必要としない
膜に付随しているか否か	付随していない	付随している
鍵酵素（遺伝子）	ATPスルフリラーゼ	異化的亜硫酸還元酵素（dsr）
生物	多くの生物種に広く分布	デルタプロテオバクテリア

において硫酸還元菌やその他の硫黄循環に関わる微生物の生物量は大きい。硫黄の生物地球化学的な循環は地球上で初期生命が形作られた歴史を理解するうえでも重要である。

　本節が主に扱うのはエネルギー生産過程で硫黄を使う微生物についてである。しかし本論に入る前に、硫黄がすべての生物にとって、タンパク質やその他の高分子の生合成のために必要な元素であるということを確認しておこう。すべての環境中で生物にとって最も利用しやすい硫黄化合物は硫酸イオンである。微生物から高等植物まで多くの生物が硫酸イオンを主な硫黄源としている。硫酸イオンに含まれる硫黄を同化し、生合成経路で利用するためには、まず硫黄を還元する必要がある。このプロセス、すなわち同化的硫黄還元は、本節の主題である異化的硫黄還元とは大きく異なる（表11.3）。この違いは、異化的硝酸還元（ここまでは単に硝酸還元と呼んできた）と同化的硝酸還元の違いと類似している。

　同化的硫酸還元、異化的硝酸還元、あるいは酸素還元（好気的呼吸）を行う微生物に比べて、異化的硫酸還元を行う微生物が属する系統分類群は限られている。既知の硫酸還元菌の多くはデルタプロテオバクテリア綱に属する（Barton and Fauque 2009）。ただしフィルミクテス門の *Desulfotomaculum* 属に属するグラム陽性硫酸還元細菌もいくつか知られている。面白いところでは好熱性のグラム陽性硫酸還元細菌も多数知られている。現在のところ硫酸還元菌として知られる古細菌は *Archaeoglobus* 属のものに限られる。これは高温下で増殖し、90℃を超える温度で最大増殖速度に達する興味深い微生

> **BOX11.3** 硫酸還元と硫酸還元菌を調べる
>
> 硫酸還元の速度は、^{35}S で標識した硫酸イオンを試料に添加した後、放射性同位体 ^{35}S が、HS^- のような還元型の代謝産物に移行するのを追跡することで測定できる。実験の期間中、試料をもともとの環境条件に保つことが難しく、また、硫黄循環が複雑であることから、本法による測定は技術的には難しい。硫酸還元細菌の群集解析では、*drs* 遺伝子を標的遺伝子とし、さまざまな非培養法が用いられる。

物である。自然群集では90℃以上の温度でも硫酸還元が進むことを考えると、おそらくまだ培養されていない硫酸還元菌の中にはもっと高温でも増殖できるものがいるのだろう。硫酸還元古細菌にはメタン生成古細菌との類縁性が著しく高いというもうひとつの興味深い側面がある。16S rRNA遺伝子や硫酸還元の鍵酵素である異化的亜硫酸還元酵素（*drs*）遺伝子の系統樹の比較から、*Archaeoglobus* 属はその進化の過程でメタン生成経路を失い、その後に硫酸還元経路を獲得したものと示唆されている（Pereya et al. 2010; Wagner et al. 2005）。

▶ 硫酸還元の電子供与体

個々の硫酸還元菌をみると、利用できる有機化合物の種類は限られている。しかしさまざまな種類の硫酸還元菌を全体としてみれば、水素ガスや種々の有機化合物を電子供与体として利用できる。じっさい電子受容体になりうる化合物の種類は多く、おおまかに分類しただけでも、炭化水素、有機酸、アルコール、アミノ酸、糖、および芳香族化合物が含まれる。表11.4には、これらの電子供与体のいくつかをまとめた。自然環境中の硫酸還元菌にとって最も重要な有機化合物は酢酸である。当初このことは実験室で研究をしていた微生物学者にとっては驚きであった。というのも室内実験においては硫酸還元菌の単離・増殖にもっぱら乳酸が使われてきたからである。酢酸と乳酸はともに有機酸であり、炭素数がひとつ異なる以外は非常に類似している。それにもかかわらず、乳酸を利用できる硫酸還元菌の多くが酢酸では増殖で

Chapter 11　嫌気的環境におけるプロセス

表11.4　いくつかの硫酸還元菌とそれらが利用するいくつかの電子供与体。データはItoh et al. (1999)、Klenk et al. (1997)、Muyzer and Stams (2008)、Widdel and Hansen (1992)に基づく。

門あるいは綱	目	属	H$_2$	酢酸	乳酸	プロピオン酸	長鎖脂肪酸	エタノール
デルタプロテオバクテリア綱	Desulfovibrionales	*Desulfovibrio*	+	−	+	−	−	+
デルタプロテオバクテリア綱	Desulfobacteriales	*Desulfobulbus*	+	−	+	+	−	+
デルタプロテオバクテリア綱	Desulfobacteriales	*Desulfobacter*	+	+	−	−	−	+
デルタプロテオバクテリア綱	Desulfobacteriales	*Desulfococcus*	−	(+)	+	+	+	+
フィルミクテス門	Clostridiales	*Desulfotomaculum*	+	+	+	+	+	+
サーモデスルフォバクテリア門	Thermodesulfobacteriales	*Thermodesulfobacterium*	+	−	+	−	+	−
ニトロスピラ門	Nitrospirales	*Thermodesulfovibrio*	+	−	+	−	−	−
ユーリ古細菌門	Archaeoglobales	*Archaeoglobus*	+	+	+	−	−	+
クレン古細菌門	Thermoproteales	*Thermocladium*	+	−	−	−	−	−
クレン古細菌門	Thermoproteales	*Caldivirga*	+	−	−	−	−	−

415

BOX11.4 硫酸還元菌による微生物腐食

自然環境中での役割だけでなく、硫酸還元菌（しばしば SRB と略記される）は鉄鋼の腐食においても重要な役割を果たす。鉄鋼腐食に関連する費用はアメリカ合衆国だけでも年間数億ドルになる。腐食はまず好気性細菌が金属表面に定着し、硫酸還元菌にとって好適な嫌気的微環境を作り出すところから始まる。微生物やバイオフィルムは金属表面に不均一に分布するが、これは微生物腐食の重要な特性である。硫酸還元菌は硫化物を産生することによって腐食を促進する。硫化物は鉄鋼に由来する Fe^{2+} と結合して硫化鉄を形成し、最終的には「サビ」として知られる鉄酸化物になる。硫酸還元菌は増殖し、細胞外ポリマーを分泌するため、バイオフィルムには別の微生物も加わるようになり、腐食はさらに進行する。

きないのである（表 11.4）。この酢酸に対する乳酸の選好性は、一般的というよりも、むしろ実験室で培養され増殖した硫酸還元菌に見られるバイアスのようである。同様に、次に見る有機化合物の不完全酸化という現象も、自然環境中よりも実験室において顕著なのかもしれない。

　ある種の硫酸還元菌は電子供与体を部分的にしか酸化しない。部分的に酸化された有機化合物は環境中に戻してしまう。たとえば 5 炭素の有機酸である吉草酸（きっそうさん）は、硫酸還元菌に酸化されて乳酸と酢酸に変換される。別の、おそらくもっと驚くべき事例は、乳酸の不完全酸化による酢酸の生成である。なぜ酢酸のように非常に「良質で」、他の微生物に利用されるような有機化合物を「捨て去る」のだろうか？　答えは、不完全酸化によって微生物がより迅速に増殖できるということである。微生物にとって重要なのは基質を効率的に利用することではなく、より速く増殖することである。有機物が乏しい環境中では貴重な電子供与体を不完全に利用するものよりは、完全酸化をするものが選択されるであろう。しかし堆積物や大量の有機物が間欠的に供給されるような環境中では、不完全酸化によって迅速に増殖することがおそらく有利なのだ。

▶ 硫黄酸化とそれ以外の硫黄循環

　嫌気食物連鎖の最終反応のひとつである硫酸還元によって、硫化水素（硫化物イオン）やその他多くの還元型硫黄化合物が生成される。[訳注：硫化物とは硫黄が最も還元状態（酸化数＝−2）にある硫黄化合物のことである。硫化水素の電離平衡は $H_2S \leftrightarrow HS^- + H^+ \leftrightarrow S^{2-} + 2H^+$ で表され、pH=7付近では H_2S と HS^- の割合が大きい。]硫酸イオンの濃度が高いと、これらの化合物はより多く生成されるが、環境中に無限に蓄積するわけではない。生物的あるいは非生物的なプロセスによって還元型硫黄化合物は弱還元型に戻り、最終的には再び硫酸イオンになるからである。硫化物は鉄やマンガンのアモルファス酸化物と非常に速やかに反応する。この反応は非生物的である。たとえばコロイド状マンガン酸化物の存在下での硫化物の半減期は最短で50秒。酸素による硫化物の非生物的酸化速度は条件によって大きく異なる（100万倍のオーダー）(Jørgensen 1982)。しかし好気条件下での硫化物の滞留時間を非生物的過程のみを仮定して計算すると、実際よりもずっと長くなる。このことから生物的な酸化が重要であるということが示唆される。生物的並びに非生物的な反応の両者が重要な役割を果たすこと、また硫黄がさまざまな酸化状態をとりうるなどの理由から、硫黄の循環は複雑なものになる（図11.7）。

　硫化物やその他の還元型硫黄化合物の酸化に関与する微生物代謝は2つのタイプに分類される。ひとつは光に依存するもので（光栄養硫黄酸化）ここには光独立栄養と光従属栄養が含まれる。もうひとつは光に依存せず（非光栄養硫黄酸化）、化学無機独立栄養の形をとる。これら異なる代謝機能を有する微生物は分類学的にも大きく異なる。また本書においてこれまで考察してきた光栄養あるいは従属栄養代謝とも大きく異なる面が見られる。

▶ 非光栄養硫黄酸化

　暗所において硫化物やその他の還元型の硫黄化合物を酸化しエネルギーを獲得する微生物にはアルファ、ベータ、ガンマ、デルタ、エプシロンの各プロテオバクテリアや、スルフォロブス目の古細菌に属するさまざまな微生物

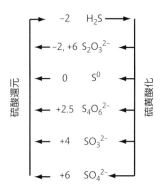

図11.7 硫黄循環の模式図。微生物が媒介する主要な変換を含む。数字はそれぞれの化合物に含まれる硫黄の酸化状態を表す。チオ硫酸イオン（$S_2O_3^{2-}$）は、硫酸イオンの酸素のひとつが硫化物（S_2^-）に置き換わった分子とみることができる。したがって、硫黄の酸化状態は外側のものについては -2 であるが、内側のものは $+6$ になる。ただし別の定式化をするとそれぞれの酸化状態は -1 と $+5$ である。George Luther の助言のもとにまとめた。

表11.5 自然環境中で見られる2つの主要なタイプの硫黄酸化微生物（細菌と古細菌）の主な性質。非光栄養硫黄酸化微生物は、無色硫黄酸化微生物とも呼ばれる。

特性	非光栄養硫黄酸化微生物	光栄養硫黄酸化微生物
色素	無し	バクテリオクロロフィル a およびその他の色素
光の役割	無し	エネルギー源
還元型硫黄の役割	エネルギーおよび還元力の供給源	還元力とエネルギーの供給源
酸素の役割	電子受容体としてあるいは硫黄酸化のために必要	光合成を抑制する。還元型硫黄の酸化（化学無機栄養）あるいは有機炭素の酸化（従属栄養）のために使われるが、場合によっては細胞を死に至らしめる*
炭素源	CO_2	CO_2（従属栄養的に増殖をしていない場合）

* 光栄養硫黄酸化細菌は、嫌気性微生物である。酸素に対する応答は種により異なる。偏性嫌気性の種は、酸素に曝露すると死亡する。

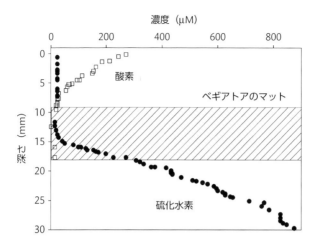

図11.8 無色硫黄酸化細菌ベギアトアのマット(斜線部)の上部と下部における酸素と硫化物の濃度。データは Kamp et al. (2006) より。

が知られている。これらは無色硫黄酸化細菌と呼ばれ(光栄養硫黄酸化細菌が色素をもつのと対照的)、硫化物の他に元素硫黄やチオ硫酸といったその他の還元型硫黄化合物も酸化する。よく見られる反応は以下のとおりである。

$$H_2S + 2O_2 \rightarrow SO_4^{2-} + 2H^+ \quad \Delta G^{\circ\prime} = -796 \, kJ\,mol^{-1} \tag{11.8}$$

式11.8には示されていないが、反応が元素硫黄の段階で停止することもある。その場合、元素硫黄は細胞内に沈着しそこでエネルギー貯蔵庫としての役割を果たす。*Thiothrix nivea* は元素硫黄をさらに硫酸イオンにまで酸化するが、一方 *Beggiatoa alba* は元素硫黄を電子受容体として使い、それを還元して硫化水素に戻す。硫化物の酸化は化学無機栄養の一例である。すなわちこれらの微生物は無機化合物(この場合は硫化水素)の酸化によってエネルギーを獲得しているのだが、ここで、硫化水素は式11.2における有機物(CH_2O)、つまり電子供与体の役割を果たしている。

$$H_2S + 4OH^- \rightarrow SO_4^{2-} + 6H^+ + 8e^- \tag{11.9}$$

式11.9と式11.3（電子受容体として酸素が用いられる場合の式）を組み合わせると式11.8が導かれ、硫化物を酸化することで微生物がエネルギーを獲得できることが理解できる。
　硫化物を酸化するための条件が最適になるのは、酸素濃度の高い好気的環境と、硫酸還元による硫化水素（H_2S）の生成が起こる嫌気的環境との境界面である。この境界面を境にして、わずか50 μmの距離で隔てられたところに酸素と硫化水素のどちらか一方だけを含む空間が隣接して存在するということもありうる。ガンマプロテオバクテリア綱のベギアトア属の細菌は、酸素あるいは硫化水素のどちらか一方の化合物が極端に高濃度で存在するところを避けるように滑走することで境界面を見つけだし、そこに生息している。この微生物は負の走光性も示すが、これは酸素発生型光合成によって生産される高濃度の酸素を避ける戦略のひとつであると考えられている。ベギアトアは光合成と好気呼吸のバランスによって環境中の酸素濃度の分布が変動するのに応じて1日に何mmも移動することができる。ベギアトアやその他の硫黄酸化細菌は、酸素濃度が低い環境（大気酸素分圧の5〜10%程度）を好む微好気性微生物（microaerophilic microbes）である。
　硫化物を酸化するための電子受容体としては、酸素のほかに硝酸イオンが使われることもある。硝酸イオンを使った場合は反応あたり785 kJのエネルギーが産生されるが、この値は酸素を電子受容体として用いた時に比べてわずかに小さいだけである。硝酸イオンを使った場合に終産物として排出される窒素化合物は一般的にはアンモニウムであるが、*Thiobacillus denitrificans*のようなある種の細菌は窒素ガスを発生する。硝酸還元と硫化物の酸化を同時に行う細菌の中では、チオプローカ（*Thioploca*）とチオマルガリータ（*Thiomargarita*）に関する研究例が多い。興味深いことに、これらの細菌の巨大な細胞は、その容積の大部分が硝酸イオンの詰まった液胞によって占められている（Schulz and Jørgensen 2001）。細菌は、堆積物と直上水の境界面で、硝酸イオンを高濃度で含む溶液で液胞を満たしてから、硫化水素の濃度が高い堆積物の深い層へと移動するのである。
　硫化物の酸化に関連する話題の中でおそらく最も興味が魅かれるのは、特殊な海産無脊椎動物と共生関係にある硫黄酸化細菌の例であろう。熱水噴出

孔で見つかるこれらの無脊椎動物は、硫化物の濃度が高くかつ十分な酸素があるという条件を満たす場所に定位することで、共生する化学無機独立栄養細菌による硫化物の酸化を支えているのである。これについては14章で詳しく考察する。

▶ 酸素非発生型光合成による硫化物の酸化

　還元型硫黄化合物の酸化に関わる生物的プロセスとしては、前節で議論したものの他に、嫌気的酸素非発生型光合成細菌（anaerobic anoxygenic photosynthetic bacteria, AnAP 細菌、これ以外に AAnP あるいは AnAnP と略される場合もある）によるものがある。古細菌や真核生物の中でこのような代謝をするものは知られていない。AnAP 細菌と無色硫黄酸化細菌はいずれも硫化物を酸化するのであるが、その系統分類学的な帰属や硫化物の利用の仕方は大きく異なる。AnAP 細菌は二酸化炭素の還元に必要とされる NADH 合成のための電子源として硫化物を使う（つまり4章で学んだ酸素発生型光合成における水の代わりに硫化物を使う）。そのため光合成に際して酸素を発生しないし（したがって酸素非発生型）、硫化物の酸化のために酸素を必要とすることもない（したがって嫌気性）。AnAP 細菌の ATP 合成は光によって駆動されるのであり、硫化物の酸化によってエネルギーを得ているのではない。これは無色硫黄酸化細菌の多くが酸素を必要とし、硫化物の酸化によってエネルギーを獲得しているのとは対照的である（無色硫黄酸化細菌の代謝において光はなんの役割も果たさない）。AnAP 細菌も境界層に多く見つかるという点では無色硫黄酸化細菌に似ているが、この場合の境界層とは光と硫化物が共に存在するような環境のことである。AnAP 細菌は湛水土壌や塩水沼地あるいは淀んだ池といった生息場所で普通に見られ、それらが有する特徴的な色素のために水があざやかな紫色や赤色を呈することもある。ほとんどすべての AnAP 細菌がバクテリオクロロフィル a を有するが、それ以外にいくつもの別のタイプのバクテリオクロロフィルやカロテノイドも見られる（表11.6）。

　従属栄養ポテンシャル［訳注：有機物を炭素源として用いる潜在能力があるかどうか］や酸素耐性あるいはその他の特性の違いから、AnAP 細菌は5

表11.6 硫黄を酸化する酸素非発生型光栄養細菌のまとめ。本表に示した「硫化物を使った光無機独立栄養」による増殖ができない細菌でも、チオ硫酸イオンや元素硫黄のような別の還元型硫黄化合物を酸化する場合がある。Alpha、Beta、Gammaはそれぞれアルファプロテオバクテリア綱、ベータプロテオバクテリア綱、ガンマプロテオバクテリア綱。CBB=Calvin-Benson-Bassham（CBB）回路、rTCA= 逆行的トリカルボン酸回路、3HPP = 3-ヒドロキシプロピオン酸/4-ヒドロキシブチル酸回路。データは主にCanfield et al. (2005) と Sattley et al. (2008) による。

微生物	門または綱	硫化物による光無機独立栄養の有無	色素	好気的従属栄養	炭素固定経路
紅色硫黄細菌	Gamma	有	Bchl a,b	有り	CBB
紅色非硫黄細菌	Alpha, Beta	無	Bchl a,b	有り	CBB
緑色硫黄細菌	クロロビウム	有	Bchl a,c,d,e	無し	rTCA
緑色非硫黄細菌	クロロフレクサス	無	Bchl a,c,d	有り	3HPP, CBB
ヘリオバクテリア	フィルミクテス	無	Bchl g	無し	無し

つの主要グループに分類される。第一のグループである紅色硫黄細菌の多くは偏性嫌気性であり光無機独立栄養を営む。第二のグループ紅色非硫黄細菌には、光合成に際して、還元型硫黄化合物の代わりに有機化合物を含むさまざまな種類の電子供与体を使うという特徴がある。このグループの主たる代謝モードは光有機栄養である。低酸素濃度に耐えることができるものもいれば、好気環境中でよく増殖するものもいる。暗所においては有機化合物と酸素を使って従属栄養的に増殖できるものさえもいる。最適な生息場所は有機物が豊富で光の弱い環境である。このグループに属する *Rhodobacter sphaeroides* については詳細な研究がなされている（Choudhary et al. 2007）。第三のグループである緑色硫黄細菌には、有名な *Chlorobaculum tepidum* が含まれる（この属は、以前は *Chlorobium* と呼ばれた）。偏性嫌気性光栄養細菌であり弱光条件下で増殖することができる（その増殖速度は、はるかに強い光条件下における紅色硫黄細菌の増殖速度に匹敵する）。第四のグループ緑色非硫黄細菌の *Chloroflexus* 属の単離株の中には、光無機独立栄養に加えて、H_2S や H_2 を使って化学無機独立栄養で増殖するものが含まれる。その一方で暗所において好気呼吸をするものも見られる。ただしこの呼吸は大気レベ

ルの酸素によって阻害される。最後に、第五のグループであるヘリオバクテリアは、偏性嫌気性であり光有機栄養と発酵を行うが、二酸化炭素の固定や独立栄養的な増殖はできないようである（Madigan and Ormerod 2004）。

▶ 硫黄酸化細菌の炭素源

　硫化物を酸化する微生物（硫黄酸化細菌）やその他の化学無機栄養微生物およびAnAP細菌は、従属栄養的に増殖していないときには二酸化炭素を炭素源として用いる。つまり独立栄養をいとなむ。無色硫黄酸化細菌の代謝のフルネームは化学無機独立栄養、一方AnAP細菌の主な代謝は光無機独立栄養である。無色硫黄酸化細菌の二酸化炭素固定経路はCBB回路であり、これは高等植物、真核藻類、シアノバクテリアと同じである。元素硫黄（S）を酸化することができる細菌の中には逆行的トリカルボン酸回路（rTCA）や3-ヒドロキシプロピオン酸/4-ヒドロキシブチル酸（3-HPP）回路を使うものもいる。種によって異なるが、AnAP細菌はCBB回路に加えてrTCA回路や3-HPP回路も用いて二酸化炭素を固定する（Hanson et al. 2012）。

▶ メタンとメタン生成

　二酸化炭素の還元は嫌気食物連鎖のもうひとつの最終反応であり、これは硫酸イオンやその他の電子受容体の濃度が低い淡水や灌水土壌において普通に見られる。このプロセスが地球規模で重要な意義を有する理由は、二酸化炭素の還元の最終産物がメタンであるためである。大気中のメタン濃度は二酸化炭素に比べると100分の1にすぎないが、第1章で述べたように、メタンは二酸化炭素よりも熱の吸収率が20倍も高い強力な温室効果ガスである。大気中の二酸化炭素とメタンの濃度は、そのいずれもが、異なる速度ではあるが19世紀以来増加している（図11.9）。二酸化炭素とは異なり、メタンの人為的な排出量はいまや自然排出量を上回っている（Chen and Prinn 2006）。また二酸化炭素とメタンは発生源も異なっている。すなわちメタンの主要な人為的排出源は農業であり、そのうち牛やその他の反芻動物によるガス排出は大きな割合を占めている。水田や陸上の嫌気的な環境もメタンの

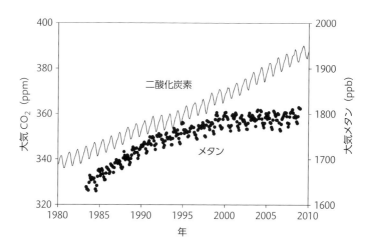

図11.9 ハワイのマウナロア観測所で測定された大気中のメタンと二酸化炭素の濃度。データセットは、NOAA 地球システム研究所の Peter Tans（二酸化炭素）と Edward J. Dlugokencky（メタン）の許諾のもとに使用した。二酸化炭素濃度の変化は傾向線として、またメタン濃度は月平均値として示した。メタン濃度の上昇が 2000 年以降なぜ停止したのかは明らかではないが、再び上昇しはじめているという兆候もある（Rigby et al. 2008）。

主要な排出源である。天然ガスやその他の化石燃料の採掘および輸送の過程で大気中に逃げるメタンもいくらかある。天然ガスの大部分はメタンであり、その一部は生物的メタン生成に直接に由来し、残りは保存性有機物が地熱反応を受けた結果として生成される。

メタン生成を行うのは、ユーリ古細菌門に属する偏性嫌気性の古細菌のみであり、明確に 5 目に分類される。メタノバクテリウム目、メタノミクロビウム目およびメタノサルシナ目は嫌気環境中で普通に見られる。メタノピリ目は好熱古細菌の深い分岐の目であり、二酸化炭素と水素ガスからメタンを生成する。その系統樹における位置と生理生態学的特性から、メタノピリ目は生命史の初期に現れたと示唆されている。地球上の最初の生命は、二酸化炭素を電子受容体とし、水素ガスを電子供与体として用いたという仮説が提唱されているが（Lane et al. 2010）、メタン生成菌が原初の生命であるという説については、否定的な証拠もあれば、それを支持する証拠もある（House et al. 2003; Cameron et al. 2009)。さまざまなメタン生成菌が、二酸化炭素やメタノール、さらにはギ酸や一酸化炭素といった多くの一炭素化合物（炭素を1つだけ含む化合物）を利用してメタンを生成する。図11.5の嫌気食物連鎖に示すように、酢酸も同様に広く用いられる基質である。その一般式が$(CH_3)_xHN_3$（xは1、2または3）で表されるメチルアミンは、メタン生成菌にとっての「非競合的」な基質であるといわれるが、それは、メチルアミンが他の細菌（その中でも特に重要なのは硫酸還元細菌であるが）によって使われない基質であるためである。二酸化炭素を使う場合は、還元剤は水素ガスである（Thauer et al. 2008）。二酸化炭素と水素を使うメタン生成のほかに、不均化反応によるメタン生成もあるが、この場合は還元剤が不要である。一例としてギ酸（$HCOO^-$）の不均化反応の式を示す。

$$4HCOO^- + 4H^+ \rightarrow CH_4 + 3CO_2 + 2H_2O \tag{11.10}$$

上の反応はCO_2が水素ガスと反応するときに比べて少しだけ余分にエネルギーを産生する（ΔG°はそれぞれ -144 kJ と -131 kJ）（Buckel 1999）。メタン生成菌は独立栄養者であり、還元的アセチルCoA回路をつかって二酸化炭素を固定する（Berg et al. 2010）。

硫酸還元がエネルギー論的にメタン生成よりも有利であるということは、メタン生成菌の生物量が低いことや、硫酸イオン濃度が高くて硫酸還元が卓越するときにはメタン生成が起こらないといった現象を、熱力学的に説明しているかにみえる。しかしこのエネルギー論的な優位性というのは、実際のところ、微生物の生理学という観点からはなにを意味するのだろうか。実は、メタン生成菌に対する硫酸還元菌の優位性は、両者がともに使う2つの主要な化合物の取り込み速度論にはっきりと現れる。つまり充分な量の硫酸イオンが利用可能な条件下では、酢酸と水素ガスの取り込みの半飽和定数が、硫酸還元菌のほうがメタン生成菌よりもずっと低いのである。硫酸還元菌がメタン生成菌よりも優位に立つことができるのはこのためである（Lovley and Klug 1983; Muyzer and Stams 2008）。いいかえると、酢酸や水素の濃度が、硫酸還元菌やその他の微生物の取り込みによって、メタン生成菌が取り込むのには低すぎるレベルにまで低下させられてしまうのである。硫酸還元が活

> **BOX11.5** 不均化反応
>
> このタイプの化学反応は形式的には 2A → A' + A" というように書くことができる。ここで A、A'、A" は、式 11.10 における炭素のように、同一の主要元素を含んだ異なる化学物質を表す。発酵は一種の不均化反応と考えることができる。それ以外に中間的な酸化状態にある硫黄化合物が関与する反応も不均化反応に含まれる。たとえば以下のような例がある。
>
> $$4S° + 4H_2O \rightarrow 3H_2S + SO_4^{2-} + 2H^+$$
>
> さまざまな偏性嫌気性細菌が硫黄化合物の不均化反応を行う。これらの反応が見つかったのは比較的最近であり（Bak and Cypionka 1987）、発酵現象が明らかにされてからかなりの時間が経過した後のことである。

発に起こる環境中でメタン生成が起きないということは、そのような環境中では、メタン生成菌のみが使うことができる非競合的基質の濃度も同様に低いということを暗に物語っている。

▶ メタン栄養細菌

　大気中へのメタンのフラックスは、メタンの生成と酸化の正味の結果である［訳注：陸域や淡水域においてメタンの生成が分解（酸化）を上回れば大気へのメタン放出が起こり、逆に分解が生成を上回れば、メタンは吸収される］。ある種の微生物がメタンを酸化しなければ、大気中のメタン濃度はさらに上昇するだろう。メタンが活発に生成される水田のような環境中では、メタン栄養微生物によるメタンの酸化も同様に活発である。実際、水田で生成されるメタンの約 20% は、大気に放出される前に酸化される（Conrad 2009）。地球規模でみると、土壌は重要なメタン吸収源である。いったん大気中にでると、メタンは OH ラジカルにより酸化され、その大気中での滞留時間は約 8 年と見積もられている。［訳注：methanotroph はメタン資化細菌とも訳されるが、ここでは -troph に「栄養」という意味があることからメ

タン栄養細菌とした。メタンを炭素源およびエネルギー源として利用する細菌の総称である。なおメタン栄養細菌はメタンを酸化してエネルギーを得るため、「メタン酸化」という代謝機能を有する。この機能的な側面を強調する場合にはメタン酸化細菌という用語が用いられる。]

▶ 好気的メタン分解

酸素を電子受容体とするメタンの酸化は以下のように表される。

$$CH_4 + 2O_2 \rightarrow HCO_3^- + H^+ + H_2O \quad \Delta G°' = -814\,kJ\,mol^{-1} \qquad (11.11)$$

既知の好気性メタン栄養細菌の大部分はアルファプロテオバクテリアかガンマプロテオバクテリアに属する。メタン栄養細菌の種類によってメタンの酸化に関わる主要な代謝経路に違いが見られる(図11.10)。タイプⅠとタイプXではリブロース1リン酸 (ribulose monophosphate, RuMP) 回路が使われるが、タイプⅡではセリン回路が使われる。すべてのメタン栄養細菌において細胞内膜が見られ、これはメタンの酸化に必要であると考えられている。ただし膜の配置は細菌の種類によって異なる。メタン酸化経路の最初のステップは、これまでに知られているすべてのメタン栄養細菌で共通している。それはメタンの酸化によるメタノールの生成である。ここには粒子状メタンモノオキシゲナーゼ (particulate methane monooxygenase, pMMO) (粒子状とは膜のことを指している) が関与するが、唯一、*Methylocella* 属は pMMO をもたない。多くのメタン栄養細菌は pMMO 以外に可溶性メタンモノオキシゲナーゼも有する。

メタン栄養細菌は一般的にはメタンのみを利用する偏性のメタン酸化者であると考えられている。実際にはメタノール (CH_3OH) も使うことができるものも多いが、それ以外に利用できる一炭素化合物 (C1 compound) はほとんど無い。メタンやメタノール以外の一炭素化合物を酸化できる場合でも、それらを使って増殖することはできない。ただしある種のメタン栄養細菌が酢酸を利用するという報告もある (Conard 2009)。メタン栄養細菌はしばしばより大きな括りの機能的グループであるメチル栄養微生物 (methylotroph) に含められる。メチル栄養微生物とは、メタンやメタノールに加え、ギ酸や

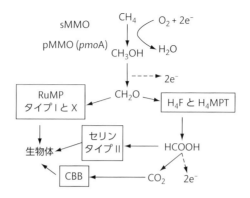

図11.10　好気的メタン酸化の経路。粒子状メタンモノオキシゲナーゼ（particulate methane monooxygenase, pMMO）と可溶性メタンモノオキシゲナーゼ（soluble methane monooxgenase, sMMO）という2つの酵素が重要である。pMMO のサブユニットのひとつをコードする遺伝子 *pmoA* は、培養されていない好気性メタン栄養細菌の研究において、共通の標的遺伝子として用いられる。RuMP はリブロース1リン酸、H_4F はテトラヒドロ葉酸塩、H_4MPT はテトラヒドロメタノプテリン、CBB はカルビン・ベンソン・バッシャム回路である。タイプ I と X のメタン栄養細菌はリブロース1リン酸経路を使い、タイプ II はセリン経路を使う。電子（e^-）の伝達を伴う反応においては ATP 産生と電子伝達系がつながっている。四角で囲まれた部分は、メタン酸化に関連するその他の経路を意味する。Chistosedova et al. (2005) を改変した。

一酸化炭素のような炭素原子を1つだけ含む化合物を酸化して増殖する能力をもつ微生物のことである。[訳注：methylotroph はメチロトローフと和訳されることもある。語源は、メチル化合物（methyl-compound）を栄養とする（trophy）という意味であるが、本文中にもあるように、メチル化合物だけでなく一酸化炭素を酸化する微生物も含まれる。その意味では、一炭素化合物（C1）栄養微生物というのが正しい呼び方であろう。]

▶ 嫌気的メタン酸化

　従来、微生物学者はメタン酸化には酸素が必要であると考えていた。一方、地球化学者はメタンが嫌気的堆積物中で下記の反応によって消費されるという証拠を以前から提示してきた。

Chapter 11 嫌気的環境におけるプロセス

$$CH_4 + SO_4^{2-} \rightarrow HS^- + HCO_3^- + H_2O$$
$$\Delta G^{\circ\prime} = -16.7 \text{ kJ mol}^{-1}$$
(11.12)

　微生物学者が、微生物が上記の反応を媒介するとは信じなかったのは、そのような反応を引き起こすことができるような微生物を単離することができなかったからである。より正確な言い方をすると、メタンを嫌気的条件下で酸化するメタン生成菌の単離は過去になされてはいたのではあるが（Zehnder and Brock 1979）、地球化学的な観測結果を説明するのに十分なほどのメタン酸化速度になるとは考えられなかったのである。Zehnder と Brock は、自然環境中では、メタンは「逆メタン生成」をするメタン生成菌によって酸化されると提案した。逆メタン生成によって水素ガスと酢酸が生成され、それらが引き続き硫酸還元菌によって使われると考えたのである。

　一方、地球化学的な研究の結果、冷水湧出帯の近くの堆積物中で採取された古細菌の脂質の炭素安定同位体比（$\delta^{13}C$）が非常に低いことが示された（Canfield et al. 2005）。この炭素安定同位体比は、脂質の炭素がメタンに由来すると考えなければ説明がつかなかった。16S rRNA 遺伝子の解析からは、ANME-1（ANaerobic MEthane）と名付けられた新たな古細菌のクラスターが見つかった。このクラスターはメタン生成菌と近縁ではあったが、完全に同じというわけではなかった。地球化学的な研究に続いて、微生物生態学者が冷水湧出帯から採取された試料を蛍光現場交雑法（fluorescent *in situ* hybridization, FISH 法）で調べたところ、古細菌の凝集体を硫酸還元菌が取り巻いているのが観察された（Boetius et al. 2000）。さらに 16S rRNA 遺伝子の塩基配列決定によって、その古細菌が ANME-1 に近縁な別のクラスター（ANME-2）であるということが示された。ANME-2 がメタン酸化を行うという証拠は、二次イオン質量分析計（secondary ion mass spectrometry, SIMS）と FISH 法を組み合わせた解析から得られた。すなわち、これらの古細菌の炭素安定同位体比が非常に低いことが示されたのである（Orphan et al. 2001）。

　今日では、16S rRNA 遺伝子やメチルコエンザイム M 還元酵素（*mcrA*）のアルファサブユニットのような重要な機能遺伝子に関する研究が進んだことで、嫌気的メタン酸化（anaerobic oxidation of methane, AOM）を行う古

細菌の多様性について、多くのことが明らかになってきている（Knittel and Boetius 2009）。研究の進展の結果、ANME-1 や ANME-2 についての解明が進んだのみならず、第三のグループである ANME-3 も発見されている。ANME に含まれる3つのグループは、形態や凝集体の形成の仕方、パートナーである細菌とのつながり方などの点で異なっている。これらの微生物の増殖は非常に緩慢であり（ある推定によれば倍加時間は7か月である！）、利用したメタンのうち現存量（バイオマス）に変換されるのはわずか1％にすぎない（残りの99％は CO_2 として失われる）。AOM には必ずパートナーが必要というわけではないが、最もよく知られているのは、Zehnder と Brock が最初に提唱したような、メタン酸化をする古細菌と硫酸還元菌が共役しているというモデルである（図 11.11）。なお図 11.11 のモデルでは、古細菌が水素ガスを放出しそれを硫酸還元細菌が利用すると仮定されているが、このことはまだ実証されていない（Knittel and Boetius 2009）。

亜硝酸イオンを電子受容体として用いるさらに別のタイプの AOM も知られている。少なくともいままで知られているところでは、このような AOM を行うのは古細菌ではなくて細菌である（Ettwig et al. 2010）。反応は以下のとおり。

$$3CH_4 + 8NO_2^- + 8H^+ \rightarrow 3CO_2 + 4N_2 + 10H_2O$$
$$\Delta G^{\circ\prime} = -928 \text{ kJ mol}^{-1}$$
(11.13)

反応を媒介する細菌が属する門は、NC10 としてのみ知られていて、まだほとんど特徴づけがなされていない。このプロセスが見られるのは嫌気環境中である。ゲノム情報や実験的に得られた証拠によれば、亜硝酸イオン（NO_2^-）から作り出された分子状酸素を使って、好気的メタン酸化の場合のように、pMMO を用いたメタン酸化が進行する。反応の結果としてシステムから窒素が窒素ガスとして消失するというのも、この反応の重要な特性である。メタン酸化に使われるその他の電子受容体には $Mn(IV)$ や $Fe(III)$ などがある（Beal et al. 2009）

Chapter 11　嫌気的環境におけるプロセス

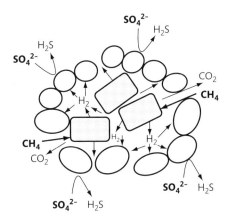

図11.11　硫酸還元菌（白抜きの楕円）に取り囲まれた古細菌（灰色の四角）による嫌気的メタン酸化。古細菌から硫酸還元菌に水素が受け渡されているのではないかと考えられているが、まだ証明されてはいない。実際には、細胞同士はここに示すよりもずっと近接している。

▶ 嫌気性真核生物

　嫌気的環境中で優占するのは細菌や古細菌であるが、真核生物もいくらかは見られる。酵母の発酵経路とその終産物についてはよく知られており、ブドウ畑、植物、土壌などの自然環境中での分布についての研究もある。しかし嫌気環境における酵母の役割についての知見は乏しい。酵母以外の主要な嫌気性真核生物は鞭毛虫および繊毛虫であるが、ある種の後生動物は、かなりの長期間にわたって無酸素条件下で生残することができる（Fenchel and Finlay 1995）。硫酸イオンと亜硫酸イオンが十分にある海洋やその他の環境において、生息場所の酸素が枯渇すると、ほとんどすべての真核生物はそのような嫌気環境から締め出される。

　好気環境の場合と同様、嫌気環境における原生生物の主な生態学的役割は、細菌と古細菌の摂餌である。しかし嫌気環境において原生生物の摂餌を調べた数少ない研究によれば、摂餌速度は低い（First and Hollibaugh 2008）。このことは嫌気環境中における細菌や古細菌群集の主要なトップダウン支配要

431

因が、原生生物による摂餌ではなくてウィルス感染による溶菌であることを意味している。嫌気環境中では好気環境中に比べて原生生物の生物量が低い。それは嫌気性原生生物が用いるエネルギー産生代謝である発酵にともなう増殖効率が低いからである。真核生物の中にも異化的硝酸還元をするものはいるようである（たとえば鞭毛虫の *Loxodes* やある種の菌類のほか、いくつかの珪藻の種（Kamp et al. 2011））。ある種の土壌では、菌類が、脱窒（12 章）において重要な役割を果たすことがあるといわれている（Laughlin and Stevens 2002）。

　全体として見ると、嫌気環境中では、真核生物の代謝的および系統遺伝学的な多様性は低い。硫酸イオンや有機硫黄の同化を除いて、真核生物は直接的には硫黄循環に関与しない。またメタンの生成や消費にも関与しない。

　多様性や生物量は低いものの、ある種の嫌気性原生生物は別の理由から重要であり、また興味深い。ジアルジア（Giardia）は人やその他の動物の小腸に住む嫌気性原生生物であり、宿主の上皮細胞に付着すると下痢を引き起こす。宿主の外にいる間はシストとして生残し、糞便汚染水の摂取を介して感染する。公衆衛生上の重要性に加え、ジアルジアおよびトリコモナス類と近縁の微生物には興味深い点がある。これらの微生物は、原始的な真核生物の初期進化についての手がかりを与えてくれるのである。ジアルジアやその他の嫌気性原生生物は系統樹の根に近いところに位置しており、このことは、これらが原始的な真核生物であることを示唆している（図 11.12）。

　これらの原生生物が原始的であるということは、ミトコンドリアを欠いているという事実からも裏付けられる。当初、これらの微生物は、原核生物と、完全な真核生物の間を埋める「失われた環」であると見なされていた。しかしその後の研究によって、ミトコンドリアは進化の過程で失われたこと、またその一方でミトコンドリア様のタンパク質をもつようになったことが示された。原生生物の中には、ミトコンドリアがヒドロゲノソーム（hydrogenosome）に進化し、ピルビン酸を酸化して水素ガスを生成することで ATP を産生するようになったものもいる。一方、ジアルジアを含むその他の嫌気性原生生物の中には、マイトソーム（mitosome）と呼ばれるミトコンドリア様のオルガネラをもつものもいる（Hjort et al. 2010）。その機

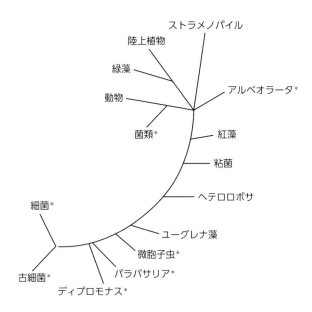

図11.12 嫌気性生物を強調した生命の木。無酸素環境中で増殖できる種類が含まれる分類群にアスタリスクを付した。ディプロモナス（ジアルジアを含む）、パラバサリアおよび微胞子虫はミトコンドリアをもたない原生生物である。近年、渦鞭毛藻（アルベオラータ）と近縁の原生生物が嫌気的な水中に多量に存在することが明らかにされた（Stoeck et al. 2010）。Dacks and Doolittle (2001) の系統樹のひとつを改変した。

能はまだ明らかではないが、マイトソームはミトコンドリアよりもずっと小型で、ATP 産生に関与していないことは確実である。もしかしたら原生生物が何らかの理由で必要とする鉄硫黄タンパク質の合成に関与しているのかもしれない。ある種の嫌気性原生生物には、細菌やメタン生成古細菌が共生している（Fenchel and Finlay 1991）。セルロースを分解するある原生生物は、その表面が運動性スピロヘータ（細菌）の「ひらひら」で覆われている。この「ひらひら」は真核生物の繊毛の「祖先」であるという仮説がある（Wier et al. 2010）。

まとめ

1. 酸素と硝酸イオンが電子受容体として好んで使われる理由は熱力学で説明できる。一方、嫌気環境中における主要な末端電子受容体が硫酸イオンと二酸化炭素である理由は、それらが高濃度であるということと、それらの化学形態から説明できる。

2. 酸素が無い環境中で有機物を無機化するのは、嫌気食物連鎖を形成する複雑な微生物コンソーシアムである。この食物連鎖において重要な化合物は酢酸と水素ガスであり、これらは発酵細菌と酢酸細菌によって生産される。

3. 硫酸還元で作られた硫化水素やその他の還元型硫黄化合物は、暗所では無色硫黄酸化細菌によって、明所では嫌気性酸素非発生型光合成細菌によって酸化される。

4. 無色硫黄酸化細菌は、二酸化炭素を固定することで炭素を得ている化学無機独立栄養生物である。

5. 温室効果ガスとして重要なメタンを生成するのは偏性嫌気性古細菌のみである。メタン生成反応には、水素ガスの酸化と共役した二酸化炭素の還元反応と、酢酸・メタノール・メチルアミンおよびいくつかのその他の化合物の不均化反応の2種類がある。共通基質(酢酸や水素ガスなど)をめぐる競合において、メタン生成菌は硫酸還元細菌によって打ち負かされる。

6. メタンはメタン栄養細菌によって好気的に分解されるほか、メタン生成の逆反応を行う古細菌と、硫酸還元細菌からなるコンソーシアムによって嫌気的に分解される。硫酸還元細菌が使うのは、未知の還元型代謝中間産物(もしかしたら水素ガス)である。

7. 嫌気性原生生物の中には異化的硝酸還元によってATPを生成するものもあるが、大半は発酵によってエネルギーを獲得する。

これらの微生物では、しばしばミトコンドリアが、ヒドロゲノソームやマイトソームに進化しているのが見られるが、これはいままさに進化が目前で起きているような興味深い事例である。

Chapter 12
窒素循環

　本書が章題に掲げた唯一の元素が窒素である。窒素を特別扱いするのにはいくつもの理由がある。まず、微生物がその増殖のために大量の窒素を必要とするということ。陸上でも水圏でも、アンモニウムや硝酸イオンのような窒素化合物の供給が、微生物の増殖速度や現存量を制限するということがしばしば起こる。一方、これらの窒素化合物は、生物体の生合成に利用されるだけでなく、異化的エネルギー生成反応における電子受容体あるいは電子供与体としての役割も果たす。つまり、物質循環において重要な種々の酸化還元反応に関与するのである。窒素化合物がこのような働きをする理由は、アンモニウム（NH_4^+）の-3から硝酸イオン（NO_3^-）の$+5$の間で、窒素がさまざまな酸化状態をとりうるためである（図12.1）。このことを、窒素と並ぶ制限元素であるリンと比較すると、その違いは明白である。リンの化学形態はリン酸イオン（PO_4^{3-}）と有機態リンの2形態のみであり、その酸化状態はすべての場合で$+5$である。従って、これらの化合物は主に生合成において重要なのであり、酸化還元反応に関与することはない（リンを多く含むATPは異化反応において重要であるが、これらの反応を通してリンの酸化状態が変化することはない）。窒素は制限元素として重要なだけでなく、酸化還元反応に関与するという点でも興味深い元素であるといえよう。

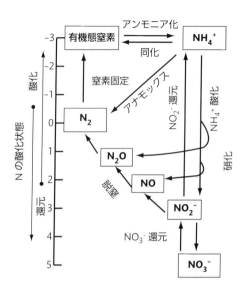

図12.1 窒素循環における微生物プロセス。Capone (2000) による。

　窒素に特に注目するもうひとつの理由は、窒素を含む化合物である一酸化二窒素（N_2O）が、二酸化炭素に比べて約270倍も熱吸収効率の高い強力な温室効果ガスであるということだ。温室効果に対する N_2O の寄与は、二酸化炭素、メタンに次いで3番目である。また今日、オゾン層破壊の最大の原因物質は N_2O であるといわれている（Ravishankara et al. 2009）。N_2O の濃度は、二酸化炭素やメタンとともに過去100年間に上昇している。メタンの場合と同様、N_2O の濃度上昇の原因は主に農業生産の増大にあり、それに次いである種の化学工場からの排出が挙げられる。以下に考察するように、N_2O は硝化や脱窒の過程で生成される。

　人間活動は、窒素循環に対してさまざまな形で影響を及ぼしている（Galloway et al. 2008）。まず窒素固定。ハーバー・ボッシュ法で年間約 120×10^{12} gN の窒素ガスが固定され、生産されたアンモニウムは化学肥料として用いられている。一方、栽培マメ科植物（14章）の窒素固定により、さらに年間 40×10^{12} gN が固定される。これらをあわせた人為的な窒素固定

量は、自然界での窒素固定量（年間約 260×10^{12} gN）に迫りつつある。人間活動にともなう余剰窒素の排出は、陸域、水圏を問わず、生態系の植物生産量の増大を引き起こしている。施肥効果による農産物の収量の増大は、急増する世界の人口を養うことに貢献するという側面もあるが、その反面、湖沼や沿岸海域での有害藻類の大発生や、飲用地下水の汚染といった問題も引き起こす。さらに人間は、化石燃料やバイオマス燃焼を通じて、多くの窒素を一酸化窒素（NO）の形で生物圏に排出している。NO は酸性雨の主要な原因物質である。NO の総排出量のうち、80% 以上は人間活動に由来すると見積もられているが、地域によっては、人為起源の排出量が、自然起源の排出量を 10 倍も上回ることがある。

▶ 窒素固定

多くの種類の細菌や古細菌が窒素固定能を有するが、このプロセス自体は、生物界において普遍的というわけではなく、むしろかなり特殊化したものであるといえるだろう。すべての種類の原核生物が窒素を固定するというわけではない。非常に近縁な 2 種の微生物を比べたときに、一種はジアゾ栄養［訳注：diazotroph、di は 2 を、azo は窒素原子を、troph は栄養を意味する。窒素ガス（N_2）を固定する代謝能力をもった微生物のことである］であるが他種はそうではないということがありうる。また真核生物で窒素固定を行うものは知られていない（ハーバー・ボッシュ法により工業的に窒素固定をするヒトは例外）。ただし真核微生物や高等植物の中にはジアゾ栄養微生物と共生関係をもつものがいる（14 章）。

原核生物には、さまざまなエネルギー産生代謝の様式が見られる。好気性および嫌気性従属栄養（化学有機栄養）、酸素発生型光栄養（シアノバクテリアのみ）、嫌気的酸素非発生型光栄養、あるいは化学無機栄養といった代謝である。窒素固定能は、これらいずれの代謝様式をとる原核生物においても見つかっている。ただし好気的酸素非発生型光栄養（aerobic anoxygenic phototrophy、AAP、4 章を参照）は例外である。これまでに知られている AAP 微生物の中で窒素固定を行うものはまだ見つかっていない。

BOX12.1 ある科学者の倫理的あり方

ドイツの化学者フリッツ・ハーバー（Friz Haber, 1868～1934）は、彼の名前で呼ばれる反応工程の考案により、1918年にノーベル化学賞を受賞した。ハーバー・ボッシュ法は肥料となるアンモニウムの合成に加え、戦争で使う爆発物の製造のうえでも有用であった。それ以上に、ハーバーの倫理的あり方が深刻な疑念を招くにいたった理由は、ハーバーがカイザー・ウィルヘルム研究所の科学総括責任者として第二次世界大戦中に使われた毒ガス製造の中で果たした役割にある（Szollosi-Janze 2001）。彼の研究所では、青酸ガスであるチクロンBを開発したが、それははじめ殺虫剤として使われ、後にホロコーストにおいて人を殺戮するために使用された。ハーバーの血縁者は第二次世界大戦中にナチスの強制収用所で死亡した。ハーバーはユダヤ人であったため研究所での地位を失い、1933年にドイツを去った。

ハーバー・ボッシュ法で窒素固定を行うためには、高温（300～550℃）と高圧（15～26 MPa）の条件が必要であるが、ジアゾ栄養微生物の場合は、同じことを室温（20℃）かつ常圧の条件下で達成できる。これは驚異的なことであるといえよう。

▶ ニトロゲナーゼ・窒素固定のための酵素

窒素固定とは窒素ガスのアンモニアへの還元であり、以下のように記述できる。

$$N_2 + 8H^+ + 8e^- + 16ATP \rightarrow 2NH_3 + H_2 + 16ADP \tag{12.1}$$

ここで還元力（$8e^-$）はNAD(P)Hから供給される。この反応によって生成される水素ガスのゆくえは完全には明らかでない。式12.1によれば窒素固定はATPを16分子必要とするが、自然条件下でのエネルギーコストはさらに高くなりうる。微生物の種類によっては最大で30分子のATPを必要とする（Hill 1976）。窒素固定に莫大なエネルギーコストがかかることを考えると、このプロセスが比較的限られた生物と環境においてのみ見られるということや、窒素制限の環境中であってさえもすべての原核生物が年中窒素固

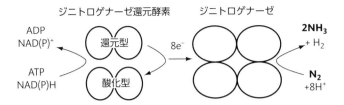

図12.2 ニトロゲナーゼ複合体による窒素固定。鉄タンパク質であるジニトロゲナーゼ還元酵素は、*nifH* 遺伝子によってコードされる 2 つのサブユニットから成る。ジニトロゲナーゼは 4 つのサブユニットからなるモリブデン・鉄タンパク質である。このうち 2 つは *nifD* 遺伝子が、残りの 2 つは *nifK* 遺伝子がコードする。ジニトロゲナーゼ還元酵素は約 60,000Da、ジニトロゲナーゼは約 240,000Da である。

定を行っているわけでないということの理由が理解できるだろう。また、固定型の窒素（とりわけアンモニウム）が利用可能な時に、微生物が窒素固定を停止する理由も、エネルギーコストの観点から説明できる。エネルギーコストが大きくなるのは、窒素ガス（N≡N）の三重結合を切断しなくてはならないからである。

窒素固定の鍵酵素はニトロゲナーゼである。これは最大で 300kDa になる巨大な酵素であり、その細胞内での含有量はタンパク質総量の 30 % に達することがある。ニトロゲナーゼは 2 種類のタンパク質、すなわちジニトロゲナーゼとジニトロゲナーゼ還元酵素の複合体である（図 12.2）。ジニトロゲナーゼには鉄（Fe）とモリブデン（Mo）（ないしはバナジウム（V））が含まれるが、ジニトロゲナーゼ還元酵素に含まれるのは Fe のみである。ジニトロゲナーゼ還元酵素は、*nifH* 遺伝子によってコードされる鉄タンパク質であり、おおむね 4 個の鉄原子を含んだ 2 つの同一のサブユニットから成る。ジニトロゲナーゼ（Mo-Fe タンパク質）は、*nifD* と *nifK* 遺伝子がコードする 2 対のサブユニットからなり、より多くの鉄（21 〜 35 原子）と 2 つの Mo 原子を含む。ニトロゲナーゼは生命史の初期に進化した可能性がある。ジアゾ栄養微生物の多様性が高いことから、窒素固定は、最初の細胞が出現するとすぐそれに続いて進化した（つまり太古から存在する）プロセスでは

ないかと考えられている（Zehr and Paerl 2008）。一方、ニトロゲナーゼの本来の機能は窒素固定ではなく、シアン化物または一酸化炭素の還元であったという推測もなされている（Lee et al. 2010）。

▶ 酸素問題の解決

　ニトロゲナーゼは酸素によって不可逆的な損傷を受けるため、好気環境中に生息する多くのジアゾ栄養微生物、とりわけ光合成にともない酸素を発生するものにとっては、いかにして酸素への曝露を減らすかが深刻な問題になる。以下にジアゾ栄養微生物が酸素問題の解決のために採る戦略を俯瞰しつつ、一般的な窒素固定微生物の種類と多様性を見てみよう（表 12.1）。アナベナ属のような繊維状のシアノバクテリアがとる酸素防御戦略については 4 章で触れた。これらの微生物は、ニトロゲナーゼをヘテロシストと呼ばれる特別な細胞のなかに格納している。ヘテロシストの厚い細胞壁は酸素の拡散を物理的に制限し、ニトロゲナーゼのまわりの酸素濃度を低く保つ働きをしている。シアノバクテリアの一般的な繊維状細胞と比べると、ヘテロシストは、光合成の酸素発生装置すなわち光システム II（PSII）を欠いているという点で大きく異なっている。海洋の単細胞球状シアノバクテリアも PSII を欠いているが、これもニトロゲナーゼが酸素にさらされるのを防ぐためのようだ（Tripp et al. 2010）。ヘテロシストをもつシアノバクテリアでは、ヘテロシスト以外の細胞（すなわち繊維状の栄養細胞）は、糖や有機酸をヘテロシストに与え、その引き換えとしてグルタミン酸の形で固定型窒素を受け取る。呼吸による有機炭素の酸化ということも、ヘテロシストの内部の酸素濃度を低く保つうえで有効な手段である。土壌に生息する放線菌の一種であるフランキアは、ニトロゲナーゼを保護するための小胞を形成するが、これはヘテロシストと類似した機能をもつ。ある種の窒素固定微生物は、多糖類を多く含んだ粘液質で細胞を覆うことで、拡散による酸素の侵入を防いでいる。

　光合成微生物の中には、窒素固定と光合成（酸素発生）を、時間的にずらすものもいる。このような戦略は、海洋における主要な窒素固定シアノバクテリアであるトリコデスミウムで見られる。この繊維状のシアノバクテリア

表12.1 窒素固定をする細菌のいくつかのタイプと、それらの主な生息環境、および酸素毒性からニトロゲナーゼを保護するための戦略をまとめる。Rhizobium の酸素保護戦略は「物理的」としてあるが、これは細菌への酸素の流れを宿主である植物が制限するためである。多くの窒素固定をする微生物がひとつ以上の戦略を使う。Oscillatoria は微好気環境に生息するとともに、窒素固定を酸素発生型光合成から時間的に分離することで、酸素を部分的に回避している。土壌細菌である Azotobacter は呼吸速度が高いことで有名であるが、それによって酸素を耐性レベルにまで低減させる。ある種の Azotobacter は、酸素の存在下でニトロゲナーゼに結合する保護タンパク質も生成する。

酸素保護の戦略	微生物の属	高次分類群	生息環境
ヘテロシスト	Anabaena	シアノバクテリア	淡水
ヘテロシスト	Nostoc	シアノバクテリア	微生物マット
ヘテロシスト	Nodularia	シアノバクテリア	微生物マット
ヘテロシスト	Richelia	シアノバクテリア	海洋における内部共生
物理的	Rhizobium	アルファプロテオバクテリア	土壌における内部共生
時間的・空間的な隔離	Trichodesmium	シアノバクテリア	海水中
時間的な隔離	Oscillatoria	シアノバクテリア	微生物マット
呼吸	Azorhizobium	アルファプロテオバクテリア	土壌
呼吸	Azotobacter	ガンマプロテオバクテリア	土壌
呼吸	Azospirillum	アルファプロテオバクテリア	土壌
回避	Methanosarcina	古細菌	さまざま
回避	Clostridium	フィルミクテス	さまざま
回避	Chlorobium	緑色硫黄細菌	淡水

は、肉眼でも十分に見えるほど大きな凝集体を形成するため、かつては、窒素固定は酸素濃度の低い凝集体の中心部で最も活発に起こるものと考えられていた。ところが、実際に微小電極を使って酸素濃度の測定をしたところ、たしかに凝集体の中心部では酸素濃度が低いものの、その濃度はニトロゲナーゼを保護するのに十分なほど低いというわけではなかった。結局このシアノバクテリアでは、窒素固定と光合成を行う細胞が異なり、また1日のうちでそれぞれのプロセスが起こる時間帯も異なることが明らかになった。すなわち窒素固定と光合成を時空間的に隔離していたのである（Berman-Frank et al. 2001）。

　Azobacteria 属の土壌細菌では、酸素からの保護に関わるいくつかの戦略

が知られているが、そのひとつは、呼吸による活発な酸素消費によってニトロゲナーゼを保護するというものである（呼吸が ATP 合成と共役することなしに進行するということさえ知られている）。あるいはニトロゲナーゼと結合して酸素から守る働きをする特別なタンパク質を合成するものもある。

▶ 自然環境中での窒素固定

地球規模でみると、窒素固定の規模は陸域と海洋でほぼ等しい。人為的発生源を無視すると、陸では年間 110×10^{12} g の窒素が、また海洋では 140×10^{12} g の窒素がジアゾ栄養微生物によって固定される（Galloway et al. 2008）。土壌では窒素固定をする細菌 *Rhizobium* とその宿主であるマメ科植物、つまり農業上重要な共生ジアゾ栄養微生物を中心に研究が進められてきた（14 章）。陸域におけるその他の共生ジアゾ栄養微生物としては、被子植物を宿主とする放線菌（フランキア属）や、水生シダ（アカウキクサ属）を宿主とするシアノバクテリア（アナベナ属）が挙げられる。土壌表面ではシアノバクテリアが、また有機炭素に富んだ土壌環境では従属栄養ジアゾ栄養微生物が、窒素固定に大きく寄与することがある。土壌での共生的あるいは非共生的な微生物による年間窒素固定量に比べると、淡水環境中の固定量はずっと小さい。海洋環境については、単位面積あたりにすると塩性湿地や汽水域の窒素固定量が大きいが、海洋全体としてみると、面積と容積において大部分を占める外洋域における窒素固定量が圧倒的に大きい。従来、海洋において主要なジアゾ栄養微生物といえばトリコデスミウムであると考えられていたが、^{15}N トレーサーを使った窒素固定速度の測定と非培養法による *nifH* 遺伝子の解析を組み合わせた研究が進められた結果、窒素固定をする微小な球状シアノバクテリア（UCYN-A）が大量に存在することが発見された。このシアノバクテリアは PSII をもたないことから、一種の光従属栄養微生物ではないかと考えられている（Zehr et al. 2008）。

どのようなジアゾ栄養微生物が関与するのかにかかわらず一般的に次のことがいえる。すなわち窒素固定速度は、別の形態で系の外部から流入する窒素の供給速度と同等またはそれを上回るが、系の内部での窒素循環速度には及ばないのである。海洋表層のジアゾ栄養微生物による窒素固定速度は、湧

BOX12.2 窒素固定を測定する

窒素固定速度の測定は難しいが、それは実験に使いやすい窒素の放射性同位体が無いこと、安定同位体（^{15}N）の利用が難しいこと、また窒素固定が起こる微環境の物理構造を維持することが難しい（酸素が侵入してしまうと窒素固定速度が過小評価になりうる）などの理由による。理想的な方法は、トレーサーとして添加した ^{15}N が生物体あるいはアンモニウムに移行するのを追跡することである。もうひとつのより簡便で感度の高い方法はアセチレン還元法である。この方法では、ニトロゲナーゼがアセチレン（C_2H_2）をエチレン（C_2H_4）に還元することを利用する。エチレンはガスクロマトグラフ法で容易に測定できる。ニトロゲナーゼがアセチレンに作用するのは、アセチレンに N_2 と同様の3重結合があるためである。問題なのは、エチレン生成速度と実際の N_2 固定速度の比が変動しうるという点にある。アセチレン還元法を使う場合は、それぞれの調査環境で ^{15}N 法による校正を行う必要がある。

昇や拡散で深層から運ばれる硝酸イオンの供給速度とほぼ等しい。窒素固定と深層からの供給によって表層に流入する窒素のことを、生態系の内部（つまり表層）で再利用される窒素と対比する意味で、「新しい窒素」と呼ぶ（Carpenter and Capone 2008）。同様な意味合いで、新しい窒素によって支えられる生物生産は「新生産」（new production）と呼ばれる。外洋域では、一次生産の全体に対する新生産の占める割合は通常小さい（約10%）。このことは、窒素の内部循環速度（アンモニウムの排出と取り込み）が、「新しい窒素」の供給速度に比べて約10倍速いということを意味している。沿岸域では新生産の割合はもっと大きくなり、一次生産の約30%に達する。土壌では、窒素固定が内部炭素フラックスの約10%を支えている（Schlesinger 1997）。

▶ 窒素固定の制限要因

貧栄養外洋域のような窒素制限の環境において、窒素固定速度やジアゾ栄養微生物の生物量はどのような要因によって制限されているのだろうか？

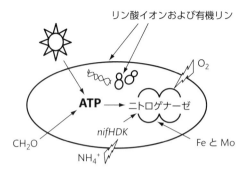

図12.3　ジアゾ栄養微生物による窒素固定に影響を及ぼす要因。正の要因は単純な矢印で示し、2つの負の要因はカミナリ印で示した。窒素固定のエネルギーコストは大きいため、従属栄養生物と光栄養生物による窒素固定は、それぞれ有機物（CH_2O）と光の影響を受けうる。ニトロゲナーゼは鉄（Fe）とモリブデン（Mo）を必要とするが、これらの環境中の濃度は要求量を下回る場合がある。ニトロゲナーゼは酸素で不活化する。ジアゾ栄養微生物は、リン酸イオン（PO_4）あるいは有機リンの形で供給されるリンを必要とする。ニトロゲナーゼ遺伝子群（*nifH*、*nifD*、*nifK*）の発現は、アンモニウムによる負の制御を受ける。

この問いに対しては複数の答えがある。自然環境中ではさまざまな要因が窒素固定に影響を及ぼしているのである（図12.3）。どの要因が相対的に重要になるのかは、ジアゾ栄養微生物の種類や環境によって異なるが、要因の多くは、窒素固定に必要な高いエネルギーコストに関連している。すなわち光不足は光栄養微生物による窒素固定を抑制するであろうし、同様に、有機物供給が低いと従属栄養微生物による窒素固定は抑制されるだろう。有機物供給が相対的に低い海洋においては従属栄養細菌による窒素固定はあまり重要でないが、高等植物からの有機炭素の供給が活発に起こる土壌中では、従属栄養微生物が窒素固定者として重要な役割を果たす。このことは、有機炭素の供給によって窒素固定が制限されているという観点から説明可能である。一方、窒素固定のエネルギーコストが高いことを考えると、なぜアンモニウムや硝酸イオンの濃度の高いときに窒素固定が停止するのかということが説明できる。窒素ガスを固定するよりも、無機栄養塩類を利用するほうが、微生物にとってはエネルギーの節約になるのである。ただし汽水域のように窒

素が豊富な環境中で窒素固定微生物が大量に出現することがあるが、なぜこのようなことが起こるのか、その理由は完全には明らかでない。

　アンモニウムや硝酸イオン以外にも、多くの無機栄養塩類が窒素固定に影響を及ぼす。外洋域で窒素固定が抑制されている大きな理由は鉄濃度が低いことにある。一方、外洋域ではリン酸イオン濃度が低いためにジアゾ栄養が制限されているという仮説もある（Sanudo-Wilhelmy et al. 2001）。湖沼においては、リン酸イオンの負荷が引き金となってリン制限から窒素制限への切り替えが起こり、ジアゾ栄養シアノバクテリアの大発生につながることがある。有害シアノバクテリアの大発生は、洗剤やその他のリン含有性汚染物質による貯水池や湖の汚染によって引き起こされることがある。ニトロゲナーゼに含まれる鉄以外の微量元素であるモリブデンについてはどうであろう。一般に水域や陸域におけるモリブデン濃度は低いものの、ジアゾ栄養微生物にとって必要な濃度には達しているのが普通のようである。ただしいくつかの淡水域や、熱帯で見られる激しく風化した酸性土壌はその限りではない（Barron et al. 2009; Glass et al. 2010）。

　これはすべての微生物プロセスの速度や微生物量について一般的にあてはまることであるが、温度は窒素固定速度やジアゾ栄養者の生物量に影響を及ぼす要因である。海洋で見られるトリコデスミウムや単細胞シアノバクテリアのようなジアゾ栄養微生物は、なぜヘテロシストをもたないのだろうか。このこともまた、すくなくともその一部は、水温によって説明できるのかもしれない。酸素の溶解度や拡散速度は水温と塩分の影響を受けるのだが、ある仮説によれば、海洋のジアゾ栄養シアノバクテリアが主に分布する熱帯あるいは亜熱帯海域における水温・塩分条件の下では、細胞への酸素の供給が制限されるため、ヘテロシストのような特別な細胞が無くても、ニトロゲナーゼを酸素から保護することができる（Stal 2009）。しかしヘテロシストをもつシアノバクテリアが、なぜ海洋環境中でもっと普通に見られないのかは、依然として謎のままである。

▶ アンモニウムの同化、再生およびフラックス

ジアゾ栄養微生物が有するニトロゲナーゼ複合体によって合成されたアンモニウムは、アミノ酸に同化され、さらにその他の窒素化合物に変換される。アンモニウムの同化に関与する次の2つの代謝経路は、原核生物と真核生物を含むすべての微生物で共通に見られる。1番目はアンモニウムが高濃度の条件下で働く経路で、グルタミン酸脱水素酵素（glutamate dehydrogenese, GDH）が触媒する。この経路ではNAD(P)Hは1分子しか使われない。2番目のものはアンモニウム濃度が低い時に用いられる経路で、基質に対する親和性が高い。この第二の経路の最初のステップは、グルタミン合成酵素（glutamine synthetase, GS）の触媒によってグルタミン酸からグルタミンを合成する反応である。

$$\text{グルタミン酸} + NH_4^+ + ATP \rightarrow \text{グルタミン} + ADP \tag{12.2}$$

これに続く第二段階を経て、正味1分子のグルタミン酸が生成する。

$$\text{グルタミン} + \alpha\text{-オキソグルタル酸} + NADPH \rightarrow$$
$$2\,\text{グルタミン酸} + NADP^+ \tag{12.3}$$

2段階目の反応は、グルタミン酸シンターゼないしはグルタミン-α-オキソグルタル酸転移酵素（glutamine-α-oxoglutarate trnsferase, GOGAT）と呼ばれる酵素によって触媒される。式12.2と12.3を合わせた全体の反応のことをGS-GOGAT経路と呼ぶ。ジアゾ栄養微生物では、新たに合成されたアンモニウムによって窒素固定が阻害されることを避けるために、この経路が使われる。より一般的に、アンモニウム濃度が非常に低い自然環境中では、微生物はGS-GOGAT経路を用いるのが普通である。いずれの経路であっても、合成されたグルタミン酸は、細胞内のその他すべての生化学物質の生合成のうえで必要な窒素を供給する役割を果たす。ジアゾ栄養微生物の細胞構成要素として取り込まれた窒素は、前章までに考察したさまざまなメカニズム、すなわち、捕食、排出、ウィルス感染によって微生物食物網へと流れ込む（図12.4）。図12.4に示した窒素のやりとりは、主にジアゾ栄養微生物以外の生

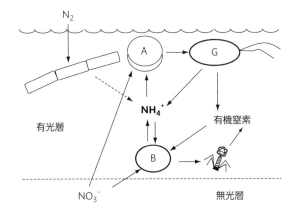

図12.4　アンモニウムを介した窒素の内部循環。この模式図が最もよくあてはまるのは水圏環境であるが、示されているすべての相互作用は土壌においても見られる。「新しい窒素」は、窒素固定と深層（無光層）からの硝酸イオンの移流や拡散（水圏環境の場合）によってシステムに流入する。アンモニウムは、さまざまなプロセスを介してジアゾ栄養微生物（この模式図では繊維状の微生物として示した）から放出され、表層（有光層）に生息する藻類（A）や細菌（B）に取り込まれる。摂餌者（G）と細菌は再生アンモニウムを放出し、有機窒素は摂餌者とウィルス溶菌に由来する。

物によって媒介されているが、やりとりされている窒素は、もともとは窒素固定によって生態系に取り込まれたものである。窒素は、溶存無機窒素や溶存有機窒素として細胞外に排出されるだけでなく、その一部はアミノ酸やその他の高分子構成成分として、餌から捕食者へと直接受け渡される。

　デトリタスに含まれる窒素は、最終的には無機化されてアンモニウムになる。5章において有機物の無機化過程についての考察のなかで触れたように、無機化を主に担うのは細菌と菌類であり、そこにその他の生物の寄与が加わる。無機化によるアンモニウムの生成は再生（regeneration）とも呼ばれるが、これはデトリタスに含まれるタンパク質が、アミノ酸（$R\text{-}C(NH_2)COOH$、ここでRはさまざまなアミノ酸側鎖を表す）に加水分解されたのち（5章）、脱アミノ化される一連の反応のことを指す。再生の結果、アルファケト酸とアンモニウムが生成する。

$$\text{R-CHCOOH} + \text{NAD}^+ + \text{H}_2\text{O} \rightarrow \text{R-CHCOOH} + \text{NH}_4^+ + \text{NADH}$$
$$\underset{\text{NH}_2}{|} \qquad\qquad\qquad\qquad \underset{\text{O}}{\|} \qquad\qquad\qquad (12.4)$$

　デトリタスに含まれるタンパク質以外の有機窒素化合物の無機化によってアンモニウムが生成する反応はもっと複雑であり、まだ未解明の点が多い。有機窒素化合物からアンモニウムが生成する反応を総称してアンモニア化（ammonification）と呼ぶ。多くの高等動物は、ある種の反応を介して尿の主成分である尿素（$CO(NH_2)_2$）を生成する。動物プランクトンやその他の無脊椎動物でも、ある程度の尿素の排出が認められるが、これらの生物の主要な窒素排出物はアンモニウムである。通常、環境中で尿素のフラックスがアンモニウムのフラックスに匹敵することはない。

　従属栄養微生物、真核光栄養微生物、シアノバクテリアおよび高等植物にとって、アンモニウムは重要な窒素源である。アンモニウムは硝酸イオンよりも好まれるが、それはアンモニウムの酸化状態が、細胞を構成するアミノ酸やその他の含窒素化合物と等しいレベルにあるからである［訳注：これに対して、硝酸イオンの窒素の酸化状態は低いため、細胞構成成分の生合成に際して還元力が必要になる］。この選好性のため、土壌においても水圏においても、通常はアンモニウムの取り込み速度が硝酸イオンの取り込み速度を上回る。これが逆転するのは、硝酸イオン濃度がアンモニウム濃度を大幅に上回る場合のみである。水圏生態学では、アンモニウムや尿素に由来する窒素によって支えられる一次生産を再生生産（regenerated primary production）と呼ぶ。一般的に、水圏環境中では、一次生産の大部分がアンモニウム態窒素によって支えられている。たとえば外洋域では、総一次生産の最大90%が再生生産である。土壌では微生物による活発な取り込みに加え、デトリタスや粘土鉱物への吸着や脱着が起こる。アンモニウムはその濃度が低い場合でさえも、大きな窒素フラックスを媒介するのである。

▶ 嫌気環境中でのアンモニウムの排出

嫌気環境中では、酸素以外の電子受容体である硝酸イオンや鉄酸化物あるいは硫酸イオンなどを使う嫌気性細菌によってアンモニウムが生産される。それ以外に、窒素含有高分子化合物の加水分解の結果として排出されるアミノ酸やプリン・ピリミジン塩基を基質とする発酵細菌もアンモニウムを生成する。この種の発酵を行う細菌として最もよく知られているのは、*Clostridium* 属の細菌である。一例としてグリシン発酵の反応式を以下に示す。

$$4H_2N\text{-}CH_2\text{-}COOH + 2H_2O \rightarrow$$
$$4NH_3 + 2CO_2 + 3CH_3\text{-}COOH \tag{12.5}$$

式 12.5 では、グリシンの窒素はすべてアンモニウムに変わるのに対して、炭素の多くは無機化されず、その一部は反応後も酢酸の形で残っていることに注意せよ。このことは、窒素の無機化が、炭素の無機化に使われる最終的な電子受容体が何であるのかとは無関係に進むことを意味している(酢酸は最終的に微生物によって無機化され、二酸化炭素に変換されるが、その際には、さまざまな電子受容体が利用可能である)。このように、アンモニウムの生成(窒素の無機化)は炭素の完全な無機化(酢酸の無機化)とは独立したプロセスなので、窒素と炭素の無機化速度が強く相関する必然性は無さそうである。しかし実際には、嫌気的な堆積物の間隙水中での濃度分布や堆積物を用いた培養実験の結果を見ると、しばしば二酸化炭素とアンモニウムの生成が同調的に起こるという現象が観察されることから、嫌気環境中においても、通常は炭素と窒素の無機化が共役的であることがうかがえる(Canfield et al. 2005)。

▶ アンモニウムの取り込み、排出、不動化および可動化

摂餌者や従属栄養細菌あるいは菌類は、有機窒素を消費して、潜在的にはアンモニウムを排出する。一方、従属栄養細菌や菌類は、アンモニウムを取り込むこともできる。微生物が排出したり取り込んだりするアンモニウムの正味のフラックスは何によって決まるのだろうか?

一言でいうと、アンモニウムの正味のフラックスは、微生物と有機物の C:N 比、および呼吸に際してどのくらいの炭素が失われるのかによって決まる。このことをいくつかの単純な式を使ってもう少し詳しく説明しよう。増殖効率（Y）の定義（6 章）によると、U_c を取り込まれた物質の総量（炭素換算）とする時、微生物によって増殖に使われる炭素量は $U_c \cdot Y$ で表される。窒素の取り込みを計算するためには、炭素換算の取り込み量（U_c）を、有機物と微生物の C:N 比を使って窒素に換算する必要がある。ここでは便宜上、有機物（基質）と細菌の N:C（C:N 比の逆数）をそれぞれ $N:C_s$ および $N:C_b$ と定義しよう。そうすると窒素換算の取り込み量は $U_c \cdot N:C_s$ となり、また微生物が増殖に使う窒素量は $U \cdot Y \cdot N:C_b$ で表すことができる。定常状態を仮定し、アンモニウムの取り込み量または排出量（F_N）で釣り合いをとると、この両者を等号で結ぶことができる。

$$U_C \cdot N:C_s + F_N = U_C \cdot Y \cdot N:C_b \tag{12.6}$$

ここで正味のアンモニウム排出が生ずるときには $F_N < 0$ となり、正味の取り込みが起こるときは $F_N > 0$ となる。

式 12.6 をより詳しく調べるために、正味の排出も取り込みも起きない条件を計算し、得られた条件を境界線として、正味の排出と正味の取り込みが起こる領域を図示したのが図 12.5 である。この例では、細菌の平均的な $C:N_b$ 比（= 5.5）と菌類の平均的な $C:N_b$ 比（= 8）（2 章参照）を両極端の値として用いた。増殖効率は環境条件によって大きく変動するが、ここでは 10% から 50% の範囲が、細菌や菌類の一般的な増殖効率の範囲であると考えた。$C:N_b$ が 5.5 で増殖効率が 10% である時、細菌は CN_s が 60 を超えるような非常に窒素が乏しい有機物を使うときを除いては、一般的にアンモニウムを排出することがわかる（図 12.5）。菌類の $C:N_b$ は細菌よりも高く、したがって必要とする窒素量は少ないが、その場合でも細菌と同様に、非常に高い $C:N_s$ の時を除いては窒素を排出する。以上の結果から次のような予測ができる。藻類由来のデトリタスのようにタンパク質に富んだ有機物の分解に際しては、正味のアンモニウムの排出が起こる。一方、微生物は、C:N 比の高い炭水化物やその他の炭素に富んだ成分を含む植物リターを使って増

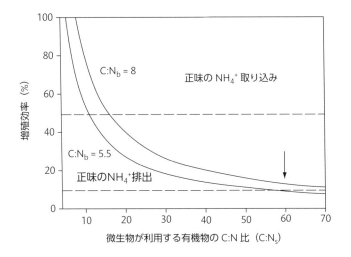

図12.5 微生物の C:N 比（C:N_b）、有機物の C:N 比（C:N_s）および増殖効率と、アンモニウムの取り込みまたは排出の関係。アンモニアの正味の取り込み・排出が起こるかどうかを調べるためには、まず特定の増殖効率と C:N_s を選び、その点が実線の曲線上のどこにくるのかを決める。もしその点が、曲線の左か下であれば正味のアンモニウム排出がある。逆に点が曲線の右か上であれば、正味のアンモニア取り込みがある。点線の水平線は、極端と思われる増殖効率の範囲（10〜50%）を示す。矢印は、増殖効率が 10% で C:N_b = 5.5 の条件下で、その値を超えれば正味のアンモニウム同化が起こると予測される C:N_s の閾値（= 60）を示す。

殖するときには、アンモニウムを取り込む必要がある。

ただし従属栄養細菌は、実際には式 12.6 から期待されるよりも、はるかに多くのアンモニウムや硝酸イオンを同化するようである。水圏環境では、従属栄養細菌によるアンモニウムや硝酸イオンの取り込みは、植物プランクトンによる取り込みを含めた全取り込み量の約 30% に相当し、細菌はこれらの重要な窒素源をめぐって大型植物プランクトンと競争関係にある（Mulholland and Lomas 2008）。土壌においても、従属栄養細菌や菌類によるアンモニウムの取り込みは重要である（Inselsbacher et al. 2010）。式 12.6 で示されたモデルのひとつの難点として、自然環境中では、微生物によって実際に使われる有機物の C:N 比がよくわからないということが挙げられる。自然環境中の有機物の組成はまだ十分に明らかにされていないのである（5 章）。

またこの式では、微生物の種類による違いや微小環境中でのC:N比の不均一性(周辺環境の平均的な値とは異なる可能性がある)が考慮されていないという問題もある。このような問題はあるものの、式12.6はアンモニウムのフラックスに対する窒素含量(C:N比)や微生物の増殖効率(Y)の影響を評価するうえで有用である。

式12.6を使うことで、土壌や堆積物中での窒素の可動化と不動化のバランスを調べることもできる。土壌生態学や生物地球化学では、微生物や植物によるアンモニウムや硝酸イオンの取り込みのことを不動化プロセスと呼ぶ(ただし、不動化プロセスにはこれ以外に土壌構成成分への非生物的な吸着も含まれる)。無機窒素化合物の中には、拡散や移流によって簡単に移動するものがあるが、そのような化合物に含まれる窒素であっても、微生物や植物に取り込まれたり大型土壌粒子に吸着したりすれば、動きにくい形態に変化する(不動化する)のである。

▶ アンモニア酸化、硝酸イオンの生成、および硝化

ここまで有機物の無機化によってアンモニウムが生成することを見てきた。しかし自然環境中のアンモニウム濃度はきわめて低いレベルに保たれているのが普通である。一般的に、最も高濃度に存在する無機窒素(N_2を除く)は硝酸イオンである。実際のところ、硝酸イオンは生物圏における最大の窒素プールのひとつであり、たとえば海洋の深層では、硝酸イオンの濃度は40 μMに達する。N_2を除けば、硝酸イオン以外の化学形態の窒素化合物の濃度はこれよりもずっと低い。土壌中でも、硝酸イオン濃度は含水量や施肥に依存して大きく変動はするものの、一般的にはアンモニウムの濃度を上回る。ではこの硝酸イオンはどこからやってくるのか?

硝酸イオンの生成に関わる硝化(nitrification)は、少なくとも2つのタイプの微生物が関与する2段階のプロセスである。単独でアンモニウムを硝酸イオンにまで酸化することができる微生物はいまのところ知られていないが、これはおそらくエネルギー論的な制約のためである(Costa et al. 2006)。ここで、これ以降の、硝化にともなう酸化過程やそれに関わる微生物について

BOX12.3 硝化の測定

硝化速度を測定するときには、硝化の個々のステップ(アンモニア酸化と亜硝酸酸化)を別々に測定するのではなくて、プロセス全体の速度を測定するのが普通である。同位体で標識した $^{15}NH_4$ を添加後に、^{15}N が硝酸イオンに移行するのを調べるのはひとつの直接的な方法である。これとは別に、アンモニア酸化の阻害剤であるニトラピリンやアリルチオ尿素、あるいは亜硝酸酸化の阻害剤である塩素酸塩の添加によってアンモニアまたは亜硝酸イオンの酸化を阻害するという方法がある。この場合は、阻害剤を添加後、アンモニウムや亜硝酸イオンが時間と共に蓄積するのを調べる。

の議論においては、アンモニウムの代わりにアンモニアという用語を使うことにする。その理由は、硝化反応においては、アンモニウム(NH_4^+)ではなくてアンモニア(NH_3)が基質として利用されるからである。3 章で見たように、アンモニアとアンモニウムの相対的濃度は pH と pKa によって決まるが、多くの環境中では、アンモニウムほうがアンモニアよりも濃度が高い。[訳注:3 章の式 3.5 で示したように、NH_4^+ と $NH_3 + H^+$ の交換反応の pKa は 9.3 である。したがって、pH が 9.3 より低い環境中では、アンモニウム濃度がアンモニア濃度を上回る。]

一般的に、硝化の最初の段階、つまりアンモニアの酸化による亜硝酸イオン(NO_2^-)の生成(式 12.7)が、硝化速度を決める律速段階である。

$$NH_4^+ + 1.5\,O_2 \to NO_2^- + H_2O + 2H^+$$
$$\Delta G^{\circ\prime} = -272 \text{ kJ mol}^{-1} \tag{12.7}$$

次に、亜硝酸イオンの酸化による硝酸イオンの生成(式 12.8)という第二の段階を経て、硝化プロセスの全体が完結する。

$$NO_2^- + 0.5\,O_2 \to NO_3^- \quad \Delta G^{\circ\prime} = -76 \text{ kJ mol}^{-1} \tag{12.8}$$

以上の 2 つの反応を媒介するのは、主に化学無機栄養微生物である。一般的に化学無機栄養プロセスに共通することであるが、これらの反応のエネル

ギー収量はあまり大きくはない。また、硝化や硝酸イオンの生成が好気的過程である点にも注意せよ。これに関与する微生物は酸素を必要とするのである。あとで嫌気的なアンモニア酸化について考察を加えるが、アンモニアを酸化するという点を除いては、嫌気的アンモニア酸化と好気的アンモニア酸化には代謝上の共通点がほとんど見られない。

　化学無機独立栄養プロセスに加えて、細菌や菌類による有機物の好気的酸化に際しても硝酸イオンがいくらか生成することが知られている（Laughlin et al. 2008）。このようなプロセスは従属栄養硝化（heterotrophic nitrification）と呼ばれる。しかしこのタイプの硝化の速度は、化学無機栄養による硝化速度の1000分の1から1万分の1にすぎない。従属栄養硝化のメカニズムには不明の点が多いが、化学無機栄養による硝化の場合とは異なり、窒素酸化によるエネルギーの獲得は無いと考えられている。従属栄養硝化に関する研究はこれまで主に土壌で行われてきたが、同様なプロセスは水圏でも進行しているものと考えられる。

▶ 細菌による好気的アンモニア酸化

　従来、アンモニア酸化微生物は、系統分類学的に緊密なクラスターを形成するごく近縁の微生物（その大部分はベータプロテオバクテリアに属するが、一部にはガンマプロテオバクテリアに属するものもある）によって構成されていると考えられてきた。好気的環境中でアンモニアを酸化する主な微生物は、ベータプロテオバクテリア綱の*Nitorosomonas*と*Nitrosospira*に属する細菌であると考えられてきたのである。この古典的な考え方は、現在でもおおむね正しいと考えられているものの、このあとにすぐ述べるように、近年になって重要な知見が新たに付け加えられた。培養されたアンモニア酸化微生物は偏性の化学無機独立栄養者であり、アンモニアを唯一のエネルギー源として利用する。しかしすべての微生物や微生物プロセスについてそうであるように、多くのアンモニア酸化微生物は、実験室で培養したり増殖させたりすることができない。非培養法によるアンモニア酸化微生物の研究では*amoA*が遺伝的マーカーとして用いられてきた。*amoA*は、アンモニア酸化を触媒する鍵酵素であるアンモニアモノオキシゲナーゼのひとつのサブユニ

Chapter 12 窒素循環

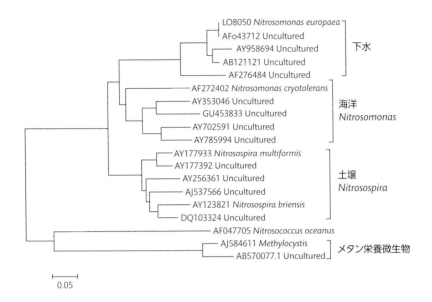

図12.6 アンモニア酸化の鍵遺伝子である *amoA* の系統樹。文字と数字からなる文字列（たとえば LO8050）は、Genbank のような遺伝子データベースの中の塩基配列につけられた固有の識別番号である。*Nitrosococcus oceanus*（ガンマプロテオバクテリア）以外はすべてベータプロテオバクテリアである。メタン栄養微生物は、粒子状メタンモノオキシゲナーゼの遺伝子（*pmoA*）によって示されている。アンモニア酸化微生物はメタンを酸化することができ、メタン酸化微生物はアンモニアを酸化することができる。ただしその速度は、それぞれの基質に特化した微生物の10分の1ほどにすぎない。環境による区分は、この系統樹に示されているほど明瞭ではない。系統樹は Glenn Christman により提供され、許可を得て使用した。

ットをコードする遺伝子である。アンモニアモノオキシゲナーゼのその他のサブユニットをコードする遺伝子である *amoB* や *amoC* もアンモニア酸化細菌の有用なマーカーとして使えそうだが（Junier et al. 2008）、これまでのところ適用例は少ない。

　自然環境中でのアンモニア酸化を調べるうえで *amoA* 遺伝子が有力なツールであることが明らかになってきている。*amoA* 遺伝子から示される系統関係は、培養されたアンモニア酸化細菌の16S rRNA 遺伝子の系統関係とよく一致するようなのである（図12.6）。そのため *amoA* 遺伝子を使えば、アン

457

モニア酸化に関わる化学無機栄養細菌が属する系統分類群を推定することができる。PCR 法を使って *amoA* 遺伝子（アンモニア酸化細菌）の生物地理学的な分布を調べた結果、出現する *amoA* 遺伝子のクレードが生息環境によって異なることが明らかになった。予想されたとおり、出現するアンモニア酸化細菌の種類は、海洋、土壌、淡水の間で異なっていた。これまでに調べられたどの生息環境においても、ベータプロテオバクテリアに属するアンモニア酸化細菌の出現頻度は、ガンマプロテオバクテリアのそれを大幅に上回っている。

▶ 古細菌によるアンモニア酸化

10 章で簡単に触れたように、メタゲノム解析法の導入により、自然環境中でのアンモニア酸化の研究が新たな局面を迎えることになった。古典的な培養法を用いた研究では、古細菌がアンモニア酸化を行うことは知られていなかった。ところがサルガッソ海のメタゲノム解析研究によって、*amoA* 遺伝子がクレン古細菌門の系統遺伝学的マーカーとリンクしていることが示されたのである（Venter et al. 2004）。古細菌の遺伝子が、細菌の *amoA* と十分に高い類似性を示したため、それが *amoA* 遺伝子であると判定されたのであるが、一方、この両者の塩基配列の間には、標準的な PCR 法で識別することができるのに十分な程度の違いはあった。サルガッソ海で使われた研究手法はすぐに土壌微生物群集に適用され（Schleper et al. 2005）、さらに多くの研究がこれに続いた。

アンモニア酸化古細菌（ammonia-oxidizing archaea, AOA）とアンモニア酸化細菌（ammnonia-oxidizing bacteria, AOB）の生物量は、定量的 PCR 法（QPCR 法あるいはリアルタイム PCR 法とも呼ばれる）によって調べることができる。研究の結果、土壌や海洋のさまざまな環境において、一般的に AOA の存在量が AOB を上回ることが明らかになった（Leininger et al. 2006; de Corte et al. 2009; Berman et al. 2008）。このことから、AOA が AOB よりもアンモニア酸化に対してより大きく寄与していることが示唆された。ただし実際に、AOA と AOB のそれぞれがアンモニア酸化にどの程度寄与しているのかを明らかにすることは容易ではない。現行の方法を使ったアン

モニア酸化速度の測定では、古細菌によるアンモニア酸化と、細菌によるアンモニア酸化を区別することができないからである。この問題を解決するためには別のアプローチが必要になる。

　いくつかの手法を組み合わせて、トウモロコシ畑の土壌における硝化を調べる研究が行われた（Jia and Conrad 2009）。他の研究の場合と同様、この研究で調査された土壌においても、AOA の amoA 遺伝子の存在量が AOB の amoA 遺伝子の存在量を上回った。しかしこの研究では、以下に述べる2つの証拠から、大部分のアンモニア酸化が細菌によるものであり古細菌によるものではないということが示唆された。第一の証拠は、硝化を阻害する処理（アセチレン処理）を施した場合や、逆に硝化を促進する処理（アンモニウム添加）をした場合に、硝化速度の変化に対応して、AOB の amoA 遺伝子の存在量が変化したという結果である。これに対して、AOA の amoA 遺伝子ではそのような変化が見られなかった。以上の結果は、AOA によるアンモニア酸化の活性が低かったことを示唆している。第二の証拠は、$^{13}CO_2$ を用いた「安定同位体プロービングアッセイ」（stable isotope probing assay, SIP assay）によって得られた。化学独立栄養者であるアンモニア酸化微生物は、もし活性があれば $^{13}CO_2$ を DNA に取り込む。^{13}C を取り込んで標識された「重い」DNA と、添加した $^{13}CO_2$ を同化する活性をもたない微生物に含まれる非標識の「軽い」DNA とは、密度勾配遠心法によって分離することができる。実験の結果、^{13}C に富んだ「重い」DNA には、AOB の amoA 遺伝子が含まれたが、AOA の amoA 遺伝子は含まれなかった。このことから、AOB は ^{13}C を取り込んだが、AOA は ^{13}C を取り込まなかったということが推察された。以上の2つの証拠から、研究対象となった土壌においては、細菌が主たるアンモニア酸化微生物であったことが強く裏付けられたのである。

　理由はあとで考察するが、ほとんどすべての環境中において、AOA や AOB の存在量は原核生物の全存在量に比べるとわずかなものである（全存在量の1%以下）。しかし海洋の深層は例外であり、ここでは AOA の生物量が原核生物存在量に占める割合は非常に大きくなりうる。9章でも触れたように、蛍光現場交雑法（fluorescent in situ hybridization, FISH 法）を使った研究の結果、この広大な生息環境には、クレン古細菌（crenarchaea）が多量

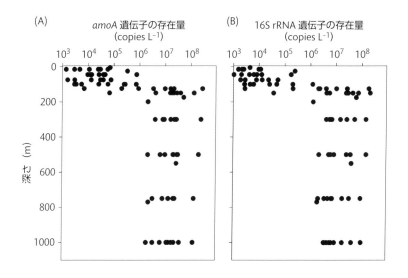

図12.7 北太平洋における、アンモニア酸化の鍵遺伝子（*amoA* 遺伝子）（パネル A）とクレン古細菌の 16S rRNA 遺伝子（パネル B）のコピー数の鉛直分布。データは Church et al. (2010) に基づく。

に存在し、全微生物細胞数の約半分を占めること（残りの半分は細菌である）が明らかにされている。それに続いて行われた QPCR 法を用いた研究によって、FISH 法で得られた結果が正しいことが確認された。以下に述べるように、これらの手法を用いて得られた結果は、すべてではないにせよ、大部分のクレン古細菌がアンモニア酸化者であることを示している。

まず QPCR 法を用いた研究の結果、海洋深層ではクレン古細菌の *amoA* の存在量が、すべての古細菌の 16S rRNA 遺伝子の存在量と比較してかなり高いことが見出された（図 12.7）。クレン古細菌の *amoA* 遺伝子とクレン古細菌の 16S rRNA 遺伝子の比は約 1 かそれ以上であることから、大部分のクレン古細菌が *amoA* 遺伝子をもち、アンモニア酸化を行っていることが示唆された。この 1 という比は、培養されたアンモニア酸化細菌や、これまでに単離されたごくわずかのアンモニア酸化古細菌（クレン古細菌）で見られる *amoA* と 16S rRNA 遺伝子のコピー数からも期待される値である。堆積物や

土壌、また海洋や湖沼の浅い層といった環境で行われた研究でも同様に高い比が得られている。このような自然環境中での遺伝子存在量の比のデータの解釈については若干の疑問をはさむ余地もある。なぜならこれらの比は、群集全体について行った2つの別々のQPCR試験の結果を組み合わせることによって得られたものだからである。［訳注：amoA遺伝子と16S rRNA遺伝子をそれぞれ異なるプライマーやアッセイ条件を使って定量化したという意味である。複雑な微生物群集の場合、プライマーやアッセイ条件が異なると、遺伝子存在比の推定値の誤差が大きくなる。］とはいえ、以上の結果は、自然環境中のクレン古細菌の多くがアンモニア酸化を行うという考えを強く支持するものである。

　太平洋亜熱帯還流域において、古細菌に特有の脂質に含まれる ^{14}C の天然存在比を調べた研究によって、海洋深層のクレン古細菌による化学独立栄養を裏付けるさらに別の証拠が得られた（Hansman et al. 2009）。この研究では、ハワイのビッグアイランド（そこには第1章で触れたマウナロア観測所もある）に整備されている特別な施設を使って、20万Lもの深層水をろ過した。採水した深度では、有機物の年代は比較的新しく ^{14}C の存在比が高いのに対し、溶存無機炭素は年代がずっと古く、^{14}C の存在比もはるかに低いということが知られていた（^{14}C は高層大気で窒素に宇宙線が照射されることで生成する）。測定の結果、古細菌の脂質の ^{14}C 存在比が低かったことから、古細菌の炭素が溶存無機炭素のプールに由来することが示された。光の届かない深層では光合成は起きないので、CO_2 は化学独立栄養プロセスによって固定されたはずであり、このプロセスとして最も可能性が高いのはアンモニア酸化であった。この ^{14}C のデータから、古細菌の脂質の炭素の80％以上が化学独立栄養による固定に由来することが示唆された。

　海洋やその他の環境中で、クレン古細菌の *amoA* 遺伝子や16S rRNA遺伝子の存在量の測定が進められる一方で、古細菌によるアンモニア酸化を裏付ける決定的な証拠は依然として得られていなかった。その証拠がついに得られた場所は、ある水族館の水槽であった（Konneke et al. 2005）。その水槽からアンモニア酸化を行うクレン古細菌が単離され、その代謝が実験的に確認されたのである。単離源は海洋やその他の自然環境とは大きく異なったもの

の、のちに *Nitrosopumilus maritimus* と呼ばれるようになるこのクレン古細菌がもつ *amoA* 遺伝子は、海洋やその他の環境で見られる *amoA* 遺伝子ととてもよく似ていた。この類似性のおかげで、クレン古細菌がアンモニアを酸化することを示した室内実験の結果は、環境中の遺伝子研究と強くつながったのである。*N.maritimus* と、さらにもうひとつ別の古細菌 *Cenarchaeum symbiosum* の遺伝子解析によって、アンモニア酸化における古細菌の役割についての貴重な情報が得られている（Hallam et al. 2006; Walker et al. 2010）。

　さまざまな環境中での *amoA* 遺伝子の分布の結果から、AOA や AOB が環境要因に対して異なる応答を示すことが示唆されている。ひとつの重要な要因はアンモニア濃度である。いくつかの証拠によれば、AOA は AOB に比べてアンモニアに対する親和性が高い（つまり K_m が低い）ようである（Martens-Habbena et al. 2009）。このことは、AOA が海洋の深層に多く存在することや、土壌におけるアンモニア添加に対する AOA の応答の弱さの原因となっているのかもしれない（Schleper 2010）。AOA と AOB は、自然界で異なるニッチを占めているようである。［訳注：本節で議論されているように、海洋環境中で多く見られ、アンモニア酸化を行っている古細菌はクレン古細菌門に属するとされていた。しかし、より最近の系統分類学的研究の結果、これらは、タウム古細菌（Thaumarchaeota）という新門に位置づけられるようになっている。］

▶ 好気的アンモニア酸化の支配要因

　式 12.7 をもとにして自然環境中におけるアンモニア酸化速度の 3 つの制限要因について考えてみよう。第一に、アンモニア酸化のエネルギー収量が低いということ。他の化学無機栄養微生物の場合と同様、アンモニア酸化微生物のエネルギー収量は低く、そのため細胞収量は低くなる（図 12.8）。このことは、一般的にアンモニア酸化微生物の生物量が低いレベルに抑えられていることを説明するであろう。加えてアンモニアをめぐる競争において、藻類、従属栄養細菌、また土壌における高等植物と比べて、アンモニア酸化微生物が劣っていることも、このエネルギー収量の低さから説明することができる（ただし例外も多い）（Inselsbacher et al. 2010）。この競争の問題とも

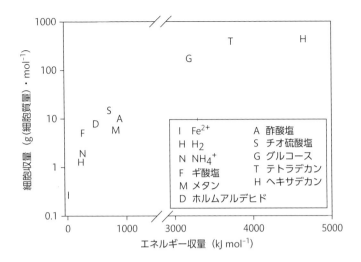

図12.8 細胞収量と、増殖基質ごとのエネルギー収量（ギブズ自由エネルギーの変化）の関係。アンモニア酸化やその他の化学無機栄養反応のエネルギー収量は低い。データは Bongers (1970)、Candy et al. (2009)、Farmer and Jones (1976)、Goldberg et al. (1976)、Jetten (2001)、Kelly (1999)、Winkelmann et al. (2009) による。

関連してくるが、酸化的環境中においてはアンモニア濃度が低いのが普通であり、アンモニア酸化を制限するひとつの要因になる。海洋の深層においてはアンモニア濃度が非常に低いことを考えると、そのような環境中にアンモニア酸化古細菌が大量に存在することは驚くべきことなのかもしれない。ただし、これらが大量に存在するというのは、全原核生物数に対する相対的な細胞数としてのことである。絶対的な細胞数は 1 mL あたり 10^4 細胞という低レベルにすぎず、これは表層水や土壌中で見られる原核生物の細胞数よりも何桁も低い値である。アンモニア酸化古細菌の生物量が相対的に大きいのは、海洋深層においては、有機物をはじめとするアンモニア以外のエネルギー源も非常に乏しいからである。

酸素は好気的アンモニア酸化に影響を及ぼすもうひとつの要因である。堆積物の嫌気的な亜表層や灌水土壌では、酸素の欠乏のために硝化は起きない。

アンモニア酸化微生物にとっての最適な条件が満たされるのは、酸素濃度の高い酸化的環境と、アンモニア濃度の高い無酸素環境の境界（酸化還元境界層）である。よく研究がなされているアンモニア酸化微生物である *Nitrosomonas europaea* は、成層化した湖沼の酸化還元境界層で生物量が大きくなることが知られている（Voytek and Ward 1995）。

アンモニア濃度と酸素濃度に加え、さらに2つの物理化学要因がアンモニア酸化に影響を及ぼしうる。第一は光条件。水圏環境の表層（有光層）には、アンモニア酸化細菌が存在しアンモニア酸化が進行するものの、通常その活性は低い。この理由のひとつとして挙げられるのが光阻害である。もうひとつの環境要因はpHである。極端なpHの環境中ではアンモニア酸化細菌の活性が低下することはよく知られている。しかし、より気になるのは海洋酸性化（4章）がアンモニア酸化に及ぼす影響である（Berman et al. 2012）［訳注：4章の訳注でも解説したように、海洋酸性化といっても、酸性度の上昇によって海水のpHが7以下、つまり酸性になると予測されているわけではない］。窒素循環プロセスの中でも、アンモニア酸化はとりわけpHに対して敏感な反応である。酸性になるとアンモニアへのプロトンの付加が進んでアンモニウム（NH_4^+）が生成される。つまりアンモニア酸化微生物が基質として用いるアンモニア（NH_3）の濃度が低くなるのである。たとえアンモニアとアンモニウムの濃度の和が一定であったとしても、アンモニアの濃度が低ければ、アンモニア酸化速度は低下するかもしれない。これは温室効果ガスの増加が生物圏に及ぼす多くの複雑な影響のひとつの例であるといえよう。

▶ 硝化の第二段階としての亜硝酸酸化

アンモニア酸化によって亜硝酸イオンが生成するが、硝化の究極的な終産物は硝酸イオンである。つまり第二段階が必要である。この第二段階には、亜硝酸イオンを酸化して硝酸イオンを生成する別のグループの細菌が関与する。亜硝酸酸化の生態学に関しては、それによって硝化反応が完結するということ以外、あまり多くのことが知られていない。議論の余地はあるにせよ、

前述のように硝化の律速段階は通常アンモニア酸化であるのだから、亜硝酸酸化についてはそれほど知る必要もないともいえよう。いったんアンモニアが酸化されて亜硝酸イオンに変わるやいなや、ほとんどの場合、次の反応である亜硝酸酸化がすみやかに進行するため、環境中に亜硝酸イオンが蓄積することはめったに無い。とはいえ、亜硝酸酸化が、硝化プロセスの中で不可欠かつ重要な反応であることには変わりない。亜硝酸酸化に関与するのは細菌のみであるのか、あるいは古細菌も関与するのかについてはまだ明らかではない。

　亜硝酸酸化に関するほとんどの知見は培養細菌について得られたものである。このうち系統分類学的に大きく異なる4属については、これまで多くの研究がなされてきた。ひとつはアルファプロテオバクテリア綱に属する *Nitrobacter*。これは、水域と土壌の種を含む通性の亜硝酸酸化微生物であり、現在知られているすべてのアンモニア酸化微生物が「偏性」であるのとは対照的である。*Nitrobacter* は化学無機独立栄養的に増殖するのに加え、単純な有機化合物を使って従属栄養的に増殖することもできる。これに対して他の3属、すなわち *Nitrococcus*、*Nitrospina*、および *Nitrospira* は、すべて偏性亜硝酸酸化微生物である。*Nitrococcus* はガンマプロテオバクテリア綱に、*Nitrospina* はデルタプロテオバクテリア綱に属する。*Nitrospira* はその名を冠した門（ニトロスピラ門）に属している。

▶ 嫌気的アンモニア酸化

　1965年に、化学海洋学者F.A.リチャーズは、海洋の低酸素層中にアンモニアの蓄積が見られない理由を考察し、硝酸イオンを電子受容体とするアンモニア酸化が起きているためではないかと推察した（Strous and Jetten 2004）。10年以上経過してから、ひとりの微生物学者が以下の反応を示唆した。

$$NH_4^+ + NO_2^- \rightarrow N_2 + 2H_2O \tag{12.9}$$

　さらに20年の歳月を経て、この反応が実際に起こるという証拠が得られたが、それは下水処理反応槽を使った実験によるものであった。今日、この

表12.2 好気的および嫌気的なアンモニア酸化。好気的アンモニア酸化は細菌と古細菌のいずれもで見られるが、嫌気的アンモニア酸化を行うことができるのはプランクトミセス門に属する細菌のみである。

特性	好気的	嫌気的
エネルギー収量（kJ mol^{-1}）	272	357
酸化速度（nmol mg^{-1} min^{-1}）	400	60
世代時間（日）	1	10
生物	細菌・古細菌	プランクトミセス門
炭素源	CO_2	CO_2
終産物	亜硝酸塩	窒素ガス
生態系での役割	硝化の第一段階	固定された窒素の除去

反応のことを、嫌気的アンモニア酸化（anaerobic ammnonia oxidation；アナモックス）と呼ぶ。反応物と生成物の化学量論から、アナモックスで使われる電子受容体が、硝酸イオンではなくて亜硝酸イオンであることが示されている（式12.9）。下水を対象とした初期の研究に続いて、嫌気的な自然水圏環境中でもアナモックスが確認された。土壌ではアナモックス細菌の16S rRNA遺伝子にとても類似した16S rRNA遺伝子が見つかっている（Humbert et al. 2010）。好気的アンモニア酸化の場合と同様、アナモックスもアンモニアを基質とする反応であるが、両者の代謝過程には大きな違いがあるばかりでなく、それぞれのプロセスに関与する微生物の種類も大きく異なる（表12.2）。

　好気的アンモニア酸化の場合とは異なり、アナモックスを行うのはプランクトミセス門に属するごく限られた細菌グループである（Jetten et al. 2009）。これまでに知られているアナモックス細菌はブロカディア目の5属である。いまのところアナモックス細菌の純粋培養株は得られていないが、集積培養を使って多くのことが調べられている。メタゲノム法を用いた集積培養の解析により、下水中のアナモックス細菌 *Candidatus* Kuenenia stuttgartiensis ［訳注：*Candidatus* はまだ培養に成功しておらず、分類学的には暫定的な地位にあるという意味］のゲノムが推定された（Strous et al. 2006）。新規の特徴がいくつも見つかったが、そのひとつはこれらの細菌が「アナモキソソーム」

という細胞内コンパートメントを有し、アンモニア酸化がここで起こるということであった。アナモックス細菌の膜には珍しい脂質「ラダラン」が含まれる。ラダラン脂質はアンモニア酸化の過程で生成される中間産物ヒドラジン（N_2H_4）を囲い込むうえで重要な役割を果たすと考えられている。ヒドラジンはロケット燃料にも含まれる物質で非常に不安定である。アナモックス細菌の増殖は、至適条件下においてさえも非常に緩慢であり、その倍加時間は10日以上にもなる。

　嫌気的アンモニア酸化の規模はどの程度だろうか？　つまり、アナモックスにともなうN_2ガスの発生によって、生態系からはどの程度の窒素が消失しているのだろうか？　簡単にいってしまえば、しばしばアナモックスによってかなりの量のN_2ガスが発生している、というのがその答えになるが、これをより定量的に検討するためには、アナモックスによるN_2放出速度を、古典的なN_2生成メカニズムである脱窒によるN_2放出速度と比較する必要がある。しかしこの問題を扱う前に、私たちは、異化的硝酸還元や脱窒のその他の側面について、もう少し踏み込んだ議論をしておく必要がある。

▶ 異化的硝酸還元と脱窒

　脱窒では一連の酸化還元反応を通して、最終的に窒素ガスまたは一酸化二窒素が生成される。脱窒を記述する化学式は以下のとおりである。

$$5\text{グルコース} + 24NO_3^- + 24H^+ \rightarrow 30CO_2 + 12N_2 + 42H_2O$$
$$\Delta G^{\circ\prime} = -2657 \text{ kJ mol}^{-1}$$
(12.10)

　この式にはグルコースが示されているが、実際には好気的従属栄養反応である脱窒においては、グルコース以外にもさまざまな有機化合物が炭素源や電子（エネルギー）源として使われる。このプロセスでは、4種類の酵素が必要とされる。最初のものは*nar*遺伝子によってコードされている硝酸還元酵素である（図12.9）。図12.9に示した酸化還元を触媒する酵素はすべて鉄を必要とするが、硝酸還元酵素はこれに加えてモリブデンを含む補助ファクターをもち、また亜硝酸還元酵素（*nir*）と一酸化二窒素還元酵素（*nos*）に

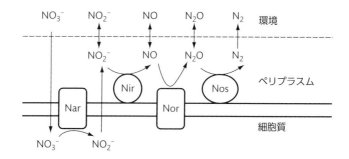

図12.9 脱窒の経路。硝酸還元酵素（Nar）、亜硝酸還元酵素（Nir）、一酸化窒素還元酵素（Nor）、一酸化二窒素還元酵素（Nos）はそれぞれ、*nar*、*nir*、*nor*、*nos* 遺伝子によりコードされている。Ye et al. (1994) と Zumft (1997) を改変した。亜硝酸還元酵素のひとつのサブユニット（*nirS*）はしばしば自然環境中の脱窒ポテンシャルを調べるときに使われる。

は銅が含まれる。非培養法を用いた研究では、*nirS*、*nirK*、*nosK* といった遺伝子を使って自然環境中での脱窒ポテンシャルや脱窒微生物の多様性が調べられてきた（Thamdrup and Dalsgaard 2008）。これらの研究の結果、自然環境中で脱窒を行っている微生物が、室内培養された脱窒微生物とは大きく異なっていることが明らかになっている。

　脱窒は硝酸イオンを亜硝酸イオンに変換する異化的還元から始まる。この反応は、多くの原核生物で見られるばかりでなく、いくつかの真核微生物においてさえも見られる。土壌環境中では、ある種の菌類が脱窒に大きく寄与していたという報告がある（Hayatsu et al. 2008）。海洋の有孔虫や珪藻といった原生生物もこの反応を触媒することがある（Rsigaard-Petersen et al. 2006; Kemp et al. 2011）。脱窒を行う微生物の多くは通性嫌気性であり、酸素濃度が必要なレベルに達すれば、好気的代謝に切り替えることができる。異化的硝酸還元によって生成された亜硝酸イオンは、通常 N_2 ガスや一酸化二窒素あるいはアンモニウムへと還元される。しかしこのプロセスを亜硝酸イオンで停止し、亜硝酸イオンを排出することも可能である。この場合は、硝酸イオンを窒素ガスにまで還元する場合に比べてエネルギー収量が小さくなる。すなわち1モルのグルコースあたりの $\Delta G^{\circ\prime}$ は、N_2 ガスまでの還元の

場合は−2657KJであるのに対し、亜硝酸イオンで還元を停止する場合には−1926KJである（Buckel 1999）。ある種の化学無機栄養微生物は、硫化水素を酸化することで硝酸イオンを還元する（このプロセスは化学独立栄養脱窒または無機栄養的脱窒と呼ばれる）。ただし硝酸イオンを末端電子受容体として利用し、有機物を酸化する従属栄養微生物のほうが、脱窒においてはるかに重要である。

11章で考察したように、有機炭素と硝酸イオンの濃度は、脱窒に影響を及ぼす重要な環境要因である。このうち硝酸イオン濃度に対する依存性は、見方を変えれば、脱窒が硝化に依存することを意味している。脱窒と硝化という2つのプロセスはしばしば「共役している」といわれるが、その意味は、ひとつの反応の終産物（硝化における硝酸イオン）が、別の反応（脱窒）において使われるということである。しかし硝化は好気的なプロセスであるのに対し、脱窒は主に嫌気的な環境で進むことから、これら2つのプロセスは、時間的あるいはより一般的には空間的に分離されていなくてはならない。典型的な例を堆積物にみることができる。堆積物では、上部の好気層で硝化が進むことで硝酸イオンが生成し、これが下部の嫌気層にいる脱窒微生物によって使われるのである。ただし、脱窒が無酸素環境中でのみ起こるというのは、一般的な規則ではあるものの、ここには例外もある。酸化的な不飽和土において脱窒活性が見られることがあるが、それは嫌気的な微環境が存在するためである。より興味深い例は、酸素が測定可能な低濃度レベルで存在するような環境中でも脱窒が起こりうるということである（図12.10）。エネルギー収量の点で、酸素は硝酸イオンと比べてわずかに有利であるが（11章）、酸素濃度が低い場合には、酸素の存在が異化的硝酸還元を阻害するほどのことはないようである。

▶ 異化的硝酸還元によるアンモニウム生成

硝酸還元によって、窒素ガスと一酸化二窒素のほかに、アンモニウムが生成することがある。このプロセスは異化的硝酸還元によるアンモニウム生成（dissimilatory nitrate reduction to ammonium, DNRA）という。培養細菌を用いた実験では、この反応によるエネルギーの獲得が見られなかったため、長

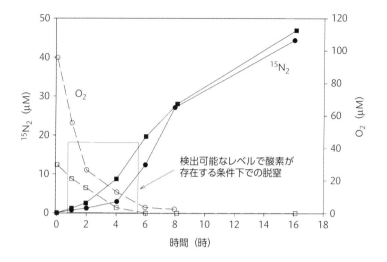

図12.10 酸素が存在する条件下における脱窒の進行の例。ドイツのワッデン海の砂質干潟において、0〜2 cm（○、●）および2〜4 cm（□、■）の層で測定されたデータを示す。脱窒（●、■）は $^{15}NO^-$ の $^{15}N_2$ への変化から求め、酸素濃度（○、□）は微小電極を使って測定した。データはGao et al. (2010) より。

い間、細菌がDNRAを行う理由はエネルギーの獲得以外にあると考えられてきた。しかし以下に示す反応式の化学量論から示唆されるように、環境条件によってはDNRAが有利な代謝になりうる。

$$\text{グルコース} + 3NO_3^- + 6H^+ \rightarrow 6CO_2 + 3NH_4^+ + 3H_2O$$
$$\Delta G^{\circ'} = -1767 \text{ kJ mol}^{-1}$$
(12.11)

細菌がこの反応からエネルギーを獲得できると仮定したとしても、その収量は窒素ガスにまで還元した時と比べてはるかに小さい。したがって有機基質と硝酸イオンの獲得をめぐる競争においてDNRA細菌は不利である。しかしDNRAで必要とされる有機炭素と硝酸イオンのC:N比が2:1（式12.11）であるのに対し、硝酸イオンを窒素ガスへと脱窒する場合のC:N比が1.25:1（式12.10）であることに注意せよ。すなわちDNRAにおける硝酸

イオンの要求量は、脱窒に比べて小さいのである。以上のことから、DNRAは有機物に富んでいるが硝酸イオンが枯渇している環境中で有利だという仮説が導かれる。自然環境中での研究から、この仮説を支持する証拠が得られている（Thamdrup and Dalsgaard 2008）。環境によっては、脱窒よりもDNRA によって消費される硝酸イオンの量のほうが上回るという報告もある（Koop-Jakobsen and Giblin 2010）。

▶ 脱窒対アナモックス

　古典的な脱窒に比べて、アナモックスによる窒素ガスの生成はいったいどの程度重要なのか。これはアナモックスが発見されて以来の大きな疑問である。この疑問に対する簡単な答えは「環境条件によりけり」ということになる。もっと興味深い問題の立て方は、なぜ窒素生成に対するアナモックスと脱窒の相対的寄与が生態系のタイプによって異なるのか、ということである。海洋堆積物においては、有機物供給と有機物の無機化にともなうアンモニウム生成が、アナモックスと脱窒の相対的寄与の変動を説明するひとつの重要な要因になる。

　海洋堆積物における全 N_2 生産に対するアナモックスの寄与は、水深の増加とともに増加する傾向を示す（図 12.11）。この相関には、おそらく海洋底に到達する有機物の量が関わっている。脱窒細菌にとっては有機物の供給が大きい浅海の堆積物が好都合である。このような堆積物では、表層で生産されたアンモニウムは好気的アンモニア酸化微生物によって酸化され、堆積物の深部に生息するアナモックス細菌には決して届かない。好気的アンモニア酸化微生物による硝酸イオンの生成も脱窒にとって好都合である。対照的に、水深が深いと、表層の一次生産者によって生産された有機物の大部分は海底の堆積物に到達する前に水柱中で分解されたり変質させられたりしてしまう。このような条件は脱窒にとっては不都合であり、相対的により高いアナモックス活性を支えることができるのである。また硝酸イオンの代わりにMn が最終電子受容体としての役割を果たしうるようなマンガンに富んだ堆積物中では、脱窒細菌は負の選択を受けるようである。

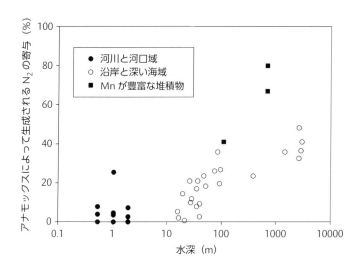

図12.11 堆積物における N_2 生成に対する嫌気的アンモニア酸化（アナモックス）の寄与率と水深の関係。データは Thamdrup and Dalsgaard (2008) より。

　海洋の貧酸素水中におけるアナモックスの相対的な重要性は、海域によって異なるが、その理由の一端も、有機物供給の程度の違いにあると考えられる。非常に生産性の高いアラビア海の酸素極小層では大部分の N_2 生産が脱窒によるものであるが、いっぽう有機物供給がそれほど高くない東部熱帯南太平洋海域の酸素極小層では、アナモックスがより重要である（Ward et al. 2009）。別の要因は増殖速度とそれに対応したこれらの微生物の応答時間である。脱窒細菌は、少なくとも潜在的には増殖速度が速く、環境変化に対する応答性が高いが、それとは対照的に、アナモックス細菌の増殖速度は遅い。したがってアナモックスが、水中での有機物分解によって断続的に供給されるアンモニウムに迅速に応答し、それを効率的に利用する能力は限られているといえよう。

　しかし脱窒とアナモックスという2つのプロセスが、本質的に異なる代謝であることを考えると、これらが互いに「競争する」という必然性は必ずしもないのかもしれない。実際のところ、もし硝酸還元細菌が、DNRA を介して亜硝酸イオンやアンモニアを生成しているとすれば、むしろアナモック

ス細菌は硝酸還元細菌に依存しているとみなすこともできそうである。一方、好気的アンモニア酸化によって生成された亜硝酸イオンをアナモックス細菌が利用するためには、好気的環境から嫌気的環境へと亜硝酸イオンが拡散しなくてはならないが、このようなプロセスによる亜硝酸イオンの供給速度はあまり大きくはなさそうである。脱窒とアナモックスの相対的な重要性については、さらなる研究とデータの蓄積が必要である。

▶ 一酸化二窒素の発生源と吸収源

　脱窒によって生成される気体の大部分は N_2 である。また N_2 は、アナモックスによって生成される唯一の気体である。しかし、脱窒のもうひとつの副産物である一酸化二窒素（N_2O）の生成にも注意する必要がある。なぜなら N_2O は重要な温室効果ガスであると同時に、その発生は生態系からの窒素損失を引き起こすひとつのプロセスでもあるからだ。陸域も海洋もいずれも正味の N_2O 生成の場であると考えられており、陸域の N_2O 自然排出量は、海洋の排出量の約2倍である（Gruber and Galloway 2008）。陸域と水域のいずれにおいても脱窒細菌は潜在的には N_2O の生産者であるが、より大きな注目を集めているのは硝化微生物による N_2O 生成である。海洋や土壌においては、脱窒細菌が N_2O を消費する一方で、硝化が N_2O の主要な発生源となっている可能性があるが、これについてはまだ論争が行われている段階である（Opdyke et al. 2009; Yu et al. 2010a）。N_2O の分子内同位体比（^{15}N-N-O と N-^{15}N-O の存在比）は、N_2O の発生源を調べるのに用いられている［訳注：分子内同位体比はアイソトポマーとも呼ばれる。N_2O 分子を構成する2つ並んだ N の安定同位体比の違いから、N_2O が脱窒と硝化のどちらに由来するのかについての情報を得ることができる。］

　硝化に際して、N_2O は2つの大きく異なる代謝経路を介して生成されるが（図12.12）、そのいずれの経路にも、アンモニア酸化微生物が関与している（Stein and Yung 2003）。第一のものはアンモニア酸化微生物が媒介する $NH_3^- \rightarrow NO_2^-$ 経路の途中で、ヒドロキシルアミン（NH_2OH）の酸化の副産物として N_2O が生成されるというものである。第二の経路は（これはよ

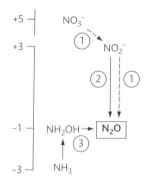

図12.12　温室効果ガスである一酸化二窒素の生成。経路1は嫌気環境中で、硝酸イオンの異化的還元からスタートする。経路2と3はアンモニア酸化細菌が行う。左の数字は5つの窒素化合物のそれぞれに含まれる窒素の酸化状態を示す。Stein and Yung (2003) に基づく。

り重要であると考えられている)、やはりアンモニア酸化微生物による NO_2^- の還元を介しての N_2O の生成である。この経路については、硝化脱窒、無機栄養脱窒、好気的脱窒といったさまざまな呼び名が使われてきた。[訳注：本章の前半に述べられているように、一般には、硝化はアンモニアを酸化して亜硝酸イオンが生成される第一段階と、亜硝酸イオンが酸化され硝酸イオンが生成される第二段階からなる。ただし、硝化の第一段階を駆動する独立栄養性アンモニア酸化細菌の中には、アンモニアを酸化して亜硝酸イオンを生成するのと同時に、亜硝酸イオンを一酸化二窒素 (N_2O) や窒素ガス (N_2) にまで還元する代謝能力をもったものがいることが知られている。このような細菌による N_2O や N_2 の生成のことを硝化細菌による脱窒 (nitrifier denitrification) と呼ぶ。] アンモニア酸化微生物による N_2O の生成は生態系からの窒素の損失を引き起こすため、「脱窒」と呼ぶに値するのではあるが、その一方で、このプロセスはさまざまな面において、異化的硝酸還元と有機物の酸化から始まる通常の脱窒経路とは異なっている。いろいろな用語のなかでも多分最も混乱を招きやすいのは、NO_2^- が N_2O へ変換する経路を「好気的脱窒」と呼ぶことであろう。この用語は、低酸素濃度条件下で進行する

従属栄養的な脱窒による N_2 生成を指すためにも使われてきたからである。

　N_2O の生成に対する酸素の効果は、NO_2^- → N_2O 経路が重要であると考えるひとつの根拠になっている。酸素濃度が高い（飽和に近い）ときには、アンモニア酸化細菌による N_2O の生成が抑制されることから、ヒドロキシルアミン経路が重要でないことがわかる。酸素濃度の低下とともに、N_2O 生成速度は上昇し、酸素濃度が1％飽和レベルのときの生成速度は、100％飽和レベルのときに比べて約20倍高くなる（Goreau et al. 1980）。おそらくアンモニア酸化細菌は、酸素濃度が低くなると、NO_2^- を電子受容体として用いるように切り替えるのである。このメカニズムによって海洋や土壌における N_2O 生成速度の変動をある程度説明することができる。

　陸域における N_2O 生成は温度、pH、土壌水分などの影響も受ける。干ばつ期には、土壌表層の N_2O 濃度は大気レベル以下になり、N_2O は正味で土壌中に拡散し、そこで正味の N_2O 分解が起こる（Billings 2008）。土壌が湿潤化するとふたたび正味の N_2O 生成が起こる。しかし水が多すぎると土壌中への酸素の拡散が低下し、脱窒菌による N_2O 消費が促進される（Chapuis-Lardy et al. 2007）。脱窒菌は N_2O を電子受容体として用いることがあるが、これはとりわけ硝酸イオン濃度が低いときに顕著である。

▶ N損失と窒素固定のバランス

　微生物生態学者が測定したさまざまな窒素循環速度のデータや、その他の多くの情報源から収集したデータを整理することで、陸域や海洋における窒素の収支や滞留時間を計算することができる（表12.3）。ここで滞留時間とは、あるシステム内の窒素の量を、フラックスの和（全排出量あるいは全吸収量のどちらか）で割り算することで求められる。表12.3 から明らかなように、海洋における窒素の滞留時間は約2000年、陸域ではさらに短くて500年である（Gruber and Galloway 2008）。いずれの場合も、同様な方法で求めたリンの滞留時間（10000年以上）に比べるとずっと短い。この滞留時間の違いを根拠に、地球化学においては、地球上の生物生産を究極的に制限しているのはリンであって窒素ではないという議論がしばしばなされる。この主張は、

表12.3 陸域と海洋における窒素の排出源（source）と吸収源（sink）のまとめ。「大気」は、大気からの窒素化合物の沈着を意味する。河川は、溶存態および粒子態の窒素化合物を、陸域から海洋へと運ぶ。したがって、河川経由の窒素フラックスは、陸域にとっては吸収源（sink）であり、海洋にとっては排出源（source）であるが、その逆にはならない（表中の NA は該当しないことを表す）。埋没は「堆積物への埋没」を意味するが、これは地質学的時間スケールでの窒素損失である。データは Gruber and Galloway (2008) より。

	プロセス	フラックス（年間 10^{12} g(窒素)）	
		海洋	陸域
排出源	工業的な窒素固定	0	100
	自然窒素固定	140	110
	大気	50	25
	河川フラックス	80	NA
	小計	270	235
吸収源	N_2 放出	240	115
	N_2O 放出	4	12
	河川フラックス	NA	80
	埋没	25	?
	小計	269	207
	収支（排出源−吸収源）	+1	+28

　窒素や鉄が生物の増殖を制限していることを示す多くの実験結果と一見矛盾するようであるが、これはどのように理解すればいいのだろうか。この疑問を解くひとつの鍵は時間スケールにある。リン、窒素、鉄といった元素は、すべて生物の増殖を支配するうえでの役割を果たしているが、それぞれの支配が異なる時間スケールでおきていると考えるのである。支配の時間スケールには、数日のオーダー（窒素の場合）から地質学的な時間スケール（おそらくリンがこれに該当する）までが含まれる。

　表12.3の収支をもとに、窒素フラックスの規模の比較や、排出と吸収の釣り合いを調べることがきる（Canfield et al. 2010）。海洋と陸域の窒素フラックスはおおむね同規模であるが、脱窒とアナモックスによる N_2 損失は、海洋が陸域を上回る。陸域における全脱窒フラックスの約半分は実際には水

圏（陸水）で起きているが、そこに供給される窒素の大部分は陸起源である（Gruber and Galloway 2008）。人間活動による窒素負荷のインパクトは、陸域が海洋を上回る。表12.3によると、海洋と陸域のいずれにおいても、窒素の排出（流入）と吸収（流出）がほぼ釣り合っているように見えるが、別のデータセット（脱窒やアナモックスによる N_2 放出量は表12.3の値よりももっと大きいとする研究もある）に基づく研究によれば、海洋からの窒素の流出量は、流入量を大幅に上回る。この窒素収支をめぐる議論に決着をつけるためには、もっと多くのデータが必要である。

　もし今日の地球上で、生態系における窒素の流入と流出がおおむね釣り合っていたとしても、そのことが地質学的な時間を通してあてはまるとは限らない。実際のところ、数千年の時間スケールで、大気中の二酸化炭素濃度や生物生産は大きく変化してきたのである。海洋生物地球化学者が議論するように、流出が流入を超える場合や、あるいはその逆の場合（おそらく過去にはそのような状況があった）があったとして、生態系はどのようなプロセスを経て釣り合いのとれた状態に復帰するのだろうか？　答えは複雑である。生物地球化学者の中には、このような変動には氷河の前進と後退が関わっていたと指摘するものもいる。大陸棚がどの程度酸素に曝されているのかが変化をすることで、N_2 の生成量が変動するというのである。［訳注：氷河が後退し海面水位が上昇すると大陸棚はより嫌気的になりやすくなるが、一方、氷河が前進するとその逆のことが起こるという意味。］このシナリオでは、鉄やリンもそれぞれの役割を果たす。要約すれば、どのような生物地球化学な循環であっても、それを長い時間スケールでみれば共役している（釣り合っている）、ということになる。以上は生物地球化学の分野でもっぱら扱われることがらではあるが、その議論は、本章あるいは本書の別の箇所で考察されている微生物プロセスに関する知識を基礎とし、そのうえに成り立っているということを覚えておこう。

まとめ

1. 窒素固定を行うのは一部の原核生物であるが、その種類は多様性に富んでいる。それらの原核生物の多くのものは、真核微生

物や高等植物と共生関係を結んでいる。

2. 硝化（硝酸イオンの生成）の律速段階であるアンモニア酸化を行うのは主にベータプロテオバクテリアとクレン古細菌である。クレン古細菌は海洋深層に多く存在し、その大部分がアンモニア酸化を行うようである。［訳注：海洋深層のアンモニア酸化微生物はクレン古細菌とされてきたが、近年タウム古細菌という新門とすることが提唱されている。］

3. 好気的アンモニア酸化の場合とは異なり、嫌気的アンモニア酸化（アナモックス）では N_2 が生成される。アナモックスを行うのはプランクトミセス門の細菌に限られる。環境によっては、N_2 生成に対する寄与において、アナモックスが脱窒を上回ることがある。

4. 脱窒は、一種の嫌気呼吸である異化的硝酸還元から始まり、一酸化二窒素または N_2 の生成にいたるプロセスである。さまざまな細菌と古細菌、および一部の真核微生物さえもが異化的硝酸還元を行う。異化的硝酸還元によって、一酸化二窒素と N_2 のほかに亜硝酸イオンやアンモニウムが生成されることもある。

5. 土壌と海洋のいずれにおいても、硝化の過程で、亜硝酸が還元されることにより、温室効果ガスである一酸化二窒素（N_2O）が発生する。またいずれの環境においても、一酸化二窒素は脱窒菌によって消費される。

6. 窒素循環の釣り合いがとれているのかどうか、あるいは窒素固定量がアナモックスと脱窒による窒素損失量と等しいのかどうかについては議論が分かれている。この議論の行方は地球規模の一次生産や炭素循環の評価にも影響を及ぼす。

Chapter 13
地球微生物学への招待

　前章までに、微生物が地球の物理的環境に対して及ぼす影響について、すでにいくつかの例を紹介した。地質学と微生物学の融合領域である地球微生物学という分野では、このような地球環境（特に地質）に対して微生物が及ぼす影響が、まさに主要な研究課題として取り上げられる。本章では、微生物が地球の地質学的特性に対して影響を及ぼすメカニズムを考えるうえで知っておくべきプロセスに焦点を合わせて考察を進める。前章までに言及した土壌や水圏の場合とは異なり、ここで扱うプロセスには、もっと「固い」もの、すなわち岩石や鉱物と微生物の相互作用が含まれる。このような相互作用やプロセスの多くは、有機物に富んだ堆積物や土壌の下方に拡がる、広大な地下環境において特に重要になる。地球微生物学という用語が使われるようになってから久しいものの、特に近年になってこの分野が大きな注目を集めているのは、広大で現実離れした地下環境が、地球化学的にみて重要な反応を媒介する独特な微生物の生息場所となっていることが明らかになってきたためである。鍾乳洞や金鉱といった珍しい環境中での地球微生物学的な発見が耳目を集めているが（Chivian et al. 2008）、本章で考察するプロセスは、生物圏のさまざまな環境中で一般的に見ることができる。
　地球微生物学の重要な課題のひとつは、微生物学的プロセスと地質学的事

象の相互作用を、きわめて大きな時間の振れ幅のなかで、いかに的確に把握するかにある。すでに見てきたように、微小な生息場所での環境条件の変化が、地球規模の現象にまで波及することがある。たとえば、温室効果ガスであるメタンや一酸化二窒素の正味の生産や消費の速度は、細菌や古細菌あるいは菌類を取り巻く微小な空間中の酸素濃度によって変化する。ここで扱われる時間スケールには、とてつもなく大きな幅があることに注意しよう。地球微生物学的なプロセスの中で重要な役割を果たす微生物の増殖はしばしば緩慢であり、その影響も、ある短い時間断面に着目すればごくわずかなものにすぎない。ところが、そのプロセスが何千年あるいはそれよりもずっと長く継続することで、大規模な結果がもたらされるのである。酸素を発生するシアノバクテリアが最初に地球上に出現したのは約27億年前のことであるが、その後、大気中の酸素が十分に高い濃度にまで上昇するのに約3億年の歳月を要したというのはその一例である（Kump 2008）。小さい出来事が長期間にわたって起こることで、それが積み重なり大きな結果がもたらされるのである。

▶ 細胞表面電荷、金属吸着および微生物付着

微生物が、金属や鉱物さらには岩石とどのように相互作用するのかは、地球微生物学における重要なテーマである。この相互作用を支配する重要な特性のひとつに表面電荷がある。電荷の正確な値は、微生物の種類や増殖条件あるいはその他の環境条件によって変化するが、一般的には負の値になる。その理由は、細胞表面に露出したカルボキシル基やリン酸基が、通常の pH においてプロトンを欠いている（脱プロトン化している）からである。細胞表面の正味の負の電荷により、正の電荷をもった原子や化合物が引き寄せられるため、細胞とその周辺環境との間に電荷の勾配ができる。この勾配に関する古典的なモデルは「電子二重層モデル」と呼ばれる。電子二重層は、正の電荷を帯びたイオンが、負の電荷をもつ細胞表面の近傍に強く引き寄せられることで形成される内側の層（シュテルン層）と、その外側に形成される対イオンの拡散層（グイ層）から成り立っている（図 13.1）。

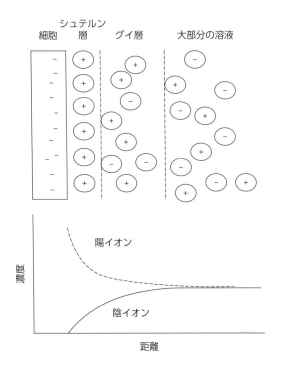

図13.1 さまざまなイオンを含む水溶液によって囲まれた細胞表面のモデル。このモデルの主な特徴は、微生物細胞の表面に形成されたイオンの二重層にある。

　電場における粒子の運動を追跡すると、細胞を含むさまざまな粒子の正味電荷（ゼータポテンシャル）を調べることができる。負の表面電荷をもつ大部分の細胞は、正の電荷をもつ電極（陽電極）に向かって移動する。ただしこれは、pHや微生物の種類またその増殖条件に依存して異なりうる。実験的な操作をすることで、陽電極と陰電極の間に置かれた微生物細胞が移動を停止するpHの値を求めることができる。このpHを、その微生物細胞の等電点と定義する。これは脱プロトン化したカルボキシル基やリン酸基の負の電荷が、細胞表面に露出したアミノ基に由来する正の電荷によって中和されたことを意味する。大部分の微生物の等電点はpH 2から4の範囲におさまる。環境のpHがこの値以上であるとき、細胞は負の電荷をもつ。なお、細胞で

はなくて鉱物の表面についてはゼロ電荷点（point of zero charge, pzc）という用語がしばしば用いられるが、これは等電点と類似した概念である。

微生物の等電点を測定し、細胞の表面電荷に寄与する反応基（カルボキシル基、リン酸基、およびアミノ基）を特定するのは比較的容易である。たとえば、窒素やリンの含有量と細胞の静電気電荷の間に相関があることが知られているが、これはリン酸基が陰イオン表面電荷に寄与し、アミノ基が陽イオン表面電荷に寄与するためであると解釈されている（Konhauser 2007）。しかし、この現象をより詳細にモデル化するのは容易ではない。ある微生物のゼータポテンシャルや等電点がなぜ特定の値をとるのかを正確に説明するのは難しいのだ。その理由の一端は、各反応基の pKa の変動性にある。pKa は細胞表面成分の微妙な立体構造の違いによって変化するようである。

▶ 金属吸着

生化学的に厳密な理由付けはさておき、微生物の表面は反応性が高く主に負の電荷をもっているため、正の電荷をもった金属やその他の化合物に吸着しやすい。水圏環境中では、微生物の表面積は、それ以外の粒子の表面積よりも大きい。土壌や堆積物においてさえも、微生物の表面積の寄与はかなりのものである。このため、微生物と金属の相互作用は、金属が微生物に及ぼす影響のみならず、環境中の金属（毒性のあるものを含む）の挙動を理解するうえでも重要である。

金属は静電気的な誘引によって微生物に受動的に吸着する。正の電荷をもつ金属は、細胞壁や細胞膜あるいは細胞外物質に含まれる負の電荷をもつカルボキシル基やリン酸基に吸着するのである。吸着部位の正確な実体や数は、微生物の種類や増殖条件によって異なる（Ledin 2000）。金属の吸着量は、細胞表面の特性に加えて、金属の種類、溶存金属濃度、さらに環境の pH に依存して変動する。吸着量と金属濃度の関係を記述するためのモデルはいくつも提案されているが、最も単純なモデルでは、吸着量（M_B、吸着した金属量）と溶存金属濃度（M_D）が一次反応式で関係づけられる。

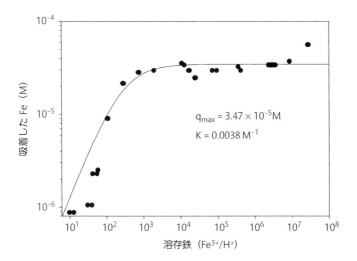

図13.2 pH が 2 から 4.5 の範囲における細菌（*Bacillus subtillis*）の細胞表面への鉄 Fe(III) の吸着。曲線は本文中に示したラングミュア式へのあてはめによって得た。データは Warren and Ferris (1998) より。

$$M_B = K_d \cdot M_D \tag{13.1}$$

ここで、K_d は該当する金属の分配係数である。この単純なモデルにはいくつもの問題点がある。そのひとつは、このモデルでは吸着量が濃度の増加とともに単調に増加するという点である。実際には、ある濃度を境にして吸着量の増加は逓減しなくてはならないはずである。この逓減を定式化するために「ある表面上に存在する、吸着が起こりうる反応部位は有限数であり、これらの吸着部位が埋められると吸着は停止する」という仮定を置いたモデルが提案されている。それがラングミュア式（Langmuir equation）である。

$$q_e = q_{max} \cdot K \cdot C_e / (1 + K \cdot C_e) \tag{13.2}$$

ここで、q_e は、ある特定の平衡溶存濃度（C_e）における吸着量であり、q_{max} は最大吸着量、また、K はラングミュアの平衡定数である。図 13.2 に見られる金属の吸着量と濃度の関係は、ミカエリス・メンテン式で表される

BOX13.1 重金属の除去

カドミウム、水銀、鉛といった金属は野生生物や人間に対して毒性をもつため、下水に含まれるこれらの溶存汚染物質を、それが自然環境中に放出される前に除去することが大きな関心事になっている。ひとつの方法は微生物を使うというものである。汚染水を微生物の充填層を通過させることで金属を吸着させるのである。重金属が吸着した充填層は廃棄するか、あるいは金属を脱着させたのちに微生物を再利用することができる。この目的のために使われる微生物はふつう細菌であるが、遺伝子組み換え酵母の場合もある（Kuroda and Ueda 2010; Nisbet and Sleep 2001）。この原理は、有害金属だけでなく、金、銀、白金といった貴金属にも適用することができる。

取り込みと濃度の関係を思い出させる（第4章）。これ以外のモデルとして、フロイントリッヒの吸着等温式やブルナウアー・エメット・テラー（Brunauer-Emmett-Teller, BET）の吸着等温式もある（Ledin 2000）。

上記の金属の吸着メカニズムについての記述では、「受動的」という表現を用いたが、金属と微生物の相互作用を考える際には、この表現が誤解を生んでしまう可能性もある。実際のところ、微生物は自らの細胞表面の反応基を変化させることで、金属の吸着量をある程度（間接的にではあるが）コントロールすることができる。またそうすることで微生物は多くの利益を得ている可能性がある。たとえば、細胞壁と細胞膜はともに陰イオン性であるため、両者の間の相互作用は不安定になりがちであるが、そこにある種の金属が結合して電荷を中和することで安定化が促される。細胞表面への金属の吸着は、生合成に必要なある種の金属（鉄や銅）を獲得するうえで重要なステップであるが、その一方で、吸着によって高濃度に存在する金属の毒性影響が弱められるという側面もある。特に細胞外ポリマーに金属が吸着することにより、その毒性は弱化されうる。莢膜（capsule）を有する細菌（第2章）は、それをもたない突然変異体に比べて重金属の毒性に対する耐性が強い。また重金属を与えない培養条件下では、莢膜の形成能はしばしば失われることが知られている（Ledin 2000）。

▶ シデロフォアやその他の金属リガンドに媒介された鉄の取り込み

　鉄が豊富に存在する環境中では、ある種の細菌の表面が、鉄で厚く覆われる。これは細胞表面や細胞外ポリマーへの鉄の受動的ないしは非特異的な吸着によるものである。これとは対照的に、外洋域に代表される鉄に乏しい環境中の微生物にとっては、鉄を十分に獲得できるかどうかが重大な問題になる。鉄は呼吸鎖や光合成さらには硝酸還元や窒素固定といった酸化還元反応のために必要なのである（第 12 章）。鉄の獲得というのは複雑な問題である。酸化的な環境では鉄は Fe(III) として存在するのだが、この化学形態の鉄は pH が 5 を超えると不溶性になる。そこで多くの細菌や菌類は、Fe(III) に特異的に結合する低分子化合物（分子量が 1000Da 以下）を放出することで、この問題を解決しようとする。金属結合性の化合物は、リガンドあるいはキレート剤と呼び、そのうち鉄に特異的なものはシデロフォアと呼ぶ。

　シデロフォアにはさまざまな化学構造をもった 500 種類以上のものが知られており、その大部分は細菌によって生産される（Wandersman and Delepelaire 2004）。シデロフォアは、鉄との結合特性が異なる 3 タイプ、すなわちヒドロキサム酸塩、カテコラート、アルファヒドロキシカルボン酸塩に分類される。これらの化合物は、すべて鉄に対して非常に強い親和性をもち、Fe(III) に対する条件安定度定数（conditional stability constant）は 10^{30} M^{-1} を超える。不溶性の Fe(III)（酸化鉄）は、これらの低分子リガンドと結合することで可溶化する。シデロフォアが鉄に対して非常に強い親和性をもつということは、一方で微生物がシデロフォアに結合した鉄を利用する際の問題にもなる。微生物が鉄利用のために生成したリガンドの親和性が十分に強くなければ、シデロフォアに結合した鉄をとりはずすことができない（したがって鉄を利用できない）ということになりかねない。この問題を解決するために、微生物が講じる対策を図 13.3 に示した。鉄と微生物の相互作用に関する知見の多くは、病原性細菌の研究によるところが大きい（Ratledge and Dover 2000）。宿主は鉄の供給を制限することで、病原性微生物の攻撃からの防衛を図るが、一方、病原性微生物は、シデロフォアを生成することで、宿主の防衛を無力化しようとするのである。

　海洋細菌が生産するシデロフォアの中には細胞膜に結合しているものもあ

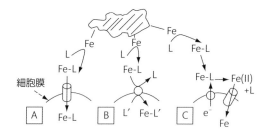

図13.3 シデロフォア（L）を介した鉄の取り込み。このプロセスは、鉄を多く含んだ鉄源から鉄をはぎとり、鉄—シデロフォア複合体（Fe-L）を形成することから始まる。メカニズム A では、Fe-L は特異的輸送体によって直接取り込まれる。メカニズム B では、メカニズム A の場合と同様に Fe-L は細胞内に取り込まれるが（図には示さず）、その後、鉄は別のシデロフォア（L'）と交換する。メカニズム C では、Fe-L の 3 価鉄（FeIII）が 2 価鉄（FeII）に還元されたのちに取り込まれる。シデロフォアは Fe(II) に対しては高い親和性をもたない。以上のほかにも、光化学反応によって鉄がゆるく結合した複合体が形成され、それがメカニズム C で示した経路で取り込まれるというメカニズムもある。Hopkinson and Morel (2009) と Stintzi et al. (2000) に基づく。

るが（Vraspir and Brutler 2009）、大部分のシデロフォアは、微生物の周囲の環境中に放出されると考えられている。この戦略は、潜在的には不利な側面もあるが、土壌や堆積物あるいは水圏環境中の懸濁粒子のような限られた微小生息場所に存在するシデロフォア生成細菌にとっては十分な利益があるのであろう。水圏環境中に浮遊して生活する微生物にとっては、この戦略はあまり有利でないようにみえる。炭素源としても使えるかもしれないシデロフォアを環境中に放出するのは一見無駄である。また環境中に放出されたシデロフォアと鉄の複合体に含まれる鉄は、シデロフォアを生成しない微生物に「盗まれて」しまうかもしれない。一方、シデロフォアを生成する従属栄養微生物は、シデロフォア結合鉄を一次生産者に提供することで光合成生産を高め、そのことが、結果的に従属栄養微生物にとっての利益になるのかもしれない。ちなみに、真核藻類や外洋域で優占するシアノバクテリア（シネココッカスやプロクロロコッカス）がシデロフォアを生産するという報告例はない。これらの微生物は、他の原核生物が生産したシデロフォアに間接的に依存するか、あるいは無機化学的なメカニズムによる別の方法で鉄を獲得

しているのである。

　微生物は、シデロフォア以外にも金属に対して強い親和性をもつリガンドを生産する。環境によっては、リガンドが金属毒性を緩和する働きをしている。一般に遊離型の金属には毒性があるが、リガンドと結合すると無毒化する。したがってリガンドを生産して遊離型の金属濃度を著しく低下させれば、金属の毒性効果を最小限にすることができる。たとえば、水圏環境で一般的に見られるシアノバクテリアであるシネココッカスは、毒性を有する遊離Cu^{2+}の濃度を 1000 分の 1 に低下させ、耐性レベル以下に抑えることができる。別の環境中では、微生物は生合成に必要な微量金属を得るためにリガンドを使う。銅の濃度が低い環境中では、Cu^{2+} を無毒化するためのリガンドが、こんどは銅の取り込みを促進する目的で使われる。ビタミン B_{12} やある種の珪藻の炭酸脱水酵素にはコバルトが含まれるが（第 4 章）、シネココッカスやその他のいくつかの微生物は、コバルトのリガンドを生産することが知られている（Saito et al. 2005）。

▶ 表面への微生物の付着

　一般的に、微生物が物体の表面に付着するという現象は、微生物生態学における主要な研究課題のひとつであるが、微生物と鉱物あるいは微生物と岩石の相互作用を考える時には、これはとりわけ重要なトピックであるといえよう。たとえば以下に考察を加えるように、微生物による岩石の風化は、まず岩石の表面に微生物が付着することから始まる。乱流条件下での生残や、付着基質に含まれる栄養物質へのアクセスというように、微生物が付着することによって得られる利益はいくつも考えられる。古くから、微生物の付着プロセスは次の 2 段階に区分されてきた。第一段階は、表面の電荷や疎水性が関与する可逆的吸着。引き続き、細胞外多糖類やその他のポリマーが関与する不可逆的吸着という第二段階に推移する。

　可逆的吸着は、しばしばコロイド科学から借用した理論に基づいてモデル化される。最も広く用いられるのが DLVO モデル（Derjaguin-Landau-Verwey-Overbeek model）である（van Loosdrecht et al. 1987）。このモデル

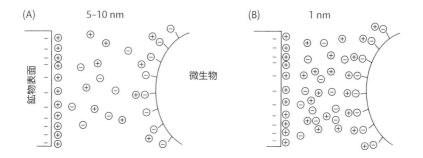

図13.4 DLVO 理論に基づく鉱物表面、イオン、および微生物細胞の間の相互作用。パネル A は、弱いイオン強度の環境を、パネル A は強いイオン強度の環境を示す。いずれの場合も、鉱物表面と細菌細胞の表面は正味の負電荷を有する。

によれば、最初の吸着は誘引的なファン・デル・ワールス力と、静電気的な反発との間の均衡によって成り立つ（図 13.4）。このモデルを使うと、負電荷をもった 2 つの表面、すなわち鉱物と細菌がいかにして接触するのかが説明できる。陽イオンの二重層によって隔てられたこれら 2 つの表面の間のわずかな隙間の距離は、これらを取り巻く微小環境中のイオン強度によって決まる。DLVO 理論によると、2 重層の厚さはイオン強度の平方根に比例して減少する。たとえイオン強度が等しくても、Mg^{2+} のような 2 価の陽イオンは、1 価の陽イオンよりも効果的に表面間の距離を縮める。

　表面の電荷に加えて、疎水性は付着の第 1 段階に強い影響を及ぼす重要な特性である。疎水性の簡単な指標である接触角（ある表面上あるいは細菌細胞の芝の上に滴下した時にできる水滴の角度）が大きいほど、表面の疎水性は大きい。疎水性は、細菌の分類群や増殖条件によって異なる。より疎水的な表面をもった細菌は、疎水的な表面に吸着しやすい傾向がある。同様に、表面が親水的な細菌は、親水性の強い表面に吸着しやすい（van Loosdrecht et al. 1987）。疎水性は、微生物と土壌表面の相互作用においてのみならず、水に不溶性で表面に吸着しやすい炭化水素やその他の疎水性化合物の分解を考えるうえでも重要な性質である（Bastiaens et al. 2000）。

　微生物を、均一な表面電荷と疎水性部位をもった球状あるいは円筒状の物

体として扱う単純なモデルでは、実際の細胞が示す複雑で不均一な表面特性をとらえきれない。とはいえ、このような単純なモデルは、微生物やウィルスが表面に吸着する過程を、より現実的にモデル化するうえでの出発点として有用である。

▶ 微生物によるバイオミネラリゼーション

　付着細菌やその他の微生物が及ぼす作用によって、溶存態のイオンが固相の鉱物に変化することがあるが、これをバイオミネラリゼーション（biomineralization、生物鉱化作用）と呼ぶ。第5章では、微生物が有機物を分解し、二酸化炭素やアンモニウムあるいはリン酸イオンといった無機化合物を生成するプロセスのことを無機化（mineralization）と呼んだが、地質学や地球微生物学の分野では、このmineralizationという同じ用語が別の意味で用いられる。すなわち、生物遺骸が化石に変化する場合のように、有機化合物が金属やその他の無機物質と置換することや、溶存成分の沈殿といったプロセスを介して鉱物が形成される作用（鉱化作用）のことを指すのである。たとえば溶存態Fe^{2+}とコロイド状$Fe(III)$酸化物の沈殿による酸化鉄鉱物の生成がそれにあたる。このmineralizationに、bio-という接頭語をつけると、微生物が関与する鉱化作用の意味になる［訳注：一般的には、微生物のみでなく、貝殻やサンゴなどのような大型生物が鉱物形成に関与する場合もバイオミネラリゼーションという用語が用いられる］。

　微生物が鉱物形成をどの程度支配するのかということは、地球微生物学におけるひとつの重要な関心事である。「生物誘発性」のバイオミネラリゼーションでは、微生物の役割は代謝老廃物の放出を介した鉱物形成への影響というように間接的なものであり（Dupraz et al. 2009）、微生物が鉱物形成によって直接的な利益を得ることはなさそうである。一例を挙げると、ある種の細菌の周囲に不定形の鉄酸化物が形成される場合がそれにあたる。一方「微生物支配性」バイオミネラリゼーションにおいては、微生物は鉱物形成プロセスのすべてを制御する。そこには核形成、鉱物相の形成、さらには細胞の内部や周囲での位置決めといったプロセスが含まれる。第4章では以下の2

例について手短に紹介した。ひとつは珪藻が溶存ケイ酸塩から鉱物であるオパール（SiO_2/nH_2O）を形成し、絶妙に設計されたガラスの細胞壁を作るという例。もうひとつは、円石藻が炭酸カルシウムの沈殿を進めることで、円石細胞壁を形成するという例である。

▶ 炭酸塩鉱物

　バイオミネラリゼーションが生物誘発性であるか生物支配性であるかにかかわらず、炭酸塩鉱物の形成は、ひじょうに重要な炭素循環経路のひとつである。炭素に富んだ鉱物の形成を通じて、炭素は巨大かつ長寿命のプールに閉じ込められる。これは一次生産者による二酸化炭素の固定（有機炭素の生成）と対比的である（図13.5）。炭酸塩鉱物は生物圏における最大の炭素プールを構成しており、その大きさは、生物や溶存有機炭素を含むデトリタス有機物さらには大気中二酸化炭素のプールサイズを何桁も上回っている。炭酸塩プールに含まれる炭素元素の滞留時間は3億年のオーダーであり、これは大部分の有機炭素プール構成要素の滞留時間が500年〜1万年であるのと比べてずっと長い（Sundquist and Visser 2004）。人為的に炭酸塩鉱物の形成と埋没を促すことは、二酸化炭素を大気に放出することなく捕集するひとつの方法である。近年、大気中の二酸化炭素の増加を低減して気候への影響を最小限にするために、炭素貯留を強化する戦略に関心が集まっている。

　多くの微生物プロセスが、最も量の多い炭酸塩鉱物である炭酸カルシウムの形成に直接的ないしは間接的に関係している。たとえば微生物は、CO_2 あるいは HCO_3^- の動態に影響を及ぼすが、これらの化合物はいずれも以下の式で記述される炭酸カルシウムの形成に関わっている。

$$Ca^{2+} + 2HCO_3^- \rightarrow CaCO_3 + CO_2 \tag{13.3}$$

（炭酸カルシウムの沈殿にともなって CO_2 が発生することに注意せよ。この化学式から、なぜコンクリートの生産が大気中 CO_2 の増加と地球温暖化に寄与するのか説明することができる。）炭酸塩鉱物の生成を考えるうえで重要なパラメータは、溶解度積定数（K_{sp}）であり、これは次式で定義される。

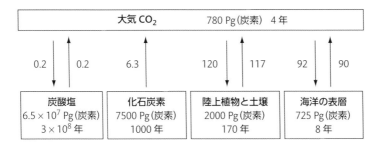

図13.5 炭酸塩、化石燃料（化石炭素）、陸域および海洋における炭素プールサイズと滞留時間。滞留時間はプールサイズをフラックス（流入と流出の平均）で除することによって求めた。化石炭素プールの大きさは現在の推定値の幅（5000〜〜10000 PgC）の中央値を使った。表層海洋には溶存無機炭素と溶存有機炭素が含まれる。表層海洋の滞留時間の計算には、深層との交換は含まれていない。データは Sundquist and Visser (2004) と Houghton (2007) による。

$$[Ca^{2+}]_{eq}[CO_3^{2-}]_{eq} = K_{sp} \quad (13.4)$$

ここで $[Ca^{2+}]_{eq}$ と $[CO_3^{2-}]_{eq}$ は、固体の炭酸カルシウム鉱物との平衡状態における Ca^{2+} と CO_3^{2-} の濃度である。K_{sp} が低ければ低いほど鉱物が生成される傾向が強くなる。普通に見られる炭酸塩鉱物の溶解度積定数は、何桁もの幅で変動する。また同じ化学組成の鉱物間でも定数は異なりうる（たとえばアラゴナイトとカルサイト）（表13.1）。あまり正式なやり方ではないが、溶解度を表現する方法として、鉱物が水中に溶存しうる最大濃度を用いることがある。炭酸のナトリウム塩であるナトロンは、1Lの水に数 kg 加えても溶存の状態を保つが、同じ1Lの水に溶解しうる炭酸カルシウムは2g以下である。

炭酸カルシウム鉱物に関して、ある特定の溶液がどの程度飽和に近いのかを評価するのに次の2つの指標が使われる。いずれの場合も、ある一定以上の値になると沈殿と鉱物の生成が起こりうる。まず地球微生物学においては飽和指数（SI）が使われる。

$$SI = \log\left([Ca^{2+}][CO_3^{2-}]\right)/K_{sp} \quad (13.5)$$

表13.1 バイオミネラリゼーションによって形成された可能性のあるいくつかの炭酸塩鉱物。溶解度定数（K_{sp}）は、ナトロンが測定値であるのを除いては、すべて計算値である（Morse and Mackenzie 1990）。最大溶存濃度のデータは Weast (1987) よる。20℃において最大濃度以上になると鉱物が沈殿する。これらの鉱物の形成に関わっている可能性のある微生物についての情報は本文および Konhauser (2007) と Ehrlich and Newman (2009) を参照のこと。

鉱物	化学式	$-\log(K_{sp})$	最大溶存濃度（飽和濃度）（$g \cdot L^{-1}$）	微生物
カルサイト	$CaCO_3$	8.30	1.4	シアノバクテリア
アラゴナイト	$CaCO_3$	8.12	1.5	シアノバクテリア
ドロマイト	$MgCa(CO_3)_2$	17.1	<1	硫酸還元微生物
マグネサイト（菱苦土石）	$MgCO_3$	8.2	10.6	放線菌
ナトロン	$Na_2CO_3 \cdot 10H_2O$	0.8	7100	硫酸還元微生物
Siderite	$FeCO_3$	10.5	6.7	鉄還元微生物
菱マンガン鉱	$MnCO_3$	10.5	6.5	マンガン還元微生物
ストロンチアン石	$SrCO_3$	8.8	1.1	様々な種類

　実験によれば、炭酸カルシウム鉱物が生成するのは、SI が約 1 以上（これは、$[Ca^{2+}][CO_3^{2-}]=10$ に相当する）の時である（Visscher and Stolz 2005）。一方、化学海洋学では飽和度（Ω）という少し異なる指標が用いられる。

$$\begin{aligned}\Omega &= \left[Ca^{2+}\right]\left[CO_3^{2-}\right] / \left[Ca^{2+}\right]_{sat}\left[CO_3^{2-}\right]_{sat} \\ &= \left[Ca^{2+}\right]\left[CO_3^{2-}\right] / K_{sp}\end{aligned} \quad (13.6)$$

ここで $[Ca^{2+}]_{sat}$ と $[CO_3^{2-}]_{sat}$ は、それぞれ $CaCO_3$ と平衡状態にあるときの Ca^{2+} と CO_3^{2-} の濃度である。現在の海洋の表層では、炭酸カルシウムは過飽和の状態にある。炭酸カルシウムの主要な化学形であるカルサイトとアラゴナイトの Ω 値はそれぞれ 5.6 と 3.7 である（Doney et al. 2009）。しかしこれらの値は、大気中二酸化炭素の増加に起因する海洋酸性化のために年々減少している。このことが円石藻（第 4 章）やその他の海産原生生物（有孔虫）さらにはサンゴといった炭酸塩でできた殻や細胞壁をもつ生物の生存を脅かしている。これらの生物は、生物支配性のバイオミネラリゼーションに関与

Chapter 13 地球微生物学への招待

図13.6 西部オーストラリアのシャーク湾にあるハメリンプール海洋自然保護区に見られる現世ストロマトライトの例。それぞれの直径は約 0.5 m である。写真は Paul Harrison による。GNU Free Documentation Licence の条件のもとに掲載。

している。

実際のところ、炭酸カルシウムのバイオミネラリゼーションにはさまざまな生物が関与している。酸素発生型および酸素非発生型の光合成生物は、CO_2 を取り除き、13.3 式で表された平衡を右辺へと移行させることで、炭酸カルシウム鉱物の生成を促進する。炭酸塩鉱物を生成する光合成生物のうちで、最もよく研究がなされているもののひとつにシアノバクテリアがある。ある種のシアノバクテリアは、微生物(シアノバクテリアやその他の微生物が含まれる)と鉱物(炭酸カルシウムとその他の鉱物)がいく層にも積み重なったマットを形成する。十分な大きさに成長した縞状のマットはストロマトライトと呼ばれる。ストロマトライト以外にも組成や大きさが異なるさまざまなマットがあるが、それらを総称して微生物岩(microbialites)と呼ぶ。現在も、「生きている」ストロマトライトをいくらかは見ることができるが(図13.6)、それらが全盛だったのは地球上に生物圏が誕生し始めた頃のことである。その時代には、地球上の優占生物は微生物マットであったのかもしれ

ない（Dupraz et al. 2009）。現生ストロマイト中のシアノバクテリアが炭酸塩鉱物の生成を促進するメカニズムには、上述した CO_2 の除去のほかに、細胞外多糖類の放出にともなう間接的な作用も含まれる。これらの細胞外多糖類は、炭酸カルシウム沈殿に際しての結晶核部位としての役割を果たす。

シアノバクテリア以外にも、微生物マットの無酸素層中に生息する硫酸還元細菌やその他の多くの嫌気性微生物が炭酸カルシウムの生物誘因性バイオミネラリゼーションに関与する。硫酸還元によって1モルの酢酸が完全に CO_2 に酸化される毎に、1.5モルの炭酸カルシウムが生成する（Visscher and Stolz 2005）。リビア砂漠のワディ・ナトルーン（Wadi Natrun）ではナトロン（$Na_2CO_3 \cdot 10H_2O$）の沈殿に硫酸還元微生物が関与しているといわれる（Ehrlich and Newman 2009）。ある種の環境中では、硫酸還元細菌の活性によって菱鉄鉱(りょうてっこう)（siderite; $FeCO_3$）が生成すると考えられている。一方、別の環境では、Fe(III) の還元が菱鉄鉱生成を促進する主要なプロセスであるという仮説が提案されている。ある種のマンガン含有性の炭酸沈殿物の生成には、Mn(IV) を還元する *Geobacter metallireducens* のような微生物が関わっているらしい。

▶ リン鉱物

炭酸鉱物の生成は炭素循環に直接的な影響を及ぼすが、一方リン鉱物は、一次生産やその他の微生物過程の制御を介して炭素循環に対して間接的な影響を及ぼす。地質学的な時間スケールにおいて、リンは海洋堆積物中に埋没するが、それに関わる最も重要な経路はリン酸カルシウム鉱物、特にリン灰石（apatite）の生成と沈殿である（Ingall 2010）。リン灰石はヒドロキシアパタイト（$Ca_{10}(PO_4)_6(OH)_2$）、フッ素リン灰石（$Ca_{10}(PO_4)_6F_2$）、塩素リン灰石（$Ca_{10}(PO_4)_6Cl_2$）を含む一群の鉱物を指す。リン灰石やその他のリン酸カルシウム鉱物は、堆積物中にカルシウムやリン酸塩が多量に含まれていることから期待されるほど簡単に形成されるわけではない。有機物の分解によるリン酸塩の放出は、リン灰石の生成を促進しうるが、そこには別のメカニズムも関与している可能性がある。

ナミビア沖のベンゲラ湧昇域では、生物誘因性バイオミネラリゼーション

BOX13.2　生命の起源の痕跡

現世の微生物マットの研究をする理由のひとつは、過去を理解し、約40億年前の先カンブリア時代にさかのぼる生命の起源に関する謎を解き明かすことにある。最も初期の生命の痕跡のいくつかは、いずれもオーストラリアにある35億年前のワラウーナ層群と34億年前のストレリー・プール累層で採取されたストロマトライトから見つけられている（Allwood et al. 2006; Konhauser 2007; Nisbet and Sleep 2001）。その構造体は、5〜200 μmの厚さの白亜質炭酸塩堆積物の波打った層と黒いケロゲンから成り立っていた。過去のストロマトライトは現世の微生物マットを思わせるいくつもの特徴を有していた。特筆すべきは、過去のストロマトライトから見つかった、現世の繊維状シアノバクテリアか、あるいは *Chloroflexus* のような酸素非発生型光合成細菌と類似した形態を有する微生物様の化石（微化石）である。その時代に微生物様の生命が存在したことを裏付ける別の証拠は、炭素や硫黄の同位体比や2-methylhopaneなどのシアノバクテリアのバイオマーカーからも得られた（Des Marais 2000）。始生代（38〜25億年前）にはストロマトライトの分布は浅海の蒸発岩が形成されるような海盆に限られていたが、それらは原生代（25億年〜5億年前）に数とサイズを爆発的に増やした。この時期に、ストロマトライトは今日の裾礁（きしょう）や環礁のように高さが数百メートルに達し、岸沿いに数百kmにもわたって発達した。その大きさと広がりから、ストロマトライトや微生物マットは、地球史の初期における生命や大気の進化において重要な役割を果たしたと考えられている。

がリン灰石の生成に寄与しているという強い証拠が得られている（Goldhammer et al. 2010）。硫化物を酸化する細菌が存在するときは、放射性のリン酸（$^{33}PO_4^{2-}$）がリン灰石に取り込まれたが、これらの細菌が存在しないときには取り込まれなかったのである。48時間後には^{33}Pがリン灰石に検出されたという結果からも明らかなように、反応はかなり迅速であった。メカニズムとしては、Ca^{2+}を錯化するポリリン酸塩が生成され、それが最終的にリン灰石の生成につながったという可能性や、ポリリン酸塩がPO_4^{3-}へと加水分解され、その結果としてリン灰石の沈殿が生じたといった可能性が考えられた（図13.7）。正確なメカニズムがなんであれ、無酸素の堆積物中でリン

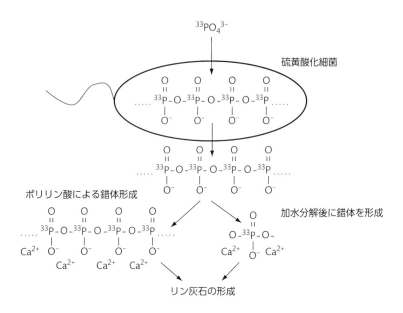

図13.7 硫化物を酸化する細菌（硫黄酸化細菌）によるリン酸イオンの取り込みと、それに続いて起こるリン灰石の形成。リンに富んだ環境中で細菌がリン酸イオンを取り込むとその一部をポリリン酸として貯蔵する。ポリリン酸は細胞内あるいは細胞外で加水分解されてリン酸イオンに戻る。放出されたリン酸イオンはCa^{2+}と錯体を形成する（Goldhammer et al. 2010）。あるいは直接ポリリン酸が放出され、加水分解されることなくCa^{2+}と錯体を形成する（Ingall 2010）。

酸塩がリン灰石として埋没したというのは驚くべき結果であるといえよう。なぜなら、通常このような無酸素条件下では（少なくともここで調べられたような海洋システムを除くその他の環境中では）、リン酸塩は堆積物から放出されるからである。おそらく重要なのは、有機物に富んだ海洋堆積物中には硫黄酸化細菌が大量に存在するのに対し、海洋以外の無酸素堆積物や土壌にはこれらがいないという点であろう。［訳注：たとえば淡水湖の湖底では、堆積物が嫌気状態になると水酸化鉄の還元溶解にともないリン酸塩が湖水中に溶出するという現象が見られる。一般に、淡水では硫酸イオン濃度が低いため、嫌気環境中での硫酸還元にともなう還元型硫黄の生成は海洋に比べて不活発である。そのため、本節で紹介されているような硫黄酸化細菌の寄与

表13.2 鉄を多く含む鉱物の例。微生物プロセスとの関連性についてもまとめた。「酸化物」には水酸化物が含まれる。

種類	鉱物	化学式	付記事項
炭酸塩	菱鉄鉱（りょうてっこう）	$FeCO_3$	鉄還元微生物によって生成された Fe(II)
酸化物	アモルファス鉄水酸化物	Fe_2O_3	結晶度が低く鉄還元微生物が容易に利用できる
酸化物	フェリハイドライト	$Fe_2O_3 \cdot 0.5(H_2O)$	ある程度の結晶度を有する
酸化物	赤鉄鉱	Fe_2O_3	安定な鉄酸化物
酸化物	針鉄鉱	$FeO(OH)$	安定な鉄酸化物
酸化物	磁鉄鉱	Fe_2O_4	走磁性細菌によって生成される
硫化物	黄鉄鉱	FeS_2	硫化物酸化微生物
硫化物	グレイジャイト	Fe_3S_4	走磁性細菌によって生成される

も海洋に比べると小さいものと考えられる。〕珪藻由来のポリリン酸が堆積物中でのリン灰石の生成において重要であるということも示されている（Diaz et al. 2008）。

▶ 酵素が関与しないプロセスを介しての鉄鉱物の生成

　ある環境中では、鉄が微生物の増殖を制限する元素のひとつになるが、別の環境中では鉄の濃度は非常に高く、微生物は細胞の機能を維持するのに必要な十分な量の鉄を簡単に得ることができる。なんと言っても、鉄は地殻中で最も多量に存在する元素のひとつなのである（第2章）。地球微生物学では、鉄鉱物の生成、とりわけ規模が大きく形成年代の古い鉄に富んだ堆積鉱床の形成における微生物の役割に関心がもたれている。堆積鉱床のあるものは、採掘会社が興味をもつほど大規模である。最も古い堆積鉱床のひとつは先カンブリア時代の約25億年前から18億年前にかけて形成された縞状鉄鉱床である（Bekker et al. 2010）。この鉱床では、鉄とケイ素（SiO_2 またはチャート）のどちらが多く含まれるのかによって色が異なる1〜2cmの厚さの層が交互に重なっているが、それが「縞状」の名の由来である。鉄が豊富な鉱物には、赤鉄鉱や磁鉄鉱、シャモス石、菱鉄鉱が含まれる（表13.2）。縞状鉄鉱床の形成には、さまざまな微生物や微生物プロセスが関与していると

考えられており、先カンブリア時代に起きた、酸素に富んだ大気の出現に関連する、地質学的な謎を解く重要な手がかりが隠されている。

縞状鉄鉱床の形成には、細胞表面や細胞外ポリマーへの鉄およびその他の鉱物の受動的吸着が関係している。縞状鉄鉱床の形成よりはずっと小規模で、年代的には新しく、またそれほど目覚ましくはない鉱物の形成も、同様のメカニズムで説明することができる。Beveridge and Murray (1976) の二段階吸着モデルに類似したあるモデルによれば、微生物とその細胞外ポリマーが受動的な結晶核部位として働くことで、酸素の存在下で、溶存態の Fe^{2+} が鉄の水酸化物（$FeO(OH)\cdot nH_2O$）として沈着する。沈着した鉄水酸化物はさらなる沈着を促し、最終的に細菌は鉱物のマトリックスにすっぽりと覆われる。これはバイオミネラリゼーションの好例といえよう。細菌は鉱物形成に密接に関わっているように見えるが、その役割は受動的であり、細胞表面、細胞外ポリマー、およびその代謝は、必ずしも鉄鉱物の沈着を促進するようにデザインされているわけではない。

鉄沈着細菌あるいは単に鉄細菌と呼ばれる微生物は、細胞の表面に鉄のリガンドを合成することで Fe(II) の酸化を促進する。ただし以下に考察する真の鉄酸化微生物の場合とは異なり、これらの細菌はこのプロセスによって必ずしもエネルギーを獲得しているわけではない。鉄沈着細菌のひとつの属である *Leptothrix* は、鉄に富んだ低酸素の淡水環境中で普通に見つかる（Fleming et al. 2011; Emerson et al. 2010）。この属の細菌には、真の化学無機栄養鉄酸化を行ういくつかの種とともに、従属栄養のものも含まれるが、いずれの場合も、細菌は鉄鉱物によって覆われたチューブ状の鞘を作る。ただし鉄鉱物が沈着した鞘の多くは生細胞を含んではいない。これは、鉄の沈着によって死亡することを避けるために、細菌が鞘から脱出したことを意味している。どの程度うまく脱出できるかは、細菌の種類によって異なるようである（Schadler et al. 2009）。

▶ 磁鉄鉱と走磁性細菌

微生物生態学の観点からみると、磁鉄鉱は、走磁性細菌にとって不可欠の鉄鉱物であるという点で興味深い。一方で地質学者は、地質学的な時間スケ

BOX13.3 磁鉄鉱と火星の生命

鉄酸化細菌と走磁性細菌は磁鉄鉱を生成する。そのため磁鉄鉱の存在は、かつては火星に存在し、今日でも地球の深い地下環境に生き延びている生命の存在を裏付ける証拠とされてきた（Jimenez-Lopez et al. 2010; Nisbet and Sleep 2001）。とりわけ、火星隕石 ALH84001 については、火星生命の痕跡を含むという論文（McKay et al. 1996）を受けて、詳細な解析が行われた。1996 年の報告以来、地球微生物学者は、生物起源の磁鉄鉱と非生物的過程で形成される磁鉄鉱を識別する特徴を明らかにしてきた。その特徴にはサイズ、形状、化学的純度、結晶構造などが含まれる。残念なことに、ALH84001 の磁鉄鉱の特徴から、それが生物起源であることは裏付けられなかった。ALH84001 に見られたその他の微生物を思わせる特性も、今日では生物学的なプロセスを持ち出さなくても説明ができるとされている（Jull et al. 1998）。したがって火星生命の存在はまだ立証されていない。

ールにおける地球の磁場の方向や強度の変動が磁鉄鉱に記録されているという観点から、その鉱物にとても強い関心をもっている。地磁気の変動は、プレートテクトニクスやその他の地学的プロセスの理解を深めるうえできわめて重要である。磁鉄鉱は、地球上で最も磁性が強い鉱物であるが、磁気特性をもつ単磁区磁石は、適当な大きさの磁鉄鉱結晶のみである。磁鉄鉱の生成に関わる微生物プロセスには、微生物による磁鉄鉱形成の場の提供と、微生物の生理学的な役割という 2 つの側面がある。

磁鉄鉱は、有機炭素の酸化と共役した Fe(III) 還元の副産物として生成されることがある（第 11 章）。異化的 Fe(III) 還元細菌である *Geobacter metallireducens* と *Shewanella putrefaciens* については多くの研究がなされている。磁鉄鉱は、3 価鉄の還元の結果生成される Fe(II) から非生物的に生成され、その大部分は小型の結晶であり、細胞の外側に非整列鎖あるいはその他の配列で配置される（Bazylinski et al. 2007）。大部分の結晶は小さすぎて磁気特性を示さず、これらの Fe(III) 還元細菌は磁場に応答しない。ただし、全生産量に占める単磁区磁石の寄与は低いとはいえ、Fe(III) 還元細菌の細胞あたりの単磁区磁石の生産量は、走磁性細菌を 5000 倍も上回る。

Fe(III)還元細菌が媒介するプロセスの場合、磁鉄鉱はその副産物として生産されたのであるが、これとは対照的に、走磁性細菌においては、独自の生理生態学的な機能を有する不可欠な構成要素として磁鉄鉱が生産される（Bazylinski et al. 2007）。走磁性細菌はプロテオバクテリアの多くの系統群で普通に見られるが、それらは、いずれもマグネトソームと呼ばれる膜で縁取られた細胞内構造をもっている。マグネトソームには、磁鉄鉱またはグリグ鉱あるいはその両方が含まれている。その名前からもわかるように、走磁性細菌は、地球の磁極に向かって、あるいはそこから遠ざかるように遊泳する。これはマグネトソームの配置が、地球の磁場線とどのような位置関係にあるのかによって決まるのである。走磁性細菌の死細胞でさえも磁場に対して定位する。走磁性細菌の磁鉄鉱が磁気をもつのは、それが化学的に純粋であり、また典型的には35〜120 nmという適当なサイズ範囲内にあるからである（Bazylinski et al. 2007）。生息環境中の温度条件下において、走磁性細菌の磁鉄鉱結晶は永久単磁区磁石であるが、それはこのようなサイズと化学特性によるものである。

　走磁性という行動様式が、微生物にどのような利益をもたらすのかについては完全には明らかではない。特に、稀に見られる磁鉄鉱をもつ真核微生物が、走磁性によってどのような利益を得ているのかについては不明である。走磁性細菌にとっての利益を説明するひとつの仮説は、走磁性のおかげで、細菌が上向きと下向きを認識できるというものである（図13.8）。走磁性と、酸素勾配を認識するメカニズムである走気性を組み合わせれば、細菌は最適な酸素濃度にある微小環境（多くの場合、微好気的な環境）や、あるいは化学無機栄養細菌の場合ならば、最適な硫化水素濃度の微小環境を見つけだすことができるかもしれない。つまり走磁性のおかげで、細菌の世界が3次元から1次元（上向きと下向き）へと変換されることで、酸素あるいは還元型の硫黄化合物の濃度勾配を使った化学走性の効果を高めることができると期待されるのである。この仮説の難点のひとつは、走磁性細菌が赤道でも見つかるということである。赤道では地表面に対して磁場線が水平であるため、走磁性を上向きと下向きの識別のために使うことができないのだ。とはいえ、細菌はマグネトソームの合成に大量の鉄（細胞の乾燥質量の3％）とエネル

Chapter 13 地球微生物学への招待

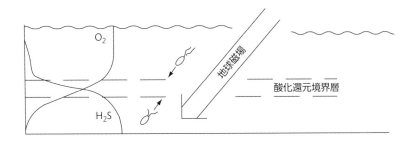

図13.8 微生物が走磁性を示す理由を説明するひとつの仮説。これによると、地球磁場に沿って移動することで、走磁性細菌は自らの増殖にとって好適な環境である酸化還元境界層をより効率的に見つけだすことができる。この模式図は北半球の場合である。Bazylinski and Frankel (2004) に基づく。

ギーを投ずるのだから、マグネトソームをもつことで、なんらかの利益を得ているはずである。

▶ マンガン酸化細菌および鉄酸化細菌

　細菌によるマンガンや鉄の酵素的な酸化が、マンガンと鉄のいずれか、ないしはその両方を含んだ鉱物の生成に関与する場合がある。鉄酸化細菌の記載は1837年にさかのぼるものの、その生理学や生態学については不明の点が多く残されている (Emerson et al. 2010)。マンガン酸化細菌については、そもそもマンガンの酸化によって細菌はエネルギーを獲得できるのかといったことも含めて謎が多い。鉄とマンガンは、地球化学的あるいは地球微生物学的な観点からみて共通するところが多いことから、以下に鉄酸化細菌とマンガン酸化細菌の両者について考察を加えることとする。

▶ 鉄酸化

　多くの原核生物が、以下の反応に従って2価鉄（Fe^{2+}）を酸化しエネルギーを獲得することができる。

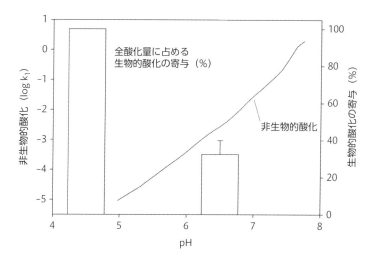

図13.9 好気的環境中における Fe(II) の生物的および非生物的な酸化。データは Neubauer et al. (2002) と Luther (2010) より。

$$4Fe^{2+} + O_2 + 4H^+ \rightarrow 4Fe^{3+} + 2H_2O \quad (13.7)$$

式 13.7 から潜在的に得られるエネルギーは 29 kJ mol^{-1} にすぎない。これはすべての化学無機独立栄養代謝の中でも最も低レベルのエネルギー収率である（Emerson et al. 2010）。ただし、副産物の 3 価鉄（Fe^{3+}）が沈殿してフェリハイドライトを生成すると、エネルギー収率は 2 倍になる。この反応は、中性に近い好気環境中では自発的に起こる。酸素分圧が低ければ、さらに多くのエネルギーが獲得される（$\Delta G° = -90$ kJ mol^{-1}）。鉄酸化細菌は、pH が中性付近の時には比較的多くのエネルギーを獲得できるが、pH が高い時には Fe^{2+} の非生物的な酸化反応と競合しなくてはならない（図 13.9）。上述のように、鉄酸化細菌が直面するもうひとつの問題は、副産物である酸化鉄の沈着物の塊の中に永遠に閉じ込められてしまうというリスクである。鉄が沈着した鞘や柄は、化学無機栄養鉄酸化細菌に特徴的に見られる形状である。

多様な細菌がさまざまな代謝経路を使って鉄を酸化する（表 13.3）。最もよく知られている例は *Gallionella*（ベータプロテオバクテリア綱）による化

表13.3 鉄酸化細菌の例。硝酸イオンを電子受容体として用いる鉄酸化細菌は脱窒細菌であり N_2 を生成する。光無機栄養鉄酸化細菌は2価鉄の酸化によって得た電子を使って二酸化炭素を還元し独立栄養的に有機物を合成する。化学有機栄養細菌は、鉄を酸化するものの、鉄ではなくて有機物を酸化することによってエネルギーを獲得する。Canfield et al. (2005) および Emerson et al. (2010) に基づく。

代謝	電子受容体	高次系統分類群	例
好中性の無機栄養	O_2	ベータプロテオバクテリア	*Gallionella*
		ゼータプロテオバクテリア	*Mariprofundus ferrooxydans*
	NO_3^-	ベータプロテオバクテリア	*Thiobacillus denitrificans*
		アルファプロテオバクテリア	FO1 その他*
		ガンマプロテオバクテリア	FO4 その他*
好酸性の無機栄養	O_2	ニトロスピラ門	*Leptospirillum*
		放線菌門	*Sulfobacillus*
		クレン古細菌	*Sulfolobus*
		ユーリ古細菌	*Ferroplasma acidarmanus*
化学有機栄養	O_2	ベータプロテオバクテリア	*Leptothrix*
		アルファプロテオバクテリア	*Pedomicrobium*
光無機栄養	CO_2	アルファプロテオバクテリア	*Rhodovulum*
		クロロフレクサス門	*Chlorobium ferrooxidans*

* ファンデフカ海嶺の熱水噴出孔から単離されたいくつかの微生物株においては、酸素または硫酸イオンを電子受容体として使うことが示された（Edwards et al. 2003）。

学無機栄養的な酸化である。この反応が最初に記載されたのは19世紀のことである。他の鉄酸化細菌とは対照的に、*Gallionella* の株は簡単に培養ができ、かつ実験室の条件下で増殖する（Emerson et al. 2010）。微好気性であるこの微生物が最もよく増殖するのは、低濃度の酸素が存在し、かつ Fe^{2+} が嫌気層から供給される環境、すなわち好気層と嫌気層の境界である。おそらくこの境界層に定位するためであるが、*Gallionella* の一種である *G. ferruginea* は、柄の先端に豆状の細胞がついた形状をしている。本種を含むいくらかの鉄酸化細菌は独立栄養を営み、中性付近の生息場所で増殖する。鉄酸化細菌の中には、酸素の代わりに硝酸イオンを電子受容体として使うものもある。その反応式は以下のとおりである。

$$10Fe^{2+} + 2NO_3^- + 6H_2O \rightarrow 10Fe^{3+} + N_2 + 12OH^- \tag{13.8}$$

無酸素の環境中で Fe^{2+} がどのようにして非生物的な酸化を受けうるのかについては不明の点が多いが、式 13.8 は嫌気環境における鉄の地球化学的循環を理解するうえで重要である。

別の化学無機栄養鉄酸化細菌は、pH が低い環境中でよく増殖する。鉄鉱山の廃水中に生息する *Leptospirillum* と *Ferroplasma* を含む鉄酸化細菌群集については第 10 章で考察したとおりであるが、このような（あるいはその他の）好酸性鉄酸化細菌こそが、廃鉱からの廃水に酸性度をもたらす主な原因である。鉱山廃水が強酸性化する問題は、黄鉄鉱（FeS_2）のような鉄硫黄鉱物の酸化から始まる

$$FeS_2 + 14Fe^{3+} + 8H_2O \rightarrow 15Fe^{2+} + 2SO_4^{2-} + 16H^+ \tag{13.9}$$

この反応によって硫酸が生成される。鉄酸化細菌が存在しなければ、pH が低い環境中では Fe^{2+} が安定であるため、黄鉄鉱に比較して 3 価鉄（Fe^{3+}）の濃度は低くなり、酸の生産は最小限に留められる。3 価鉄が必要なのは、それが酸素のような他の化合物よりも強い触媒であるからである。ところが好酸性の鉄酸化細菌が存在すると、Fe^{2+} の酸化によって Fe^{3+} を生成する逆反応が活発に起こるため、黄鉄鉱の酸化が進み、酸の生成がより迅速に進むのである。最終的には、酸性の鉱山廃水によるきわめて深刻な環境破壊が引き起こされる。

その他の鉄酸化細菌として、酸素非発生型の光独立栄養細菌が挙げられる。酸素発生型あるいは硫黄酸化型の酸素非発生型独立栄養微生物は H_2O や H_2S を使うのであるが、その代わりに、これらの細菌は Fe^{2+} を電子供与体として用いることで CO_2 を還元するのである。実験的な研究によれば、以下の式に示すように、1 モルの CO_2 を還元するために 4 原子の Fe^{2+} が必要である（Ehrenreich and Widdel 1994）。

$$4Fe^{2+} + CO_2 + 4H^+ + 光 \rightarrow CH_2O + 4Fe^{3+} + H_2O \tag{13.10}$$

光栄養の鉄酸化細菌は、硫黄の酸化と酸素非発生型の光合成を行う紅色硫

黄細菌や紅色非硫黄細菌および緑色細菌と近縁である（第11章）。今日の地球上では、光栄養鉄酸化細菌の分布は、2価鉄の濃度が高く、硫化物の濃度が低く、かつ十分な光があるような環境に限られている。

　とはいえ、地球上の生命の初期進化を調べている地球微生物学者にとっては、光栄養鉄酸化細菌が興味深い研究対象になっている。鉄酸化によって酸素非発生型光栄養を営む細菌は、シアノバクテリアに先行して生物圏に現れた、最初の光合成生物であった可能性がある。もしそうであれば、またもしそれらの生物量が大きくかつ十分な活性を有していたとしたら、先カンブリア時代に、酸素濃度の上昇が始まる時期（約25億年前、図11.1）を待たずして、縞状鉄鉱床の形成が始まったのは、光栄養鉄酸化による酸化鉄の生成によるのかもしれない（Kappler and Straub 2005; Crowe et al. 2008）。これについては酸素依存型の化学無機栄養の鉄酸化が関与しているという別の仮説も存在する。しかしその場合、シアノバクテリアによる酸素発生は25億年以上前にすでに起きていたことになるし、また、そうでありながら、大気中の酸素濃度が検出可能なレベルにまで上昇しなかったのがなぜなのかが説明されなくてはならない。鉄と硫化物に駆動される酸素非発生型光合成は、原生代における酸素レベルの調節においても重要な役割を果たしていたのかもしれない（Johnston et al. 2009）。［訳注：図11.1にあるように、25億年前から5億年前までの期間は、大気中酸素濃度はパスツール点とよばれる現在の酸素濃度の1%のレベルから最大でも40%を超えない範囲であったと推定されている。この時期、特に原生代の酸素濃度レベルの調節のうえで、海洋の酸素非発生型光合成微生物が重要な役割を果たした可能性がある。］

▶ マンガン酸化細菌

　先カンブリア時代の縞状鉄鉱床には、Fe(III)酸化物と共に、Mn(III)オキシ水酸化物とMn(IV)酸化物が含まれる（Konhauser 2007）。鉄とマンガンが共沈し、鉄マンガン堆積物が形成される現象は、今日でも普通に見ることができる。このような堆積物の有名な例として、海底や土壌あるいは湖沼で見られるマンガンノジュールが挙げられる。太平洋の海底は10^{12}トンのノジュールで覆われており、ニューヨーク州のオナイダ湖には10^6トンのノジ

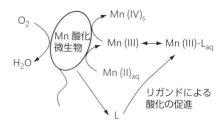

図13.10　2つの1電子移動反応によってMn(II)が酸化されるメカニズム。Mn(II)は最初にMn(III)に、続いてMn(IV)酸化物に酸化される。下付き文字の「s」は固相であることを、また「aq」は水相(溶存態)であることを示す。マンガンが低濃度のとき、細菌は有機リガンド(L)を生成する。有機リガンドの働きでMn(II)のMn(III)への酸化が促進されうる。Tebo et al. (2010)に基づく。

ジュールが堆積していると考えられている。このようなマンガン鉱物は、その産業上の価値に加え、きわめて反応性の高い表面を提供することで、他の金属や化合物の非生物的な転換を媒介するという点で重要である。ヒ素汚染の拡大に関わる重要なプロセスである、亜ヒ酸塩の酸化はその一例である(Ginder-Vogel et al. 2009)。Mn(II)の非生物的な酸化速度は遅いため、大部分のマンガノジュールやその他のマンガン鉱物は、マンガン酸化細菌の代謝副産物として生成され、そのプロセスで菌類がいくらかの補助的な役割を果たすものと考えられている(Tebo et al. 2005)。鉄酸化細菌の場合のように、マンガン酸化細菌はマンガン酸化物によって覆われており、それが沈着した突起物や鞘あるいは芽胞を有する。

　マンガン酸化細菌や菌類がマンガンを酸化する理由はまだ完全には明らかではない。これらの微生物がマンガン酸化によってエネルギーを獲得しているという確証が無いのである。環境条件やどのような仮定を置くかのよって異なるが、理論的には37〜76 kJ mol^{-1}程度のエネルギー獲得が可能であるという試算もあり、この値は鉄酸化のエネルギー収率と同等あるいはそれを上回る(B. Tebo私信)。一方で、*Bacillus*属のある細菌株では、胞子がマンガンを酸化することから、マンガン酸化には細胞の代謝活性さえも必要ないと考える根拠もある。しかし別の研究によれば、マンガン酸化は、特異的な

BOX13.4 微生物は全能ではない

本書を通じてのひとつのテーマは、細菌や古細菌あるいは原生生物の代謝に見られる非常に大きな多様性を探ることにある。微生物は、一見したところ熱力学的には不可能な反応によってエネルギーを獲得することもできるため、なんでもできるようにさえ見える。しかしまれではあるが、微生物がみすみすエネルギー獲得反応の利益を得ることをしそこねているかにみえるケースもいくつかはある。そのひとつの例がマンガンの酸化である。また還元型の鉄とは対照的に、酸素非発生型の光合成において還元型のマンガンが電子供与体（還元剤）として使われることはない（アンモニウムも使われない）。しかし微生物生態学者や微生物学者が、それらがおきている現場を見逃している、あるいは適切な実験が行われていないということも十分に考えられる。ある種の酸素非発生型光合成細菌が、亜硝酸イオンを還元剤として利用するということが明らかになったのはごく最近のことである（Schott et al. 2010）。

酵素や特別な細菌が媒介する特異的な過程のようである（図 13.10）。マンガン酸化細菌の突然変異株を用いた研究や、*Pseudomonas putida* sp. GB-1 のゲノム解析の結果によれば、潜在的には、いくつもの酵素がマンガン酸化に関与している。マルチ銅酸化酵素（MCO）型の酵素はその顕著な例である（Tebo et al. 2005）。この型の酵素は、酸素分子の 4 つの電子を還元して水を生成する反応を触媒する数少ない酵素のひとつであるが、マンガン酸化における電子受容体が酸素であるとすれば、このような酵素が必要であろう。

もし細菌や菌類が、マンガン酸化によって直接的にエネルギーを獲得しないのだとすれば、なぜそのような反応を媒介するのか？　これに関してはこれまでいくつもの考え方が提唱されてきた。マンガン沈着物で覆われたマンガン酸化微生物は、過酸化物のような活性酸素種や、紫外線および紫外線が引き起こす光化学反応によって生成される強い酸化剤から保護されているのかもしれない。被覆はまた、捕食者やウィルスを防ぐ鎧ともなるであろう。Mn(II) の酸化が、直接的な ATP 生成には結びつかないとしても、間接的にはエネルギー生成に寄与するという可能性も指摘されている。すなわち、マ

ンガン酸化によって生成される Mn(IV) 酸化物や水酸化物は、部分的にではあるが、難分解性有機物の酸化を助けることで、それらを微生物に利用されやすい形に変化させるらしい。実際ある種の菌類は、Mn(IV) 酸化物を使ってリグニンの分解を行うようである（第5章）。

▶ 微生物による風化と鉱物の溶出

　ある種の微生物の代謝や非生物的な反応によって、溶液中のイオンは鉱物へと変換されるが、その一方で、鉱物を壊し溶液中のイオンの状態へと戻すという逆方向のプロセスを媒介する微生物代謝や非生物的な反応もある。地質学や地球微生物学においては、一次鉱物の分解や溶解およびそれにともなう二次鉱物の形成のことを「風化」と呼ぶ（Uroz et al. 2009）。二酸化炭素による岩石の溶解は、おそらく炭素循環に関わる最も重要な風化反応といえるだろう。以下の反応式はその一例である。

$$CO_2 + 2H_2O + CaAl_2Si_2O_8 \rightarrow Al_2Si_2O_5(OH)_4 + CaCO_3 \tag{13.11}$$

　式 13.11 には CO_2 と水の結合による炭酸（H_2CO_3）（弱酸）の形成が明示的に示されていないが、実際に風化を引き起こすのはこの炭酸とその電子である。前に示したように（図 13.5）、風化の最終的な結果として、大気中の二酸化炭素は、地質学的なリザーバーに取り込まれる。これは独立栄養生物が、大気中二酸化炭素を細胞の有機物という生物学的なリザーバーに取り込むプロセスと同じようにとらえることができる。ただし、これら2つの二酸化炭素の除去過程には、その時間スケールという面において非常に大きな隔たりがある。生物学的な炭素循環の時間スケールは数日から数年であり、これは光独立栄養微生物や高等植物の寿命に相当する。一方、地質学的なメカニズムによる大気中の二酸化炭素の除去は、数千年から数百万年の時間スケールのプロセスである。しかし、このように時間スケールの長い地質学的なプロセスさえも、微生物の影響を受けるのである。

　式 13.11 に示したのは、生物地球化学的な循環に影響を及ぼし、またその

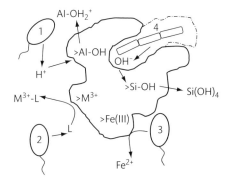

図13.11 鉱物の溶解に対する微生物の影響メカニズム。1. 酸度（プロトン）、2. 低分子化合物と細胞外ポリマーを含むリガンド（L）、3. 鉄還元、4. 水酸化物。水酸化物が関与するメカニズムの点線は、微生物が鉱物や岩を穿孔し、穴の中に細胞外ポリマーを分泌することを表している。これによって溶解促進化合物を保持することができる。金属に付した「＞」のしるし（たとえば＞Al-OH）は、土壌鉱物の中の別の元素との結合を示す。

中でさまざまな役割を果たす、多くの風化反応やその関連プロセスのただひとつの例にすぎない。それらのすべてとは言わないまでも、多くのものについては、なんらかの形で微生物の関与が認められる。図13.11には、微生物が鉱物の溶解に対して影響を及ぼすメカニズム（誇張した言い方をすると、微生物が「岩を食べる」仕組み）のいくつかをまとめた。生物誘発性と生物支配性バイオミネラリゼーションの場合と同様、微生物が鉱物の溶解や風化に対して及ぼす作用には、直接的なものと間接的なものがある。たとえば、私たちはすでに多くの微生物が二酸化炭素の生成や消費をすることを見てきたが、それを通して、間接的に鉱物の溶解に影響を及ぼしているのである（式13.11を見よ）。別の極端な例（直接作用）としては、微生物が鉱物を溶解することで、リン灰石に含まれるリン酸塩を養分として摂取するプロセスが挙げられる。あるいは *Geobacter* や *Shewanella* 属の細菌は鉄を還元するが、その作用によって、鉱物から鉄やその他のイオンが溶出する。

BOX13.5 微生物と記念碑

それが自然界の一部であろうと、人間が建造した構造物の一部であろうと、鉱物には微生物が定着する。後者の場合、微生物は石碑や石像あるいは歴史的建築物の劣化を引き起こし、たとえばメキシコのマヤ遺跡のような考古学的・歴史的に重要な地区にとっての脅威になる（McNamara et al. 2006）。見えにくいがたぶんもっと重要なのは、地中のコンクリートに対する微生物の影響である。コンクリート製の下水管は微生物が生成する酸や硫化水素によって侵食される。別の微生物が硫化水素を酸化することで硫酸が生成され、コンクリートの劣化はさらに進むのである。

▶ 酸および塩基の生成による溶解

　微生物による岩石の風化は、新鮮な岩石表面に、細菌や菌類あるいは藻類が定着（colonize）した時から始まる。岩石表面にどのような種類の微生物が定着するのかは、鉱物の組成やその他の環境特性によって異なる。さまざまな鉱物（白雲母、斜長石、カリ長石、石英）の表面に定着した細菌群集をDNA フィンガープリント法（第9章）で調べた研究によれば、鉱物の種類によって細菌群集組成は異なった（Gleeson et al. 2006）。定着した細菌は、酸や有機リガンド（後述）あるいは場合によっては HCN を生産し、鉱物の溶解を促進する（Frey et al. 2010）。岩石の表面に定着する（これを岩上生（epilithic）と呼ぶ）微生物がいる一方で、露出した岩石表面の過酷な環境から逃れるために、岩の割れ目や隙間の中で増殖する（これを岩内生（endolithic）と呼ぶ）微生物もいる。岩石表面の環境は、利用可能な水が乏しい、太陽光に完全に暴露される、利用できる養分が乏しいなど、微生物にとっては過酷な生息条件である。菌類の菌糸は、岩の間や鉱物粒子の隙間の細い流路に巧みに侵入することができる（Gadd 2007）。これらの微生物による酸やリガンドの生産は、岩石表面の性状に大きな変化をもたらしうる。その影響は、最初は単にキズやスジをつけることから始まり、岩石を大きく破壊するような作用にまで及びうる（Konhauser 2007）。微生物作用によって脆くなった岩石は、物理的な力がわずかに加わるだけで簡単に浸食し新た

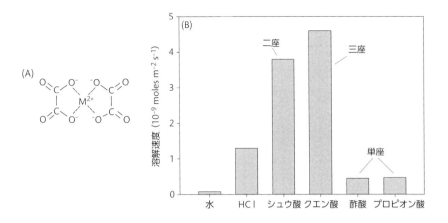

図13.12 有機酸による溶解。(A) 金属（M^{2+}）に結合したシュウ酸。(B) 無機および有機の酸による亜灰長石の溶解。データは Welch and Ullman (1993) より。

な反応面を露出する。

　岩内生の藻類が、砂岩やその他のケイ酸塩を含む岩石の溶解を促進するプロセスには別のメカニズムが関与している（Büdel et al. 2004）。岩内生藻類は、光合成を行うことで藻類細胞を取り巻く微環境のpHを10以上に上昇させる。その結果生じたOH^-イオンは、Si-OH結合の脱プロトン化と、岩石からの溶存イオンの消失を引き起こす。藻類には光が必要なので、岩内生藻類が活性を示すのは、岩石表面から数ミリメートル以内の範囲のみである。またこれらの藻類が増殖できるのは、土壌や植生によって覆われていないむき出しの岩石の内部である。このような岩石環境は、チリのアタカマ砂漠（Wierzchos et al. 2010）や南極といった、地球上で最も極端な環境において見られる。地衣類もまた岩石の表面や内部では普通に見られ、酸や細胞外ポリマーの生産や岩石の中に水が移動するための通路を作りだすことを通して、風化の促進に寄与することがある（Banfield et al. 1999）。

▶ 低分子および高分子リガンドによる溶解

　酸を生産する微生物は、有機態の陽イオンやプロトンを放出することで、

風化反応に影響を及ぼす。これらの陽イオンは、金属を錯化することができる。したがって鉱物の溶存性を高め、固相からのイオンの溶出を促す。二座配位子あるいは三座配位子の有機酸は、単座のものに比べてより効果的である（図13.12）。たとえばシュウ酸（二座配位子）の濃度は、実際に鉱物の溶解に影響を及ぼしうるレベルに達しうる。ただし酸性の官能基をひとつしかもたないグルコン酸塩でも、ケイ酸塩鉱物の溶出を促進することが知られている（Vandevivere et al. 1994）。有機酸は、発酵細菌（第11章）によって生産されるほかに、有機物を部分的に酸化する細菌によっても生産される（たとえばグルコースの不完全酸化によるグルコン酸塩の生成）。いずれの場合も、有機酸の蓄積が見られるのは有機物に富んだ環境中においてのみである。

　微生物が、特定の金属を獲得するために放出するシデロフォアや有機リガンドも、鉱物の溶解に寄与しうる。有機酸とともに、これらの有機リガンドは、固相からの金属の溶存化を促進する。また微生物は、低分子のリガンドに加え、細胞外多糖類やその他のポリマーを生成することを通して、鉱物の溶解や風化反応に対して影響を及ぼすことがある。実際、単離したポリマーが、鉱物の溶解に対して直接的な影響を及ぼすことを示した実験結果も得られている（Welch et al. 1999）。酸性団をもつアルギン酸のようなポリマーは、でんぷんのような中性のポリマーに比べて、鉱物の溶解を促進する力が強い。一方ポリマーの種類によっては、鉱物の反応部位を覆い保護することで、溶解を阻害する作用を及ぼすこともある。また直接的な影響が見られない場合でも、ポリマーは鉱物表面の近傍にプロトンや水酸基を保持し、それらの濃度を局所的に高めることを通して、間接的に鉱物の溶解速度に影響を及ぼしうる。乾燥した環境中では、ポリマーが水を保持することを通じて、岩石の破砕や加水分解あるいはその他の化学反応が促進され、究極的には岩石の破壊につながる。

▶ 化石燃料の地球微生物学

　前節までに見てきたように、微生物は一般的な鉱物の溶解や岩石の風化に

大きく貢献しているのだが、その一方で、化石燃料である石炭や石油（これらも一種の「岩石」である）の分解に関してはあまり成功しているとはいえない（微生物による分解が進まないからこそ炭鉱や油田は存在するのである）。むしろ間接的にではあるが、微生物は化石燃料の生産に貢献しているのである。細菌や菌類は、易分解性の有機化合物を分解し、難分解性有機物を後に残すが、この難分解性有機物は、長時間に及ぶ地質学的なプロセスを経て石炭や石油に変換される。石炭は高等植物のリターに含まれる難分解性成分に由来する。今から2億5000万年から3億5000万年前の石炭紀に、植物がリグニンという構造性多糖類を作り出してからというもの、微生物はいまだに「リグニンの分解」という課題を克服できていない。そのために莫大な量の植物リターが完全に分解されることなく残ったのである。石油の起源は藻類に由来する難分解性有機物である。第11章で述べたように、もうひとつの化石燃料であるメタンの生産には、地質学的なプロセスに加えて、メタン生成古細菌の代謝も関与している。

　石炭を分解できる細菌や菌類はまれであるが、それを利用して増殖できるものはさらにまれである。またもし増殖が見られたとしても、それは石炭に含まれる不純物のためである（Ehrlich and Newman 2009）。石炭は莫大な量の硫黄を含むが、石炭の種類や起源によってその化学形態（黄鉄鉱、元素硫黄、硫酸あるいは有機硫黄）は異なる。硫黄に富んだ石炭を燃焼すると硫黄ガスが放出されて大気汚染を引き起こすため、そのような石炭の産業上の価値は低い。同様に、窒素化合物を含む石炭の燃焼は、二酸化窒素やその他の大気汚染物質の放出につながる。したがって、これらの不純物を微生物によって除去することができれば有益である。実際、黄鉄鉱の除去には、機械的な方法の他に、微生物による酸化といった手段も使われる。石炭に混入する有機硫黄を、微生物を利用して分解することもある。石油の硫黄についても同様な問題があり、微生物を使った解決が試みられている。

　微生物による石油の分解については、長年にわたり精力的に研究が行われてきた。その理由は、このような研究が、原油漏出事故が環境に及ぼす影響を低減化することをはじめとする、実際的な懸念や社会的関心と密接に関連するためである（Van Hamme et al. 2003）。地質学的なリザーバー中の石油

が微生物によって分解されている痕跡は無い。それは石油の構成成分が極度に疎水的であるため、微生物や微生物が生産する酵素が基質へと接近することが厳しく制限されるからである。植物デトリタスの分解の場合には、分解の対象となるデトリタスを細かく破砕し、表面積を拡大させるような大型生物が重要な役割を果たしたが（第 5 章）、原油の場合には、油田を壊して原油を分散させ、その表面積を拡大させるような大型生物は存在しない（唯一の例外は、掘削によって油田を採掘する人間である）。いくらかの石油は、地球の地殻の隙間を通って表層の自然環境中に放出されるが、その場合でも、石油は水に溶けにくく、多くの微生物やその他の生物に対して毒性を示すため（親油性分子は膜の構造や機能に悪影響を及ぼす）、その分解速度はきわめて緩慢である。石油の分解速度の遅さは、石油を構成する有機化合物の別の性質である芳香族性とも関連している。石油化合物のタイプを、最も簡単に分解されるものから最も分解されにくいものへと順番に並べると、以下のようになる。直鎖アルカン、分枝アルカン、分枝アルケン、低分子の直鎖アルキル芳香族化合物、単芳香族化合物、環式アルカン、多環芳香族炭化水素、アスファルテン。

多くの種類の細菌およびある種の酵母さえもが石油を構成する有機化合物を分解することが知られている。海洋細菌の一種である *Alcanivorax borkumensis* は直鎖および分枝アルカンを基質とすることができるが、芳香族炭化水素や糖、アミノ酸、脂肪酸、その他の普通に見られる有機炭素化合物の大部分は利用できない（Rojo 2009）。これ以外に *Thalassolituus*、*Oleiphilus* あるいは *Oleispira* といった属の細菌がアルカンを分解する。最もよく研究がなされてきたのは、*Pseudomonas putida* GPo1 の OCT プラスミドにコードされているアルカンの分解経路についてである（Rojo 2009）。一般的に、好気的な経路（図 13.13）については、嫌気的な経路に比べてその解明が進んでいる。多くの石油分解微生物は、石油分解酵素をもつだけでなく、界面活性剤を分泌することで油を乳化し、原油構成成分の分解を促進する（Rojo 2009）。

2010 年 4 月 20 日に起きたメキシコ湾原油流出事故では、最終的に漏出が食い止められた 2010 年 7 月 15 日までの 84 日間にわたり、400 万バレル以

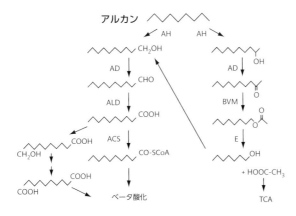

図13.13 アルカンの好気的分解。AH= アルカン水酸化酵素、AD = アルカン脱水素酵素、ALD= アルデヒド脱水素酵素、ACS= アシル -CoA 合成酵素、BVM=Baeyer-Villiger モノオキシゲナーゼ、E= エステラーゼ、TCA = トリカルボン酸回路。Rojo (2009) より。

上の原油が、掘削中の海底油田から吐き出された（Crone and Tolstoy 2010）。これは歴史上、最悪の環境破壊のひとつである。このようなとてつもない規模の事故も含め、環境中に流出した原油の浄化対策として、生物浄化（bioremediation）に一縷の望みが託される理由は、上述のように、石油を分解する微生物が存在するからに他ならない。この章の執筆の段階では、原油漏出の環境影響や微生物の応答についてはまだ不明のことが多い。しかし入手可能なデータによれば、現場の微生物による分解（内在的バイオレメディエーション）が始まっているようである。2010 年 6 月半ばの時点において、漏出した原油のプルーム内では、その外部に比べて酸素濃度が低く、この酸素の減少の 70% は、プロパンとメタンの酸化で説明ができた（Valentine et al. 2010）。これに加え、2010 年 5 月 25 日から 2010 年 6 月 2 日の間に行われた 16S rRNA 遺伝子解析の結果によれば、プルーム内では、その外部と比較して、原油分解微生物と近縁の細菌がより多く存在することも示された（Hazen et al. 2010）。しかし過去の事故の例を鑑みれば、微生物による原油

の分解が速やかに進み、そのおかげで深刻な環境被害が食い止められるとは考えにくい。たとえば1989年にエクソン社バルデス号から漏出した原油に暴露された砂浜や堆積物の下層部では、原油は依然として分解されないまま残留している。つまり漏出事故から何十年もたった現在でも、原油は沿岸環境を汚し続けているのである（Boufadel et al. 2010）。

　微生物による原油の分解に関してかなりの知見が得られている一方で、まだ研究すべき課題や学ぶべきことも多く残されている。自然微生物群集による原油の分解速度を十分な精度で予測することは今後の検討課題である。また、科学者と工学者が手を携えてチームを編成し、原油漏出の影響評価という複合的な問題にも取り組まなくてはならない。多くの環境問題についていえることであるが、ここでも、微生物生態学者と地球微生物学者は、重要な役割を果たすだろう。議論の余地はあるものの、汚染土壌や水中での石油の分解は主に微生物生態学者が、地下環境中での分解は地球微生物学が扱うことになる。いずれの場合も、微生物や環境こそ異なるものの、扱うプロセスは類似している。

　たとえ原油汚染という環境問題が無かったとしても、地球微生物学が重要な研究分野であることに変わりはない。この研究を通して、微生物が人間をとりまく世界をいかに支配し、私たちが住む地球や私たちが呼吸する空気を、いかに形成するのかについて多くのことを学ぶことができる。また、この惑星に生命が初めて誕生した遠い過去を知り、同時に近い将来気候変動によって世界がどのように変化するのかを理解するうえでも、この研究分野は必要なのである。

まとめ

1. 地球微生物学が扱う研究対象の中には、微生物が媒介する一見小さなスケールのプロセスが、何千年あるいは何百万年と継続することにより、地球の地質学的な特性に大きな影響を及ぼすという事例が多く見られる。

2. 微生物細胞への溶存金属の吸着や、表面への細胞の付着は、細

胞と表面の静電気的な相互作用や疎水性相互作用によって支配される。

3. 微生物は溶存成分が鉱物として沈殿するのを促進するが、このようなプロセスのことを地質学や地球微生物学では、バイオミネラリゼーション（生物鉱化作用）と呼ぶ。バイオミネラリゼーションは地質構造の形成に影響を及ぼす。また、それを通じて地球上の生命進化の初期に現れた生物の痕跡が残される。

4. ある種の細菌は、有機炭素の酸化の際に3価鉄を電子受容体として用いることで鉄の還元を行うが、一方、別の細菌は化学無機栄養代謝によって2価鉄を酸化する。同様なプロセスはマンガンでも起こる。ただし細菌は還元型マンガンの酸化からはエネルギーを獲得できないようである。

5. 微生物プロセスは鉱物や岩石の風化や溶解に関与している。この複雑な一連の反応は、地質学的な時間スケールにおける、大気からの二酸化炭素の除去に大きく貢献している。

6. 細菌やその他の微生物は生物浄化の中で重要な役割を果たす。石油漏出事故で環境中に放出された炭化水素の自然分解はその一例である。

Chapter 14
共生と微生物

　見方によっては、「微生物世界」は実に過酷な世界である。その世界の住人たちは、そのそれぞれが重要な生物地球化学的プロセスを媒介するという役割を果たしつつ、時として互いに競い合い、また捕食やウィルス感染、さらには紫外線や乾燥による死と常に向き合っている——そんな存在であるともいえよう。「生命の進化とは40億年に渡る戦いの歴史である」(Majerus et al. 1996)といわれるのも、このような理由からである。しかしその一方で、前章までに言及したように、微生物と微生物、あるいは微生物と大型生物との間に協力的な関係が見られるという例もある。メタン生成菌に対する酢酸細菌の依存的な関係、あるいは嫌気的メタン酸化における硫酸還元菌とメタン生成菌の協力関係がそれである。第12章では、窒素固定をする細菌とマメ科植物の協力関係が、土壌窒素循環の中で重要な役割を果たしていることも指摘した。本章では、このような共生関係に着目する。
　前章までに触れたのは、個々の生物地球化学的プロセスの中で重要な役割を果たしている共生関係についてである。特に、物質循環の駆動において共生が果たす役割を中心に考察を加えた。しかし、共生という現象を扱うべき理由はそれだけには留まらない。共生関係は、微生物同士や微生物と大型生物の間の相互作用の一類型であり、それ自身が、微生物生態学における重要

な研究課題のひとつである。内部共生理論によれば、微生物同士の密接な相互作用は真核生物の初期進化にとって不可欠であったし、また、現生に見られる真核生物の進化においてもそれは重要である。共生はどこにでも見られる現象であるため、大型生物の生態に関する研究を深めていくうえでも、共生微生物を（もちろんそれ以外のすべての微生物とともに）考慮しないわけにはいかないだろう。最後に、共生というのは実に魅力的な研究対象であるということも付け加えておこう。不可思議で、珍妙かつ風変わりな共生の例がいくつも知られている。

　本章では、さまざまな共生関係について考察を加える。ただし、原核生物同士の共生関係については既に第 11 章で触れているので、ここでは主に大型真核生物と原核生物の共生関係に注目する。

　共生の科学的な定義には少なくとも 2 通りのものがある。ひとつの定義は「異なる種からなる、継続的かつ密接な接触をもった集合体で、その構成員はなんらかの利益を得る」というものである（Douglas 2010）。本章にとっては、この定義がやや便利である。これに対して、もともとアントン・ド・バリー（Aanton de Bary, 1831 〜 1888）が 1879 年に提案したもうひとつの定義では、必ずしもすべてのものにとっての利益となるような関係である必要は無い。「共生」は、生物間の相互作用の全体をカバーするものであり、生物がお互いに「無関係である」という関係から、寄生関係のような歴然とした敵対関係までが含まれるのである（図 14.1）。ド・バリーの定義の有利な点のひとつは、たとえ 2 種の生物の関係がどのようなものであるのかが正確にはわからない場合でさえも、その関係を記述する用語として「共生」を用いることができるということにある。この定義では、人間とマラリア原虫の関係や、ジャガイモと葉枯れ病菌（このジャガイモ病原菌類は、19 世紀にアイルランドで起きた大飢饉の原因となった）の関係も、共生の一種であるということになる。今日の読者にとって、これは奇妙に響くかもしれないが、定義は時代と共に変わるものである。

　本章では、関係するパートナーのいずれもが、なんらかの利益を得るような相利共生的な関係に焦点をあわせる。しかし、扱われるいくつかの事例の中には、利益が明らかではない場合や、その関係が、時として片方のパート

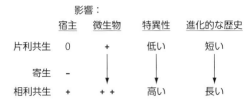

図14.1 共生関係に関連するいくつかの用語。ある定義によれば、共生関係にはここに示されたすべての相互作用が含まれる。別の定義によれば、共生は相利共生と同義であり、相互作用の結果として、パートナーとなる生物の双方がなんらかの利益を得ることができる。プラスおよびマイナスの記号はそれぞれ利益ないしは損失が宿主または微生物に及ぶことを意味する。ゼロは影響が無いことを意味する。

ナーにとっては有害であるかもしれないといった場合も含まれる。

表14.1からわかるように、ほぼあらゆる種類の微生物と真核生物との間に共生関係が見られるが、例外的なのは古細菌である。嫌気的メタン分解の場合のように、古細菌と細菌の共生関係が見られる場合もあるが、古細菌と真核生物の密接な共生の例として今日までに知られているのは、ある種の嫌気性原生生物とメタン生成古細菌の共生くらいである（Fenchel and Finlay 1995）。また古細菌は、海綿や動物の消化管内で細菌とともに見つかるものの（後述）、そこで見られる古細菌と真核生物の相互作用は、細菌と真核生物との間に見られる相互作用ほど密接なものではない（Taylor et al. 2007）。同様に、古細菌の病原性については、人間の歯周病にメタン生成をする古細菌が関与するという一例が知られているのみである（Lepp et al. 2004）。その場合でさえも、おそらく古細菌と真核生物との相互作用は間接的なものにすぎない。有害である場合であれ、利益が得られる場合であれ、古細菌がなぜ真核生物と密接な関係を築くことができないのかは明らかではない。

病原性と相利共生的な関係は紙一重である。病原性あるいは寄生性の微生物は、大型生物に利益をもたらす共生微生物へと進化することがある。たとえば、バッカクキン科（*Clavicipitaceae*）の菌類では、ある種は草本植物の寄生者であるが、別の種は共生者へと進化した（Suh et al. 2001）。共生者は、

表14.1 真核生物と微生物の間の共生関係の例。「その他の無脊椎動物」は昆虫以外のものを意味する。共生微生物のタイプとして「すべて」と示したものは、細菌、古細菌、原生生物のすべてを共生させている真核生物である。宿主の中には、ジアゾ栄養の共生微生物からアンモニウム（「窒素」と表記）を得ているものや、生物発光をする共生微生物を有するもの（「生物発光」と表記）が含まれる。「還元型硫黄」には硫化水素のような化合物が含まれる。Douglas (2010) および本文中で引用した文献に基づいて作成した。

真核生物のタイプ	真核生物	共生微生物のタイプ	微生物の例	利益 宿主	利益 共生微生物
微生物	繊毛虫	古細菌	メタン生成微生物	エネルギー	水素ガス
微生物	繊毛虫	細菌	様々な微生物	有機炭素	エネルギー
微生物	珪藻	細菌	Richelia	窒素	保護
微生物	鞭毛虫	細菌	様々な微生物	有機炭素	有機炭素
微生物	Paramecium	細菌	Caedibacter	防衛	有機炭素
微生物	菌類	藻類	様々な微生物	有機炭素	保護
植物	アカウキクサ属	細菌	アナベナ属	窒素	有機炭素
植物	マメ科植物	細菌	Rhizobium	窒素	有機炭素
植物	ハンノキその他	細菌	フランキア属	窒素	有機炭素
植物	さまざま	菌類	菌類	栄養物質	有機炭素
昆虫	アブラムシ	細菌	ブフネラ	有機炭素	有機炭素
昆虫	オオアリ	細菌	Blochmannia	有機炭素	有機炭素
昆虫	ゴキブリ	細菌	バクテロイデス門	アミノ酸	尿酸
昆虫	コナカイガラムシ	細菌	Tremblaya	有機炭素	有機炭素
昆虫	シャープシューター（バッタの仲間）	細菌	Xylella	有機炭素	有機炭素
昆虫	シロアリ	すべて	様々な微生物	有機炭素	有機炭素
昆虫	ツェツェバエ	細菌	Wigglesworthia	有機炭素	有機炭素
その他の無脊椎動物	サンゴ	藻類	Symbiodinium	有機炭素	アンモニウム
その他の無脊椎動物	深海二枚貝	細菌	Ruthia および Vesicomyosocius	有機炭素	還元型硫黄と酸素
その他の無脊椎動物	地衣類	細菌	Aeromonas および Rikenell	有機炭素	有機炭素
その他の無脊椎動物	ムラサキイガイ	細菌	プロテオバクテリア	有機炭素	メタン
その他の無脊椎動物	線虫	細菌	Xenorhabdus	有機炭素	有機炭素
その他の無脊椎動物	貧毛類	細菌	様々な種類の微生物	有機炭素	還元型硫黄
その他の無脊椎動物	フナクイムシ	細菌	Teredinibacter	有機炭素	有機炭素
その他の無脊椎動物	様々な無脊椎動物	細菌	ビブリオ属	生物発光	有機炭素と保護？
脊椎動物	魚	細菌	ビブリオ属	生物発光	有機炭素
脊椎動物	反芻動物	すべて	様々な種類の微生物	有機炭素	有機炭素

有機化合物の交換を通じてアルカロイドを生成し、草本を食害から守っている。別の例もある。バッカクキン科の冬虫夏草属（*Cordyceps*）はその大半が昆虫の病原者であるが、一部の種は窒素やステロイドを宿主である昆虫に提供する共生者である。この場合、系統分類学的な解析やその他のデータから、病原者から共生者への進化が起きたことが裏付けられている（Sung et al. 2008）。これは多分、侵入した微生物に対する抵抗性を宿主が獲得するのに従い、微生物の有害な影響が次第に弱化するという段階を経ているのであろう。宿主を根絶することを避けるために、微生物は役に立つサービスを宿主に対して提供するように進化するが、まさにその理由から、宿主は微生物を維持するようになる。このような進化プロセスの結果として共生関係が成立するのである。もちろん、すべての病原者が「友達」に進化するというわけではない。また、すべての相利共生関係が病原性に端を発するというわけでもない。しかし、病原者も相利共生者も、互いに大型の宿主を生息場所とするうえで必要な、密接な相互作用のメカニズムを進化させてきたもの同士なのである。

▶ 脊椎動物を住処とする微生物

　本章の残りの節では、微生物と真核生物の共生関係の個々の事例に即しながら考察を進めよう。まず脊椎動物からスタートする。その理由は、ひとつは *Homo sapiens* に対する興味ということがあるが、もうひとつには、微生物と脊椎動物の相互作用で見られる現象のいくつかの側面が、それ以外のそれほど研究が進んでいない生物と微生物の相互作用の理解にも応用できるということもある。第1章で指摘したように、人間やその他の脊椎動物を宿主とするおびただしい数の多様な微生物群集については、海洋や湖あるいは土壌でも使われる非培養法による研究が進められつつある（Robinson et al. 2010）。私たちの皮膚は多くの片利共生細菌や酵母の住処であり、これらは皮膚に由来するケラチンのようなタンパク質や、分泌された油、脂質およびその他の化合物を利用して生きている。次世代シーケンス法を使った研究によれば、ヒトの唾液や虫歯には、19,000種の細菌が生息している。しかし、

ヒトやその他の脊椎動物を生息場所とする細菌群集の中で、最も数が多く多様性が高いのは消化管内の微生物群集である。

反芻動物の反芻胃（rumen）は、複合的な微生物群集の住処である。反芻動物は陸上生態系で優占する植食者であり、シカ、バイソン、キリンのほか、ウシやヒツジなどの多くの家畜が含まれる。水圏にも反芻動物と似たものがいる。植食性魚類の消化管は多くの微生物の住処となっており、反芻動物でも見られるのと同様な代謝経路を使って植物由来の物質の分解を促進している（Clements et al. 2009）。ミンククジラには、ニシンを消化するための胃のシステムがあり、これは反芻胃のような複数のチャンバーから構成されている（Olsen et al. 1994）。

反芻胃は大きな胃のような袋であり、いくつもの筋肉質の嚢からなっている。1gの反芻胃内の液体中には、約 10^{10} 〜 10^{11} の細菌と 10^6 の原生動物のほか菌類や古細菌が含まれる（Hungate 1975; Russell and Rychlik 2001）。ウシの反芻胃のメタゲノム解析の結果によれば、全配列の 90 〜 95% が細菌に、2 〜 4% が古細菌に、また、1 〜 2% が真核生物に由来した（Brulc et al. 2009）。反芻胃は、摂餌した植物由来の物質を消化し、反芻動物が同化できる化合物に変換するための重要な場となっている。反芻胃内での植物由来物質の分解（図 14.2）は嫌気食物連鎖を思い出させる（第 11 章）。セルロースのような植物由来のポリマーは、加水分解によってグルコースやその他のモノマーへと変換され、さらに発酵によって有機酸へと変わる。最も多量に生成されるのは、酢酸、プロピオン酸、酪酸であり、これらは反芻胃壁を通して輸送された後、反芻動物が同化する。微生物細胞も一部は分解され、反芻動物にとってのタンパク質の供給源になる。

共生微生物は、動物だけでは消化できないセルロースやその他の植物由来バイオポリマー、あるいは複雑な有機物を、利用可能な形態の有機化合物に変換するうえで不可欠である。反芻動物は、自分自身の酵素をもつ代わりに、微生物が生成する加水分解酵素やその他の酵素を使うのである。セルラーゼやキシラナーゼのような酵素を合成する真核生物はほとんどいない。セルロース分解菌は、反芻動物のみでなく、植物由来の有機物を摂餌する水棲あるいは陸生の多くの脊椎動物や無脊椎動物で見つかる。これらの微生物は、肉

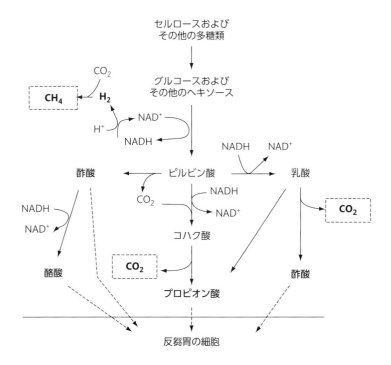

図14.2　反芻胃の原核生物による多糖類の分解。メタン生成には、おそらくNADHの他にもうひとつ別の電子供与体が必要である。メタンや二酸化炭素は、反芻動物のゲップやおならによって除去される。Russell and Rychlik (2001) に基づく。

食性捕食者から植食者が進化するうえで重要な役割を果たしたと考えられている（Russell et al. 2009）。腸内微生物は、土壌、湖および海洋にいる多くのデトリタス食者の繁栄のうえで不可欠である。もし微生物がいなければ、デトリタス食による有機物分解が、炭素循環の中で重要な役割を果たすこともないであろう。

　腸内共生細菌は、温室効果ガスであるメタンの生産を介して物質循環に大きく寄与している（表14.2）。メタン生成微生物は、ヒトを含む多くの脊椎動物の消化管内に見られる（Morgavi et al. 2010）。また水素ガスを取り除き酢酸の生産を促進することで、反芻胃という「生態系」の維持に寄与する（第11章）。地球規模での年間のメタン生産量は 500 〜 600 Tg であるが、その

表14.2 生物圏におけるメタンの発生源。自由生活性メタン生成菌とされているプロセスのいくらかは、おそらく消化管内に生息する微生物、あるいは反芻動物やシロアリ以外の共生的メタン生成菌によるものである。Conrad (2009) のデータに基づく。

プロセス	発生源	メタン生成に対する寄与（％）
共生微生物	反芻動物	17
	シロアリ	3
小計		20
自由生活性メタン生成菌	湿地	23
	水田	10
	埋め立て地	7
	植物	6
	下水処理施設	4
	ガスハイドレート	3
	海洋	3
小計		56
微生物プロセス以外	化石燃料	18
	バイオマス燃焼	7
小計		25
	合計	100

17％は反芻動物（腸内微生物）によるメタン生成に起因する（Conrad 2009）。シロアリに共生する微生物によるメタン生成を加えると、全メタン生産の20％が共生関係に由来することになる。この値は、天然ガスのパイプラインからのガス漏れによるメタン排出量を上回る。ただし共生的メタン生成の全量はおそらくこれよりももっと大きいであろう。なぜならば、自由生活性の古細菌に由来するものとして計上されている湿地や土壌でのメタン生産の一部は、間違いなくさまざまな共生的メタン生成に由来するからである。

　脊椎動物と微生物との間で多くの共生関係が知られているが、内部共生（endosymbiosis）というタイプの共生は、今日までのところ脊椎動物では知られていない（Douglas 2010）。すべてが外部共生（ectosymbiosis）である。内部共生では微生物は宿主組織の細胞内や細胞間（組織内部）にいるのに対

し、外部共生では体表面や組織の外部にいる。多くの微生物が、胃腸を介して脊椎動物と相利共生的な関係を結んでいるが、この場合でも、微生物が宿主細胞の内部にいることはない。後述する内部共生の例は、すべて無脊椎動物と微生物あるいは、植物と微生物の関係である。脊椎動物で内部共生が見られないのは、免疫システムが高度に発達しているためかもしれない。これに対して無脊椎動物や植物では原始的な免疫システムしか見られない。脊椎動物の免疫システムは、侵入した微生物を排除し破壊するように設計された防御システムである。微生物がこの障壁を進化によって乗り越えようにも、その障壁は高すぎる。クラミジア（*Chlamydia*）やマイコバクテリウム（*Mycobacterium*）のような、ヒトに特段の病状を引き起こすことなく感染する細菌でさえ、最終的には大部分の感染者に対して疾患を引き起こす。病原菌は脊椎動物の細胞に侵入するための生化学的装置を開発はしたものの、最終的には、宿主細胞か侵入した微生物のどちらかが死を迎えることになる。

▶ 微生物と昆虫の共生

　脊椎動物の場合と同様、昆虫と微生物にはさまざまな相互作用が見られ、そこには弱いつながりのものから、片利共生さらには相利共生までが含まれる。脊椎動物の場合とは違って、微生物と昆虫の関係には内部共生的なものも含まれており、微生物がほとんどオルガネラのように振る舞う場合さえも知られている（Douglas 2010）。共生微生物の多くは、不完全な餌条件下におかれた昆虫に対して利益をもたらすが、このことは昆虫の生物量や多様性の大きさを説明する一要因になっている。その一方で、宿主である昆虫に対して複雑な影響を及ぼす別のタイプの相互作用もある。たとえば、100万〜1000万種の昆虫のうち、最大66％のものに感染するボルバキア（*Wolbachia*）（アルファプロテオバクテリア綱に属する）は、昆虫の生殖に対してしばしば有害な影響を与える（Serbus et al. 2008）。微生物が、宿主である昆虫の生殖システムを操作するというのは珍しいことではない（Engelstädter and Hurst 2009）。［訳注：ボルバキアは宿主の生殖システムを改造し、オスからメスへの性転換を引き起こすことが知られている。］

次に微生物と昆虫の共生系に関して3例を見てみる。これらを選んだのは、まず知見が多いこと、それから細菌、菌類、原生生物というタイプの異なる3種類の微生物が含まれていることによる。

▶ シロアリの微生物共生者

微生物とシロアリの共生システムは、不毛な生息場所における昆虫の繁栄が、共生微生物によっていかに助けられているのかを示す好例である。シロアリが頼っているのは、木材のリグノセルロースを分解し、それをシロアリが利用できる有機化合物へと変換させる共生細菌、古細菌、および原生生物である。これは反芻動物やデトリタス食者の場合と類似している。シロアリの共生微生物のなかで特に目を引くのは原生生物である。原生生物は、シロアリの後腸に非常に多く存在し、シロアリの全重量の最大で半分を占める（Brune and Stingl 2006）。非培養法による研究の結果、シロアリからは3系統の原生生物、すなわちトリコモナス類（trichomonads）、超鞭毛虫類（hypermastigids）（以上いずれもパラバサリア門（*Parabasalia*）に属する）およびオキシモナス類（oxymonads、これはロウコゾア門（*Loukozoa*）に属する）である。超鞭毛虫類が見つかるのは、シロアリの腸内のみである。一方、トリコモナスとオキシモナスは、ヒトを含むその他の動物の腸や体表の腔にも見つかっている。シロアリの消化過程における原生生物の役割についての概念モデルは、主にシロアリ以外の動物から単離された原生生物についての知見を基にして組み立てられている。

1940年代にロバート・ハンゲイトはシロアリの後腸の嫌気的な微環境中で、原生生物がセルロースを加水分解し、酢酸と窒素ガスを生成するということを初めて示唆した。その後の研究の結果、シロアリに見られる原生生物は、ミトコンドリアの代わりにセルロース分解のうえで不可欠なヒドロゲノソーム（hydrogenosome）をもっていることが明らかにされた（Brune and Stingl 2006）（図14.3）。食胞の中で木片由来のセルロースやその他の多糖類が加水分解されることによって生成される単純な糖類は、解糖によってピルビン酸に変換されると考えられている。続いてピルビン酸はヒドロゲノソームにあるピルビン酸・フェレドキシン酸化還元酵素とヒドロゲナーゼによって酢

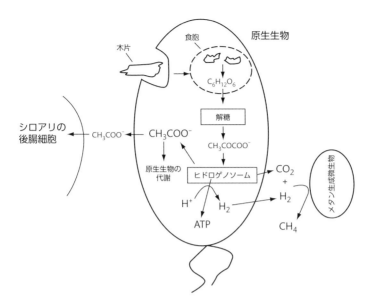

図14.3 シロアリ後腸中の原生生物によるセルロース分解のモデル。木質をグルコース（$C_6H_{12}O_6$）やその他の糖に加水分解するのに必要なセルラーゼやその他の酵素は主に原生生物に由来すると考えられるが、一部は細菌由来の可能性もある。グルコースは部分的に酸化されてピルビン酸（CH_3COCOO^-）に変化した後、さらに酢酸（CH_3COO^-）にまで酸化される。このときヒドロゲノソーム内で水素ガスの生成が共役的に進行する。シロアリの代謝は、主に後腸の細胞から取り込まれた酢酸によって駆動される。Brune and Stingl (2006) に基づく。

酸と水素ガスに代謝される。ヒドロゲノソームでは、リン酸トランスアセチラーゼと酢酸キナーゼを使って ATP が合成され、合成された ATP は原生生物の細胞質へと輸送される。水素ガスは、メタン生成微生物がメタンを生成する際に利用される（Morgavi et al. 2010）。

以上に述べた多糖類の分解過程についてのモデルは、哺乳類の寄生者である鞭毛虫（トリコモナス）を用いた実験結果に基づいたものである（Brune and Stingl 2006）。ある種のシロアリではオキシモナス（培養された株が存在しない）が優占しているが、この原生生物はヒドロゲノソームをもっていない（Ohkuma 2008）。このようなシロアリにおいては中間生成物として乳

酸が重要であり、図14.3に示したのとは別の代謝モデルが必要である。

シロアリの腸には、メタン生成微生物以外にも多くの細菌が住んでいる。本書の中でこれまでに何度もみてきたように、非培養法で調べたシロアリ腸内細菌叢と、腸内から単離培養された細菌との類似性は低い（類似度は90％以下）。Termite Group I とされてきた腸内細菌のあるグループは、エンドミクロビア門という新門としてまとめられる可能性がある。この門が見つかるのはシロアリの腸内だけのようである（Geissinger et al. 2009）。これらの細菌には、その新規性に加えて次のような特筆すべき特徴がある。すなわち、その大部分は原生生物に付随しており、シロアリ後腸で自由生活をするものや、あるいは腸壁に付着しているものはごくわずかしかいないという点である（Strassert et al. 2010）。またこの細菌の中にはジアゾ栄養性のスピロヘータが含まれており、窒素の乏しい森林環境で暮らすシロアリが必要とする窒素分の多くを供給している。原生生物の外部表面を、ひとつまたひとつと厚い層をなして覆っているこれらのジアゾ栄養微生物やその他の細菌は一括してエピバイオントと呼ばれ、種類によっては原生生物の運動性を担っているものもある。エピバイオントは原生生物の共生者であり、その一方で、原生生物はシロアリの共生者である。

▶ アブラムシとブフネラの共生

多くの昆虫は、バランスの悪い餌を食べながらも、陸上で繁栄しているが、これは共生微生物のおかげである。たとえば、半翅目の昆虫がさまざまな生息場所に適応放散できたのは、おそらく進化の早い時期に共生細菌を獲得することで、維管束植物の樹液を食糧とすることを可能にしたからである（Ishikawa 2003）。今日知られているほとんどすべての半翅目において共生微生物が見られる。植物の師部を通過する樹液（師管液）を食糧とするアブラムシは、このような樹液採餌性昆虫の一例である。師管液は、糖には富んでいるものの必須アミノ酸には乏しい。師管液に欠けている重要な栄養素は内部共生細菌が供給するのである。一方で、内部共生細菌は、高温耐性や寄生者に対する抵抗性のような別の側面においても、アブラムシの生活を維持するうえでの役割を果たしている（Tsuchida et al. 2010）。*Rickettsiella* 属の

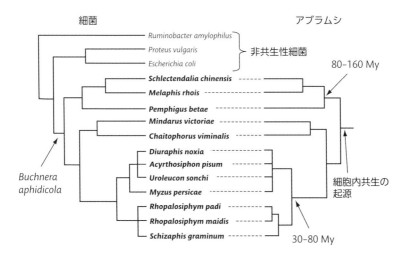

図14.4 アブラムシとその共生細菌（ブフネラ）の系統遺伝樹。Moran and Bauman (1994) による（出版社の許諾を得た）。

　内部共生細菌は、ある種のアブラムシの体色に影響を及ぼす。これによって、テントウムシによる捕食が回避されているのであろう。
　アブラムシの主要な内部共生菌のひとつがガンマプロテオバクテリア綱のブフネラ（*Buchnera*）である。コハクに保存された物質の分析によれば、アブラムシとブフネラの共生の起源は少なくとも 8000 万年前に遡り、16S rRNA 遺伝子の配列からの推定によれば、その起源は 1 億 5000 万年から 2 億 5000 万年前にまで遡る（Moran et al. 2008; Moran and Baumann 1994）。一方、ある特定のアブラムシ種が特定の種類のブフネラと共生関係を結ぶことによって成立した共生体が出現した年代は、3000 万年前から 1 億 6000 万年前の間であると推定されている（図 14.4）。アブラムシと細菌はともに進化した。その理由の一端は、内部共生細菌の伝播が卵を介するという点にある。共生細菌は、宿主の親から子へと繁殖（生殖）を介して垂直的に受け渡されるのである（垂直伝播）（Box 14.1）。
　ブフネラのゲノムには、一般的に内部共生細菌のゲノムで共通して見られ

> **BOX14.1** 共生微生物の伝播
>
> ブフネラのような内部共生微生物は、垂直伝播によって新たな宿主に移行する。別の移行形態である水平伝播の場合は、共生微生物は一時的であれ自由生活性の段階を経る。孵化したてのシロアリ幼虫は、共生微生物を多く含んだ成虫の糞を食べることによって共生微生物を獲得する。

る以下の 3 特性が認められるが、これらは互いに関連している（Douglas 2010）。すなわち、1）小さいゲノムサイズ、2）高い AT 含量（ブフネラの GC 含量は 20 〜 26% である（Moya et al. 2008)、3）速い進化、である。ツェツェバエに共生するブフネラのゲノムサイズはたったの 0.45 〜 0.66 Mb である。これに対してツェツェバエの腸内細菌であるウィグルスウォーチア（*Wiglesworthia*）のゲノムサイズは 0.7 Mb である。オオヨコバイ上科（Psyllids）の共生細菌であるカルソネラ（*Carsonella*）のゲノムはさらに小さく、0.16 Mb である。これは自由生活性細菌で知られている最小のゲノムサイズの 2 分の 1 以下である（第 10 章）。内部共生細菌が小さいゲノムでやっていけるのは、独立した生活様式では不可欠なある種の遺伝子がもはや必要ではないこと、また宿主の遺伝子がその機能を担ってくれるためにある種の遺伝子が不要（冗長）になること、などの理由からである。共生を維持するうえで不可欠ではない遺伝子には突然変異が蓄積しやすくなり、究極的にはその遺伝子は完全に失われる。高い AT 含量のほうが都合いいのは、ATP や TTP を合成するほうが、GTP や CTP を合成するよりもエネルギーコストが抑えられるからである。一方、AT 含量が高いと突然変異率が高くなるが、これは ATP と TTP が DNA 合成により多くつかわれることで、AT に突然変異が起こりやすいというバイアスが加わるためである（Douglas 2010）。

▶ アリと菌類の共生関係

アブラムシとブフネラの例のような昆虫と細菌の共生だけでなく、昆虫と

Chapter 14 共生と微生物

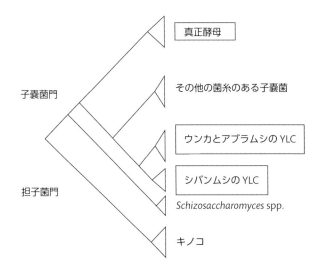

図14.5 昆虫と共生している可能性が高い酵母様共生体（YLC、四角い枠で囲んである）の系統関係。昆虫と共生する微生物の多くはサッカロミセス亜門の真正酵母である。それ以外の菌類には、コウマクノウキン門、ツボカビ門、グロムス門、微胞子虫門、ネオカリマスティクス門、接合菌門がある。Gibson and Hunter (2010) に基づく。

菌類にもさまざまな共生関係が知られている（Gibson and Hunter 2010）。サッカロミセス亜門の真正酵母（より正確には「酵母様細胞（YLC）」）は、昆虫で広く見られる内部共生菌類である（図14.5）。内部共生者を含む昆虫細胞のことをミセトサイト（共生者が菌類の場合）あるいはバクテリオサイト（共生者が細菌の場合）と呼ぶ。昆虫の腸内には多くの酵母が見つかるが、これらは昆虫にとって不可欠という訳ではない。ある種のアブラムシにとっては、ブフネラに代わる重要な内部共生者として、酵母様細胞が必要である。一方、昆虫と微生物の相互関係の中には、微生物が昆虫の内部や表面に付着すること無しに、その代謝能力を発揮することを通じて、昆虫の餌資源獲得（不完全な餌の利用）に貢献しているタイプのものもある。その一例が、次に見る微生物とある種のアリの相互作用である。

新世界（アメリカ大陸）に分布するフタフシアリ亜科のアリであるハキリ

アリ（*Attini*）にとっては、共生する菌類や細菌が、栄養の供給者として不可欠である。ハキリアリには、*Atta*属と*Acromyrmex*属が含まれる（Hölldobler and Wilson 1990）。これらのアリは、低木や草から切り取りとった葉を巣穴に持ち帰るために、森の中を、自分の体よりも大きくて重い葉の断片を担いで、長い間行進する。巣穴に戻ると、葉を切断して直径1〜2 mmの小片にしたのち、時折、葉の上に加水分解酵素を含んだ肛門液をかけながら、それらが湿ってスポンジのようになるまで噛む。このようにして処理した葉の断片を「菌園」に並べたあと、ハキリアリはこの新しい葉の上に、使い古された菌園から運んできた菌類の菌糸を接種する。さらに窒素固定をする細菌がここに加わることで（それがどのようにしてなされているのかはまだ完全にはわかっていない）（Pinto-Tomas et al. 2009）、炭素に富んだ植物性の物質に窒素分が添加される。接種された菌類は迅速に増殖し、1日のうちに葉を覆い尽くす。こうしてハキリアリは栽培した菌類を食糧として利用するのである。

　ハキリアリは珍しい菌類を栽培する。rRNA遺伝子の解析結果によれば、それらは真正担子菌綱のハラタケ目に属し（Hinkle et al. 1994）、それぞれの菌園には単一の株のみが見られる（Zientz et al. 2005）。多様性を欠いていることで、菌類は競争のためのコストを節約でき、それが菌類の高収量をもたらす。このことはハキリアリにとっての利益となる。菌園の単一栽培の維持には、菌類とハキリアリの双方が関わっている。菌類は、別の菌園に由来する菌類株の増殖を防ぐことで、単一株による占有を維持しているようである。ハキリアリの側では、菌類の有性生殖を妨げている。無性生殖によって菌類の収量は高まるが、その一方で、菌園の多様性を低く保つ働きもする。菌園の多様性が低いことの負の側面のひとつは、糸状菌類*Escovopsis*のような寄生性菌類が侵入しやすいことである（Zientz et al. 2005）。このような寄生性あるいは病原性の菌類の侵入を防ぐために、菌園で働くすべてのアリの体表は放線菌によって覆われている（第9章）。抗生物質を生産することでよく知られているこれらの細菌は、どうやらハキリアリを助けているだけでなく、菌類が寄生者や病原菌を撃退するのにも役立っているようである。

　パートナーの一方が他方の食糧であることを考えると、菌類とハキリアリ

BOX14.2 キャリア選択

エドワード・O・ウィルソン（Edward O. Wilson, 1929～）は、アリに関する独創的な野外研究を行った研究者で、『社会生物学』『人間の本性』『アリ』（Bert Hölldobler との共著）といった数々の受賞作の著者として有名である。1994年に出版された彼の自叙伝である『ナチュラリスト』（Island Press）の最終章において、ウィルソンは「もし人生をやり直すとしたら、私は微生物生態学者になるかもしれない」と記し、最後は、次のような微生物世界への賛歌で締めくくっている。「遠い密林の奥に思いをはせれば、ジャガー、アリ、ランといったものたちが変わることなく華やかにその場を占有しているのが目に浮かぶが、微生物のことを考えると、もっとずっと奇妙で、圧倒的に複雑で、行きつく果ての無い、もうひとつの生命の世界が心に浮かんでくる」

の関係は平等ではないともいえる。しかしながら、このような関係性の中で菌類は利益を得ているのである。集団としての菌類を考えると、その一部は時としてハキリアリによって食べられるものの、その見返りに、安定した有機炭素の供給とコントロールされた増殖環境を得ることができる。アリが管理する菌園の外にいたら、菌類は、捕食者やウィルスによる攻撃や厳しい物理環境に曝されているのかもしれない。一方、ハキリアリのコロニーは、非常に強く菌類に依存しているといえるだろう。コロニーの大部分の構成員にとっての唯一の食糧は菌類であり、それ以外の食糧である植物の樹液によってこれを補てんできるのは、働きアリのうちのごく一部にすぎない（Zientz et al. 2005）。ハキリアリは酵素活性の一部を失っており、代わりに菌類がその機能を担っているようである（Suen et al. 2011）。アブラムシとブフネラの共生の場合と同様、菌類とハキリアリも共進化したようであるが（Hinkle et al. 1994）、このことは両者の間の関係の強さを示している。

微生物の代謝能力のおかげでハキリアリは熱帯サバンナや熱帯雨林における植食者として主要な地位を占めており、これらの生態系の構造を維持するうえで非常に大きな役割を果たしている（Hölldobler and Wilson 1990）。旧世界の熱帯地域には、菌園を作るある種のシロアリ（マクロテルメス亜科）

がいて、これらが新世界におけるハキリアリの地位を占めている。アメリカでは菌類を栽培するシロアリは見られない。

▶ 海洋の無脊椎動物に見られる共生微生物

　アリやシロアリの仲間は海にはいないが、陸上の昆虫と微生物の共生関係に見られるいくつかの特徴は、海洋生物においても同様に認められる。シロアリや反芻動物の場合のように、海洋に生息する多くの動物が、共生微生物をもつことでその代謝能力を拡充している。共生微生物がいなければ消化することのできない食物や、栄養バランスを欠いた餌料に依存して生きていけるのである。海洋やそれ以外の水圏環境中の植食者やデトリタス食者の腸内に見つかる、反芻胃の微生物群集に類似した共生微生物についてはすでに述べた。海産無脊椎動物のフナクイムシは、シロアリのように、セルロース分解や窒素固定をする細菌と共生することで、木質の餌料に依存して生きることができる（Distel et al. 1991; Lechene et al. 2007）。よく知られている共生微生物の多くは、宿主である海産無脊椎動物の栄養供給源として不可欠なのであるが（表14.3）、あとで考察するイカとビブリオ属細菌の共生の場合のように、宿主において別の生物学的な役割を有することもある。

　共生細菌は、宿主である海産無脊椎動物の体表面や体内のさまざまな部位に生息する（表14.3）。外部共生者として動物の体表面に生息するものもれば、動物の体内にあるバクテリオサイトを住処とする内部共生者もいる。通常、個々の無脊椎動物の種は、これらのうちのどちらかのタイプの共生微生物を有しており、また共生微生物の代謝様式も単一であるのが普通であるが、興味深い例外もある。インド洋の熱水孔で見つかった海洋無脊椎動物スケーリースケールにおいては、足部に濃密な外部共生微生物の個体群が存在する一方で、食道腺には内部共生微生物を有するのである（Steward et al. 2005）。シンカイヒバリガイ属のイガイの一種には2種類の内部共生微生物がいて、そのひとつはメタン栄養微生物、もうひとつは硫化物を酸化する化学独立栄養微生物である。外部共生微生物と内部共生微生物は分類学的に異なる。大部分の外部共生微生物はエプシロンプロテオバクテリア綱に属する

Chapter 14 共生と微生物

表14.3 共生細菌を有する海産無脊椎動物の例。冷水噴出孔とはメタンやその他のガスが噴出する海洋底の裂け目である。Stewart et al. (2005) および本文中で引用したその他の参考文献に基づく。

無脊椎動物	通称名	共生細菌は宿主のどこにいるか	共生細菌の代謝	生息場所
Alvinellidae	ベントワーム	体表	化学独立栄養	噴出孔
ホヤ綱（Ascidiacea）	ホヤ	排出腔	光独立栄養	ベントス
二枚貝	フナクイムシ	鰓	従属栄養	木質のデトリタス
頭足類	イカ	発光器	従属栄養	水中
Cilellata	ミミズ類	表皮下	化学独立栄養	サンゴ砂
甲殻類	エビ	外骨格	化学独立栄養	噴出孔
棘皮動物	ウニ	細胞外	化学独立栄養	嫌気的堆積物
イガイ科（Mytilidae）	イガイ	鰓	メタン栄養	冷水湧出域
多毛類	チューブワーム	栄養体部	化学独立栄養	噴出孔
線虫類	センチュウ	表皮	化学独立栄養	嫌気的堆積物
ハイカブリニナ科（Provannidae）	マキガイ	鰓	化学独立栄養	噴出孔
様々な種	デトリタス食者	消化管	従属栄養	堆積物
二枚貝	キヌタレガイ	鰓	化学独立栄養	嫌気的堆積物

が、内部共生微生物はガンマプロテオバクテリア綱に属している。共生性のビブリオを例外として、これらの共生微生物を宿主無しに培養することはできない。このことから、これらの微生物は、共生という生活様式に高度に適応していると考えられている。

▶ ガラパゴスハオリムシの内部共生者とその他の硫黄酸化共生微生物

1977年のことである。潜水艇アルビン号に乗船していた地質学者たちは、当時は異常に暖かい海水や重金属の発生源であると考えられていた熱水噴出孔――すなわち海洋底の裂け目――を見つけるために、ガラパゴス諸島の近くで海底の調査を行っていた（Corliss et al. 1979）。そこで彼らが目のあたりにしたのは驚くべき光景であった。大量のエビやカニ、あるいは、貝や植

物様の棘皮動物が密集し、その周辺では1メートルもあろうかという管上の生物がいたるところににょきにょきとはえ、噴出孔からわきだす熱水の中でゆらゆらと揺られていたのである。海面から何千メートルも離れた深海底の大半が荒涼たる景色である中で、このように豊かな生物群集はあざやかな対照をなしていた。この熱水噴出孔の生物群集を支えるエネルギーや炭素の供給源はなんであろうか。当初それは謎に包まれていた。海洋表層の一次生産のうち、海底にまで届く有機物はごくわずかであり、熱水噴出孔に見られる濃密で多様な生物群集を支えるのには十分でないことだけは確かであった。

その後の研究の結果、熱水噴出孔の生物群集が、非共生的および共生的な化学独立栄養細菌による硫化物の酸化に依存していることが明らかにされた。11章で見たように、嫌気的環境中では、硫酸還元によって硫化物が供給されるが、熱水噴出孔においては、これとは異なり、硫化物は主に純粋に地球化学的なプロセスを介した硫酸イオンの還元によって生成される（図14.6）。海底に浸み込んだ海水は、最高で350℃に達するまで過熱され、海水中の硫酸イオンは硫化物に還元される。またその際に、硫酸イオン以外の多くの化合物も還元される。300℃以上の酸性の海水中に含まれるこれらの硫化物や還元型の金属またその他の化合物は、噴出孔から噴き出した後に、非生物学的ないしは生物学的（化学無機栄養的）に酸化される。硫化物の酸化は、化学独立栄養微生物による有機炭素の合成を支えることから、このプロセスは単に化学合成と呼ばれることも多い。熱水噴出孔の生態系は、海洋表層の生態系から完全に独立しているという訳ではない。なぜなら熱水噴出孔の化学無機栄養微生物が最も一般的に用いる電子受容体である酸素は、海洋表層の植物プランクトンが行う光独立栄養に由来するからである。いずれにせよ熱水噴出孔の食物連鎖の基盤を成すのは化学独立栄養細菌であり、それらこそが、アルビン号の観察窓から見られた豊かな生物群集を支えていたのである。

初期の研究で注目されたのは、後にガラパゴスハオリムシ（*Riftia pachyptila*）と呼ばれることになる大型の管状の生物（チューブワーム）であった。当初この生物は、有鬚(ゆうしゅう)動物門ハオリムシ綱に属すると考えられていたが、現在では環形動物門に属するとされている（Hilário et al. 2011）。チューブワームは明瞭な消化管をもたず、かといって溶存有機化合物を吸収

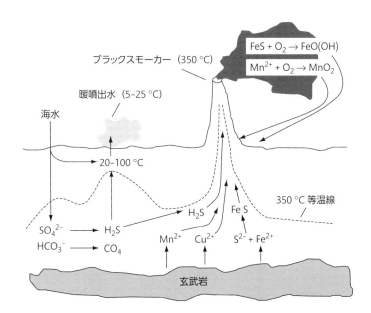

図14.6 熱水噴出孔の構造。大陸プレートの拡大域では海洋底に亀裂が生ずるため、海水が地中の深部にまで浸透し地熱によって加熱されたのちに熱水として噴出する。この過程で海水中のさまざまな化合物は非生物的な反応によって還元される。たとえば硫酸イオン（SO_4^{2-}）は還元されて硫化水素（H_2S）になる。硫化水素や玄武岩由来の Fe^{2+} や Mn^{2+} などの還元型の金属は表面に運ばれて、そこで非生物的ないしは化学無機栄養的な反応によって酸化される。いずれの場合も電子受容体として用いられるのは酸素である。生成された金属の酸化物は噴出孔のチムニーや海底に沈殿する。Madigan et al. (2003) に基づく。

して生きるには巨大すぎるため、動物学者にとっては謎の多い存在であった。チューブワームが化学独立栄養的に生存する可能性を検討した結果、チューブワームの組織に CO_2 固定と硫化物酸化の活性があることが見出された。初めはこれらの酵素活性がチューブワーム自身の細胞に備わっているものと考えられたため、動物学者たちはこれを「化学独立栄養動物」の最初の発見であると結論づけた（Felbeck 1981）。しかし同じ頃に、微生物生態学者たちは、測定された CO_2 固定と硫化物酸化の活性が、チューブワーム自身の細胞によるものではなく、共生細菌によるものであることを示した（Box14.3）。その後、炭素安定同位体のデータから、チューブワームが、内部共生細菌か

BOX14.3 内部共生細菌の発見

チューブワーム研究に先鞭をつけたのは十分な経験を積んだ動物学者たちであった。彼らは、年季を積んだ何人もの微生物学者からの助言を得ることも怠らなかった。しかし、チューブワームの内部共生説を最初に唱えたのは、当時、まだハーバード大学の大学院生にすぎなかったコリーン・カバナフ（Colleen Cavanaugh）だったのである。微生物生態学を学んだことがあった彼女は、メレディス・ジョーンズ（Meredith Jones）の動物学の授業で、口も腸管も無い、チューブワームの奇妙な解剖図を見せられた時に、ひらめいたのである。ジョーンズは、チューブワームの切片の写真を示しながら「栄養体部組織の中に無数の硫黄の顆粒が見られるが、この組織の機能は不明である」と述べたのであるが、この授業を聞きながら、カバナフは「共生」のことを考えていた。つまり、サンゴが共生性の光合成藻類に依存しているように、チューブワームは共生性の化学合成細菌に依存しているのではないかと考えたのである。栄養体部の細胞は、彼女が以前に見たことのあった、細菌の走査電子顕微鏡像によく似ていた。その後、この仮説を裏付ける決定的な証拠を得るために、精力的な研究が行われた。透過型電子顕微鏡による観察の結果、グラム陰性細菌で典型的に見られる、二層の膜構造の存在が示され、さらにリポポリサッカライドが検出されたことで、栄養体部細胞が細菌であることが確かめられた（Cavanaugh et al. 1981; Nisbet and Sleep 2001）。以上の結果に加えて、酵素学的なデータからも、内部共生説は支持された。これは微生物生態学における、いやそれのみか生物学全般における、最も素晴らしい発見の物語のひとつである。

ら栄養（有機炭素）を得ていることが明らかにされた。

チューブワームには共生細菌を維持するための栄養体部（trophosome）という風変わりな器官がある。栄養体部は、血管、体腔液および共生細菌を格納するバクテリオサイトから成る（Stewart and Cavanaugh 2006）。栄養体部の組織1グラムあたりには、約 10^9 細胞の細菌が含まれており、これは栄養体部の全容積の 15～35% を占めている。内部共生細菌の形態は栄養体部の部位によって異なっているが、これは化学物質の濃度の違い（化学勾配）か細菌の増殖段階の違いを反映しているものと考えられている。チューブワームの血液によって、ヘモグロビンに結合した硫化物と酸素が、硝酸イオンと

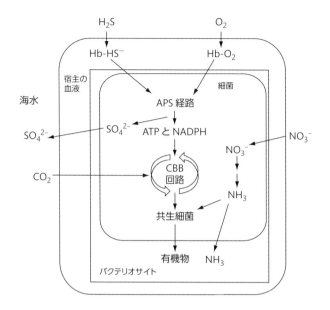

図14.7 細菌とチューブワームの内部共生関係。H_2S と酸素はいずれもヘモグロビン（Hb）と結合した形で細菌に運ばれる。硫化水素はアデノシン 5'- ホスホ硫酸経路（adenosine 5'-phosphosuflate pathway, APS pathway）を介して酸化され、その際に電子受容体として酸素が用いられる。この反応によって生成される ATP と NADPH は、細菌が CO_2 を固定して CBB 回路を介して有機化合物を合成するのに使われる。宿主の代謝を支えるのは、共生細菌から溶出する有機化合物または共生細菌の生物体そのものである。Stewart et al. (2005) に基づく。

ともにバクテリオサイトに運びこまれ、そこで化学無機独立栄養の代謝が進行する（図 14.7）。硝酸イオンは、共生微生物によってアンモニウムに還元され、宿主と共生者の両者にとって必要な窒素源となる。また酸素濃度が低い時には、硝酸イオンは電子受容体としても使われる。熱水噴出孔の生物群集の周囲の深層水中には、硝酸イオンが高い濃度（約 30 μM）で含まれている。宿主であるチューブワームは、共生細菌にサービスを提供する見返りとして、共生細菌が分泌する有機化合物を獲得するとともに、ときおり共生細菌の一部をサプリメントとして消化する。

　チューブワームにおける内部共生細菌の発見に続いて、硫化物に富んだ環

境中に生息するその他の多くの無脊椎動物で、化学独立栄養性の共生細菌が見つけられた。今日、後生動物の6門と繊毛虫において、このような内部共生関係の存在が知られている（Stewart et al. 2005）。塩性湿地に生息する二枚貝である、キヌタレガイ（*Solemya velum*）はそのような無脊椎動物の一例であり、この貝の場合も、消化管を欠いているということが動物学者の間では長年の謎となっていた（Cavanaugh 1983）。貧毛類のミミズの中にも消化管を欠くものがあり、これらは硫化物を酸化する内部共生細菌を有している。このようなミミズの中には、硫化物に富んだ嫌気層で硫化物を集めた後、硫化物は乏しいが酸素が豊富な好気層に向かって移動するというように、堆積物中の嫌気層と好気層との間を渡り歩いているものもいる（Dublier et al. 2006）。また別の種類の消化管の無い貧毛類の中には、硫化物濃度が低い環境中に生息しているのにもかかわらず、硫化物を酸化する共生微生物を保有しているものもいる。このような共生微生物は、硫酸イオンを還元して硫化物を生産する硫酸還元菌とも共生することで、化学独立栄養を行っているのかもしれない。

16S rRNA遺伝子の塩基配列解析結果によれば、共生性の硫黄酸化細菌はそれほど多様ではない。これは宿主が多様であるのとは対照的である（Stewart et al. 2005）。すでに述べたように、一般的に内部共生性の細菌はガンマプロテオバクテリア綱に、また外部共生性のものはエプシロンプロテオバクテリア綱のいくつかのクレードに属するものに限られている。ただしいくつかの興味深い例外もある。ある種のチューブワームではエプシロンプロテオバクテリア綱に属する内部共生細菌が報告されているが、16S rRNA遺伝子塩基配列解析により、さらにアルファ、ベータ、およびガンマプロテオバクテリアも検出されている。消化管を欠く*Inanidrilus*属および*Olavius*属の貧毛類には何種類もの共生細菌が生息している。ただしそれらが化学無機栄養性の共生細菌であるのかどうかは明らかではない。これらの無脊椎動物の中には、複数の細菌種から構成され、時間とともに変化するような複雑な内部共生細菌群集を有するものがあるのかもしれない。

以上に紹介した共生関係において、化学独立栄養細菌が基質として用いるのは還元型の硫黄（硫化物）のみであり、それ以外の基質が使われるという

ことは無い。アンモニウムや 2 価鉄が、これらの共生関係を支えるために用いられないのは、基質の利用可能性とエネルギー収率の観点から説明することができるだろう。ただし次に述べるメタン栄養共生細菌は、化学独立栄養の共生細菌が用いる基質が硫化物のみであるという一般則の例外のひとつとみなせるかもしれない。メタン栄養と化学無機栄養の間にはある程度の類似性が認められる。

　メキシコ湾で見られるような、メタン排出フラックスが高い冷水湧出帯に生活するイガイの代謝を支えるのは、メタン栄養性の共生細菌である (Cavanaugh et al. 1987)。冷水湧出帯は、熱水噴出孔と同様に自然の泉であり、そこでは地下の油田やガス田から海洋の底層水へとメタンやその他の化石燃料成分が漏れ出している。冷水湧出帯で採取されたイガイについても、熱水噴出孔のチューブワームの場合と同様にさまざまなデータが集められた。その結果、イガイが共生細菌を保有することが示されたが、同時にそれらの共生細菌が硫黄を酸化するわけではないということも明らかになった。イガイの体組織の炭素安定同位体比（$\delta^{13}C$）が非常に低かったことから（−74 ‰）、その炭素源は生物起源性のメタンであると推察された。さらに酵素や遺伝子のアッセイによってメタン分解活性が示されたことから、これらの共生細菌がメタン栄養性であることが確認された。

▶ 海洋における生物発光共生微生物

　ここまで考察してきた共生の例では、真核生物の宿主は共生細菌や菌類をもつことで、たとえば樹木や植物汁のようなバランスの悪い餌料、あるいは硫化水素のような微生物の助けなしでは真核生物が使うことのできないエネルギー源を利用するという利益を得ていた。本節で紹介するのは、別のタイプの共生関係である。海産無脊椎動物や魚類の多くは、直接には栄養の獲得とは関連しない理由から共生性の生物発光細菌を有する（Haddock et al. 2010）。たしかにチョウチンアンコウの場合は共生生物発光細菌が詰まった触手を口の前につりさげて、油断した餌をおびき寄せているのではあるが、より一般的には、共生細菌による発光の重要な機能は、捕食に対する防衛や異性の誘引である。今日までに知られている発光魚 43 科の大半は共生細菌

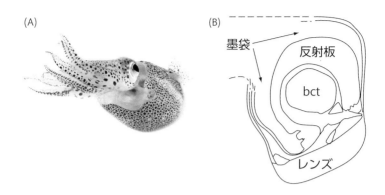

図14.8 ダンゴイカ（A）とその発光器官（B）。"bct"は共生細菌を含む組織を示す。イカの体長はおよそ3 cm。イカの図はJones and Nishiguchi (2004) より、また、発光器官の模式図は、McFall-Ngai and Montgomery (1990) より引用した。著者と出版者から使用の許諾をえた。

の発光を利用していると考えられているが、海産無脊椎動物では、共生微生物に頼ることなく発光するタイプのものも多く知られている。生物発光の生化学的機構は、後生動物や微生物において40回から50回くらいは独立の進化を遂げた可能性がある。

　発光性のイカとして知られる70属の多くのもので共生細菌に頼らない生物発光が見られるが、ダンゴイカ科やヤリイカ科の発光は共生細菌による生物発光である（Haddock et al. 2010）。共生性の発光細菌をもつイカとしてよく知られているのがハワイミミイカ（*Euprymna scolopes*）である。このイカは、昼間は浅い礁原の砂の中に潜っているが夕方になると摂餌のために姿を現す。もし生物発光がなければ、このイカは海の深部で餌が現れるのを待ちかまえている捕食者から、背後から月の光に照らされた黒い物体として容易に識別され恰好のえじきとなってしまうであろう。このような危険を回避するために、イカは発光器官から発する光を下方向に照射することで自らの黒い影を見えにくくするのである（図14.8）。信じられないようなことであるが、黒いインク袋と発光器官を覆う黄色いフィルターからなるシャッター

を使うことで、イカは生物発光の強度や色調を調整し、イカが泳いでいる水深において視覚的に感知される光の強度や色調とちょうど合うようにすることができるのである。

ハワイミミイカの生物発光をもたらしているのは、発光器官に定着している細菌 *Vibrio fischeri* である。イカの多くの種やマツカサウオの生物発光は、この細菌やそれと近縁の株によるものである。一方 *Photobacterium leiognathi* とその近縁の細菌は、主としてヒイラギ科、テンジクダイ科、チゴダラ科に属する魚類に共生している（Haddock et al. 2010）。*Vibrio* と *Photobacterium* はいずれもガンマプロテオバクテリア綱のビブリオ科に属する近縁な属である。海洋の魚類や無脊椎動物に生物発光を提供する引き換えに、共生細菌は安全で栄養に富んだ住処を得ることができる。

幼イカが、孵化直後に周辺の海水中から共生性のビブリオ属細菌を獲得した時から、共生関係はスタートする（Nyholm and McFall-Ngai 2004）。*V. fischeri* やその他のビブリオ属細菌は、海水中の自由生活性の細菌群集の中ではまれな存在であり、その菌数は海水 1L あたり数細胞である。初期の低密度にもかかわらず、宿主であるイカの体内においては、その生活史の最初の数時間の間に *V. fischeri* が卓越性を確立する。そのメカニズムはまだ完全にはわかっていない。いったん発光器官に入ると *V. fischeri* は数を増やしはじめ、イカが提供するアミノ酸を多く含む栄養液を存分に取り込む。一方で細菌はイカの細胞に変化を引き起こし、海水中から共生細菌を捕獲するのを終了させる。毎朝、親イカは保有する共生細菌の約 95% を周囲の海水中に放出するのだが、もしこの放出がなかったとしたら、孵化したばかりのイカによる共生細菌の獲得はもっと困難なものになっているのかもしれない。親イカによる日々の共生細菌の放出には、幼イカを助けるほかに発光器官内での細菌密度を調節するという働きもある。まだその仕組みはよくわかっていないが、イカは発光力が劣っているビブリオ属細菌を追い出すということもする（Haddock et al. 2010）。

イカが毎朝、共生細菌を外界に放出するために、発光器官中の共生細菌数は、朝に低下し昼間に増加する。イカが砂の中から姿を現して海の中に泳ぎだす夕方には、細菌は十分な数に達する。発光はそれが必要とされない昼間

BOX14.4 敵か味方か

ビブリオ属の細菌の中には、*V. fischeri* のように、ダンゴイカにとって有益であるものもあれば、*V. parahaemolyticus* や *V. vulnificus* のように、ヒトを含む大型動物に対して病原性を示すものもある。有益であれ有害であれ、ビブリオ属の細菌では、真核生物との相互作用に関連して、ある共通した生化学的特性が認められる。このような特性に関する多くの知見が、*V. fischeri* と *V. cholerae*（コレラ菌）のゲノムを比較することによって得られている（Ruby et al. 2005）。たとえば、*V. cholerae* で見られるタイプⅣピリに関連する遺伝子と類似した多くの遺伝子が、イカと共生する *V. fischeri* においても見つかる。いずれの細菌においても、この構造体は細胞表面への付着に関連しており、表面に定着するのに使われるのである。この付着関連遺伝子の中には、*V. cholerae* が病原性を発現するうえで不可欠なものや、*V. fischeri* が発光器官に正常に定着するうえで必要なものがある。また *V. fischeri* のゲノムには、*V. cholerae* の毒素産生遺伝子と類似した遺伝子がいくつも見つかる。以上の結果から、これらの共通遺伝子が、イカと *V. fischeri* の共生関係と、*V. cholerae* のヒトに対する病原性の双方に関与していることが示唆される。微生物と真核生物の相互作用の中で、双利共生と病原性が互いに深く関連しているということは、このような2種のビブリオの類似性からもうかがうことができる。

には大変に弱い。細菌は発光を開始するタイミングを、日光やその他の刺激ではなく自らの集団サイズによって認識する。このクオラムセンシングと呼ばれる集団レベルでの認識メカニズムは、別の状況下で、多くの細菌によって使われている。たとえば緑膿菌（*Pseudomonas aeruginosa*）はバイオフィルムの形成時に、エンドウ根粒菌（*Rhizobium leguminosarum*）は根粒の形成時にこれを用いる（Fuqua et al. 1996）。遺伝的および生化学的な仕組みの詳細は個々の細菌ごとに異なるものの、クオラムセンシングの主要な特性の多くは、それが最初に記載された *V. fischeri* を典型的な例にして説明することができる。

V. fischeri は、2つの相補的なクオラムセンシングのシステムを使って自らの集団規模（細胞密度）がどの程度であるのかを把握する（Lupp and Ruby 2005）。そのひとつであるラックス（*lux*）システムは、共生の後期の

Chapter 14　共生と微生物

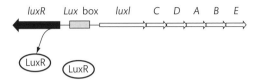

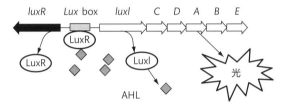

図14.9　クオラムセンシングによる *V. fischeri* の生物発光の制御。それぞれのボックスは、Lux オペロンに含まれる個々の遺伝子を表す。矢印は転写の向きを表し、またその太さは相対的な発現強度を表す。細胞密度が低いときは、生物発光の遺伝子（*luxC*、*D*、*A*、*B*、*E*）は転写されず、したがって生物発光は見られない。一方、細胞密度が高いとオートインデューサーである AHL 濃度が上昇してセンシングタンパク質 LuxR に結合する。これが引き金となって生物発光に関連する遺伝子の転写が起こり、生物発光が見られるようになる。*V. fischeri* 以外にも、別の目的でクオラムセンシングを使っている細菌がいくつも知られている。

段階で必要とされ、生物発光を引き起こす働きをする（図14.9）。*V. fischeri* は、*luxI* 遺伝子を使って N- アシル - ホモセリンラクトン（N-acyl-homoserine lactone, AHL）の一種である N-3- オキソ・ヘキサノイル・ホモセリンというシグナル化合物を生産する。細菌集団の規模が小さいときは、拡散のためにシグナル化合物の濃度は低く保たれる。細菌の細胞密度が発光器官の中で見られるような高いレベル、すなわち閾値である 10^{10} 細胞・mL^{-1} を超えると、AHL 濃度はそれが *luxR* によってコードされるセンシングタンパク質（LuxR）に結合することができるのに十分なほど高いレベルにまで上昇する。AHL-LuxR 複合体の形成によって、AHL の合成はさらに活発化する。つまり AHL の生産はさらなる AHL の生産を誘発し、クオラムセンシングのシグ

547

ナルを増幅するのである。このことから AHL はオートインデューサー（自己誘導因子）と呼ばれる。重要なのは、AHL-LuxR 複合体が、*lux* オペロンを発現させて生物発光へと導くという点である。いまや偽装したイカは、安全に海の中へと泳ぎだすことができる。

▶ 微生物—植物共生

　植物においては、発光共生微生物の存在は知られていない。しかしその他の共生関係については、動物と同様にさまざまなものが見られる。動物の場合と同様、植物と微生物の関係は、病原性から内部共生まで多岐にわたっている。人間の皮膚の場合と同様に、陸上植物の葉や茎の露出した表面には多くの微生物が存在し、葉圏（phyllosphere）と呼ばれる微小生息空間を形成している（Lindow and Brandl 2003）。これは根の周りの空間を根圏（rizosphere）と呼ぶのと類似している。培養株を用いた葉圏の研究では、氷点に近い天候の時に氷の結晶の形成を促進することで有名な *Pseudomonas syringae* のような細菌が主に調べられてきた。植物の葉が *P. syringae* のアイス・マイナス（ice-minus）突然変異体によって覆われると、氷ができにくくなるのである（Hirano and Upper 2000）。一般的にそうであるように非培養法を用いた研究が進んだ結果、葉圏の細菌群集が非常に多様であることが明らかになった（Yang et al. 2001）。しかし植物と相互作用する微生物群集の中で、葉圏の微生物群集にも増して重要なのは、植物の根の周辺（根圏）に見られる微生物群集であろう。

　根を介しての微生物と植物の間の共生関係は、きわめて広く見られる。全植物種のうちで、微生物共生者をもつものは 90% に達するが（Parniske 2008）、この値は動物と比べておそらくずっと高いであろう。根の内部あるいは周辺に見つかる主な共生微生物は、菌類とジアゾ栄養細菌である。

▶ ジアゾ栄養細菌と植物の共生

　ジアゾ栄養細菌と植物の相互作用は、農業において特に重要であるが、それは大豆などの作物にとって、ジアゾ栄養細菌が固定した窒素が不可欠であ

るためである。自然環境中においても、植物や光独立栄養原生生物の生産は、しばしば窒素供給の制限を受ける。その観点から見てもこの共生関係は重要である。植物や原生生物の中には、窒素固定を行う従属栄養性細菌やシアノバクテリアと共生しているものがいくつも知られている。放線菌の一種であるフランキアはその一例である。この種は、双子葉植物の 8 科のうち 194 種と共生関係を結んでおり、そこには窒素制限の地域に自生する低木や、その他の樹木が含まれる（Benson and Sivester 1993）。共生性のフランキアは、大きなボール状の形態で、10 cm ものサイズに達する根粒の中に格納されている。別のグループのジアゾ栄養細菌は、マメ科植物（legume）と共生関係を結ぶ。マメ科植物は、顕花植物の中で 3 番目に大きな科である。マメ科の作物植物には、クローバー、大豆、エンドウマメなどがある。一方、野生のマメ科植物の例としては、いくつかの草本（ルピナス属、ムラサキセンダイハギ属）の他にニセアカシア（*Robinia pseudoacacia*）やアメリカハナズオウ（*Cercis canadensis*）のような樹木が挙げられる。最もよく知られているマメ科植物の共生細菌は、アルファプロテオバクテリア綱の *Rhizobium* 属のものであるが、その他の属やプロテオバクテリア門の中の別のグループにさえも、マメ科植物と共生関係を結べるものがいる（Perret et al. 2000）。マメ科植物の根粒にいるこれらの細菌を根粒細菌と総称する。

　根粒は、マメ科植物の根にある直径が約 1 mm のボール状あるいは筒状（その形状は共生細菌の種類によって異なる）の構造であり、フランキア共生の場合と同様、共生微生物である根粒細菌を格納している。植物の根と根粒細菌の間でさまざまな生化学的な交換が行われ、最終的な結果として根粒が形成される。新芽が伸びると、マメ科植物は土壌中に生息するさまざまな細菌種のなかからある特定の共生細菌を選び取る。これが共生関係の始まりである。土壌中に共生細菌の候補は数多く存在するのだが、この中である特定のマメ科植物と共生関係を結ぶことに成功するのはほんの一握りの限られた細菌株だけである。続いて宿主は、宿主と相性の良い根粒細菌（compatible rhizobium）に特異的に作用するフラボノイド（2-フェニル-1,4-ベンゾピロン骨格をもった多環化合物）を構成的に放出するが、これによって共生関係はより親密なものになる（図 14.10）。フラボノイドに対する応答として根

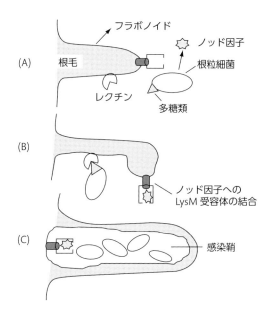

図14.10 マメ科植物と根粒細菌の共生。根粒細菌を標的とする特異的なフラボノイドの放出と、これに対する根粒細菌の応答であるノッド因子の放出をもって、根毛と根粒細菌の相互作用がスタートする（A）。根毛と根粒細菌のつながりを確立するうえでの二次的な要因は、細菌細胞表面にある多糖類へのレクチンの結合である。以上のシグナリングを通して、根毛の巻き毛状化やその他の応答が引き起こされる（B）。最終的に感染鞘が形成されて根粒細菌が増殖する（C）。Parniske and Downie (2003) および Downie (2010) に基づく。

粒細菌はノッド因子（アシル化オリゴ糖）を放出する。これが根毛の膜に繋留された受容体に結合すると、それが引き金となり根においてその他の生化学的な反応が進行する。マメ科植物と根粒細菌との間の密接な共生関係を特徴付けるもうひとつの要素は、相性の良い根粒細菌の細胞表面にある特異的な炭水化物残基と、根毛表面にあるレクチンの結合である。以上のさまざまなシグナルやプロセスは、最終的に根毛と根粒細菌の両者に形態的な変化を引き起こす。このような過程を経て、形態が大きく変化した根粒細菌は、バクテロイドと呼ばれる。

　宿主植物の根粒内では、根粒細菌による窒素固定が促進されるような条件

が整えられる。宿主植物が放出するレグヘモグロビンは、酸素に結合することで、ニトロゲナーゼにとって有害な気体である酸素のレベルを調節する（第12章）。根粒がさび付いたような赤色を呈するのはこのレグヘモグロビンのためである。レグヘモグロビンのおかげで、根粒の外皮が酸素に曝されているのにもかかわらず、その中心部では酸素濃度はずっと低いレベルになる（< 25 nM）（White et al. 2007）。また遊離酸素濃度が低いのにもかかわらず、根粒細菌はレグヘモグロビンが運ぶ酸素を使うことで呼吸を維持し、窒素固定やその他の代謝に必要な ATP を生成することができる。また宿主は、リンゴ酸かコハク酸のいずれかまたは両方を放出することで、根粒細菌の代謝反応の駆動を助ける。一方で、根粒細菌はアンモニウムを放出して宿主の根に供給する。放出されるのはアンモニウムではなくてアラニンであるといういくらかの証拠もあるが、これには異論もある（White et al. 2007）。

共生性の根粒細菌や、その他の根の共生細菌による窒素固定の速度は、非共生性の土壌微生物の窒素固定速度よりもずっと速いのが普通である（表14.4）。別の研究によれば、単位面積あたりの窒素固定速度は、フランキア共生と根粒細菌共生でほぼ等しい（Franche et al. 2009）。ただし、それぞれの共生系が、全球的な窒素固定に対してどの程度寄与しているのかについての推定は困難であり、より多くのデータが必要とされている。根から遠く離れた土壌中では、従属栄養ジアゾ栄養微生物による窒素固定は、一般的には易分解性有機物の供給によって制限される。一方、土壌表面のシアノバクテリアによる窒素固定の規模は、大型の高等植物による光の遮蔽の影響があるためあまり大きくはない。共生細菌や非共生細菌による窒素固定速度に影響を及ぼすその他の要因としては、リン酸イオンやモリブデンの濃度、低いpH、あるいは鉄の利用可能性などが挙げられる（第12章）。

▶ 菌類と植物の共生

共生性のジアゾ栄養細菌が、宿主に提供するのは窒素のみであり、土壌における植物の生育の潜在的な制限要因となるその他の養分や水の確保を助けることは不可能である。植物は、菌類と共生関係を結ぶことで、このような問題を解決する。共生微生物を有する植物の割合が高い（> 90%）という

表14.4 陸上生態系における共生性および非共生性の原核生物による窒素固定速度。NAは該当するものが無いことを意味する。Cleveland et al. (1999) および Evans and Barber (1977) に基づく。

環境	窒素固定速度 (mmol(窒素) m^{-2} 日$^{-1}$)		共生微生物
	共生系	非共生系	
ツンドラ	0.112	0.035	根粒細菌
北方林	0.023	0.024	フランキア
温帯林	2.249	0.133	根粒細菌とフランキア
草原	0.062	0.215	根粒細菌
サバンナ	0.756	0.251	根粒細菌
乾燥地低木林	1.275	<0.01	根粒細菌
熱帯林	0.365	0.202	根粒細菌
植物			
ダイズ	148	NA	根粒細菌
クローバー	258	NA	根粒細菌
アカウキクサ（Azolla）	613	NA	Anabaena
ハンノキ（Alnus）	333	NA	フランキア
セアノサス（Ceanothus）	117	NA	フランキア
ドクウツギ（Coriaria）	294	NA	フランキア

ことは既に述べたが、その背景には、植物における共生菌類の保有率の高さがある。被子植物では、85％以上のもので共生菌類の存在が認められている（Bonfante and Anca 2009）。共生微生物を保有しない植物の多くは、自らが他の植物の寄生者であるか、肉食であるか、或いは水生植物であるかのいずれかである（Brundrett 2009）。

あとでもっと詳しく考察するが、共生菌類を保有することで植物が得られる主な利益は、養分の獲得が助けられるということにあると考えられている。このほかに、菌類との共生関係は、病原性の菌類や細菌から植物を防衛するうえで、あるいは干ばつを生き延びるうえでも助けになっている（Smith and Read 2008）。しかし、植物に対して、菌類が全く何のサービスも提供していないという可能性もある。もし植物に対してなんら危害を及ぼさないのならば、菌類を追い出すためのコストを払う必要はないのかもしれない。と

表14.5 4つのタイプの菌根菌。分類群は次の略称で示す。Glomero：グロムス門、Basidio：担子菌門、Asco：子嚢菌門、Bryo：コケ植物、Pterido：シダ植物、Gymno：裸子植物、Angio：被子植物。Smith and Read (2008) に基づく。なお、Smith and Read (2008) には、これ以外に3タイプの菌根菌が列挙されている。

特性	アーバスキュラー菌根菌	外菌根菌	内外性菌根菌	エリコイド菌根菌
細胞内共生	有り	無し	有り	有り
根の周りの菌鞘	無し	有り	有る場合と無い場合がある	無し
ハルティヒネット*	無し	有り	有り	無し
地上部の子実体	無し	有り	有り	無し
細胞隔壁**	無し	有り	有り	有り
菌類の分類群	Glomero	Basidio, Asco	Basidio, Asco	Asco
植物の分類群	Bryo, Pterido, Gymno, Angio	Gymno, Angio	Gymno, Angio	Ericale, Bryo

* ハルティヒネットは、植物の根の周囲や内部に見られる菌類の菌糸のネットワークのことである。名称は19世紀のドイツの植物病理学者 Robert Hartig による。
** 隔壁は、菌類の細胞を仕切る壁のことである。

はいえ、一般的には、菌類は陸域生態系において植物が成功するうえで不可欠であると考えられている。化石や DNA に基づく証拠によれば、菌類と植物の共生関係が成立したのは、陸上植物が陸域に定着し始めた4億年から4億6000万年前にさかのぼるとされている（Humphreys et al. 2010）。植物が陸上に進出するのがうまくいったのは、ある程度は、植物の根と共生関係にある菌根菌（mycorrhizal fungi）のお陰であろうと考えられている。mycorrhizal という用語は、菌類と根を意味するギリシャ語に由来する。

　菌根菌と植物の共生関係は、菌類と植物根の相互作用の仕方やその他の特性に基づいて、いくつかのタイプに分類することができる（表14.5）。このうち最初に発見されて研究が進められたのは、マッシュルームやホコリタケあるいはトリュフといった大型の子実体を形成する外菌根菌（ectomycorrhizal fungi）である。根の細胞の外部にあるため、「外生」（ecto）という接頭語が使われるが、実際にはこの菌類は根の外皮や細胞壁の表皮を縫い合わせるよ

うにしながら伸展し、外菌根（ハルティヒネット）と呼ばれる構造を形成する。根の先端部の周囲に菌鞘を形成するのも、外菌根菌の重要な特徴である。植物に共生する菌類としてもっと普通に見られるのは、根の細胞壁を貫通して細胞膜に結合することで内部共生的な関係を築くアーバスキュラー菌根菌である。内外生菌根菌という別のタイプの場合は、アーバスキュラー菌根菌のように根の細胞を貫通する一方で、外菌根菌と同様なハルティヒネットも形成する。その他にも、エリコイド菌根菌や、表14.5には示さないがラン菌根菌といったタイプも知られている。全体として最も広く見られるのは、アーバスキュラー菌根菌であり、被子植物における菌類と植物の共生関係の85%以上は、このタイプのもので占められている（Brundrett 2009）。

アーバスキュラー型の菌根共生の初期形成過程は、根粒共生の場合と同様である（Douglas 2010, Held et al. 2010）。実際のところ、根粒細菌は、もともと菌根共生で使われていた植物の受容体の遺伝子を拝借することで根粒共生系を確立させたという可能性もある（Op den Camp et al. 2011）。ただし根粒共生の場合にはフラボノイドが使われたが、菌根共生の場合は、植物根はストリゴラクトンを分泌し、それが菌類によるミック因子の放出を促す（これは根粒共生におけるノッド因子の放出と相同的である）。このような、植物と菌類の間のシグナリングが発端となって、両方の生物にさまざまな変化が生ずる。これも根粒共生の場合と同様である。アーバスキュラー菌根菌というのは、根の細胞内に菌類が形成する構造体である樹枝状体（arbuscule）にちなんでつけられた名前である（図14.11）。1905年にこの用語を作ったIsobel Gallaudは、これが樹枝のような特性をもった構造であると考えた。

樹枝状体の形成は、まず非常に幅の広い（10 μm）菌糸が根細胞に侵入することから始まる。菌糸は繰り返し分岐してそのたびごとに細くなる。このプロセスは樹枝状体が完成するまで繰り返される。これらの細かく分枝した菌糸は表面積が大きく、根の表皮細胞の内部や周辺に容易に侵入することができる。これらの特性のお陰で、植物宿主が供給する有機化合物の取り込みが促進されるのである。アーバスキュラー菌根菌の種類によっては、嚢状体（vesicle）と呼ばれる構造を形成するため、これらはVA菌根菌（vesicular-arbuscular mycorrhizae）と呼ばれることがある。菌糸が膨張することで形成

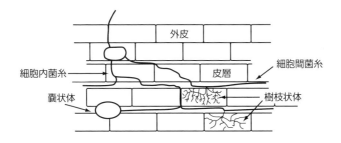

図14.11 植物の根に感染したアーバスキュラー菌根菌。Brundrett (2008) に基づく。Parniske (2008) も参照のこと。

される嚢状体は、根の表皮細胞の内部や間隙に見つけることができる。嚢状体は脂質を貯蔵し、新たな生息地に定着して共生系を形成するための散布体としての役割を果たしうる。

　根粒細菌の場合と異なり、アーバスキュラー菌根菌はそれを受容するすべての植物に感染することができる（Smith and Read 2008）。この選択性の低さはポット試験の結果から示されている。すなわち、鉢植えの植物は、さまざまな種類のアーバスキュラー菌根菌に感染したのである。一方で、野外における生物の観察からは、これらの制御されたポット試験によって示されたよりも、もっと特異的な関係が植物と菌類の間にあることがうかがえる（Vandenkoornhuyse et al. 2003）。ある研究によれば、同種の草本に共生している菌類群集は、別の種に共生している菌類群集に比べて類似度が高かった。ポット試験で使われた菌類は、必ずしも自然界で見つかる菌類を代表していなかったのかもしれない。

　アーバスキュラー菌根菌が、宿主である植物の養分摂取（特に顕著なのはリン酸塩の摂取）を助けているということは、多くの実験や野外調査の結果から示されている（Smith and Read 2008）。菌類は、養分の取り込みのために利用可能な土壌空間（容積）を拡大させる働きをしている。実際のところ、菌類の存在は、植物の根が伸長したのと同じ意味をもつが、それだけでなく、菌類が存在することで根が到達できないような狭い空間に侵入できるという

効果もある。根毛の直径が 300 μm 以上あるのに対し、典型的な菌類の菌糸の直径は 2 〜 10 μm なのである。またこの細さゆえ、共生菌類は、養分輸送のための潜在的な面積を、根のみで達成可能な面積に比べて 10 倍から 1000 倍も拡大させる。さらに共生菌類は、植物だけでは利用ができない有機態の養分を利用することもできる。野外調査の結果によれば、共生菌類が植物にとって最も役に立つのは、植物群落遷移の後期の段階のように、土壌の養分濃度が低い時である。逆に、養分濃度が高い時には、植物にとって菌類はそれほど有用でない。実際、もし養分の供給が十分であれば、植物は菌根菌が無くても生残することができる。

　一方、アーバスキュラー菌類のほうは、宿主である植物やそれが供給する有機化合物が無ければ、長期間にわたり生残することはできない（Smith and Read 2008）。$^{14}CO_2$ に暴露した植物によって合成された ^{14}C- 有機物が、菌類へ移行するプロセスを調べた実験（^{14}C トレーサー実験）によって、植物から共生菌類への有機物の流れがあることが示された。このような実験や、その他の ^{13}C を用いた実験から、植物がグルコースやおそらくその他のヘキソースを菌類に供給することや、菌類によって、それらの化合物が炭素貯蔵物質であるトレハロースとグリコーゲンに速やかに転換されることが示された。植物光合成産物の最大 20% はアーバスキュラー菌根菌に転換されうる。アーバスキュラー菌根菌類の生物量は大きく、根の現存量の 3 〜 20% に相当するが、これは植物から菌類への炭素フラックスが大きいことと整合的である。さらに ^{14}C トレーサー実験から、有機物や無機養分が、ある種の菌根菌類を共有する植物同士をつなげる菌糸ネットワークを介して転流する可能性も示されている（Simard et al. 1997）。菌糸ネットワークでつながる植物は、同種の場合もあれば別種の場合もあり、この違いは植物と菌類の種類の組み合わせによる（Beiler et al. 2010）。菌糸ネットワークを通じての相互作用は、これに関わる植物にとっての利益になる場合もあるが、その一方で、ネットワークが植物に対して有害な効果をもたらす場合もある。菌糸ネットワークを介しての転流については、アーバスキュラー菌根菌よりは、外菌根菌についての証拠が多い。

Chapter 14 共生と微生物

▶ 結語

　本章では、さまざまな共生関係について考察を加えたが、ここから明らかなように、生物圏における大型生物の繁栄にとって、微生物との共生関係は無くてはならないものであり、また大型生物が生物地球化学的な循環の中で果たす役割は、微生物との共生によってその重要性がより大きなものになっている。大型生物が主役を演じているかに見える場面においてさえ、微生物はその周辺や舞台裏で欠かすことのできない役割を果たしている。この世界に存在するすべての生命にとって、微生物が担うプロセスは、かけがえの無いものであるといえるだろう。

まとめ

1. 無脊椎動物、脊椎動物、高等植物を含む多くの大型生物の体内や体表には微生物が住み付き、両者の間に密接な関係が見られる。そのような関係の中には、片利共生や双利共生が含まれる。

2. 微生物と真核生物の関係の中には、最初は病原性として始まり、後に双利共生に進化したものがある。緊密な共生関係の結果、宿主である真核生物と微生物共生者の双方が、しばしばその形態を変化させる。

3. ヒトやその他の脊椎動物や無脊椎動物は、消化管内に微生物を共生させることで利益を得ている。共生微生物は、宿主だけでは利用できない食物の消化を助けているのである。たとえばシロアリは、それ自身では消化のできないセルロースやその他の複雑な多糖類を消化するために、細菌、古細菌、原生生物の助けを借りている。とりわけ原生生物の役割は大きい。

4. 深海底の亀裂である熱水噴出孔には豊かな後生動物群集が見られるが、これを支えているのは、噴出する硫化物を酸化して有機炭素を生産する独立栄養微生物である。噴出孔に見られるチ

ューブワームは、化学独立栄養の内部共生細菌に依存しているが、同様なことは、硫化物が多量にある生息場所に住むその他の無脊椎動物においても見られる。

5. 海産魚類や無脊椎動物は、捕食者を回避したり餌をおびき寄せたりするために、共生性の発光細菌が発する生物発光を利用する。イカに共生するビブリオ属の細菌は、クオラムセンシングによって生物発光の調節を行うが、これと類似した個体群密度の認識メカニズムは、バイオフィルム内の細菌や病原性細菌においてもみることができる。

6. ほとんどすべての陸上高等植物が微生物と共生している。マメ科植物は、共生性のジアゾ栄養細菌が固定する窒素に依存している。そのほかにも多くの植物が、リン酸塩やその他の養分を得るために菌根菌の助けを借りている。

参考文献

Adl, S. M. et al. (2005). The new higher level classification of eukaryotes with emphasis on the taxonomy of protists. *Journal of Eukaryotic Microbiology,* **52,** 399–451.

Alexander, M. (1999). *Biodegradation and Bioremediation* Academic Press, San Diego.

Allwood, A. C., Walter, M. R., Kamber, B. S., Marshall, C. P. and Burch, I. W. (2006). Stromatolite reef from the Early Archaean era of Australia. *Nature,* **441,** 714–18.

Andrews, J. A., Harrison, K. G., Matamala, R. and Schlesinger, W. H. (1999). Separation of root respiration from total soil respiration using carbon-13 labeling during free-air carbon dioxide enrichment (FACE). *Soil Science Society of America Journal,* **63,** 1429–35.

Angly, F. et al. (2005). PHACCS, an online tool for estimating the structure and diversity of uncultured viral communities using metagenomic information. *BMC Bioinformatics,* **6,** 41.

Angly, F. E. et al. (2006). The marine viromes of four oceanic regions. *PLoS Biology,* **4,** e368.

Anton, J., Rossello-Mora, R., Rodriguez-Valera, F. and Amann, R. (2000). Extremely halophilic Bacteria in crystallizer ponds from solar salterns. *Applied and Environmental Microbiology,* **66,** 3052–7.

Arístegui, J., Gasol, J. M., Duarte, C. M. and Herndl, G. J. (2009). Microbial oceanography of the dark ocean's pelagic realm. *Limnology and Oceanography,* **54,** 1501–29.

Armbrust, E. V. et al. (2004). The genome of the diatom *Thalassiosira pseudonana*: Ecology, evolution, and metabolism. *Science,* **306,** 79–86.

Auguet, J.-C., Barberan, A. and Casamayor, E. O. (2010). Global ecological patterns in uncultured Archaea. *ISME Journal,* **4,** 182–90.

Azam, F., Fenchel, T., Field, J. G., Gray, J. S., Mayer-Reil, L. A. and Thingstad, T. (1983). The ecological role of water-column microbes in the sea. *Marine Ecology-Progress Series,* **10,** 257–63.

Bååth, E. (1988). Autoradiographic determination of metabolically-active fungal hyphae in forest soil. *Soil Biology and Biochemistry,* **20,** 123–5.

Bååth, E. (1998). Growth rates of bacterial communities in soils at varying pH: A comparison of the thymidine and leucine incorporation techniques. *Microbial Ecology,* **36,** 316–27.

Bååth, E. (2001). Estimation of fungal growth rates in soil using C-14-acetate incorporation into ergosterol. *Soil Biology and Biochemistry,* **33,** 2011–18.

Bailly, J., Fraissinet-Tachet, L., Verner, M.-C., Debaud, J.-C., Lemaire, M., Wesolowski-

Louvel, M. and Marmeisse, R. (2007). Soil eukaryotic functional diversity, a metatranscriptomic approach. *ISME Journal,* **1,** 632–42.

Bak, F. and Cypionka, H. (1987). A novel type of energy-metabolism involving fermentation of inorganic sulfur-compounds. *Nature,* **326,** 891–92.

Banfield, J. F., Barker, W. W., Welch, S. A. and Taunton, A. (1999). Biological impact on mineral dissolution: Application of the lichen model to understanding mineral weathering in the rhizosphere. *Proceedings of the National Academy of Sciences of the United States of America,* **96,** 3404–11.

Bapiri, A., Bååth, E. and Rousk, J. (2010). Drying–rewetting cycles affect fungal and bacterial growth differently in an arable soil. *Microbial Ecology,* **60,** 419–28.

Barberan, A. and Casamayor, E. O. (2010). Global phylogenetic community structure and beta-diversity patterns in surface bacterioplankton metacommunities. *Aquatic Microbial Ecology,* **59,** 1–10.

Bardgett, R. D., Freeman, C. and Ostle, N. J. (2008). Microbial contributions to climate change through carbon cycle feedbacks. *ISME Journal,* **2,** 805–14.

Barker, W. W., Welch, S. A. and Banfield, J. F. (1997). 'Geomicrobiology: interactions between microbes and minerals', in Banfield, J. F. and Nealson, K. H., eds. *Geomicrobiology: Interactions between Microbes and Minerals,* pp. 391–428. Mineralogical Society of America, Washington DC.

Barron, A. R., Wurzburger, N., Bellenger, J. P., Wright, S. J., Kraepiel, A. M. L. and Hedin, L. O. (2009). Molybdenum limitation of asymbiotic nitrogen fixation in tropical forest soils. *Nature Geoscience,* **2,** 42–5.

Bartlett, D. H. (2002). Pressure effects on in vivo microbial processes. *Biochimica et Biophysica Acta-Protein Structure and Molecular Enzymology,* **1595,** 367–81.

Barton, L. L. and Fauque, G. D. (2009). Biochemistry, physiology and biotechnology of sulfate-reducing bacteria. *Advances in Applied Microbiology,* **68,** 41–98.

Bastiaens, L., Springael, D., Wattiau, P., Harms, H., Dewachter, R., Verachtert, H. and Diels, L. (2000). Isolation of adherent polycyclic aromatic hydrocarbon (PAH)-degrading bacteria using PAH-sorbing carriers. *Applied and Environmental Microbiology,* **66,** 1834–43.

Bauersachs, T., Speelman, E. N., Hopmans, E. C., Reichart, G.-J., Schouten, S. and Sinninghe Damsté, J. S. (2010). Fossilized glycolipids reveal past oceanic N_2 fixation by heterocystous cyanobacteria. *Proceedings of the National Academy of Sciences of the United States of America,* **107,** 19190–4.

Bazylinski, D. A. and Frankel, R. B. (2004). Magnetosome formation in prokaryotes. *Nature Reviews Microbiology,* **2,** 217–30.

Bazylinski, D. A., Frankel, R. B. and Konhauser, K. O. (2007). Modes of biomineralization of magnetite by microbes. *Geomicrobiology Journal,* **24,** 465–75.

Beal, E. J., House, C. H. and Orphan, V. J. (2009). Manganese- and iron-dependent marine methane oxidation. *Science,* **325,** 184–7.

Beardall, J. and Raven, J. A. (2004). The potential effects of global climate change on microalgal photosynthesis, growth and ecology. *Phycologia,* **43,** 26–40.

Beaumont, H. J. E., Gallie, J., Kost, C., Ferguson, G. C. and Rainey, P. B. (2009). Experimental evolution of bet hedging. *Nature,* **462,** 90–3.

Behrenfeld, M. J. (2010). Abandoning Sverdrup's Critical Depth Hypothesis on phytoplankton blooms. *Ecology,* **91,** 977–89.

Beiler, K. J., Durall, D. M., Simard, S. W., Maxwell, S. A. and Kretzer, A. M. (2010). Architecture of the wood-wide web: *Rhizopogon* spp. genets link multiple Douglas-fir cohorts. *New Phytologist,* **185,** 543–53.

Béjà, O. et al. (2000). Bacterial rhodopsin: Evidence for a new type of phototrophy in the sea. *Science,* **289,** 1902–6.

Bekker, A., Slack, J. F., Planavsky, N., Krapez, B., Hofmann, A., Konhauser, K. O. and Rouxel, O. J. (2010). Iron formation: The sedimentary product of a complex interplay among mantle, tectonic, oceanic, and biospheric processes. *Economic Geology,* **105,** 467–508.

Bell, T., Bonsall, M. B., Buckling, A., Whiteley, A. S., Goodall, T. and Griffiths, R. I. (2010). Protists have divergent effects on bacterial diversity along a productivity gradient. *Biology Letters,* **6,** 639–42.

Beman, J. M. et al. (2011). Global declines in oceanic nitrification rates as a consequence of ocean acidification. *Proceedings of the National Academy of Sciences of the United States of America,* **108,** 208–13.

Beman, J. M., Popp, B. N. and Francis, C. A. (2008). Molecular and biogeochemical evidence for ammonia oxidation by marine Crenarchaeota in the Gulf of California. *ISME Journal,* **2,** 429–41.

Bench, S. R., Hanson, T. E., Williamson, K. E., Ghosh, D., Radosovich, M., Wang, K. and Wommack, K. E. (2007). Metagenomic characterization of Chesapeake Bay virioplankton. *Applied and Environmental Microbiology,* **73,** 7629–41.

Benner, R., Moran, M. A. and Hodson, R. E. (1986). Biogeochemical cycling of lignocellulosic carbon in marine and freshwater ecosystems: relative contributions of procaryotes and eucaryotes. *Limnology and Oceanography,* **31,** 89–100.

Benson, D. R. and Silvester, W. B. (1993). Biology of *Frankia* strains, actinomycete symbionts of actinorhizal plants. *Microbiology and Molecular Biology Reviews,* **57,** 293–319.

Berg, B. and Laskowski, R. (2006). *Litter Decomposition: A guide to carbon and nutrient turnover*, Elsevier, Boston, MA.

Berg, I. A. et al. (2010). Autotrophic carbon fixation in archaea. *Nature Reviews Microbiology,* **8,** 447–60.

Bergh, Ø., Børsheim, K. Y., Bratbak, G. and Heldal, M. (1989). High abundance of viruses found in aquatic environments. *Nature,* **340,** 467–8.

Berglund, J., Muren, U., Bamstedt, U. and Andersson, A. (2007). Efficiency of a phytoplankton-based and a bacteria-based food web in a pelagic marine system. *Limnology and Oceanography,* **52,** 121–31.

Berman, T., Kaplan, B., Chava, S., Viner, Y., Sherr, B. F. and Sherr, E. B. (2001). Metabolically active bacteria in Lake Kinneret. *Aquatic Microbial Ecology,* **23,** 213–24.

Berman-Frank, I., Lundgren, P., Chen, Y. B., Kupper, H., Kolber, Z., Bergman, B. and

Falkowski, P. (2001). Segregation of nitrogen fixation and oxygenic photosynthesis in the marine cyanobacterium *Trichodesmium*. *Science,* **294,** 1534–7.

Berner, R. A. (1999). Atmospheric oxygen over Phanerozoic time. *Proceedings of the National Academy of Sciences of the United States of America,* **96,** 10955–7.

Berner, R. A. and Kothavala, Z. (2001). GEOCARB III: A revised model of atmospheric CO_2 over phanerozoic time. *American Journal of Science,* **301,** 182–204.

Bertilsson, S., Berglund, O., Karl, D. M. and Chisholm, S. W. (2003). Elemental composition of marine *Prochlorococcus* and *Synechococcus*: Implications for the ecological stoichiometry of the sea. *Limnology and Oceanography,* **48,** 1721–31.

Beveridge, T. J. and Murray, R. G. E. (1976). Uptake and retention of metals by cell walls of *Bacillus subtilis*. *Journal of Bacteriology,* **127,** 1502–18.

Bhadury, P. and Ward, B. B. (2009). Molecular diversity of marine phytoplankton communities based on key functional genes. *Journal of Phycology,* **45,** 1335–47.

Bianchi, T. S. and Canuel, E. A. (2011). *Chemical Biomarkers in Aquatic Ecosystems,* Princeton University Press, Princeton, NJ.

Biers, E. J., Sun, S. and Howard, E. C. (2009). Prokaryotic genomes and diversity in surface ocean waters: Interrogating the Global Ocean Sampling metagenome. *Applied and Environmental Microbiology,* **75,** 2221–9.

Biersmith, A. and Benner, R. (1998). Carbohydrates in phytoplankton and freshly produced dissolved organic matter. *Marine Chemistry,* **63,** 131–44.

Billings, S. A. (2008). Nitrous oxide in flux. *Nature,* **456,** 888–9.

Birch, H. F. (1958). The effect of soil drying on humus decomposition and nitrogen. *Plant Soil,* **10,** 9–30.

Blattner, F. R. et al. (1997). The complete genome sequence of *Escherichia coli* K-12. *Science,* **277,** 1453–62.

Blom, J. F., Zimmermann, Y. S., Ammann, T. and Pernthaler, J. (2010). Scent of danger: Floc formation by a freshwater bacterium is induced by supernatants from a predator-prey coculture. *Applied and Environmental Microbiology,* **76,** 6156–63.

Boetius, A. et al. (2000). A marine microbial consortium apparently mediating anaerobic oxidation of methane. *Nature,* **407,** 623–26.

Bohannan, B. J. M. and Lenski, R. E. (1999). Effect of prey heterogeneity on the response of a model food chain to resource enrichment. *The American Naturalist,* **153,** 73–82.

Bollmann, J., Elmer, M., Wollecke, J., Raidl, S. and Huttl, R. F. (2010). Defensive strategies of soil fungi to prevent grazing by *Folsomia candida* (Collembola). *Pedobiologia,* **53,** 107–14.

Bond, P. L., Druschel, G. K. and Banfield, J. F. (2000). Comparison of acid mine drainage microbial communities in physically and geochemically distinct ecosystems. *Applied and Environmental Microbiology,* **66,** 4962–71.

Bond-Lamberty, B. and Thomson, A. (2010). A global database of soil respiration data. *Biogeosciences,* **7,** 1915–26.

Bonfante, P. and Anca, I.-A. (2009). Plants, mycorrhizal fungi, and bacteria: A network of interactions. *Annual Review of Microbiology,* **63,** 363–83.

Bongers, L. (1970). Energy generation and utilization in hydrogen bacteria. *Journal of Bacteriology,* **104,** 145–51.

Bonkowski, M. (2004). Protozoa and plant growth: the microbial loop in soil revisited. *New Phytologist,* **162,** 617–31.

Boras, J. A., Sala, M. M., Baltar, F., Arístegui, J., Duarte, C. M. and Vaqué, D. (2010). Effect of viruses and protists on bacteria in eddies of the Canary Current region (subtropical northeast Atlantic). *Limnology and Oceanography,* **55,** 885–98.

Boras, J. A., Sala, M. M., Vázquez-Domínguez, E., Weinbauer, M. G. and Vaqué, D. (2009). Annual changes of bacterial mortality due to viruses and protists in an oligotrophic coastal environment (NW Mediterranean). *Environmental Microbiology,* **11,** 1181–93.

Boschker, H. T. S. and Middelburg, J. J. (2002). Stable isotopes and biomarkers in microbial ecology. *FEMS Microbiology Ecology,* **40,** 85–95.

Boufadel, M. C., Sharifi, Y., Van Aken, B., Wrenn, B. A. and Lee, K. (2010). Nutrient and oxygen concentrations within the sediments of an Alaskan beach polluted with the Exxon Valdez oil spill. *Environmental Science & Technology,* **44,** 7418–24.

Boyd, P. W. et al. (2007). Mesoscale iron enrichment experiments 1993–2005: Synthesis and future directions. *Science,* **315,** 612–17.

Brenner, D. J. and Farmer, J. J. (2005). 'Enterobacteriales', in Brenner, D. J. et al. (eds) *Bergey's Manual of Systematic Bacteriology,* 2nd edn, pp.587–850. Springer, New York, NY.

Brock, T. and Madigan, M. (1991). *Biology of Microorganisms,* Prenticel Hall, Englewood Cliffs, NJ.

Brock, T. D. (1966). *Principles of Microbial Ecology,* Prentice-Hall, Englewood Cliffs, NJ.

Brock, T. D. (1967). Bacterial growth rate in the sea: direct analysis by thymidine autoradiography. *Science,* **155,** 81–3.

Brown, M. V. et al. (2009). Microbial community structure in the North Pacific ocean. *ISME Journal,* **3,** 1374–86.

Brulc, J. M. et al. (2009). Gene-centric metagenomics of the fiber-adherent bovine rumen microbiome reveals forage specific glycoside hydrolases. *Proceedings of the National Academy of Sciences of the United States of America,* **106,** 1948–53.

Brundrett, M. (2009). Mycorrhizal associations and other means of nutrition of vascular plants: understanding the global diversity of host plants by resolving conflicting information and developing reliable means of diagnosis. *Plant and Soil,* **320,** 37–77.

Brundrett, M. C. 2008. 'Section 4. Arbuscular mycorrhizas', in Brundrett, M. C. (ed.) *Mycorrhizal Associations: The Web Resource. Version 2.0.* http://mycorrhizas.info/.

Brune, A. and Stingl, U. (2006). 'Prokaryotic symbionts of termite gut flagellates: Phylogenetic and metabolic implications of a tripartite symbiosis', in Overmann, J., ed. *Molecular Basis of Symbiosis,* pp. 39–60. Springer, Berlin.

Brussaard, C. P. D., Kemper, R. S., Kop, A. J., Riegman, R. and Heldal, M. (1996). Virus-like particles in a summer bloom of *Emiliania huxleyi* in the North Sea. *Aquatic Microbial Ecology,* **10,** 105–13.

Buckel, W. (1999). 'Anaerobic energy metabolism', in Lengeler, J. W., Drews, G. and Schlegel,

H. G., eds. *Biology of the Prokaryotes*, pp. 278–326. Blackwell Science, Thieme.

Bucklin, A., Steinke, D. and Blanco-Bercial, L. (2011). DNA barcoding of marine metazoa. *Annual Review of Marine Science,* **3,** 471–508.

Büdel, B., Weber, B., Kühl, M., Pfanz, H., Sültemeyer, D. and Wessels, D. (2004). Reshaping of sandstone surfaces by cryptoendolithic cyanobacteria: bioalkalization causes chemical weathering in arid landscapes. *Geobiology,* **2,** 261–8.

Buesing, N. and Gessner, M. O. (2006). Benthic bacterial and fungal productivity and carbon turnover in a freshwater marsh. *Applied and Environmental Microbiology,* **72,** 596–605.

Bui, E. T. N., Bradley, P. J. and Johnson, P. J. (1996). A common evolutionary origin for mitochondria and hydrogenosomes. *Proceedings of the National Academy of Sciences of the United States of America,* **93,** 9651–6.

Bult, C. J. et al. (1996). Complete genome sequence of the methanogenic archaeon, *Methanococcus jannaschii. Science,* **273,** 1058–73.

Bushaw, K. L. et al. (1996). Photochemical release of biologically available nitrogen from aquatic dissolved organic matter. *Nature,* **381,** 404–7.

Busse, M. D., Sanchez, F. G., Ratcliff, A. W., Butnor, J. R., Carter, E. A. and Powers, R. F. (2009). Soil carbon sequestration and changes in fungal and bacterial biomass following incorporation of forest residues. *Soil Biology and Biochemistry,* **41,** 220–7.

Cadotte, M. W., Jonathan Davies, T., Regetz, J., Kembel, S. W., Cleland, E. and Oakley, T. H. (2010). Phylogenetic diversity metrics for ecological communities: integrating species richness, abundance and evolutionary history. *Ecology Letters,* **13,** 96–105.

Cameron, V., Vance, D., Archer, C. and House, C. H. (2009). A biomarker based on the stable isotopes of nickel. *Proceedings of the National Academy of Sciences of the United States of America,* **106,** 10944–8.

Campbell, B. J., Waidner, L. A., Cottrell, M. T. and Kirchman, D. L. (2008). Abundant proteorhodopsin genes in the North Atlantic Ocean. *Environmental Microbiology,* **10,** 99–109.

Candy, R. M., Blight, K. R. and Ralph, D. E. (2009). Specific iron oxidation and cell growth rates of bacteria in batch culture. *Hydrometallurgy,* **98,** 148–55.

Canfield, D. E., Glazer, A. N. and Falkowski, P. G. (2010). The evolution and future of earth's nitrogen cycle. *Science,* **330,** 192–6.

Canfield, D. E., Thamdrup, B. and Kristensen, E. (2005). *Aquatic Geomicrobiology,* Elsevier Academic Press, San Diego, CA.

Capone, D. G. (2000). 'The marine microbial nitrogen cycle', in Kirchman, D. L., ed. *Microbial Ecology of the Oceans*, pp. 455–93. Wiley-Liss, New York, NY.

Capone, D. G. and Kiene, R. P. (1988). Comparison of microbial dynamics in marine and freshwater sediments: contrasts in anaerobic carbon catabolism. *Limnology and Oceanography,* **33,** 725–49.

Cardinale, B. J. (2011). Biodiversity improves water quality through niche partitioning. *Nature,* **472,** 86–9.

Carman, K. R. (1990). Radioactive labeling of a natural assemblage of marine sedimentary bacteria and microalgae for trophic studies: an autoradiographic study. *Microbial Ecology,* **19,** 279–90.

Carmichael, W. W. (2001). Health effects of toxin-producing cyanobacteria: "The CyanoHABs." *Human and Ecological Risk Assessment,* **7,** 1393–407.

Caron, D. A. (2000). 'Symbiosis and mixotrophy among pelagic microorganisms', in Kirchman, D. L., ed. *Microbial Ecology of the Ocean*, pp. 495–523. Wiley-Liss, New York, NY.

Caron, D. A., Porter, K. G. and Sanders, R. W. (1990). Carbon, nitrogen, and phosphorus budgets for the mixotrophic phytoflagellate *Poterioochromonas malhamensis* (Chrysophyceae) during bacterial ingestion. *Limnology and Oceanography,* **35,** 433–43.

Carpenter, E. J. and Capone, D. G. (2008). 'Nitrogen fixation in the marine environment', in Capone, D. G., Bronk, D. A., Mulholland, M. A. and Carpenter, E. J., eds. *Nitrogen in the Marine Environment,* 2nd edn, pp. 141–98. Academic Press, Burlington, MA.

Carson, J. K., Gonzalez-Quiñones, V., Murphy, D. V., Hinz, C., Shaw, J. A. and Gleeson, D. B. (2010). Low pore connectivity increases bacterial diversity in soil. *Applied and Environmental Microbiology,* **76,** 3936–42.

Carter, M. D. and Suberkropp, K. (2004). Respiration and annual fungal production associated with decomposing leaf litter in two streams. *Freshwater Biology,* **49,** 1112–22.

Cavanaugh, C. M. (1983). Symbiotic chemoautotrophic bacteria in marine invertebrates from sulphide-rich habitats. *Nature,* **302,** 58–61.

Cavanaugh, C. M., Gardiner, S. L., Jones, M. L., Jannasch, H. W. and Waterbury, J. B. (1981). Prokaryotic cells in the hydrothermal vent tube worm *Riftia pachyptila* Jones - Possible chemoautotrophic symbionts. *Science,* **213,** 340–2.

Cavanaugh, C. M., Levering, P. R., Maki, J. S., Mitchell, R. and Lidstrom, M. E. (1987). Symbiosis of methylotrophic bacteria and deep-sea mussels. *Nature,* **325,** 346–8.

Cebrian, J. (1999). Patterns in the fate of production in plant communities. *The American Naturalist,* **154,** 449–68.

Chapin, F. S., Matson, P. A. and Mooney, H. A. (2002). *Principles of Terrestrial Ecosystem Ecology*, Springer, New York, NY.

Chapuis-Lardy, L., Wrage, N., Metay, A., Chotte, J. L. and Bernoux, M. (2007). Soils, a sink for N_2O? A review. *Global Change Biology,* **13,** 1–17.

Charlson, R. J., Lovelock, J. E., Andreae, M. O. and Warren, S. G. (1987). Oceanic phytoplankton, atmospheric sulfur, cloud albedo and climate. *Nature,* **326,** 655–61.

Chen, B., Liu, H. and Lau, M. (2010). Grazing and growth responses of a marine oligotrichous ciliate fed with two nanoplankton: does food quality matter for micrograzers? *Aquatic Ecology,* **44,** 113–19.

Chen, X. W., Qiu, C. E. and Shao, J. Z. (2006). Evidence for K^+-dependent HCO_3^- utilization in the marine diatom *Phaeodactylum tricornutum*. *Plant Physiology,* **141,** 731–6.

Chen, Y. H. and Prinn, R. G. (2006). Estimation of atmospheric methane emissions between 1996 and 2001 using a three-dimensional global chemical transport model. *Journal of Geophysical Research-Atmospheres,* **111,** D10307. doi:029/2005JD6058.

Chisholm, S. W. (1992). 'Phytoplankton size', in Falkowski, P. G. and Woodhead, A. D., eds.

Primary Productivity and Biogeochemical Cycles in the Sea, pp. 214–37. Plenum Press, New York, NY.

Chisholm, S. W., Olson, R. J., Zettler, E. R., Goericke, R., Waterbury, J. B. and Welschmeyer, N. A. (1988). A novel free-living prochlorophyte abundant in the oceanic euphotic zone. *Nature,* **334**, 340–3.

Chistoserdova, L., Vorholt, J. A. and Lidstrom, M. E. (2005). A genomic view of methane oxidation by aerobic bacteria and anaerobic archaea. *Genome Biology,* **6**, 208.

Chivian, D. et al. (2008). Environmental genomics reveals a single-species ecosystem deep within earth. *Science,* **322**, 275–8.

Choudhary, M., Xie, Z. H., Fu, Y. X. and Kaplan, S. (2007). Genome analyses of three strains of *Rhodobacter sphaeroides*: Evidence of rapid evolution of chromosome II. *Journal of Bacteriology,* **189**, 1914–21.

Church, M. J., Wai, B., Karl, D. M. and DeLong, E. F. (2010). Abundances of crenarchaeal *amoA* genes and transcripts in the Pacific Ocean. *Environmental Microbiology,* **12**, 679–88.

Church, M. J. (2008). 'Resource control of bacterial dynamics in the sea', in Kirchman, D. L., ed. *Microbial Ecology of the Oceans,* 2nd edn,pp. 335–82. John Wiley & Son, New York, NY.

Church, M. J., DeLong, E. F., Ducklow, H. W., Karner, M. B., Preston, C. M. and Karl, D. M. (2003). Abundance and distribution of planktonic Archaea and Bacteria in the waters west of the Antarctic Peninsula. *Limnology and Oceanography,* **48**, 1893–902.

Church, M. J., Hutchins, D. A. and Ducklow, H. W. (2000). Limitation of bacterial growth by dissolved organic matter and iron in the Southern Ocean. *Applied and Environmental Microbiology,* **66**, 455–66.

Claverie, J. M. and Abergel, C. (2009). Mimivirus and its virophage. *Annual Review of Genetics,* **43**, 49–66.

Clements, K. D., Raubenheimer, D. and Choat, J. H. (2009). Nutritional ecology of marine herbivorous fishes: ten years on. *Functional Ecology,* **23**, 79–92.

Cleveland, C. C. and Liptzin, D. (2007). C:N:P stoichiometry in soil: is there a "Redfield ratio" for the microbial biomass? *Biogeochemistry,* **85**, 235–52.

Cleveland, C. C. et al. (1999). Global patterns of terrestrial biological nitrogen (N_2) fixation in natural ecosystems. *Global Biogeochemical Cycles,* **13**, 623–45.

Cole, J. J., Findlay, S. and Pace, M. L. (1988). Bacterial production in fresh and saltwater ecosystems: a cross-system overview. *Marine Ecology-Progress Series,* **43**, 1–10.

Cole, J. J., Pace, M. L., Carpenter, S. R. and Kitchell, J. F. (2000). Persistence of net heterotrophy in lakes during nutrient addition and food web manipulations. *Limnology and Oceanography,* **45**, 1718–30.

Coleman, D. C. (1994). The microbial loop concept as used in terrestrial soil ecology studies *Microbial Ecology,* **28**, 245–50.

Coleman, D. C. (2008). From peds to paradoxes: Linkages between soil biota and their influences on ecological processes. *Soil Biology and Biochemistry,* **40**, 271–89.

Coleman, D. C. and Wall, D. H. (2007). 'Fauna: The engine for microbial activity and transport', in Paul, E. A., ed. *Soil Microbiology and Biochemistry,* 3rd edn, pp. 163–532.

Academic Press, San Diego, CA.

Coleman, M. L. and Chisholm, S. W. (2007). Code and context: *Prochlorococcus* as a model for cross-scale biology. *Trends in Microbiology,* **15,** 398.

Conrad, R. (2009). The global methane cycle: recent advances in understanding the microbial processes involved. *Environmental Microbiology Reports,* **1,** 285–92.

Conti, L. and Scardi, M. (2010). Fisheries yield and primary productivity in large marine ecosystems. *Marine Ecology-Progress Series,* **410,** 233–44.

Corliss, J. B. et al. (1979). Submarine thermal springs on the Galápagos Rift. *Science,* **203,** 1073–83.

Costa, E., Pérez, J. and Kreft, J.-U. (2006). Why is metabolic labour divided in nitrification? *Trends in Microbiology,* **14,** 213–19.

Cotner, J. B., Ammerman, J. W., Peele, E. R. and Bentzen, E. (1997). Phosphorus-limited bacterioplankton growth in the Sargasso Sea. *Aquatic Microbial Ecology,* **13,** 141–9.

Cotner, J. B., Hall, E. K., Scott, T. and Heldal, M. (2010). Freshwater bacteria are stoichiometrically flexible with a nutrient composition similar to seston. *Frontiers in Microbiology,* **1,** 132. doi: 10.3389/fmicb.2010.00132.

Cottrell, M. T., Malmstrom, R. R., Hill, V., Parker, A. E. and Kirchman, D. L. (2006a). The metabolic balance between autotrophy and heterotrophy in the western Arctic Ocean. *Deep Sea Research,* **53,** 1831–44.

Cottrell, M. T., Mannino, A. and Kirchman, D. L. (2006b). Aerobic anoxygenic phototrophic bacteria in the Mid-Atlantic Bight and the North Pacific Gyre. *Applied and Environmental Microbiology,* **72,** 557–64.

Cottrell, M. T., Wood, D. N., Yu, L. Y. and Kirchman, D. L. (2000). Selected chitinase genes in cultured and uncultured marine bacteria in the alpha- and gamma-subclasses of the proteobacteria. *Applied and Environmental Microbiology,* **66,** 1195–201.

Craine, J. M., Fierer, N. and McLauchlan, K. K. (2010). Widespread coupling between the rate and temperature sensitivity of organic matter decay. *Nature Geoscience,* **3,** 854–7.

Crone, T. J. and Tolstoy, M. (2010). Magnitude of the 2010 Gulf of Mexico oil leak. *Science,* **330,** 634.

Cross, W. F., Benstead, J. P., Frost, P. C. and Thomas, S. A. (2005). Ecological stoichiometry in freshwater benthic systems: recent progress and perspectives. *Freshwater Biology,* **50,** 1895–912.

Crowe, S. A. et al. (2008). Photoferrotrophs thrive in an Archean Ocean analogue. *Proceedings of the National Academy of Sciences of the United States of America,* **105,** 15938–43.

Cullen, D. and Kersten, P. J. (2004). 'Enzymology and molecular biology of lignin degradation', in Brambl, R. and Marzluf, G. A., eds. *The Mycota III. Biochemistry and Molecular Biology*, pp. 249–73. Springer-Verlag, Berlin.

Culley, A. I., Lang, A. S. and Suttle, C. A. (2006). Metagenomic analysis of coastal RNA virus communities. *Science,* **312,** 1795–8.

Czaja, A. D. (2010). Early Earth: Microbes and the rise of oxygen. *Nature Geoscience,* **3,** 522–3.

Daniel, R. (2005). The metagenomics of soil. *Nature Reviews Microbiology,* **3,** 470–8.

Danovaro, R. et al. (2008). Viriobenthos in freshwater and marine sediments: a review. *Freshwater Biology,* **53,** 1186–213.

Daszak, P., Cunningham, A. A. and Hyatt, A. D. (2000). Emerging infectious diseases of wildlife—Threats to biodiversity and human health. *Science,* **287,** 443–9.

Daubin, V., Moran, N. A. and Ochman, H. (2003). Phylogenetics and the cohesion of bacterial genomes. *Science,* **301,** 829–32.

Davidson, E. A. and Janssens, I. A. (2006). Temperature sensitivity of soil carbon decomposition and feedbacks to climate change. *Nature,* **440,** 165–73.

Davidson, E. A., Janssens, I. A. and Luo, Y. Q. (2006). On the variability of respiration in terrestrial ecosystems: moving beyond $Q(10)$. *Global Change Biology,* **12,** 154–64.

Davies, J. (2009). Everything depends on everything else. *Clinical Microbiology and Infection,* **15,** 1–4.

Dawes, C. J. (1981). *Marine Botany,* Wiley, New York, NY.

De Corte, D., Yokokawa, T., Varela, M. M., Agogue, H. and Herndl, G. J. (2009). Spatial distribution of Bacteria and Archaea and *amoA* gene copy numbers throughout the water column of the Eastern Mediterranean Sea. *ISME Journal,* **3,** 147–58.

De La Torre, J. R., Christianson, L. M., Béjà, O., Suzuki, M. T., Karl, D. M., Heidelberg, J. and DeLong, E. F. (2003). Proteorhodopsin genes are distributed among divergent marine bacterial taxa. *Proceedings of the National Academy of Sciences of the United States of America,* **100,** 12830–5.

Deines, P., Matz, C. and Jürgens, K. (2009). Toxicity of violacein-producing bacteria fed to bacterivorous freshwater plankton. *Limnology and Oceanography,* **54,** 1343–52.

del Giorgio, P. A., Cole, J. J., Caraco, N. F. and Peters, R. H. (1999). Linking planktonic biomass and metabolism to net gas fluxes in northern temperate lakes. *Ecology,* **80,** 1422–31.

del Giorgio, P. A. and Gasol, J. M. (2008). 'Physiological structure and single-cell activity in marine bacterioplankton', in Kirchman, D. L., ed. *Microbial Ecology of the Ocean,* 2nd ed, pp. 243–98., Wiley, New York, NY.

del Giorgio, P. A. and Cole, J. J. (1998). Bacterial growth efficiency in natural aquatic systems. *Annual Review of Ecology and Systematics,* **29,** 503-541.

del Giorgio, P. A., Gasol, J. M., Vaqué, D., Mura, P., Agustí, S. and Duarte, C. M. (1996). Bacterioplankton community structure: Protists control net production and the proportion of active bacteria in a coastal marine community. *Limnology and Oceanography,* **41,** 1169–79.

Delwiche, C. F. (1999). Tracing the thread of plastid diversity through the tapestry of life. *The American Naturalist,* **154,** S164–77.

Demoling, F., Figueroa, D. and Bååth, E. (2007). Comparison of factors limiting bacterial growth in different soils. *Soil Biology and Biochemistry,* **39,** 2485–95.

Denef, V. J., et al. (2010). Proteogenomic basis for ecological divergence of closely related bacteria in natural acidophilic microbial communities. *Proceedings of the National Academy of Sciences of the United States of America,* **107,** 2383–90.

Derelle, E. et al. (2006). Genome analysis of the smallest free-living eukaryote *Ostreococcus tauri* unveils many unique features. *Proceedings of the National Academy of Sciences of the United States of America*, **103**, 11647–52.

Des Marais, D. J. (2000). When did photosynthesis emerge on earth? *Science,* **289**, 1703–5.

Diaz, J., Ingall, E., Benitez-Nelson, C., Paterson, D., De Jonge, M. D., McNulty, I. and Brandes, J. A. (2008). Marine polyphosphate: A key player in geologic phosphorus sequestration. *Science,* **320**, 652–5.

Distel, D. L., DeLong, E. F. and Waterbury, J. B. (1991). Phylogenetic characterization and in situ localization of the bacterial symbiont of shipworms (Teredinidae: bivalvia) by using 16S rRNA sequence analysis and oligodeoxynucleotide probe hybridization. *Applied and Environmental Microbiology,* **57**, 2376–82.

Dittmar, T. and Paeng, J. (2009). A heat-induced molecular signature in marine dissolved organic matter. *Nature Geoscience,* **2**, 175–9.

Doney, S. C., Fabry, V. J., Feely, R. A. and Kleypas, J. A. (2009). Ocean acidification: The other CO_2 problem. *Annual Review of Marine Science,* **1**, 169–92.

Donoghue, P. C. J. and Antcliffe, J. B. (2010). Early life: Origins of multicellularity. *Nature,* **466**, 41–2.

Dorrepaal, E., Toet, S., Van Logtestijn, R. S. P., Swart, E., Van De Weg, M. J., Callaghan, T. V. and Aerts, R. (2009). Carbon respiration from subsurface peat accelerated by climate warming in the subarctic. *Nature,* **460**, 616–19.

Douglas, A. E. (2010). *The Symbiotic Habit*, Princeton University Press, Princeton, NJ.

Downie, J. A. (2010). The roles of extracellular proteins, polysaccharides and signals in the interactions of rhizobia with legume roots. *FEMS Microbiology Reviews,* **34**, 150–70.

Drake, H. L., Gößner, A. S. and Daniel, S. L. (2008). Old acetogens, new light. *Annals of The New York Academy of Sciences,* **1125**, 100–28.

Dubilier, N., Blazejak, A. and Rühland, C. (2006). 'Symbioses between bacteria and gutless marine oligochaetes', in Overmann, J., ed. *Molecular Basis of Symbiosis*, pp. 251–75. Springer, Berlin.

Ducklow, H. W., Purdie, D. A., Williams, P. J. L. and Davies, J. M. (1986). Bacterioplankton: a sink for carbon in a coastal marine plankton community. *Science,* **232**, 865–7.

Dupraz, C., Reid, R. P., Braissant, O., Decho, A. W., Norman, R. S. and Visscher, P. T. (2009). Processes of carbonate precipitation in modern microbial mats. *Earth-Science Reviews,* **96**, 141–62.

Dusenbery, D. B. (1997). Minimum size limit for useful locomotion by free-swimming microbes. *Proceedings of the National Academy of Science of the United States of America,* **94**, 10949–54.

Edwards, K. J., Rogers, D. R., Wirsen, C. O. and McCollom, T. M. (2003). Isolation and characterization of novel psychrophilic, neutrophilic, Fe-oxidizing, chemolithoautotrophic Alpha- and Gammaproteobacteria from the deep sea. *Applied and Environmental Microbiology,* **69**, 2906–13.

Edwards, R. A. and Rohwer, F. (2005). Viral metagenomics. *Nature Reviews Microbiology,* **3**, 504–10.

Ehrenreich, A. and Widdel, F. (1994). Anaerobic oxidation of ferrous iron by purple bacteria, a new type of phototrophic metabolism. *Applied and Environmental Microbiology,* **60,** 4517–26.

Ehrlich, H. L. and Newman, D. K. (2009). *Geomicrobiology,* CRC Press, Boca Raton, FLA.

Eickhorst, T. and Tippkotter, R. (2008). Improved detection of soil microorganisms using fluorescence in situ hybridization (FISH) and catalyzed reporter deposition (CARD-FISH). *Soil Biology and Biochemistry,* **40,** 1883–91.

Ekelund, F. and Rønn, R. (1994). Notes on protozoa in agricultural soil with emphasis on heterotrophic flagellates and naked amoebae and their ecology. *FEMS Microbiology Ecology,* **15,** 321–53.

Emerson, D., Fleming, E. J. and McBeth, J. M. (2010). Iron-oxidizing bacteria: An environmental and genomic perspective. *Annual Review of Microbiology,* **64,** 561–83.

Engelstädter, J. and Hurst, G. D. D. (2009). The ecology and evolution of microbes that manipulate host reproduction. *Annual Review of Ecology, Evolution, and Systematics,* **40,** 127–49.

Eppley, R. W. (1972). Temperature and phytoplankton growth in the sea. *Fish Bulletin,* **70,** 1063–85.

Erguder, T. H., Boon, N., Wittebolle, L., Marzorati, M. and Verstraete, W. (2009). Environmental factors shaping the ecological niches of ammonia-oxidizing archaea. *FEMS Microbiology Ecology,* **33,** 855–69.

Etheridge, D. M., Steele, L. P., Langenfelds, R. L., Francey, R. J., Barnola, J. M. and Morgan, V. I. (1996). Natural and anthropogenic changes in atmospheric CO_2 over the last 1000 years from air in Antarctic ice and firn. *Journal of Geophysical Research,* **101,** 4115–28.

Ettwig, K. F. et al. (2010). Nitrite-driven anaerobic methane oxidation by oxygenic bacteria. *Nature,* **464,** 543–8.

Evans, C., Pearce, I. and Brussaard, C. P. D. (2009). Viral-mediated lysis of microbes and carbon release in the sub-Antarctic and Polar Frontal zones of the Australian Southern Ocean. *Environmental Microbiology,* **11,** 2924–34.

Evans, H. J. and Barber, L. E. (1977). Biological nitrogen fixation for food and fiber production. *Science,* **197,** 332–9.

Falkowski, P. G. and Raven, J. A. (2007). *Aquatic Photosynthesis,* Princeton University Press, Princeton, NJ.

Fallon, P. D. and Smith, P. (2000). Modelling refractory soil organic matter. *Biology and Fertility of Soils,* **30,** 388–98.

Fang, C. M., Smith, P., Moncrieff, J. B. and Smith, J. U. (2005). Similar response of labile and resistant soil organic matter pools to changes in temperature. *Nature,* **433,** 57–9.

Fang, J., Zhang, L. and Bazylinski, D. A. (2010). Deep-sea piezosphere and piezophiles: geomicrobiology and biogeochemistry. *Trends in Microbiology,* **18,** 413–22.

Farmer, S. and Jones, C. W. (1976). The energetics of *Escherichia coli* during aerobic growth in continuous culture. *European Journal of Biochemistry,* **67,** 115–22.

Faruque, S. M., Biswas, K., Udden, S. M. N., Ahmad, Q. S., Sack, D. A., Nair, G. B. and

Mekalanos, J. J. (2006). Transmissibility of cholera: In vivo-formed biofilms and their relationship to infectivity and persistence in the environment. *Proceedings of the National Academy of Sciences of the United States of America*, **103**, 6350–5.

Felbeck, H. (1981). Chemoautotrophic potential of the hydrothermal vent tube worm, *Riftia pachyptila* Jones (Vestimentifera). *Science*, **213**, 336–8.

Fenchel, T. (1980). Suspension feeding in ciliated protozoa: functional response and particle-size selection *Microbial Ecology*, **6**, 1–11.

Fenchel, T. (1987). *Ecology of Protozoa*, Science Tech Publishers, Madison, WI.

Fenchel, T. (2005). Cosmopolitan microbes and their "cryptic" species. *Aquatic Microbial Ecology*, **41**, 49–54.

Fenchel, T. and Blackburn, T. H. (1979). *Bacteria and Mineral Cycling*, Academic Press, London.

Fenchel, T. and Finlay, B. J. (1991). Endosymbiotic methanogenic bacteria in anaerobic ciliates: significance for the growth efficiency of the host. *Journal of Protozoology*, **38**, 18–22.

Fenchel, T. and Finlay, B. J. (1995). *Ecology and Evolution in Anoxic Worlds*, Oxford University Press, Oxford.

Field, C. B., Behrenfeld, M. J., Randerson, J. T. and Falkowski, P. (1998). Primary production of the biosphere: integrating terrestrial and oceanic components. *Science*, **281**, 237–40.

Fierer, N., Bradford, M. A. and Jackson, R. B. (2007a). Toward an ecological classification of soil bacteria. *Ecology*, **88**, 1354–64.

Fierer, N. et al. (2007b). Metagenomic and small-subunit rRNA analyses reveal the genetic diversity of bacteria, archaea, fungi, and viruses in soil. *Applied and Environmental Microbiology*, **73**, 7059–66.

Fierer, N. and Jackson, R. B. (2006). The diversity and biogeography of soil bacterial communities. *Proceedings of the National Academy of Science of the United States of America*, **103**, 626–31.

Fierer, N., Strickland, M. S., Liptzin, D., Bradford, M. A. and Cleveland, C. C. (2009). Global patterns in belowground communities. *Ecology Letters*, **12**, 1238–49.

Findlay, S. et al. (2002). A cross-system comparison of bacterial and fungal biomass in detritus pools of headwater streams. *Microbial Ecology*, **43**, 55–66.

First, M. R. and Hollibaugh, J. T. (2008). Protistan bacterivory and benthic microbial biomass in an intertidal creek mudflat. *Marine Ecology-Progress Series*, **361**, 59–68.

Fleischmann, R. D. et al. (1995). Whole-genome random sequencing and assembly of *Haemophilus influenzae* Rd. *Science*, **269**, 496–512.

Fleming, E. J., Langdon, A. E., Martinez-Garcia, M., Stepanauskas, R., Poulton, N. J., Masland, E. D. P. and Emerson, D. (2011). What's new Is old: Resolving the identity of *Leptothrix ochracea* using single cell genomics, pyrosequencing and FISH. *PLoS ONE*, **6**, e17769. doi:10.1371/journal.pone.0017769.

Flemming, H.-C. and Wingender, J. (2010). The biofilm matrix. *Nature Reviews Microbiology*, **8**, 623–33.

Foissner, W. (1987). Soil protozoa: fundamental problems, ecological significance, adaptions in ciliates and testaceans, bioindicators, and guide to the literature. *Progress in Protozoology,* **2,** 69–212.

Foissner, W. (1999). Protist diversity: estimates of the near-imponderable. *Protist,* **150,** 363–8.

Forster, J., Famili, I., Fu, P., Palsson, B. O. and Nielsen, J. (2003). Genome-scale reconstruction of the *Saccharomyces cerevisiae* metabolic network. *Genome Research,* **13,** 244–53.

Forster, P. et al. (2007). 'Changes in atmospheric constituents and in radiative forcing' in Solomon, S. et al. (eds), *Climate Change 2007: The Physical Science Basis. Contribution of Working Group I to the Fourth Assessment Report of the Intergovernmental Panel on Climate Change*, pp. 130–234. Cambridge University Press, Cambridge.

Fouilland, E. and Mostajir, B. (2010). Revisited phytoplanktonic carbon dependency of heterotrophic bacteria in freshwaters, transitional, coastal and oceanic waters. *FEMS Microbiology Ecology,* **73,** 419–29.

Franche, C., Lindström, K. and Elmerich, C. (2009). Nitrogen-fixing bacteria associated with leguminous and non-leguminous plants. *Plant and Soil,* **321,** 35–59.

Fraser, C. M. et al. (1995). The minimal gene complement of *Mycoplasma genitalium. Science,* **270,** 397–403.

Frey, B. et al. (2010). Weathering-associated bacteria from the Damma Glacier Forefield: Physiological capabilities and impact on granite dissolution. *Applied and Environmental Microbiology,* **76,** 4788–96.

Frey, S. D., Elliott, E. T. and Paustian, K. (1999). Bacterial and fungal abundance and biomass in conventional and no-tillage agroecosystems along two climatic gradients. *Soil Biology and Biochemistry,* **31,** 573–85.

Fuchs, G. (2011). Alternative pathways of carbon dioxide fixation: Insights into the early evolution of life? *Annual Review of Microbiology,* **65,** 631–658.

Fuhrman, J. A. (2000). 'Impact of viruses on bacterial processes', in Kirchman, D. L., ed. *Microbial Ecology of the Oceans*, pp. 327–50. Wiley-Liss, New York, NY.

Fuhrman, J. A. and Azam, F. (1980). Bacterioplankton secondary production estimates for coastal waters of British Columbia, Antarctica, and California. *Applied and Environmental Microbiology,* **39,** 1085–95.

Fuhrman, J. A., Steele, J. A., Hewson, I., Schwalbach, M. S., Brown, M. V., Green, J. L. and Brown, J. H. (2008). A latitudinal diversity gradient in planktonic marine bacteria. *Proceedings of the National Academy of Sciences of the United States of America,* **105,** 7774–8.

Fuqua, C. and Greenberg, E. P. (2002). Listening in on bacteria: acyl-homoserine lactone signalling. *Nature Reviews Molecular Cell Biology,* **3,** 685–95.

Fuqua, C., Winans, S. C. and Greenberg, E. P. (1996). Census and consensus in bacterial ecosystems: The LuxR-LuxI family of quorum-sensing transcriptional regulators. *Annual Review of Microbiology,* **50,** 727–51.

Gadd, G. M. (2007). Geomycology: biogeochemical transformations of rocks, minerals, metals and radionuclides by fungi, bioweathering and bioremediation. *Mycological Research,* **111,** 3–49.

Galagan, J. E. et al. (2003). The genome sequence of the filamentous fungus *Neurospora crassa*. *Nature,* **422,** 859–68.

Galloway, J. N. et al. (2008). Transformation of the nitrogen cycle: Recent trends, questions, and potential solutions. *Science,* **320,** 889–92.

Gao, H. et al. (2010). Aerobic denitrification in permeable Wadden Sea sediments. *ISME Journal,* **4,** 417–26.

Gasol, J. M., del Giorgio, P. A., Massana, R. and Duarte, C. M. (1995). Active versus inactive bacteria: Size-dependence in a coastal marine plankton community. *Marine Ecology-Progress Series,* **128,** 91–7.

Gause, G. F. (1964). *The Struggle for Existence.* Hafner, New York, NY.

Geider, R. J. (1987). Light and temperature dependence of the carbon to chlorophyll *a* ratio in microalgae and cyanobacteria: implications for physiology and growth of phytoplankton *New Phytologist,* **106,** 1–34.

Geider, R. J. and La Roche, J. (2002). Redfield revisited: variability of C: N: P in marine microalgae and its biochemical basis. *European Journal of Phycology,* **37,** 1–17.

Geissinger, O., Herlemann, D. P. R., Morschel, E., Maier, U. G. and Brune, A. (2009). The ultramicrobacterium "*Elusimicrobium minutum*" gen. nov., sp. nov., the first cultivated representative of the Termite Group 1 phylum. *Applied and Environmental Microbiology,* **75,** 2831–40.

Gerbersdorf, S. U., Jancke, T., Westrich, B. and Paterson, D. M. (2008). Microbial stabilization of riverine sediments by extracellular polymeric substances. *Geobiology,* **6,** 57–69.

Ghabrial, S. A. (1998). Origin, adaptation and evolutionary pathways of fungal viruses. *Virus Genes,* **16,** 119–31.

Ghosh, D., Roy, K., Williamson, K. E., White, D. C., Wommack, K. E., Sublette, K. L. and Radosevich, M. (2008). Prevalence of lysogeny among soil bacteria and presence of 16S rRNA and *trzN* genes in viral-community DNA. *Applied and Environmental Microbiology,* **74,** 495–502.

Gibson, C. M. and Hunter, M. S. (2010). Extraordinarily widespread and fantastically complex: comparative biology of endosymbiotic bacterial and fungal mutualists of insects. *Ecology Letters,* **13,** 223–34.

Gilbert, J. A. et al. (2009). The seasonal structure of microbial communities in the Western English Channel. *Environmental Microbiology,* **11,** 3132–9.

Ginder-Vogel, M., Landrot, G., Fischel, J. S. and Sparks, D. L. (2009). Quantification of rapid environmental redox processes with quick-scanning x-ray absorption spectroscopy (Q-XAS). *Proceedings of the National Academy of Sciences of the United States of America,* **106,** 16124–8.

Giovannoni, S. J. et al. (2005). Genome streamlining in a cosmopolitan oceanic bacterium. *Science,* **309,** 1242–5.

Glass, J. B., Wolfe-Simon, F., Elser, J. J. and Anbar, A. D. (2010). Molybdenum-nitrogen co-limitation in freshwater and coastal heterocystous cyanobacteria. *Limnology and Oceanography,* **55,** 667–76.

Gleeson, D., Kennedy, N., Clipson, N., Melville, K., Gadd, G. and McDermott, F. (2006). Characterization of bacterial community structure on a weathered pegmatitic granite. *Microbial Ecology,* **51,** 526–34.

Goldberg, I., Rock, J. S., Ben-Bassat, A. and Mateles, R. I. (1976). Bacterial yields on methanol, methylamine, formaldehyde, and formate. *Biotechnology and Bioengineering,* **18,** 1657–68.

Goldhammer, T., Bruchert, V., Ferdelman, T. G. and Zabel, M. (2010). Microbial sequestration of phosphorus in anoxic upwelling sediments. *Nature Geoscience,* **3,** 557–61.

Goldman, J. G., Caron, D. A. and Dennett, M. R. (1987). Nutrient cycling in a microflagellate food chain: IV. Phytoplankton-microflagellate interactions. *Marine Ecology-Progress Series,* **38,** 75–87.

Gómez-Consarnau, L. et al. (2010). Proteorhodopsin phototrophy promotes survival of marine bacteria during starvation. *PLoS Biol,* **8,** e1000358.

Gómez-Consarnau, L. et al. (2007). Light stimulates growth of proteorhodopsin-containing marine Flavobacteria. *Nature,* **445,** 210–13.

González, J. M., Kiene, R. P. and Moran, M. A. (1999). Transformation of sulfur compounds by an abundant lineage of marine bacteria in the alpha-subclass of the class Proteobacteria. *Applied and Environmental Microbiology,* **65,** 3810–19.

Goreau, T. J., Kaplan, W. A., Wofsy, S. C., McElroy, M. B., Valois, F. W. and Watson, S. W. (1980). Production of NO_2^- and N_2O by nitrifying bacteria at reduced concentrations of oxygen. *Applied and Environmental Microbiology,* **40,** 526–32.

Gregory, T. R. (2010). Animal Genome Size Database. <http://www.genomesize.com>

Gruber, N. and Galloway, J. N. (2008). An Earth-system perspective of the global nitrogen cycle. *Nature,* **451,** 293–6.

Gulis, V., Suberkropp, K. and Rosemond, A. D. (2008). Comparison of fungal activities on wood and leaf litter in unaltered and nutrient-enriched headwater streams. *Applied and Environmental Microbiology,* **74,** 1094–101.

Gundersen, K., Heldal, M., Norland, S., Purdie, D. A. and Knap, A. H. (2002). Elemental C, N, and P cell content of individual bacteria collected at the Bermuda Atlantic Time-Series Study (BATS) site. *Limnology and Oceanography,* **47,** 1525–30.

Haddock, S. H. D., Moline, M. A. and Case, J. F. (2010). Bioluminescence in the sea. *Annual Review of Marine Science,* **2,** 443–93.

Hagström, Á., Pommier, T., Rohwer, F., Simu, K., Stolte, W., Svensson, D. and Zweifel, U. L. (2002). Use of 16S ribosomal DNA for delineation of marine bacterioplankton species. *Applied and Environmental Microbiology,* **68,** 3628–33.

Hallam, S. J., Mincer, T. J., Schleper, C., Preston, C. M., Roberts, K., Richardson, P. M. and DeLong, E. F. (2006). Pathways of carbon assimilation and ammonia oxidation suggested by environmental genomic analyses of marine crenarchaeota. *PLoS Biology,* **4,** 520–36.

Hamberger, A., Horn, M. A., Dumont, M. G., Murrell, J. C. and Drake, H. L. (2008). Anaerobic consumers of monosaccharides in a moderately acidic fen. *Applied and Environmental Microbiology,* **74,** 3112–20.

Hansell, D. A., Carlson, C. A., Repeta, D. J. and Schlitzer, R. (2009). Dissolved organic matter in the ocean: A controversy stimulates new insights. *Oceanography,* **22,** 202–11.

Hansen, J., Sato, M., Ruedy, R., Lo, K., Lea, D. W. and Medina-Elizade, M. (2006). Global temperature change. *Proceedings of the National Academy of Sciences of the United States of America,* **103,** 14288–93.

Hansen, P. J. (1991). Quantitative importance and trophic role of heterotrophic dinoflagellates in a coastal pelagial food web. *Marine Ecology-Progress Series,* **73,** 253–61.

Hansman, R. L., Griffin, S., Watson, J. T., Druffel, E. R. M., Ingalls, A. E., Pearson, A. and Aluwihare, L. I. (2009). The radiocarbon signature of microorganisms in the mesopelagic ocean. *Proceedings of the National Academy of Sciences of the United States of America,* **106,** 6513–18.

Hanson, T. E., Alber, B. E. and Tabita, F. R. (2012). Phototrophic CO_2 fixation: recent insights into ancient metabolisms. In Burnap, R. L. and Vermaas, W., eds. *Functional Genomics and Evolution of Photosynthetic Systems,* pp. 225–251 Springer, Dordrecht, The Netherlands.

Haring, M., Vestergaard, G., Rachel, R., Chen, L., Garrett, R. A. and Prangishvili, D. (2005). Virology: Independent virus development outside a host. *Nature,* **436,** 1101–2.

Harte, J. (1985). *Consider a Spherical Cow: A Course in Environmental Problem Solving.* William Kaufmann, Los Altos, CA.

Hartel, P. G. (1998). 'The soil habitat', in Sylvia, D. M. et al. (eds), *Principles and Applications of Soil Microbiology,* pp. 21–43. Prentice Hall, Upper Saddle River, NJ.

Hayatsu, M., Tago, K. and Saito, M. (2008). Various players in the nitrogen cycle: Diversity and functions of the microorganisms involved in nitrification and denitrification. *Soil Science and Plant Nutrition,* **54,** 33–45.

Hazen, T. C. et al. (2010). Deep-sea oil plume enriches indigenous oil-degrading bacteria. *Science,* **330,** 204–8.

Hedges, J. I., Baldock, J. A., Gelinas, Y., Lee, C., Peterson, M. L. and Wakeham, S. G. (2002). The biochemical and elemental compositions of marine plankton: A NMR perspective. *Marine Chemistry,* **78,** 47–63.

Held, M., Hossain, M. S., Yokota, K., Bonfante, P., Stougaard, J. and Szczyglowski, K. (2010). Common and not so common symbiotic entry. *Trends in Plant Science,* **15,** 540–5.

Heldal, M. and Bratbak, G. (1991). Production and decay of viruses in aquatic environments. *Marine Ecology-Progress Series,* **72,** 205–12.

Herron, P. M., Stark, J. M., Holt, C., Hooker, T. and Cardon, Z. G. (2009). Microbial growth efficiencies across a soil moisture gradient assessed using C-13-acetic acid vapor and N-15-ammonia gas. *Soil Biology and Biochemistry,* **41,** 1262–9.

Hilário, A. et al. (2011). New perspectives on the ecology and evolution of siboglinid tubeworms. *PLoS ONE,* **6,** e16309.

Hill, S. (1976). Apparent ATP requirement for nitrogen-fixation in growing *Klebsiella pneumonia. Journal of General Microbiology,* **95,** 297–312.

Hinkle, G., Wetterer, J., Schultz, T. and Sogin, M. (1994). Phylogeny of the attine ant fungi based on analysis of small subunit ribosomal RNA gene sequences. *Science,* **266,** 1695–7.

Hirano, S. S. and Upper, C. D. (2000). Bacteria in the leaf ecosystem with emphasis on *Pseudomonas syringae* - a pathogen, ice nucleus, and epiphyte. *Microbiology and Molecular Biology Reviews,* **64,** 624–53.

Hjort, K., Goldberg, A. V., Tsaousis, A. D., Hirt, R. P. and Embley, T. M. (2010). Diversity and reductive evolution of mitochondria among microbial eukaryotes. *Philosophical Transactions of the Royal Society B-Biological Sciences,* **365,** 713–27.

Hoffmaster, A. R. et al. (2004). Identification of anthrax toxin genes in a *Bacillus cereus* associated with an illness resembling inhalation anthrax. *Proceedings of the National Academy of Sciences of the United States of America,* **101,** 8449–54.

Högberg, P. and Read, D. J. (2006). Towards a more plant physiological perspective on soil ecology. *Trends in Ecology & Evolution,* **21,** 548–54.

Hoiczyk, E. and Hansel, A. (2000). Cyanobacterial cell walls: News from an unusual prokaryotic envelope. *Journal of Bacteriology,* **182,** 1191–99.

Hölldobler, B. and Wilson, E. O. (1990). *The Ants*, Harvard University Press, Cambridge, MA.

Hopkinson, B. M. and Morel, F. M. M. (2009). The role of siderophores in iron acquisition by photosynthetic marine microorganisms. *Biometals,* **22,** 659–69.

Horvath, P. and Barrangou, R. (2010). CRISPR/Cas, the immune system of bacteria and archaea. *Science,* **327,** 167–70.

Houghton, R. A. (2007). Balancing the global carbon budget. *Annual Review of Earth and Planetary Sciences,* **35,** 313–47.

House, C. H., Runnegar, B. and Fitz-Gibbon, S. T. (2003). Geobiological analysis using whole genome-based tree building applied to the Bacteria, Archaea, and Eukarya. *Geobiology,* **1,** 15–26.

Howard, D. M. and Howard, P. J. A. (1993). Relationships between CO_2 evolution, moisture-content and temperature for a range of soil types *Soil Biology and Biochemistry,* **25,** 1537–46.

Howe, A. T., Bass, D., Vickerman, K., Chao, E. E. and Cavalier-Smith, T. (2009). Phylogeny, taxonomy, and astounding genetic diversity of Glissomonadida ord. nov., the dominant gliding zooflagellates in soil (Protozoa: Cercozoa). *Protist,* **160,** 159–89.

Humbert, S., Tarnawski, S., Fromin, N., Mallet, M. P., Aragno, M. and Zopfi, J. (2010). Molecular detection of anammox bacteria in terrestrial ecosystems: distribution and diversity. *ISME Journal,* **4,** 450–54.

Humphreys, C. P., Franks, P. J., Rees, M., Bidartondo, M. I., Leake, J. R. and Beerling, D. J. (2010). Mutualistic mycorrhiza-like symbiosis in the most ancient group of land plants. *Nature Communications,* **1,** 103 doi: 10.1038/ncomms1105.

Hungate, R. E. (1966). *The Rumen and its Microbes*, Academic Press, New York.

Hungate, R. E. (1975). Rumen microbial ecosystem. *Annual Review of Ecology and Systematics,* **6,** 39–66.

Hunt, H. W. et al. (1987). The detrital food web in a shortgrass prairie. *Biology and Fertility of Soils,* **3,** 57–68.

Hutchinson, G. E. (1961). The paradox of the plankton. *The American Naturalist,* **95,** 137–45.

Ianora, A. et al. (2004). Aldehyde suppression of copepod recruitment in blooms of a ubiquitous planktonic diatom. *Nature,* **429,** 403–7.

Ingall, E. D. (2010). Phosphorus burial. *Nature Geoscience,* **3,** 521–2.

Ingraham, J. L. (2010). *March of the Microbes: Sighting the Unseen.* Belknap Press of Harvard University Press, Cambridge, MA.

Inselsbacher, E. et al. (2010). Short-term competition between crop plants and soil microbes for inorganic N fertilizer. *Soil Biology and Biochemistry,* **42,** 360–72.

Iovieno, P. and Bååth, E. (2008). Effect of drying and rewetting on bacterial growth rates in soil. *FEMS Microbiology Ecology,* **65,** 400–7.

Ishikawa, H. (2003). 'Insect symbiosis: An introduction', in Bourtzis, K. and Miller, T. A., eds. *Insect Symbiosis,* pp. 1–21. CRC Press, Boca Raton, FLA.

Itoh, T., Suzuki, K.-I. and Nakase, T. (1998). *Thermocladium modestius* gen. nov., sp. nov., a new genus of rod-shaped, extremely thermophilic crenarchaeote. *Int J Syst Bacteriol,* **48,** 879–87.

Itoh, T., Suzuki, K.-I., Sanchez, P. C. and Nakase, T. (1999). *Caldivirga maquilingensis* gen. nov., sp. nov., a new genus of rod-shaped crenarchaeote isolated from a hot spring in the Philippines. *International Journal of Systems Bacteriology,* **49,** 1157–63.

Jannasch, H. W., Eimhjell K, Wirsen, C. O. and Farmanfa, A. (1971). Microbial degradation of organic matter in deep sea. *Science,* **171,** 672–5.

Jannasch, H. W. and Jones, G. E. (1959). Bacterial populations in sea water as determined by different methods of enumeration. *Limnology and Oceanography,* **4,** 128–39.

Janssen, P. H. (2006). Identifying the dominant soil bacterial taxa in libraries of 16S rRNA and 16S rRNA genes. *Applied and Environmental Microbiology,* **72,** 1719–28.

Jeong, H. J. et al. (2007). Feeding by the *Pfiesteria*-like heterotrophic dinoflagellate *Luciella masanensis. Journal of Eukaryotic Microbiology,* **54,** 231–41.

Jeong, H. J. et al. (2005). *Stoeckeria algicida* n. gen., n. sp (Dinophyceae) from the coastal waters off Southern Korea: Morphology and small subunit ribosomal DNA gene sequence. *Journal of Eukaryotic Microbiology,* **52,** 382–90.

Jetten, M. S. M. (2001). New pathways for ammonia conversion in soil and aquatic systems. *Plant and Soil,* **230,** 9–19.

Jetten, M. S. M., Van Niftrik, L., Strous, M., Kartal, B., Keltjens, J. T. and Op Den Camp, H. J. M. (2009). Biochemistry and molecular biology of anammox bacteria. *Critical Reviews in Biochemistry and Molecular Biology,* **44,** 65–84.

Jia, Z. J. and Conrad, R. (2009). Bacteria rather than Archaea dominate microbial ammonia oxidation in an agricultural soil. *Environmental Microbiology,* **11,** 1658–71.

Jiang, S. C. and Paul, J. H. (1998). Gene transfer by transduction in the marine environment. *Applied and Environmental Microbiology,* **64,** 2780–7.

Jimenez-Lopez, C., Romanek, C. S. and Bazylinski, D. A. (2010). Magnetite as a prokaryotic biomarker: A review. *Journal of Geophysical Research-Biogeosciences,* **115,** G00g03. doi 10.1029/2009jg001152.

Joergensen, R. G. and Wichern, F. (2008). Quantitative assessment of the fungal contribution to microbial tissue in soil. *Soil Biology and Biochemistry,* **40,** 2977–91.

Johnson, M. D., Oldach, D., Delwiche, C. F. and Stoecker, D. K. (2007). Retention of transcriptionally active cryptophyte nuclei by the ciliate *Myrionecta rubra*. *Nature,* **445,** 426–8.

Johnson, P. T. J., Stanton, D. E., Preu, E. R., Forshay, K. J. and Carpenter, S. R. (2006). Dining on disease: how interactions between infection and environment affect predation risk. *Ecology,* **87,** 1973–80.

Johnston, D. T., Wolfe-Simon, F., Pearson, A. and Knoll, A. H. (2009). Anoxygenic photosynthesis modulated Proterozoic oxygen and sustained Earth's middle age. *Proceedings of the National Academy of Sciences of the United States of America,* **106,** 16925–9.

Jones, B. W. and Nishiguchi, M. K. (2004). Counterillumination in the Hawaiian bobtail squid, *Euprymna scolopes* Berry (Mollusca: Cephalopoda). *Marine Biology,* **144,** 1151–5.

Jones, D. L., Kielland, K., Sinclair, F. L., Dahlgren, R. A., Newsham, K. K., Farrar, J. F. and Murphy, D. V. (2009a). Soil organic nitrogen mineralization across a global latitudinal gradient. *Global Biogeochem. Cycles,* **23,** doi:10.1029/2008GB003250

Jones, R. T., Robeson, M. S., Lauber, C. L., Hamady, M., Knight, R. and Fierer, N. (2009b). A comprehensive survey of soil acidobacterial diversity using pyrosequencing and clone library analyses. *ISME Journal,* **3,** 442–53.

Jørgensen, B. B. (1982). Ecology of the bacteria of the sulphur cycle with special reference to anoxic-oxic interface environments *Philosophical Transactions of the Royal Society of London. B, Biological Sciences,* **298,** 543–61.

Jørgensen, B. B. (2000). 'Bacteria and marine biogeochemistry', in Schulz, H. D. and Zabel, M., eds. *Marine Geochemistry,* pp. 173–203. Springer, Berlin.

Jürgens, K. and Massana, R. (2008). 'Protistan grazing on marine bacterioplankton', in Kirchman, D. L., ed. *Microbial Ecology of the Oceans,* 2nd ed,pp. 383–441. John Wiley & Sons, Hoboken, NJ.

Jull, A. J. T., Courtney, C., Jeffrey, D. A. and Beck, J. W. (1998). Isotopic evidence for a terrestrial source of organic compounds found in Martian meteorites Allan Hills 84001 and Elephant Moraine 79001. *Science,* **279,** 366–9.

Junier, P., Kim, O.-S., Molina, V., Limburg, P., Junier, T., Imhoff, J. F. and Witzel, K.-P. (2008). Comparative in silico analysis of PCR primers suited for diagnostics and cloning of ammonia monooxygenase genes from ammonia-oxidizing bacteria. *FEMS Microbiology Ecology,* **64,** 141–52.

Kamp, A., De Beer, D., Nitsch, J. L., Lavik, G. and Stief, P. (2011). Diatoms respire nitrate to survive dark and anoxic conditions. *Proceedings of the National Academy of Sciences of the United States of America,* **108,** 5649–54.

Kamp, A., Stief, P. and Schulz-Vogt, H. N. (2006). Anaerobic sulfide oxidation with nitrate by a freshwater *Beggiatoa* enrichment culture. *Applied and Environmental Microbiology,* **72,** 4755–60.

Kappler, A. and Straub, K. L. (2005). Geomicrobiological cycling of iron. *Reviews in Mineralogy and Geochemistry,* **59,** 85–108.

Kapuscinski, R. B. and Mitchell, R. (1983). Sunlight-induced mortality of viruses and *Escherichia coli* in coastal seawater. *Environmental Science & Technology*, **17**, 1–6.

Karlsson, F., Ussery, D., Nielsen, J. and Nookaew, I. (2011). A closer look at *Bacteroides*: Phylogenetic relationship and genomic implications of a life in the human gut. *Microbial Ecology*, **61**, 473–85.

Karner, M. B., DeLong, E. F. and Karl, D. M. (2001). Archaeal dominance in the mesopelagic zone of the Pacific Ocean. *Nature*, **409**, 507–10.

Kashefi, K. and Lovley, D. R. (2003). Extending the upper temperature limit for life. *Science*, **301**, 934.

Keller, J. K. and Bridgham, S. D. (2007). Pathways of anaerobic carbon cycling across an ombrotrophic-minerotrophic peatland gradient. *Limnology and Oceanography*, **52**, 96–107.

Kelly, D. P. (1999). Thermodynamic aspects of energy conservation by chemolithotrophic sulfur bacteria in relation to the sulfur oxidation pathways. *Archives of Microbiology*, **171**, 219–29.

Kemp, P. F. (1990). The fate of benthic bacterial production. *Reviews in Aquatic Sciences*, **2**, 109–24.

Kemp, P. F., Lee, S. and Laroche, J. (1993). Estimating the growth rate of slowly growing marine bacteria from RNA content. *Applied and Environmental Microbiology*, **59**, 2594–601.

Kerr, B., West, J. and Bohannan, B. J. M. (2008). 'Bacteriophages: models for exploring basic principles of ecology', in Abedon, S. T., ed. *Bacteriophage Ecology: Population Growth, Evolution, and Impact of Bacterial Viruses*, pp. 31–63. Cambridge University Press, Cambridge.

Khoruts, A., Dicksved, J., Jansson, J. K. and Sadowsky, M. J. (2010). Changes in the composition of the human fecal microbiome after bacteriotherapy for recurrent *Clostridium difficile*-associated diarrhea. *Journal of Clinical Gastroenterology*, 10.1097/MCG.0b013e3181c87e02.

Kiene, R. P. and Linn, L. J. (2000). Distribution and turnover of dissolved DMSP and its relationship with bacterial production and dimethylsulfide in the Gulf of Mexico. *Limnology and Oceanography*, **45**, 849–61.

Kimura, M., Jia, Z.-J., Nakayama, N. and Asakawa, S. (2008). Ecology of viruses in soils: Past, present and future perspectives. *Soil Science & Plant Nutrition*, **54**, 1–32.

King, A. J. et al. (2010). Molecular insight into lignocellulose digestion by a marine isopod in the absence of gut microbes. *Proceedings of the National Academy of Sciences of the United States of America*, **107**, 5345–50.

King, G. M. (2011). Enhancing soil carbon storage for carbon remediation: potential contributions and constraints by microbes. *Trends in Microbiology*, **19**, 75–84.

King, J. D. and White, D. C. (1977). Muramic acid as a measure of microbial biomass in estuarine and marine samples. *Applied and Environmental Microbiology*, **33**, 777–83.

Kirchman, D. L. (2000). 'Uptake and regeneration of inorganic nutrients by marine heterotrophic bacteria', in Kirchman, D. L., ed. *Microbial Ecology of the Oceans*, pp. 261–88. Wiley-Liss, New York, NY.

Kirchman, D. L. (2002a). The ecology of *Cytophaga-Flavobacteria* in aquatic environments. *FEMS Microbiol. Ecology,* **39,** 91–100.

Kirchman, D. L. (2002b). 'Inorganic nutrient use by marine bacteria', in Bitton, G., ed. *Encyclopedia of Environmental Microbiology*, pp. 1697–709. Wiley, New York, NY.

Kirchman, D. L. (2003). 'The contribution of monomers and other low molecular weight compounds to the flux of DOM in aquatic ecosystems', in Findlay, S. and Sinsabaugh, R. L., eds. *Aquatic Ecosystems -Dissolved Organic Matter*, pp. 217–41. Academic Press, New York.

Kirchman, D. L., K'nees, E. and Hodson, R. E. (1985). Leucine incorporation and its potential as a measure of protein synthesis by bacteria in natural aquatic systems. *Applied and Environmental Microbiology,* **49,** 599–607.

Kirchman, D. L., Meon, B., Cottrell, M. T., Hutchins, D. A., Weeks, D. and Bruland, K. W. (2000). Carbon versus iron limitation of bacterial growth in the California upwelling regime. *Limnology and Oceanography,* **45,** 1681–8.

Kirchman, D. L., Morán, X. A. G. and Ducklow, H. (2009). Microbial growth in the polar oceans- role of temperature and potential impact of climate change. *Nature Reviews Microbiology,* **7,** 451–9.

Kirschbaum, M. U. F. (2006). The temperature dependence of organic-matter decomposition— still a topic of debate. *Soil Biology and Biochemistry,* **38,** 2510–18.

Kivelson, D. and Tarjus, G. (2001). H_2O below 277 K: A novel picture. *Journal of Physical Chemistry B,* **105,** 6620–7.

Kleber, M. and Johnson, M. G. (2010). Advances in understanding the molecular structure of soil organic matter: Implications for interactions in the environment. *Advances in Agronomy,* **106,** 77–142.

Kleidon, A. (2004). Beyond Gaia: Thermodynamics of life and earth system functioning. *Climatic Change,* **66,** 271–319.

Klein, D. A. and Paschke, M. W. (2004). Filamentous fungi: The indeterminate lifestyle and microbial ecology. *Microbial Ecology,* **47,** 224–35.

Klein, D. A., Paschke, M. W. and Heskett, T. L. (2006). Comparative fungal responses in managed plant communities infested by spotted (*Centaurea maculosa* Lam.) and diffuse (*C. diffusa* Lam.) knapweed. *Applied Soil Ecology,* **32,** 89–97.

Kleinsteuber, S., Muller, F. D., Chatzinotas, A., Wendt-Potthoff, K. and Harms, H. (2008). Diversity and in situ quantification of Acidobacteria subdivision 1 in an acidic mining lake. *FEMS Microbiology Ecology,* **63,** 107–17.

Klenk, H.-P. et al. (1997). The complete genome sequence of the hyperthermophilic, sulphate-reducing archaeon *Archaeoglobus fulgidus*. *Nature,* **390,** 364–70.

Klironomos, J. N. and Hart, M. M. (2001). Food-web dynamics: Animal nitrogen swap for plant carbon. *Nature,* **410,** 651–2.

Knittel, K. and Boetius, A. (2009). Anaerobic oxidation of methane: Progress with an unknown process. *Annual Review of Microbiology,* **63,** 311–34.

Knorr, W., Prentice, I. C., House, J. I. and Holland, E. A. (2005). Long-term sensitivity of soil carbon turnover to warming. *Nature,* **433,** 298–301.

Kolber, Z. S., Van Dover, C. L., Niederman, R. A. and Falkowski, P. G. (2000). Bacterial photosynthesis in surface waters of the open ocean. *Nature,* **407,** 177–9.

Konhauser, K. O. (2007). *Introduction to Geomicrobiology,* Blackwell Publishing, Malden, MA.

Könneke, M., Bernhard, A. E., De La Torre, J. R., Walker, C. B., Waterbury, J. B. and Stahl, D. A. (2005). Isolation of an autotrophic ammonia-oxidizing marine archaeon. *Nature,* **437,** 543–6.

Konstantinidis, K. T. and Tiedje, J. M. (2004). Trends between gene content and genome size in prokaryotic species with larger genomes. *Proceedings of the National Academy of Sciences of the United States of America,* **101,** 3160–5.

Konstantinidis, K. T. and Tiedje, J. M. (2007). Prokaryotic taxonomy and phylogeny in the genomic era: advancements and challenges ahead. *Current Opinion in Microbiology,* **10,** 504–9.

Koonin, E. V. and Wolf, Y. I. (2008). Genomics of bacteria and archaea: the emerging dynamic view of the prokaryotic world. *Nucleic Acids Research,* **36,** 6688–719.

Koop-Jakobsen, K. and Giblin, A. E. (2010). The effect of increased nitrate loading on nitrate reduction via denitrification and DNRA in salt marsh sediments. *Limnology and Oceanography,* **55,** 789–802.

Kortzinger, A., Hedges, J. I. and Quay, P. D. (2001). Redfield ratios revisited: Removing the biasing effect of anthropogenic CO_2. *Limnology and Oceanography,* **46,** 964–70.

Kristensen, D. M., Mushegian, A. R., Dolja, V. V. and Koonin, E. V. (2010). New dimensions of the virus world discovered through metagenomics. *Trends in Microbiology,* **18,** 11–19.

Kump, L. R. (2008). The rise of atmospheric oxygen. *Nature,* **451,** 277–8.

Kuo, C.-H. and Ochman, H. (2009). Inferring clocks when lacking rocks: the variable rates of molecular evolution in bacteria. *Biology Direct,* **4,** 35.

Kuroda, K. and Ueda, M. (2010). Engineering of microorganisms towards recovery of rare metal ions. *Applied Microbiology and Biotechnology,* **87,** 53–60.

Lafferty, K. D., Porter, J. W. and Ford, S. E. (2004). Are diseases increasing in the ocean? *Annual Review of Ecology, Evolution, and Systematics,* **35,** 31–54.

Lami, R. et al.(2007). High abundances of aerobic anoxygenic photosynthetic bacteria in the South Pacific Ocean. *Applied and Environmental Microbiology,* **73,** 4198–205.

Landry, M. R. and Hassett, R. P. (1982). Estimating the grazing impact of marine microzooplankton. *Marine Biology,* **67,** 283–8.

Lane, N., Allen, J. F. and Martin, W. (2010). How did LUCA make a living? Chemiosmosis in the origin of life. *Bioessays,* **32,** 271–80.

Lane, T. W. and Morel, F. M. M. (2000). A biological function for cadmium in marine diatoms. *Proceedings of the National Academy of Sciences of the United States of America,* **97,** 4627–31.

Langdon, C. (1993). The significance of respiration in production measurements based on oxygen. *ICES Mairne Science Symposium,* **197,** 69–78.

Lauber, C. L., Hamady, M., Knight, R. and Fierer, N. (2009). Pyrosequencing-based assessment of soil pH as a predictor of soil bacterial community structure at the continental scale.

Applied and Environmental Microbiology, **75,** 5111–20.

Laughlin, R. J. and Stevens, R. J. (2002). Evidence for fungal dominance of denitrification and codenitrification in a grassland soil. *Soil Science Society of America Journal,* **66,** 1540–8.

Laughlin, R. J., Stevens, R. J., Muller, C. and Watson, C. J. (2008). Evidence that fungi can oxidize NH_4^+ to NO_3^- in a grassland soil. *European Journal of Soil Science,* **59,** 285–91.

Lauro, F. M., Chastain, R. A., Blankenship, L. E., Yayanos, A. A. and Bartlett, D. H. (2007). The unique 16S rRNA genes of piezophiles reflect both phylogeny and adaptation. *Applied and Environmental Microbiology,* **73,** 838–45.

Lechene, C. P., Luyten, Y., McMahon, G. and Distel, D. L. (2007). Quantitative imaging of nitrogen fixation by individual bacteria within animal cells. *Science,* **317,** 1563–6.

Ledin, M. (2000). Accumulation of metals by microorganisms - processes and importance for soil systems. *Earth-Science Reviews,* **51,** 1–31.

Lee, C. C., Hu, Y. and Ribbe, M. W. (2010). Vanadium nitrogenase reduces CO. *Science,* **329,** 642.

Lee, Z. M., Bussema, C. and Schmidt, T. M. (2009). rrnDB: documenting the number of rRNA and tRNA genes in bacteria and archaea. *Nucleic Acids Research,* **37,** D489–493.

Lehtovirta, L. E., Prosser, J. I. and Nicol, G. W. (2009). Soil pH regulates the abundance and diversity of Group 1.1c Crenarchaeota. *FEMS Microbiology Ecology,* **70,** 35–44.

Leininger, S. et al. (2006). Archaea predominate among ammonia-oxidizing prokaryotes in soils. *Nature,* **442,** 806–9.

Lenski, R. E. (2011). Evolution in action: a 50,000-generation salute to Charles Darwin. *Microbe,* **6,** 30–3.

Lepp, P. W., Brinig, M. M., Ouverney, C. C., Palm, K., Armitage, G. C. and Relman, D. A. (2004). Methanogenic Archaea and human periodontal disease. *Proceedings of the National Academy of Sciences of the United States of America,* **101,** 6176–81.

Lesen, A., Juhl, A. and Anderson, R. (2010). Heterotrophic microplankton in the lower Hudson River Estuary: potential importance of naked, planktonic amebas for bacterivory and carbon flux. *Aquatic Microbial Ecology,* **61,** 45–56.

Levine, S. N. and Schindler, D. W. (1999). Influence of nitrogen to phosphorus supply ratios and physicochemical conditions on cyanobacteria and phytoplankton species composition in the Experimental Lakes Area, Canada. *Canadian Journal of Fisheries and Aquatic Sciences,* **56,** 451–66.

Li, J., Yuan, H. and Yang, J. (2009). Bacteria and lignin degradation. *Frontiers of Biology in China,* **4,** 29–38.

Li, W. K. W. and Dickie, P. M. (1987). Temperature characteristics of photosynthetic and heterotrophic activities: seasonal variations in temperate microbial plankton. *Applied and Environmental Microbiology,* **53,** 2282–95.

Li, W. K. W., Subba-Rao, D., V, Harrison, W. G., Smith, J. C., Cullen, J. J., Irwin, B. and Platt, T. (1983). Autotrophic picoplankton in the tropical ocean. *Science,* **219,** 292–5.

Lin, S., Zhang, H., Zhuang, Y., Tran, B. and Gill, J. (2010). Spliced leader-based metatranscriptomic analyses lead to recognition of hidden genomic features in dinoflagellates.

Proceedings of the National Academy of Sciences of the United States of America, **107,** 20033–8.

Lindell, D., Jaffe, J. D., Johnson, Z. I., Church, G. M. and Chisholm, S. W. (2005). Photosynthesis genes in marine viruses yield proteins during host infection. *Nature,* **438,** 86–9.

Lindow, S. E. and Brandl, M. T. (2003). Microbiology of the phyllosphere. *Applied and Environmental Microbiology,* **69,** 1875–83.

Liu, J., McBride, M. J. and Subramaniam, S. (2007). Cell surface filaments of the gliding bacterium *Flavobacterium johnsoniae* revealed by cryo-electron tomography. *Journal of Bacteriology,* **189,** 7503–6.

Liu, K. K. and Kaplan, I. R. (1984). Denitrification rates and availability of organic-matter in marine environments *Earth and Planetary Science Letters,* **68,** 88–100.

Logan, B. E. (1999). *Environmental Transport Processes*, Wiley-Interscience, New York, NY.

Long, R. A. and Azam, F. (2001). Microscale patchiness of bacterioplankton assemblage richness in seawater. *Aquatic Microbial Ecology,* **26,** 103–13.

López, D., Fischbach, M. A., Chu, F., Losick, R. and Kolter, R. (2009). Structurally diverse natural products that cause potassium leakage trigger multicellularity in *Bacillus subtilis*. *Proceedings of the National Academy of Sciences of the United States of America,* **106,** 280–5.

Lopez-Garcia, P., Rodriguez-Valera, F., Pedrós-Alió, C. and Moreira, D. (2001). Unexpected diversity of small eukaryotes in deep-sea Antarctic plankton. *Nature,* **409,** 603–7.

Lovley, D. R. (2003). Cleaning up with genomics. *Nature Reviews Microbiology,* **1,** 35–44.

Lovley, D. R. and Klug, M. J. (1983). Sulfate reducers can outcompete methanogens at freshwater sulfate concentrations. *Applied and Environmental Microbiology,* **45,** 187–92.

Lozupone, C. A. and Knight, R. (2007). Global patterns in bacterial diversity. *Proceedings of the National Academy of Sciences of the United States of America,* **104,** 11436–40.

Lupp, C. and Ruby, E. G. (2005). *Vibrio fischeri* uses two quorum-sensing systems for the regulation of early and late colonization factors. *Journal of Bacteriology,* **187,** 3620–9.

Luther, G. (2010). The role of one- and two-electron transfer reactions in forming thermodynamically unstable intermediates as barriers in multi-electron redox reactions. *Aquatic Geochemistry,* **16,** 395–420.

MacArthur, R. H. and Wilson, E. O. (1967). *The Theory of Island Biogeography,* Princeton University Press, Princeton, NJ.

Madigan, M. and Ormerod, J. (2004). 'Taxonomy, physiology and ecology of Heliobacteria', in Blankenship, R., Madigan, M. and Bauer, C., eds. *Anoxygenic Photosynthetic Bacteria*, pp. 17–30. Kluwer Academic Publishers, Dordrecht.

Madigan, M. T., Martinko, J. M. and Parker, J. (2003). *Brock Biology of Microorganisms,* Prentice Hall, Upper Saddle River, NJ.

Madsen, E. L. (2008). *Environmental Microbiology: from Genomes to Biogeochemistry,*, Blackwell Publishers, Oxford.

Magurran, A. E. (2004). *Measuring Biological Diversity*. Blackwell Science, Malden, MA.

Mahecha, M. D. et al. (2010). Global convergence in the temperature sensitivity of respiration at ecosystem level. *Science,* **329,** 838–40.

Majerus, M. E. N., Amos, W. and Hurst, G. (1996). *Evolution: the Four Billion Year War.* Longman, Harlow.

Mandelstam, J., McQuillen, K. and Dawes, I. (1982). *Biochemistry of Bacterial Growth.* John Wiley & Sons, New York.

Maranger, R., Bird, D. F. and Juniper, S. K. (1994). Viral and bacterial dynamics in Arctic sea ice during the spring algal bloom near Resolute, N.W.T., Canada. *Marine Ecology-Progress Series,* **111,** 121–7.

Martel, C. M. (2009). Conceptual bases for prey biorecognition and feeding selectivity in the microplanktonic marine phagotroph *Oxyrrhis marina. Microbial Ecology,* **57,** 589–97.

Martens-Habbena, W., Berube, P. M., Urakawa, H., De La Torre, J. R. and Stahl, D. A. (2009). Ammonia oxidation kinetics determine niche separation of nitrifying Archaea and Bacteria. *Nature,* **461,** 976–9.

Martin-Creuzburg, D. and Elert, E. V. (2009). Ecological significance of sterols in aquatic food webs. In Kainz, M., Brett, M. T. and Arts, M. T., eds. *Lipids in Aquatic Ecosystems*, pp. 43–64. Springer, New York.

Martiny, J. B. H. et al. (2006). Microbial biogeography: putting microorganisms on the map. *Nature Reviews Microbiology,* **4,** 102–12.

Mayer, F. (1999). 'Cellular and subcellular organization of prokaryotes', in Lengeler, J. W., Drews, G. and Schlegel, H. G., eds. *Biology of the Prokaryotes*, pp. 20–46. Blackwell Science, Thieme.

McCarren, J. and Brahamsha, B. (2005). Transposon mutagenesis in a marine *Synechococcus* strain: Isolation of swimming motility mutants. *Journal of Bacteriology,* **187,** 4457–62.

McDaniel, L. D., Young, E., Delaney, J., Ruhnau, F., Ritchie, K. B. and Paul, J. H. (2010). High frequency of horizontal gene transfer in the oceans. *Science,* **330,** 50.

McFall-Ngai, M. and Montgomery, M. K. (1990). The anatomy and morphology of the adult bacterial light organ of *Euprymna scolopes* Berry (Cephalopoda:Sepiolidae). *Biological Bulletin,* **179,** 332–9.

McKay, D. S. et al. (1996). Search for past life on Mars: Possible relic biogenic activity in Martian meteorite ALH84001. *Science,* **273,** 924–30.

McLaughlin, D. J., Hibbett, D. S., Lutzoni, F., Spatafora, J. W. and Vilgalys, R. (2009). The search for the fungal tree of life. *Trends in Microbiology,* **17,** 488–97.

McManus, G. B. and Katz, L. A. (2009). Molecular and morphological methods for identifying plankton: what makes a successful marriage? *Journal of Plankton Research,* **31,** 1119–29.

McNamara, C., Perry, T., Bearce, K., Hernandez-Duque, G. and Mitchell, R. (2006). Epilithic and endolithic bacterial communities in limestone from a Maya archaeological site. *Microbial Ecology,* **51,** 51–64.

Methe, B. A. et al. (2005). The psychrophilic lifestyle as revealed by the genome sequence of *Colwellia psychrerythraea* 34H through genomic and proteomic analyses. *Proceedings of the National Academy of Sciences of the United States of America,* **102,** 10913–18.

Miller, M. B. and Bassler, B. L. (2001). Quorum sensing in bacteria. *Annual Review of Microbiology,* **55,** 165–99.

Miller, S. R., Strong, A. L., Jones, K. L. and Ungerer, M. C. (2009). Bar-coded pyrosequencing reveals shared bacterial community properties along the temperature gradients of two alkaline hot springs in Yellowstone National Park. *Applied and Environmental Microbiology,* **75,** 4565–72.

Miralto, A. et al. (1999). The insidious effect of diatoms on copepod reproduction. *Nature,* **402,** 173–6.

Mitchell, J. G. and Kogure, K. (2006). Bacterial motility: links to the environment and a driving force for microbial physics. *FEMS Microbiology Ecology,* **55,** 3–16.

Montagnes, D. J. S. et al. (2008). Selective feeding behaviour of key free-living protists: avenues for continued study. *Aquatic Microbial Ecology,* **53,** 83–98.

Moore, J. C., McCann, K. and De Ruiter, P. C. (2005). Modeling trophic pathways, nutrient cycling, and dynamic stability in soils. *Pedobiologia,* **49,** 499–510.

Moran, M. A. (2008). 'Genomics and metagenomics of marine prokaryotes', in Kirchman, D. L., ed. *Microbial Ecology of the Oceans,* 2nd ed, pp. 91–129. John Wiley & Sons, Hoboken, NJ.

Moran, M. A. and Miller, W. L. (2007). Resourceful heterotrophs make the most of light in the coastal ocean. *Nature Reviews Microbiology,* **5,** 792–800.

Moran, N. and Baumann, P. (1994). Phylogenetics of cytoplasmically inherited microorganisms of arthropods. *Trends in Ecology & Evolution,* **9,** 15–20.

Moran, N. A., McCutcheon, J. P. and Nakabachi, A. (2008). Genomics and evolution of heritable bacterial symbionts. *Annual Review of Genetics,* **42,** 165–90.

Morgavi, D. P., Forano, E., Martin, C. and Newbold, C. J. (2010). Microbial ecosystem and methanogenesis in ruminants. *Animal,* **4,** 1024–36.

Moriarty, D. J. W. (1977). Improved method using muramic acid to estimate biomass of bacteria in sediments. *Oecologia,* **26,** 317–23.

Morris, R. M., Nunn, B. L., Frazar, C., Goodlett, D. R., Ting, Y. S. and Rocap, G. (2010). Comparative metaproteomics reveals ocean-scale shifts in microbial nutrient utilization and energy transduction. *ISME Journal,* **4,** 673–85.

Morse, J. W. and Mackenzie, F. T. (1990). *Geochemistry of Sedimentary Carbonates,* Elsevier, Amsterdam.

Moya, A., Pereto, J., Gil, R. and Latorre, A. (2008). Learning how to live together: genomic insights into prokaryote-animal symbioses. *Nature Reviews Genetics,* **9,** 218–29.

Mukohata, Y., Ihara, K., Tamura, T. and Sugiyama, Y. (1999). Halobacterial rhodopsins. *Journal of Biochemistry,* **125,** 649–57.

Mulholland, M. R. and Lomas, M. W. (2008). 'Nitrogen uptake and assimilation', in Capone, D. G., Bronk, D. A., Mulholland, M. R. and Carpenter, E. J., eds. *Nitrogen in the Marine Environment,* 2nd edn, pp. 303–84. Elsevier, New York, NY.

Muyzer, G. and Stams, A. J. M. (2008). The ecology and biotechnology of sulphate-reducing bacteria. *Nature Reviews Microbiology,* **6,** 441–54.

Nagata, T. (2000). 'Production mechanisms of dissolved organic matter', in Kirchman, D. L., ed. *Microbial Ecology of the Oceans*, pp. 121–52. Wiley-Liss, New York.

Nagle, D. G. and Paul, V. J. (1999). Production of secondary metabolites by filamentous tropical marine cyanobacteria: Ecological functions of the compounds. *Journal of Phycology,* **35,** 1412–21.

Nealson, K. H. and Saffarini, D. (1994). Iron and manganese in anaerobic respiration: environmental significance, physiology, and regulation. *Annual Review of Microbiology,* **48,** 311–43.

Neidhardt, F. C., Ingraham, J. L. and Schaechter, M. (1990). *Physiology of the Bacterial Cell: A Molecular Approach*, Sinauer Associates, Sunderland, MA.

Neubauer, S. C., Emerson, D. and Megonigal, J. P. (2002). Life at the energetic edge: Kinetics of circumneutral iron oxidation by lithotrophic iron-oxidizing bacteria isolated from the wetland-plant rhizosphere. *Applied and Environmental Microbiology,* **68,** 3988–95.

Newell, S. Y. and Fallon, R. D. (1991). Toward a method for measuring instantaneous fungal growth in field samples. *Ecology,* **72,** 1547–59.

Newton, R. J., Jones, S. E., Eiler, A., McMahon, K. D. and Bertilsson, S. (2011). A guide to the natural history of freshwater lake bacteria. *Microbiology and Molecular Biology Reviews,* **75,** 14–49.

Nisbet, E. G. and Sleep, N. H. (2001). The habitat and nature of early life. *Nature,* **409,** 1083–91.

Norton, J. M. and Firestone, M. K. (1991). Metabolic status of bacteria and fungi in the rhizosphere of Ponderosa pine seedlings. *Applied and Environmental Microbiology,* **57,** 1161–7.

Nyholm, S. V. and McFall-Ngai, M. (2004). The winnowing: establishing the squid-vibrio symbiosis. *Nature Reviews Microbiology,* **2,** 632–42.

Oberbauer, S. F. et al. (2007). Tundra CO_2 fluxes in response to experimental warming across latitudinal and moisture gradients. *Ecological Monographs,* **77,** 221–38.

Obernosterer, I., Kawasaki, N. and Benner, R. (2003). P-limitation of respiration in the Sargasso Sea and uncoupling of bacteria from P-regeneration in size-fractionation experiments. *Aquatic Microbial Ecology,* **32,** 229–37.

Ochsenreiter, T., Selezi, D., Quaiser, A., Bonch-Osmolovskaya, L. and Schleper, C. (2003). Diversity and abundance of Crenarchaeota in terrestrial habitats studied by 16S RNA surveys and real time PCR. *Environmental Microbiology,* **5,** 787–97.

Ogawa, H., Amagai, Y., Koike, I., Kaiser, K. and Benner, R. (2001). Production of refractory dissolved organic matter by bacteria. *Science,* **292,** 917–20.

Ohkuma, M. (2008). Symbioses of flagellates and prokaryotes in the gut of lower termites. *Trends in Microbiology,* **16,** 345–52.

Oliver, J., D. (2010). Recent findings on the viable but nonculturable state in pathogenic bacteria. *FEMS Microbiology Ecology,* **34,** 415–25.

Olsen, G. J. and Woese, C. R. (1993). Ribosomal RNA: a key to phylogeny. *The FASEB Journal,* **7,** 113–23.

Olsen, M. A., Aagnes, T. H. and Mathiesen, S. D. (1994). Digestion of herring by indigenous bacteria in the minke whale forestomach. *Applied and Environmental Microbiology,* **60,** 4445–55.

Op Den Camp, R. et al. (2011). LysM-type mycorrhizal receptor recruited for rhizobium symbiosis in nonlegume *Parasponia. Science,* **331,** 909–12.

Opdyke, M. R., Ostrom, N. E. and Ostrom, P. H. (2009). Evidence for the predominance of denitrification as a source of N_2O in temperate agricultural soils based on isotopologue measurements. *Global Biogeochemial Cycles,* **23,** doi: 10.1029/2009gb003523.

Orchard, V. A. and Cook, F. J. (1983). Relationship between soil respiration and soil moisture. *Soil Biology and Biochemistry,* **15,** 447–53.

Oren, A. (1999). Bioenergetic aspects of halophilism. *Microbiology and Molecular Biology Reviews,* **63,** 334–48.

Orphan, V. J., House, C. H., Hinrichs, K. U., McKeegan, K. D. and DeLong, E. F. (2001). Methane-consuming archaea revealed by directly coupled isotopic and phylogenetic analysis. *Science,* **293,** 484–7.

Ostfeld, R. S., Keesing, F. and Eviner, V. T. (eds.) 2008. *Infectious Disease Ecology: Effects of Ecosystems on Disease and of Disease on Ecosystems*, Princeton University Press. Princeton, New Jersey.

Pace, M. L., Cole, J. J., Carpenter, S. R. and Kitchell, J. F. (1999). Trophic cascades revealed in diverse ecosystems. *Trends in Ecology & Evolution,* **14,** 483–8.

Pace, M. L. and Prairie, Y. T. (2005). 'Respiration in lakes', in del Giorgio, P. A. and Williams, P. J. L., eds. *Respiration in Aquatic Ecosystems*, pp. 103–21.Oxford University Press, New York, NY.

Pace, N. R. (2006). Time for a change. *Nature,* **441,** 289–289.

Paerl, H. W. and Huisman, J. (2009). Climate change: a catalyst for global expansion of harmful cyanobacterial blooms. *Environmental Microbiology Reports,* **1,** 27–37.

Pagaling, E., Wang, H., Venables, M., Wallace, A., Grant, W. D., Cowan, D. A., Jones, B. E., Ma, Y., Ventosa, A. and Heaphy, S. (2009). Microbial biogeography of six salt lakes in Inner Mongolia, China, and a salt lake in Argentina. *Applied and Environmental Microbiology,* **75,** 5750–60.

Pakulski, J. D., Kase, J. P., Meador, J. A. and Jeffrey, W. H. (2008). Effect of stratospheric ozone depletion and enhanced ultraviolet radiation on marine bacteria at Palmer Station, Antarctica in the early austral spring. *Photochemistry and Photobiology,* **84,** 215–21.

Panikov, N. S., Flanagan, P. W., Oechel, W. C., Mastepanov, M. A. and Christensen, T. R. (2006). Microbial activity in soils frozen to below -39 °C. *Soil Biology and Biochemistry,* **38,** 785–94.

Parkes, R. J., Gibson, G. R., Mueller-Harvey, I., Buckingham, W. J. and Herbert, R. A. (1989). Determination of the substrates for sulfate-reducing bacteria within marine and estuarine sediments with different rates of sulfate reduction. *Journal of General Microbiology,* **135,** 175–87.

Parniske, M. (2008). Arbuscular mycorrhiza: the mother of plant root endosymbioses. *Nature Reviews Microbiology,* **6,** 763–75.

Parniske, M. and Downie, J. A. (2003). Plant biology: Locks, keys and symbioses. *Nature,* **425**, 569–70.

Pascal, P.-Y., et al. (2009). Seasonal variation in consumption of benthic bacteria by meio- and macrofauna in an intertidal mudflat. *Limnology and Oceanography,* **54**, 1048–59.

Pascoal, C. and Cassio, F. (2004). Contribution of fungi and bacteria to leaf litter decomposition in a polluted river. *Applied and Environmental Microbiology,* **70**, 5266–73.

Paul, J. H. (2008). Prophages in marine bacteria: dangerous molecular time bombs or the key to survival in the seas? *ISME Journal,* **2**, 579–89.

Payne, J. L. et al. (2009). Two-phase increase in the maximum size of life over 3.5 billion years reflects biological innovation and environmental opportunity. *Proceedings of the National Academy of Sciences of the United States of America,* **106**, 24–7.

Pearce, D. A., Cockell, C. S., Lindstrom, E. S. and Tranvik, L. J. (2007). First evidence for a bipolar distribution of dominant freshwater lake bacterioplankton. *Antarctic Science,* **19**, 245–52.

Pellicer, J., Fay, M. F. and Leitch, I. J. (2010). The largest eukaryotic genome of them all? *Botanical Journal of the Linnean Society,* **164**, 10–15.

Pereyra, L. P., Hiibel, S. R., Riquelme, M. V. P., Reardon, K. F. and Pruden, A. (2010). Detection and quantification of functional genes of cellulose-degrading, fermentative, and sulfate-reducing bacteria and methanogenic archaea. *Applied and Environmental Microbiology,* **76**, 2192–202.

Perret, X., Staehelin, C. and Broughton, W. J. (2000). Molecular basis of symbiotic promiscuity. *Microbiology and Molecular Biology Reviews,* **64**, 180–201.

Philippot, L., Andersson, S. G. E., Battin, T. J., Prosser, J. I., Schimel, J. P., Whitman, W. B. and Hallin, S. (2010). The ecological coherence of high bacterial taxonomic ranks. *Nature Reviews Microbiology,* **8**, 523–9.

Pietikåinen, J., Pettersson, M. and Bååth, E. (2005). Comparison of temperature effects on soil respiration and bacterial and fungal growth rates. *FEMS Microbiology Ecology,* **52**, 49–58.

Pinto-Tomas, A. A. et al. (2009). Symbiotic nitrogen fixation in the fungus gardens of leaf-cutter ants. *Science,* **326**, 1120–3.

Pitois, S., Jackson, M. H. and Wood, B. J. B. (2000). Problems associated with the presence of cyanobacteria in recreational and drinking waters. *International Journal of Environmental Health Research,* **10**, 203–18.

Pomeroy, L. R. (1974). The ocean food web - a changing paradigm. *Bioscience,* **24**, 499–504.

Poorvin, L., Rinta-Kanto, J. M., Hutchins, D. A. and Wilhelm, S. W. (2004). Viral release of iron and its bioavailability to marine plankton. *Limnology and Oceanography,* **49**, 1734–41.

Poretsky, R. S., Sun, S., Mou, X. and Moran, M. A. (2010). Transporter genes expressed by coastal bacterioplankton in response to dissolved organic carbon. *Environmental Microbiology,* **12**, 616–27.

Poretsky, R. S., Hewson, I., Sun, S., Allen, A. E., Zehr, J. P. and Moran, M. A. (2009). Comparative day/night metatranscriptomic analysis of microbial communities in the North Pacific subtropical gyre. *Environmental Microbiology,* **11**, 1358–75.

Prangishvili, D., Forterre, P. and Garrett, R. A. (2006). Viruses of the Archaea: a unifying view. *Nature Reviews Microbiology,* **4,** 837–48.

Prentice, I. C. et al. (2001). 'The carbon cycle and atmospheric CO_2', in Houghton, J. T., ed. *Climate Change 2001: the Scientific Basis: Contribution of Working Group I to the Third Assessment Report of the Intergovernmental Panel on Climate Change,* pp. 183–237. Cambridge University Press, Cambridge.

Proctor, L. M. and Fuhrman, J. A. (1990). Viral mortality of marine bacteria and cyanobacteria. *Nature,* **343,** 60–2.

Pruzzo, C., Vezzulli, L. and Colwell, R. R. (2008). Global impact of *Vibrio cholerae* interactions with chitin. *Environmental Microbiology,* **10,** 1400–10.

Purcell, E. M. (1977). Life at low Reynolds number. *American Journal of Physics,* **45,** 3–11.

Raich, J. W. and Mora, G. (2005). Estimating root plus rhizosphere contributions to soil respiration in annual croplands. *Soil Science Society of America Journal,* **69,** 634–9.

Raich, J. W. and Schlesinger, W. H. (1992). The global carbon dioxide flux in soil respiration and its relationship to vegetation and climate. *Tellus Series B-Chemical and Physical Meteorology,* **44,** 81–99.

Rajapaksha, R. M. C. P., Tobor-Kaplon, M. A. and Bååth, E. (2004). Metal toxicity affects fungal and bacterial activities in soil differently. *Applied and Environmental Microbiology,* **70,** 2966–73.

Randlett, D. L., Zak, D. R., Pregitzer, K. S. and Curtis, P. S. (1996). Elevated atmospheric carbon dioxide and leaf litter chemistry: influences on microbial respiration and net nitrogen mineralization. *Soil Science Society of America Journal,* **60,** 1571–7.

Rasmussen, B., Fletcher, I. R., Brocks, J. J. and Kilburn, M. R. (2008). Reassessing the first appearance of eukaryotes and cyanobacteria. *Nature,* **455,** 1101–4.

Ratledge, C. and Dover, L. G. (2000). Iron metabolism in pathogenic bacteria. *Annual Review of Microbiology,* **54,** 881–941.

Ravishankara, A. R., Daniel, J. S. and Portmann, R. W. (2009). Nitrous oxide (N_2O): The dominant ozone-depleting substance emitted in the 21st century. *Science,* **326,** 123–5.

Redfield, A. C. (1958). The biological control of chemical factors in the environment. *American Scientist,* **46,** 205–21.

Reyes-Prieto, A., Weber, A. P. M. and Bhattacharya, D. (2007). The origin and establishment of the plastid in algae and plants. *Annual Review of Genetics,* **41,** 147–68.

Riemann, L., Holmfeldt, K. and Titelman, J. (2009). Importance of viral lysis and dissolved DNA for bacterioplankton activity in a P-limited estuary, northern Baltic Sea. *Microbial Ecology,* **57,** 286–94.

Rigby, M. et al. (2008). Renewed growth of atmospheric methane. *Geophysical Research Letters,* **35,** L22805.

Rinke, C., Schmitz-Esser, S., Loy, A., Horn, M., Wagner, M. and Bright, M. (2009). High genetic similarity between two geographically distinct strains of the sulfur-oxidizing symbiont "*Candidatus* Thiobios zoothamnicoli." *FEMS Microbiology Ecology,* **67,** 229–41.

Rinnan, R. and Bååth, E. (2009). Differential utilization of carbon substrates by bacteria and fungi in tundra soil. *Applied and Environmental Microbiology,* **75,** 3611–20.

Risgaard-Petersen, N. et al. (2006). Evidence for complete denitrification in a benthic foraminifer. *Nature,* **443,** 93–6.

Robinson, C. J., Bohannan, B. J. M. and Young, V. B. (2010). From structure to function: the ecology of host-associated microbial communities. *Microbiology and Molecular Biology Reviews,* **74,** 453–76.

Rocap, G. et al. (2003). Genome divergence in two *Prochlorococcus* ecotypes reflects oceanic niche differentiation. *Nature,* **424,** 1042–7.

Roden, E. E. et al. (2010). Extracellular electron transfer through microbial reduction of solid-phase humic substances. *Nature Geoscience,* **3,** 417–21.

Roden, E. E. and Wetzel, R. G. (1996). Organic carbon oxidation and suppression of methane production by microbial Fe(III) oxide reduction in vegetated and unvegetated freshwater wetland sediments. *Limnology and Oceanography,* **41,** 1733–48.

Roesler, C. S., Culbertson, C. W., Etheridge, S. M., Goericke, R., Kiene, R. P., Miller, L. G. and Oremland, R. S. (2002). Distribution, production, and ecophysiology of *Picocystis* strain ML in Mono Lake, California. *Limnology and Oceanography,* **47,** 440–52.

Rogers, S. W., Moorman, T. B. and Ong, S. K. (2007). Fluorescent in situ hybridization and micro-autoradiography applied to ecophysiology in soil. *Soil Science Society of America Journal,* **71,** 620–31.

Rohr, J. R. and Raffel, T. R. (2010). Linking global climate and temperature variability to widespread amphibian declines putatively caused by disease. *Proceedings of the National Academy of Sciences of the United States of America,* **107,** 8269–74.

Rohrlack, T., Christoffersen, K., Dittmann, E., Nogueira, I., Vasconcelos, V. and Borner, T. (2005). Ingestion of microcystins by *Daphnia*: Intestinal uptake and toxic effects. *Limnology and Oceanography,* **50,** 440–8.

Rojo, F. (2009). Degradation of alkanes by bacteria. *Environmental Microbiology,* **11,** 2477–90.

Roossinck, M. J. (2011). The good viruses: viral mutualistic symbioses. *Nature Reviews Microbiology,* **9,** 99–108.

Rousk, J. and Bååth, E. (2007). Fungal and bacterial growth in soil with plant materials of different C/N ratios. *FEMS Microbiology Ecology,* **62,** 258–67.

Rousk, J. and Bååth, E. (2007). Fungal biomass production and turnover in soil estimated using the acetate-in-ergosterol technique. *Soil Biology and Biochemistry,* **39,** 2173–7.

Rousk, J., Brookes, P. C. and Bååth, E. (2009). Contrasting soil pH effects on fungal and bacterial growth suggest functional redundancy in carbon mineralization. *Applied and Environmental Microbiology,* **75,** 1589–96.

Rousk, J., Demoling, L. A., Bahr, A. and Bååth, E. (2008). Examining the fungal and bacterial niche overlap using selective inhibitors in soil. *FEMS Microbiology Ecology,* **63,** 350–8.

Rousk, J. and Nadkarni, N. M. (2009). Growth measurements of saprotrophic fungi and bacteria reveal differences between canopy and forest floor soils. *Soil Biology and Biochemistry,* **41,** 862–5.

Rowe, J. M., Fabre, M.-F., Gobena, D., Wilson, W. H. and Wilhelm, S. W. (2011). Application of the major capsid protein as a marker of the phylogenetic diversity of *Emiliania huxleyi* viruses. *FEMS Microbiology Ecology,* **76,** 373–80.

Ruby, E. G. et al. (2005). Complete genome sequence of *Vibrio fischeri*: A symbiotic bacterium with pathogenic congeners. *Proceedings of the National Academy of Sciences of the United States of America,* **102,** 3004–9.

Ruess, L. and Chamberlain, P. M. (2010). The fat that matters: Soil food web analysis using fatty acids and their carbon stable isotope signature. *Soil Biology and Biochemistry,* **42,** 1898–910.

Russell, J. A., Moreau, C. S., Goldman-Huertas, B., Fujiwara, M., Lohman, D. J. and Pierce, N. E. (2009). Bacterial gut symbionts are tightly linked with the evolution of herbivory in ants. *Proceedings of the National Academy of Sciences of the United States of America,* **106,** 21236–41. doi:10.1073/pnas.0907926106.

Russell, J. B. and Rychlik, J. L. (2001). Factors that alter rumen microbial ecology. *Science,* **292,** 1119–22.

Saito, M. A., Goepfert, T. J. and Ritt, J. T. (2008). Some thoughts on the concept of colimitation: Three definitions and the importance of bioavailability. *Limnology and Oceanography,* **53,** 276–90.

Saito, M. A., Rocap, G. and Moffett, J. W. (2005). Production of cobalt binding ligands in a *Synechococcus* feature at the Costa Rica upwelling dome. *Limnology and Oceanography,* **50,** 279–90.

Sampson, D. A., Janssens, I. A., Yuste, J. C. and Ceulemans, R. (2007). Basal rates of soil respiration are correlated with photosynthesis in a mixed temperate forest. *Global Change Biology,* **13,** 2008–17.

Santos, S. R. and Ochman, H. (2004). Identification and phylogenetic sorting of bacterial lineages with universally conserved genes and proteins. *Environmental Microbiology,* **6,** 754-759.

Sañudo-Wilhelmy, S. A. et al. (2001). Phosphorus limitation of nitrogen fixation by *Trichodesmium* in the central Atlantic Ocean. *Nature,* **411,** 66–9.

Sarmiento, J. L. and Gruber, N. (2006). *Ocean biogeochemical dynamics*, Princeton University Press, Princeton, NJ.

Sarmiento, J. L. and Toggweiler, J. R. (1984). A new model for the role of oceans in determining atmospheric CO_2. *Nature,* **308,** 621–4.

Sattley, W. M. et al. (2008). The genome of *Heliobacterium modesticaldum*, a phototrophic representative of the Firmicutes containing the simplest photosynthetic apparatus. *Journal of Bacteriology,* **190,** 4687–96.

Schadler, S., Burkhardt, C., Hegler, F., Straub, K. L., Miot, J., Benzerara, K. and Kappler, A. (2009). Formation of cell-iron-mineral aggregates by phototrophic and nitrate-reducing anaerobic Fe(II)-oxidizing bacteria. *Geomicrobiology Journal,* **26,** 93–103.

Schadt, C. W., Martin, A. P., Lipson, D. A. and Schmidt, S. K. (2003). Seasonal dynamics of previously unknown fungal lineages in tundra soils. *Science,* **301,** 1359–61.

Schleper, C. (2010). Ammonia oxidation: different niches for bacteria and archaea? *ISME*

Journal, **4,** 1092–4.

Schleper, C., Jurgens, G. and Jonuscheit, M. (2005). Genomic studies of uncultivated archaea. *Nature Reviews Microbiology,* **3,** 479–88.

Schlesinger, W. H. (1997). *Biogeochemistry. An Analysis of Global Change.* Academic Press, San Diego.

Schott, J., Griffin, B. M. and Schink, B. (2010). Anaerobic phototrophic nitrite oxidation by *Thiocapsa* sp strain KS1 and *Rhodopseudomonas* sp strain LQ17. *Microbiology,* **156,** 2428–37.

Schoustra, S. E., Bataillon, T., Gifford, D. R. and Kassen, R. (2009). The properties of adaptive walks in evolving populations of fungus. *PLoS Biology,* **7,** 10.1371/journal.pbio.1000250

Schulz, H. N. and Jorgensen, B. B. (2001). Big bacteria. *Annual Review of Microbiology,* **55,** 105–37.

Serbus, L. R., Casper-Lindley, C., Landmann, F. and Sullivan, W. (2008). The genetics and cell biology of *Wolbachia*-host interactions. *Annual Review of Genetics,* **42,** 683–707.

Seymour, J. R., Simo, R., Ahmed, T. and Stocker, R. (2010). Chemoattraction to dimethylsulfoniopropionate throughout the marine microbial food web. *Science,* **329,** 342–5.

Shamir, I., Zahavy, E. and Steinberger, Y. (2009). Bacterial viability assessment by flow cytometry analysis in soil. *Frontiers of Biology in China,* **4,** 424–35.

Sharma, A. K., Zhaxybayeva, O., Papke, R. T. and Doolittle, W. F. (2008). Actinorhodopsins: proteorhodopsin-like gene sequences found predominantly in non-marine environments. *Environmental Microbiology,* **10,** 1039–56.

Sherr, B. F. and Sherr, E. B. (1991). Proportional distribution of total numbers, biovolume, and bacterivory among size classes of 2–20 μm nonpigmented marine flagellates. *Marine Microbial Food Webs,* **5,** 227–37.

Sherr, B. F., Sherr, E. B. and McDaniel, J. (1992). Effect of protistan grazing on the frequency of dividing cells in bacterioplankton assemblages. *Applied and Environmental Microbiology,* **58,** 2381–5.

Sherr, E. B. and Sherr, B. F. (2000). 'Marine microbes: An overview', in Kirchman, D. L., ed. *Microbial Ecology of the Oceans*, pp. 13–46. Wiley-Liss, New York.

Sherr, E. B. and Sherr, B. F. (2009). Capacity of herbivorous protists to control initiation and development of mass phytoplankton blooms. *Aquatic Microbial Ecology,* **57,** 253–62.

Simard, S. W., Perry, D. A., Jones, M. D., Myrold, D. D., Durall, D. M. and Molina, R. (1997). Net transfer of carbon between ectomycorrhizal tree species in the field. *Nature,* **388,** 579–82.

Six, J., Frey, S. D., Thiet, R. K. and Batten, K. M. (2006). Bacterial and fungal contributions to carbon sequestration in agroecosystems. *Soil Science Society of America Journal,* **70,** 555–69.

Smith, H. O., Hutchison, C. A., Pfannkoch, C. and Venter, J. C. (2003). Generating a synthetic genome by whole genome assembly: φX174 bacteriophage from synthetic oligonucleotides. *Proceedings of the National Academy of Sciences of the United States of America,* **100,** 15440–5.

Smith, S. E. and Read, D. J. (2008). *Mycorrhizal Symbiosis*, Academic Press, Amsterdam.

Smith, V. H. (2007). Microbial diversity-productivity relationships in aquatic ecosystems. *FEMS Microbiology Ecology,* **62,** 181–6.

Sogin, M. L. et al. (2006). Microbial diversity in the deep sea and the underexplored "rare biosphere." *Proceedings of the National Academy of Sciences of the United States of America,* **103,** 12115–20.

Sonntag, B., Summerer, M. and Sommaruga, R. (2007). Sources of mycosporine-like amino acids in planktonic *Chlorella*-bearing ciliates (Ciliophora). *Freshwater Biology,* **52,** 1476–85.

Sørensen, J., Jørgensen, B. B. and Revsbech, N. P. (1979). A comparison of oxygen, nitrate, and sulfate respiration in coastal marine sediments. *Microbial Ecology,* **5,** 105–15.

Spudich, J. L., Yang, C. S., Jung, K. H. and Spudich, E. N. (2000). Retinylidene proteins: Structures and functions from archaea to humans. *Annual Review of Cell and Developmental Biology,* **16,** 365–92.

Srinivasiah, S., Bhavsar, J., Thapar, K., Liles, M., Schoenfeld, T. and Wommack, K. E. (2008). Phages across the biosphere: contrasts of viruses in soil and aquatic environments. *Research in Microbiology,* **159,** 349–57.

Stackebrandt, E. and Goebel, B. M. (1994). A place for DNA-DNA reassociation and 16S ribosomal-RNA sequence-analysis in the present species definition in bacteriology. *International Journal of Systems Bacteriology,* **44,** 846–9.

Stal, L. J. (2009). Is the distribution of nitrogen-fixing cyanobacteria in the oceans related to temperature? *Environmental Microbiology,* **11,** 1632–45.

Stams, A. J. M. and Plugge, C. M. (2009). Electron transfer in syntrophic communities of anaerobic bacteria and archaea. *Nature Reviews Microbiology,* **7,** 568–77.

Staroscik, A. M. and Smith, D. C. (2004). Seasonal patterns in bacterioplankton abundance and production in Narragansett Bay, Rhode Island, USA. *Aquatic Microbial Ecology,* **35,** 275–82.

Stein, L. Y. and Yung, Y. L. (2003). Production, isotopic composition, and atmospheric fate of biologically produced nitrous oxide. *Annual Review of Earth and Planetary Sciences,* **31,** 329–56.

Steinbeiss, S., Gleixner, G. and Antonietti, M. (2009). Effect of biochar amendment on soil carbon balance and soil microbial activity. *Soil Biology and Biochemistry,* **41,** 1301–10.

Stepanauskas, R. and Sieracki, M. E. (2007). Matching phylogeny and metabolism in the uncultured marine bacteria, one cell at a time. *Proceedings of the National Academy of Sciences of the United States of America,* **104,** 9052–7.

Stephens, B. B. et al. (2007). Weak northern and strong tropical land carbon uptake from vertical profiles of atmospheric CO_2. *Science,* **316,** 1732–5.

Sterner, R. W. and Elser, J. J. (2002). *Ecological Stoichiometry: the Biology of Elements from Molecules to the Biosphere,* Princeton University Press, Princeton, NJ.

Stevenson, F. J. (1994). *Humus Chemistry: Genesis, Composition, Reactions.* Wiley, New York.

Steward, G. F., Wikner, J., Smith, D. C., Cochlan, W. P. and Azam, F. (1992). Estimation of virus production in the sea: I. method development. *Marine Microbial Food Webs,* **6,** 57–78.

Stewart, F. J. and Cavanaugh, C. M. (2006). 'Symbiosis of thioautotrophic bacteria with *Riftia pachyptila'*, in Overmann, J., ed. *Molecular Basis of Symbiosis*, pp. 197–225. Springer, Heidelberg.

Stewart, F. J., Newton, I. L. G. and Cavanaugh, C. M. (2005). Chemosynthetic endosymbioses: adaptations to oxic-anoxic interfaces. *Trends in Microbiology*, **13**, 439–48.

Stewart, P. S. and Franklin, M. J. (2008). Physiological heterogeneity in biofilms. *Nature Reviews Microbiology*, **6**, 199–210.

Stintzi, A., Barnes, C., Xu, J. and Raymond, K. N. (2000). Microbial iron transport via a siderophore shuttle: A membrane ion transport paradigm. *Proceedings of the National Academy of Sciences of the United States of America*, **97**, 10691–6.

Stoica, E. and Herndl, G. J. (2007). Contribution of Crenarchaeota and Euryarchaeota to the prokaryotic plankton in the coastal northwestern Black Sea. *Journal of Plankton Research*, **29**, 699–706.

Stolper, D. A., Revsbech, N. P. and Canfield, D. E. (2010). Aerobic growth at nanomolar oxygen concentrations. *Proceedings of the National Academy of Sciences of the United States of America*, **107**, 18755–60.

Straile, D. (1997). Gross growth efficiencies of protozoan and metazoan zooplankton and their dependence on food concentration, predator-prey weight ratio, and taxonomic group. *Limnology and Oceanography*, **42**, 1375–85.

Strassert, J. F. H., Desai, M. S., Radek, R. and Brune, A. (2010). Identification and localization of the multiple bacterial symbionts of the termite gut flagellate *Joenia annectens*. *Microbiology*, **156**, 2068–79.

Straza, T. R. A., Cottrell, M. T., Ducklow, H. W. and Kirchman, D. L. (2009). Geographic and phylogenetic variation in bacterial biovolume as revealed by protein and nucleic acid staining. *Applied and Environmental Microbiology*, **75**, 4028–34.

Strom, S. L. (2000). 'Bacterivory: interactions between bacteria and their grazers', in Kirchman, D. L., ed. *Microbial Ecology of the Oceans*, pp. 351–86. Wiley-Liss, New York, NY.

Strom, S. L., Macri, E. L. and Olson, M. B. (2007). Microzooplankton grazing in the coastal Gulf of Alaska: Variations in top-down control of phytoplankton. *Limnology and Oceanography*, **52**, 1480–94.

Strous, M. and Jetten, M. S. M. (2004). Anaerobic oxidation of methane and ammonium. *Annual Review of Microbiology*, **58**, 99–117.

Strous, M. et al. (2006). Deciphering the evolution and metabolism of an anammox bacterium from a community genome. *Nature*, **440**, 790–4.

Stumm, W. and Morgan, J. J. (1996). *Aquatic Chemistry: Chemical Equilibria and Rates in Natural Waters*, Wiley, New York, NY.

Suen, G. et al. (2011). The genome sequence of the leaf-cutter ant *Atta cephalotes* reveals insights into its obligate symbiotic lifestyle. *PLoS Genetics*, **7**, e1002007. doi: 10.1371/journal.pgen.1002007.

Suh, S.-O., Noda, H. and Blackwell, M. (2001). Insect symbiosis: derivation of yeast-like endosymbionts within an entomopathogenic filamentous lineage. *Molecular Biology and Evolution*, **18**, 995–1000.

Sunda, W., Kieber, D. J., Kiene, R. P. and Huntsman, S. (2002). An antioxidant function for DMSP and DMS in marine algae. *Nature,* **418,** 317–20.

Sundquist, E. T. and Visser, K. (2004). 'The geological history of the carbon cycle', in Holland, H. D. and Turekian, K. K., eds. *Biogeochemistry,* pp. 425–72. Elsevier Pergamon, Amsterdam.

Sung, G. H., Poinar, G. O. and Spatafora, J. W. (2008). The oldest fossil evidence of animal parasitism by fungi supports a Cretaceous diversification of fungal-arthropod symbioses. *Molecular Phylogenetics and Evolution,* **49,** 495–502.

Sutherland, T. F., Grant, J. and Amos, C. L. (1998). The effect of carbohydrate production by the diatom *Nitzschia curvilineata* on the erodibility of sediment. *Limnology and Oceanography,* **43,** 65–72.

Suttle, C. A. (2000). 'Ecological, evolutionary, and geochemical consequences of viral infection of cyanobacteria and eukaryotic algae', in Hurst, C. J., ed. *Viral Ecology,* pp. 247–96. Academic Press, San Diego, CA.

Suttle, C. A. (2005). Viruses in the sea. *Nature,* **437,** 356–61.

Sverdrup, H. U. (1953). On conditions for the vernal blooming of phytoplankton. *Journal du Conseil International pour l'Exploration de la Mer,* **18,** 287–95.

Szollosi-Janze, M. (2001). Pesticides and war: the case of Fritz Haber. *European Review,* **9,** 97–108.

Tabita, F. R., Hanson, T. E., Li, H. Y., Satagopan, S., Singh, J. and Chan, S. (2007). Function, structure, and evolution of the RubisCO-like proteins and their RubisCO homologs. *Microbiology and Molecular Biology Reviews,* **71,** 576–99.

Tabita, F. R., Satagopan, S., Hanson, T. E., Kreel, N. E. and Scott, S. S. (2008). Distinct form I, II, III, and IV Rubisco proteins from the three kingdoms of life provide clues about Rubisco evolution and structure/function relationships. *Journal of Experimental Botany,* **59,** 1515–24.

Tamames, J., Abellan, J., Pignatelli, M., Camacho, A. and Moya, A. (2010). Environmental distribution of prokaryotic taxa. *BMC Microbiology,* **10,** 85.

Tarao, M., Jezbera, J. and Hahn, M. W. (2009). Involvement of cell surface structures in size-independent grazing resistance of freshwater Actinobacteria. *Applied and Environmental Microbiology,* **75,** 4720–6.

Taylor, M. W., Radax, R., Steger, D. and Wagner, M. (2007). Sponge-associated microorganisms: Evolution, ecology, and biotechnological potential. *Microbiology and Molecular Biology Reviews,* **71,** 295–347.

Tebo, B. M., Geszvain, K. and Lee, S.-W. (2010). 'The molecular geomicrobiology of bacterial manganese(II) oxidation', in Barton, L., Mandl, M. and Loy, A., eds. *Geomicrobiology: Molecular and Environmental Perspectives,* pp. 285–308, Springer, New York, NY.

Tebo, B. M., Johnson, H. A., McCarthy, J. K. and Templeton, A. S. (2005). Geomicrobiology of manganese(II) oxidation. *Trends in Microbiology,* **13,** 421–8.

Thamdrup, B. and Dalsgaard, T. (2008). 'Nitrogen cycling in sediments', in Kirchman, D. L., ed. *Microbial Ecology of the Oceans,* 2nd ed, pp. 527–93. John Wiley & Sons, New York, NY.

Thauer, R. K., Kaster, A. K., Seedorf, H., Buckel, W. and Hedderich, R. (2008). Methanogenic archaea: ecologically relevant differences in energy conservation. *Nature Reviews Microbiology,* **6,** 579–91.

Thingstad, T. F. (2000). Elements of a theory for the mechanisms controlling abundance, diversity, and biogeochemical role of lytic bacterial viruses in aquatic systems. *Limnology and Oceanography,* **45,** 1320–8.

Thomsen, U., Thamdrup, B., Stahl, D. A. and Canfield, D. E. (2004). Pathways of organic carbon oxidation in a deep lacustrine sediment, Lake Michigan. *Limnology and Oceanography,* **49,** 2046–57.

Thyrhaug, R., Larsen, A., Thingstad, T. F. and Bratbak, G. (2003). Stable coexistence in marine algal host-virus systems. *Marine Ecology-Progress Series,* **254,** 27–35.

Toberman, H., Freeman, C., Evans, C., Fenner, N. and Artz, R. R. E. (2008). Summer drought decreases soil fungal diversity and associated phenol oxidase activity in upland Calluna heathland soil. *FEMS Microbiology Ecology,* **66,** 426–36.

Tomaru, Y., Takao, Y., Suzuki, H., Nagumo, T. and Nagasaki, K. (2009). Isolation and characterization of a single-stranded RNA virus infecting the bloom-forming diatom *Chaetoceros socialis*. *Applied and Environmental Microbiology,* **75,** 2375–81.

Torrella, F. and Morita, R. Y. (1979). Evidence by electron micrographs for a high incidence of bacteriophage particles in the waters of Yaquina Bay, Oregon - Ecological and taxonomic implications. *Applied and Environmental Microbiology,* **37,** 774–8.

Tranvik, L. J. et al. (2009). Lakes and reservoirs as regulators of carbon cycling and climate. *Limnology and Oceanography,* **54,** 2298–314.

Tripp, H. J. et al. (2010). Metabolic streamlining in an open-ocean nitrogen-fixing cyanobacterium. *Nature,* **464,** 90–4.

Trumbore, S. (2009). Radiocarbon and soil carbon dynamics. *Annual Review of Earth and Planetary Sciences,* **37,** 47–66.

Tsuchida, T. et al. (2010). Symbiotic bacterium modifies aphid body color. *Science,* **330,** 1102–4.

Tyson, G. W. et al. (2004). Community structure and metabolism through reconstruction of microbial genomes from the environment. *Nature,* **428,** 37–43.

Urich, T., Lanzén, A., Qi, J., Huson, D. H., Schleper, C. and Schuster, S. C. (2008). Simultaneous assessment of soil microbial community structure and function through analysis of the meta-transcriptome. *PLoS ONE,* **3,** e2527.

Uroz, S., Calvaruso, C., Turpault, M.-P. and Frey-Klett, P. (2009). Mineral weathering by bacteria: ecology, actors and mechanisms. *Trends in Microbiology,* **17,** 378–87.

Vadstein, O. (1998). Evaluation of competitive ability of two heterotrophic planktonic bacteria under phosphorus limitation. *Aquatic Microbial Ecology,* **14,** 119–27.

Vahatalo, A. V. and Wetzel, R. G. (2004). Photochemical and microbial decomposition of chromophoric dissolved organic matter during long (months-years) exposures. *Marine Chemistry,* **89,** 313–26.

Valentine, D. L. (2007). Adaptations to energy stress dictate the ecology and evolution of the Archaea. *Nature Reviews Microbiology,* **5,** 316.

Valentine, D. L. et al. (2010). Propane respiration jump-starts microbial response to a deep oil spill. *Science,* **330,** 208–11.

Valiela, I. (1995) *Marine Ecological Processes*, Springer, New York, NY.

Van Hamme, J. D., Singh, A. and Ward, O. P. (2003). Recent advances in petroleum microbiology. *Microbiology and Molecular Biology Reviews,* **67,** 503–49.

Van Loosdrecht, M. C. M., Lyklema, J., Norde, W., Schraa, G. and Zehnder, A. J. B. (1987). The role of bacterial cell wall hydrophobicity in adhesion. *Applied and Environmental Microbiology,* **53,** 1893–7.

Van Loosdrecht, M. C. M., Lyklema, J., Norde, W. and Zehnder, A. J. B. (1989). Bacterial adhesion- A physicochemical approach. *Microbial Ecology,* **17,** 1–15.

Van Mooy, B. A. S., Rocap, G., Fredricks, H. F., Evans, C. T. and Devol, A. H. (2006). Sulfolipids dramatically decrease phosphorus demand by picocyanobacteria in oligotrophic marine environments. *Proceedings of the National Academy of Sciences of the United States of America,* **103,** 8607–12.

Van Nieuwerburgh, L., Wanstrand, I. and Snoeijs, P. (2004). Growth and C: N: P ratios in copepods grazing on N- or Si-limited phytoplankton blooms. *Hydrobiologia,* **514,** 57–72.

Vandenkoornhuyse, P., Ridgway, K. P., Watson, I. J., Fitter, A. H. and Young, J. P. W. (2003). Co-existing grass species have distinctive arbuscular mycorrhizal communities. *Molecular Ecology,* **12,** 3085–95.

Vandevivere, P., Welch, S. A., Ullman, W. J. and Kirchman, D. L. (1994). Enhanced dissolution of silicate minerals by bacteria at near- neutral pH. *Microbial Ecology,* **27,** 241–51.

Vardi, A., Van Mooy, B. A. S., Fredricks, H. F., Popendorf, K. J., Ossolinski, J. E., Haramaty, L. and Bidle, K. D. (2009). Viral glycosphingolipids induce lytic infection and cell death in marine phytoplankton. *Science,* **326,** 861–5.

Venter, J. C. et al. (2004). Environmental genome shotgun sequencing of the Sargasso Sea. *Science,* **304,** 66–74.

Verberkmoes, N. C., Denef, V. J., Hettich, R. L. and Banfield, J. F. (2009). Systems biology: Functional analysis of natural microbial consortia using community proteomics. *Nature Reviews Microbiology,* **7,** 196–205.

Vieira-Silva, S. and Rocha, E. P. C. (2010). The systemic imprint of growth and its uses in ecological (meta)genomics. *PLoS Genet,* **6,** doi:10.1371/journal.pgen.1000808.

Visscher, P. T. and Stolz, J. F. (2005). Microbial mats as bioreactors: populations, processes, and products. *Palaeogeography, Palaeoclimatology, Palaeoecology,* **219,** 87–100.

Von Dassow, P., Petersen, T. W., Chepurnov, V. A. and Armbrust, E. V. (2008). Inter-and intraspecific relationships between nuclear DNA content and cell size in selected members of the centric diatom genus *Thalassiosira* (Bacillariophyceae). *Journal of Phycology,* **44,** 335–49.

Von Elert, E., Martin-Creuzburg, D. and Le Coz, J. R. (2003). Absence of sterols constrains carbon transfer between cyanobacteria and a freshwater herbivore (*Daphnia galeata*). *Proceedings of the Royal Society: Biological Sciences,* **270,** 1209–14.

Voroney, R. P. (2007). 'The soil habitat', in Paul, E. A., ed. *Soil Microbiology, Ecology, and*

Biochemistry, 3rd edn, pp. 25–49. Elsevier, Amsterdam.

Voytek, M. A. and Ward, B. B. (1995). Detection of ammonium-oxidizing bacteria of the beta-subclass of the class Proteobacteria in aquatic samples with the PCR. *Applied and Environmental Microbiology,* **61,** 1444–50.

Vraspir, J. M. and Butler, A. (2009). Chemistry of marine ligands and siderophores. *Annual Review of Marine Science,* **1,** 43–63.

Vreeland, R. H., Rosenzweig, W. D. and Powers, D. W. (2000). Isolation of a 250 million-year-old halotolerant bacterium from a primary salt crystal. *Nature,* **407,** 897–900.

Wagner, E. K., Hewlett, M., J., Bloom, D. C. and Camerini, D. (2008). *Basic Virology,* Blackwell Publishing, Malden, MA.

Wagner, M., Loy, A., Klein, M., Lee, N., Ramsing, N. B., Stahl, D. A. and Friedrich, M. W. (2005). 'Functional marker genes for identification of sulfate-reducing prokaryotes', in Leadbetter, J.R., ed, *Methods in Enzymology* vol 397, pp. 469–89. Elsevier, San Diego, CA.

Waidner, L. A. and Kirchman, D. L. (2007). Aerobic anoxygenic phototrophic bacteria attached to particles in turbid waters of the Delaware and Chesapeake estuaries. *Applied and Environmental Microbiology,* **73,** 3936–44.

Waldrop, M. P., Zak, D. R., Blackwood, C. B., Curtis, C. D. and Tilman, D. (2006). Resource availability controls fungal diversity across a plant diversity gradient. *Ecology Letters,* **9,** 1127–35.

Walker, C. B. et al. (2010). *Nitrosopumilus maritimus* genome reveals unique mechanisms for nitrification and autotrophy in globally distributed marine crenarchaea. *Proceedings of the National Academy of Sciences of the United States of America,* **107,** 8818–23.

Walker, J. J. and Pace, N. R. (2007). Endolithic microbial ecosystems. *Annual Review of Microbiology,* **61,** 331–47.

Wandersman, C. and Delepelaire, P. (2004). Bacterial iron sources: From siderophores to hemophores. *Annual Review of Microbiology,* **58,** 611–47.

Wang, K. H., McSorley, R., Bohlen, P. and Gathumbi, S. M. (2006). Cattle grazing increases microbial biomass and alters soil nematode communities in subtropical pastures. *Soil Biology and Biochemistry,* **38,** 1956–65.

Wang, X., Le Borgne, R., Murtugudde, R., Busalacchi, A. J. and Behrenfeld, M. (2009). Spatial and temporal variability of the phytoplankton carbon to chlorophyll ratio in the equatorial Pacific: A basin-scale modeling study. *Journal of Geophysical Research,* **114,** doi: 10.1029/2008jc004942.

Ward, B. B. et al. (2009). Denitrification as the dominant nitrogen loss process in the Arabian Sea. *Nature,* **461,** 78–81.

Wardle, D. A. (2006). The influence of biotic interactions on soil biodiversity. *Ecology Letters,* **9,** 870–86.

Wardle, D. A., Williamson, W. M., Yeates, G. W. and Bonner, K. I. (2005). Trickle-down effects of aboveground trophic cascades on the soil food web. *Oikos,* **111,** 348–58.

Warren, L. A. and Ferris, F. G. (1998). Continuum between sorption and precipitation of Fe(III) on microbial surfaces. *Environmental Science & Technology,* **32,** 2331–37.

Watson, S. W., Novitsky, T. J., Quinby, H. L. and Valois, F. W. (1977). Determination of bacterial number and biomass in the marine environment. *Applied and Environmental Microbiology,* **33,** 940–6.

Wawrik, B., Paul, J. H. and Tabita, F. R. (2002). Real-time PCR quantification of *rbcL* (ribulose-1,5-bisphosphate carboxylase/oxygenase) mRNA in diatoms and pelagophytes. *Applied and Environmental Microbiology,* **68,** 3771–9.

Weast, R. C. (ed.) 1987. *CRC Handbook of Chemistry and Physics,* CRC Press, Boca Raton, FLA.

Weber, K. A., Achenbach, L. A. and Coates, J. D. (2006). Microorganisms pumping iron: anaerobic microbial iron oxidation and reduction. *Nature Reviews Microbiology,* **4,** 752–64.

Weinbauer, M. G. (2004). Ecology of prokaryotic viruses. *FEMS Microbiology Ecology,* **28,** 127–81.

Weinbauer, M. G., Fuks, D., Puskaric, S. and Peduzzi, P. (1995). Diel, seasonal, and depth-related variability of viruses and dissolved DNA in the Northern Adriatic Sea. *Microbial Ecology,* **30,** 25–41.

Weinbauer, M. G. and Höfle, M. G. (1998). Significance of viral lysis and flagellate grazing as factors controlling bacterioplankton production in a eutrophic lake. *Applied and Environmental Microbiology,* **64,** 431–8.

Weinbauer, M. G. and Peduzzi, P. (1994). Frequency, size and distribution of bacteriophages in different marine bacterial morphotypes. *Marine Ecology-Progress Series,* **108,** 11–20.

Welch, R. A. et al. (2002). Extensive mosaic structure revealed by the complete genome sequence of uropathogenic *Escherichia coli. Proceedings of the National Academy of Sciences of the United States of America,* **99,** 17020–4.

Welch, S. A., Barker, W. W. and Banfield, J. F. (1999). Microbial extracellular polysaccharides and plagioclase dissolution. *Geochimica et Cosmochimica Acta,* **63,** 1405–19.

Welch, S. A. and Ullman, W. J. (1993). The effect of organic acids on plagioclase dissolution rates and stoichiometry. *Geochimica et Cosmochimica Acta,* **57,** 2725–36.

White, J., Prell, J., James, E. K. and Poole, P. (2007). Nutrient sharing between symbionts. *Plant Physiology,* **144,** 604–14.

Whitman, W. B. (2009). The modern concept of the procaryote. *Journal of Bacteriology,* **191,** 2000–5.

Whitman, W. B., Coleman, D. C. and Wiebe, W. J. (1998). Prokaryotes: The unseen majority. *Proceedings of the National Academy of Sciences of the United States of America,* **95,** 6578–83.

Widdel, F. and Hansen, T. A. (1992). 'The dissimilatory sulfate and sulfur-reducing bacteria' in Balows, A. et al. (eds). *The Prokaryotes,* 2nd ed, pp. 583–624. Springer-Verlag, New York, NY.

Wier, A. M., Sacchi, L., Dolan, M. F., Bandi, C., Macallister, J. and Margulis, L. (2010). Spirochete attachment ultrastructure: Implications for the origin and evolution of cilia. *Biological Bulletin,* **218,** 25–35.

Wierzchos, J. et al. (2010). Microbial colonization of Ca-sulfate crusts in the hyperarid core of the Atacama Desert: implications for the search for life on Mars. *Geobiology*, **9**, 44–60.

Wilhelm, S. W., Brigden, S. M. and Suttle, C. A. (2002). A dilution technique for the direct measurement of viral production: A comparison in stratified and tidally mixed coastal waters. *Microbial Ecology*, **43**, 168–73.

Williams, P. J. L. (2000). 'Heterotrophic bacteria and the dynamics of dissolved organic material' in Kirchman, D. L., ed. *Microbial Ecology of the Oceans*, pp. 153–200. Wiley-Liss, New York, NY.

Williams, P. J. L. and del Giorgio, P. A. (2005). 'Respiration in aquatic ecosystems: history and background', in del Giorgio, P. A. and Williams, P. J. L., eds. *Respiration in Aquatic Ecosystems*, pp. 1–17. Oxford University Press, New York, NY.

Williamson, K. E., Radosevich, M. and Wommack, K. E. (2005). Abundance and diversity of viruses in six Delaware soils. *Applied and Environmental Microbiology*, **71**, 3119–25.

Williamson, S. J., Houchin, L. A., McDaniel, L. and Paul, J. H. (2002). Seasonal variation in lysogeny as depicted by prophage induction in Tampa Bay, Florida. *Applied and Environmental Microbiology*, **68**, 4307–14.

Winget, D. M. and Wommack, K. E. (2009). Diel and daily fluctuations in virioplankton production in coastal ecosystems. *Environmental Microbiology*, **11**, 2904–14.

Winkelmann, M., Hunger, N., Hüttl, R. and Wolf, G. (2009). Calorimetric investigations on the degradation of water insoluble hydrocarbons by the bacterium *Rhodococcus opacus* 1CP. *Thermochimica Acta*, **482**, 12–16.

Winter, C., Bouvier, T., Weinbauer, M. G. and Thingstad, T. F. (2010). Trade-offs between competition and defense specialists among unicellular planktonic organisms: the "Killing the Winner" hypothesis revisited. *Microbiology and Molecular Biology Reviews*, **74**, 42–57.

Woese, C. R. and Fox, G. E. (1977). Phylogenetic structure of prokaryotic domain - Primary kingdoms. *Proceedings of the National Academy of Sciences of the United States of America*, **74**, 5088–90.

Wommack, K. E. and Colwell, R. R. (2000). Virioplankton: Viruses in aquatic ecosystems. *Microbiology and Molecular Biology Reviews*, **64**, 69–114.

Woods, R. J., Barrick, J. E., Cooper, T. F., Shrestha, U., Kauth, M. R. and Lenski, R. E. (2011). Second-order selection for evolvability in a large *Escherichia coli* population. *Science*, **331**, 1433–6.

Wootton, E. C., Zubkov, M. V., Jones, D. H., Jones, R. H., Martel, C. M., Thornton, C. A. and Roberts, E. C. (2007). Biochemical prey recognition by planktonic protozoa. *Environmental Microbiology*, **9**, 216–22.

Worden, A. Z. and Not, F. (2008). 'Ecology and diversity of picoeukaryotes', in Kirchman, D. L., ed. *Microbial Ecology of the Oceans,* 2nd ed, pp. 159–205.John Wiley & Sons, Hoboken, NJ.

Wu, D. et al. (2009). A phylogeny-driven genomic encyclopaedia of Bacteria and Archaea. *Nature*, **462**, 1056–60.

Wuchter, C., Schouten, S., Coolen, M. J. L. and Damste, J. S. S. (2004). Temperature-dependent variation in the distribution of tetraether membrane lipids of marine Crenarchaeota: Implications for TEX86 paleothermometry. *Paleoceanography*, **19**, PA4028, doi:

10.1029/2004pa001041.

Wylie, J. L. and Currie, D. J. (1991). The relative importance of bacteria and algae as food sources for crustacean zooplankton. *Limnology and Oceanography,* **36,** 708–28.

Yang, C. H., Crowley, D. E., Borneman, J. and Keen, N. T. (2001). Microbial phyllosphere populations are more complex than previously realized. *Proceedings of the National Academy of Sciences of the United States of America,* **98,** 3889–94.

Yavitt, J. B. and Lang, G. E. (1990). Methane production in contrasting wetland sites-Response to organic-chemical components of peat and to sulfate reduction. *Geomicrobiology Journal,* **8,** 27–46.

Ye, R. W., Averill, B. A. and Tiedje, J. M. (1994). Denitrification-production and consumption of nitric oxide. *Applied and Environmental Microbiology,* **60,** 1053–8.

Yooseph, S. et al. (2010). Genomic and functional adaptation in surface ocean planktonic prokaryotes. *Nature,* **468,** 60–6.

Yu, R., Kampschreur, M. J., Loosdrecht, M. C. M. V. and Chandran, K. (2010a). Mechanisms and specific directionality of autotrophic nitrous oxide and nitric oxide generation during transient anoxia. *Environmental Science & Technology,* **44,** 1313–19.

Yu, X. et al. (2010b). A geminivirus-related DNA mycovirus that confers hypovirulence to a plant pathogenic fungus. *Proceedings of the National Academy of Sciences of the United States of America,* **107,** 8387–92.

Yurkov, V. V. and Beatty, J. T. (1998). Aerobic anoxygenic phototrophic bacteria. *Microbiology and Molecular Biology Reviews,* **62,** 695–724.

Zehnder, A. J. B. and Brock, T. D. (1979). Methane formation and methane oxidation by methanogenic bacteria. *Journal of Bacteriology,* **137,** 420–32.

Zehr, J. P. et al. (2008). Globally distributed uncultivated oceanic N_2-fixing cyanobacteria lack oxygenic Photosystem II. *Science,* **322,** 1110–12.

Zehr, J. P. and Paerl, H. W. (2008). 'Molecular ecological aspects of nitrogen fixation in the marine environment', in Kirchman, D. L., ed. *Microbial Ecology of the Ocean,* 2nd ed, pp. 481–525. Wiley, New York, NY.

Zhou, J., Xia, B., Huang, H., Palumbo, A. V. and Tiedje, J. M. (2004). Microbial diversity and heterogeneity in sandy subsurface soils. *Applied and Environmental Microbiology,* **70,** 1723–34.

Zientz, E., Feldhaar, H., Stoll, S. and Gross, R. (2005). Insights into the microbial world associated with ants. *Archives of Microbiology,* **184,** 199–206.

Zöllner, E., Hoppe, H.-G., Sommer, U. and Jürgens, K. (2009). Effect of zooplankton-mediated trophic cascades on marine microbial food web components (bacteria, nanoflagellates, ciliates). *Limnology and Oceanography,* **54,** 262–75.

Zubkov, M. V. (2009). Photoheterotrophy in marine prokaryotes. *Journal of Plankton Research,* **31,** 933–8.

Zubkov, M. V. and Tarran, G. A. (2008). High bacterivory by the smallest phytoplankton in the North Atlantic Ocean. *Nature,* **455,** 224–6.

Zumft, W. G. (1997). Cell biology and molecular basis of denitrification. *Microbiology and*

Molecular Biology Reviews, **61,** 533–616.

Zwart, G., Crump, B. C., Agterveld, M., Hagen, F. and Han, S. K. (2002). Typical freshwater bacteria: an analysis of available 16S rRNA gene sequences from plankton of lakes and rivers. *Aquatic Microbial Ecology,* **28,** 141–55.

事項索引

太字のページは図表中での参照を意味する。

【ア行】

アーバスキュラー菌根菌
　　（arbuscular mycorrhizal fungi）
　　554–555, **553**, **555**
RNA：メッセンジャーRNA（mRNA）、リボソームRNA（rRNA）も参照
　　——ウィルス　276
　　——増殖速度との関係　46–47
RNA発現解析（transcriptomics）　382–384
r選択（r-selection）　203
亜鉛（zinc）　37, 113
亜硝酸イオン（nitrite）　430
亜硝酸酸化（nitrite oxidation）　464–465
　　新しい窒素（new nitrogen）　445
圧力（pressure）　83–84
　　——単位　**83**
アナモキソソーム（anammoxosome）
　　466–467
アナモックス→嫌気的アンモニア酸化
　　（anammox）　465–467, **438**
アブラムシと細菌の共生関係
　　（aphid symbiosis）　530–532, **531**
アメーバ（amoeba）　236, **232**
amoA遺伝子（amoA gene）　456–458, **460**

アリと菌類の共生関係
　　（ants, symbiotic relationships）
　　532–536
アルカンの分解（alkanes, degradation of）
　　514, **515**
アルギン酸（alginate）　512
アレニウス式（Arrhenius equation）
　　70–71, **71**
安定同位体プロービング
　　（stable isotope probing (SIP)）　459
アンモニア（ammonia）：アンモニウムも参照　76
アンモニア化（ammonification）　450, **438**
アンモニア酸化（ammonia oxidation）
　　334, 456–458, **460**
　　——嫌気的酸化→嫌気的アンモニア酸化
　　　465–467, 471–473, **466**
　　——古細菌による　334, 458–462
　　——細菌による好気的酸化　456–458
　　——支配要因　462–464
アンモニアモノオキシゲナーゼ
　　（ammonia monooxygenase）　456–457
アンモニウム（ammonium）
　　8, 76, 448–454, **449**
　　——嫌気環境での排出　451

603

——工業的な生産 15
——再生 448–450
——窒素固定と 446
——同化 448–449, **453**
——取り込み対排出 451–454, **453**
——不動化および可動化 451–454
——フラックス 448–450
イエローストーン国立公園の温泉
　　（Yellowstone hot springs） 18
硫黄（sulfur） 37
——石炭に含まれる 513
硫黄酸化（sulfur oxidation）
　　417–423, **418**, **422**
——炭素源 423
——非光栄養 417–421
硫黄循環（sulfur cycle） 418
異化（catabolism） **154**
異化的硝酸還元
　　（dissimilatory nitrate reduction）
　　467–469
——終産物 469–471
異化的硝酸還元によるアンモニウム生成
　　（dissimilatory nitrate reduction to
　　ammonium (DNRA)） 469–471
異化的硫酸還元
　　（dissimilatory sulfate reduction）
　　412–414, **413**
生きてはいるが培養はできない微生物
　　（viable but not culturable microbes
　　(VBNC)） 316
一次生産（primary production）
　　7, 107–122, **155**
——球状シアノバクテリア 140–142
——群集の多様性との関係 340, **341**
——細菌生産との関係（BP:PP）
　　209–210, **209**
——再生生産 450
——純群集生産（NCP） 116–120
——水圏の微生物と大型植物の比較
　　120–122, **121**

——総生産（GP） 116–120
——純生態系生産 116–120
——測定方法 116–118
一酸化窒素（nitric oxide） 439
一酸化二窒素（nitrous oxide）
　　14, 438, 473–475
——排出源（生成） 473–475, **474**
遺伝子水平伝播
　　（horizontal (lateral) gene transfer）
　　369–372
遺伝子伝達因子
　　（genetic transfer agents (GTAs)） 308
遺伝的交換（genetic exchange）
　　307–310, **309**
インタージェニックスペーサー領域
　　（intergenic space (ITS)） 344
インフルエンザ（influenza） 300
隠ぺい種（cryptic species） 348
VA菌根菌
　　（vesicular arbuscular mycorrhizal
　　fungi） 554
ヴィオラセイン（violacein） 255
ウィルス（viruses） 273–274, **277**
——RNAウィルス 389
——遺伝的交換 306–310, **311**
——ウィルス減少法 294, **295**
——回転時間 296–298
——感染頻度 293
——計数 286–288
——細菌の死亡要因として 292
——自然環境中での数の変動
　　288–291, **291**
——宿主群集の応答 341–343
——宿主との相互作用 281–283
——宿主の防衛 305–307
——植物プランクトンに感染する
　　300–302
——数 284–288
——生産速度 296–298
——摂餌との比較 302–304

──多様性　386–387
──土壌における　281, **282**, 290
──不活化と消失　298–300
──複製　277–279
──メタゲノム　385–389
──溶菌期　279, **279**
──溶原期　279, **279**
──溶原性の　279–281
ウイルスと細菌の数の比
　（virus to bacteria ratio (VBR)）
　289–292, **290**
ウイルス分流（viral shunt）　303–304, **303**
ウィルソン、E.O.（Wilson, E.O.）　535
ウーズ、カール（Woese, Carl）
　2, 23–24, 316
失われた炭素問題
　（missing carbon problem）　152
渦鞭毛藻（dinoflagellates）　260–261, **261**
──餌との相互作用　252–253
──細胞壁　**54**
──従属栄養性渦鞭毛藻　260–261
宇宙生物学（astrobiology）　12
ウラン（uranium）　9
運動性（motility）　90–93, 240–242
栄養カスケード（trophic cascade）　264
栄養共生（syntrophy）　410–412
栄養制限（nutrient limitation）
　137–140, 222–224
──共制限　224–225, **225**
──制限栄養素をめぐる競争　137–140
栄養体部（トロフォソーム）（trophosome）
　540
栄養転送効率（trophic transfer efficiency）
　263–264, **264**
ATP　28
ABC輸送体
　（ABC (ATP binding cassette) transport
　 system）　53
エクソプロテアーゼ（exoproteases）　179
エクトエンザイム（細胞外酵素）
　（ectoenzymes）　180
エコタイプ（ecotypes）　142
エタノール（ethanol）　410–412
N-アセチルグルコサミン
　（N-acetylglucosamine）　54–55, **54**
エピバイオント（epibionts）　530
エボラ・マールバーグ・ウイルス
　（Ebola and Marburg virus）　300
塩基配列決定（gene sequences）　355
──タグ・パイロシーケンス法　322
──分類学および系統遺伝学的解析
　316–317, **317**
円石藻（coccolithophorids）　129–130
エンドプロテアーゼ（endoproteases）　179
塩分（salinity）　77–78
──群集の多様性との関係　337–339
黄鉄鉱（pyrite）　504, 513
オープンリーディングフレーム
　（open reading frames (ORFs)）　357
汚染物質の分解
　（pollutants, degradation of）
　8–9, 186–187
オゾン（ozone）　82
オリゴトロフ（低栄養細菌）（oligotrophs）
　203
温室効果ガス（greenhouse gases）：二酸
　化炭素、メタン、一酸化二窒素も参照
　12, **13**
温度（temperature）　67–74
──共制限　224–226
──群集の多様性との関係　337–339
──増殖速度との関係　215–219, **217**
──炭素循環　215–219
──窒素固定との関係　447
──土壌水分含量との関係　98–99
──反応速度との関係　70–74

【カ行】

ガイア仮説（Gaia hypothesis）　131

回転時間（turnover time）184
――ウィルスの 296–298
外部共生（ectosymbiosis）526
回分培養（batch cultures）200–203, **202**
海洋ストラメノパイル・グループ
　　（MAST (marine stramenopile) groups）348
化学栄養（chemotrophy）30
化学合成（chemosynthesis）：化学無機栄養も参照 538
化学コミュニケーション
　　（chemical communication）228
化学独立栄養（chemoautotrophy）
　　29, 538–539, **537**
化学独立栄養脱窒（無機栄養脱窒）
　　（chemoautotrophic denitrification）469
化学防衛（chemical defense）255–256
化学無機栄養（chemolithotrophy）
　　30, 417–421, 419, **418**, 455, 471
化学無機独立栄養（chemolithoautotrophy）
　　417–421, 423, 541
――硫黄酸化 417–423
――硝化 456
――チューブワームの共生細菌 541
――鉄酸化 502
核（nucleus）25
拡散（diffusion）85–88, **87–88**
拡散食者（diffusion feeders）241
核様体（nucleoid）25
過酸化水素（hydrogen peroxide）181
加水分解（hydrolysis）178, **178**, 408
加水分解酵素（hydrolases）178, **178**
数の応答（numerical response）243, 245
火星（Mars）12, 499
化石層（fossil beds）130
化石燃料（fossil fuels）512–516
褐色腐朽菌（brown rot fungi）181
活性状態（activity state）194–196, **195**
――土壌菌類の 199
――土壌や堆積物中の細菌の 197–198
活性スクリーニング
　　（メタゲノムライブラリーの）
　　（activity screening of metagenomic libraries）380–381, **381**
滑走（gliding）64
カバナフ、コリーン（Cavanaugh, Colleen）540
カプシド（capsid）274
芽胞（spores）96
ガラス繊維フィルター
　　（Whatman社、GF/F fillters）94
ガラパゴスハオリムシの内部共生者
　　（Riftia endosymbionts）537–543, **541**
カルシウム（calcium）36
カルビン・ベンソン・バッシャム回路
　　（Calvin-Benson-Bassham (CBB) cycle）110, **114**, 379, **428**
カロテノイド（carotenoids）
　　82, 108–109, **109**, 145
環境ゲノム解析（environmental genomics）：生態学的ゲノム解析も参照 356
環境収容量（carrying capacity）203
感染症（infectious diseases）4
寒天平板（培地）（agar plates）
　　6, **19**, 19–20
偽遺伝子（pseudogenes）364
気候変動（climate change）12–14
希少生物圏（rare biosphere）324
寄生者（parasites）520–521
キチナーゼ遺伝子（chitinase genes）
　　371–372, **371**
キチン（chitin）47, **54**, 54–55, 178
吉草酸（valerate）416
機能遺伝子（functional genes）353
機能群（functional groups）28–29, **29**
機能的応答（functional response）243
機能的グループ（植物プランクトンの）
　　（functional groups of phytoplankton）
　　126–127, **127**

事項索引

希薄化曲線（rarefaction curves）322–324, **324**
ギブズ自由エネルギーの変化（Gibbs change in free energy）399–400, 410, **411**
偽ペプチドグリカン（pseudopeptidoglycan）57
偽ムレイン（pseudomurein）57
キメラ（chimera）375
逆転写酵素（reverse transcriptase）276
吸着（金属の）（adhesion）482–484
Q_{10}　72–73, 98–99, 215–217
休眠（dormancy）194–195
偽溶原性（pseudolysogeny）278
凝集体（微生物の）（aggregates）251, 255
共焦点顕微鏡（confocal microscopy）103
共生（symbiosis）519–523
——海洋無脊椎動物　536–543, **537**
——共生微生物の伝播　531–532
——昆虫　527–536
——脊椎動物　523–527
——微生物・植物相互作用　548–555
——例　**522**
共制限（co-limitation）224–226, **225**
競争（competition）226–227
——制限栄養素をめぐる　137–140, **139**
競争排除則（competitive exclusion principle）9–10, **10**, 326
莢膜（capsule）61
極限的な環境に生息する微生物（極限環境微生物）（extremophiles）12
キレート剤（chelators）：リガンドも参照　485
菌根菌（mycorrhizal fungi）：アーバスキュラー菌根菌も参照　553–556, **553**
金属吸着（metal sorption）482–484
均等度（均一度）（evenness）322, **323**
菌類（fungi）158–159

——アリとの共生　532–536
——温度の影響　218–219
——活性状態　199–200
——菌類ウィルス　290
——現存量　158–159, **159**
——細菌との競争　227
——植物との共生　551–556
——摂餌者　238–239
——増殖速度　210–216
——リグニン分解　181
菌類ウィルス（mycoviruses）290
くいこぼし（sloppy grazing）171
グイ層（Guoy layer）480, **481**
空間分布（spatial distribution）88–90, **90**
——パッチネス（不均一性）　93–94
クオラムセンシング（quorum sensing）89, 546–548, **547**
グラム染色（Gram stain）55, 314
クリアランス速度（clearance rate）243
グリコカリックス（glycocalyx）61
グリシン発酵（glycine fermentation）451
クリスパー（CRISPRs (clustered regularly interspaced short palindromic repeats)）364
グリセロール（glycerol）77–78
グルコン酸塩（gluconate）512
クレード（clade）321
クローン化（クローニング）（cloning）373, **381**
——ベクター　374–375
クロロフィル（chlorophyll）108
——吸収スペクトル　145
——測定方法　109
群集構造（community structure）313
——支配要因　337–343, **338, 341**
——真核微生物の　346–348
——生物地球化学プロセスとの関連　350–351
——多様性　321–325

―― 土壌
  326–327, 329–332, **332**, 349–350
―― バース・ベッキングの仮説 335–337
―― 培養された微生物と培養されていない微生物の違い 327–329, **328**
ケイ酸イオン（ケイ酸塩）（silicate） 128
形質転換（transformation） 307
形質導入（transduction） 307, **309**
ケイ素（silicon） 55
珪藻（diatoms） 128–129
―― 細胞壁 55
―― 細胞外多糖類 62–63, **63**
形態種（morphospecies） 314
系統遺伝学（phylogeny） 314–319
―― 分子手法 314–319, 345
系統遺伝学的マーカー
  （phylogenetic markers） 23, **345**
系統遺伝樹（生命の樹）（Tree of Life） **24**
系統型（phylotypes） 321
K 選択（K-selection） 203
ゲノム（genome） 353–357
―― 解析 354–357
―― 構成 362–364, **363**
―― サイズ 360–362, **361**
―― ショットガン塩基配列決定法
  355, **355**
―― ドラフト 356
―― 内部共生微生物 531–532
ゲノム解析（genomics） 354–357
―― 増殖速度と 364–366, **365**
―― メタゲノム解析 372–376
ゲノム系統学（phylogenomics） 370
ケモスタット（chemostats） 204
ゲル（gels） 93
原核生物（prokaryotes）：細菌、古細菌も参照 23–25
―― ゲノム構成 362–364, **363**
―― 初期生命 **10**
嫌気（的）環境（anoxic environments）
  296, 393

嫌気呼吸（anaerobic respiration） 396–397
嫌気（的）食物連鎖（anaerobic food chain）
  407, **408**
嫌気性真核生物（嫌気性原生生物）
  （anaerobic eukaryotes） 431–433
嫌気的アンモニア酸化（アナモックス）
  （anaerobic ammonia oxidation
  （anammox）） 465–467, **438**
―― と脱窒の比較 471–473, **472**
嫌気的酸素非発生型光合成細菌
  （anaerobic anoxygenic photosynthetic
  bacteria (AnAP)） 421–423
嫌気的メタン酸化
  （anaerobic oxidation of methane
  （AOM）） 428–430, **431**
原生生物（protists）
―― 餌の化学組成と認識 252–254
―― 群集構造 346–348
―― 嫌気性 431–433
―― 混合栄養 265–268
―― シロアリとの共生 528–530
―― 生態学的な役割 231–232, **232**
―― 摂餌メカニズム 240–242
―― 代謝のタイプ **266**
―― バース・ベッキングの仮説 336
原生動物（protozoa） 232
元素組成（elemental composition）
  36–39, **37**
元素比（elemental ratios）
  40–41, **41**, 48–51
―― C:N 比 42–44, **43**, 48–51, **164**
―― C:P 比 42–44, **43**, 48–51
現存量（biomass） 17–18, **17**, 201
―― 菌類と細菌の比較 158–160
―― 土壌の 158–160
―― の推定（植物プランクトン） 109
―― の制限：リービッヒ型制限も参照 39
現存量の生産（biomass production）：一次生産、細菌生産も参照 200–205
―― 水圏環境における 207–210

――測定　206–207, **207**
――の制御：摂餌、ウィルスも参照
　　214–226
顕微鏡（microscopy）
――ウィルスの計数　286–288, **287**
――共焦点　102
――検出限界　289
――透過型電子顕微鏡　286–288, **287**
――落射蛍光顕微鏡　**21**, 288
原油流出事故（oil spills）　514–516
好圧微生物（piezophiles, barophiles）
　　83–84, **69**
好アルカリ性微生物（alkaliphiles）　74
高栄養塩・低クロロフィル海域
　　（high nutrient-low chlorophyll
　　（HNLC) oceans）　123
好塩微生物（halophiles）　77
好気呼吸（aerobic respiration）　153
好気的酸素非発生型光合成（光栄養）細菌
　　（aerobic anoxygenic phototrophs
　　（AAP)）　144–146, 439
好気的メタン分解（メタン酸化）（aerobic
　　methane degradation）　427–428, **428**
光合成（photosynthesis）　107–120, **107**
――酸素非発生型　421–423
光合成遺伝子の水平伝播（photosynthesis
　　gene transfer）　310
好酸性微生物（acidophiles）　74
抗生物質（antibiotics）　228 , 367 , 380
高速液体クロマトグラフ法
　　（high performance liquid
　　chromatography (HPLC)）　**183**
好熱微生物（thermophiles）　69
鉱物の溶解（mineral dissolution）：風化も
　　参照　508–512
――酸と塩基の生成　510–511, 511
――リガンドによる　511–512
酵母（yeast）　**47**, 431
――共生　533, **533**
酵母様細胞（yeast like cell（YLC))　533

紅色硫黄細菌（purple sulfur bacteria）　422
好冷微生物（好冷細菌）（psychrophiles）
　　69, 366
5S rRNA　24, **45**
呼吸（respiration）　153–155, 155
――嫌気　396–397
――サイズ分布　156–157, **157**
――土壌における　157–160
――光呼吸　143
呼吸商（respiratory quotient）　117
古細菌（*Archaea*）　2, **24**, 24
――化学独立栄養　334
――系統遺伝樹における位置　**24**
――細胞壁　57
――真核生物との関係　521
――バイオマーカー　**58**, 59
――非極限環境の　332–334, **333**
――硫酸還元菌として知られる　413
湖沼（淡水）（lakes）
――微生物群集　329–330, **330**
個体群変動の支配要因
　　（population control）　122–126, **123**
――ウィルスと宿主の相互作用
　　304–307, **306**
――春のブルームに続く時期　137–140
――病原体の役割　4–5
――捕食・被食相互作用　243–248, **247**
コッホ、ロベルト（Koch, Robert）　6
コドンバイアス（codon usage bias）　366
コバルト（cobalt）　37, **38**, 487
コピオトロフ（高栄養細菌）（copiotrophs）
　　203
collection 曲線（collection curves）：希薄化
　　曲線も参照　322
混合栄養原生生物（mixotrophic protists）
　　265–268, **267**
昆虫の共生関係
　　（insect symbiotic relationships）
　　527–536
――アブラムシ　530–532

——アリ　532–536
——シロアリ　528–530
根粒（legumes）　549–551, **550**

【サ行】

SAR11：生物名索引の *Pelagibacter* も参照　**147**, 343
細菌（bacteria）　23–25, **24**, 194–197
——温度の影響　215–218
——活性状態　194–197, **195**
——菌類との競争　227–228
——群集の多様性　321–325, **321**
——系統遺伝樹における位置　24
——ゲノム構成　367–368
——現存量の生産　207–208, **208**
——好気的アンモニア酸化　456–458
——生化学組成　44–48, **45, 46, 47**
——生殖（無性繁殖）　319
——摂餌者：細菌食も参照　233–240
——増殖効率　175–176, **176**, 209
——増殖速度　210–214
——増殖の制御　214–226
——炭素要求量　209
細菌死亡（率・要因）（bacterial mortality）：摂餌、細菌食も参照
——ウィルスと摂餌の寄与　294–296
——ウィルス溶菌　292–294
細菌食（bacterivory）：摂餌、細菌死亡も参照　233–240, **234**
細菌生産（bacterial production）　207–208
——一次生産との関係　208–210, **208**
細菌療法（bacteriotherapy）　5
サイズ（大きさ）（size）　26, **27**, 66
——ゲノム　360–362, **361**
——制限栄養素をめぐる競争　137–140
——小さく在ることの帰結　84–88, **86**
——表面積と体積の比　49–51, **50**
——捕食・被食相互作用　248–251, **249**
サイズ分画（size fractionation）　94

サイズ分布（size distribution）　**16**
再生生産（regenerated primary production）　450
細胞外酵素（extracellular enzymes）　180
細胞外ポリマー（extracellular polymers）　60–62, **61**
——鉱物の溶解　511
——バイオフィルム　101, **101**
細胞肛門（cytoproct）　242
細胞表面電荷（cell surface charge）：ゼータポテンシャルも参照　480–482
細胞壁（cell wall）　54–57, **54**, 56
再無機化（remineralization）：無機化も参照　154
酢酸（塩）（acetate）
　　407–408, **408**, 410–412
——エルゴステロール酢酸法　206
酢酸菌（acetogenetic bacteria）　410
酢酸生成（acetogenesis）　410, **411**
サルガッソ海（Sargasso Sea）
　　222–224, **223**
酸化還元状態（redox state）　79–81
酸化還元反応（redox reaction）　28–29
酸性雨（acid rain）　75
酸性廃水（鉱山からの）
　　（acid mine drainage）　74, 339, 504
——バイオフィルムの発達　378
——メタゲノム解析　378–379
酸素（oxygen）　39, 79, 393–395
——濃度　116, **395**
ジアゾ栄養微生物（diazotrophs）：窒素固定も参照　134, 439
——植物との共生　548–551, **550**
シアノバクテリア（cyanobacteria）
　　24, 106, 108
——ウィルス：シアノファージも参照　301, 310
——球状シアノバクテリア　140–142, **142**
——元素比　43–44, **43**
——細胞壁　56

事項索引

——大気中酸素濃度　394–395, **395**
——窒素固定　442–445, **443**
——毒素：ミクロシスチンも参照
　　134–135, **135**
——バイオミネラリゼーション：ストロマトライトも参照　493–494
——ブルーム　132–136
シアノファージ（cyanophages）　301, 310
GS-GOGAT 経路（GS-GOGAT pathway）
　　448
GC 含量（GC content）　368, **368**
ジェンバンク（Genbank）　357
紫外線（ultraviolet (UV) light）　81
——ウィルスの不活化　298–300
色素（pigments）　108–110, **109**, **110**
ジクロロジフェニルトリクロロエタン
　　（dichloro-diphenyl-trichloroethane
　　（DDT））　8
始原の細菌（archaebacteria）　2
脂質（lipids）　51–53, **52**
指数期（指数増殖期）
　　（exponential phase）：対数期も参照
　　200, **202**
シスト（cysts）　259, 262
磁鉄鉱（magnetite）　498–501
シデロフォア（siderophores）
　　485–486, **486**, 512
ジニトロゲナーゼ（dinitrogenase）
　　441–442, **441**
ジニトロゲナーゼ還元酵素（dinitrogenase
　　reductase）　441–442, **441**
縞状鉄鉱床（banded iron formations）
　　497–498, 505
島の生物地理学理論（island biogeography）
　　10
ジメチルスルホニオプロピオン酸
　　（dimethylsulphoniopropionate
　　（DMSP））　77, 131–132, **131**, 256
種（species）　319–321
重金属（heavy metals）　9

——汚染物質の除去　484
シュウ酸（oxalic acid）　511–512, **511**
従属栄養（微生物、細菌）（heterotrophs）
　　29–30, 144, **144**
——渦鞭毛藻類　260–262, **261**
——現存量の生産　207–208, **208**
——世代時間　211–212, **211**, 213
——増殖速度　210–212
——藻類による有機物取り込み　143
——ナノ鞭毛虫　232
従属栄養硝化（heterotrophic nitrification）
　　456
重炭酸イオン（bicarbonate）　111–112, **111**
18S rRNA　315, 346
16S rRNA　24, **45**, 316–319, **320**, 321
——増殖速度と　365–366, **365**
——分類および系統遺伝的なツールとして
　　用いることの問題点　343–345
種間水素伝達
　　（interspecies hydrogen transfer）
　　410–412
シュテルン層（Stern layer）　480, **481**
純群集生産
　　（net community production (NCP)）
　　117, **117**
純粋培養（pure culture）　20
純生態系生産（net ecosystem production）
　　117, **119**
消化（digestion）　240, 253
——動物を助けるはたらき　524–525
硝化（nitrification）　454–456
——アンモニア酸化　456–462
——従属栄養　456
——測定　454
小サブユニット rRNA
　　（small subunit rRNA (SSU rRNA））
　　23
硝酸イオン（硝酸塩）の生成
　　（nitrate production）：硝化も参照
　　454–456

611

硝酸還元（nitrate reduction） 404, 405, 407
——異化的硝酸還元 467–469
硝酸還元酵素（nitrate reductase） 467
「勝者を殺せ」仮説
　　（"kill the winner" hypothesis）
　　292, **342**, 343
小 DNA 断片ライブラリー
　　（small insert library） 374
正味の従属栄養システム
　　（net heterotrophic system） 156
正味の独立栄養システム
　　（net autotrophic system） 156
初期生命（early life） 11, **11**
食作用（ファゴサイトーシス）
　　（phagocytosis） 240–242, **241**
食作用性の原生生物（ファゴトローフ）
　　（phagotrophs） 240–242, 267
——細胞内共生 268–270
植食（herbivory） 233–238
食品微生物学（food microbiology） 5
植物プランクトン（phytoplankton）：一次
　　生産も参照 7
——ウィルス感染 300–302
——機能的グループ 126–142, **127**
——世代時間 211–212, **211**
——増殖速度 211–212
——増殖の制御 122–126
——春のブルーム 122–126
植物リター（plant litter） 152–153, **158**
——分解 157–160
食胞（food vacuole） 240
食物網（food web） 262
——高次栄養段階へのフラックス
　　262–265
食物連鎖（food chain） **7**, 264
——嫌気 407–408, **408**
ショットガン・クローニング
　　（shotgun cloning） 355
シロアリの共生（termite symbiosis）
　　528–530, **529**

進化（evolution）
——初期の生命 11, 495
——モデル系 9
真核生物（eukaryotes）：菌類、原生生物
　　も参照 23–28
——嫌気性 431–433
——群集構造 346–348
——ゲノム構成 362–364, **363**
——ゲノムサイズ 360–362
——生化学的組成 48
シンク・リンク問題
　　（sink or link question） 174
新生産（new production） 445
人畜共通感染症（zoonosis） 301
浸透圧調節（osmoregulation） 131
浸透圧バランス（osmotic balance） 77–78
真の細菌（真正細菌）（eubacteria） 2
水素（元素）（hydrogen） 39
水素ガス（hydrogen gas） 411–412, **411**
水素伝達（hydrogen transfer） 410–412
垂直伝播（vertical transmission） 531–532
ストークス・アインシュタイン式
　　（Stokes-Einstein relationship） 87
ストラメノパイル（stramenopiles）
　　348, 349
ストロマトライト（stromatolites）
　　493–494, **493**
スフィンゴ糖脂質（glycosphingolipid）
　　301
生化学的組成（biochemical composition）
——細菌の 44–48, **45, 46, 47**
——真核微生物の 48
——摂餌との関係 252–254
生化学（バイオ）ポリマー（biopolymers）
　　177–180, **178**
生菌数計数法（viable count method） 20
生元素（biogenic elements） 36–39, **38**
生態学的ゲノム解析
　　（ecological genomics）：
　　環境ゲノム解析も参照 356

612

事項索引

生物浄化（bioremediation） 514–516
——内在的な 515
生物発光（bioluminescence） 261
——海洋の共生者における
　　543–548, **544**, **547**
生物ポンプ（biological pump） 129–130
生命のバーコードプロジェクト
　　（Barcode of Life Project） 315
ゼータポテンシャル（Zeta potential）：細
　　胞表面電荷も参照 481–482
石炭（coal） 394, 513
脊椎動物の共生
　　（vertebrates, symbiotic relationships）
　　523–527
石油（petroleum） 513–515
世代時間（generation time）
　　211–212, **211**, **213**
接合（conjugation） 307
摂餌（grazing）：捕食、細菌食も参照
　　233–240
——影響要因 242–254
——餌生物の増殖に対する影響 256–257
——群集の多様性との関係 341–342
——細菌の死亡要因 294–296
——従属栄養性渦鞭毛藻 260–262
——繊毛虫 258–260
——測定方法 **234**, 235
——土壌における 238–240
——防衛 254–256
——メカニズム 240–242, **241**
摂餌の閾値（grazing thresholds） 244
セルロース（cellulose） 54, 162, 186
——シロアリ腸内での分解 528–530, **529**
ゼロ電荷点（point of zero charge（pzc））
　　482
染色体（chromosomes） 366–368
線虫（類）（nematodes） 238, **239**
繊毛（cilia） 62–63, 90, 433
繊毛虫（ciliates） 90, 232
——摂餌 258–259

——土壌および堆積物 259–260
——微生物食物網 258
——葉緑体保持 266–268
走化性（化学走性）（chemotaxis） 91, 500
走光性（phototaxis） 92, 146
操作的分類単位
　　（operational taxonomic unit（OTU））
　　321
走磁性（magnetotaxis） 92, 498–501, **501**
増殖効率（growth efficiency）
　　174–175, 452, **453**
——栄養転送効率 263–254, **254**
——菌類の 175
——細菌の 174
——摂餌者の **263**
増殖速度（growth rate） 200–205, **201**
——温度の影響 70–74
——回分培養 200–203, **202**
——菌類 213–214
——ゲノム解析と 364–366
——植物プランクトン 211–212
——水圏の細菌 210–212
——生化学組成との関係 46, **46**
——摂餌の影響 256–257
——摂餌—被食関係 243–248, **247**
——測定方法 206–207
——連続培養 203–205, **204**
増殖の支配要因（growth regulation）
　　39, 122–126, 214–226
——栄養物質 222–224
——温度 215–219
——相互作用 224–226
——有機炭素 219–222
走性（taxis） 90–93
総生産（速度）（gross production（GP））
　　117
疎水性（hydrophobicity） 487

613

【タ行】

代謝の多様性（metabolic diversity）
　27–28
対数期（対数増殖期）（log phase）：指数期
　も参照　200, **202**
大腸菌（*Escherichia coli*）　**45**
——ウィルス（ファージ）との相互作用
　281–282, 299
——ゲノム解析　358, **359**
——進化　9
大腸菌ファージ（coliphages）　299
滞留時間（residence time）　184, 475, 490
多環式芳香族炭化水素
　（polycyclic aromatic hydrocarbon
　（PAH））　186
タグ・パイロシーケンス解析
　（tag pyrosequencing）　322
脱窒（denitrification）　467–469, **468**
——アナモックスとの比較　471–473
ダニ（mites）　239, **239**
多様性（diversity）
——ウィルスの　385–387
——細菌群集　321–325
——制御　337–343, **341**, **342**
——測定方法　323
——代謝的　28–29
炭酸（carbonic acid）　72, 75, 111, 508
炭酸塩鉱物のバイオミネラリゼーション
　（carbonate biomineralization）
　490–494, **491**, **492**
炭酸カルシウム（calcium carbonate）
　127, 129–130, 152, 490–494
炭酸脱水酵素（carbonic anhydrase）
　113–114
炭素（carbon）
——C:N 比　42–43, **43**, 163
——C:P 比　42, **43**, 163
——増殖の制限　219–220
——炭素安定同位体分析　59–60, **59**

——炭素プール（リザーバー）
　151–153, **153**, 491
——溶存無機炭素（DIC）　111–112, 152
——溶存有機炭素（DOC）　152
炭素固定（carbon fixation）
　107–108, **107**, 113–115, **114**
炭素循環（carbon cycle）　**153**, 491
——失われた炭素の問題　152
——遅い経路と速い経路　160–161
——温度効果　215–218
炭素輸送（carbon transport）　110–113
タンパク質（protein）　44–47
——加水分解　**179**
——細菌の　45, **45**, 47
——真核生物の　**47**
地衣類（lichen）　105, 511
地下部の生産（below-ground production）
　171
地球微生物学（geomicrobiology）　479
——化石燃料　512–516
地質形成作用（geomorphic force）　170
地上部の生産（above-ground production）
　171
遅滞期（lag phase）　**202**
窒素（nitrogen）　437
——新しい窒素　445
——栄養制限　222–224
——C:N 比　43, 50, **164**
——排出源と吸収源　**476**
窒素固定（nitrogen fixation）：ジアゾ栄養
　微生物も参照　439–447
——酸性鉱山廃水の微生物群集　379
——酸素からの保護の戦略　442–444, **443**
——シアノバクテリア　132–134
——自然界における　444–445
——植物との共生　548–551
——人為影響　437–440
——制限要因　445–447, **446**
——測定方法　445
——損失との釣り合い　475–477

事項索引

窒素循環（nitrogen cycle） 437–440
──人為影響 437–440
──損失と窒素固定のバランス 475–477
──内部循環 **449**
──微生物反応（プロセス） **438**
チトクロームオキシダーゼのサブユニット1
　（CO1）遺伝子
　（cytochrome C oxidase subunit 1
　（CO1）gene） 315
チミジン取り込み
　（thymidine incorporation） 206
超好圧微生物（hyperpiezophiles） 83
超好熱微生物（hyperthermophiles） 70
腸内微生物（消化管内の微生物）
　（gut microbes） 525–526
──シロアリ 528–530, **529**
──メタン生成 525–526
直接計数法（direct count method） 20, **21**
沈殿物食者（deposit-feeders） 168
『沈黙の春』（Silent Spring） 8
通性嫌気性微生物（細菌）
　（facultative anaerobes） 79, 468
通性好気性微生物（細菌）
　（facultative aerobes） 409
DNA
──ウィルス **276**
──細胞含量 44–48, **45**
──修復 81–82
──増殖速度との関係 44–45, **45**
──光誘発性の損傷 81–82
──非コードDNA（ジャンクDNA） 363
──フィンガープリント法 317
DNA-DNAハイブリダイゼーション
　（DNA-DNA hybridization）
　319–320, **320**
DLVOモデル
　（Derjaguin-Landau-Verwey-Overbeek
　model） 487–489, **488**
定常期（stationary phase） 202, **202**
定量的PCR（quantitative PCR（QPCR））
　458
適合溶質（compatible solutes） 77–78, **78**
鉄（iron） 37–38
──結晶度 406
──磁鉄鉱 498–501
──増殖の制限要因として 123
──電子受容体として 405–406
──取り込み 485–487
──バイオミネラリゼーション
　497–498, **497**
──pHの影響 75–76, **76**
鉄の還元（iron reduction） 499
鉄の酸化（iron oxidation）
　501–505, **502**, **503**
鉄の酸化物（iron oxide） 405–406, **497**
鉄の水酸化物（ferric hydroxide） 498
デトリタス（detritus）：分解も参照 167
──化学的特性 161–163
デトリタス食者（detritivores）
　62, 167–171, **168**
デトリタス食物網（detrital food webs）
　167–171
電子供与体（electron donors） 396, 400
──窒素循環における 437
──メタン生成の 424
──硫酸還元における 414–416, **415**
電子受容体（electron acceptors）
　396, 401–403, **403**
──化学形態の影響 405–406, **406**
──順番 397–401, **399**
──による有機炭素の酸化 401–403, **403**
電子二重層（electric double layer）
　480–482, **481**
電子の塔（electron tower） 398–399, **399**
銅（copper） 487
銅依存性ラッカーゼ
　（copper-dependent laccase） 181
同位体分別（isotope fractionation） 60
同化（anabolism） **154**
透過型電子顕微鏡

（transmission electron microscopy (TEM)） 286–288, **287**
同化的硫酸還元
　（assimilatory sulfate reduction） 413, **413**
等電点（isoelectric point） 481
動物プランクトン（zooplankton） 7, 237, 262–263
透明細胞外ポリマー粒子
　（transparent exopolymeric particles (TEP)） 93
盗葉緑体（kleptochloroplasts）：葉緑体保持も参照 266
毒性遺伝子（virulence genes） 308
毒素（toxins） 134–136
——シアノバクテリア **135**
独立栄養（微生物）（autotrophs） 29–30
土壌（soils） 95–99, **96**
——ウイルス **282**, 289–291
——温度の効果 98–99, **100**, 215–219, **218**
——活性状態 199–200
——含水量 96–99
——群集 330–332, **330**, **332**, 349–350, **349**
——群集の制御 339
——群集の多様性 324–325, **324**, 348
——現存量 158–159
——呼吸 157
——摂餌 238–240
——繊毛虫 259–260
——増殖速度 213–214, 218–219
——窒素固定 444
——窒素の可動化と不動化 454
——pH 75
——有機物 8
トップダウン支配（要因）
　（top-down control） 123, 231, 274, 283, 302
ド・バリー、アントン（de Bary, Anton） 520
トビムシ（collembolans） **168–169**, 239

ドラフトゲノム（draft genome） 356
トランスクリプトーム（transcriptome） 354

【ナ行】

内在的バイオレメディエーション
　（intrinsic bioremediation） 515
ナイスタチン（nystatin） 228
内部共生（細胞内共生）（endosymbiosis） 268–270, **270**, 526
——海産無脊椎動物の 540
——共生微生物の伝播 532
——細胞内共生説 268–270, **270**
ナトロン（natron） 491
ナノバクテリア（nanobacteria） 27
ナノプランクトン（nanoplankton） 137
ナラガンセット湾
　（Narragansett Bay, Rhode Island） 215, **216**
難分解性有機物
　（refractory organic material） 190
二酸化炭素（carbon dioxide） 110, 151
——一次生産と 116–119
——大気中濃度 12–13, **13**, 153, 395, 424
——電子受容体として 401–402, **403**
ニトロゲナーゼ（nitrogenase） 225, 440–442, **441**
nifH 遺伝子（nifH gene）：ニトロゲナーゼ、窒素固定も参照 441, **441**, 444, **446**
乳酸（塩）（lactate） 414
乳酸発酵（lactic acid fermentation） 408–409
尿素（urea） 450
熱水噴出孔（hydrothermal vents） 420, 537–539, **539**
——ハオリムシ（チューブワーム）の共生系 538–542
熱力学（thermodynamics） 81, 425
ネルンスト式（Nernst equation） 79

事項索引

能動的な狩りをする捕食者
　　（raptorial feeders）　242
能動輸送（active transport）　53
ノッド因子（Nod factor）　**550**

【ハ行】

バージェイ、デビッド・ヘンドリックス
　　（Bergey, David H.）　315
バーストサイズ（burst size）
　　278, 292, 294–295, 297, 300
バース・ベッキングの仮説
　　（Bass Becking hypothesis）　335–337
バーチ効果（Birch effect）　198
ハーバー、フリッツ（Haber, Fritz）　440
ハーバー・ボッシュ法
　　（Haber-Bosch process）　438, 440
バイオフィルム（biofilm）　99–100
——の形成　100–103, **101**
バイオマーカー（biomarkers）　57–60, **58**
バイオミネラリゼーション（生物鉱化作用）
　　（biomineralization）　489–490
——炭酸塩鉱物　490–494, **491**, **492**
——鉄鉱物　497–498, **497**
——リン鉱物　494–497, **496**
培養（culture）　19–20, 316, **316**
——培養された微生物と培養されていない微生物の違い　327–329, **328**
培養可能な微生物（culturable microbes）
　　316, **316**
培養できない微生物
　　（unculturable microbes）　314, 316
パイロシーケンス法（pyrosequencing）
　　322
白色腐朽菌（white rot fungi）　181
バクテリオクロロフィル
　　（bacteriochlorophyll）
　　106, 108, 145, **418**, 421
——吸収スペクトル　145
バクテリオファージ（bacteriophages）：
　　ウィルスも参照　274
バクテロイド（bacteroids）　550
パスツール、ルイ（Pasteur, Louis）　6
BAC ベクター（クローン）（BAC vectors）
　　375, **377**
発酵（fermentation）　408–410, 451
発色団含有溶存有機物
　　（chromophoric DOM (CDOM)）
　　188, **189**
ハッチンソン、ジョージ・イブリン
　　（Hutchinson, G.E.）　326
春のブルーム（spring blooms）
　　122–126, **123**
——湖　128
——それに続くプロセス　137–140
ハンゲイト、ロバート（Hungate, Robert）
　　6
反芻胃（rumen）　524
反芻動物（ruminants）　524
——メタン生産　525–527
pe（pe）　79–80, **80**
pH（pH）　74–76, 111
——群集の多様性との関係　338–339
——等電点　481
PCR：ポリメラーゼ連鎖反応を参照
干潟（mudflat）　239
光（light）：光合成も参照　81–82
——増殖の制限要因　124–126
——微生物による光エネルギーの利用
　　106
——有機物の光酸化　188–189
光栄養生物（phototrophs）　29
光呼吸（photorespiration）　143
光酸化（photo-oxidation）　188–189
光従属栄養（photoheterotrophs）　143–149
——生態学的および生物地球化学的な意義　148–149
——有機物の取り込み　143
光独立栄養（photoautotrophs）
　　30, 106, 143

617

光無機栄養（photolithotrophs）**503**
光無機独立栄養（photolithoautotrophy）422
ピコプランクトン（picoplankton）137
――一次生産 140–142, **141**
ピコペレット（picopellets）167
微生物（microbes (microorganisms)）1
――機能群 28–31, **29**
――研究する理由 3–16
――元素組成 36–39
――現存量 **17**
――どこにでもいる 16–19
微生物間のコミュニケーション（Communication between microbes）：化学コミュニケーション、クオラムセンシングも参照 228
微生物腐食（biocorrosion）416
微生物マット（microbial mats）493–494, **493**
微生物ループ（microbial loop）171–177, **173**
ヒトの微生物叢（human microbiome）5, 523
ヒト免疫不全ウィルス（HIV）275, **276**, 300
ヒドラジン（hydrazine）467
ヒドロゲノソーム（hydrogenosomes）432
病原体（pathogens）5, 520–523
表面電荷（surface charge）480–482, **481**
表面積と体積の比（surface area to volume ratio）49–51, **50**
表面への付着（attachment to surfaces）487–489, **488**
微量元素（trace elements）37
ファージ（phages）：ウィルスを参照
ファン・レーウェンフック、アントニ（von Leeuwenhoek, Antonie）232
フィコエリトリン（phycoerythrin）132, 141

フィコシアニン（phycocyanin）132
フィックの第一法則（Fick's first law）85
風化（weathering）508–509
富栄養な環境（生息場所）（eutrophic habitats）133
フェンチェル、トム（Fenchel, Tom）248, 249
フォスミド（fosmids）375
不均一性（パッチネス）（patchiness）94
不均化反応（disproportionation）426
フコキサンチン（fucoxanthin）108
腐植質（humic material）166
腐生菌（saprophytic fungi）158
フナクイムシ（shipworm）536
pmoA 遺伝子（*pmoA* gene）**457**
プラーク法（plaque assay）284–285, 285
BLAST（Basic Local Alignment Search Tool）357
プラスミド（plasmids）366–368
フラックス（flux）182–183, **183**
ブラック・ボックス微生物生態学（アプローチ）（black box microbial ecology）23, 313
ブラックマン型制限（Blackman-type limitation）39
プランクトンのパラドックス（paradox of the plankton）326–327
プロウィルス（プロファージ）（provirus (prophage)）278
プロクロロコッカス（*Prochlorococcus*）：生物名索引のプロクロロコッカス属を参照
――ゲノム解析 142
――光合成遺伝子の水平伝播 310
ブロック、トーマス・D（Brock, T.D.）32, 67, 318
プロテオーム（proteome）354
プロテオミクス（proteomics）384–385
プロテオロドプシン（proteorhodopsin）

146–148, 376–378
プロファージ（プロウィルス）（prophage）
　　278, **279**, 280, 310
分解（degradation）
──汚染物質　8–9
──化学組成と　185–187
──加水分解　177–180
──嫌気食物連鎖　407, **408**
──難分解性有機物　190
──反芻胃内での　524–525, **525**
──無機栄養物質の放出　187–188
──有機物の光酸化　188–189, **189**
──リグニン　181–182
分子時計（molecular clock）　346
糞粒（fecal pellets）　129, 167
分類学（taxonomy）　313–314
──分子手法　314–319, 343–346
分類学的組成（taxonomic composition）
──光合成色素による判定　108–109
平板計数値の大きな異常
　　（Great Plate Count Anomaly）　20
平板計数法（plate count method）　20, **19**
βカロチン（β-carotene）　**82**
ベール食者（veil feeders）　261
ペダンクル（peduncle）　242
ヘテロシスト（heterocysts）　442–444
ペトリ皿（Petri dish）　22
ペプチダーゼ（peptidases）　**179**
ペプチドグリカン（peptidoglycan）　55
ペリディニン（peridinin）　108
ペリプラズム（空間）（periplasm）　56
鞭毛虫（flagellates）　90, 235–236, **236**
──運動　241
──土壌　238–239
──鞭毛　63, 90
放射性同位体（radioisotopes）　182
捕食・被食相互作用
　　（predator-prey interaction）　245–248
ボトムアップ支配（要因）
　　（bottom-up control）

123, 214–226, **225**, 306, 337
ホメオスタシス（homeostasis）　41, **41**
ポリメラーゼ連鎖反応（polymerase chain reaction (PCR)）　317–318, **317**, 345
──定量的 PCR（QPCR）　458
ポリリン酸（polyphosphate）
　　51, 595–497, **496**

【マ行】

マイクロオートラジオグラフィー
　　（microautoradiography）
　　195–196, **197**
マイトソーム（mitosomes）　432
マイトマイシン C（mitomycin C）　294
膜（細胞膜）（membranes）　51–54
マグネトソーム（magnetosomes）　500
マクロファウナ（macrofauna）：メイオファウナも参照　239
マリアナ海溝（Mariana Trench）　83
マリス、キャリー（Mullis, Kary）　318
マルチ銅酸化酵素
　　（multicopper oxidase (MCO)）　509
マンガン（manganese）　**400**, 401, 501–508
マンガン還元（manganese reduction）
　　400–401, **400**
マンガン酸化（manganese oxidation）
　　505–508
マンノース（mannose）　252–253
ミカエリス・メンテン式
　　（Michaelis-Menten equation）　138
ミクロシスチン　134–136, **135**
水（water）　66–67
──土壌　95–98, 339
水ポテンシャル（water potential）　95–98
密度依存的要因
　　（density-dependent factors）　226
密度非依存的要因
　　（density-independent factors）　226
緑の世界仮説（green world hypothesis）

619

264
ミミズ（earthworms） 170–171, **170**
無機化（mineralization）
　　42, 154, **154**, 177–178, 449
無色硫黄酸化細菌
　　（colorless sulfur bacteria） 419, **419**
無毒化（detoxification） 8
ムラミン酸（muramic acid） 26, 55
ムレイン（ペプチドグリカン）（murein）
　　55
明暗ビン法（light-dark bottle method）
　　116–117, **117**
メイオファウナ（meiofauna） **169**
メソファウナ（mesofauna） **169**
メタRNA発現解析（metatranscriptomics）
　　382–384
メタゲノム解析（metagenomics）
　　372–376
――アプローチ　**373**
――ウィルス　385–390
――活性スリーニング　380–381, **381**
――酸性鉱山廃水の群集　378–379
メタプロテオミクス（metaproteomics）
　　384–385
メタン（methane） 14, 423–426, **424**
メタン栄養（methanotrophy）
　　426–428, **457**
――嫌気的メタン酸化（分解）
　　428–431, **431**
――好気的メタン酸化（分解）
　　427–428, **428**
――と共生　536, **537**, 543
メタン生成（methanogenesis）
　　423–426, 525, **525**
メチルアミン（methylamines） 425
メチル栄養微生物（メチロトローフ）
　　（methylotrophs） 427
メッセンジャーRNA
　　（messenger RNA (mRNA)）
　　115, 276, 382–384

モデル・システム（model systems） 9–10
モノ、ジャック（Monod, Jacques） 221
モノ湖（Mono Lake, California） 74–75
モノ式（Monod equation） 220–222, **221**
モリブデン（molybdenum） 447

【ヤ行】

有光層（euphotic zone） 124, 137
UCYN-Aシアノバクテリア
　　（UCYN-A cyanobacterium） 444
溶菌期（lytic phase） 278, **279**
葉圏（phyllosphere） 548
溶原期（lysogenic phase） 278, **279**
溶原性（lysogeny） 278, **279**
溶原性ウィルス（temperate viruses） 278
溶存無機炭素
　　（dissolved inorganic carbon (DIC)）
　　110, 152
溶存有機窒素
　　（dissolved organic nitrogen (DON)）
　　164, 189
溶存有機炭素
　　（dissolved organic carbon (DOC)）
　　152, 163–167, **165**
溶存有機物
　　（dissolved organic material (DOM)）
　　143, 163–167, **167**
――ウィルスによる生産　303–304, **303**
――発色団含有溶存有機物（CDOM）
　　188, **189**
――微生物ループ　171–177, **173**
溶存有機リン
　　（dissolved organic phosphorus (DOP)）
　　164
葉緑体（chloroplast） 269
葉緑体保持（chloroplast retention）：盗葉
　　緑体も参照　266
――内部共生　266–270
454パイロシーケンス法

（454 pyrosequencing） 322

【ラ行】

落射蛍光顕微鏡
　（epifluorescence microscopy）
　20–21, **21**
——ウィルス計数　289
ラックス・システム（*lux* system）　270
ラングミュア式（Langmuir equation）
　483, **483**
リービッヒ、ユスツス・フォン
　（von Liebig, Justus）　39
リービッヒ型制限
　（Liebig-type limitation）　39
リガンド（ligands）　485–487, 512
——鉱物の溶解　511–512, **511**
リグニン（lignin）　162–163, **162**
——分解　181–182
リター（植物リター）（litter）
　152, 163, 167
——分解　158, **170**, 185–186, **185**
リブロース・ビスリン酸・カルボキシラーゼ/オキシゲナーゼ
　（ribulose bisphosphate carboxylase/oxygenase (Rubisco)）　113–115, **115**
リボソーム RNA
　（ribosomal RNA (rRNA)）　23, **45**
——rRNA 遺伝子の類似性・ゲノムの非類似性　359–360
——SSU rRNA　23
——16S rRNA　23, **45**, 316–321
——18S rRNA　315
——増殖速度と　364–366, **365**
——分類および系統遺伝的なツールとして用いることの問題点　343–345
リポ多糖類（lipopolysaccharide (LPS)）
　56–57
硫化ジメチル（dimethylsulfide (DMS)）
　77, 131–132, **131**

硫化物の酸化（sulfide oxidation）
　421–423
——熱水噴出孔　538–543
硫酸（塩、イオン）（sulfate）　404–405
硫酸還元（sulfate reduction）
　412–416, **413**
——異化的　413, **413**
——電子供与体　414–416, **415**
——同化的　413, **413**
——微生物腐食と　416
粒子状メタンモノオキシゲナーゼ
　（particulate methane monooxygenase (pMMO)）　427
粒子状有機炭素
　（particulate organic carbon (POC)）
　94
菱鉄鉱（siderite）　494
リン（phosphorus）　42–44
——ウィルスの複製　280
——C：P 比　42–47, **43**
——窒素固定　447
——バイオミネラリゼーション　494–497
臨界深度理論（critical depth theory）
　125–126
リン灰石（apatite）　494–497, **496**
リン酸（イオン、塩）（phosphate）
　8, 40, 133, 494–497
——栄養制限　222–224
リン脂質二重層（phospholipid bilayer）
　52
リン脂質に由来する脂肪酸
　（phospholipid-linked fatty acids (PLFA)）　58–59
レイノルズ数（Reynolds number）　85
レクチン（lectins）　253, **253**, 550
レッドフィールド、アルフレッド
　（Redfield, Alfred）　40
レッドフィールド比（Redfield ratios）　40
レトロウィルス（retroviruses）　276
レプリコン（replicons）　366–368, **368**

連続培養(continuous cultures)
　　203–205, **204**
ロイシン取り込み(leucine incorporation)
　　206, **207**
ろ過食者(filter feeders)　241
ロジスティック式(logistic equation)
　　203
ロトカ・ボルテラのモデル
　　(Lotka-Volterra model)　245
ロドプシン(rhodopsin):プロテオロドプ
　　シンも参照　146–147

【ワ行】

ワイン醸造(wine production)　5–6

生物名索引

生物の学名の表記について

上位分類群については本文中では和名（たとえば放線菌門）あるいはカタカナ表記（たとえばプロテオバクテリア門）を用い、索引においてラテン語と併記した。下位分類群（属、種）については、原則としてラテン語表記を用いたが、和名がある場合（たとえば大腸菌）やカタカナ表記が慣用化している場合（たとえばビブリオ属）は、本文中ではそれに従い、索引においてラテン語と併記した。学名には斜字体を、一般的な生物名には標準体を用いた。なお、太字のページは図表中での参照を意味する。

Acetobacterium woodii（酢酸菌） 412
Acidobacteria（アシドバクテリア門）
　　330, 331, **332**
Acidobacterium capsulatum 409
Acromyrmex 534
Actinobacteria（放線菌門） 330, 342
Actinomycetales（アクチノミセス目） 331
Actinomycetes（アクチノミセス属） 331
Alcanivorax borkumensis 514
Alphaproteobacteria（アルファプロテオバクテリア綱または亜門）
　　328, 329, **422**, 427
Alteromonas 330
Alveolata（アルベオラータ類）
　　348, **349**, **433**
Amoebozoa（アメーボゾアまたはアメーバ動物門） **349**, 350
Amphidinium 261, **262**, 266, **267**
Amphidinium carterae 48

Anabaena（アナベナ属） 442, **443**
Archaea（古細菌またはアーキア）
　　2, 24, **24**, 26
Archaeoglobus 413, 414, **415**
Archaeoglobus fulgidus 368
Ascomycota（子嚢菌門）
　　349, 349, **533**, 553
Atta 534
Azobacteria 443
Azolla（アカウキクサ属） 444, **522**, **552**
Bacillus（バチルス属） 96, 320, 331, 506
Bacillus anthracis（炭疽菌） 320, 331, **368**
Bacillus pyocyaneus **10**
Bacillus subtilis（枯草菌） 320, 331, **483**
Bacillus thuringiensis 320, 331
Bacteria（細菌） 2, 24, **24**, 26
Bacteroides（バクテロイデス属） 330
Bacteroidetes（バクテロイデス門）
　　64, 147, 315, 330, **330**

623

Bathymodiolus（シンカイヒバリガイ） 536
Beggiatoa（ベギアトア属） 419–420, **419**
Beggiatoa alba 419
Betaproteobacteria（ベータプロテオバクテリア綱または亜門）
　328–329, **328**, **330**, 338
Buchnera（ブフネラ属） 531–532, **531**
Buchnera aphidicola **531**
Burkholderia 329
Carsonella 532
Carsonella ruddii 360
Caudovirales（カウドウィルス目） 388
Cenarchaeum symbiosum 462
Cercozoa（ケルコゾア類） **237**, **349**, 350
Chlamydia（クラミジア属） 527
Chlorobaculum tepidum 422
Chloroflexus 422, 495
Chlorella（クロレラ属） 301
Choreotricha（コレオトリカ亜綱）
　257–258
Chromalveolata
　（クロムアルベオラータ類） 269, 389
Chromobacterium violaceum 255
Clavicipitaceae（バッカクキン科）
　521, 523
Clostridium 96, 410, **443**, 451
Clostridium difficile（ディフィシル菌） 5
Clostridium paradoxum 343
Colpodea（コルポダ綱） 259
Colwellia psychrerythraea **368**
Cordiceps（冬虫夏草属） 523
Crenarchaeota（クレン古細菌門：タウム古細菌門も参照） 333, **333**, 458–462
Cytophaga–Flavobacteria（シトファーガ・フラボバクテリア・グループ） 330
Cyttarocylis encercryphalus 330
Daphnia（ミジンコ属） 4, 135, 237
Deltaproteobacteria（デルタプロテオバクテリア綱または亜門）
　328–329, **328**, **330**, 413, **415**

Desulfotomaculum 413, **415**
Emiliania huxleyi
　（エミリアニア・ハクスレイ）
　127, 255, 301
Endomicrobia（エンドミクロビア門） 530
Epsilonproteobacteria（エプシロンプロテオバクテリア綱または亜門）
　328, 536, 542
Escherichia coli（大腸菌）
　9, **45**, 305–307, 358–359, 374–376
Escovopsis 534
Eukarya（真核生物） 2, 24, **24**, **26**
Euprymna scolopes（ハワイミミイカ） 544
Euryarchaeota（ユーリ古細菌門）
　333, **333**, 424
Ferroplasma 379
Ferroplasma acidarmanus 379, **503**
Firmicutes（フィルミクテス門） 331, 413
Flavobacteria（フラボバクテリア綱） 330
Flavobacterium johnsoniae 64
Frankia（フランキア属） 442, 549, 551
Gallionella 502–503
Gallionella ferruginea 503
Gammaproteobacteria（ガンマプロテオバクテリア綱または亜門）
　147, 328–330, 376, 542
Gemmatimonadetes（ジェマティモナス門）
　3
Geobacter（ジオバクター属） 9, 509
Geobacter beii 268
Geobacter metallireducens 494, 499
Giardia（ジアルジア属） **237**, 432
Glomeromycota（グロムス門） 349, **349**
Haemophilus influenzae 354
Halobacterium salinarium 146
hypermastigids（超鞭毛虫類） 524
Janthinobacterium lividum 255
Lactobacillus 409
Legionella（レジオネラ属） 254
Leptospirillum 379, **503**

生物名索引

Leptothrix 498, **503**
Loxodes 432
Mesodinium 266, **267**
Methanobacillus omelianskii 412
Methanobacteriales
　（メタノバクテリウム目）424
Methanobacterium bryantii 412
Methanomicrobiales
　（メタノミクロビウム目）424
Methanopyrales（メタノピリ目）424
Methanosarcinales（メタノサルシナ目）
　424
Methylocella 427
Microcystis（ミクロシスティス属）
　134, **135**
Mimiviruses（ミミウィルス属）277
Mycetozoa（変形菌類）**349**, 350
Mycobacterium（マイコバクテリウム属）
　527
Mycobacterium leprae 364
Mycoplasma（マイコプラズマ属）57
Mycoplasma genitalium 354, **361**
Mycoplasma pneumoniae 57
Myoviridae（ミオウィルス科）301
Myrionecta rubra 266
Neurospora crassa 362
Nitrobacter 465
Nitrococcus 465
Nitrosomonas 456, **457**
Nitrosomonas europaea **457**, 464
Nitrosopumilus maritimus 462
Nitrosospira 456, **457**
Nitrospina 465
Noctiluca scintillans（夜光虫）261
Ostreococcus（オストレオコッカス属）26
Ostreococcus tauri 362
oxymonads（オキシモナス類）524
Oxyrrhis marina 252, 255
Paramecium aurelia **10**
Paramecium caudatum **10**

Pelagibacter ubique（ペラジバクター・ユビーク：一般索引項目中のSAR11も参照）343, 360, **361**, 368
Phaeocystis（フェオシスティス属）
　127, 130–132
Phanerochaete chrysosporium 181
Photobacterium 545
Photobacterium leiognathi 545
Photobacterium profundum 343, 364, **368**
Picornavirales（ピコルナウィルス目）
　389
Picorunaviridae（ピコルナウィルス科）
　276
Planctomycetes（プランクトミセス門）
　466
Podoviridae（ポドウィルス科）301
Polynucleobacter 342
Porphyromonas（ポルフィロモナス属）
　330
Prochlorococcus（プロクロロコッカス属）
　43–44, 141–143, **142**, 310, 360
prokaryotes（原核生物）25
Proteobacteria（プロテオバクテリア門）
　328, 330, 340
Pseudomonas 330
Pseudomonas **443**, 444, **522**, 549
Pseudomonas aeruginosa（緑膿菌）
　62, 546
Pseudomonas leguminosarum（エンドウ根粒菌）546
Pseudomonas putida 507, 514
Pseudomonas syringae 548
Ralstonia solanacearum（青枯病菌）360
Rhodobacter sphaeroides 422
Rickettsia 364
Riftia（チューブワーム類）538–542, **541**
Riftia pachyptila（ガラパゴスハオリムシ）
　538
Saccharomyces cerevisiae（出芽酵母）
　48, 48, 355

625

Salmonella 330
Shewanella putrefaciens 499
Siphophage（シホウィルス科）301, 388
Solemya velum（キヌタレガイ）542
Sorangium cellulosum 360, 362
Sphingobacteria 330
Spirotrichea（旋毛綱）258–259, **267**
Stichotrichia（スティコトリカ亜綱）259
Stoeckeria algicida **261**
Streptomyce（ストレプトマイセス属）
　　　228, 327
Strombidium 266, 267
Sulfolobales（スルフォロブス目）417
Symbiodinium 268, **522**
Synechococcus（シネココッカス属）
　　　43–44, 90, 141–143, 132, 310, 487
Thalassiosira pseudonana 362
Thaumarchaeota（タウム古細菌門）462

Thiobacillus denitrificans 420, 503
Thiomargarita（チオマルガリータ属）420
Thioplaca（チオプローカ属）420
Thiothrix nivea 419
tintinnids（ティンティニッド類）257, **347**
Tracheloraphis（トラケロラフィス属）
　　　260
Trichodesmium（トリコデスミウム属）
　　　127, 222, 442, **447**
trichomonads（トリコモナス類）**524**
Vibrio（ビブリオ属）
　　　27, **149**, 327, 537, 545–546
Vibrio fischeri 545–547
Vibrio cholera（コレラ菌）308, 546
Wigglesworthia（ウィグルスウォーチア属）
　　　522, 532
Wolbachia（ボルバキア属）527
Zoothamnium niveum 336

著者略歴
デイビッド・L・カーチマン（David L. Kirchman）
デラウェア大学教授（School of Marine Science and Policy）
ハーバード大学大学院（環境工学）でPh Dを取得後、ジョージア大学研究員、シカゴ大学研究員、デラウェア大学助教授、同准教授を経て1992年から現職。編著書に"Microbial Ecology of the Oceans" John Wiley and Sons, "Microbial Ecology of the Oceans, Second edition" Wiley-Liss。

訳者略歴
永田　俊（ながた　とし）
東京大学教授（大気海洋研究所）
京都大学大学院（理学研究科）で理学博士の学位を取得後、デラウェア大学研究員、名古屋大学助手、東京大学助教授、京都大学教授を経て2008年から現職。編著書に『流域環境評価と安定同位体──水循環から生態系まで』京都大学学術出版会、『温暖化の湖沼学』京都大学学術出版会。

微生物生態学
──ゲノム解析からエコシステムまで

2016年9月15日　初版第一刷発行

著　者　　デイビッド・L・カーチマン
訳　者　　永　田　　　俊
発行者　　末　原　達　郎
発行所　　京 都 大 学 学 術 出 版 会
　　　　　京都市左京区吉田近衛町69
　　　　　京都大学吉田南構内（606-8315）
　　　　　電　話　075-761-6182
　　　　　FAX　075-761-6190
　　　　　http://www.kyoto-up.or.jp/
　　　　　振　替　01000-8-64677
印刷・製本　　（株）太洋社

ISBN978-4-8140-0047-0　　定価はカバーに表示してあります
Printed in Japan　　　　　　©T. Nagata 2016

本書のコピー，スキャン，デジタル化等の無断複製は著作権法上での例外を除き禁じられています．本書を代行業者等の第三者に依頼してスキャンやデジタル化することは，たとえ個人や家庭内での利用でも著作権法違反です．

既刊書より

微生物生態学への招待
森をめぐるミクロな世界

二井一禎・竹内祐子・山崎理正 編

A5判・372頁・3800円

菌類や線虫などの微生物は昆虫や植物など他の生きものたちといかに出会い，いかに共生関係を維持しているのか？ 微生物たちがかかわる多様な生命現象を，かれらを介した'生物相関学'として体系化する．著者たちが自らの研究の過程で肌で感じてきた，複雑な生命現象の面白さや生きものの奥深さを活きいきと描き出した好著．CR-ROM付．

枯死木の中の生物多様性

J. N. Stokland, J. Siitonen, B. G. Jonsson 著
深澤 遊・山下 聡 訳

A5判・566頁・6600円

枯死木に依存する真菌類・昆虫・脊椎動物の種や機能の多様性に関する豊富な事例を紹介し，木材の持ち出しや生物に配慮しない森林管理による今日の森林の危機的状況に鑑み，森林や農地，都市公園において生物多様性を保全するための管理方法を提案する．木材に生息する生物の自然史や保全の必要性についてまとめた初めての本．

菌類の生物学
生活様式を理解する

D.H. ジェニングス・G. リゼック 著
広瀬 大・大園享司 訳

A5判・222頁・2500円

「黴臭い」「茸が生える」などの言葉が持つ暗いイメージの一方で，食品産業や製薬に大きく貢献する菌類は，どんな暮らしをしているのか？ 生活スタイルに注目しながら，菌類に関する基礎を網羅し，わかりやすく解説する．菌学，微生物学，生理学，植物病理学，生態学等の研究者だけでなく，初学者や理科教諭にもお勧めの菌類学の基本書．

キノコ・カビの研究史
人が菌類を知るまで

G・C・エインズワース 著 小川 眞 訳

A5判・418頁・4000円

菌学研究の歴史は世界的にもきわめて短く，わが国では菌学はまだ「未科学」の状態にある．本書は菌学の歴史を紹介した世界で初めての書であり，以来高い評価を得ており，これほど広範に文献を渉猟し，その内容を一冊にまとめることができる科学史家は出ないと言われる．カビや菌類がどのように研究されてきたかがひと目で分かる好著．

線虫学実験

水久保隆之・二井一禎 編

B5判・346頁・3800円

線虫は，分子生物学・遺伝学のモデル生物として有名な C. エレガンス，松枯れの原因であるマツノザイセンチュウをはじめとして，基礎研究でも環境保全や医学・農学でも重要な生物である．近年の発展が著しい遺伝子解析など最先端の研究法まで取り入れた線虫の実験方法を，標本作りや分類法から生理・生態学的研究まで網羅する一冊．

乳酸菌とビフィズス菌のサイエンス

日本乳酸菌学会 編

B5判・696頁・8000円

古代から多彩に利用され，健康志向の中ますます注目されている乳酸菌やビフィズス菌．その研究は，膨大に蓄積されているが，それだけに，正しい知識・詳しい知見を俯瞰することが難しい．健康社会の基盤となる科学と産業を担う全ての人々に向けた本格的な総説書．分類・生理といった基礎から多様な利用方法，操作技術までを一冊に詳説．

表示価格は税別

既刊書より

生命の惑星
ビッグバンから人類までの地球の進化

C・H・ラングミューアー，W・ブロッカー 著
宗林由樹 訳

A5 判・720 頁・6200 円

地球は，どのようにして生まれ，多様な生命を育む豊かな環境を作り出したのだろうか．本書は，宇宙の誕生から太陽系の形成，地球の進化，人類文明の台頭に至るまでの地球の歩みを辿る壮大な物語である．スノーボールアース仮説や太陽系外惑星など，近年急激に理解が進んだ話題まで網羅されており，現代宇宙科学の入門書としても最適．

温暖化の湖沼学

永田　俊・熊谷道夫・吉山浩平 編

菊判・300 頁・3600 円

琵琶湖でも冬季直混合が阻害され，深層部の貧酸素状態が観測される等，温暖化は湖沼の水質や生物相に深刻な影響を及ぼす．所在環境や水塊としての大小・深浅等により，独特の物理・化学機構を持つ湖沼に対する環境変動の影響を明らかにした初の成書．湖沼の物理や生態についての基礎知識も詳しく解説．環境科学・環境工学専門家必携．

流域環境評価と安定同位体
水循環から生態系まで

永田　俊・宮島利宏 編

A5 判・496 頁・4800 円

次世代の流域環境診断技術として発展が期待されている安定同位体アプローチの原理と適用を解説し，流域環境に対する様々な主体の関心に応えるとともに，科学的な理解の重要性への認識を大きく高める．環境科学，環境工学，水文学，地球化学，生態学などの研究者のみならず，環境実務担当者や政策決定者等にとっても里標石になる一冊．

海と湖の化学
微量元素で探る

藤永太一郎 監修　宗林由樹・一色健司 編

菊判・590 頁・4000 円

京都大学における海洋化学研究は，特に，微量無機元素の分析法の開発とその水圏における動態の解析を通して，世界的にも独自な海洋化学を開拓し，海洋学の発展に大きく貢献した．その歴史と最新の成果を一冊に結集．環境のコントロール，水質保全など，21 世紀科学の核となる，必携の書．

● 海洋化学学術出版石橋褒章受賞

陸域生態系の炭素動態
地球環境へのシステムアプローチ

及川武久・山本　晋 編

A5 判・440 頁・4800 円

大気中の二酸化炭素，水中の炭酸，生物の体を作る有機物や化石燃料……炭素がどこにどのように存在し，いかに循環するかを解き明かすことは，温暖化や環境汚染をはじめとする様々な環境問題に対処する上で極めて重要である．生態学，微気象学，リモートセンシングを駆使して，この今日的課題へ体系的にアプローチする道を切り開く．

生 態 学 ［原著第四版］
個体から生態系へ

M.Begon・J.L.Harper・C.R.Townsend 著
堀 道雄 監訳

B5 判・998 頁・12000 円

急速に進む人口増加に地球はどこまで耐えられるか？ 病害虫の防除や生物資源の保全・汚染などをはじめとした，人類を取り巻く環境のにまつわる課題は，個体から生態系にいたる基礎的な問いと切り離しては解決できない．それを明らかにする現代生態学の理論と方法を残さず紹介しながら地球環境の保全にまで迫る，世界的成書の最新版．

表示価格は税別